高等代数与解析几何

(上册)

主　编　盛为民　李　方

副主编　韩　刚　吴　洁　王　枫

科学出版社

北　京

内 容 简 介

在现代数学的观点下，将代数与几何这两大领域，融合起来教学和学习，会帮助我们从本质上更好地理解它们，并产生更多方法. 本书的特色是让代数与几何融为一个整体，力求做到“代数为几何提供研究工具，几何为代数提供直观背景”，让读者从代数“抽象的”高度，理解高维几何的意义. 全书分为上、下两册. 本书为上册，内容包括线性方程组与矩阵、行列式的定义与展开、可逆矩阵与矩阵的秩、向量代数、空间的直线和平面、线性空间、内积空间、方阵的特征值与特征向量、二次曲面、二次型，且以二维码的形式链接了部分视频作为教材的拓展或补充.

本书可作为高等院校数学专业类、对数学要求较高的理工科类专业以及实行理科大类招生的一年级本科生的高等代数和解析几何课程的教材，也可作为高校数学教师的教学参考书，还可作为科研工作者的专业参考书.

图书在版编目(CIP)数据

高等代数与解析几何. 上册 / 盛为民，李方主编. -- 北京：科学出版社，2024. 8. -- ISBN 978-7-03-079037-8

Ⅰ. O15; O182

中国国家版本馆 CIP 数据核字第 202402UP22 号

责任编辑：胡海霞 李香叶 / 责任校对：杨聪敏
责任印制：赵 博 / 封面设计：无极书装

科学出版社 出版
北京东黄城根北街 16 号
邮政编码：100717
http://www.sciencep.com

保定市中画美凯印刷有限公司印刷
科学出版社发行 各地新华书店经销
*
2024 年 8 月第 一 版 开本：720 × 1000 1/16
2025 年 3 月第三次印刷 印张：21 1/2
字数：433 000

定价：69.00 元

(如有印装质量问题，我社负责调换)

前　言

数学的两大基本任务, 其一是解决各类方程的求解; 其二是对几何空间的数学刻画. 通常, 前者涉及代数方程的问题是代数学的任务, 而后者被认为是几何学的初始动机. 自从笛卡儿以其天才的思想, 通过坐标系让代数的方法用于几何的刻画, 从此代数成为几何研究的基本工具. 反过来, 对类似解方程这类代数问题, 几何学给我们提供了实例和直观的认识. 所以, 在现代数学的观点下, 将几何与代数这两大领域, 融合起来教学和学习, 会帮助我们从本质上更好地理解它们, 并产生更多的方法, 往往可以起到 "$1+1>2$" 的作用.

但这样的认识, 往往受制于各种原因, 并不容易在具体的教学实践中贯彻. 在具体做法上, 常常出现反复左右摇摆的现象.

大学代数学教学的初级课程是高等代数 (在非数学专业的课程中则为线性代数), 大学几何学的初级课程则是解析几何. 从 20 世纪 50 年代以来, 大部分高校采用分开授课的形式. 从时间节点上说, 高等代数和线性代数课程, 总是放在新生入学的第一个学期就开始授课, 而解析几何的课程何时授课, 往往取决于该学校教学理念上对该课程的重视程度. 有些高校会把解析几何课程排在第二、三学年, 或者不开设. 比较重视的高校, 就把该课程排在第一学年甚至第一学期. 这样体现对几何学重视的安排当然是好事. 不过问题又来了, 当解析几何课程需要行列式、内积空间、二次型等概念或工具的时候, 高等代数或线性代数课程却往往没有教学到这些相关的内容, 因为作为独立的课程, 代数学有它自身的逻辑, 体现在教学进度上, 就是两个课程的进度的不协调.

有些名家的专著在代数与几何融合的处理上做得不错, 这当然是因为他们对数学有很高的整体理解和把握能力. 如华罗庚的《高等数学引论》、席南华的《基础代数》等. 但这些好的范例, 要贯彻到某个具体学校的课程中, 并不是直接就可以采用的. 这主要还涉及课时的限制、授课对象的不同层次以及培养目标的不同需求等各种因素.

基于上述的认识, 我们从 2021 年开始认真考虑有必要为浙江大学数学科学学院编撰一本能把高等代数与解析几何融为一个整体的教材, 这就是现在呈现在大家面前的这本教材. 我们这本教材的授课对象是数学科学学院的一年级新生或其他院系有意愿选择数学作为他/她最终专业的新生.

浙江大学在代数课程建设和几何课程建设上, 都有着很好的传统. 作为本书的主要参考文献之一, 代数方面是李方等编著的《高等代数 (上下册)》(第二版) . 该教材已经使用十多年, 为浙江大学数学科学学院在每一届理科大类新生中选拔出主修数学专业的优秀学生做出了它应有的贡献. 近年来选择以数学为主修专业的理科大类新生, 其踊跃程度常常超越其他专业, 不得不说, 这一教材, 也起到了一定的作用. 该书的一个特点就是适合理科大类的新生使用, 充分考虑到了新生在第二学期开始将分别选择不同主修专业的需要, 并在此基础上丝毫不降低对选择数学作为主修专业的同学的代数学专业要求.

几何学历来是浙江大学的特色课程, 其历史渊源可追溯到苏步青先生在原浙江大学开设的立体解析几何学、坐标几何学课程. 白正国先生在原杭州大学指导几何教研组教师丰宁欣等编写了适合当时教学需要的教材《空间解析几何》. 随着我国高等教育改革的进一步深化, 沈一兵先生带领部分教师编写了既适应理科大类招生需求, 又能初步满足拔尖人才培养的教材《解析几何学》, 于 2008 年出版. 该书是本书几何学内容的主要参考资料.

上述两种参考资料在分层教学分类培养上的特点, 在很大程度上也应用到了本教材上. 事实上, 这也是国内同类教材中, 目前比较成熟的适用于理科大类教学的为数不多的教材. 数学是强调逻辑的学科, 切入点非常关键. 这就类似于围棋的布局, 看似只差高低一线的落子, 可以影响、决定后面棋局的风格和走向. 所以我们教材的切入点, 是从线性方程组的研究入手, 这是我们认真思考后的决定, 也贯彻了我们教材的风格特色. 首先这符合人类历史上对于代数学乃至整个数学领域的认知规律, 它是人类面对的最早的数学问题之一, 也是至今为止最基本的数学问题之一. 其次, 方程组也是学生从中学开始就已经接触的数学内容之一, 于学生不陌生, 有助于他们更好地完成从中学到大学的数学知识的衔接. 通过研究方程组的需要, 引入矩阵这一看似抽象、实为具体的概念和工具, 是最容易被学生接受的. 在此基础上, 将需要研究方程组的结构理论作为一个动机来引入本课程最核心的概念“线性空间”, 这让整个课程的内容显得自然流畅, 更易接受.

本书的关键是让代数与几何融合为一个整体, 做到“代数为几何提供研究工具, 几何为代数提供直观背景”, 而避免出现“代数把几何吃掉”的现象. 例如, 简化 (特别是对角化) 矩阵及其对应的线性变换, 用于分类二次曲面 (几何对象). 这是本书在代数与几何方法上融合的一个范例. 希望读者能在这方面加深对理论的理解, 并熟练掌握解决具体问题的方法.

本书中所描述的几何空间大多数是指二维平面和三维立体空间, 这也是解析几何涉及的几何研究的基本范围. 但作为将代数和几何作为一个整体的教材, 我们希望读者能从代数“抽象的”角度, 理解所谓高维空间的实际的数学意义乃至它的几何意义, 也就是我们需要从更高的维度上来理解几何学, 而不是仅限于现实空间. 好的几何直觉不是天生的, 需要培养和磨砺. 代数与几何的有机结合, 有利于学生数学能力的培养. 本书还特别注重体现我国数学家的工作, 书中不仅介绍了中国数学家的成就, 讲好数学发展史中的中国故事, 也反映了前辈们的家国情怀. 希望借此培养出为社会发展和进步所需要的合格的拔尖人才.

本书由盛为民和李方担任主编, 韩刚、吴洁和王枫担任副主编. 感谢浙江大学数学科学学院代数与几何教研组的部分老师提供的宝贵资料和建议, 特别感谢黄正达、温道伟、汪国军, 以及沈一兵、夏巧玲、张希等, 在本教材主要参考资料中所做的贡献, 也感谢 2021 年以来历届学生在使用本教材的讲义过程中指出问题并提出修改建议. 感谢科学出版社胡海霞老师对本教材的出版给予的支持和修改建议.

由于编者水平有限, 书中难免存在不足之处, 恳请同行专家与广大读者提出宝贵意见.

编　者

2024 年 3 月

目　　录

第 1 章　线性方程组与矩阵

线性方程组的求解涉及众多领域. 比如, 石油勘探、电子科技、航空航天、天气预报以及几何中多条直线是否交于一点的判别等都和线性方程组的求解紧密相关. 本章我们将讨论数域上线性方程组的求解, 包括线性方程组有解与无解的判别、有解时, 解的构造及相关理论.

1.1　求解线性方程组的 Gauss 消元法

设 m, n 为正整数, 数域 $\mathbb{F}$ 上的 n 元线性方程组通常表述如下:

$$\begin{cases} a_{11}x_1 + a_{12}x_2 + \cdots + a_{1n}x_n = b_1, \\ a_{21}x_1 + a_{22}x_2 + \cdots + a_{2n}x_n = b_2, \\ \qquad\qquad \cdots\cdots \\ a_{m1}x_1 + a_{m2}x_2 + \cdots + a_{mn}x_n = b_m, \end{cases} \tag{1.1.1}$$

这里 $x_1, x_2, \cdots, x_n$ 为未知量, $a_{ij} \in \mathbb{F}$, $b_i \in \mathbb{F}$ $(i = 1, 2, \cdots, m, j = 1, 2, \cdots, n)$. 当取定 $1 \leqslant i \leqslant m, 1 \leqslant j \leqslant n$ 时, 我们称 $a_{ij}x_j$ 为第 i 个方程的第 j 个**项**, a_{ij} 为第 i 个方程中未知量 x_j 或者项 $a_{ij}x_j$ 的**系数**, b_i 为第 i 个方程的**常数项**. 设 $c_1, c_2, \cdots, c_n$ 为数域 $\mathbb{F}$ 中的 n 个数, 如果以 $x_1 = c_1, x_2 = c_2, \cdots, x_n = c_n$ 代入方程组 (1.1.1) 后, 按照数的运算性质使得方程组中的每个方程的等式均成立, 则称 $x_1 = c_1, x_2 = c_2, \cdots, x_n = c_n$ 为线性方程组 (1.1.1) 的一个 (或一组) **解**. 称方程组 (1.1.1) 的所有解所组成的集合为方程组 (1.1.1) 的**解集**. 当方程组 (1.1.1) 中 $b_1 = b_2 = \cdots = b_m = 0$ 时, 称 (1.1.1) 为**齐次方程组**. 否则, 称之为**非齐次方程组**.

数域 $\mathbb{F}$ 上具有相同未知量个数的方程组称为是**同解的**, 如果这两个方程组具有相同的解集. 我们需要利用以下三类**线性方程组的初等变换**:

- **互换——交换两个方程在方程组中的位置/交换两个未知量在方程中的位置.**

① 设 $i \neq j$ 为介于 1 和 m 之间的两个相异正整数, 交换方程组 (1.1.1) 中第 i 个方程和第 j 个方程的位置是指从方程组 (1.1.1) 得到一个新方程组的过程. 该

新方程组除去第 i 个方程和第 j 个方程分别为 (1.1.1) 的第 j 个方程和第 i 个方程外, 其余方程及它们在方程组中位置均与 (1.1.1) 相同.

② 设 $s \neq t$ 为介于 1 和 n 之间的两个相异正整数, 交换方程组 (1.1.1) 中第 s 项和第 t 项的位置是指从 (1.1.1) 得到一个新方程组的过程. 该新方程组的每个方程中, 除去第 s 项和第 t 项分别为 (1.1.1) 的第 t 项和第 s 项外, 其余各项及它们在方程组中的位置均与 (1.1.1) 相同. 常数项不参与交换.

• **数乘——将一个非零常数乘以某个方程.**

设 i 为介于 1 和 m 之间的一个正整数, $k \in \mathbb{F}$ 为非零常数, 将 k 乘以 (1.1.1) 中第 i 个方程是指从 (1.1.1) 得到一个新方程组的过程. 该新方程组除去第 i 个方程变换为如下方程:

$$ka_{i1}x_1 + ka_{i2}x_2 + \cdots + ka_{in}x_n = kb_i$$

外, 其余方程及它们在方程组中的位置均与 (1.1.1) 相同.

• **倍加——将一个方程乘以一个常数后加到另一个方程上去.**

设 $i \neq j$ 为介于 1 和 m 之间的两个相异正整数, $k \in \mathbb{F}$ 为常数, 将 k 乘以 (1.1.1) 中第 i 个方程后加到第 j 个方程上去是指从 (1.1.1) 得到一个新方程组的过程. 该新方程组除去第 j 个方程换为如下方程:

$$(a_{j1} + ka_{i1})x_1 + (a_{j2} + ka_{i2})x_2 + \cdots + (a_{jn} + ka_{in})x_n = b_j + kb_i$$

外, 其余方程及它们在方程组中的位置均与 (1.1.1) 相同.

读者不难验证下述引理成立.

引理 1.1.1　线性方程组作初等变换前后的两个方程组是同解的.

定理 1.1.2　数域 $\mathbb{F}$ 上任何一个形如 (1.1.1) 的方程组均与数域 $\mathbb{F}$ 上某个如下形式的阶梯形线性方程组 (若不考虑变量次序的变化)

$$\left\{\begin{array}{l} b_{11}x_1 + b_{12}x_2 + \cdots + b_{1r}x_r + \cdots + b_{1n}x_n = c_1, \\ \qquad b_{22}x_2 + \cdots + b_{2r}x_r + \cdots + b_{2n}x_n = c_2, \\ \qquad\qquad \cdots\cdots \\ \qquad\qquad b_{rr}x_r + \cdots + b_{rn}x_n = c_r, \\ \qquad\qquad\qquad 0 = c_{r+1}, \\ \qquad\qquad\qquad 0 = 0, \\ \qquad\qquad\qquad \cdots\cdots \\ \qquad\qquad\qquad 0 = 0 \end{array}\right. \tag{1.1.2}$$

同解, 这里, (1.1.2) 中空白部分表示相关项的系数全为零, r 为满足 $0 \leqslant r \leqslant \min\{m,n\}$ 的某个非负整数, 且 $b_{11}, b_{22}, \cdots, b_{rr}$ 均不为零 (我们约定, 当 $r=0$ 时, (1.1.2) 中等式左端所有项的系数全为零)①.

证明 当方程组 (1.1.1) 只含有一个方程, 即 $m=1$ 时, 如果方程等式左端所有项的系数均为零, 那么 (1.1.1) 已经是 (1.1.2) 的形状且 $r=0$; 如果方程等式左端项的系数不全为零, 那么交换该项和第 1 项的位置, 所得到的方程组在不考虑变量次序变化的前提下即为 (1.1.2) 的形状. 依引理 1.1.1, (1.1.1) 与 (1.1.2) 同解.

假设定理当 $m=k$ 时成立, 则当 $m=k+1$ 时, 如果 (1.1.1) 中所有方程等式左边的项的系数全为零, 那么当 (1.1.1) 中每个方程等式右端的常数项恒为零时, (1.1.1) 本身就已经具备 (1.1.2) 形状 ($r=0$); 当 (1.1.1) 中某个方程等式右端的常数项不为零时, 我们可通过交换该方程和第一个方程的位置, 然后利用倍加变换将 (1.1.1) 化为 (1.1.2) 当 $r=0$ 时的形状, 依引理 1.1.1, (1.1.1) 与 (1.1.2) 同解.

如果 (1.1.1) 中方程等式左端项的系数不全为 0, 那么通过第一类初等变换, 交换 (1.1.1) 中方程的位置以及方程等式左端项的位置, 总可以将 (1.1.1) 化为一个方程组, 该方程组的第一个方程的第 1 项的系数不为 0. 由引理 1.1.1, 这两个方程组是同解的. 基于此, 以下在不考虑变量次序变化的前提下, 我们不妨假设 (1.1.1) 中 $a_{11} \neq 0$. 于是, 通过如下的倍加初等变换:

$$\text{第 } i \text{ 个方程} + \left(-\frac{a_{i1}}{a_{11}}\right) \times \text{第 1 个方程}, \quad i=2,\cdots,m.$$

我们将 (1.1.1) 化为如下与之同解的线性方程组:

$$\left\{\begin{array}{l} a_{11}x_1 + a_{12}x_2 + \cdots + a_{1n}x_n = b_1, \\ \boxed{\begin{array}{l} a_{22}^{(1)}x_2 + \cdots + a_{2n}^{(1)}x_n = b_2^{(1)}, \\ \cdots\cdots \\ a_{m2}^{(1)}x_2 + \cdots + a_{mn}^{(1)}x_n = b_m^{(1)}, \end{array}} \end{array}\right.$$

其中 $a_{ij}^{(1)} = a_{ij} - \dfrac{a_{i1}}{a_{11}} a_{1j} \in \mathbb{F}, 2 \leqslant i \leqslant m, 2 \leqslant j \leqslant n$.

虚框中的部分是数域 $\mathbb{F}$ 上的一个由 k 个方程所组成的线性方程组, 依假设它和一个形如 (1.1.2) 的线性方程组同解, 在不考虑变量次序变化的前提下, 如果我

① 当 $r=m$ 时, (1.1.2) 中形式为 $0=b_{r+1}^{(r)}$ 以及 $0=0$ 的方程不再出现.

们将该线性方程组记为

$$\begin{cases} b_{22}x_2+\cdots+\ b_{2r}x_r\ +\cdots+b_{2n}x_n=c_2, \\ \cdots\cdots \\ b_{rr}x_r+\cdots+b_{rn}x_n=c_r, \\ 0\ =c_{r+1}, \\ 0\ =0, \\ \cdots\cdots \\ 0\ =0, \end{cases}$$

其中 $b_{ij}\in\mathbb{F}, c_i\in\mathbb{F}, 2\leqslant i\leqslant m, 2\leqslant j\leqslant n, 0\leqslant r\leqslant k=m-1$, 且 $b_{22},\cdots,b_{rr}$ 均不为零, 那么 (1.1.1) 与下述线性方程组:

$$\begin{cases} a_{11}x_1+a_{12}x_2+\cdots+\ a_{1r}x_r\ +\cdots+a_{1n}x_n=b_1, \\ b_{22}x_2+\cdots+\ b_{2r}x_r\ +\cdots+b_{2n}x_n=c_2, \\ \cdots\cdots \\ b_{rr}x_r+\cdots+b_{rn}x_n=c_r, \\ 0\ =c_{r+1}, \\ 0\ =0, \\ \cdots\cdots \\ 0\ =0 \end{cases}$$

同解 (若不考虑变量次序的变化). 此即为 (1.1.2) 形式的线性方程组.

综上所述, 当 $m=k+1$ 时, 不论 (1.1.1) 的项的系数是否全为零, 我们总能通过线性方程组的初等变换化 (1.1.1) 为与之同解的形式为 (1.1.2) 的线性方程组, 即定理当 $m=k+1$ 时依然成立. 依数学归纳法, 定理成立. □

进而, 我们还可通过对 (1.1.2) 实施数乘和倍加线性方程组的初等变换, 将 (1.1.2) 化为形式更为简单的同解方程组. 请读者自行验证如下推论.

推论 1.1.3　数域 $\mathbb{F}$ 上任何一个形如 (1.1.1) 的方程组均与数域 $\mathbb{F}$ 上某个如下形式的阶梯形线性方程组 (若不考虑变量次序的变化):

$$\begin{cases} x_1 \quad\quad + c_{1\ r+1}x_{r+1} + \cdots + c_{1n}x_n = d_1, \\ \quad x_2 \quad + c_{2\ r+1}x_{r+1} + \cdots + c_{2n}x_n = d_2, \\ \quad\quad\quad \cdots\cdots \\ \quad\quad x_r + c_{r\ r+1}x_{r+1} + \cdots + c_{rn}x_n = d_r, \\ \quad\quad\quad\quad 0 = d_{r+1}, \\ \quad\quad\quad\quad 0 = 0, \\ \quad\quad\quad\quad \cdots\cdots \\ \quad\quad\quad\quad 0 = 0 \end{cases} \tag{1.1.3}$$

同解, 其中, (1.1.3) 中空白部分表示相关项的系数全为零, r 为满足 $0 \leqslant r \leqslant \min\{m, n\}$ 的某个非负整数 (我们约定, 当 $r = 0$ 时, (1.1.3) 中等式左端所有项的系数全为零).

依定理 1.1.2 及其推论, 我们不难得到如下定理.

定理 1.1.4 假设数域 $\mathbb{F}$ 上的线性方程组 (1.1.1) 与线性方程组 (1.1.3) 同解. 则

(1) 方程组 (1.1.1) 有解 $\Longleftrightarrow r = n$ 或 $r < n$ 但 $d_{r+1} = 0$;

方程组 (1.1.1) 无解 $\Longleftrightarrow r < n$ 且 $d_{r+1} \neq 0$.

(2) 当方程组有解时,

(a) 方程组 (1.1.1) 有唯一解 $\Longleftrightarrow r = n$. 当方程组有唯一解时, 该唯一解为

$$x_1 = d_1,\ x_2 = d_2,\ \cdots,\ x_n = d_n.$$

(b) 方程组 (1.1.1) 有无穷多个解 $\Longleftrightarrow r < n$. 此时, (1.1.1) 的所有解可由下式计算.

$$\begin{cases} x_1 = d_1 - c_{1\ r+1}t_1 - c_{1\ r+2}t_2 - \cdots - c_{1n}t_{n-r}, \\ x_2 = d_2 - c_{2\ r+1}t_1 - c_{2\ r+2}t_2 - \cdots - c_{2n}t_{n-r}, \\ \cdots\cdots \\ x_r = d_r - c_{r\ r+1}t_1 - c_{r\ r+2}t_2 - \cdots - c_{rn}t_{n-r}, \\ x_{r+1} = t_1, \\ x_{r+2} = t_2, \\ \cdots\cdots \\ x_n = t_{n-r}, \end{cases} \tag{1.1.4}$$

这里 $t_1, t_2, \cdots, t_{n-r}$ 为 $\mathbb{F}$ 中任意常数. 通常, 称 (1.1.4) 中的 $t_1, t_2, \cdots, t_{n-r}$ 为**自由变量**.

容易验证, 当 $t_1, t_2, \cdots, t_{n-r}$ 取遍 $\mathbb{F}$ 中所有数时, (1.1.4) 确定了 (1.1.1) 的所有解. 通常, 我们称 (1.1.4) 为 (1.1.1) 的**通解**.

当方程组 (1.1.1) 为**齐次方程组**时, (1.1.1) 一定有解. 事实上, $x_1 = x_2 = \cdots = x_n = 0$ 是它的一个解. 由上述的讨论过程不难得到如下定理.

定理 1.1.5　当 (1.1.1) 为齐次线性方程组且与 (1.1.2) 同解时, 则当且仅当 $r = n$ 时方程组 (1.1.1) 仅有零解, 当且仅当 $r < n$ 时方程组 (1.1.1) 有非零解.

请大家注意, 定理中在有解无解的判断中起着重要作用的整数 r 实际上就是阶梯形方程组 (1.1.2) 中系数不全为零的方程个数.

上述定理中, 我们均涉及了方程组中项的交换或者是改变了未知量在方程组中的次序. 如果我们对项不进行交换位置的操作, 那么 (1.1.2) 为如下的形式:

$$\begin{cases} b_{11}x_1 + \cdots + b_{1j_2}x_{j_2} + \cdots + b_{1j_3}x_{j_3} + \cdots + b_{1j_r}x_{j_r} + \cdots + b_{1n}x_n = c_1, \\ \qquad b_{2j_2}x_{j_2} + \cdots + b_{2j_3}x_{j_3} + \cdots + b_{2j_r}x_{j_r} + \cdots + b_{2n}x_n = c_2, \\ \qquad\qquad b_{3j_3}x_{j_3} + \cdots + b_{3j_r}x_{j_r} + \cdots + b_{3n}x_n = c_3, \\ \qquad\qquad\qquad \cdots\cdots \\ \qquad\qquad\qquad b_{rj_r}x_{j_r} + \cdots + b_{rn}x_n = c_r, \\ \qquad\qquad\qquad\qquad 0 = c_{r+1}, \\ \qquad\qquad\qquad\qquad 0 = 0, \\ \qquad\qquad\qquad\qquad \cdots\cdots \\ \qquad\qquad\qquad\qquad 0 = 0, \end{cases} \tag{1.1.5}$$

其中 $1 < j_2 < j_3 < \cdots < j_r \leqslant \min\{m, n\}$, (1.1.2) 中的空白部分依然表示相关项的系数均为零. 相应地, (1.1.3) 也有类似的表达式.

尽管历史上, 我们称上述将 (1.1.1) 的求解问题通过线性方程组的初等变换化为与之同解的、形式简单的 (1.1.2) 或者 (1.1.3) 求解的方法为 **Gauss 消元法**, 但是,《九章算术》中早已经有了消元方法的雏形. 只不过我们的祖先是用文字而不是用字母来表述求解的过程. 读者还可以自行验算, 中学教材中求解线性方程组 (1.1.1) 的变量替换等方法均可统一为用 Gauss 消元法来表达. Gauss 消元法解线性方程组的本质就是将方程组化为同解的形式相对简单的线性方程组求解.

诚然, 带着未知量消元还是比较累赘的. 1.2 节中, 我们将寻求简化求解的方式.

九章算术

习 题 1.1

1. 解下列线性方程组:

(1) $\begin{cases} 2x_1 - x_2 + 2x_3 = 3, \\ x_1 - x_2 - x_3 = -1, \\ 3x_1 + x_2 + x_3 = 5; \end{cases}$ (2) $\begin{cases} 2x_1 + 4x_2 + x_3 + x_4 = 5, \\ -x_1 - 2x_2 - 2x_3 + x_4 = -4, \\ x_1 + 2x_2 - x_3 + 2x_4 = 1; \end{cases}$

(3) $\begin{cases} x_1 + x_2 - x_3 - x_4 = 1, \\ 2x_1 + x_2 + x_3 + x_4 = 4, \\ 4x_1 + 3x_2 - x_3 - x_4 = 6, \\ x_1 + 2x_2 - 4x_3 - 4x_4 = -1; \end{cases}$ (4) $\begin{cases} 2x_1 + x_2 - x_3 + x_4 = 1, \\ 3x_1 - 2x_2 + 2x_3 - 3x_4 = 2, \\ 5x_1 + x_2 - x_3 + 2x_4 = -1, \\ 2x_1 - x_2 + x_3 - 3x_4 = 4; \end{cases}$

(5) $\begin{cases} x_1 + 2x_2 + 3x_3 - x_4 = 1, \\ 3x_1 + 2x_2 + x_3 - x_4 = 1, \\ 2x_1 + 3x_2 + x_3 + x_4 = 1, \\ 2x_1 + 2x_2 + 2x_3 - x_4 = 1, \\ 5x_1 + 5x_2 + 2x_3 = 2; \end{cases}$ (6) $\begin{cases} x_1 - x_3 + x_5 = 0, \\ x_2 - x_4 + x_6 = 0, \\ x_1 - x_2 + x_5 - x_6 = 0, \\ x_2 - x_3 + x_6 = 0, \\ x_1 - x_4 + x_5 = 0; \end{cases}$

(7) $\begin{cases} x_1 - x_2 + 5x_3 - x_4 = 0, \\ x_1 + x_2 - 2x_3 + 3x_4 = 0, \\ 3x_1 - x_2 + 8x_3 + x_4 = 0, \\ x_1 + 3x_2 - 9x_3 + 7x_4 = 0; \end{cases}$ (8) $\begin{cases} x_1 - 2x_2 + 3x_3 - 4x_4 = 0, \\ x_2 - x_3 - x_4 = 0, \\ x_1 + 3x_2 - 3x_4 = 0, \\ x_1 - 4x_2 + 3x_3 - 2x_4 = 0; \end{cases}$

(9) $\begin{cases} 2x_1 - x_2 - x_3 = 2, \\ x_1 - 2x_2 + x_3 = a, \\ x_1 + x_2 - 2x_3 = a^2; \end{cases}$ (10) $\begin{cases} x_1 + x_2 + x_3 + x_4 + x_5 = 1, \\ 3x_1 + 2x_2 + x_3 + x_4 - 3x_5 = a, \\ x_2 + 2x_3 + 2x_4 + 6x_5 = 3, \\ 5x_1 + 4x_2 + 3x_3 + 3x_4 - x_5 = b. \end{cases}$

1.2 矩阵与 Gauss 消元法

矩阵是由英国数学家 A. Cayley (凯莱) 和 J. J. Sylvester (西尔维斯特) 于 19 世纪提出的. 矩阵是数学理论中的一个重要概念. 当今, 它在经济、气象、能源、电子计算机、电信等众多领域中有着广泛的应用.

定义 1.2.1 设 m, n 是两个正整数, 我们称由 $\mathbb{F}$ 中的 mn 个数 $a_{ij}(i = 1, 2, \cdots, m, j = 1, 2, \cdots, n)$ 所形成的如下形式的数阵:

$$(a_{ij})_{m\times n} = \begin{pmatrix} a_{11} & a_{12} & \cdots & a_{1n} \\ \vdots & \vdots & & \vdots \\ a_{m1} & a_{m2} & \cdots & a_{mn} \end{pmatrix}$$

为 $\mathbb{F}$ 上的一个 $m \times n$ **矩阵**.

通常, 我们用大写英文字母来表示矩阵, 比如 $\boldsymbol{A} = (a_{ij})_{m \times n}$. 也用记号 $\boldsymbol{A}_{m \times n}$ 来强调矩阵 $\boldsymbol{A}$ 共有 m 个行和 n 个列.

矩阵各行从上到下分别称为第 1 行, 第 2 行, $\cdots$, 第 m 行. 各列从左到右分别称为第 1 列, 第 2 列, $\cdots$, 第 n 列. 称 $a_{ij} (i = 1, 2, \cdots, m, j = 1, 2, \cdots, n)$ 为矩阵 $\boldsymbol{A}$ 的**元素**. 元素全为实数的矩阵称为**实矩阵**, 当我们在复数域范围里考虑一个矩阵时, 称其为**复矩阵**. 元素全为 0 的矩阵记作 $\boldsymbol{O}_{m \times n}$, 称之为**零矩阵**. 当 $m = n$ 时, 称 $\boldsymbol{A}$ 为 n **阶方阵**, 记作 $\boldsymbol{A} = (a_{ij})_n$. $\mathbb{F}$ 上由所有 $m \times n$ 矩阵所成的集合, 通常记作 $\mathbb{F}^{m \times n}$.

为了理论上的表述方便, 或者为了大规模科学计算等的需要, 有时, 需要对矩阵进行分块, 形成**分块矩阵**. 以下我们通过例子来说明分块矩阵的形成. 设

$$\boldsymbol{A} = \left(\begin{array}{cc:ccc} 1 & 3 & 0 & 5 & 1 \\ 4 & 2 & 3 & 8 & 0 \\ \hdashline 0 & 2 & 0 & 0 & 0 \\ 3 & 1 & 0 & 0 & 0 \end{array}\right),$$

利用虚线将上述 4×5 矩阵 $\boldsymbol{A}$ 分成四块, 并记

$$\boldsymbol{A}_{11} = \begin{pmatrix} 1 & 3 \\ 4 & 2 \end{pmatrix}, \quad \boldsymbol{A}_{12} = \begin{pmatrix} 0 & 5 & 1 \\ 3 & 8 & 0 \end{pmatrix},$$
$$\boldsymbol{A}_{21} = \begin{pmatrix} 0 & 2 \\ 3 & 1 \end{pmatrix}, \quad \boldsymbol{A}_{22} = \begin{pmatrix} 0 & 0 & 0 \\ 0 & 0 & 0 \end{pmatrix}.$$

则 $\boldsymbol{A}$ 可看成由矩阵 $\boldsymbol{A}_{11}, \boldsymbol{A}_{12}, \boldsymbol{A}_{21}$ 和 $\boldsymbol{A}_{22}$ 组成, 并可写为

$$\boldsymbol{A} = \begin{pmatrix} \boldsymbol{A}_{11} & \boldsymbol{A}_{12} \\ \boldsymbol{A}_{21} & \boldsymbol{A}_{22} \end{pmatrix}.$$

称上述形式的矩阵为 $\boldsymbol{A}$ 的一个 2×2 分块矩阵, 称 $\boldsymbol{A}_{ij} (i = 1, 2, j = 1, 2)$ 为 $\boldsymbol{A}$ 的子块.

一般地, 我们有如下定义.

定义 1.2.2 设 $\boldsymbol{A}$ 是数域 $\mathbb{F}$ 上的 $m \times n$ 矩阵, 沿行的方向自上而下将行分成 s 个部分, 沿列的方向从左到右将列分成 t 个部分, 从而将 $\boldsymbol{A}$ 分划成 st 个子部分, 设 $\boldsymbol{A}_{kl}$ $(k = 1, 2, \cdots, s, l = 1, 2, \cdots, t)$ 表示由行的第 k 个部分与列的第 l 个

部分交叉处的元素保持原来位置关系不变所形成的矩阵 (称之为 $\boldsymbol{A}$ 的**子块**). 我们称形式 $\boldsymbol{A}=(\boldsymbol{A}_{kl})_{s\times t}$ 为 $\boldsymbol{A}$ 的 $s\times t$ **分块矩阵**.

矩阵的初等变换是矩阵理论的重要工具, 它也刻画了方程组消元法的本质. 习惯上, 称矩阵两行中同列元素或两列中的同行元素为**对应元素**.

定义 1.2.3 矩阵的初等行 (列) 变换是指对矩阵实施如下之一的变换.

互换 交换矩阵的两行 (列) 对应元素的位置, 简称两行 (列) 互换. 第 i 行 (列) 与第 j 行 (列) 的互换, 记作 $R_{ij}(C_{ij})$.

倍乘 将非零常数 k 乘以矩阵的某行 (列) 的每一个元素, 简称倍乘某行 (列). 用 k 去倍乘第 i 行 (列) 的倍乘, 记作 $kR_i(kC_i)$.

倍加 将某行 (列) 的每一个元素乘以同一常数加到另一行 (列) 与之对应的元素上去, 简称倍加. 第 j 行 (列) 的各元素乘以 k 加到第 i 行 (列) 对应元素上去的倍加, 记作 $R_i+kR_j(C_i+kC_j)$. 通常, 也简称为第 j 行 (列) 乘以 k 加到第 i 行 (列) 上去.

以下我们研究矩阵的初等变换与线性方程组求解的关系. 将 1.1 节中线性方程组 (1.1.1) 等式左端的所有未知量的系数取出, 保持它们在方程组中的相对位置关系不变, 构成矩阵

$$\boldsymbol{A}=(a_{ij})_{m\times n}=\begin{pmatrix} a_{11} & a_{12} & \cdots & a_{1n}\\ a_{21} & a_{22} & \cdots & a_{2n}\\ \vdots & \vdots & & \vdots\\ a_{m1} & a_{m2} & \cdots & a_{mn}\end{pmatrix}.$$

通常, 我们称 $\boldsymbol{A}$ 为线性方程组 (1.1.1) 的**系数矩阵**. 若将 (1.1.1) 的常数项也加以考虑, 则可构成矩阵

$$\bar{\boldsymbol{A}}=\left(\begin{array}{cccc:c} a_{11} & a_{12} & \cdots & a_{1n} & b_1\\ a_{21} & a_{22} & \cdots & a_{2n} & b_2\\ \vdots & \vdots & & \vdots & \vdots\\ a_{m1} & a_{m2} & \cdots & a_{mn} & b_m\end{array}\right) \quad 或 \quad \bar{\boldsymbol{A}}=\left(\begin{array}{c:c} & b_1\\ \boldsymbol{A} & \vdots\\ & b_m\end{array}\right).$$

通常, 我们称 $\bar{\boldsymbol{A}}$ 为系数矩阵 $\boldsymbol{A}$ 的**增广矩阵**.

于是，1.1 节中线性方程组 (1.1.1) 经消元法后化为 (1.1.4) 的过程, 实际上就是对 $\bar{\boldsymbol{A}}$ 实施初等行变换及列互换的过程:

$$\bar{\boldsymbol{A}} \xrightarrow[\text{前 } n \text{ 个列间的列互换}]{\text{初等行变换}} \left(\begin{array}{cccccc:c} 1 & & & c_{1\,r+1} & \cdots & c_{1n} & d_1 \\ & 1 & & c_{2\,r+1} & \cdots & c_{2n} & d_2 \\ & & \ddots & \vdots & & \vdots & \vdots \\ & & 1 & c_{r\,r+1} & \cdots & c_{rn} & d_r \\ & & & & & & d_{r+1} \\ & & & & & & \\ & & & & & & \end{array}\right), \tag{1.2.1}$$

这里箭头右侧矩阵是 (1.1.3) 系数矩阵的增广矩阵，数 1 的上下左右及 d_{r+1} 的左边和下边空白处的元素均为零. 特别地, 当 $r=0$ 时, (1.2.1) 中右侧矩阵的前 n 个列全为零. 相应于 (1.1.1) 经消元法后化为 (1.2.1) 或者 (1.1.5) 的过程, 也有类似于 (1.1.2) 的式子成立, 请读者自行写出.

诚然, 利用矩阵的初等变换过程来刻画线性方程组的消元过程, 方便了我们计算过程中的表达方式. 这样的转换也使得我们可以方便地利用计算机进行线性方程组的数值求解.

例 1.2.1 解线性方程组

$$\begin{cases} x_1+5x_2-x_3=-1, \\ x_1-2x_2+x_3=3, \\ 3x_1+8x_2-x_3=1. \end{cases}$$

解 对方程组的系数矩阵的增广矩阵 $\bar{\boldsymbol{A}}$ 实施初等行变换

$$\bar{\boldsymbol{A}}=\left(\begin{array}{ccc:c} 1 & 5 & -1 & -1 \\ 1 & -2 & 1 & 3 \\ 3 & 8 & -1 & 1 \end{array}\right) \xrightarrow[R_3-3R_1]{R_2-R_1} \left(\begin{array}{ccc:c} 1 & 5 & -1 & -1 \\ 0 & -7 & 2 & 4 \\ 0 & -7 & 2 & 4 \end{array}\right)$$

$$\xrightarrow[R_3-R_2]{R_1+\frac{5}{7}R_2} \left(\begin{array}{ccc:c} 1 & 0 & \dfrac{3}{7} & \dfrac{13}{7} \\ 0 & -7 & 2 & 4 \\ 0 & 0 & 0 & 0 \end{array}\right) \xrightarrow{(-\frac{1}{7})\times R_2} \left(\begin{array}{ccc:c} 1 & 0 & \dfrac{3}{7} & \dfrac{13}{7} \\ 0 & 1 & -\dfrac{2}{7} & -\dfrac{4}{7} \\ 0 & 0 & 0 & 0 \end{array}\right),$$

得同解方程组

$$\begin{cases} x_1+\dfrac{3}{7}x_3=\dfrac{13}{7}, \\ x_2-\dfrac{2}{7}x_3=-\dfrac{4}{7} \end{cases} \text{或} \begin{cases} x_1=\dfrac{13}{7}-\dfrac{3}{7}x_3, \\ x_2=-\dfrac{4}{7}+\dfrac{2}{7}x_3. \end{cases}$$

由于 $r=2, n=3, d_{r+1}=0$, 故由定理 1.1.5, 可知方程组有解且其通解为

$$\begin{cases} x_1 = \dfrac{13}{7} - \dfrac{3}{7}t, \\ x_2 = -\dfrac{4}{7} + \dfrac{2}{7}t, \\ x_3 = t, \end{cases} \qquad t \text{ 为 } \mathbb{F} \text{ 中任意数.}$$

在实际计算中, 我们可以不改变未知量的位置.

例 1.2.2 解线性方程组

$$\begin{cases} x_1 + 2x_2 - x_3 + x_4 = 1, \\ x_1 + 2x_2 - x_4 = 3, \\ -x_1 - 2x_2 + 3x_3 - 5x_4 = 3. \end{cases}$$

解 对方程组系数矩阵的增广矩阵 $\bar{\boldsymbol{A}}$ 施行初等行变换

$$\bar{\boldsymbol{A}} = \left(\begin{array}{cccc|c} 1 & 2 & -1 & 1 & 1 \\ 1 & 2 & 0 & -1 & 3 \\ -1 & -2 & 3 & -5 & 3 \end{array}\right)$$

$$\xrightarrow[R_3+R_1]{R_2-R_1} \left(\begin{array}{cccc|c} 1 & 2 & -1 & 1 & 1 \\ 0 & 0 & 1 & -2 & 2 \\ 0 & 0 & 2 & -4 & 4 \end{array}\right)$$

$$\xrightarrow[R_3-2R_2]{R_1+R_2} \left(\begin{array}{cccc|c} 1 & 2 & 0 & -1 & 3 \\ 0 & 0 & 1 & -2 & 2 \\ 0 & 0 & 0 & 0 & 0 \end{array}\right),$$

得到同解方程组

$$\begin{cases} x_1 + 2x_2 - x_4 = 3, \\ x_3 - 2x_4 = 2 \end{cases} \quad \text{或} \quad \begin{cases} x_1 = 3 - 2x_2 + x_4, \\ x_3 = 2 + 2x_4, \end{cases}$$

由于 $r=2, n=4, d_{r+1}=0$, 故由定理 1.1.5, 可知方程组有解且其通解为

$$\begin{cases} x_1 = 3 - 2t_1 + t_2, \\ x_2 = t_1, \\ x_3 = 2 + 2t_2, \\ x_4 = t_2, \end{cases} \qquad \text{其中} t_1, t_2 \text{为} \mathbb{F} \text{中任意数.}$$

例 1.2.3 问 a,b 为何值时, 线性方程组

$$\begin{cases} x_1+x_2+x_3+x_4=0, \\ x_2+2x_3+2x_4=1, \\ -x_2+(a-3)x_3-2x_4=b, \\ 3x_1+2x_2+x_3+ax_4=-1 \end{cases}$$

有唯一解、无解、有无穷多组解? 有无穷多组解时, 求出其通解.

解 本题中 $n=4$. 对方程组系数矩阵的增广矩阵 $\bar{\boldsymbol{A}}$ 施以初等行变换

$$\bar{\boldsymbol{A}}=\left(\begin{array}{cccc:c} 1 & 1 & 1 & 1 & 0 \\ 0 & 1 & 2 & 2 & 1 \\ 0 & -1 & a-3 & -2 & b \\ 3 & 2 & 1 & a & -1 \end{array}\right)$$

$$\xrightarrow{R_4-3R_1}\left(\begin{array}{cccc:c} 1 & 1 & 1 & 1 & 0 \\ 0 & 1 & 2 & 2 & 1 \\ 0 & -1 & a-3 & -2 & b \\ 0 & -1 & -2 & a-3 & -1 \end{array}\right)$$

$$\xrightarrow[R_4+R_2]{R_3+R_2}\left(\begin{array}{cccc:c} 1 & 1 & 1 & 1 & 0 \\ 0 & 1 & 2 & 2 & 1 \\ 0 & 0 & a-1 & 0 & b+1 \\ 0 & 0 & 0 & a-1 & 0 \end{array}\right).$$

当 $a\neq 1$ 时, $r=4$, 故 $r=n$, 依定理 1.1.5, 方程组有唯一解. 该解为

$$x_1=\frac{-a+b+2}{a-1}, \quad x_2=\frac{a-2b-3}{a-1}, \quad x_3=\frac{b+1}{a-1}, \quad x_4=0.$$

当 $a=1$ 时, 上述最后一个矩阵为

$$\left(\begin{array}{cccc:c} 1 & 1 & 1 & 1 & 0 \\ 0 & 1 & 2 & 2 & 1 \\ 0 & 0 & 0 & 0 & b+1 \\ 0 & 0 & 0 & 0 & 0 \end{array}\right),$$

此时 $r=2$, $d_{r+1}=b+1$, 故

(1) 当 $a=1$ 且 $b\neq-1$ 时, $d_{r+1}\neq 0$, 依定理 1.1.5, 原方程组无解.

(2) 当 $a=1$ 且 $b=-1$ 时, $d_{r+1}=0, r<n$, 依定理 1.1.5, 知原方程组有无穷多个解. 此时, 原方程组同解于

$$\begin{cases} x_1-x_3-x_4=-1, \\ x_2+2x_3+2x_4=1 \end{cases} \quad \text{或} \quad \begin{cases} x_1=-1+x_3+x_4, \\ x_2=1-2x_3-2x_4, \end{cases}$$

故方程组的通解为

$$\begin{cases} x_1=-1+t_1+t_2, \\ x_2=1-2t_1-2t_2, \\ x_3=t_1, \\ x_4=t_2, \end{cases} \quad \text{其中 } t_1,t_2 \text{ 为 } \mathbb{F} \text{ 中的任意数.}$$

本章我们利用线性方程组的初等变换规范了中学阶段所用的线性方程组各种求解过程, 利用矩阵的初等变换简化了方程组求解过程的表达方式. 到此, 线性方程组的求解问题似乎已彻底解决, 其实不然. 回顾 Gauss 消元过程或者对方程组系数矩阵的增广矩阵所实施的初等变换过程, 可见方程组 (1.1.4) 中的与非零方程的个数相关或者与 (1.2.1) 中右侧矩阵非零行数相关的数 r 在最终回答方程组是否有解、在有解时如何计算出解的过程中起着重要的作用. r 产生于消元或矩阵的初等变换过程中, 自然要问 r 是否与消元过程 (矩阵初等变换) 相关或者无关? 换句话说, r 是否为消元过程 (或矩阵初等变换) 的不变量? 这涉及矩阵的一个重要概念——秩.

注 若仅就方程组的求解而言, (1.1.2)—(1.1.5) 中的方程 “$0=0$” 都可以去掉. 我们保留这样的方程, 仅仅是为了将线性方程组的求解与矩阵理论相关联, 这样的关联是有益的.

习 题 1.2

1. 用矩阵的方法求解下列线性方程组:

(1) $\begin{cases} 2x_1-x_2+2x_3=3, \\ x_1-x_2-x_3=-1, \\ 3x_1+x_2+x_3=5; \end{cases}$

(2) $\begin{cases} 2x_1+4x_2+x_3+x_4=5, \\ -x_1-2x_2-2x_3+x_4=-4, \\ x_1+2x_2-x_3+2x_4=1; \end{cases}$

(3) $\begin{cases} x_1+x_2-x_3-x_4=1, \\ 2x_1+x_2+x_3+x_4=4, \\ 4x_1+3x_2-x_3-x_4=6, \\ x_1+2x_2-4x_3-4x_4=-1; \end{cases}$

(4) $\begin{cases} 2x_1+x_2-x_3+x_4=1, \\ 3x_1-2x_2+2x_3-3x_4=2, \\ 5x_1+x_2-x_3+2x_4=-1, \\ 2x_1-x_2+x_3-3x_4=4; \end{cases}$

(5) $\begin{cases} x_1+2x_2+3x_3-x_4=1, \\ 3x_1+2x_2+x_3-x_4=1, \\ 2x_1+3x_2+x_3+x_4=1, \\ 2x_1+2x_2+2x_3-x_4=1, \\ 5x_1+5x_2+2x_3=2; \end{cases}$　(6) $\begin{cases} x_1-x_3+x_5=0, \\ x_2-x_4+x_6=0, \\ x_1-x_2+x_5-x_6=0, \\ x_2-x_3+x_6=0, \\ x_1-x_4+x_5=0; \end{cases}$

(7) $\begin{cases} x_1-x_2+5x_3-x_4=0, \\ x_1+x_2-2x_3+3x_4=0, \\ 3x_1-x_2+8x_3+x_4=0, \\ x_1+3x_2-9x_3+7x_4=0; \end{cases}$　(8) $\begin{cases} x_1-2x_2+3x_3-4x_4=0, \\ x_2-x_3-x_4=0, \\ x_1+3x_2-3x_4=0, \\ x_1-4x_2+3x_3-2x_4=0; \end{cases}$

(9) $\begin{cases} 2x_1-x_2-x_3=2, \\ x_1-2x_2+x_3=a, \\ x_1+x_2-2x_3=a^2; \end{cases}$　(10) $\begin{cases} x_1+x_2+x_3+x_4+x_5=1, \\ 3x_1+2x_2+x_3+x_4-3x_5=a, \\ x_2+2x_3+2x_4+6x_5=3, \\ 5x_1+4x_2+3x_3+3x_4-x_5=b. \end{cases}$

2. 证明: 线性方程组

$$\begin{cases} x_1-x_2=a_1, \\ x_2-x_3=a_2, \\ x_3-x_4=a_3, \\ x_4-x_5=a_4, \\ x_5-x_1=a_5 \end{cases}$$

有解的充要条件是 $a_1+a_2+a_3+a_4+a_5=0$. 并解之.

3. 问 λ 取何值时, 方程组

$$\begin{cases} \lambda x_1+x_2+x_3=1, \\ x_1+\lambda x_2+x_3=\lambda, \\ x_1+x_2+\lambda x_3=\lambda^2 \end{cases}$$

无解? 有唯一解? 有无穷多解? 并在有解时, 求其解.

4. 问 k_1, k_2 各取何值时, 线性方程组

$$\begin{cases} x_1+x_2+2x_3+3x_4=1, \\ x_1+3x_2+6x_3+x_4=3, \\ 3x_1-x_2-k_1x_3+15x_4=3, \\ x_1-5x_2-10x_3+12x_4=k_2 \end{cases}$$

无解? 有唯一解? 有无穷多解? 并在有解时, 求其解.

1.3 矩阵的基本运算

本节我们讨论矩阵的加法、减法、数乘、乘法及转置等基本运算.

众所周知, 数的运算依靠表示两数相等的符号“=”来接续. 本节, 我们从建立与之相类似的概念——矩阵的相等开始.

定义 1.3.1 设 $\boldsymbol{A}=(a_{ij})_{m\times n}\in\mathbb{F}^{m\times n}$, $\boldsymbol{B}=(b_{ij})_{m\times n}\in\mathbb{F}^{m\times n}$, 若 $a_{ij}=b_{ij}(i=1,2,\cdots,m,\ j=1,2,\cdots,n)$, 则称 $\boldsymbol{A}$ 与 $\boldsymbol{B}$ 相等. 通常当 $\boldsymbol{A}$ 与 $\boldsymbol{B}$ 相等时, 记作 $\boldsymbol{A}=\boldsymbol{B}$.

1.3.1 矩阵的加法与减法运算

定义 1.3.2 设 $\boldsymbol{A}=(a_{ij})_{m\times n}\in\mathbb{F}^{m\times n}$, $\boldsymbol{B}=(b_{ij})_{m\times n}\in\mathbb{F}^{m\times n}$, $\mathbb{F}^{m\times n}$ 中的一个矩阵 $\boldsymbol{C}=(c_{ij})_{m\times n}$ 称为 $\boldsymbol{A}$ 与 $\boldsymbol{B}$ 的和, 如果 $c_{ij}=a_{ij}+b_{ij}$ $(i=1,2,\cdots,m,j=1,2,\cdots,n)$. 此时记 $\boldsymbol{C}=\boldsymbol{A}+\boldsymbol{B}$. 通常我们称这样的运算过程为矩阵的加法运算.

不难验证, 上述定义的加法运算满足

交换律 $\boldsymbol{A}+\boldsymbol{B}=\boldsymbol{B}+\boldsymbol{A}$;

结合律 $(\boldsymbol{A}+\boldsymbol{B})+\boldsymbol{C}=\boldsymbol{A}+(\boldsymbol{B}+\boldsymbol{C})$,

这里 $\boldsymbol{A},\boldsymbol{B},\boldsymbol{C}$ 为 $\mathbb{F}^{m\times n}$ 中任意两个矩阵.

定义 1.3.3 称矩阵 $\boldsymbol{C}=(c_{ij})_{m\times n}\in\mathbb{F}^{m\times n}$ 为 $\boldsymbol{A}$ 与 $\boldsymbol{B}$ 所得的差, 如果 $c_{ij}=a_{ij}-b_{ij}(i=1,2,\cdots,m,j=1,2,\cdots,n)$. 此时, 记 $\boldsymbol{C}=\boldsymbol{A}-\boldsymbol{B}$. 通常我们称这样的运算过程为矩阵的减法运算.

例 1.3.1 $\mathbb{F}^{n\times 1}$ 中的加法与减法.

解 设

$$\begin{pmatrix}x_1\\x_2\\\vdots\\x_n\end{pmatrix}\in\mathbb{F}^{n\times 1},\qquad\begin{pmatrix}y_1\\y_2\\\vdots\\y_n\end{pmatrix}\in\mathbb{F}^{n\times 1},$$

则

$$\begin{pmatrix}x_1\\x_2\\\vdots\\x_n\end{pmatrix}\pm\begin{pmatrix}y_1\\y_2\\\vdots\\y_n\end{pmatrix}=\begin{pmatrix}x_1\pm y_1\\x_2\pm y_2\\\vdots\\x_n\pm y_n\end{pmatrix}.$$

通常, 我们称 $\mathbb{F}^{n\times 1}$ 中的一个矩阵为一个 n **元向量**, 而称该矩阵第 i 行的元素为该向量的**第 i 个分量**. 读者不难发现当 $\mathbb{F}=\mathbb{R}$, $n=2,3$ 时, 上述定义的加法实际上就是中学物理中力的三角形合成法则或者是实二维坐标系下 (实平面)、实三维坐标系下 (实三维空间) 向 (矢) 量的三角形合成法则.

与数的减法运算一样, 矩阵的减法运算也可以由矩阵的加法运算来定义或者派生出 (见 6.1 节).

1.3.2 矩阵的数乘运算

定义 1.3.4 设 $\boldsymbol{A}=(a_{ij})_{m\times n}\in\mathbb{F}^{m\times n}$, $k\in\mathbb{F}$, 称 $\mathbb{F}^{m\times n}$ 中的一个矩阵 $\boldsymbol{C}=(c_{ij})_{m\times n}$ 为 k 与 $\boldsymbol{A}$ 的积, 如果 $c_{ij}=ka_{ij}$, $i=1,2,\cdots,m$, $j=1,2,\cdots,n$, 记作 $\boldsymbol{C}=k\boldsymbol{A}$, 我们称这样的运算过程为数 k 与矩阵 $\boldsymbol{A}$ 的数量乘法运算或者数乘运算.

例 1.3.2 在 $\mathbb{F}^{n\times 1}$ 中, 有

$$k\begin{pmatrix}x_1\\x_2\\\vdots\\x_n\end{pmatrix}=\begin{pmatrix}kx_1\\kx_2\\\vdots\\kx_n\end{pmatrix},\quad k\in\mathbb{F}.$$

这可以看成对向 (矢) 量的“放大”或“缩小” k 倍的运算.

不难推知, 数乘运算具有如下运算规律:

交换律 $k(l\boldsymbol{A})=(kl)\boldsymbol{A}=l(k\boldsymbol{A})$;

分配律 $k(\boldsymbol{A}+\boldsymbol{B})=k\boldsymbol{A}+k\boldsymbol{B},(k+l)\boldsymbol{A}=k\boldsymbol{A}+l\boldsymbol{A}$. 这里 $\boldsymbol{A},\boldsymbol{B}$ 是 $\mathbb{F}^{m\times n}$ 中任意两个矩阵, k,l 为 $\mathbb{F}$ 中任意两个数.

1.3.3 矩阵的乘法运算

定义 1.3.5 称 $\mathbb{F}^{m\times n}$ 中矩阵 $\boldsymbol{C}=(c_{ij})_{m\times n}$ 为 $\mathbb{F}^{m\times s}$ 中的矩阵 $\boldsymbol{A}=(a_{ij})_{m\times s}$ 与 $\mathbb{F}^{s\times n}$ 中矩阵 $\boldsymbol{B}=(b_{ij})_{s\times n}$ 的积, 并记作 $\boldsymbol{C}=\boldsymbol{AB}$, 若

$$c_{ij}=a_{i1}b_{1j}+a_{i2}b_{2j}+\cdots+a_{is}b_{sj}=\sum_{k=1}^{s}a_{ik}b_{kj},\quad i=1,2,\cdots,m,j=1,2,\cdots,n,$$

或者

$$\begin{pmatrix}c_{11}&\cdots&c_{1j}&\cdots&c_{1n}\\\vdots&&\vdots&&\vdots\\c_{i1}&\cdots&\boxed{c_{ij}}&\cdots&c_{in}\\\vdots&&\vdots&&\vdots\\c_{m1}&\cdots&c_{mj}&\cdots&c_{mn}\end{pmatrix}=$$

$$\begin{pmatrix} a_{11} & \cdots & a_{1j} & \cdots & a_{1s} \\ \vdots & & \vdots & & \vdots \\ a_{i1} & \cdots & a_{ij} & \cdots & a_{is} \\ \vdots & & \vdots & & \vdots \\ a_{m1} & \cdots & a_{mj} & \cdots & a_{ms} \end{pmatrix} \cdot \begin{pmatrix} b_{11} & \cdots & b_{1j} & \cdots & b_{1n} \\ \vdots & & \vdots & & \vdots \\ b_{i1} & \cdots & b_{ij} & \cdots & b_{in} \\ \vdots & & \vdots & & \vdots \\ b_{s1} & \cdots & b_{sj} & \cdots & b_{sn} \end{pmatrix}.$$

通常, 我们称这样的运算过程为矩阵的乘法运算.

例 1.3.3 设

$$\boldsymbol{A}=\begin{pmatrix} 1 & -1 \\ -1 & 1 \end{pmatrix},\quad \boldsymbol{B}=\begin{pmatrix} 1 & 1 \\ -1 & -1 \end{pmatrix},\quad \boldsymbol{C}=\begin{pmatrix} 2 & 0 \\ 0 & -2 \end{pmatrix}.$$

求 $\boldsymbol{AB}, \boldsymbol{AC}$ 及 $\boldsymbol{BA}$.

解

$$\boldsymbol{AB}=\begin{pmatrix} 1 & -1 \\ -1 & 1 \end{pmatrix}\begin{pmatrix} 1 & 1 \\ -1 & -1 \end{pmatrix}=\begin{pmatrix} 2 & 2 \\ -2 & -2 \end{pmatrix},$$

$$\boldsymbol{AC}=\begin{pmatrix} 1 & -1 \\ -1 & 1 \end{pmatrix}\begin{pmatrix} 2 & 0 \\ 0 & -2 \end{pmatrix}=\begin{pmatrix} 2 & 2 \\ -2 & -2 \end{pmatrix},$$

$$\boldsymbol{BA}=\begin{pmatrix} 1 & 1 \\ -1 & -1 \end{pmatrix}\begin{pmatrix} 1 & -1 \\ -1 & 1 \end{pmatrix}=\begin{pmatrix} 0 & 0 \\ 0 & 0 \end{pmatrix}.$$

例 1.3.4 写出 1.1 节中线性方程组 (1.1.1) 的矩阵表示.

解 设 $\boldsymbol{A}=(a_{ij})_{m\times n}$ 为方程组 (1.1.1) 的系数矩阵, $\boldsymbol{X}=\begin{pmatrix} x_1 \\ x_2 \\ \vdots \\ x_n \end{pmatrix}, \boldsymbol{b}=\begin{pmatrix} b_1 \\ b_2 \\ \vdots \\ b_m \end{pmatrix}$, 则 (1.1.1) 的矩阵形式为

$$\boldsymbol{AX}=\boldsymbol{b}.$$

我们也称满足 $\boldsymbol{AX}_0=\boldsymbol{b}$ 的矩阵 $\boldsymbol{X}_0$ 为方程组的**解**.

例 1.3.5　写出线性变量替换的矩阵表示.

解　设

$$\begin{cases} x_1 = a_{11}y_1 + a_{12}y_2 + \cdots + a_{1s}y_s, \\ x_2 = a_{21}y_1 + a_{22}y_2 + \cdots + a_{2s}y_s, \\ \qquad \cdots\cdots \\ x_m = a_{m1}y_1 + a_{m2}y_2 + \cdots + a_{ms}y_s, \end{cases} \qquad \begin{cases} y_1 = b_{11}z_1 + b_{12}z_2 + \cdots + b_{1n}z_n, \\ y_2 = b_{21}z_1 + b_{22}z_2 + \cdots + b_{2n}z_n, \\ \qquad \cdots\cdots \\ y_s = b_{s1}z_1 + b_{s2}z_2 + \cdots + b_{sn}z_n, \end{cases}$$

这里 $a_{ij} \in \mathbb{F}\ (i = 1,2,\cdots,m, j = 1,2,\cdots,s), b_{ij} \in \mathbb{F}\ (i = 1,2,\cdots,s, j = 1,2,\cdots,n)$. 将左边表达式中的 $y_1, y_2, \cdots, y_s$ 由右边的表达式替换, 则可得

$$\begin{cases} x_1 = c_{11}z_1 + c_{12}z_2 + \cdots + c_{1n}z_n, \\ x_2 = c_{21}z_1 + c_{22}z_2 + \cdots + c_{2n}z_n, \\ \qquad \cdots\cdots \\ x_m = c_{m1}z_1 + c_{m2}z_2 + \cdots + c_{mn}z_n, \end{cases}$$

其中, $c_{ij} \in \mathbb{F}\ (i = 1,2,\cdots,m, j = 1,2,\cdots,n)$. 若令

$$\boldsymbol{A} = (a_{ij})_{m\times s}, \quad \boldsymbol{B} = (b_{ij})_{s\times n}, \quad \boldsymbol{C} = (c_{ij})_{m\times n},$$

$$\boldsymbol{X} = \begin{pmatrix} x_1 \\ x_2 \\ \vdots \\ x_m \end{pmatrix}, \quad \boldsymbol{Y} = \begin{pmatrix} y_1 \\ y_2 \\ \vdots \\ y_s \end{pmatrix}, \quad \boldsymbol{Z} = \begin{pmatrix} z_1 \\ z_2 \\ \vdots \\ z_n \end{pmatrix},$$

则可以验证

$$\boldsymbol{X} = \boldsymbol{AY}, \ \boldsymbol{Y} = \boldsymbol{BZ}, \ \boldsymbol{X} = \boldsymbol{CZ}, \quad \boldsymbol{C} = \boldsymbol{AB}.$$

容易验证矩阵乘法具有以下运算规律.

无交换律　一般地, $\boldsymbol{AB} \neq \boldsymbol{BA}$.

结合律　$(\boldsymbol{AB})\boldsymbol{C} = \boldsymbol{A}(\boldsymbol{BC})$.

分配律　$\boldsymbol{A}(\boldsymbol{B}+\boldsymbol{C}) = \boldsymbol{AB} + \boldsymbol{AC}, \ (\boldsymbol{B}+\boldsymbol{C})\boldsymbol{A} = \boldsymbol{BA} + \boldsymbol{CA}$.

结合律　$k(\boldsymbol{AB}) = (k\boldsymbol{A})\boldsymbol{B} = \boldsymbol{A}(k\boldsymbol{B}), \quad k \in \mathbb{F}$.

无消去律　一般地, “$\boldsymbol{AB} = \boldsymbol{O} \nRightarrow \boldsymbol{A} = \boldsymbol{O}$ 或 $\boldsymbol{B} = \boldsymbol{O}$” 或 “$\boldsymbol{AB} = \boldsymbol{AC} \nRightarrow \boldsymbol{A} = \boldsymbol{O}$或$\boldsymbol{B} = \boldsymbol{C}$”.

通常, 若存在非零矩阵 $\boldsymbol{A}$ 与 $\boldsymbol{B}$, 满足 $\boldsymbol{AB} = \boldsymbol{O}$, 则称 $\boldsymbol{A}$ 或 $\boldsymbol{B}$ 为**零因子**. 矩阵乘法的运算规律说明矩阵之间的乘法与数之间的乘法有着本质的区别.

例 1.3.6 设 $\boldsymbol{A}=(a_{ij})_{m\times n}\in\mathbb{F}^{m\times n}$,

$$\boldsymbol{B}=\begin{pmatrix}\lambda_1 & & & \\ & \lambda_2 & & \\ & & \ddots & \\ & & & \lambda_m\end{pmatrix}_{m\times m}\in\mathbb{F}^{m\times m},$$

$$\boldsymbol{C}=\begin{pmatrix}\mu_1 & & & \\ & \mu_2 & & \\ & & \ddots & \\ & & & \mu_n\end{pmatrix}_{n\times n}\in\mathbb{F}^{n\times n},$$

求 $\boldsymbol{BA},\boldsymbol{AC}$.

解

$$\boldsymbol{BA}=\begin{pmatrix}\lambda_1a_{11} & \lambda_1a_{12} & \cdots & \lambda_1a_{1n}\\ \lambda_2a_{21} & \lambda_2a_{22} & \cdots & \lambda_2a_{2n}\\ \vdots & \vdots & & \vdots\\ \lambda_ma_{m1} & \lambda_ma_{m2} & \cdots & \lambda_ma_{mn}\end{pmatrix},$$

$$\boldsymbol{AC}=\begin{pmatrix}\mu_1a_{11} & \mu_2a_{12} & \cdots & \mu_na_{1n}\\ \mu_1a_{21} & \mu_2a_{22} & \cdots & \mu_na_{2n}\\ \vdots & \vdots & & \vdots\\ \mu_1a_{m1} & \mu_2a_{m2} & \cdots & \mu_na_{mn}\end{pmatrix}.$$

通常, 我们称对角线以外元素均为零的方阵为 n **阶对角阵**. 数域 $\mathbb{F}$ 上对角线元素为 $\lambda_1,\lambda_2,\cdots,\lambda_n$ 的一个 n 阶对角阵记作 $\mathrm{diag}(\lambda_1,\lambda_2,\cdots,\lambda_n)$, 即

$$\mathrm{diag}(\lambda_1,\lambda_2,\cdots,\lambda_n)=\begin{pmatrix}\lambda_1 & & & \\ & \lambda_2 & & \\ & & \ddots & \\ & & & \lambda_n\end{pmatrix}.$$

特别地, 当上式中的对角线元素 $\lambda_1=\lambda_2=\cdots=\lambda_n=\lambda$ 时, 相应的对角阵称为 n **阶数量阵**. 若例 1.3.6 中的 $\boldsymbol{B}$ 和 $\boldsymbol{C}$ 分别是对角元素均为 λ 和 μ 的数量阵, 则 $\boldsymbol{AB}=\lambda\boldsymbol{A}$, $\boldsymbol{AC}=\mu\boldsymbol{A}$. 从乘法效果上来说这相当于数乘运算的效果.

特别地, 对角线元素均为 1 的 n 阶对角阵称为 n **阶单位阵**, 记作

$$\boldsymbol{E}_n = \mathrm{diag}(1,1,\cdots,1) = \begin{pmatrix} 1 & & & \\ & 1 & & \\ & & \ddots & \\ & & & 1 \end{pmatrix}_{n\times n}.$$

由例 1.3.6 有

$$\boldsymbol{E}_m\boldsymbol{A}_{m\times n} = \boldsymbol{A}_{m\times n}, \quad \boldsymbol{A}_{m\times n}\boldsymbol{E}_n = \boldsymbol{A}_{m\times n}, \quad \forall \boldsymbol{A}_{m\times n} \in \mathbb{F}^{m\times n}.$$

从乘法效果上看, 单位矩阵在矩阵乘法中的作用类似于数字 1 在数的乘法中所起的作用.

1.3.4 矩阵的转置运算

设 $\boldsymbol{A} = (a_{ij})_{m\times n} \in \mathbb{F}^{m\times n}$, $\boldsymbol{B} = (b_{ij})_{n\times m} \in \mathbb{F}^{n\times m}$, 如果 $b_{ij} = a_{ji}$ $(i = 1,2,\cdots,n, j = 1,2,\cdots,m)$, 则我们称 $\boldsymbol{B}$ 是 $\boldsymbol{A}$ 的**转置矩阵**, 记作 $\boldsymbol{B} = \boldsymbol{A}^{\mathrm{T}}$(或$\boldsymbol{B} = \boldsymbol{A}'$). 称上述运算过程为矩阵的**转置运算**.

不难验证, 数域 $\mathbb{F}$ 上矩阵的转置运算具有以下运算规律.

(1) $(\boldsymbol{A}^{\mathrm{T}})^{\mathrm{T}} = \boldsymbol{A}$.

(2) $(\boldsymbol{A} \pm \boldsymbol{B})^{\mathrm{T}} = \boldsymbol{A}^{\mathrm{T}} \pm \boldsymbol{B}^{\mathrm{T}}$.

(3) $(k\boldsymbol{A})^{\mathrm{T}} = k\boldsymbol{A}^{\mathrm{T}}$ $(k \in \mathbb{F})$.

(4) $(\boldsymbol{A}\boldsymbol{B})^{\mathrm{T}} = \boldsymbol{B}^{\mathrm{T}}\boldsymbol{A}^{\mathrm{T}}$.

习 题 1.3

1. 求 $\boldsymbol{X}$, 使

$$\begin{pmatrix} 3 & 1 & 1 \\ 2 & 1 & 3 \\ -1 & 0 & 1 \end{pmatrix} + 2\boldsymbol{X} - \begin{pmatrix} 2 & 3 & 0 \\ -1 & 0 & -1 \\ 2 & -1 & 1 \end{pmatrix} = \begin{pmatrix} 1 & 2 & 3 \\ 4 & 5 & 6 \\ 2 & -1 & 1 \end{pmatrix}.$$

2. 对下列各题中的矩阵 $\boldsymbol{A}$, $\boldsymbol{B}$, 求 $\boldsymbol{AB}$, $\boldsymbol{AB}^{\mathrm{T}}$ 与 $\boldsymbol{AB} - \boldsymbol{BA}$.

(1) $\boldsymbol{A} = \begin{pmatrix} 5 & -1 & 2 \\ 3 & 5 & 0 \\ 1 & 4 & 1 \end{pmatrix}$, $\boldsymbol{B} = \begin{pmatrix} 5 & 9 & -10 \\ -3 & 3 & 6 \\ 2 & -21 & 26 \end{pmatrix}$;

(2) $\boldsymbol{A}=\begin{pmatrix} a & b & c \\ c & b & a \\ 1 & 1 & 1 \end{pmatrix}$, $\boldsymbol{B}=\begin{pmatrix} 1 & a & c \\ 1 & b & b \\ 1 & c & a \end{pmatrix}$.

3. 设

$$\boldsymbol{A}=\begin{pmatrix} 2 & 4 \\ 1 & -1 \\ 3 & 1 \end{pmatrix}, \qquad \boldsymbol{B}=\begin{pmatrix} 2 & 3 & 1 \\ 2 & 1 & 0 \end{pmatrix}, \qquad \boldsymbol{C}=\begin{pmatrix} 2 & 1 & 3 \\ 4 & -1 & -2 \\ -1 & 0 & 1 \end{pmatrix},$$

求 $\boldsymbol{AB}, (\boldsymbol{AB})\boldsymbol{C}, \boldsymbol{BC}, \boldsymbol{A}(\boldsymbol{BC}), (\boldsymbol{AB})^{\mathrm{T}}, \boldsymbol{B}^{\mathrm{T}}\boldsymbol{A}^{\mathrm{T}}$.

4. 试证明矩阵乘法的结合律和乘法关于加法的分配律成立.

5. 计算:

(1) $\begin{pmatrix} \frac{n-1}{n} & -\frac{1}{n} & \cdots & -\frac{1}{n} \\ -\frac{1}{n} & \frac{n-1}{n} & \cdots & -\frac{1}{n} \\ \vdots & \vdots & & \vdots \\ -\frac{1}{n} & -\frac{1}{n} & \cdots & \frac{n-1}{n} \end{pmatrix}_{n\times n}^2$; (2) $\begin{pmatrix} 3 & 2 \\ -4 & -2 \end{pmatrix}^5$;

(3) $\begin{pmatrix} 1 & 1 \\ 0 & 1 \end{pmatrix}^n$; (4) $\begin{pmatrix} \lambda & 1 & 0 \\ 0 & \lambda & 1 \\ 0 & 0 & \lambda \end{pmatrix}^5$;

(5) $\begin{pmatrix} \cos\varphi & -\sin\varphi \\ \sin\varphi & \cos\varphi \end{pmatrix}^n$; (6) $\begin{pmatrix} 1 & -1 & -1 & -1 \\ -1 & 1 & -1 & -1 \\ -1 & -1 & 1 & -1 \\ -1 & -1 & -1 & 1 \end{pmatrix}^n$.

6. 求满足下列条件的二阶矩阵 $\boldsymbol{A}$:

(1) $\boldsymbol{A}^2=\boldsymbol{E}$; (2) $\boldsymbol{A}^2=\boldsymbol{O}$.

7. 设 $\boldsymbol{AB}=\boldsymbol{BA}$, 求证:

(1) $(\boldsymbol{A}+\boldsymbol{B})^2=\boldsymbol{A}^2+2\boldsymbol{AB}+\boldsymbol{B}^2$; (2) $\boldsymbol{A}^2-\boldsymbol{B}^2=(\boldsymbol{A}+\boldsymbol{B})(\boldsymbol{A}-\boldsymbol{B})$.

8. 设 $\boldsymbol{A}$ 是一个 n 阶方阵, 且 $\boldsymbol{A}$ 的每一行与每一列均只有一个元素非零且为 1 或 -1, 证明: 存在正整数 k 使得 $\boldsymbol{A}^k=\boldsymbol{E}$.

9. 若 $\boldsymbol{AB}=\boldsymbol{BA}$, 则称矩阵 $\boldsymbol{B}$ 与 $\boldsymbol{A}$ 或者 $\boldsymbol{A}$ 与 $\boldsymbol{B}$ **可交换**, 求所有与下列矩阵可交换的矩阵:

(1) $\boldsymbol{A}=\begin{pmatrix} 1 & 1 \\ 0 & 1 \end{pmatrix}$; (2) $\boldsymbol{A}=\begin{pmatrix} 1 & 0 & 0 \\ 0 & 1 & 2 \\ 3 & 1 & 2 \end{pmatrix}$; (3) $\boldsymbol{A}=\begin{pmatrix} 1 & 2 \\ 3 & 4 \end{pmatrix}$.

10. (1) 求所有与矩阵 $\boldsymbol{A}=\begin{pmatrix}0&1&0&\cdots&0&0\\0&0&1&\cdots&0&0\\0&0&0&\cdots&0&0\\\vdots&\vdots&\vdots&&\vdots&\vdots\\0&0&0&\cdots&0&1\\0&0&0&\cdots&0&0\end{pmatrix}_{n\times n}$ 可交换的矩阵;

(2) 设 $\boldsymbol{B}$ 是一个对角线上元素互不相同的对角阵. 求所有与矩阵 $\boldsymbol{B}$ 可交换的矩阵;

(3) 证明: 矩阵 $\boldsymbol{C}$ 与所有 n 阶方阵可交换当且仅当 $\boldsymbol{C}$ 是数量阵.

11. 数域 $\mathbb{F}$ 上的 n 阶矩阵 $\boldsymbol{A}$ 的对角线元素之和称为该矩阵的**迹**, 并记作 $\mathrm{tr}(\boldsymbol{A})$, 证明:

(1) $\mathrm{tr}(\boldsymbol{A}+\boldsymbol{B})=\mathrm{tr}(\boldsymbol{A})+\mathrm{tr}(\boldsymbol{B})$;

(2) $\mathrm{tr}(k\boldsymbol{A})=k\mathrm{tr}(\boldsymbol{A})$;

(3) $\mathrm{tr}(\boldsymbol{AB})=\mathrm{tr}(\boldsymbol{BA})$.

12. 试利用矩阵的迹证明数域 $\mathbb{F}$ 上不可能存在满足 $\boldsymbol{AB}-\boldsymbol{BA}=\boldsymbol{E}$ 的 n 阶方阵 $\boldsymbol{A}$ 与 $\boldsymbol{B}$.

13. 如果 $\boldsymbol{A}^{\mathrm{T}}=\boldsymbol{A}$, 则称 $\boldsymbol{A}$ 为**对称阵**. 证明: 若 $\boldsymbol{A}$ 实对称, 且 $\boldsymbol{A}^2=\boldsymbol{O}$, 则 $\boldsymbol{A}=\boldsymbol{O}$.

14. 设 $\boldsymbol{A}$ 为 n 阶方阵.

(1) $\boldsymbol{A}^{\mathrm{T}}=\boldsymbol{A}$, $\boldsymbol{B}^{\mathrm{T}}=\boldsymbol{B}$, 证明 $(\boldsymbol{AB})^{\mathrm{T}}=\boldsymbol{AB}$ 当且仅当 $\boldsymbol{AB}=\boldsymbol{BA}$;

(2) $\boldsymbol{A}^2=\boldsymbol{E}$, $\boldsymbol{B}^2=\boldsymbol{E}$, 证明 $(\boldsymbol{AB})^2=\boldsymbol{E}$ 当且仅当 $\boldsymbol{AB}=\boldsymbol{BA}$;

(3) $\boldsymbol{A}^2=\boldsymbol{A}$, $\boldsymbol{B}^2=\boldsymbol{B}$, 证明 $(\boldsymbol{A}+\boldsymbol{B})^2=\boldsymbol{A}+\boldsymbol{B}$ 当且仅当 $\boldsymbol{AB}+\boldsymbol{BA}=\boldsymbol{O}$.

15. 如果 $\boldsymbol{A}^{\mathrm{T}}=-\boldsymbol{A}$, 则称 $\boldsymbol{A}$ 为反对称阵. 设 $\boldsymbol{A},\boldsymbol{B}$ 是两个反对称阵.

(1) $\boldsymbol{A}^2$ 是对称阵;

(2) $\boldsymbol{AB}-\boldsymbol{BA}$ 是反对称阵;

(3) $\boldsymbol{AB}$ 是对称阵的充分必要条件是 $\boldsymbol{A}$ 与 $\boldsymbol{B}$ 可交换;

(4) 任一 n 阶矩阵都可以表示为一个对称阵与一个反对称阵的和.

16. 设 $\boldsymbol{A}\in\mathbb{F}^{n\times n}$, 如果对 $\mathbb{F}^{n\times 1}$ 中的所有向量 $\boldsymbol{X}=(x_1,x_2,\cdots,x_n)^{\mathrm{T}}$ 都有 $\boldsymbol{AX}=\boldsymbol{O}$, 那么 $\boldsymbol{A}=\boldsymbol{O}$.

17. 试证明 $(\boldsymbol{AB})^{\mathrm{T}}=\boldsymbol{B}^{\mathrm{T}}\boldsymbol{A}^{\mathrm{T}}$.

本章拓展题

1. 如果线性方程组

$$\begin{cases}x_1+x_2+x_3=1,\\x_1+2x_2+3x_3=2,\\2x_1+3x_2+\lambda x_3=3\end{cases}$$

有无穷多解, 求 λ 的值及方程组的通解.

2. 设空间中的三条直线

$$\begin{aligned}l_1:&\quad x_1+ax_2+bx_3=0,\\l_2:&\quad 2x_1+x_2+x_3=0,\\l_3:&\quad 3x_1+(a+1)x_2+(2-b)x_3=2\end{aligned}$$

有一公共点 $(-1,\ 1,\ 1)$, 求 a, b 的值及这三条直线的所有公共点.

3. 证明: 方程个数小于未知量个数的齐次线性方程组必有无穷多解.

4. 试给出线性方程组

$$\begin{cases} x_1 - x_2 = a_1, \\ x_2 - x_3 = a_2, \\ \quad \cdots\cdots \\ x_{n-1} - x_n = a_{n-1}, \\ x_n - x_1 = a_n \end{cases}$$

有解的一个充要条件，并证明之.

5. 解齐次线性方程组

$$\begin{cases} x_2 + x_3 + x_4 + \cdots + x_{n-1} + x_n = 0, \\ x_1 + x_3 + x_4 + \cdots + x_{n-1} + x_n = 0, \\ x_1 + x_2 + x_4 + \cdots + x_{n-1} + x_n = 0, \\ \qquad\qquad \cdots\cdots \\ x_1 + x_2 + x_3 + \cdots + x_{n-2} + x_{n-1} = 0, \end{cases}$$

其中 $n > 1$.

第 2 章　行列式的定义与展开

矩阵的秩是矩阵理论中的一个重要概念, 它由 J. J. Sylvester 于 1861 年引入. 矩阵的秩将贯穿本书的始终. 本书中, 它由行列式来定义. 本章我们将讨论行列式的基本理论、矩阵的秩的定义以及矩阵的秩在线性方程组的求解中所扮演的重要角色.

2.1　行列式的定义与等价刻画

尽管本书将行列式归结为方阵的行列式, 然而, 历史上, 行列式先于矩阵 160 多年由日本数学家关孝和和德国数学家 Leibniz (莱布尼茨) 在研究线性方程组的求解过程中产生. 本书所用的关于 n 阶行列式的定义由瑞典数学家 Cramer (克拉默) 形成.

设 $\boldsymbol{A}$ 是数域 $\mathbb{F}$ 上的一个 n 阶方阵. 记由 $\boldsymbol{A}$ 中划去第 i 行及第 j 列的所有元素后剩余下来的元素保持它们原有的相对位置关系不变所形成的 $n-1$ 阶方阵为 $\boldsymbol{B}_{ij}$. 下面我们归纳地给出 n 阶行列式的定义.

行列式的多种定义方法

定义 2.1.1　设 $\mathbb{F}_{n\times n}$ 是数域 $\mathbb{F}$ 上的所有 n 阶方阵组成的集合. 如果映射

$$\begin{aligned}\det:\ \mathbb{F}^{n\times n} &\longrightarrow \mathbb{F},\\ \boldsymbol{A}_{n\times n} &\longmapsto \det(\boldsymbol{A}),\end{aligned}$$

满足下列条件:

(1) 当 $n=1$ 时, $\det(a_{11})=a_{11}$;

(2) 对任意的 $n>1$,

$$\det(\boldsymbol{A}) = a_{11}\cdot(-1)^{1+1}\det(\boldsymbol{B}_{11}) + \cdots + a_{1j}\cdot(-1)^{1+j}\det(\boldsymbol{B}_{1j}) + \cdots + a_{1n}\cdot(-1)^{1+n}\det(\boldsymbol{B}_{1n}),$$

则称 $\det(\boldsymbol{A})$ 为 n **阶方阵 $\boldsymbol{A}$ 的行列式** (或 n **阶行列式**). 记 $\det(\boldsymbol{A}) \triangleq |\boldsymbol{A}|$.

对于一个矩阵 (未必是方阵) 而言, 有时候我们还需要考虑其部分元素所形成的**矩阵的子式**.

对于一个方阵 $\boldsymbol{A}$, 我们称行列式 $M_{ij}=|\boldsymbol{B}_{ij}|$ 为元素 a_{ij} 的**余子式**, 称 $A_{ij}=(-1)^{i+j}M_{ij}$ 为 a_{ij} 的**代数余子式**.

由定义, 显然有

$$\det(\boldsymbol{A})=a_{11}A_{11}+\cdots+a_{1j}A_{1j}+\cdots+a_{1n}A_{1n}.$$

本章中, 如果没有特别的说明, 我们所说的行列式总是指某个数域 $\mathbb{F}$ 上的一个 n 阶方阵的行列式.

依定义 2.1.1 可知, $|\boldsymbol{A}|$ 实际上是定义了一个 n^2 个变量的函数. 通常称行列式中连接 a_{11} 和 a_{nn} 的直线为行列式的**主对角线**, 连接 a_{1n} 和 a_{n1} 的直线为行列式的**副对角线**.

例 2.1.1 一阶行列式 $|a_{11}|=a_{11}$, 请大家注意与绝对值的区别.

例 2.1.2 二阶行列式的计算.

$$\begin{vmatrix} a_{11} & a_{12} \\ a_{21} & a_{22} \end{vmatrix}=a_{11}\cdot(-1)^{1+1}|a_{22}|+a_{12}\cdot(-1)^{1+2}|a_{21}|=a_{11}a_{22}-a_{12}a_{21}.$$

二阶行列式计算的直观解释: 若用主副对角线来划分二阶行列式的元素, 则二阶行列式的值等于主对角线上的元素之积减去副对角线上元素之积 (图 2.1.1(a)).

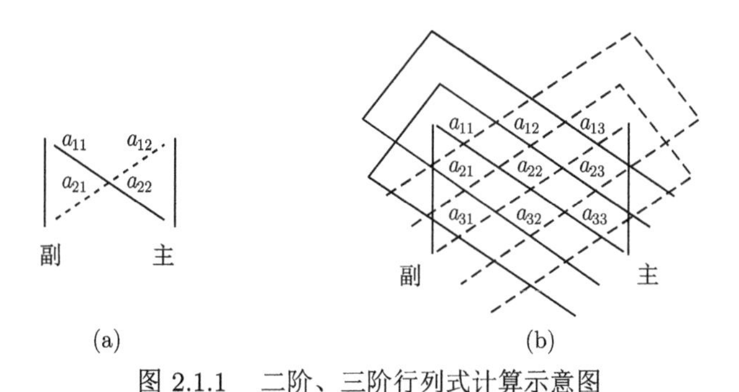

图 2.1.1 二阶、三阶行列式计算示意图

例 2.1.3 三阶行列式的计算. 由行列式的定义 2.1.1 可得

$$\begin{aligned}\begin{vmatrix} a_{11} & a_{12} & a_{13} \\ a_{21} & a_{22} & a_{23} \\ a_{31} & a_{32} & a_{33} \end{vmatrix}&=a_{11}\cdot(-1)^{1+1}\det(\boldsymbol{B}_{11})+a_{12}\cdot(-1)^{1+2}\det(\boldsymbol{B}_{12})\\&\quad+a_{13}\cdot(-1)^{1+3}\det(\boldsymbol{B}_{13})\end{aligned}$$

$$
\begin{aligned}
&= a_{11}(a_{22}a_{33} - a_{23}a_{32}) - a_{12}(a_{21}a_{33} - a_{23}a_{31}) \\
&\quad + a_{13}(a_{21}a_{32} - a_{22}a_{31}) \\
&= (a_{11}a_{22}a_{33} + a_{13}a_{21}a_{32} + a_{12}a_{23}a_{31}) \\
&\quad - (a_{13}a_{22}a_{31} + a_{11}a_{23}a_{32} + a_{12}a_{21}a_{33}).
\end{aligned}
$$

上式可以看成行列式三条实线上元素之积的和减去三条虚线上元素积之和 (图 2.1.1(b)).

注　虽然二阶和三阶行列式的计算具有非常直观的解释, 但四阶以上的行列式却没有这样类似的容易记忆的直观解释.

设 $n \geqslant 1$ 为一整数, 一个 n-**排列**是指由 $1, 2, \cdots, n$ 这 n 个数所形成的一个有序数列, 且每个数在数列中出现且仅出现一次. 依排列组合理论知, 对于给定的 n, 共有 $n!$ 个互不相同的 n-排列.

设 $1 \leqslant k < l \leqslant n$, 如果 $i_k > i_l$, 则称 i_k 与 i_l 构成 n-排列

$$
i_1 \cdots i_k \cdots i_l \cdots i_n \tag{2.1.1}
$$

的一个**逆序** (或者**逆序对**). n-排列 (2.1.1) 的逆序 (或者逆序对) 的数目称为 (2.1.1) 的**逆序数**, 记作 $\tau(i_1 i_2 \cdots i_n)$.

若记 $\tau(i_j)$ 表示 (2.1.1) 中排在 i_j 后比 i_j 小的数的个数 $(1 \leqslant j \leqslant n-1)$, 则

$$
\tau(i_1 i_2 \cdots i_n) = \tau(i_1) + \tau(i_2) + \cdots + \tau(i_{n-1}) = \sum_{j=1}^{n-1} \tau(i_j).
$$

若记 $\tau'(i_j)$ 表示 (2.1.1) 中排在 i_j 之前的比 i_j 大的数的数目 $(2 \leqslant j \leqslant n)$, 则

$$
\tau(i_1, i_2 \cdots i_n) = \tau'(i_2) + \cdots + \tau'(i_n) = \sum_{j=2}^{n} \tau'(i_j).
$$

比如, 5-排列 53412 的逆序数 $\tau(53412) = 8$. n-排列 $123 \cdots n$ 的逆序数 $\tau(123 \cdots n) = 0$. 通常, 我们称 $123 \cdots n$ 为一个**自然序排列**.

若 n-排列 (2.1.1) 的逆序数 $\tau(i_1 i_2 \cdots i_n)$ 为奇数, 则称 (2.1.1) 为一个**奇排列**, 否则称之为**偶排列**.

交换 (2.1.1) 中第 k 个位置与第 l 个位置上的数, 保持 (2.1.1) 中其他数的位置不变而形成一个新的 n-排列

$$
i_1 \cdots i_l \cdots i_k \cdots i_n \tag{2.1.2}
$$

的过程称为一次**对换**.

定理 2.1.1 设 $n \geqslant 2$, 则一次对换改变 n-排列的奇偶性.

证明 设 (2.1.2) 由 (2.1.1) 经过一次对换 i_k 和 $i_l(k<l)$ 所得. 我们只要证明 (2.1.2) 改变了 (2.1.1) 的奇偶性即可. 证明分两步:

第一步: 设 $l=k+1$, 即 (2.1.2) 是由 (2.1.1) 经一次相邻数 i_k 和 i_{k+1} 的对换所得的. 于是

$$\tau(i_1\cdots i_{k+1}i_k\cdots i_n)=\begin{cases}\tau(i_1\cdots i_k i_{k+1}\cdots i_n)-1, & i_k>i_{k+1},\\ \tau(i_1\cdots i_k i_{k+1}\cdots i_n)+1, & i_k<i_{k+1},\end{cases}$$

故 (2.1.1) 与 (2.1.2) 具有不同的奇偶性, 即这样的对换改变了 n-排列的奇偶性.

第二步: 设 $l \geqslant k+2$, 则由 (2.1.1) 经过一次对换 i_k 和 i_l 而得到 (2.1.2) 可看成先在 (2.1.1) 中把 i_k 逐次与相邻的后一个数对换, 经 $l-k$ 次对换化为 n-排列

$$i_1\cdots i_{k-1}i_{k+1}\cdots i_l i_k\cdots i_n, \tag{2.1.3}$$

然后, 在 (2.1.3) 中将 i_l 逐次与前一个相邻的数对换, 经 $l-k-1$ 次对换而形成 (2.1.2), 故共经过了 $2(l-k)-1$ 次对换. 依第一步的结论, 我们共改变了奇数次奇偶性. 因此, (2.1.2) 的奇偶性与 (2.1.1) 不同, 即 n-排列的奇偶性已改变. 定理得证. □

定理 2.1.2 设 $n \geqslant 2$, 那么在所有的 n-排列中, 偶排列的个数和奇排列的个数相等, 均为 $\dfrac{n!}{2}$.

证明 对于 $n>1$, 把所有的 n 元偶排列组成的集合记为 A_n, 把所有的 n 元奇排列组成的集合记为 B_n. 作对换 $(1,2)$, 由于对换改变排列的奇偶性, 因此它给出 A_n 到 B_n 的一个映射 f.

设 $a_1a_2\cdots a_n, b_1b_2\cdots b_n \in A_n$, 若 $f(a_1a_2\cdots a_n)=f(b_1b_2\cdots b_n)$, 则 $f(f(a_1a_2\cdots a_n))=f(f(b_1b_2\cdots b_n))$, 由于 f^2 是恒等映射, 所以 $a_1a_2\cdots a_n=b_1b_2\cdots b_n$, 因此 f 是单射. 任取一个 n 元奇排列 $d_1d_2\cdots d_n$, 则 $f(d_1d_2\cdots d_n)$ 是偶排列, 并且 $f(f(d_1d_2\cdots d_n))=d_1d_2\cdots d_n$, 因此 f 是满射, 从而得出 f 是双射. 故有 $|A_n|=|B_n|$.

又因 n 元排列的个数为 $n!$, 故 $|A_n|=|B_n|=\dfrac{n!}{2}$. □

定理 2.1.3 设 $\boldsymbol{A}=(a_{ij})_n$ 是数域 $\mathbb{F}$ 上的一个 n 阶方阵, 则

$$\det(\boldsymbol{A})=\sum_{j_1j_2\cdots j_n}(-1)^{\tau(j_1j_2\cdots j_n)}a_{1j_1}a_{2j_2}\cdots a_{nj_n}, \tag{2.1.4}$$

这里 $j_1j_2\cdots j_n$ 表示一个 n-排列, $\sum\limits_{j_1j_2\cdots j_n}$ 表示对所有的 n-排列求和.

证明 当 $n=1$ 时, 结论显然成立.

假设 $n=t-1$ 时结论成立, 下证 $n=t$ 时也成立.

记 $\langle n\rangle=\{1,2,\cdots,n\}$. 由归纳假设, 得

$$\det(\boldsymbol{B}_{11})=\sum_{j_2,\cdots,j_n\in\langle n\rangle\setminus\{1\}}(-1)^{\tau(j_2\cdots j_n)}a_{2j_2}\cdots a_{nj_n},$$

$$\cdots\cdots$$

$$\det(\boldsymbol{B}_{1j})=\sum_{j_2,\cdots,j_n\in\langle n\rangle\setminus\{j\}}(-1)^{\tau(j_2\cdots j_n)}a_{2j_2}\cdots a_{nj_n},$$

$$\cdots\cdots$$

$$\det(\boldsymbol{B}_{1n})=\sum_{j_2,\cdots,j_n\in\langle n\rangle\setminus\{n\}}(-1)^{\tau(j_2\cdots j_n)}a_{2j_2}\cdots a_{nj_n}.$$

对任意的 $1\leqslant j\leqslant n$, 如果 $j_2,\cdots,j_n\in\langle n\rangle\setminus\{j\}$, 则

$$(-1)^{1+j}(-1)^{\tau(j_2\cdots j_n)}=(-1)^{j-1+\tau(j_2\cdots j_n)}=(-1)^{\tau(jj_2\cdots j_n)}.$$

由行列式的定义, 有

$$\begin{aligned}\det(\boldsymbol{A})&=a_{11}\cdot(-1)^{1+1}|\boldsymbol{B}_{11}|+\cdots+a_{1j}\cdot(-1)^{1+j}|\boldsymbol{B}_{1j}|+\cdots+a_{1n}\cdot(-1)^{1+n}|\boldsymbol{B}_{1n}|\\&=\sum_{j_2,\cdots,j_n\in\langle n\rangle\setminus\{1\}}(-1)^{1+1}(-1)^{\tau(j_2\cdots j_n)}a_{11}a_{2j_2}\cdots a_{nj_n}+\cdots\\&\quad+\sum_{j_2,\cdots,j_n\in\langle n\rangle\setminus\{j\}}(-1)^{1+j}(-1)^{\tau(j_2\cdots j_n)}a_{1j}a_{2j_2}\cdots a_{nj_n}+\cdots\\&\quad+\sum_{j_2,\cdots,j_n\in\langle n\rangle\setminus\{n\}}(-1)^{1+n}(-1)^{\tau(j_2\cdots j_n)}a_{1n}a_{2j_2}\cdots a_{nj_n}\\&=\sum_{j_2,\cdots,j_n\in\langle n\rangle\setminus\{1\}}(-1)^{\tau(1j_2\cdots j_n)}a_{11}a_{2j_2}\cdots a_{nj_n}+\cdots\\&\quad+\sum_{j_2,\cdots,j_n\in\langle n\rangle\setminus\{j\}}(-1)^{\tau(jj_2\cdots j_n)}a_{1j}a_{2j_2}\cdots a_{nj_n}+\cdots\\&\quad+\sum_{j_2,\cdots,j_n\in\langle n\rangle\setminus\{n\}}(-1)^{\tau(nj_2\cdots j_n)}a_{1n}a_{2j_2}\cdots a_{nj_n}\\&=\sum_{j_1j_2\cdots j_n}(-1)^{\tau(j_1j_2\cdots j_n)}a_{1j_1}a_{2j_2}\cdots a_{nj_n}.\end{aligned}$$

由数学归纳法, 结论成立. □

注 在定理 2.1.3 中,

(1) (2.1.4) 中每个单项式在方阵 $\boldsymbol{A}$ 的每行 (每列) 中仅取一个元素.

(2) (2.1.4) 中每个单项式中元素的行标取定标准排列顺序, 列标任意选取, 从而总共获得 $n!$ 个单项式取和.

例 2.1.4 试证
$$\begin{vmatrix} a_{11} & a_{12} & \cdots & a_{1n} \\ & a_{22} & \cdots & a_{2n} \\ & & \ddots & \vdots \\ & & & a_{nn} \end{vmatrix} = \prod_{i=1}^{n} a_{ii} = \begin{vmatrix} a_{11} & & & \\ a_{21} & a_{22} & & \\ \vdots & \vdots & \ddots & \\ a_{n1} & a_{n2} & \cdots & a_{nn} \end{vmatrix},$$
这里, 主对角线一侧的空白表示该部分元素均为 0, 通常, 我们称上式左边的行列式为**上三角 (形) 行列式**, 而称右边的行列式为**下三角 (形) 行列式**.

证明 我们先证明第一个等式成立. 依据定义 2.1.1, 对于所讨论的行列式, (2.1.4) 中参加求和的乘积项中, 最后一行元素不取 a_{nn} 的项均为 0, 故只需考虑第 n 行元素仅取 a_{nn} 的乘积项. 由于在这样的乘积项中, 第 $n-1$ 行的元素只能在前 $n-1$ 列中选取, 同理, 第 $n-1$ 行的元素只需取 $a_{n-1,n-1}$. 依次类推, 知第 i 行元素只需取 a_{ii} 即可 $(i=1,2,\cdots,n)$. 从而
$$\begin{vmatrix} a_{11} & a_{12} & \cdots & a_{1n} \\ & a_{22} & \cdots & a_{2n} \\ & & \ddots & \vdots \\ & & & a_{nn} \end{vmatrix} = (-1)^{\tau(12\cdots n)} a_{11}a_{22}\cdots a_{nn} = a_{11}a_{22}\cdots a_{nn} = \prod_{i=1}^{n} a_{ii}.$$
同理可证
$$\begin{vmatrix} a_{11} & & & \\ a_{21} & a_{22} & & \\ \vdots & \vdots & \ddots & \\ a_{n1} & a_{n2} & \cdots & a_{nn} \end{vmatrix} = a_{11}a_{22}\cdots a_{nn} = \prod_{i=1}^{n} a_{ii}.$$
□

诚然, 如果按 (2.1.4) 来计算一个 n 阶的行列式, 则共需要 $(n-1)n!$ 次乘法. 当 n 足够大时, 计算实际上是无法实现的. 因此需要研究行列式的一些性质来简化计算. 为此目的, 我们先讨论 (2.1.4) 的几种等价形式.

引理 2.1.4 设 $s<t$ 为两个正整数, n-排列 $i_1\cdots i_t\cdots i_s\cdots i_n$ 和 $j_1\cdots j_t\cdots j_s\cdots j_n$ 分别由 n-排列 $i_1\cdots i_s\cdots i_t\cdots i_n$ 和 $j_1\cdots j_s\cdots j_t\cdots j_n$ 经过对换第 s 个和第 t 个位置上的数所得, 则
$$(-1)^{\tau(i_1\cdots i_s\cdots i_t\cdots i_n)+\tau(j_1\cdots j_s\cdots j_t\cdots j_n)} = (-1)^{\tau(i_1\cdots i_t\cdots i_s\cdots i_n)+\tau(j_1\cdots j_t\cdots j_s\cdots j_n)}.$$

证明 由定理 2.1.1 的证明, 从 $i_1\cdots i_s\cdots i_t\cdots i_n$ 化为 $i_1\cdots i_t\cdots i_s\cdots i_n$ 经过了 $2(t-s)-1$ 次相邻位置的对换. 同理, 从 $j_1\cdots j_s\cdots j_t\cdots j_n$ 到 $j_1\cdots j_t\cdots j_s\cdots j_n$ 经过了 $2(t-s)-1$ 次相邻位置的对换. 故 $\tau(i_1\cdots i_t\cdots i_s\cdots i_n)+\tau(j_1\cdots j_t\cdots j_s\cdots j_n)$ 和 $\tau(i_1\cdots i_s\cdots i_t\cdots i_n)+\tau(j_1\cdots j_s\cdots j_t\cdots j_n)$ 相差了偶数次对换 ($4(t-s)-2$ 次). 故 $(-1)^{\tau(i_1\cdots i_t\cdots i_s\cdots i_n)+\tau(i_1\cdots i_t\cdots i_s\cdots i_n)}=(-1)^{\tau(i_1\cdots i_s\cdots i_t\cdots i_n)+\tau(j_1\cdots j_s\cdots j_t\cdots j_n)}$. □

定理 2.1.5 设 $\boldsymbol{A}=(a_{ij})_n$ 是数域 $\mathbb{F}$ 上的一个 n 阶方阵. 则

(1) $|\boldsymbol{A}| \xlongequal{\text{行的某一 } n\text{-排列} i_1i_2\cdots i_n \text{选定}} \sum\limits_{j_1j_2\cdots j_n}(-1)^{\tau(i_1i_2\cdots i_n)+\tau(j_1j_2\cdots j_n)}a_{i_1j_1}a_{i_2j_2}\cdots a_{i_nj_n}$;

(2) $|\boldsymbol{A}| \xlongequal{\text{列的自然序排列}} \sum\limits_{i_1i_2\cdots i_n}(-1)^{\tau(i_1i_2\cdots i_n)}a_{i_11}a_{i_22}\cdots a_{i_nn}$;

(3) $|\boldsymbol{A}| \xlongequal{\text{列的某一 } n\text{-排列} j_1j_2\cdots j_n \text{选定}} \sum\limits_{i_1i_2\cdots i_n}(-1)^{\tau(i_1i_2\cdots i_n)+\tau(j_1j_2\cdots j_n)}a_{i_1j_1}a_{i_2j_2}\cdots a_{i_nj_n}$.

证明 (1) 选定一个 n-排列 $i_1i_2\cdots i_n$, 显然, 标准排列 $12\cdots n$ 可经由一系列的对换变为选定排列 $i_1i_2\cdots i_n$. 记这一系列的对换过程为 σ, 即

$$12\cdots n \xrightarrow{\sigma} i_1i_2\cdots i_n.$$

任取 (2.1.4) 等号右端中的单项式 $(-1)^{\tau(j_1j_2\cdots j_n)}a_{1t_1}a_{2t_2}\cdots a_{nt_n}$, 当其行标排成的自然排列经过互换过程 σ 变为 $i_1i_2\cdots i_n$ 时, 其列标排成的排列 $t_1t_2\cdots t_n$ 也变为了一个新排列 $j_1j_2\cdots j_n$. 特别地, 因为互换过程一样, 当 $t_1t_2\cdots t_n$ 取遍所有的 n-排列时, 排列 $j_1j_2\cdots j_n$ 也必然取遍所有的 n-排列.

又由引理 2.1.4, 我们有

$$\begin{aligned}
|\boldsymbol{A}| &= \sum_{t_1t_2\cdots t_n}(-1)^{\tau(t_1t_2\cdots t_n)}a_{1t_1}a_{2t_2}\cdots a_{nt_n}\\
&= \sum_{t_1t_2\cdots t_n}(-1)^{\tau(12\cdots n)+\tau(t_1t_2\cdots t_n)}a_{1t_1}a_{2t_2}\cdots a_{nt_n}\\
&= \sum_{j_1j_2\cdots j_n}(-1)^{\tau(i_1i_2\cdots i_n)+\tau(j_1j_2\cdots j_n)}a_{i_1j_1}a_{i_2j_2}\cdots a_{i_nj_n}.
\end{aligned}$$

(1) 得证.

(2) 任意给定两个不同的 n-排列 $j_1j_2\cdots j_n$ 与 $t_1t_2\cdots t_n$, 设分别经由一系列的对换 σ_1, σ_2 变为标准排列, 即

$$j_1j_2\cdots j_n \xrightarrow{\sigma_1} 12\cdots n,$$

$$t_1t_2\cdots t_n \xrightarrow{\sigma_2} 12\cdots n.$$

则必有

$$12\cdots n \xrightarrow{\sigma_1} i_1i_2\cdots i_n,$$

$$12\cdots n \xrightarrow{\sigma_2} s_1s_2\cdots s_n,$$

且排列 $i_1i_2\cdots i_n$ 与 $s_1s_2\cdots s_n$ 也互异. 事实上, 如果排列 $i_1i_2\cdots i_n = s_1s_2\cdots s_n$, 则说明对换过程 σ_1, σ_2 的对换效果是一样的. 因此也必有 $j_1j_2\cdots j_n = t_1t_2\cdots t_n$, 此为矛盾. 所以当 $j_1j_2\cdots j_n$ 取遍所有的 n-排列时, $i_1i_2\cdots i_n$ 也取遍所有的 n-排列.

由引理 2.1.4, 我们有

$$\begin{aligned}
|\boldsymbol{A}| &= \sum_{j_1j_2\cdots j_n}(-1)^{\tau(j_1j_2\cdots j_n)}a_{1j_1}a_{2j_2}\cdots a_{nj_n}\\
&= \sum_{j_1j_2\cdots j_n}(-1)^{\tau(12\cdots n)+\tau(j_1j_2\cdots j_n)}a_{1j_1}a_{2j_2}\cdots a_{nj_n}\\
&= \sum_{i_1i_2\cdots i_n}(-1)^{\tau(i_1i_2\cdots i_n)+\tau(12\cdots n)}a_{i_11}a_{i_22}\cdots a_{i_nn}\\
&= \sum_{i_1i_2\cdots i_n}(-1)^{\tau(i_1i_2\cdots i_n)}a_{i_11}a_{i_22}\cdots a_{i_nn}.
\end{aligned}$$

(2) 得证.

(3) 由 (2), 类似于 (1) 的方法可证. □

习 题 2.1

1. 计算以下排列的逆序数, 从而确定它们的奇偶性:

(1) 135786492; (2) 76254813; (3) $13\cdots(2n-1)(2n)(2n-2)\cdots 2$;

(4) $147\cdots(3n-2)258\cdots(3n-1)$.

2. 选择 i 与 j 使

(1) $52i4167j9$ 成奇排列; (2) $217i86j54$ 成偶排列.

3. 如果排列 $x_1x_2\cdots x_{n-1}x_n$ 的逆序数为 k, 排列 $x_nx_{n-1}\cdots x_2x_1$ 的逆序数是多少?

4. 写出把排列 12345 变成 54321 的所有对换.

5. 确定下列各项前面的符号:

(1) $a_{12}a_{21}a_{34}a_{45}a_{53}$;

(2) $a_{25}a_{34}a_{51}a_{72}a_{66}a_{17}a_{43}$.

6. 设排列 $x_1x_2\cdots x_n$ 的逆序数为 k,

(1) 试证明可经过 k 次对换, 把 $x_1x_2\cdots x_n$ 变成排列 $12\cdots n$;

(2) 试问上述对换是不是最少次数的对换.

7. 试证明 $\begin{vmatrix} a_{11} & \cdots & a_{1,n-1} & a_{1n} \\ a_{21} & \cdots & a_{2,n-1} & \\ \vdots & \iddots & & \\ a_{n1} & & & \end{vmatrix} = \begin{vmatrix} & & & a_{1n} \\ & & a_{2,n-1} & a_{2n} \\ & \iddots & \vdots & \vdots \\ a_{n1} & \cdots & a_{n,n-1} & a_{nn} \end{vmatrix}$, 并求其值.

8. 计算下列行列式的值:

(1) $\begin{vmatrix} a_{11} & 0 & 0 & a_{14} \\ 0 & a_{22} & a_{23} & 0 \\ 0 & a_{32} & a_{33} & 0 \\ a_{41} & 0 & 0 & a_{44} \end{vmatrix}$; (2) $\begin{vmatrix} 0 & 1 & 0 & \cdots & 0 \\ 0 & 0 & 2 & \cdots & 0 \\ \vdots & \vdots & \vdots & & \vdots \\ 0 & 0 & 0 & \cdots & n-1 \\ n & 0 & 0 & \cdots & 0 \end{vmatrix}$.

9. 证明: 如果 n 阶方阵 $\boldsymbol{A}$ 的元素全为 2 或 -2, 则 2^{2n-1} 整除 $|\boldsymbol{A}|$.

2.2 行列式的性质

性质 2.2.1 $|\boldsymbol{A}| = |\boldsymbol{A}^{\mathrm{T}}|$ (或者 $|\boldsymbol{A}| = |\boldsymbol{A}'|$).

证明 设 $\boldsymbol{A} = (a_{ij})_{n\times n}$, $\boldsymbol{A}^{\mathrm{T}} = (b_{ij})_{n\times n}$, 则 $b_{ij} = a_{ji}$, $i, j = 1, 2, \cdots, n$.

$$\begin{aligned} |\boldsymbol{A}^{\mathrm{T}}| = |b_{ij}|_n &= \sum_{j_1 j_2 \cdots j_n} (-1)^{\tau(j_1 j_2 \cdots j_n)} b_{1j_1} b_{2j_2} \cdots b_{nj_n} \\ &= \sum_{j_1 j_2 \cdots j_n} (-1)^{\tau(j_1 j_2 \cdots j_n)} a_{j_1 1} a_{j_2 2} \cdots a_{j_n n} \\ &= |\boldsymbol{A}| \end{aligned}$$

成立. □

性质 2.2.1 可解释为**行列式的转置不改变其值**. 它也说明在行列式的计算中, 行与列是对称的, 即关于行成立的性质, 关于列也同样成立. 基于此, 在本节行列式性质的证明中, 我们仅证明行相关的性质.

性质 2.2.2 交换行列式的两个行 (列) 对应元素的位置, 行列式变号.

证明 设将 $\boldsymbol{A} = (a_{ij})_{n\times n}$ 交换其第 l 行、第 k 行对应元素位置后所得的矩阵记为 $\boldsymbol{B} = (b_{ij})_{n\times n}$. 不妨设 $l < k$, 则

$$b_{ij} = \begin{cases} a_{ij}, & i \neq l, \quad i \neq k, \\ a_{lj}, & i = k, \\ a_{kj}, & i = l, \end{cases} \qquad i, j = 1, 2, \cdots, n.$$

于是,

$$
\begin{aligned}
|\boldsymbol{B}| &= \sum_{j_1\cdots j_l\cdots j_k\cdots j_n} (-1)^{\tau(j_1\cdots j_l\cdots j_k\cdots j_n)} b_{1j_1}\cdots b_{lj_l}\cdots b_{kj_k}\cdots b_{nj_n} \\
&= \sum_{j_1\cdots j_l\cdots j_k\cdots j_n} (-1)^{\tau(j_1\cdots j_l\cdots j_k\cdots j_n)} a_{1j_1}\cdots a_{kj_l}\cdots a_{lj_k}\cdots a_{nj_n} \\
&= (-1)^{\tau(1\cdots k\cdots l\cdots n)} \sum_{j_1\cdots j_l\cdots j_k\cdots j_n} (-1)^{\tau(1\cdots k\cdots l\cdots n)+\tau(j_1\cdots j_l\cdots j_k\cdots j_n)} \\
&\quad \cdot a_{1j_1}\cdots a_{kj_l}\cdots a_{lj_k}\cdots a_{nj_n} \\
&= -|\boldsymbol{A}|,
\end{aligned}
$$

这里 $1\cdots k\cdots l\cdots n$ 为自然排列对换第 l 个和第 k 个元素位置所形成的新排列. □

推论 2.2.3 若行列式的两行 (列) 对应位置的元素均相同, 则行列式值为 0.

性质 2.2.4 行列式的某行 (列) 元素均乘以常数 k 所形成的新行列式的值等于 k 乘以原行列式的值.

证明 用 k 去乘以 $\boldsymbol{A}=(a_{ij})_n$ 的第 i 行的每个元素, 则

$$
\begin{aligned}
\begin{vmatrix} a_{11} & a_{12} & \cdots & a_{1n} \\ \vdots & \vdots & & \vdots \\ ka_{i1} & ka_{i2} & \cdots & ka_{in} \\ \vdots & \vdots & & \vdots \\ a_{n1} & a_{n2} & \cdots & a_{nn} \end{vmatrix} &= \sum_{j_1\cdots j_i\cdots j_n} (-1)^{\tau(j_1\cdots j_i\cdots j_n)} a_{1j_1}\cdots (ka_{ij_i})\cdots a_{nj_n} \\
&= k\sum_{j_1\cdots j_i\cdots j_n} (-1)^{\tau(j_1\cdots j_i\cdots j_n)} a_{1j_1}\cdots a_{ij_i}\cdots a_{nj_n} \\
&= k\begin{vmatrix} a_{11} & a_{12} & \cdots & a_{1n} \\ \vdots & \vdots & & \vdots \\ a_{i1} & a_{i2} & \cdots & a_{in} \\ \vdots & \vdots & & \vdots \\ a_{n1} & a_{n2} & \cdots & a_{nn} \end{vmatrix}.
\end{aligned}
$$

□

性质 2.2.5 若行列式的某行 (列) 元素均是另一行 (列) 对应元素的 k 倍, 则行列式值为 0.

证明 令 $\boldsymbol{A}=(a_{ij})_n$, 不妨设 $1\leqslant i<j\leqslant n$, 且 $a_{il}=ka_{jl}, l=1,2,\cdots,n$. 则依推论 2.2.3及性质 2.2.4,

$$|\boldsymbol{A}|=\begin{vmatrix} a_{11} & a_{12} & \cdots & a_{1n} \\ \vdots & \vdots & & \vdots \\ ka_{j1} & ka_{j2} & \cdots & ka_{jn} \\ \vdots & \vdots & & \vdots \\ a_{j1} & a_{j2} & \cdots & a_{jn} \\ \vdots & \vdots & & \vdots \\ a_{n1} & a_{n2} & \cdots & a_{nn} \end{vmatrix}=k\begin{vmatrix} a_{11} & a_{12} & \cdots & a_{1n} \\ \vdots & \vdots & & \vdots \\ a_{j1} & a_{j2} & \cdots & a_{jn} \\ \vdots & \vdots & & \vdots \\ a_{j1} & a_{j2} & \cdots & a_{jn} \\ \vdots & \vdots & & \vdots \\ a_{n1} & a_{n2} & \cdots & a_{nn} \end{vmatrix}=0. \qquad \square$$

性质 2.2.6 (行列式的分拆性质) 若行列式 $|a_{ij}|$ 的第 i 行 (列) 元素 $a_{ij}=b_{ij}+c_{ij}(a_{ji}=b_{ji}+c_{ji}), j=1,2,\cdots,n$, 则关于行成立

$$\begin{vmatrix} a_{11} & a_{12} & \cdots & a_{1n} \\ \vdots & \vdots & & \vdots \\ b_{i1}+c_{i1} & b_{i2}+c_{i2} & \cdots & b_{in}+c_{in} \\ \vdots & \vdots & & \vdots \\ a_{n1} & a_{n2} & \cdots & a_{nn} \end{vmatrix}=\begin{vmatrix} a_{11} & a_{12} & \cdots & a_{1n} \\ \vdots & \vdots & & \vdots \\ b_{i1} & b_{i2} & \cdots & b_{in} \\ \vdots & \vdots & & \vdots \\ a_{n1} & a_{n2} & \cdots & a_{nn} \end{vmatrix}+\begin{vmatrix} a_{11} & a_{12} & \cdots & a_{1n} \\ \vdots & \vdots & & \vdots \\ c_{i1} & c_{i2} & \cdots & c_{in} \\ \vdots & \vdots & & \vdots \\ a_{n1} & a_{n2} & \cdots & a_{nn} \end{vmatrix},$$

关于列成立

$$\begin{vmatrix} a_{11} & \cdots & b_{1i}+c_{1i} & \cdots & a_{1n} \\ a_{21} & \cdots & b_{2i}+c_{2i} & \cdots & a_{2n} \\ \vdots & & \vdots & & \vdots \\ a_{n1} & \cdots & b_{ni}+c_{ni} & \cdots & a_{nn} \end{vmatrix}=\begin{vmatrix} a_{11} & \cdots & b_{1i} & \cdots & a_{1n} \\ a_{21} & \cdots & b_{2i} & \cdots & a_{2n} \\ \vdots & & \vdots & & \vdots \\ a_{n1} & \cdots & b_{ni} & \cdots & a_{nn} \end{vmatrix}$$

$$
+\begin{vmatrix} a_{11} & \cdots & c_{1i} & \cdots & a_{1n} \\ a_{21} & \cdots & c_{2i} & \cdots & a_{2n} \\ \vdots & & \vdots & & \vdots \\ a_{n1} & \cdots & c_{ni} & \cdots & a_{nn} \end{vmatrix},
$$

上述等式两侧的行列式中，第 i 行 (列) 以外相同位置的对应元素均相同.

证明 依定义

$$
\begin{aligned}
|\boldsymbol{A}| &= \sum_{j_1\cdots j_i\cdots j_n} (-1)^{\tau(j_1\cdots j_i\cdots j_n)} a_{1j_1}\cdots a_{ij_i}\cdots a_{nj_n} \\
&= \sum_{j_1\cdots j_i\cdots j_n} (-1)^{\tau(j_1\cdots j_i\cdots j_n)} a_{1j_1}\cdots (b_{ij_i}+c_{ij_i})\cdots a_{nj_n} \\
&= \sum_{j_1\cdots j_i\cdots j_n} (-1)^{\tau(j_1\cdots j_i\cdots j_n)} a_{1j_1}\cdots b_{ij_i}\cdots a_{nj_n} \\
&\quad + \sum_{j_1\cdots j_i\cdots j_n} (-1)^{\tau(j_1\cdots j_i\cdots j_n)} a_{1j_1}\cdots c_{ij_i}\cdots a_{nj_n} \\
&= \begin{vmatrix} a_{11} & a_{12} & \cdots & a_{1n} \\ \vdots & \vdots & & \vdots \\ b_{i1} & b_{i2} & \cdots & b_{in} \\ \vdots & \vdots & & \vdots \\ a_{n1} & a_{n2} & \cdots & a_{nn} \end{vmatrix} + \begin{vmatrix} a_{11} & a_{12} & \cdots & a_{1n} \\ \vdots & \vdots & & \vdots \\ c_{i1} & c_{i2} & \cdots & c_{in} \\ \vdots & \vdots & & \vdots \\ a_{n1} & a_{n2} & \cdots & a_{nn} \end{vmatrix}.
\end{aligned}
$$

□

性质 2.2.7 行列式的某行 (列) 元素均乘以常数 c 加到另一行 (列) 的对应元素上所形成的行列式与原行列式同值.

证明 设矩阵 $\boldsymbol{A}=(a_{ij})_{n\times n}$ 的第 l 行各元素乘以 c 加到第 k 行对应元素上所得到的矩阵为 $\boldsymbol{B}=(b_{ij})_{n\times n}$. 当 $1\leqslant k<l\leqslant n$ 时, 有

$$
b_{ij}=\begin{cases} a_{ij}, & i\neq k, \\ a_{kj}+ca_{lj}, & i=k, \end{cases} \quad i,j=1,2,\cdots,n.
$$

则依据性质 2.2.6,

$$|\boldsymbol{B}| = \begin{vmatrix} a_{11} & \cdots & a_{1n} \\ \vdots & & \vdots \\ a_{k1}+ca_{l1} & \cdots & a_{kn}+ca_{ln} \\ \vdots & & \vdots \\ a_{l1} & \cdots & a_{ln} \\ \vdots & & \vdots \\ a_{n1} & \cdots & a_{nn} \end{vmatrix} = \begin{vmatrix} a_{11} & \cdots & a_{1n} \\ \vdots & & \vdots \\ a_{k1} & \cdots & a_{kn} \\ \vdots & & \vdots \\ a_{l1} & \cdots & a_{ln} \\ \vdots & & \vdots \\ a_{n1} & \cdots & a_{nn} \end{vmatrix} + \begin{vmatrix} a_{11} & \cdots & a_{1n} \\ \vdots & & \vdots \\ ca_{l1} & \cdots & ca_{ln} \\ \vdots & & \vdots \\ a_{l1} & \cdots & a_{ln} \\ \vdots & & \vdots \\ a_{n1} & \cdots & a_{nn} \end{vmatrix}$$

$$= |\boldsymbol{A}| + 0 = |\boldsymbol{A}|.$$

结论成立. 同理可证, 结论当 $1 \leqslant l < k \leqslant n$ 时亦成立. □

习惯上，该性质被称为行列式的**倍加**性质. 因此, **倍加不改变行列式的值**.

例 2.2.1 计算

$$D = \begin{vmatrix} 3 & 1 & -1 & 2 \\ -5 & 1 & 3 & -4 \\ 2 & 0 & 1 & -1 \\ 1 & -5 & 3 & -3 \end{vmatrix}.$$

解

$$D \xlongequal{C_{12}} -\begin{vmatrix} 1 & 3 & -1 & 2 \\ 1 & -5 & 3 & -4 \\ 0 & 2 & 1 & -1 \\ -5 & 1 & 3 & -3 \end{vmatrix} \xlongequal[R_4+5R_1]{R_2-R_1} -\begin{vmatrix} 1 & 3 & -1 & 2 \\ 0 & -8 & 4 & -6 \\ 0 & 2 & 1 & -1 \\ 0 & 16 & -2 & 7 \end{vmatrix}$$

$$\xlongequal{R_{23}} \begin{vmatrix} 1 & 3 & -1 & 2 \\ 0 & 2 & 1 & -1 \\ 0 & -8 & 4 & -6 \\ 0 & 16 & -2 & 7 \end{vmatrix} \xlongequal[R_4-8R_2]{R_3+4R_2} \begin{vmatrix} 1 & 3 & -1 & 2 \\ 0 & 2 & 1 & -1 \\ 0 & 0 & 8 & -10 \\ 0 & 0 & -10 & 15 \end{vmatrix}$$

$$\xlongequal{R_4+\frac{5}{4}R_3} \begin{vmatrix} 1 & 3 & -1 & 2 \\ 0 & 2 & 1 & -1 \\ 0 & 0 & 8 & -10 \\ 0 & 0 & 0 & \dfrac{5}{2} \end{vmatrix} = 40.$$

例 2.2.2 计算

$$D=\begin{vmatrix}1&2&3&4\\2&3&4&1\\3&4&1&2\\4&1&2&3\end{vmatrix}.$$

解

$$D=\begin{vmatrix}1&2&3&4\\2&3&4&1\\3&4&1&2\\4&1&2&3\end{vmatrix}\xlongequal[R_4-4R_1]{\substack{R_2-2R_1\\R_3-3R_1}}\begin{vmatrix}1&2&3&4\\0&-1&-2&-7\\0&-2&-8&-10\\0&-7&-10&-13\end{vmatrix}$$

$$=-2\begin{vmatrix}1&2&3&4\\0&-1&-2&-7\\0&1&4&5\\0&-7&-10&-13\end{vmatrix}\xlongequal[R_4-7R_2]{R_3+R_2}-2\begin{vmatrix}1&2&3&4\\0&-1&-2&-7\\0&0&2&-2\\0&0&4&36\end{vmatrix}$$

$$\xlongequal{R_4-2R_3}-2\begin{vmatrix}1&2&3&4\\0&-1&-2&-7\\0&0&2&-2\\0&0&0&40\end{vmatrix}=160.$$

例 2.2.3 化简行列式

$$\begin{vmatrix}b+c&c+a&a+b\\b_1+c_1&c_1+a_1&a_1+b_1\\b_2+c_2&c_2+a_2&a_2+b_2\end{vmatrix}.$$

解

$$\begin{vmatrix}b+c&c+a&a+b\\b_1+c_1&c_1+a_1&a_1+b_1\\b_2+c_2&c_2+a_2&a_2+b_2\end{vmatrix}$$

$$\xlongequal[\text{列分拆}]{\text{按第一}}\begin{vmatrix}b&c+a&a+b\\b_1&c_1+a_1&a_1+b_1\\b_2&c_2+a_2&a_2+b_2\end{vmatrix}+\begin{vmatrix}c&c+a&a+b\\c_1&c_1+a_1&a_1+b_1\\c_2&c_2+a_2&a_2+b_2\end{vmatrix}$$

$$= \begin{vmatrix} b & c+a & a \\ b_1 & c_1+a_1 & a_1 \\ b_2 & c_2+a_2 & a_2 \end{vmatrix} + \begin{vmatrix} c & a & a+b \\ c_1 & a_1 & a_1+b_1 \\ c_2 & a_2 & a_2+b_2 \end{vmatrix}$$

$$= \begin{vmatrix} b & c & a \\ b_1 & c_1 & a_1 \\ b_2 & c_2 & a_2 \end{vmatrix} + \begin{vmatrix} c & a & b \\ c_1 & a_1 & b_1 \\ c_2 & a_2 & b_2 \end{vmatrix}$$

$$= 2\begin{vmatrix} a & b & c \\ a_1 & b_1 & c_1 \\ a_2 & b_2 & c_2 \end{vmatrix}.$$

习　题　2.2

1. 计算下列行列式的值:

(1) $\begin{vmatrix} a_1 & a_2 & a_3 & a_4 & a_5 \\ b_1 & b_2 & b_3 & b_4 & b_5 \\ c_1 & c_2 & 0 & 0 & 0 \\ d_1 & d_2 & 0 & 0 & 0 \\ e_1 & e_2 & 0 & 0 & 0 \end{vmatrix}$;　　(2) $\begin{vmatrix} 1 & -1 & \cdots & -1 & -1 \\ 1 & 1 & \cdots & -1 & -1 \\ \vdots & \vdots & & \vdots & \vdots \\ 1 & 1 & \cdots & 1 & -1 \\ 1 & 1 & \cdots & 1 & 1 \end{vmatrix}_{n\times n}$;

(3) $\begin{vmatrix} 1998 & 1999 & 2000 \\ 2001 & 2002 & 2003 \\ 2004 & 2005 & 2006 \end{vmatrix}$;　　(4) $\begin{vmatrix} 1 & 0 & 0 & 0 & 0 & 0 \\ e & 2 & 0 & 0 & 0 & 0 \\ f & g & 3 & 0 & 0 & 0 \\ b_{11} & b_{12} & b_{13} & 0 & 0 & 1 \\ b_{21} & b_{22} & b_{23} & 0 & 2 & u \\ a_{31} & a_{32} & a_{33} & 3 & v & t \end{vmatrix}$;

(5) $\begin{vmatrix} 7 & 2 & 2 & 2 & 2 \\ 2 & 7 & 2 & 2 & 2 \\ 2 & 2 & 7 & 2 & 2 \\ 2 & 2 & 2 & 7 & 2 \\ 2 & 2 & 2 & 2 & 7 \end{vmatrix}$;　　(6) $\begin{vmatrix} a & b & \cdots & b & b \\ b & a & \cdots & b & b \\ \vdots & \vdots & & \vdots & \vdots \\ b & b & \cdots & a & b \\ b & b & \cdots & b & a \end{vmatrix}_{n\times n}$;

(7) $\begin{vmatrix} a^2 & (a+1)^2 & (a+2)^2 & (a+3)^2 \\ b^2 & (b+1)^2 & (b+2)^2 & (b+3)^2 \\ c^2 & (c+1)^2 & (c+2)^2 & (c+3)^2 \\ d^2 & (d+1)^2 & (d+2)^2 & (d+3)^2 \end{vmatrix}$;　(8) $\begin{vmatrix} 1 & 1 & 1 & 1 \\ 1 & 2 & -2 & x \\ 1 & 4 & 4 & x^2 \\ 1 & 8 & -8 & x^3 \end{vmatrix}$.

2. 计算下列行列式的值:

(1) $\begin{vmatrix} 1 & b & c & 0 & 0 & 0 \\ 0 & 0 & 3 & 0 & 0 & 0 \\ a_{11} & a_{12} & a_{13} & 0 & 2 & d \\ a_{21} & a_{22} & a_{23} & 0 & 0 & 1 \\ a_{31} & a_{32} & a_{33} & 3 & e & f \\ 0 & 2 & g & 0 & 0 & 0 \end{vmatrix}$;　(2) $\begin{vmatrix} a-b-c & 2a & 2a \\ 2b & b-a-c & 2b \\ 2c & 2c & c-a-b \end{vmatrix}$;

(3) $\begin{vmatrix} 2a_1-\sum\limits_{i=1}^{n}a_i & 2a_1 & 2a_1 & \cdots & 2a_1 \\ 2a_2 & 2a_2-\sum\limits_{i=1}^{n}a_i & 2a_2 & \cdots & 2a_2 \\ 2a_3 & 2a_3 & 2a_3-\sum\limits_{i=1}^{n}a_i & \cdots & 2a_3 \\ \vdots & \vdots & \vdots & & \vdots \\ 2a_n & 2a_n & 2a_n & \cdots & 2a_n-\sum\limits_{i=1}^{n}a_i \end{vmatrix}$;

(4) $\begin{vmatrix} 1 & 2 & 3 & 4 & \cdots & n-1 & n \\ 1 & 1 & 2 & 3 & \cdots & n-2 & n-1 \\ 1 & x & 1 & 2 & \cdots & n-3 & n-2 \\ 1 & x & x & 1 & \cdots & n-4 & n-3 \\ \vdots & \vdots & \vdots & \vdots & & \vdots & \vdots \\ 1 & x & x & x & \cdots & 1 & 2 \\ 1 & x & x & x & \cdots & x & 1 \end{vmatrix}$ $(n \geqslant 3)$;

(5) $\begin{vmatrix} x & y & 0 & \cdots & 0 & 0 \\ 0 & x & y & \cdots & 0 & 0 \\ \vdots & \vdots & \vdots & & \vdots & \vdots \\ 0 & 0 & 0 & \cdots & x & y \\ y & 0 & 0 & \cdots & 0 & x \end{vmatrix}$;　(6) $\begin{vmatrix} a_1 & -a_1 & 0 & \cdots & 0 & 0 \\ 0 & a_2 & -a_2 & \cdots & 0 & 0 \\ \vdots & \vdots & \vdots & & \vdots & \vdots \\ 0 & 0 & 0 & \cdots & a_n & -a_n \\ b & b & b & \cdots & b & b \end{vmatrix}$;

(7) $\begin{vmatrix} 1 & 2 & 2 & \cdots & 2 \\ 2 & 2 & 2 & \cdots & 2 \\ 2 & 2 & 3 & \cdots & 2 \\ \vdots & \vdots & \vdots & & \vdots \\ 2 & 2 & 2 & \cdots & n \end{vmatrix}$;　(8) $\begin{vmatrix} x & -1 & 0 & \cdots & 0 & 0 \\ 0 & x & -1 & \cdots & 0 & 0 \\ \vdots & \vdots & \vdots & & \vdots & \vdots \\ 0 & 0 & 0 & \cdots & x & -1 \\ a_n & a_{n-1} & a_{n-2} & \cdots & a_2 & a_1+x \end{vmatrix}$;

(9) $\begin{vmatrix} a_1-b_1 & a_1-b_2 & \cdots & a_1-b_n \\ a_2-b_1 & a_2-b_2 & \cdots & a_2-b_n \\ \vdots & \vdots & & \vdots \\ a_n-b_1 & a_n-b_2 & \cdots & a_n-b_n \end{vmatrix}$;

(10) $\begin{vmatrix} a_0+a_1 & a_1 & 0 & \cdots & 0 & 0 \\ a_1 & a_1+a_2 & a_2 & \cdots & 0 & 0 \\ 0 & a_2 & a_2+a_3 & \cdots & 0 & 0 \\ \vdots & \vdots & \vdots & & \vdots & \vdots \\ 0 & 0 & 0 & \cdots & a_{n-2}+a_{n-1} & a_{n-1} \\ 0 & 0 & 0 & \cdots & a_{n-1} & a_{n-1}+a_n \end{vmatrix}$.

2.3 行列式的展开与 Laplace 定理

本节讨论行列式的递推性质——按某些行 (列) 展开行列式.

2.3.1 行列式按某行 (列) 展开

定理 2.3.1 $\forall 1 \leqslant i \leqslant n$,

$$|\boldsymbol{A}|_n = a_{i1}A_{i1} + a_{i2}A_{i2} + \cdots + a_{in}A_{in} = \sum_{k=1}^{n} a_{ik}A_{ik}(\text{称为}|\boldsymbol{A}|_n\text{按第 } i \text{ 行展开}) \tag{2.3.1}$$

$$= a_{1i}A_{1i} + a_{2i}A_{2i} + \cdots + a_{ni}A_{ni} = \sum_{k=1}^{n} a_{ki}A_{ki}(\text{称为}|\boldsymbol{A}|_n\text{按第 } i \text{ 列展开}). \tag{2.3.2}$$

证明　由行列式的性质 2.2.2 以及定义 2.1.1, 有

$$|\boldsymbol{A}| = \begin{vmatrix} a_{11} & a_{12} & \cdots & a_{1n} \\ a_{21} & a_{22} & \cdots & a_{2n} \\ \vdots & \vdots & & \vdots \\ a_{i1} & a_{i2} & \cdots & a_{in} \\ \vdots & \vdots & & \vdots \\ a_{n1} & a_{n2} & \cdots & a_{nn} \end{vmatrix} = (-1)^{i-1} \begin{vmatrix} a_{i1} & a_{i2} & \cdots & a_{in} \\ a_{11} & a_{12} & \cdots & a_{1n} \\ \vdots & \vdots & & \vdots \\ a_{i-1,1} & a_{i-1,2} & \cdots & a_{i-1,n} \\ a_{i+1,1} & a_{i+1,2} & \cdots & a_{i+1,n} \\ \vdots & \vdots & & \vdots \\ a_{n1} & a_{n2} & \cdots & a_{nn} \end{vmatrix}$$

$$\begin{aligned} &= (-1)^{i-1}(a_{i1}(-1)^{1+1} \cdot M_{i1} + a_{i2}(-1)^{1+2} \cdot M_{i2} + \cdots \\ &\quad + a_{ij}(-1)^{1+j} \cdot M_{ij} + \cdots + a_{in}(-1)^{1+n} \cdot M_{in}) \\ &= a_{i1}((-1)^{i+1}M_{i1}) + a_{i2}((-1)^{i+2}M_{i2}) + \cdots \\ &\quad + a_{ij}((-1)^{i+j}M_{ij}) + \cdots + a_{in}((-1)^{i+n}M_{in}) \\ &= a_{i1}A_{i1} + a_{i2}A_{i2} + \cdots + a_{ij}A_{ij} + \cdots + a_{in}A_{in}. \end{aligned}$$

再由性质 2.2.1, $|\boldsymbol{A}| = |\boldsymbol{A}^{\mathrm{T}}|$, 知结论对列展开也成立. □

进一步, 有如下重要公式:

$$\sum_{k=1}^{n} a_{ik}A_{jk} = \begin{cases} |\boldsymbol{A}|, & i=j, \\ 0, & i \neq j. \end{cases} \tag{2.3.3}$$

事实上, 当 $i=j$ 时, (2.3.3) 的第一部分即为定理 2.3.1 的结论. 当 $i \neq j$ 时, (2.3.3) 中等式左边项等于 $|\boldsymbol{A}|$ 的第 j 行元素由第 i 行对应元素替换所成的新行列式按第 j 行展开的展开式, 而此时, 新行列式由于第 i 行与第 j 行对应元素相同, 故行列式为 0, 公式成立.

引入如下记号:

$$\delta_{ij} = \begin{cases} 1, & i=j, \\ 0, & i \neq j. \end{cases}$$

它通常称为 Kronecker δ 记号, 在数学中常常出现. 利用这个记号, 上面的公式可以写成

$$\sum_{k=1}^{n} a_{ik}A_{jk} = \delta_{ij}|\boldsymbol{A}|.$$

例 2.3.1 计算行列式

$$D = \begin{vmatrix} 1 & 2 & 3 & 4 \\ 1 & 0 & 1 & 2 \\ 3 & -1 & -1 & 0 \\ 1 & 2 & 0 & -5 \end{vmatrix}.$$

解

$$D \xlongequal[R_4+2R_3]{R_1+2R_3} \begin{vmatrix} 7 & 0 & 1 & 4 \\ 1 & 0 & 1 & 2 \\ 3 & -1 & -1 & 0 \\ 7 & 0 & -2 & -5 \end{vmatrix}$$

$$= -1 \times (-1)^{3+2} \begin{vmatrix} 7 & 1 & 4 \\ 1 & 1 & 2 \\ 7 & -2 & -5 \end{vmatrix}$$

$$\xlongequal[R_3+2R_2]{R_1-R_2}\begin{vmatrix} 6 & 0 & 2 \\ 1 & 1 & 2 \\ 9 & 0 & -1 \end{vmatrix}$$

$$= 1 \times (-1)^{2+2}\begin{vmatrix} 6 & 2 \\ 9 & -1 \end{vmatrix} = -24.$$

例 2.3.2　证明

$$D_n = \begin{vmatrix} 1 & 1 & \cdots & 1 \\ x_1 & x_2 & \cdots & x_n \\ x_1^2 & x_2^2 & \cdots & x_n^2 \\ \vdots & \vdots & & \vdots \\ x_1^{n-1} & x_2^{n-1} & \cdots & x_n^{n-1} \end{vmatrix} = \prod_{1\leqslant i<j\leqslant n}(x_j - x_i) \quad (n \geqslant 2),$$

其中, 记号“$\prod$”表示全体同类因子的乘积. 通常称 D_n 为 Vandermonde (范德蒙德) 行列式.

证明

$$D_n \xlongequal[\substack{\vdots \\ R_2-x_nR_1}]{\substack{R_n-x_nR_{n-1} \\ R_{n-1}-x_nR_{n-2}}} \begin{vmatrix} 1 & 1 & \cdots & 1 & 1 \\ x_1-x_n & x_2-x_n & \cdots & x_{n-1}-x_n & 0 \\ x_1^2-x_1x_n & x_2^2-x_2x_n & \cdots & x_{n-1}^2-x_{n-1}x_n & 0 \\ \vdots & \vdots & & \vdots & \vdots \\ x_1^{n-1}-x_1^{n-2}x_n & x_2^{n-1}-x_2^{n-2}x_n & \cdots & x_{n-1}^{n-1}-x_{n-1}^{n-2}x_n & 0 \end{vmatrix},$$

将上式右端按第 n 列展开, 再提出各列公因子可得

$$D_n = (-1)^{1+n}(x_1-x_n)(x_2-x_n)\cdots(x_{n-1}-x_n)\begin{vmatrix} 1 & 1 & \cdots & 1 \\ x_1 & x_2 & \cdots & x_{n-1} \\ x_1^2 & x_2^2 & \cdots & x_{n-1}^2 \\ \vdots & \vdots & & \vdots \\ x_1^{n-2} & x_2^{n-2} & \cdots & x_{n-1}^{n-2} \end{vmatrix}$$

$$= (x_n-x_1)(x_n-x_2)\cdots(x_n-x_{n-1})D_{n-1},$$

这里, D_{n-1} 为 $n-1$ 阶的 Vandermonde 行列式. 同理,

$$D_{n-1} = (x_{n-1}-x_1)(x_{n-1}-x_2)\cdots(x_{n-1}-x_{n-2})D_{n-2}.$$

如此继续可得

$$
\begin{aligned}
D_n =&(x_n - x_1)(x_n - x_2)\cdots(x_n - x_{n-2})(x_n - x_{n-1})\\
&\cdot (x_{n-1} - x_1)(x_{n-1} - x_2)\cdots(x_{n-1} - x_{n-2})\\
&\quad \cdots\cdots\\
&\cdot (x_2 - x_1)\\
=&\prod_{1\leqslant i<j\leqslant n}(x_j - x_i).
\end{aligned}
$$

□

例 2.3.3 计算 n 阶行列式

$$
D_n = \begin{vmatrix} a+x_1 & a & \cdots & a \\ a & a+x_2 & \cdots & a \\ \vdots & \vdots & & \vdots \\ a & a & \cdots & a+x_n \end{vmatrix}.
$$

解 由最后一列, 把 D_n 分拆成两个行列式的和:

$$
\begin{aligned}
D_n =& \begin{vmatrix} a+x_1 & a & \cdots & a & a \\ a & a+x_2 & \cdots & a & a \\ \vdots & \vdots & & \vdots & \vdots \\ a & a & \cdots & a+x_{n-1} & a \\ a & a & \cdots & a & a \end{vmatrix} \\
&+ \begin{vmatrix} a+x_1 & a & \cdots & a & 0 \\ a & a+x_2 & \cdots & a & 0 \\ \vdots & \vdots & & \vdots & \vdots \\ a & a & \cdots & a+x_{n-1} & 0 \\ a & a & \cdots & a & x_n \end{vmatrix} \\
=& \begin{vmatrix} x_1 & 0 & \cdots & 0 & a \\ 0 & x_2 & \cdots & 0 & a \\ \vdots & \vdots & & \vdots & \vdots \\ 0 & 0 & \cdots & x_{n-1} & a \\ 0 & 0 & \cdots & 0 & a \end{vmatrix} + x_n D_{n-1}
\end{aligned}
$$

$$= x_1x_2\cdots x_{n-1}a + x_nD_{n-1}.$$

同理,

$$D_{n-1} = x_1x_2\cdots x_{n-2}a + x_{n-1}D_{n-2}, \cdots, D_2 = x_1a + x_2D_1,$$

故

$$D_n = x_1x_2\cdots x_n + a(x_1x_2\cdots x_{n-1} + \cdots + x_1x_3\cdots x_n + x_2x_3\cdots x_n).$$

当 $m = n$ 时, 1.1 节中的方程组 (1.1.1) 为如下形式:

$$\begin{cases} a_{11}x_1 + a_{12}x_2 + \cdots + a_{1n}x_n = b_1, \\ a_{21}x_1 + a_{22}x_2 + \cdots + a_{2n}x_n = b_2, \\ \qquad\cdots\cdots \\ a_{n1}x_1 + a_{n2}x_2 + \cdots + a_{nn}x_n = b_n, \end{cases} \tag{2.3.3}$$

它的系数矩阵构成的行列式, 记作

$$D = \begin{vmatrix} a_{11} & a_{12} & \cdots & a_{1n} \\ a_{21} & a_{22} & \cdots & a_{2n} \\ \vdots & \vdots & & \vdots \\ a_{n1} & a_{n2} & \cdots & a_{nn} \end{vmatrix}.$$

通常, 我们称 D 为方程组 (2.3.3) 的**系数行列式**.

定理 2.3.2 (Cramer 法则) *线性方程组 (2.3.3) 当其系数行列式 $D \neq 0$ 时, 有且仅有唯一解:*

$$x_j = \frac{D_j}{D}, \quad j = 1, 2, \cdots, n, \tag{2.3.4}$$

其中 D_j $(j = 1, 2, \cdots, n)$ 是将系数行列式 D 中的第 j 列元素 $a_{1j}, a_{2j}, \cdots, a_{nj}$ 对应地换为方程组的常数项 $b_1, b_2, \cdots, b_n$ 后得到的行列式.

证明 为证 (2.3.4) 式是方程组的解, 只需把它代入方程组 (2.3.3) 的每一个方程, 如果每一个方程的等式两端都相等, 则说明 (2.3.4) 是方程组 (2.3.3) 的一组解.

任取 $1 \leqslant i \leqslant n$, 将 (2.3.4) 代入方程组 (2.3.3) 的第 i 个方程的左端, 并把 D_j 按照第 j 列 $(j = 1, 2, \cdots, n)$ 展开, 得

$$a_{i1}\frac{D_1}{D} + a_{i2}\frac{D_2}{D} + \cdots + a_{in}\frac{D_n}{D}$$

$$
\begin{aligned}
&= \frac{1}{D}(a_{i1}D_1 + a_{i2}D_2 + \cdots + a_{in}D_n) \\
&= \frac{1}{D}\left(a_{i1}\sum_{i=1}^{n} b_i A_{i1} + a_{i2}\sum_{i=1}^{n} b_i A_{i2} + \cdots + a_{in}\sum_{i=1}^{n} b_i A_{in}\right) \\
&= \frac{1}{D}\left(b_1\sum_{j=1}^{n} a_{ij}A_{1j} + b_2\sum_{j=1}^{n} a_{ij}A_{2j} + \cdots + b_i\sum_{j=1}^{n} a_{ij}A_{ij} + \cdots + b_n\sum_{j=1}^{n} a_{ij}A_{nj}\right).
\end{aligned}
$$

根据 (2.3.3) 式知, 上式右端括号中只有 b_i 的系数是 D, 而其他 b_k $(k \neq i)$ 的系数都是零, 故

$$
a_{i1}\frac{D_1}{D} + a_{i2}\frac{D_2}{D} + \cdots + a_{in}\frac{D_n}{D} = \frac{1}{D}(b_i D) = b_i, \quad i = 1, 2, \cdots, n.
$$

这说明 (2.3.4) 式是方程组 (2.3.3) 的解.

再证解的唯一性. 任给方程组 (2.3.3) 的一个解

$$
x_1 = c_1,\ x_2 = c_2,\ \cdots,\ x_n = c_n, \tag{2.3.5}
$$

只需证 (2.3.5) 与 (2.3.4) 相同即可.

将 (2.3.5) 代入方程组 (2.3.3), 得

$$
\begin{cases}
a_{11}c_1 + a_{12}c_2 + \cdots + a_{1n}c_n = b_1, \\
a_{21}c_1 + a_{22}c_2 + \cdots + a_{2n}c_n = b_2, \\
\cdots\cdots \\
a_{n1}c_1 + a_{n2}c_2 + \cdots + a_{nn}c_n = b_n.
\end{cases} \tag{2.3.6}
$$

将行列式

$$
c_1 D = \begin{vmatrix} a_{11}c_1 & a_{12} & \cdots & a_{1n} \\ a_{21}c_1 & a_{22} & \cdots & a_{2n} \\ \vdots & \vdots & & \vdots \\ a_{n1}c_1 & a_{n2} & \cdots & a_{nn} \end{vmatrix}
$$

的第 $2, 3, \cdots, n$ 列分别乘以 $c_2, c_3, \cdots, c_n$ 后都加到第 1 列上, 得

$$
c_1 D = \begin{vmatrix} a_{11}c_1 + a_{12}c_2 + \cdots + a_{1n}c_n & a_{12} & \cdots & a_{1n} \\ a_{21}c_1 + a_{22}c_2 + \cdots + a_{2n}c_n & a_{22} & \cdots & a_{2n} \\ \vdots & \vdots & & \vdots \\ a_{n1}c_1 + a_{n2}c_2 + \cdots + a_{nn}c_n & a_{n2} & \cdots & a_{nn} \end{vmatrix}.
$$

根据 (2.3.6),

$$c_1D = \begin{vmatrix} b_1 & a_{12} & \cdots & a_{1n} \\ b_2 & a_{22} & \cdots & a_{2n} \\ \vdots & \vdots & & \vdots \\ b_n & a_{n2} & \cdots & a_{nn} \end{vmatrix} = D_1.$$

因 $D \neq 0$, 所以 $c_1 = \dfrac{D_1}{D}$. 同理可证, $c_2 = \dfrac{D_2}{D}$, $\cdots$, $c_n = \dfrac{D_n}{D}$. 这样, 我们证明 (2.3.3) 的任一个解实际上都是 (2.3.4), 即 (2.3.3) 的解是唯一的. □

2.3.2 行列式按多行 (列) 展开

$|\boldsymbol{A}|$ 的一个k **阶子式**是指取出 n 阶行列式 $|\boldsymbol{A}|$ 的 k $(k \leqslant n)$ 个行及 k 个列交叉位置上的元素, 保持它们相对位置关系不变所形成的 k 阶行列式. 若所选的行和列分别是第 $i_1, i_2, \cdots, i_k$ 行及第 $j_1, j_2, \cdots, j_k$ 列, 其中 $1 \leqslant i_1 < i_2 < \cdots < i_k \leqslant n, 1 \leqslant j_1 < j_2 < \cdots < j_k \leqslant n$. 则相应的 k 阶子式记作 $D\begin{pmatrix} i_1\, i_2 \cdots i_k \\ j_1\, j_2 \cdots j_k \end{pmatrix}$.

划去第 $i_1, i_2, \cdots, i_k$ 行, 第 $j_1, j_2, \cdots, j_k$ 列后, $|\boldsymbol{A}|$ 余下的部分保持元素间的相对位置关系不变将形成一个 $n-k$ 阶的行列式, 通常, 我们称之为 $D\begin{pmatrix} i_1\, i_2 \cdots i_k \\ j_1\, j_2 \cdots j_k \end{pmatrix}$ 的**余子式**, 记作 $M\begin{pmatrix} i_1\, i_2 \cdots i_k \\ j_1\, j_2 \cdots j_k \end{pmatrix}$. 我们称

$$A\begin{pmatrix} i_1\, i_2 \cdots i_k \\ j_1\, j_2 \cdots j_k \end{pmatrix} = (-1)^{i_1+i_2+\cdots+i_k+j_1+j_2+\cdots+j_k} M\begin{pmatrix} i_1\, i_2 \cdots i_k \\ j_1\, j_2 \cdots j_k \end{pmatrix}$$

为 $D\begin{pmatrix} i_1\, i_2 \cdots i_k \\ j_1\, j_2 \cdots j_k \end{pmatrix}$ 的**代数余子式**.

例如, $D\begin{pmatrix} 1 & 3 \\ 2 & 4 \end{pmatrix} = \begin{vmatrix} 3 & 4 \\ 1 & 2 \end{vmatrix}$ 是 $\begin{vmatrix} 1 & 3 & 2 & 4 \\ 0 & 2 & 1 & 0 \\ 3 & 1 & 2 & 2 \\ 1 & 0 & 1 & 0 \end{vmatrix}$ 的一个二阶子式. $M\begin{pmatrix} 1 & 3 \\ 2 & 4 \end{pmatrix} = \begin{vmatrix} 0 & 1 \\ 1 & 1 \end{vmatrix}$ 及 $A\begin{pmatrix} 1 & 3 \\ 2 & 4 \end{pmatrix} = (-1)^{1+3+2+4} M\begin{pmatrix} 1 & 3 \\ 2 & 4 \end{pmatrix} = M\begin{pmatrix} 1 & 3 \\ 2 & 4 \end{pmatrix}$ 分别是 $D\begin{pmatrix} 1 & 3 \\ 2 & 4 \end{pmatrix}$ 的余子式及代数余子式.

若 k 个行已选定, 则基于该 k 个行所能构成的 k 阶子式共有 C_n^k 个. 易知, 子式的余子式及代数余子式概念是元素的余子式及代数余子式的推广.

进一步, 我们有

定理 2.3.3 (Laplace 定理) 设 $|\boldsymbol{A}|$ 是一个 n 阶行列式, k 为整数 $(1 \leqslant k \leqslant n)$.

(1) 取定 $1 \leqslant i_1 < i_2 < \cdots < i_k \leqslant n$, 则

$$|\boldsymbol{A}| = \sum_{1 \leqslant j_1 < j_2 < \cdots < j_k \leqslant n} D\begin{pmatrix} i_1\ i_2\ \cdots\ i_k \\ j_1\ j_2\ \cdots\ j_k \end{pmatrix} A\begin{pmatrix} i_1\ i_2\ \cdots\ i_k \\ j_1\ j_2\ \cdots\ j_k \end{pmatrix} \tag{2.3.7}$$

(按第 $i_1, i_2, \cdots, i_k$ 行展开).

(2) 取定 $1 \leqslant j_1 < j_2 < \cdots < j_k \leqslant n$, 则

$$|\boldsymbol{A}| = \sum_{1 \leqslant i_1 < i_2 < \cdots < i_k \leqslant n} D\begin{pmatrix} i_1\ i_2\ \cdots\ i_k \\ j_1\ j_2\ \cdots\ j_k \end{pmatrix} A\begin{pmatrix} i_1\ i_2\ \cdots\ i_k \\ j_1\ j_2\ \cdots\ j_k \end{pmatrix}$$

(按第 $j_1, j_2, \cdots, j_k$ 列展开).

证明 只需证明 (1). (2.3.7) 式等号左边为 $n!$ 项的代数和, 右边的代数和中的项数为 $\mathrm{C}_n^k \cdot k!(n-k)! = n!$. 故 (2.3.7) 式右边的项数等于左边的项数. 如果我们能进一步证明右边的每一项都是左边的某一项，则右边的 $n!$ 项的代数和就恰好是左边的 $n!$ 项的代数和，从而右边与左边相等.

引入记号

$$\{i_1', i_2', \cdots, i_{n-k}'\} \in \{1, 2, \cdots, n\} \backslash \{i_1, i_2, \cdots, i_k\} \quad \text{且} \quad i_1' < i_2' < \cdots < i_{n-k}'.$$

对于 $1 \leqslant j_1 < j_2 < \cdots < j_k \leqslant n$, $\{j_1', j_2', \cdots, j_{n-k}'\} \in \{1, 2, \cdots, n\} \backslash \{j_1, j_2, \cdots, j_k\}$ 且 $j_1' < j_2' < \cdots < j_{n-k}'$.

$$\begin{aligned}
\text{右边} = & \sum_{1 \leqslant j_1 < j_2 < \cdots < j_k \leqslant n} D\begin{pmatrix} i_1\ i_2\ \cdots\ i_k \\ j_1\ j_2\ \cdots\ j_k \end{pmatrix} (-1)^{(i_1+i_2+\cdots+i_k)+(j_1+j_2+\cdots+j_k)} \\
& \cdot D\begin{pmatrix} i_1'\ i_2'\ \cdots\ i_{n-k}' \\ j_1'\ j_2'\ \cdots\ j_{n-k}' \end{pmatrix} \\
= & \sum_{1 \leqslant j_1 < j_2 < \cdots < j_k \leqslant n} \left(\sum_{p_1 p_2 \cdots p_k \in K_{j_1 j_2 \cdots j_k}} (-1)^{\tau(p_1 p_2 \cdots p_k)} a_{i_1 p_1} a_{i_2 p_2} \cdots a_{i_k p_k} \right) \\
& (-1)^{(i_1+i_2+\cdots+i_k)+(j_1+j_2+\cdots+j_k)}
\end{aligned}$$

$$\sum_{v_1v_2\cdots v_{n-k}\in K_{j_1'j_2'\cdots j_{n-k}'}}(-1)^{\tau(v_1v_2\cdots v_{n-k})}a_{i_1'v_1}a_{i_2'v_2}\cdots a_{i_{n-k}'v_{n-k}},$$

其中 $K_{j_1j_2\cdots j_k}$ 表示 $j_1,j_2,\cdots,j_k$ 的所有 k 元排列组成的集合, $K_{j_1'j_2'\cdots j_{n-k}'}$ 表示 $j_1'j_2'\cdots j_{n-k}'$ 的所有 $n-k$ 元排列组成的集合.

右边任取一项:

$$(-1)^{\tau(p_1p_2\cdots p_k)}a_{i_1p_1}a_{i_2p_2}\cdots a_{i_kp_k}(-1)^{(i_1+i_2+\cdots+i_k)+(j_1+j_2+\cdots+j_k)}$$
$$(-1)^{\tau(v_1v_2\cdots v_{n-k})}a_{i_1'v_1}a_{i_2'v_2}\cdots a_{i_{n-k}'v_{n-k}}. \quad ①$$

由行列式的等价定义:

$$|\boldsymbol{A}|=\sum_{s_1s_2\cdots s_n\in K_{12\cdots n}}(-1)^{(i_1i_2\cdots i_ki_1'i_2'\cdots i_{n-k}')+\tau(s_1s_2\cdots s_n)}a_{i_1s_1}a_{i_2s_2}\cdots$$
$$a_{i_ks_k}a_{i_1's_{k+1}}a_{i_2's_{k+2}}\cdots a_{i_{n-k}'s_n},$$

故 $|\boldsymbol{A}|$ 中有如下一项:

$$(-1)^{\tau(i_1i_2\cdots i_ki_1'i_2'\cdots i_{n-k}')+\tau(p_1p_2\cdots p_kv_1v_2\cdots v_{n-k})}a_{i_1p_1}a_{i_2p_2}\cdots a_{i_kp_k}a_{i_1'v_1}a_{i_2'v_2}\cdots a_{i_{n-k}'v_{n-k}}. \quad ②$$

关于排列, 我们有如下事实成立:

$$(-1)^{\tau(i_1i_2\cdots i_ki_1'i_2'\cdots i_{n-k}')}=(-1)^{(i_1-1)+(i_2-2)+\cdots(i_k-k)}=(-1)^{(i_1+i_2+\cdots+i_k)-(1+2+\cdots+k)},$$

$$(-1)^{\tau(j_1j_2\cdots j_kj_1'j_2'\cdots j_{n-k}')}=(-1)^{(j_1+j_2+\cdots+j_k)-(1+2+\cdots+k)},$$

$$\begin{aligned}(-1)^{\tau(j_1j_2\cdots j_kv_1v_2\cdots v_{n-k})}&=(-1)^{\tau(j_1j_2\cdots j_kj_1'j_2'\cdots j_{n-k}')+\tau(v_1v_2\cdots v_{n-k})}\\&=(-1)^{(j_1+j_2+\cdots+j_k)-(1+2+\cdots+k)+\tau(v_1v_2\cdots v_{n-k})},\end{aligned}$$

$$\begin{aligned}(-1)^{\tau(p_1p_2\cdots p_kv_1v_2\cdots v_{n-k})}&=(-1)^{\tau(j_1j_2\cdots j_kv_1v_2\cdots v_{n-k})+\tau(p_1p_2\cdots p_k)}\\&=(-1)^{(j_1+j_2+\cdots+j_k)-(1+2+\cdots+k)+\tau(v_1v_2\cdots v_{n-k})+\tau(p_1p_2\cdots p_k)}.\end{aligned}$$

因此

$$\begin{aligned}&(-1)^{\tau(i_1i_2\cdots i_ki_1'i_2'\cdots i_{n-k}')}(-1)^{\tau(p_1p_2\cdots p_kv_1v_2\cdots v_{n-k})}\\=\ &(-1)^{(i_1+i_2+\cdots+i_k)+(j_1+j_2+\cdots+j_k)}(-1)^{\tau(v_1v_2\cdots v_{n-k})}(-1)^{\tau(p_1p_2\cdots p_k)},\end{aligned}$$

于是 ① = ② , 即 (2.3.7) 式右端的每一项都是左端的一项, 这就证明了 (1) 成立. □

行列式按 k 行 (列) 展开定理在计算某些特殊类型的行列式时发挥重要的作用.

例 2.3.4 $\begin{vmatrix} \boldsymbol{A}_{r\times r} & \boldsymbol{O}_{r\times s} \\ \boldsymbol{C}_{s\times r} & \boldsymbol{B}_{s\times s} \end{vmatrix} = |\boldsymbol{A}||\boldsymbol{B}|.$

证明 在由前 r 个行的元素保持原来位置关系不变的 r 阶子式中, 非零子式仅可能是 $|\boldsymbol{A}|$. 由 Laplace 定理, 等式左端按前 r 行展开得

$$\begin{vmatrix} \boldsymbol{A}_{r\times r} & \boldsymbol{O}_{r\times s} \\ \boldsymbol{C}_{s\times r} & \boldsymbol{B}_{s\times s} \end{vmatrix} = |\boldsymbol{A}|(-1)^{1+2+\cdots+r+1+2+\cdots+r}|\boldsymbol{B}| = |\boldsymbol{A}||\boldsymbol{B}|.$$ □

同理可得

$$\begin{vmatrix} \boldsymbol{C}_{r\times s} & \boldsymbol{A}_{r\times r} \\ \boldsymbol{B}_{s\times s} & \boldsymbol{O}_{s\times r} \end{vmatrix} = (-1)^{rs}|\boldsymbol{A}||\boldsymbol{B}|.$$

定理 2.3.4 若 $\boldsymbol{A}$ 和 $\boldsymbol{B}$ 均为 $\mathbb{F}^{n\times n}$ 中的矩阵, 则 $|\boldsymbol{AB}| = |\boldsymbol{A}||\boldsymbol{B}|$.

证明 设 $\boldsymbol{A} = (a_{ij})_{n\times n}$, $\boldsymbol{B} = (b_{ij})_{n\times n}$, $\boldsymbol{C} = \boldsymbol{AB}$, 则

$$|\boldsymbol{A}||\boldsymbol{B}| = \begin{vmatrix} \boldsymbol{A} & \boldsymbol{O} \\ (-1)\boldsymbol{E} & \boldsymbol{B} \end{vmatrix} = \begin{vmatrix} a_{11} & \cdots & a_{1n} & 0 & \cdots & 0 \\ \vdots & & \vdots & \vdots & & \vdots \\ a_{n1} & \cdots & a_{nn} & 0 & \cdots & 0 \\ -1 & & & b_{11} & \cdots & b_{1n} \\ & \ddots & & \vdots & & \vdots \\ & & -1 & b_{n1} & \cdots & b_{nn} \end{vmatrix}$$

$$\xlongequal[j=1,2,\cdots,n]{C_{n+j}+\sum\limits_{i=1}^{k} b_{ij}C_i} \begin{vmatrix} \boldsymbol{A} & \boldsymbol{C} \\ (-1)\boldsymbol{E} & \boldsymbol{O} \end{vmatrix} = |\boldsymbol{C}| = |\boldsymbol{AB}|.$$ □

例 2.3.5 $\boldsymbol{AB} + \boldsymbol{E} = \boldsymbol{O}$, $|\boldsymbol{A}| = 2$, 求 $|\boldsymbol{B}|$.

解 $|\boldsymbol{B}| = \dfrac{1}{|\boldsymbol{A}|}|-\boldsymbol{E}| = \dfrac{1}{2}(-1)^n.$

习 题 2.3

1. 设行列式 $D_n = \begin{vmatrix} 1 & 2 & 3 & \cdots & n-1 & n \\ 1 & 1 & 0 & \cdots & 0 & 0 \\ 1 & 0 & 1 & \cdots & 0 & 0 \\ \vdots & \vdots & \vdots & & \vdots & \vdots \\ 1 & 0 & 0 & \cdots & 1 & 0 \\ 1 & 0 & 0 & \cdots & 0 & 1 \end{vmatrix}.$

(1) 计算 D_n;

(2) 设 A_{ij} 为 D_n 的第 i 行第 j 列元素的代数余子式, 求 $t_1A_{11}+t_2A_{12}+\cdots+t_nA_{1n}$.

2. 设 $n(n>1)$ 阶行列式 $D=|a_{ij}|_n=4$, 且 D 中各列元素之和均为 3, 并记元素 a_{ij} 的代数余子式为 A_{ij}. 求 $\sum\limits_{i=1}^{n}\sum\limits_{j=1}^{n}A_{ij}$.

3. 设将 n 阶行列式 $D=|a_{ij}|_n$ 的所有元素 a_{ij} 用关于副对角线对称的元素替换后所得的行列式记为 D'. 证明: $D=D'$.

4. 设 x_1, x_2, x_3 是多项式 $f(x)=x^3+px+q$ 的 3 个根, 计算行列式

$$\begin{vmatrix} x_1 & x_2 & x_3 & 1 \\ 2x_2 & 2x_3 & 2x_1 & 2 \\ 3x_3 & 3x_1 & 3x_2 & -6 \\ 4 & 4 & 4 & -8 \end{vmatrix}.$$

5. 设 $\mathbb{F}$ 是一个数域, 矩阵 $\boldsymbol{A}\in\mathbb{F}^{m\times m}$, $\boldsymbol{B}\in\mathbb{F}^{m\times n}$, $\boldsymbol{C}\in\mathbb{F}^{n\times m}$, $\boldsymbol{D}\in\mathbb{F}^{n\times n}$. 证明:

$$\begin{vmatrix} \boldsymbol{A} & \boldsymbol{B} \\ \boldsymbol{O} & \boldsymbol{D} \end{vmatrix}=\begin{vmatrix} \boldsymbol{D} & \boldsymbol{C} \\ \boldsymbol{O} & \boldsymbol{A} \end{vmatrix}.$$

6. 用 Cramer 法则求解下列方程组:

$$(1)\begin{cases} x_1+2x_2-x_3+3x_4=2, \\ 2x_1-x_2+3x_3-2x_4=7, \\ 3x_2-x_3+x_4=6, \\ x_1-x_2+x_3+4x_4=-4; \end{cases}$$

$$(2)\begin{cases} x+y+z=1, \\ x+\varepsilon y+\varepsilon^2 z=\varepsilon, \\ x+\varepsilon^2 y+\varepsilon z=\varepsilon^2, \end{cases}$$

其中 ε 为三次单位原根, 即 $\varepsilon\neq 1$ 且 $\varepsilon^3=1$ 的复数.

7. 计算下列行列式的值:

$$(1)\begin{vmatrix} 1 & 1 & \cdots & 1 \\ 2 & 2^2 & \cdots & 2^n \\ 3 & 3^2 & \cdots & 3^n \\ \vdots & \vdots & & \vdots \\ n & n^2 & \cdots & n^n \end{vmatrix};\qquad (2)\begin{vmatrix} 1 & 2 & 3 & \cdots & n \\ 2 & 3 & 4 & \cdots & 1 \\ 3 & 4 & 5 & \cdots & 2 \\ \vdots & \vdots & \vdots & & \vdots \\ n & 1 & 2 & \cdots & n-1 \end{vmatrix};$$

$$(3)\begin{vmatrix} x & y & y & \cdots & y & y \\ z & x & y & \cdots & y & y \\ \vdots & \vdots & \vdots & & \vdots & \vdots \\ z & z & z & \cdots & x & y \\ z & z & z & \cdots & z & x \end{vmatrix};\qquad (4)\begin{vmatrix} 1+x_1^2 & x_2x_1 & \cdots & x_nx_1 \\ x_1x_2 & 1+x_2^2 & \cdots & x_nx_2 \\ \vdots & \vdots & & \vdots \\ x_1x_n & x_2x_n & \cdots & 1+x_n^2 \end{vmatrix};$$

(5) $\begin{vmatrix} 1 & 1 & \cdots & 1 \\ x_1 & x_2 & \cdots & x_n \\ \vdots & \vdots & & \vdots \\ x_1^{n-2} & x_2^{n-2} & \cdots & x_n^{n-2} \\ x_1^n & x_2^n & \cdots & x_n^n \end{vmatrix}$.

8. 设 $s_k = x_1^k + x_2^k + \cdots + x_n^k, k = 0, 1, 2, \cdots$, 计算 $n+1$ 阶行列式的值.

$$D = \begin{vmatrix} s_0 & s_1 & \cdots & s_{n-1} & 1 \\ s_1 & s_2 & \cdots & s_n & x \\ \vdots & \vdots & & \vdots & \vdots \\ s_{n-1} & s_n & \cdots & s_{2n-2} & x^{n-1} \\ s_n & s_{n+1} & \cdots & s_{2n-1} & x^n \end{vmatrix}.$$

本章拓展题

1. 已知 $a \neq \pm b$, 试证线性方程组

$$\begin{cases} ax_1 + bx_{2n} = 1, \\ ax_2 + bx_{2n-1} = 1, \\ \qquad \cdots\cdots \\ ax_n + bx_{n+1} = 1, \\ bx_n + ax_{n+1} = 1, \\ bx_{n-1} + ax_{n+2} = 1, \\ bx_{n-2} + ax_{n+3} = 1, \\ \qquad \cdots\cdots \\ bx_1 + ax_{2n} = 1 \end{cases}$$

有唯一解, 并求解.

2. 已知 n 阶行列式 $D = |a_{ij}|_n \neq 0$, 证明: 线性方程组

$$\begin{cases} a_{11}x_1 + a_{12}x_2 + \cdots + a_{1,n-1}x_{n-1} = a_{1n}, \\ a_{21}x_1 + a_{22}x_2 + \cdots + a_{2,n-1}x_{n-1} = a_{2n}, \\ \qquad \cdots\cdots \\ a_{n1}x_1 + a_{n2}x_2 + \cdots + a_{n,n-1}x_{n-1} = a_{nn} \end{cases}$$

无解.

3. 平面上 4 点 $M_1(x_1, y_1)$, $M_2(x_2, y_2)$, $M_3(x_3, y_3)$, $M_4(x_4, y_4)$ 在同一圆周上的充要条件是什么?

4. 试求通过平面上点 $M_1(0,0)$, $M_2(1,0)$, $M_3(2,1)$, $M_4(1,1)$, $M_5(1,4)$ 的二次曲线方程.

5. 设 a,b,c 均不为零, 且互异, 试证明平面上 3 条不同直线

$$\begin{aligned} l_1: &\quad ax+by+c=0, \\ l_2: &\quad bx+cy+a=0, \\ l_3: &\quad cx+ay+b=0 \end{aligned}$$

相交于一点的充要条件为 $a+b+c=0$.

6. 计算下列行列式的值:

$$(1)\ \begin{vmatrix} x_1 & a & a & \cdots & a & a \\ b & x_2 & a & \cdots & a & a \\ b & b & x_3 & \cdots & a & a \\ \vdots & \vdots & \vdots & & \vdots & \vdots \\ b & b & b & \cdots & x_{n-1} & a \\ b & b & b & \cdots & b & x_n \end{vmatrix};$$

$$(2)\ \begin{vmatrix} a & a & \cdots & a & a & x \\ a & a & \cdots & a & x & b \\ a & a & \cdots & x & b & b \\ \vdots & \vdots & & \vdots & \vdots & \vdots \\ a & x & \cdots & b & b & b \\ x & b & \cdots & b & b & b \end{vmatrix};\qquad (3)\ \begin{vmatrix} 1 & 2 & 3 & \cdots & n-1 & n \\ a & 1 & 2 & \cdots & n-2 & n-1 \\ a & a & 1 & \cdots & n-3 & n-2 \\ \vdots & \vdots & \vdots & & \vdots & \vdots \\ a & a & a & \cdots & 1 & 2 \\ a & a & a & \cdots & a & 1 \end{vmatrix};$$

$$(4)\ \begin{vmatrix} 0 & 1 & 0 & 0 & \cdots & 0 & 0 \\ 1 & 0 & 1 & 0 & \cdots & 0 & 0 \\ 0 & 1 & 0 & 1 & \cdots & 0 & 0 \\ 0 & 0 & 1 & 0 & \cdots & 0 & 0 \\ \vdots & \vdots & \vdots & \vdots & & \vdots & \vdots \\ 0 & 0 & 0 & 0 & \cdots & 0 & 1 \\ 0 & 0 & 0 & 0 & \cdots & 1 & 0 \end{vmatrix};$$

$$(5)\ \begin{vmatrix} 2^n-2 & 2^{n-1}-2 & 2^{n-2}-2 & \cdots & 2^2-2 \\ 3^n-3 & 3^{n-1}-3 & 3^{n-2}-3 & \cdots & 3^2-3 \\ 4^n-4 & 4^{n-1}-4 & 4^{n-2}-4 & \cdots & 4^2-4 \\ \vdots & \vdots & \vdots & & \vdots \\ n^n-n & n^{n-1}-n & n^{n-2}-n & \cdots & n^2-n \end{vmatrix}.$$

7. 设 $\boldsymbol{A}=(a_{ij})_{n\times n}, \boldsymbol{B}=(b_{ij})_{n\times n}$ 是数域 $\mathbb{F}$ 上的两个 n 阶方阵. 证明: 如果对任意的 $1\leqslant i_0,\ j_0\leqslant n$, 有 $b_{i_0j_0}=2a_{i_0j_0}-\sum\limits_{j=1}^{n}a_{i_0j}$, 则

$$|\boldsymbol{B}|=(2-n)2^{n-1}|\boldsymbol{A}|.$$

8. 求证下列行列式等式成立:

$$\begin{vmatrix} a_1+kb_1 & b_1+c_1 & c_1 \\ a_2+kb_2 & b_2+c_2 & c_2 \\ a_3+kb_3 & b_3+c_3 & c_3 \end{vmatrix} = \begin{vmatrix} a_1 & b_1 & c_1 \\ a_2 & b_2 & c_2 \\ a_3 & b_3 & c_3 \end{vmatrix}.$$

9. 设 $\boldsymbol{A}(t)=(a_{ij}(t))_n$, $a_{ij}(t)$ 可导, 求证

$$\frac{\mathrm{d}}{\mathrm{d}t}|\boldsymbol{A}(t)| = \sum_{j=1}^{n} \begin{vmatrix} a_{11}(t) & \cdots & a'_{1j}(t) & \cdots & a_{1n}(t) \\ \vdots & & \vdots & & \vdots \\ a_{n1}(t) & \cdots & a'_{nj}(t) & \cdots & a_{nn}(t) \end{vmatrix}.$$

第 3 章　可逆矩阵　矩阵的秩

矩阵理论是线性代数重要的组成部分. 我们已经看到, 矩阵方法在线性方程组的求解中扮演了重要的角色. 实际上, 在科学技术、经济生活等领域中, 矩阵都有着广泛的应用. 本章我们讨论矩阵的运算及相关理论.

3.1　可逆矩阵

数的除法可以化为数与另一数的倒数之积. 矩阵中与倒数相类似的概念是逆矩阵. 利用它, 我们可以对矩阵进行类似于数的除法运算. 本节中, 我们讨论逆矩阵概念的形成、相关特性及其计算.

众所周知, 如设 a 是一个数, 若存在数 b 使得 $ab = ba = 1$, 则称 b 是 a 的倒数. 我们知道这样的 b 是唯一的, 并记 $a^{-1} = b$. 类似地,

定义 3.1.1　设 $\boldsymbol{A}$ 是 $\mathbb{F}^{n\times n}$ 中的一个方阵 , $\boldsymbol{E}$ 为 $\mathbb{F}^{n\times n}$ 中的单位矩阵, 若存在 $\mathbb{F}^{n\times n}$ 中的方阵 $\boldsymbol{B}$ 使得

$$\boldsymbol{AB} = \boldsymbol{BA} = \boldsymbol{E}, \tag{3.1.1}$$

则称 $\boldsymbol{A}$ 可逆或者是非奇异的, 并称 $\boldsymbol{B}$ 为其逆矩阵. 如果对所有的 $\boldsymbol{B} \in \mathbb{F}^{n\times n}$, (3.1.1) 均不成立, 则称 $\boldsymbol{A}$ 是不可逆的或者是奇异的.

显然, 若 (3.1.1) 成立, 则 $\boldsymbol{A}$, $\boldsymbol{B}$ 均可逆.

定理 3.1.1　若数域 $\mathbb{F}$ 上的 n 阶方阵 $\boldsymbol{A}$ 可逆, 则 $\boldsymbol{A}$ 的逆矩阵唯一.

证明　事实上, 若存在数域 $\mathbb{F}$ 上的 n 阶矩阵 $\boldsymbol{B}$ 和 $\boldsymbol{C}$ 使得

$$\boldsymbol{AB} = \boldsymbol{BA} = \boldsymbol{E}, \quad \boldsymbol{AC} = \boldsymbol{CA} = \boldsymbol{E},$$

则

$$\boldsymbol{B} = \boldsymbol{BE} = \boldsymbol{B}(\boldsymbol{AC}) = (\boldsymbol{AB})\boldsymbol{C} = \boldsymbol{EC} = \boldsymbol{C}.$$

唯一性得证. □

通常, 当数域 $\mathbb{F}$ 上的方阵 $\boldsymbol{A}$ 可逆时, 记 $\boldsymbol{A}$ 的唯一逆矩阵为 $\boldsymbol{A}^{-1}$.

定理 3.1.2　设 $\boldsymbol{A}$ 是数域 $\mathbb{F}$ 上的 n 阶方阵, 则 $\boldsymbol{A}$ 可逆 $\Longleftrightarrow |\boldsymbol{A}| \neq 0$.

证明　"$\Longrightarrow$"　若 $\boldsymbol{A}$ 可逆, 则依定义 3.1.1, $\exists \boldsymbol{B} \in \mathbb{F}^{n\times n}$ 使得 $\boldsymbol{AB} = \boldsymbol{E}$. 由定理 3.1.1知,

$$|\boldsymbol{A}||\boldsymbol{B}| = |\boldsymbol{E}| = 1,$$

故

$$|\boldsymbol{A}| \neq 0.$$

"$\Longleftarrow$" 令

$$\boldsymbol{A}^* = \begin{pmatrix} A_{11} & A_{21} & \cdots & A_{n1} \\ A_{12} & A_{22} & \cdots & A_{n2} \\ \vdots & \vdots & & \vdots \\ A_{1n} & A_{2n} & \cdots & A_{nn} \end{pmatrix}, \tag{3.1.2}$$

这里 A_{ij} 是 $\boldsymbol{A}$ 的第 i 行和第 j 列交叉位置上元素的代数余子式 $(i, j = 1, 2, \cdots, n)$, 则

$$\boldsymbol{A}\boldsymbol{A}^* = \boldsymbol{A}^*\boldsymbol{A} = |\boldsymbol{A}|\boldsymbol{E}. \tag{3.1.3}$$

于是, 当 $|\boldsymbol{A}| \neq 0$ 时, 有

$$\boldsymbol{A}\left(\frac{1}{|\boldsymbol{A}|}\boldsymbol{A}^*\right) = \left(\frac{1}{|\boldsymbol{A}|}\boldsymbol{A}^*\right)\boldsymbol{A} = \boldsymbol{E}.$$

于是 $\boldsymbol{A}$ 可逆, 且 $\frac{1}{|\boldsymbol{A}|}\boldsymbol{A}^*$ 即 $\boldsymbol{A}$ 的逆矩阵, 或 $\boldsymbol{A}^{-1} = \frac{1}{|\boldsymbol{A}|}\boldsymbol{A}^*$. □

定理 3.1.2 不仅告诉我们判定矩阵可逆的条件, 而且给出逆矩阵的构造方法. 通常称 (3.1.3) 所定义的 $\boldsymbol{A}^*$ 为 $\boldsymbol{A}$ 的**伴随矩阵**. 伴随矩阵通常只对二阶及以上的方阵有定义.

定理 3.1.3 *设 $\boldsymbol{A}, \boldsymbol{B}$ 为数域 $\mathbb{F}$ 上的 n 阶方阵, 若 $\boldsymbol{AB} = \boldsymbol{E}$ 或 $\boldsymbol{BA} = \boldsymbol{E}$, 则 $\boldsymbol{A}$ 可逆且 $\boldsymbol{A}^{-1} = \boldsymbol{B}$.*

证明 若 $\boldsymbol{AB} = \boldsymbol{E}$ 或 $\boldsymbol{BA} = \boldsymbol{E}$, 则 $|\boldsymbol{A}||\boldsymbol{B}| = |\boldsymbol{E}| = 1$, 故 $|\boldsymbol{A}| \neq 0$, 由定理 3.1.2知, $\boldsymbol{A}$ 可逆或 $\boldsymbol{A}^{-1}$ 存在, 且

$$\boldsymbol{A}^{-1} = \boldsymbol{A}^{-1}\boldsymbol{E} = \boldsymbol{A}^{-1}(\boldsymbol{AB}) = (\boldsymbol{A}^{-1}\boldsymbol{A})\boldsymbol{B} = \boldsymbol{EB} = \boldsymbol{B},$$

或

$$\boldsymbol{A}^{-1} = \boldsymbol{E}\boldsymbol{A}^{-1} = (\boldsymbol{BA})\boldsymbol{A}^{-1} = \boldsymbol{B}(\boldsymbol{A}\boldsymbol{A}^{-1}) = \boldsymbol{BE} = \boldsymbol{B}.$$ □

由定理 3.1.3, 我们可知, 要验证矩阵 $\boldsymbol{B}$ 是否为矩阵 $\boldsymbol{A}$ 的逆矩阵时, 只要验证定义 3.1.1 中两个等式中的一个即可, 从而减少了验证时所需要的计算量.

请读者自行验证, 当数域 $\mathbb{F}$ 上的矩阵 $\boldsymbol{A}$ 和 $\boldsymbol{B}$ 可逆时, 下述运算规律成立.

(1) $(\boldsymbol{A}^{-1})^{-1} = \boldsymbol{A}$.

(2) $(\boldsymbol{AB})^{-1} = \boldsymbol{B}^{-1}\boldsymbol{A}^{-1}$.

(3) $(k\boldsymbol{A})^{-1}=\dfrac{1}{k}\boldsymbol{A}^{-1}(k\in\mathbb{F},\ k\neq 0)$.

(4) $(\boldsymbol{A}^{\mathrm{T}})^{-1}=(\boldsymbol{A}^{-1})^{\mathrm{T}}$.

(5) $|\boldsymbol{A}^{-1}|=|\boldsymbol{A}|^{-1}$.

例 3.1.1 已知 $\boldsymbol{A}=\begin{pmatrix}2&1\\5&3\end{pmatrix}$, 求 $\boldsymbol{A}^{-1}$.

解 由 $|\boldsymbol{A}|=1$ 得 $|\boldsymbol{A}|\neq 0$, 因而 $\boldsymbol{A}$ 可逆. 其逆为

$$\boldsymbol{A}^{-1}=\frac{1}{|\boldsymbol{A}|}\boldsymbol{A}^{*}=\begin{pmatrix}3&-1\\-5&2\end{pmatrix}.$$

例 3.1.2 设 $\boldsymbol{B}=\begin{pmatrix}1&2&3\\2&2&1\\3&4&3\end{pmatrix},\boldsymbol{A}=\begin{pmatrix}2&1\\5&3\end{pmatrix},\boldsymbol{C}=\begin{pmatrix}1&3\\2&0\\3&1\end{pmatrix}$, 求矩阵 $\boldsymbol{X}$ 使其满足 $\boldsymbol{BXA}=\boldsymbol{C}$.

解 若 $\boldsymbol{A}^{-1},\boldsymbol{B}^{-1}$ 存在, 则用 $\boldsymbol{B}^{-1}$ 左乘方程两边、$\boldsymbol{A}^{-1}$ 右乘方程两边, 我们便可得到

$$\boldsymbol{X}=\boldsymbol{B}^{-1}\boldsymbol{BXAA}^{-1}=\boldsymbol{B}^{-1}\boldsymbol{CA}^{-1}.$$

以下, 我们来判别 $\boldsymbol{A},\boldsymbol{B}$ 的可逆性. 由例 3.1.1, $\boldsymbol{A}$ 可逆. 因 $|\boldsymbol{B}|=2\neq 0$, 故 $\boldsymbol{B}$ 亦可逆且

$$\boldsymbol{B}^{-1}=\frac{1}{|\boldsymbol{B}|}\boldsymbol{B}^{*}=\begin{pmatrix}1&3&-2\\-\frac{3}{2}&-3&\frac{5}{2}\\1&1&-1\end{pmatrix}.$$

从而

$$\begin{aligned}\boldsymbol{X}&=\boldsymbol{B}^{-1}\boldsymbol{CA}^{-1}\\&=\begin{pmatrix}1&3&-2\\-\frac{3}{2}&-3&\frac{5}{2}\\1&1&-1\end{pmatrix}\begin{pmatrix}1&3\\2&0\\3&1\end{pmatrix}\begin{pmatrix}3&-1\\-5&2\end{pmatrix}\\&=\begin{pmatrix}-2&1\\10&-4\\-10&4\end{pmatrix}.\end{aligned}$$

例 3.1.3 设 $\boldsymbol{A} \in \mathbb{F}^{n\times n}$ 且 $|\boldsymbol{A}| \neq 0$, $\boldsymbol{b} \in \mathbb{F}^{n\times 1}$, 求 $\boldsymbol{X} \in \mathbb{F}^{n\times 1}$ 使得 $\boldsymbol{AX} = \boldsymbol{b}$.

解 因为 $|\boldsymbol{A}| \neq 0$, 所以 $\boldsymbol{A}$ 可逆. 令 $\boldsymbol{X}_0 = \boldsymbol{A}^{-1}\boldsymbol{b}$, 则

$$\boldsymbol{AX}_0 = \boldsymbol{A}(\boldsymbol{A}^{-1}\boldsymbol{b}) = (\boldsymbol{AA}^{-1})\boldsymbol{b} = \boldsymbol{Eb} = \boldsymbol{b}.$$

接下来, 我们利用矩阵的运算证明 $\boldsymbol{X}_0$ 是 $\mathbb{F}^{n\times 1}$ 中唯一满足 $\boldsymbol{AX} = \boldsymbol{b}$ 的向量. 事实上, 若 $\boldsymbol{AY} = \boldsymbol{b}$, 则有 $\boldsymbol{AY} = \boldsymbol{AX}_0$. 该等式两端同时用 $\boldsymbol{A}^{-1}$ 左乘, 则

$$\boldsymbol{A}^{-1}(\boldsymbol{AY}) = \boldsymbol{A}^{-1}(\boldsymbol{AX}_0),$$

故

$$\boldsymbol{X}_0 = \boldsymbol{Y}.$$

因此, 满足 $\boldsymbol{AX} = \boldsymbol{b}$ 的向量是唯一的.

最后, 计算 $\boldsymbol{X}_0$ 的各个分量 $x_1, x_2, \cdots, x_n$. 由定理 3.1.2,

$$\boldsymbol{A}^{-1} = \frac{1}{|\boldsymbol{A}|}\begin{pmatrix} A_{11} & A_{21} & \cdots & A_{n1} \\ A_{12} & A_{22} & \cdots & A_{n2} \\ \vdots & \vdots & & \vdots \\ A_{1n} & A_{2n} & \cdots & A_{nn} \end{pmatrix},$$

从而

$$\begin{aligned} \boldsymbol{X}_0 &= \frac{1}{|\boldsymbol{A}|}\begin{pmatrix} A_{11} & A_{21} & \cdots & A_{n1} \\ A_{12} & A_{22} & \cdots & A_{n2} \\ \vdots & \vdots & & \vdots \\ A_{1n} & A_{2n} & \cdots & A_{nn} \end{pmatrix}\begin{pmatrix} b_1 \\ b_2 \\ \vdots \\ b_n \end{pmatrix} \\ &= \frac{1}{|\boldsymbol{A}|}\begin{pmatrix} b_1A_{11} + b_2A_{21} + \cdots + b_nA_{n1} \\ b_1A_{12} + b_2A_{22} + \cdots + b_nA_{n2} \\ \vdots \\ b_1A_{1n} + b_2A_{2n} + \cdots + b_nA_{nn} \end{pmatrix} \\ &= \begin{pmatrix} \dfrac{|\boldsymbol{A}_1|}{|\boldsymbol{A}|} \\ \dfrac{|\boldsymbol{A}_2|}{|\boldsymbol{A}|} \\ \vdots \\ \dfrac{|\boldsymbol{A}_n|}{|\boldsymbol{A}|} \end{pmatrix}, \end{aligned}$$

这里, 对每一个 $1 \leqslant i \leqslant n$, $\boldsymbol{A}_i$ 为将 $\boldsymbol{A}$ 中的第 i 列由 $\boldsymbol{b}$ 替换后所得到的矩阵. 故

$$x_i = \frac{|\boldsymbol{A}_i|}{|\boldsymbol{A}|}, \quad i = 1, 2, \cdots, n.$$

例 3.1.3 实际上就是 Cramer 法则的矩阵形式.

习 题 3.1

本章习题中, 如没有特别的说明, 我们总假定题目中所涉及的矩阵均是某个数域上的矩阵.

1. 求下列各矩阵的逆矩阵:

(1) $\begin{pmatrix} 1 & 1 & -1 \\ 2 & 1 & 0 \\ 1 & -1 & 0 \end{pmatrix}$; (2) $\begin{pmatrix} 1 & 1 & 1 & 1 \\ 1 & 1 & -1 & -1 \\ 1 & -1 & 1 & -1 \\ 1 & -1 & -1 & 1 \end{pmatrix}$;

(3) $\begin{pmatrix} 2 & 1 & 0 & 0 & 0 \\ 0 & 2 & 1 & 0 & 0 \\ 0 & 0 & 2 & 1 & 0 \\ 0 & 0 & 0 & 2 & 1 \\ 0 & 0 & 0 & 0 & 2 \end{pmatrix}$; (4) $\begin{pmatrix} 2 & 1 & 0 & 0 \\ 1 & 1 & 0 & 0 \\ 0 & 0 & 2 & 5 \\ 0 & 0 & 1 & 3 \end{pmatrix}$; (5) $\begin{pmatrix} 2 & 1 & 0 & 0 \\ 1 & 1 & 0 & 0 \\ -1 & 2 & 2 & 5 \\ 1 & -1 & 1 & 3 \end{pmatrix}$.

2. 设 $\boldsymbol{A}$ 是一个 n 阶反对称矩阵. 证明:

(1) 如果 n 为奇数, 则 $\boldsymbol{A}^*$ 是一个对称矩阵; 如果 n 为偶数, 则 $\boldsymbol{A}^*$ 是一个反对称矩阵.

(2) 如果 $\boldsymbol{A}$ 可逆, 则 $\boldsymbol{A}^{-1}$ 也是一个反对称矩阵.

3. 设 $\boldsymbol{A}$ 为方阵. 若存在正整数 $k \geqslant 2$ 使得 $\boldsymbol{A}^k = \boldsymbol{O}$ 成立, 试证明 $\boldsymbol{E} - \boldsymbol{A}$ 是可逆的, 而且 $(\boldsymbol{E} - \boldsymbol{A})^{-1} = \boldsymbol{E} + \boldsymbol{A} + \boldsymbol{A}^2 + \cdots + \boldsymbol{A}^{k-1}$.

4. 设 $\boldsymbol{J}_n$ 为所有元素全为 1 的 $n\,(n > 1)$ 阶方阵. 证明 $\boldsymbol{E} - \boldsymbol{J}_n$ 可逆, 且其逆为 $\boldsymbol{E} - \dfrac{1}{n-1}\boldsymbol{J}_n$.

5. 设 $f(x) = a_m x^m + a_{m-1}x^{m-1} + \cdots + a_1 x + a_0$ 和 $\boldsymbol{A}$ 分别为数域 $\mathbb{F}$ 上的一元多项式函数和 n 阶方阵, 其中 $a_0 \neq 0$. 令 $f(\boldsymbol{A}) = a_m \boldsymbol{A}^m + a_{m-1}\boldsymbol{A}^{m-1} + \cdots + a_1 \boldsymbol{A} + a_0 \boldsymbol{E}$. 若 $f(\boldsymbol{A}) = \boldsymbol{O}$, 试证明 $\boldsymbol{A}$ 可逆, 并求其逆.

6. 设 n 阶方阵 $\boldsymbol{A}$ 满足 $\boldsymbol{A}^2 + \boldsymbol{A} - 4\boldsymbol{E} = \boldsymbol{O}$, 证明 $\boldsymbol{A}$ 及 $\boldsymbol{A} - \boldsymbol{E}$ 都是可逆矩阵, 且写出 $\boldsymbol{A}^{-1}$ 及 $(\boldsymbol{A} - \boldsymbol{E})^{-1}$.

7. 已知 $\boldsymbol{A}$ 为 3 阶方阵, 且 $|\boldsymbol{A}| = 3$, 求

(1) $|\boldsymbol{A}^{-1}|$; (2) $|\boldsymbol{A}^*|$; (3) $|-2\boldsymbol{A}|$; (4) $|(-3\boldsymbol{A})^{-1}|$;

(5) $\left|\dfrac{1}{3}\boldsymbol{A}^* - 4\boldsymbol{A}^{-1}\right|$; (6) $(\boldsymbol{A}^*)^{-1}$.

3.2 矩阵的初等变换与矩阵乘法

本节我们将讨论矩阵的初等变换与矩阵乘法的联系, 并以此研究可逆矩阵的又一特征以及逆矩阵的简便计算方法. 下面从初等矩阵开始我们的讨论.

设 $\boldsymbol{E}=\boldsymbol{E}_n$ 为 $\mathbb{F}$ 上的 n 阶单位阵, 对 $\boldsymbol{E}$ 实施一次初等行 (或列) 变换, 则有

(1) 第 i 行 (列) 和第 j 行 (列) 互换.

$$\boldsymbol{E} \xrightarrow[\text{或}C_{ij}]{R_{ij}} \boldsymbol{E}_{ij} = \begin{array}{c}\begin{pmatrix} 1 &&&&&& \\ &\ddots&&&&& \\ &&0&&1&& \\ &&&\ddots&&& \\ &&1&&0&& \\ &&&&&\ddots& \\ &&&&&&1 \end{pmatrix} \begin{matrix} \\ \\ i \\ \\ j \\ \\ \\ \end{matrix} \\ \begin{matrix} i & \qquad & j \end{matrix} \end{array} \quad (i<j),$$

或

$$\boldsymbol{E} \xrightarrow[\text{或}C_{ij}]{R_{ij}} \boldsymbol{E}_{ij} = \begin{array}{c}\begin{pmatrix} 1 &&&&&& \\ &\ddots&&&&& \\ &&0&&1&& \\ &&&\ddots&&& \\ &&1&&0&& \\ &&&&&\ddots& \\ &&&&&&1 \end{pmatrix} \begin{matrix} \\ \\ j \\ \\ i \\ \\ \\ \end{matrix} \\ \begin{matrix} j & \qquad & i \end{matrix} \end{array} \quad (i>j).$$

(2) 第 i 行 (列) 倍乘非零常数 k.

$$\boldsymbol{E} \xrightarrow[\text{或}kC_{i}]{kR_{i}} \boldsymbol{E}_{i}(k) = \begin{array}{c}\begin{pmatrix} 1 &&&& \\ &\ddots&&& \\ &&k&& \\ &&&\ddots& \\ &&&&1 \end{pmatrix} \begin{matrix} \\ \\ i \\ \\ \\ \end{matrix} \\ i \end{array} \ (k \neq 0).$$

(3) 第 i, j 行 (列) 作倍加变换.

$$\boldsymbol{E} \xrightarrow[\text{或}C_j+kC_i]{R_i+kR_j} \boldsymbol{E}_{ij}(k) = \begin{pmatrix} 1 & & & & & & \\ & \ddots & & & & & \\ & & 1 & & k & & \\ & & & \ddots & & & \\ & & & & 1 & & \\ & & & & & \ddots & \\ & & & & & & 1 \end{pmatrix} \begin{matrix} \\ \\ i \\ \\ j \\ \\ \\ \end{matrix} \quad (i < j),$$
$$\qquad\qquad\qquad\qquad i \qquad\quad j$$

或

$$\boldsymbol{E} \xrightarrow[\text{或}C_j+kC_i]{R_i+kR_j} \boldsymbol{E}_{ij}(k) = \begin{pmatrix} 1 & & & & & & \\ & \ddots & & & & & \\ & & 1 & & & & \\ & & & \ddots & & & \\ & & k & & 1 & & \\ & & & & & \ddots & \\ & & & & & & 1 \end{pmatrix} \begin{matrix} \\ \\ j \\ \\ i \\ \\ \\ \end{matrix} \quad (j < i).$$
$$\qquad\qquad\qquad\qquad j \qquad\quad i$$

定义 3.2.1　我们称上述构造的 n 阶矩阵 $\boldsymbol{E}_{ij}$, $\boldsymbol{E}_i(k)$ $(k \neq 0)$ 和 $\boldsymbol{E}_{ij}(k)$ 分别为互换 $R_{ij}(C_{ij})$、倍乘 $kR_i(kC_i)$ 以及倍加 $R_i + kR_j(C_j + kC_i)$ 所对应的 n 阶初等矩阵. 我们也称它们分别是第一型、第二型及第三型初等矩阵.

因为 $\boldsymbol{E}_{ij}(0) = \boldsymbol{E}$, 所以单位矩阵是初等矩阵. 不难验证

$$\begin{cases} \boldsymbol{E}_{ij}\boldsymbol{E}_{ij} = \boldsymbol{E}_{ij}^2 = \boldsymbol{E}, \\ \boldsymbol{E}_i(k)\boldsymbol{E}_i\left(\dfrac{1}{k}\right) = \boldsymbol{E} \quad (k \neq 0), \\ \boldsymbol{E}_{ij}(k)\boldsymbol{E}_{ij}(-k) = \boldsymbol{E}. \end{cases} \tag{3.2.1}$$

于是我们有如下性质.

性质 3.2.1 初等矩阵均可逆, 其逆仍然为初等矩阵且

$$\begin{cases} \boldsymbol{E}_{ij}^{-1} = \boldsymbol{E}_{ij} = \boldsymbol{E}_{ij}^{\mathrm{T}}, \\ \boldsymbol{E}_i^{-1}(k) = \boldsymbol{E}_i\left(\dfrac{1}{k}\right) \quad (k \neq 0), \\ \boldsymbol{E}_{ij}^{-1}(k) = \boldsymbol{E}_{ij}(-k). \end{cases} \tag{3.2.2}$$

(3.2.2) 式说明初等变换及其逆变换所对应的初等矩阵互为逆矩阵.

定理 3.2.2 对矩阵实施一次初等行 (或列) 变换所得的新矩阵等于用该初等变换所对应的初等矩阵左乘 (或右乘) 原矩阵所得的积.

证明 我们仅对初等行变换证明本定理 (类似地, 可以证明定理对于初等列变换亦成立). 设 $\boldsymbol{A} \in \mathbb{F}^{m\times n}$, 此时将 $\boldsymbol{A}$ 按行分成 m 个行块, 即

$$\boldsymbol{A} = \begin{pmatrix} \boldsymbol{\alpha}_1 \\ \boldsymbol{\alpha}_2 \\ \vdots \\ \boldsymbol{\alpha}_m \end{pmatrix}.$$

(1) 对 $\boldsymbol{A}$ 实施 R_{ij}, 此时我们不妨假设 $i<j$ (当 $i>j$ 时, 可同样证明), 则

$$\boldsymbol{E}_{ij}\boldsymbol{A} = \begin{array}{c} \\ \\ i \\ \\ j \\ \\ \\ \end{array}\!\!\begin{pmatrix} 1 & & & & & & \\ & \ddots & & & & & \\ & & 0 & & 1 & & \\ & & & \ddots & & & \\ & & 1 & & 0 & & \\ & & & & & \ddots & \\ & & & & & & 1 \end{pmatrix}\begin{pmatrix} \boldsymbol{\alpha}_1 \\ \vdots \\ \boldsymbol{\alpha}_i \\ \vdots \\ \boldsymbol{\alpha}_j \\ \vdots \\ \boldsymbol{\alpha}_m \end{pmatrix}\!\!\begin{array}{c} \\ \\ i \\ \\ j \\ \\ \\ \end{array} = \begin{pmatrix} \boldsymbol{\alpha}_1 \\ \vdots \\ \boldsymbol{\alpha}_j \\ \vdots \\ \boldsymbol{\alpha}_i \\ \vdots \\ \boldsymbol{\alpha}_m \end{pmatrix}\!\!\begin{array}{c} \\ \\ i \\ \\ j \\ \\ \\ \end{array}. \tag{3.2.3}$$

(矩阵上方第 i 列、第 j 列分别标有 i, j.)

(2) 对 $\boldsymbol{A}$ 实施 kR_i $(k \neq 0)$, 则

$$\boldsymbol{E}_i(k)\boldsymbol{A} = \begin{matrix} \\ \\ i \\ \\ \\ \end{matrix}\begin{pmatrix} 1 & & & & \\ & \ddots & & & \\ & & k & & \\ & & & \ddots & \\ & & & & 1 \end{pmatrix}\begin{pmatrix} \boldsymbol{\alpha}_1 \\ \vdots \\ \boldsymbol{\alpha}_i \\ \vdots \\ \boldsymbol{\alpha}_m \end{pmatrix} i = \begin{pmatrix} \boldsymbol{\alpha}_1 \\ \vdots \\ k\boldsymbol{\alpha}_i \\ \vdots \\ \boldsymbol{\alpha}_m \end{pmatrix} i. \tag{3.2.4}$$

(3) 对 $\boldsymbol{A}$ 实施 $R_i + kR_j$, 此时, 不妨假设 $i < j$, 则

$$\boldsymbol{E}_{ij}(k)\boldsymbol{A} = \begin{matrix} \\ \\ i \\ \\ j \\ \\ \\ \end{matrix}\begin{pmatrix} 1 & & & & & & \\ & \ddots & & & & & \\ & & 1 & & k & & \\ & & & \ddots & & & \\ & & & & 1 & & \\ & & & & & \ddots & \\ & & & & & & 1 \end{pmatrix}\begin{pmatrix} \boldsymbol{\alpha}_1 \\ \vdots \\ \boldsymbol{\alpha}_i \\ \vdots \\ \boldsymbol{\alpha}_j \\ \vdots \\ \boldsymbol{\alpha}_m \end{pmatrix}\begin{matrix} \\ \\ i \\ \\ j \\ \\ \\ \end{matrix} = \begin{pmatrix} \boldsymbol{\alpha}_1 \\ \vdots \\ \boldsymbol{\alpha}_i + k\boldsymbol{\alpha}_j \\ \vdots \\ \boldsymbol{\alpha}_j \\ \vdots \\ \boldsymbol{\alpha}_m \end{pmatrix}\begin{matrix} \\ \\ i \\ \\ j \\ \\ \\ \end{matrix}. \tag{3.2.5}$$

(3.2.3)—(3.2.5) 说明对于三个初等行变换, 结论均成立. 定理成立. □

定理 3.2.2是矩阵理论中的一个重要事实, 它揭示了矩阵的初等变换与矩阵乘法运算的关系.

由 1.2 节可知, 对任意的矩阵 $\boldsymbol{A}$ 有

$$\boldsymbol{A} \xrightarrow[\text{列互换}]{\text{初等行变换}} \begin{pmatrix} 1 & & & & d_{1,r+1} & \cdots & d_{1n} \\ & 1 & & & d_{2,r+1} & \cdots & d_{2n} \\ & & \ddots & & \vdots & & \vdots \\ & & & 1 & d_{r,r+1} & \cdots & d_{rn} \\ & & & & & & \\ & & & & & & \end{pmatrix}$$

$$\xrightarrow[\substack{j=r+1,\cdots,n \\ i=1,2,\cdots,r}]{C_j - d_{ij}C_i} \begin{pmatrix} \boldsymbol{E}_r & \boldsymbol{O} \\ \boldsymbol{O} & \boldsymbol{O} \end{pmatrix},$$

根据定理 3.2.2, 我们可以将上述初等变换的过程, 用矩阵的语言来描述.

定理 3.2.3 对于 $\mathbb{F}^{m\times n}$ 中的任何一个矩阵 $\boldsymbol{A}$, 均存在正整数 s, t 以及 s 个 m 阶初等矩阵 $\boldsymbol{P}_i \in \mathbb{F}^{m\times m}(i=1,2,\cdots,s)$ 和 t 个 n 阶初等矩阵 $\boldsymbol{Q}_i \in \mathbb{F}^{n\times n}(i=1,2,\cdots,t)$, 使得

$$\boldsymbol{P}_1\cdots\boldsymbol{P}_s\boldsymbol{A}\boldsymbol{Q}_1\cdots\boldsymbol{Q}_t=\begin{pmatrix}\boldsymbol{E}_r & \boldsymbol{O}\\ \boldsymbol{O} & \boldsymbol{O}\end{pmatrix}. \tag{3.2.6}$$

如果 $\boldsymbol{A}$ 通过初等变换变为矩阵 $\boldsymbol{B}=\begin{pmatrix}\boldsymbol{E}_r & \boldsymbol{O}\\ \boldsymbol{O} & \boldsymbol{O}\end{pmatrix}$, 则称 $\boldsymbol{B}$ 为 $\boldsymbol{A}$ **的标准形**. 显然, 任一个矩阵都有标准形. 我们用 $r(\boldsymbol{A})$ 表示 (3.2.6) 中的 r, 在 3.4 节中我们将证明 r 是由 $\boldsymbol{A}$ 唯一决定的.

特别地, 当 $m=n$ 时, 我们有如下刻画可逆矩阵的又一特征性质.

定理 3.2.4 设 $\boldsymbol{A}\in\mathbb{F}^{n\times n}$, 则下列命题等价:

(1) $r(\boldsymbol{A})=n$ (这里称 $\boldsymbol{A}$ 是**满秩**的);

(2) $\boldsymbol{A}$ 可逆;

(3) 存在正整数 l 及 l 个初等矩阵 $\boldsymbol{R}_i\in\mathbb{F}^{n\times n}(i=1,2,\cdots,l)$, 使得

$$\boldsymbol{R}_1\cdots\boldsymbol{R}_l\boldsymbol{A}=\boldsymbol{E}; \tag{3.2.7}$$

(4) $\boldsymbol{A}$ 可写为有限个初等矩阵的乘积;

(5) 存在正整数 l 及 l 个 n 阶初等矩阵 $\boldsymbol{R}_i\in\mathbb{F}^{n\times n}(i=1,2,\cdots,l)$ 使得

$$\boldsymbol{A}\boldsymbol{R}_1\cdots\boldsymbol{R}_l=\boldsymbol{E}; \tag{3.2.8}$$

(6) 存在可逆矩阵 $\boldsymbol{P},\boldsymbol{Q}\in\mathbb{F}^{n\times n}$, 使得

$$\boldsymbol{P}\boldsymbol{A}\boldsymbol{Q}=\boldsymbol{E}. \tag{3.2.9}$$

证明 “(1) $\Longrightarrow$ (2)” 由 (3.2.6),

$$\boldsymbol{P}_1\cdots\boldsymbol{P}_s\boldsymbol{A}\boldsymbol{Q}_1\cdots\boldsymbol{Q}_t=\boldsymbol{E},$$

从而

$$\boldsymbol{A}=\boldsymbol{P}_s^{-1}\cdots\boldsymbol{P}_1^{-1}\boldsymbol{Q}_t^{-1}\cdots\boldsymbol{Q}_1^{-1},$$

故 $\boldsymbol{A}$ 可逆.

“(2) $\Longrightarrow$ (3)” 此时, 若 $r(\boldsymbol{A})=r<n$, $\boldsymbol{P}_1\cdots\boldsymbol{P}_s\boldsymbol{A}\boldsymbol{Q}_1\cdots\boldsymbol{Q}_t=\begin{pmatrix}\boldsymbol{E}_r & \boldsymbol{O}\\ \boldsymbol{O} & \boldsymbol{O}\end{pmatrix}$. 由可逆定义可见, $\boldsymbol{P}_1\cdots\boldsymbol{P}_s\boldsymbol{A}\boldsymbol{Q}_1\cdots\boldsymbol{Q}_t$ 不可逆, 这与 $\boldsymbol{A},\boldsymbol{P}_i,\boldsymbol{Q}_j$, $\forall i,j$ 都可逆矛盾, 故 $r=n$. 相应的 (3.2.6) 化为

$$\boldsymbol{P}_1\cdots\boldsymbol{P}_s\boldsymbol{A}\boldsymbol{Q}_1\cdots\boldsymbol{Q}_t=\boldsymbol{E},$$

这里 $\boldsymbol{P}_1,\cdots,\boldsymbol{P}_s,\boldsymbol{Q}_1,\cdots,\boldsymbol{Q}_t$ 均为 n 阶初等矩阵, 它们是可逆的. 从而有

$$\boldsymbol{P}_1\cdots\boldsymbol{P}_s\boldsymbol{A}=\boldsymbol{Q}_t^{-1}\cdots\boldsymbol{Q}_1^{-1}$$

或者等价地

$$\boldsymbol{Q}_1\cdots\boldsymbol{Q}_t\boldsymbol{P}_1\cdots\boldsymbol{P}_s\boldsymbol{A}=\boldsymbol{E}.$$

令 $\boldsymbol{R}_i=\boldsymbol{Q}_i(i=1,2,\cdots,s)$, $\boldsymbol{R}_{t+i}=\boldsymbol{P}_i(i=1,2,\cdots,t)$, $l=s+t$, 代入上式即得 (3.2.7).

"(3) $\Longrightarrow$ (4)"　由 (3.2.7) 有

$$\boldsymbol{A}=\boldsymbol{R}_l^{-1}\cdots\boldsymbol{R}_1^{-1}. \tag{3.2.10}$$

由于初等矩阵的逆还是初等矩阵 (性质 3.2.1), 故得证.

"(4) $\Longrightarrow$ (5)"　由 (3.2.10) 即得 (3.2.8).

"(5) $\Longrightarrow$ (6)"　若 (3.2.8) 成立, 令 $\boldsymbol{P}=\boldsymbol{E},\boldsymbol{Q}=\boldsymbol{R}_1\cdots\boldsymbol{R}_l$, 则 $|\boldsymbol{P}|\neq 0$, $|\boldsymbol{Q}|=\prod\limits_{i=1}^{l}|\boldsymbol{R}_i|\neq 0$, 即 $\boldsymbol{P},\boldsymbol{Q}$ 可逆, (3.2.9) 得证.

"(6) $\Longrightarrow$ (1)"　若 $r<n$, 则 (3.2.6) 成立. 由"(2) $\Longrightarrow$ (3)"的证明可知, 这时 $\boldsymbol{A}$ 不可逆. 但 $\boldsymbol{PAQ}=\boldsymbol{E}\Longrightarrow\boldsymbol{A}=\boldsymbol{P}^{-1}\boldsymbol{E}\boldsymbol{Q}^{-1}=\boldsymbol{P}^{-1}\boldsymbol{Q}^{-1}$ 是可逆的, 故矛盾. □

习　题　3.2

1. 用初等变换将下列矩阵化为标准形.

(1) $\begin{pmatrix}3&2&-4\\3&2&-4\\1&2&-1\end{pmatrix}$;　(2) $\begin{pmatrix}1&-1&2&1&0\\2&-2&4&3&0\\4&0&7&3&2\end{pmatrix}$.

2. (1) 把矩阵 $\begin{pmatrix}a&0\\0&a^{-1}\end{pmatrix}$ 表示为 $\begin{pmatrix}1&x\\0&1\end{pmatrix}$ 及 $\begin{pmatrix}1&0\\y&1\end{pmatrix}$ 类型的矩阵的乘积;

(2) 设 $\boldsymbol{A}=\begin{pmatrix}a&b\\c&d\end{pmatrix}$ 为一复矩阵, 且 $|\boldsymbol{A}|=1$, 试证明 $\boldsymbol{A}$ 可以表示为 $\begin{pmatrix}1&x\\0&1\end{pmatrix}$ 及 $\begin{pmatrix}1&0\\y&1\end{pmatrix}$ 类型的矩阵的乘积.

3. 设 $\boldsymbol{A}$ 是 n 阶方阵, 且 $|\boldsymbol{A}|=1$. 证明 $\boldsymbol{A}$ 可表示为 $\boldsymbol{E}_{ij}(k)$ 型初等矩阵的乘积.

3.3　分块矩阵的运算

3.3.1　分块矩阵的和、差、数乘及乘积运算

设 $\boldsymbol{A},\boldsymbol{B}$ 为 $\mathbb{F}^{m\times n}$ 中的矩阵, 经过适当的分块后成为

$$\boldsymbol{A}=\begin{pmatrix}\boldsymbol{A}_{11} & \boldsymbol{A}_{12} & \cdots & \boldsymbol{A}_{1t}\\ \boldsymbol{A}_{21} & \boldsymbol{A}_{22} & \cdots & \boldsymbol{A}_{2t}\\ \vdots & \vdots & & \vdots\\ \boldsymbol{A}_{s1} & \boldsymbol{A}_{s2} & \cdots & \boldsymbol{A}_{st}\end{pmatrix}\begin{matrix}m_1\\ m_2\\ \vdots\\ m_s\end{matrix},\quad \boldsymbol{B}=\begin{pmatrix}\boldsymbol{B}_{11} & \boldsymbol{B}_{12} & \cdots & \boldsymbol{B}_{1t}\\ \boldsymbol{B}_{21} & \boldsymbol{B}_{22} & \cdots & \boldsymbol{B}_{2t}\\ \vdots & \vdots & & \vdots\\ \boldsymbol{B}_{s1} & \boldsymbol{B}_{s2} & \cdots & \boldsymbol{B}_{st}\end{pmatrix}\begin{matrix}m_1\\ m_2\\ \vdots\\ m_s\end{matrix},$$
$$\begin{matrix}n_1 & n_2 & \cdots & n_t\end{matrix}\qquad\qquad\begin{matrix}n_1 & n_2 & \cdots & n_t\end{matrix}$$

其中 $\boldsymbol{A}_{ij}$ 与 $\boldsymbol{B}_{ij}$ 均为 $m_i \times n_i$ 矩阵 $(i=1,2,\cdots,s, j=1,2,\cdots,t)$, 且 $m=\sum\limits_{i=1}^{s} m_i$, $n=\sum\limits_{i=1}^{t} n_i$.

分块矩阵 $\boldsymbol{A}_{ij}$ 与 $\boldsymbol{B}_{ij}$ 的和与差分别定义为

$$\boldsymbol{A}+\boldsymbol{B}\triangleq\begin{pmatrix}\boldsymbol{A}_{11}+\boldsymbol{B}_{11} & \boldsymbol{A}_{12}+\boldsymbol{B}_{12} & \cdots & \boldsymbol{A}_{1t}+\boldsymbol{B}_{1t}\\ \boldsymbol{A}_{21}+\boldsymbol{B}_{21} & \boldsymbol{A}_{22}+\boldsymbol{B}_{22} & \cdots & \boldsymbol{A}_{2t}+\boldsymbol{B}_{2t}\\ \vdots & \vdots & & \vdots\\ \boldsymbol{A}_{s1}+\boldsymbol{B}_{s1} & \boldsymbol{A}_{s2}+\boldsymbol{B}_{s2} & \cdots & \boldsymbol{A}_{st}+\boldsymbol{B}_{st}\end{pmatrix}\begin{matrix}m_1\\ m_2\\ \vdots\\ m_s\end{matrix}$$
$$\begin{matrix}n_1 & \qquad n_2 & \qquad \cdots & \qquad n_t\end{matrix}$$

及

$$\boldsymbol{A}-\boldsymbol{B}\triangleq\begin{pmatrix}\boldsymbol{A}_{11}-\boldsymbol{B}_{11} & \boldsymbol{A}_{12}-\boldsymbol{B}_{12} & \cdots & \boldsymbol{A}_{1t}-\boldsymbol{B}_{1t}\\ \boldsymbol{A}_{21}-\boldsymbol{B}_{21} & \boldsymbol{A}_{22}-\boldsymbol{B}_{22} & \cdots & \boldsymbol{A}_{2t}-\boldsymbol{B}_{2t}\\ \vdots & \vdots & & \vdots\\ \boldsymbol{A}_{s1}-\boldsymbol{B}_{s1} & \boldsymbol{A}_{s2}-\boldsymbol{B}_{s2} & \cdots & \boldsymbol{A}_{st}-\boldsymbol{B}_{st}\end{pmatrix}\begin{matrix}m_1\\ m_2\\ \vdots\\ m_s\end{matrix}.$$
$$\begin{matrix}n_1 & \qquad n_2 & \qquad \cdots & \qquad n_t\end{matrix}$$

而 $\mathbb{F}$ 中的数 k 与 $\boldsymbol{A}$ 的数量乘积定义为

$$k\boldsymbol{A}=\begin{pmatrix}k\boldsymbol{A}_{11} & k\boldsymbol{A}_{12} & \cdots & k\boldsymbol{A}_{1t}\\ k\boldsymbol{A}_{21} & k\boldsymbol{A}_{22} & \cdots & k\boldsymbol{A}_{2t}\\ \vdots & \vdots & & \vdots\\ k\boldsymbol{A}_{s1} & k\boldsymbol{A}_{s2} & \cdots & k\boldsymbol{A}_{st}\end{pmatrix}\begin{matrix}m_1\\ m_2\\ \vdots\\ m_s\end{matrix}.$$
$$\begin{matrix}n_1 & n_2 & \cdots & n_t\end{matrix}$$

显然 $\boldsymbol{A}\pm\boldsymbol{B}$ 及 $k\boldsymbol{A}$ 依然是 $\mathbb{F}^{m\times n}$ 中的一个矩阵.

设 $\boldsymbol{A}$ 与 $\boldsymbol{B}$ 分别为 $\mathbb{F}^{m\times s}$ 及 $\mathbb{F}^{s\times n}$ 中的矩阵, 经过适当的分块后得

$$\boldsymbol{A}=\begin{pmatrix}\boldsymbol{A}_{11} & \boldsymbol{A}_{12} & \cdots & \boldsymbol{A}_{1t}\\ \boldsymbol{A}_{21} & \boldsymbol{A}_{22} & \cdots & \boldsymbol{A}_{2t}\\ \vdots & \vdots & & \vdots\\ \boldsymbol{A}_{p1} & \boldsymbol{A}_{p2} & \cdots & \boldsymbol{A}_{pt}\end{pmatrix}\begin{matrix}m_1\\ m_2\\ \vdots\\ m_p\end{matrix},\quad \boldsymbol{B}=\begin{pmatrix}\boldsymbol{B}_{11} & \boldsymbol{B}_{12} & \cdots & \boldsymbol{B}_{1q}\\ \boldsymbol{B}_{21} & \boldsymbol{B}_{22} & \cdots & \boldsymbol{B}_{2q}\\ \vdots & \vdots & & \vdots\\ \boldsymbol{B}_{t1} & \boldsymbol{B}_{t2} & \cdots & \boldsymbol{B}_{tq}\end{pmatrix}\begin{matrix}s_1\\ s_2\\ \vdots\\ s_t\end{matrix},$$
$$\qquad\quad s_1 \quad s_2 \quad \cdots \quad s_t \qquad\qquad\qquad n_1 \quad n_2 \quad \cdots \quad n_q$$

其中 $\boldsymbol{A}_{ij}$ 为 $m_i\times s_j$ 矩阵 $(i=1,2,\cdots,p,j=1,2,\cdots,t)$, $\boldsymbol{B}_{jk}$ 为 $s_j\times n_k$ 矩阵 $(j=1,2,\cdots,t,k=1,2,\cdots,q)$, 且 $m=\sum\limits_{i=1}^{p}m_i,s=\sum\limits_{j=1}^{t}s_j,n=\sum\limits_{k=1}^{q}n_k$, 则分块矩阵 $\boldsymbol{A}$ 与 $\boldsymbol{B}$ 的积定义为

$$\boldsymbol{AB}=\left(\sum_{q=1}^{t}\boldsymbol{A}_{iq}\boldsymbol{B}_{qj}\right)_{p\times q}$$

$$=\begin{pmatrix}\boldsymbol{A}_{11}\boldsymbol{B}_{11}+\boldsymbol{A}_{12}\boldsymbol{B}_{21}+\cdots+\boldsymbol{A}_{1t}\boldsymbol{B}_{t1} & \cdots & \boldsymbol{A}_{11}\boldsymbol{B}_{1q}+\boldsymbol{A}_{12}\boldsymbol{B}_{2q}+\cdots+\boldsymbol{A}_{1t}\boldsymbol{B}_{tq}\\ \boldsymbol{A}_{21}\boldsymbol{B}_{11}+\boldsymbol{A}_{22}\boldsymbol{B}_{21}+\cdots+\boldsymbol{A}_{2t}\boldsymbol{B}_{t1} & \cdots & \boldsymbol{A}_{21}\boldsymbol{B}_{1q}+\boldsymbol{A}_{22}\boldsymbol{B}_{2q}+\cdots+\boldsymbol{A}_{2t}\boldsymbol{B}_{tq}\\ \vdots & & \vdots\\ \boldsymbol{A}_{p1}\boldsymbol{B}_{11}+\boldsymbol{A}_{p2}\boldsymbol{B}_{21}+\cdots+\boldsymbol{A}_{pt}\boldsymbol{B}_{t1} & \cdots & \boldsymbol{A}_{p1}\boldsymbol{B}_{1q}+\boldsymbol{A}_{p2}\boldsymbol{B}_{2q}+\cdots+\boldsymbol{A}_{pt}\boldsymbol{B}_{tq}\end{pmatrix}\begin{matrix}m_1\\ m_2\\ \vdots\\ m_p\end{matrix}.$$
$$n_1 \qquad\qquad \cdots \qquad\qquad n_q$$

从上述定义可知分块矩阵的和、差、数乘或积相当于将每一个矩阵子块看成一个元素时的矩阵的求和、差、数乘或积. 在求和时要求矩阵行与列的分块方式都相同, 求积时要求右边矩阵的行分块方式与左边矩阵的列分块方式相同.

直接验证可知分块求矩阵的和、差与积所得的矩阵与不对矩阵进行分块而直接对原矩阵求和、差与积所得的矩阵是相同的.

读者可以验证, 3.1 节中相关运算的运算规律对分块矩阵也成立.

例 3.3.1 设 $\boldsymbol{B}=\operatorname{diag}(\lambda_1,\lambda_2,\cdots,\lambda_m)\in\mathbb{F}^{m\times m}$, $\boldsymbol{C}=\operatorname{diag}(\mu_1,\mu_2,\cdots,\mu_n)\in\mathbb{F}^{n\times n}$, $\boldsymbol{A}\in\mathbb{F}^{m\times n}$, 求 $\boldsymbol{BA}$ 与 $\boldsymbol{AC}$.

解 若将 $\boldsymbol{A}$ 按行分块得 $\begin{pmatrix}\boldsymbol{\alpha}_1\\ \boldsymbol{\alpha}_2\\ \vdots\\ \boldsymbol{\alpha}_m\end{pmatrix}$, 则

$$
\boldsymbol{BA}=\begin{pmatrix}\lambda_1 & 0 & \cdots & 0\\ 0 & \lambda_2 & \cdots & 0\\ \vdots & \vdots & & \vdots\\ 0 & 0 & \cdots & \lambda_m\end{pmatrix}\begin{pmatrix}\boldsymbol{\alpha}_1\\ \boldsymbol{\alpha}_2\\ \vdots\\ \boldsymbol{\alpha}_m\end{pmatrix}=\begin{pmatrix}\lambda_1\boldsymbol{\alpha}_1\\ \lambda_2\boldsymbol{\alpha}_2\\ \vdots\\ \lambda_m\boldsymbol{\alpha}_m\end{pmatrix}.
$$

若将 $\boldsymbol{A}$ 按列分块成 $\boldsymbol{A}=\left(\boldsymbol{\beta}_1,\boldsymbol{\beta}_2,\cdots,\boldsymbol{\beta}_n\right)$, 则

$$
\boldsymbol{AC}=\left(\boldsymbol{\beta}_1,\boldsymbol{\beta}_2,\cdots,\boldsymbol{\beta}_n\right)\begin{pmatrix}\mu_1 & 0 & \cdots & 0\\ 0 & \mu_2 & \cdots & 0\\ \vdots & \vdots & & \vdots\\ 0 & 0 & \cdots & \mu_n\end{pmatrix}=(\mu_1\boldsymbol{\beta}_1,\mu_2\boldsymbol{\beta}_2,\cdots,\mu_n\boldsymbol{\beta}_n).
$$

3.3.2 分块矩阵的转置

设 $\mathbb{F}^{m\times n}$ 中的矩阵 $\boldsymbol{A}$ 经过适当分块后成为

$$
\boldsymbol{A}=\begin{pmatrix}\boldsymbol{A}_{11} & \boldsymbol{A}_{12} & \cdots & \boldsymbol{A}_{1t}\\ \boldsymbol{A}_{21} & \boldsymbol{A}_{22} & \cdots & \boldsymbol{A}_{2t}\\ \vdots & \vdots & & \vdots\\ \boldsymbol{A}_{s1} & \boldsymbol{A}_{s2} & \cdots & \boldsymbol{A}_{st}\end{pmatrix}\begin{matrix}m_1\\ m_2\\ \vdots\\ m_s\end{matrix},
$$
$$
\begin{matrix}n_1 & n_2 & \cdots & n_t\end{matrix}
$$

其中 $\boldsymbol{A}_{ij}$ 为 $m_i\times n_i$ 矩阵 $(i=1,2,\cdots,s,j=1,2,\cdots,t)$, $m=\sum\limits_{i=1}^{n}m_i, n=\sum\limits_{i=1}^{t}n_i$, 则分块矩阵 $\boldsymbol{A}$ 的转置定义为

$$
\boldsymbol{A}^{\mathrm{T}}=\begin{pmatrix}\boldsymbol{A}_{11}^{\mathrm{T}} & \boldsymbol{A}_{21}^{\mathrm{T}} & \cdots & \boldsymbol{A}_{s1}^{\mathrm{T}}\\ \boldsymbol{A}_{12}^{\mathrm{T}} & \boldsymbol{A}_{22}^{\mathrm{T}} & \cdots & \boldsymbol{A}_{s2}^{\mathrm{T}}\\ \vdots & \vdots & & \vdots\\ \boldsymbol{A}_{1t}^{\mathrm{T}} & \boldsymbol{A}_{2t}^{\mathrm{T}} & \cdots & \boldsymbol{A}_{st}^{\mathrm{T}}\end{pmatrix}\begin{matrix}n_1\\ n_2\\ \vdots\\ n_t\end{matrix}.
$$
$$
\begin{matrix}m_1 & m_2 & \cdots & m_s\end{matrix}
$$

读者可以验证 $\boldsymbol{A}$ 经分块后转置所形成的矩阵与将原矩阵不分块直接转置所得到的矩阵是相等的.

例 3.3.2　设矩阵

$$A=\begin{pmatrix}1&0&1&3\\0&1&2&4\\0&0&-1&0\\0&0&0&-1\end{pmatrix},\quad B=\begin{pmatrix}1&2&0&0\\2&0&0&0\\6&3&1&0\\0&-2&0&1\end{pmatrix},$$

试用分块矩阵计算 $kA, A+B$ 及 AB.

解　将矩阵 A, B 分块如下:

$$A=\left(\begin{array}{cc|cc}1&0&1&3\\0&1&2&4\\\hline 0&0&-1&0\\0&0&0&-1\end{array}\right)=\begin{pmatrix}E&C\\O&-E\end{pmatrix},$$

$$B=\left(\begin{array}{cc|cc}1&2&0&0\\2&0&0&0\\\hline 6&3&1&0\\0&-2&0&1\end{array}\right)=\begin{pmatrix}D&O\\F&E\end{pmatrix},$$

则

$$kA=k\begin{pmatrix}E&C\\O&-E\end{pmatrix}=\begin{pmatrix}kE&kC\\O&-kE\end{pmatrix},$$

$$A+B=\begin{pmatrix}E&C\\O&-E\end{pmatrix}+\begin{pmatrix}D&O\\F&E\end{pmatrix}=\begin{pmatrix}E+D&C\\F&O\end{pmatrix},$$

$$AB=\begin{pmatrix}E&C\\O&-E\end{pmatrix}\begin{pmatrix}D&O\\F&E\end{pmatrix}=\begin{pmatrix}D+CF&C\\-F&-E\end{pmatrix},$$

分别计算 $kE, kC, E+D, D+CF$, 代入上面三式, 得

$$kA=\begin{pmatrix}k&0&k&3k\\0&k&2k&4k\\0&0&-k&0\\0&0&0&-k\end{pmatrix},\quad A+B=\begin{pmatrix}2&2&1&3\\2&1&2&4\\6&3&0&0\\0&-2&0&0\end{pmatrix},$$

$$AB=\begin{pmatrix}7&-1&1&3\\14&-2&2&4\\-6&-3&-1&0\\0&2&0&-1\end{pmatrix}.$$

例 3.3.3 已知 $A=\left(\begin{array}{ccc:c}1&2&3&4\\2&3&4&1\\\hdashline 3&4&1&2\end{array}\right)$, 求$A^{\mathrm{T}}$.

解 由于矩阵

$$A_{11}=\begin{pmatrix}1&2&3\\2&3&4\end{pmatrix},\quad A_{12}=\begin{pmatrix}4\\1\end{pmatrix},\quad A_{21}=(3,4,1),\quad A_{22}=(2)$$

的转置分别为

$$A_{11}^{\mathrm{T}}=\begin{pmatrix}1&2\\2&3\\3&4\end{pmatrix},\quad A_{12}^{\mathrm{T}}=(4,1),\quad A_{21}^{\mathrm{T}}=\begin{pmatrix}3\\4\\1\end{pmatrix},\quad A_{22}^{\mathrm{T}}=(2).$$

故

$$A^{\mathrm{T}}=\begin{pmatrix}A_{11}^{\mathrm{T}}&A_{21}^{\mathrm{T}}\\A_{12}^{\mathrm{T}}&A_{22}^{\mathrm{T}}\end{pmatrix}=\left(\begin{array}{cc:c}1&2&3\\2&3&4\\3&4&1\\\hdashline 4&1&2\end{array}\right).$$

例 3.3.4 将 $m\times n$ 矩阵 A 按列分块得 $A=(\alpha_1,\ \alpha_2,\ \cdots,\ \alpha_n)$, 由此计算 AA^{T} 及 $A^{\mathrm{T}}A$.

解

$$AA^{\mathrm{T}}=(\alpha_1,\alpha_2,\cdots,\alpha_n)\begin{pmatrix}\alpha_1^{\mathrm{T}}\\\alpha_2^{\mathrm{T}}\\\vdots\\\alpha_n^{\mathrm{T}}\end{pmatrix}=\alpha_1\alpha_1^{\mathrm{T}}+\alpha_2\alpha_2^{\mathrm{T}}+\cdots+\alpha_n\alpha_n^{\mathrm{T}},$$

$$A^{\mathrm{T}}A=\begin{pmatrix}\alpha_1^{\mathrm{T}}\\\alpha_2^{\mathrm{T}}\\\vdots\\\alpha_n^{\mathrm{T}}\end{pmatrix}(\alpha_1,\alpha_2,\cdots,\alpha_n)=\begin{pmatrix}\alpha_1^{\mathrm{T}}\alpha_1&\alpha_1^{\mathrm{T}}\alpha_2&\cdots&\alpha_1^{\mathrm{T}}\alpha_n\\\alpha_2^{\mathrm{T}}\alpha_1&\alpha_2^{\mathrm{T}}\alpha_2&\cdots&\alpha_2^{\mathrm{T}}\alpha_n\\\vdots&\vdots&&\vdots\\\alpha_n^{\mathrm{T}}\alpha_1&\alpha_n^{\mathrm{T}}\alpha_2&\cdots&\alpha_n^{\mathrm{T}}\alpha_n\end{pmatrix}.$$

读者可以验证, 3.1 节中矩阵转置运算相关的运算规律对分块矩阵也成立.

3.3.3 分块矩阵的求逆

如果矩阵的结构特殊, 则对矩阵进行分块后求逆是有益的.

例 3.3.5 设 $\boldsymbol{A} \in \mathbb{F}^{r\times r}$ 与 $\boldsymbol{B} \in \mathbb{F}^{s\times s}$ 均可逆, $\boldsymbol{O} \in \mathbb{F}^{r\times s}$ 为零矩阵, $\boldsymbol{C} \in \mathbb{F}^{s\times r}$, 试证明 $\begin{pmatrix} \boldsymbol{A} & \boldsymbol{O} \\ \boldsymbol{C} & \boldsymbol{B} \end{pmatrix}$ 可逆并求其逆.

证明 因为 $\begin{vmatrix} \boldsymbol{A} & \boldsymbol{O} \\ \boldsymbol{C} & \boldsymbol{B} \end{vmatrix} = |\boldsymbol{A}||\boldsymbol{B}|$, 而 $|\boldsymbol{A}||\boldsymbol{B}| \neq 0$, 所以 $\begin{pmatrix} \boldsymbol{A} & \boldsymbol{O} \\ \boldsymbol{C} & \boldsymbol{B} \end{pmatrix}$ 可逆. 设

$$\begin{pmatrix} \boldsymbol{A} & \boldsymbol{O} \\ \boldsymbol{C} & \boldsymbol{B} \end{pmatrix}^{-1} = \begin{pmatrix} \boldsymbol{X}_{11} & \boldsymbol{X}_{12} \\ \boldsymbol{X}_{21} & \boldsymbol{X}_{22} \end{pmatrix},$$

这里 $\boldsymbol{X}_{11}, \boldsymbol{X}_{12}, \boldsymbol{X}_{21}, \boldsymbol{X}_{22}$ 分别是 $\mathbb{F}$ 上的 $r\times r, r\times s, s\times r, s\times s$ 矩阵, 依逆矩阵的定义, 有

$$\begin{pmatrix} \boldsymbol{A} & \boldsymbol{O} \\ \boldsymbol{C} & \boldsymbol{B} \end{pmatrix}\begin{pmatrix} \boldsymbol{X}_{11} & \boldsymbol{X}_{12} \\ \boldsymbol{X}_{21} & \boldsymbol{X}_{22} \end{pmatrix} = \begin{pmatrix} \boldsymbol{E}_r & \boldsymbol{O} \\ \boldsymbol{O} & \boldsymbol{E}_s \end{pmatrix}$$

或

$$\begin{cases} \boldsymbol{A}\boldsymbol{X}_{11} = \boldsymbol{E}_r, \\ \boldsymbol{C}\boldsymbol{X}_{11} + \boldsymbol{B}\boldsymbol{X}_{21} = \boldsymbol{O}, \\ \boldsymbol{A}\boldsymbol{X}_{12} = \boldsymbol{O}, \\ \boldsymbol{C}\boldsymbol{X}_{12} + \boldsymbol{B}\boldsymbol{X}_{22} = \boldsymbol{E}_s, \end{cases}$$

解之得

$$\begin{cases} \boldsymbol{X}_{11} = \boldsymbol{A}^{-1}, \\ \boldsymbol{X}_{12} = \boldsymbol{O}, \\ \boldsymbol{X}_{21} = -\boldsymbol{B}^{-1}\boldsymbol{C}\boldsymbol{A}^{-1}, \\ \boldsymbol{X}_{22} = \boldsymbol{B}^{-1}, \end{cases}$$

故

$$\begin{pmatrix} \boldsymbol{A} & \boldsymbol{O} \\ \boldsymbol{C} & \boldsymbol{B} \end{pmatrix}^{-1} = \begin{pmatrix} \boldsymbol{A}^{-1} & \boldsymbol{O} \\ -\boldsymbol{B}^{-1}\boldsymbol{C}\boldsymbol{A}^{-1} & \boldsymbol{B}^{-1} \end{pmatrix}.$$

□

3.3.4 准对角阵及其运算

设 $\boldsymbol{A} \in \mathbb{F}^{n\times n}$, 将 $\boldsymbol{A}$ 经过适当分块后写成

$$\boldsymbol{A} = \begin{array}{c} \begin{pmatrix} \boldsymbol{A}_1 & & & \\ & \boldsymbol{A}_2 & & \\ & & \ddots & \\ & & & \boldsymbol{A}_s \end{pmatrix} \begin{array}{l} n_1 \\ n_2 \\ \vdots \\ n_s \end{array} \\ \begin{array}{cccc} n_1 & n_2 & \cdots & n_s \end{array} \end{array},$$

其中 $\boldsymbol{A}_i \in \mathbb{F}^{n_i\times n_i}$ 为 n_i 阶方阵 $(i=1,2,\cdots,s)$, $n=\sum\limits_{i=1}^{s} n_i$, 则称这样的分块阵为**准对角阵或分块对角阵**. 我们有

(1) 若 $\boldsymbol{A}_i$ 与 $\boldsymbol{B}_i$ 同阶 $(i=1,2,\cdots,s)$, 则

$$\begin{pmatrix} \boldsymbol{A}_1 & & & \\ & \boldsymbol{A}_2 & & \\ & & \ddots & \\ & & & \boldsymbol{A}_s \end{pmatrix} \pm \begin{pmatrix} \boldsymbol{B}_1 & & & \\ & \boldsymbol{B}_2 & & \\ & & \ddots & \\ & & & \boldsymbol{B}_s \end{pmatrix}$$

$$= \begin{pmatrix} \boldsymbol{A}_1 \pm \boldsymbol{B}_1 & & & \\ & \boldsymbol{A}_2 \pm \boldsymbol{B}_2 & & \\ & & \ddots & \\ & & & \boldsymbol{A}_s \pm \boldsymbol{B}_s \end{pmatrix}$$

及

$$\begin{pmatrix} \boldsymbol{A}_1 & & & \\ & \boldsymbol{A}_2 & & \\ & & \ddots & \\ & & & \boldsymbol{A}_s \end{pmatrix} \begin{pmatrix} \boldsymbol{B}_1 & & & \\ & \boldsymbol{B}_2 & & \\ & & \ddots & \\ & & & \boldsymbol{B}_s \end{pmatrix}$$

$$= \begin{pmatrix} \boldsymbol{A}_1\boldsymbol{B}_1 & & & \\ & \boldsymbol{A}_2\boldsymbol{B}_2 & & \\ & & \ddots & \\ & & & \boldsymbol{A}_s\boldsymbol{B}_s \end{pmatrix}.$$

(2) 若 $|\boldsymbol{A}_i| \neq 0$ $(i=1,2,\cdots,s)$, 则

$$\begin{pmatrix} \boldsymbol{A}_1 & & & \\ & \boldsymbol{A}_2 & & \\ & & \ddots & \\ & & & \boldsymbol{A}_s \end{pmatrix}^{-1} = \begin{pmatrix} \boldsymbol{A}_1^{-1} & & & \\ & \boldsymbol{A}_2^{-1} & & \\ & & \ddots & \\ & & & \boldsymbol{A}_s^{-1} \end{pmatrix}.$$

习 题 3.3

1. 用矩阵的分块方法计算 $\boldsymbol{AB}$, 其中

$$\boldsymbol{A} = \begin{pmatrix} 1 & -2 & 7 & 0 & 0 \\ -1 & 3 & 6 & 0 & 0 \\ -3 & 2 & -5 & 0 & 0 \\ 0 & 0 & 0 & 1 & 2 \\ 0 & 0 & 0 & 0 & 5 \end{pmatrix}, \quad \boldsymbol{B} = \begin{pmatrix} 3 & 0 & 0 & 1 & 2 \\ 0 & 3 & 0 & 3 & 4 \\ 0 & 0 & 3 & 5 & 6 \\ 0 & 0 & 0 & 3 & 4 \\ 0 & 0 & 0 & 5 & 1 \end{pmatrix}.$$

2. 设 $\boldsymbol{A}, \boldsymbol{C}$ 可逆, 分别求 $\boldsymbol{X} = \begin{pmatrix} \boldsymbol{O} & \boldsymbol{A} \\ \boldsymbol{C} & \boldsymbol{O} \end{pmatrix}$ 及 $\boldsymbol{Y} = \begin{pmatrix} \boldsymbol{A} & \boldsymbol{B} \\ \boldsymbol{0} & \boldsymbol{C} \end{pmatrix}$ 的逆矩阵.

3. 设 $\boldsymbol{A}, \boldsymbol{B}$ 分别是 $n \times m$ 和 $m \times n$ 矩阵. 证明

(1) $\begin{vmatrix} \boldsymbol{E}_m & \boldsymbol{B} \\ \boldsymbol{A} & \boldsymbol{E}_n \end{vmatrix} = |\boldsymbol{E}_n - \boldsymbol{AB}| = |\boldsymbol{E}_m - \boldsymbol{BA}|$;

(2) 当 $\lambda \neq 0$ 时, $|\lambda \boldsymbol{E}_n - \boldsymbol{AB}| = \lambda^{n-m} |\lambda \boldsymbol{E}_m - \boldsymbol{BA}|$.

4. 设 $\mathbb{F}$ 是一个数域, 矩阵 $\boldsymbol{A} \in \mathbb{F}^{m\times m}$, $\boldsymbol{B} \in \mathbb{F}^{m\times n}$, $\boldsymbol{C} \in \mathbb{F}^{n\times m}$, $\boldsymbol{D} \in \mathbb{F}^{n\times n}$.

(1) 如果 $\boldsymbol{A}$, $\boldsymbol{D}$ 可逆, 证明

$$\left|\boldsymbol{A} + \boldsymbol{BD}^{-1}\boldsymbol{C}\right| |\boldsymbol{D}| = |\boldsymbol{A}| \left|\boldsymbol{D} + \boldsymbol{CA}^{-1}\boldsymbol{B}\right|;$$

(2) 计算行列式

$$\begin{vmatrix} 0 & a_1+a_2 & a_1+a_3 & \cdots & a_1+a_{n-1} & a_1+a_n \\ a_2+a_1 & 0 & a_2+a_3 & \cdots & a_2+a_{n-1} & a_2+a_n \\ a_3+a_1 & a_3+a_2 & 0 & \cdots & a_3+a_{n-1} & a_3+a_n \\ \vdots & \vdots & \vdots & & \vdots & \vdots \\ a_{n-1}+a_1 & a_{n-1}+a_2 & a_{n-1}+a_3 & \cdots & 0 & a_{n-1}+a_n \\ a_n+a_1 & a_n+a_2 & a_n+a_3 & \cdots & a_n+a_{n-1} & 0 \end{vmatrix},$$

其中 $a_1, a_2, \cdots, a_n$ 全不为零.

5. 设 $\boldsymbol{A}$ 是 n 阶可逆矩阵, $\boldsymbol{\alpha},\boldsymbol{\beta}$ 是两个 n 元列向量. 证明:

$$\left|\boldsymbol{A}+\boldsymbol{\alpha}\boldsymbol{\beta}^{\mathrm{T}}\right| = |\boldsymbol{A}|\left(1+\boldsymbol{\beta}^{\mathrm{T}}\boldsymbol{A}^{-1}\boldsymbol{\alpha}\right).$$

3.4 矩 阵 的 秩

矩阵的秩是矩阵理论的一个重要概念, 它将贯穿于本课程的学习. 本节中, 我们定义矩阵的秩, 并讨论其基本性质. 为此, 我们从前面定义的矩阵的标准形谈起.

定理 3.4.1 任一个矩阵的标准形是唯一的.

证明 只需证明整数 r 是唯一的. 若 $\boldsymbol{A}\in\mathbb{F}^{m\times n}$ 还与另一矩阵 $\boldsymbol{E}_s$ 等价, 则存在 m 阶可逆矩阵 $\boldsymbol{P}_1,\boldsymbol{P}_2$ 与 n 阶可逆矩阵 $\boldsymbol{Q}_1,\boldsymbol{Q}_2$, 使得

$$\boldsymbol{A}=\boldsymbol{P}_1\begin{pmatrix}\boldsymbol{E}_r & \boldsymbol{O}\\ \boldsymbol{O} & \boldsymbol{O}\end{pmatrix}\boldsymbol{Q}_1=\boldsymbol{P}_2\begin{pmatrix}\boldsymbol{E}_s & \boldsymbol{O}\\ \boldsymbol{O} & \boldsymbol{O}\end{pmatrix}\boldsymbol{Q}_2 \tag{3.4.1}$$

成立. 不妨设 $s>r$, 令 $\boldsymbol{M}=\boldsymbol{P}_2^{-1}\boldsymbol{P}_1,\boldsymbol{N}=\boldsymbol{Q}_2\boldsymbol{Q}_1^{-1}$, 则有

$$\boldsymbol{M}\begin{pmatrix}\boldsymbol{E}_r & \boldsymbol{O}\\ \boldsymbol{O} & \boldsymbol{O}\end{pmatrix}=\begin{pmatrix}\boldsymbol{E}_s & \boldsymbol{O}\\ \boldsymbol{O} & \boldsymbol{O}\end{pmatrix}\boldsymbol{N}, \tag{3.4.2}$$

其中 $\boldsymbol{M}$ 为 m 阶可逆矩阵, $\boldsymbol{N}$ 为 n 阶可逆矩阵.

对 $\boldsymbol{M},\boldsymbol{N}$ 作分块 (注意 $\boldsymbol{M},\boldsymbol{N}$ 的子块的行数与列数),

$$\begin{aligned}\boldsymbol{M}&=\begin{pmatrix}(\boldsymbol{M}_{11})_{s\times r} & (\boldsymbol{M}_{12})_{s\times(m-r)}\\ (\boldsymbol{M}_{21})_{(m-s)\times r} & (\boldsymbol{M}_{22})_{(m-s)\times(m-r)}\end{pmatrix},\\ \boldsymbol{N}&=\begin{pmatrix}(\boldsymbol{N}_{11})_{s\times s} & (\boldsymbol{N}_{12})_{s\times(n-s)}\\ (\boldsymbol{N}_{21})_{(n-s)\times s} & (\boldsymbol{N}_{22})_{(n-s)\times(n-s)}\end{pmatrix},\end{aligned} \tag{3.4.3}$$

代入 (3.4.2) 式得

$$\begin{pmatrix}\boldsymbol{M}_{11} & \boldsymbol{O}\\ \boldsymbol{M}_{21} & \boldsymbol{O}\end{pmatrix}=\begin{pmatrix}\boldsymbol{N}_{11} & \boldsymbol{N}_{12}\\ \boldsymbol{O} & \boldsymbol{O}\end{pmatrix}, \tag{3.4.4}$$

则有 $\boldsymbol{N}_{12}=\boldsymbol{O},\boldsymbol{M}_{21}=\boldsymbol{O},\boldsymbol{N}_{11}=(\boldsymbol{M}_{11},\boldsymbol{O}_{s\times(s-r)})$. 故

$$\boldsymbol{N}=\begin{pmatrix}(\boldsymbol{M}_{11},\boldsymbol{O}) & \boldsymbol{O}\\ \boldsymbol{N}_{21} & \boldsymbol{N}_{22}\end{pmatrix}. \tag{3.4.5}$$

令 $\boldsymbol{N}$ 的逆矩阵 $\boldsymbol{L}$ 为

$$\boldsymbol{L}=\begin{pmatrix}\boldsymbol{L}_{11} & \boldsymbol{L}_{12}\\ \boldsymbol{L}_{21} & \boldsymbol{L}_{22}\end{pmatrix}, \tag{3.4.6}$$

由 $\boldsymbol{NL}=\boldsymbol{LN}=\boldsymbol{E}_n$ 得 $(\boldsymbol{M}_{11},\boldsymbol{O})\boldsymbol{L}_{11}=\boldsymbol{E}_s$ 及 $\boldsymbol{L}_{11}(\boldsymbol{M}_{11},\boldsymbol{O})=\boldsymbol{E}_s$, 这是不可能的, 故 $s\leqslant r$. 同样可证 $r\leqslant s$, 即 $r=s$. □

定义 3.4.1　如果 $\boldsymbol{B}=\begin{pmatrix}\boldsymbol{E}_r & \boldsymbol{O}\\ \boldsymbol{O} & \boldsymbol{O}\end{pmatrix}$ 是 $\boldsymbol{A}_{m\times n}$ 的标准形, 称 $r(\boldsymbol{A})=r$ 为 $\boldsymbol{A}$ 的**秩**.

显然，$0\leqslant r(\boldsymbol{A}_{m\times n})\leqslant\min\{m,n\}$, 且 $r(\boldsymbol{A})=0\Leftrightarrow\boldsymbol{A}=\boldsymbol{O}$.

定理 3.4.2　对于 $\mathbb{F}^{m\times n}$ 中任意一个矩阵 $\boldsymbol{A}$, 均存在可逆阵 $\boldsymbol{P}\in\mathbb{F}^{m\times m},\boldsymbol{Q}\in\mathbb{F}^{n\times n}$, 使得

$$\boldsymbol{PAQ}=\begin{pmatrix}\boldsymbol{E}_r & \boldsymbol{O}\\ \boldsymbol{O} & \boldsymbol{O}\end{pmatrix}, \tag{3.4.7}$$

这里 $r=r(\boldsymbol{A})$.

证明　由定理 3.2.3, 存在正整数 s 和 t 及 s 个 m 阶初等矩阵 $\boldsymbol{P}_i\in\mathbb{F}^{m\times m}(i=1,2,\cdots,s)$ 和 t 个 n 阶初等矩阵 $\boldsymbol{Q}_i\in\mathbb{F}^{n\times n}(i=1,2,\cdots,t)$, 使得 (3.2.6) 成立 . 令 $\boldsymbol{P}=\boldsymbol{P}_1\boldsymbol{P}_2\cdots\boldsymbol{P}_s$, $\boldsymbol{Q}=\boldsymbol{Q}_1\boldsymbol{Q}_2\cdots\boldsymbol{Q}_t$, 则 $\boldsymbol{P}\in\mathbb{F}^{m\times m}$, $\boldsymbol{Q}\in\mathbb{F}^{n\times n}$ 均可逆, 且

$$\boldsymbol{PAQ}=\begin{pmatrix}\boldsymbol{E}_r & \boldsymbol{O}\\ \boldsymbol{O} & \boldsymbol{O}\end{pmatrix},$$

即 (3.4.7) 成立. 定理得证. □

进一步, 我们有

推论 3.4.3　定理 3.2.3 和定理 3.4.2 等价.

证明　由定理 3.4.2 的证明过程知, 该定理实际上由定理 3.2.3 推得, 因此, 要证明这两个定理等价, 只要反过来证明定理 3.2.3 可以由定理 3.4.2 推得即可.

若定理 3.4.2 成立, 则存在 m 阶可逆矩阵 $\boldsymbol{P}$ 和 n 阶可逆矩阵 $\boldsymbol{Q}$ 使得 (3.4.7) 成立. 依定理 3.2.4, 存在非负整数 s,t 及初等矩阵 $\boldsymbol{P}_i\in\mathbb{F}^{m\times m}(i=1,2,\cdots,s)$, $\boldsymbol{Q}_i\in\mathbb{F}^{n\times n}(i=1,2,\cdots,t)$, 使得

$$\boldsymbol{P}=\boldsymbol{P}_1\boldsymbol{P}_2\cdots\boldsymbol{P}_s,\quad \boldsymbol{Q}=\boldsymbol{Q}_1\boldsymbol{Q}_2\cdots\boldsymbol{Q}_t.$$

代入 (3.4.7) 即得 (3.2.6) 成立. 定理 3.2.3 得证. 因此, 定理 3.2.3 和定理 3.4.2 等价. □

定理 3.4.4 矩阵的秩是初等变换下的不变量, 即若 $\boldsymbol{A}$ 可通过初等变换变为 $\boldsymbol{B}$, 则 $r(\boldsymbol{A}) = r(\boldsymbol{B})$.

证明 设 $r(\boldsymbol{A}) = r$, 则 $\boldsymbol{C} = \begin{pmatrix} \boldsymbol{E}_r & \boldsymbol{O} \\ \boldsymbol{O} & \boldsymbol{O} \end{pmatrix}$ 是 $\boldsymbol{A}$ 的标准形. 所以 $\boldsymbol{A}$ 可通过初等变换化为 $\boldsymbol{C}$. 因为 $\boldsymbol{A}$ 可通过初等变换变为 $\boldsymbol{B}$, 所以 $\boldsymbol{B}$ 也可通过初等变换化为 $\boldsymbol{C}$, 即 $\boldsymbol{C}$ 也是 $\boldsymbol{B}$ 的标准形. 所以 $r(\boldsymbol{B}) = r = r(\boldsymbol{A})$. □

可以构造利用矩阵的初等变换来计算矩阵秩的方法. 仿照 (1.2.1) 对方程组的系数矩阵的增广阵所实施的方法, 我们可推知对于 $\mathbb{F}^{m\times n}$ 中的任一个 $\boldsymbol{A}_{m\times n}$, 均存在整数 $0 \leqslant r \leqslant \min\{m, n\}$, 使得

$$\boldsymbol{A} \xrightarrow[\text{列的互换}]{\text{初等行变换}} \begin{pmatrix} c_{11} & & & c_{1r} & \cdots & c_{1n} \\ & c_{22} & & c_{2r} & \cdots & c_{2n} \\ & & \ddots & \vdots & & \vdots \\ & & & c_{rr} & \cdots & c_{rn} \\ & & & & & \\ & & & & & \end{pmatrix}, \tag{3.4.8}$$

这里 $\prod\limits_{i=1}^{r} c_{ii} \neq 0$, 或者

$$\boldsymbol{A} \xrightarrow{\text{初等行变换}} \begin{pmatrix} c_{11} & \cdots & c_{1,i_2} & \cdots & c_{1,i_3} & \cdots & c_{1,i_r} & \cdots & c_{1n} \\ & & c_{2,i_2} & \cdots & c_{2,i_3} & \cdots & c_{2,i_r} & \cdots & c_{2n} \\ & & & & c_{3,i_3} & \cdots & c_{3,i_r} & \cdots & c_{3n} \\ & & & & & \ddots & \vdots & & \vdots \\ & & & & & & c_{r,i_r} & \cdots & c_{rn} \\ & & & & & & & & \\ & & & & & & & & \end{pmatrix}, \tag{3.4.9}$$

这里 $\prod\limits_{j=1}^{r} c_{j,i_j} \neq 0, c_{1,i_1} = c_{11}$. (3.4.8) 及 (3.4.9) 中空白位置的元素均为 0.

由于 (3.4.8) 与 (3.4.9) 等式右端矩阵的秩为 r, 故 $r(\boldsymbol{A}) = r$.

(3.4.8) 或 (3.4.9) 是计算 $r(\boldsymbol{A})$ 的有效方法, 有兴趣的读者可以估算求 $r(\boldsymbol{A})$ 的乘除法次数为 $\sum\limits_{i=1}^{N}(i-1)i = \dfrac{N(N+1)(N-1)}{3} = O(N^3)$, 其中, $N = \max\{m, n\}$.

通常称 (3.4.8) 或 (3.4.9) 等式右端的矩阵为**阶梯形矩阵**, 而称 (3.4.8) 中的非零元素 $c_{11}, c_{22}, \cdots, c_{rr}$ 或 (3.4.9) 中的非零元素 $c_{11}, c_{2,i_2}, \cdots, c_{r,i_r}$ 为**阶梯头**. (3.4.9) 中, 阶梯头的特征是其左侧、下侧以及左下侧的元素全为 0. 于是有**阶梯形矩阵的秩就是矩阵中阶梯头的数目**.

例 3.4.1 设 $\bar{\boldsymbol{A}}$ 为如下的 3×5 矩阵, 则对 $\bar{\boldsymbol{A}}$ 仅实施初等行变换得

$$\bar{\boldsymbol{A}}=\begin{pmatrix}1&2&-1&1&1\\1&2&0&-1&3\\-1&-2&3&-5&3\end{pmatrix}\xrightarrow[R_3+R_1]{R_2-R_1}\begin{pmatrix}1&2&-1&1&1\\0&0&1&-2&2\\0&0&2&-4&4\end{pmatrix}$$

$$\xrightarrow[R_3-2R_1]{R_1+R_2}\begin{pmatrix}1&2&0&-1&3\\0&0&1&-2&2\\0&0&0&0&0\end{pmatrix},$$

右端矩阵为 (3.4.9) 所示的形状. 可知 $r(\bar{\boldsymbol{A}})=2$.

例 3.4.2 交换例 3.4.1 中最后所得矩阵的第 2 列与第 3 列, 则得矩阵

$$\begin{pmatrix}1&0&2&-1&3\\0&1&0&-2&2\\0&0&0&0&0\end{pmatrix}.$$

该矩阵为 (3.4.8) 所示的形状. 同样地, $r(\bar{\boldsymbol{A}})=2$.

习 题 3.4

1. 求下列矩阵的秩:

(1) $\begin{pmatrix}1&2&3&4\\1&-2&4&5\\1&10&1&2\end{pmatrix}$;

(2) $\begin{pmatrix}0&1&1&-1&2\\0&2&-2&-2&0\\0&-1&-1&1&1\\1&1&0&1&-1\end{pmatrix}$;

(3) $\begin{pmatrix}1&0&1&0&0\\1&1&0&0&0\\0&1&1&0&0\\0&0&1&1&0\\0&1&0&1&1\end{pmatrix}$;

(4) $\begin{pmatrix}1&1&2&-2\\1&3&-k&-2k\\1&-1&6&0\end{pmatrix}$.

2. 设 n 阶非奇异 (即可逆) 矩阵 $\boldsymbol{A}$ 中每行元素之和都等于常数 c, 证明 $c\neq 0$ 且 $\boldsymbol{A}^{-1}$ 中每行元素之和都等于 c^{-1}.

3.5 矩阵逆的计算

接下来, 我们再来关注逆矩阵的计算. (3.2.7) 和 (3.2.8) 利用矩阵初等变换的语言来描述就是

$\boldsymbol{A}$ 可逆 $\Longleftrightarrow$ 仅对 $\boldsymbol{A}$ 施行有限次初等行 (列) 变换便可将 $\boldsymbol{A}$ 化为单位阵 $\boldsymbol{E}$.

以下, 我们将看到这样的解释对于简化矩阵的求逆计算是很重要的.

由于 (3.2.7) 的等价形式为

$$\boldsymbol{R}_1\cdots\boldsymbol{R}_l\boldsymbol{E}=\boldsymbol{A}^{-1}. \tag{3.5.1}$$

因此, (3.2.7) 和 (3.5.1) 两式等价于

$$\boldsymbol{R}_1\cdots\boldsymbol{R}_1\left(\boldsymbol{A}\mid\boldsymbol{E}\right)=\left(\boldsymbol{E}\mid\boldsymbol{A}^{-1}\right). \tag{3.5.2}$$

(3.5.2) 的初等变换语言是**"仅对 $\boldsymbol{A}$ 和 $\boldsymbol{E}$ 施行有限次初等行变换, 当 $\boldsymbol{A}$ 化为 $\boldsymbol{E}$ 时, $\boldsymbol{E}$ 也施行相同的初等行变换化为 $\boldsymbol{A}^{-1}$"**.

同样对于初等列变换也有类似于 (3.5.2) 的结果成立, 请读者自行写出.

据此, 我们构造求利用矩阵的初等变换逆矩阵的方法:

$$\left(\boldsymbol{A}\mid\boldsymbol{E}\right)\xrightarrow{\text{仅初等行变换}}\left(\boldsymbol{E}\mid\boldsymbol{A}^{-1}\right).$$

类似地,

$$\begin{pmatrix}\boldsymbol{A}\\ \hline \boldsymbol{E}\end{pmatrix}\xrightarrow{\text{仅初等列变换}}\begin{pmatrix}\boldsymbol{E}\\ \hline \boldsymbol{A}^{-1}\end{pmatrix}.$$

利用初等变换求矩阵的逆比起用伴随矩阵来构造矩阵逆的效益要高得多. 因此这是求矩阵逆的非常有效的方法.

当 (3.5.1) 成立时, 如果我们将 (3.5.2) 中的 $\boldsymbol{E}$ 换为和 $\boldsymbol{A}$ 具有相同行数的矩阵 $\boldsymbol{C}$ 时, 那么 (3.5.2) 就化为

$$\boldsymbol{R}_1\cdots\boldsymbol{R}_l\left(\boldsymbol{A}\mid\boldsymbol{C}\right)=\left(\boldsymbol{E}\mid\boldsymbol{A}^{-1}\boldsymbol{C}\right). \tag{3.5.3}$$

请读者自行写出 (3.5.3) 所对应的初等变换语言. 我们也常依据它用初等变换来解一部分矩阵方程.

例 3.5.1 利用矩阵初等变换, 求下列矩阵的逆矩阵.

$$\boldsymbol{B}=\begin{pmatrix}1&2&3\\2&2&1\\3&4&3\end{pmatrix}.$$

解

$$\left(\boldsymbol{B} \mid \boldsymbol{E}\right)=\left(\begin{array}{ccc|ccc}1&2&3&1&0&0\\2&2&1&0&1&0\\3&4&3&0&0&1\end{array}\right)\xrightarrow[R_3-3R_1]{R_2-2R_1}\left(\begin{array}{ccc|ccc}1&2&3&1&0&0\\0&-2&-5&-2&1&0\\0&-2&-6&-3&0&1\end{array}\right)$$

$$\xrightarrow[R_3-R_2]{R_1+R_2}\left(\begin{array}{ccc|ccc}1&0&-2&-1&1&0\\0&-2&-5&-2&1&0\\0&0&-1&-1&-1&1\end{array}\right)$$

$$\xrightarrow[R_1-2R_3]{R_2-5R_3}\left(\begin{array}{ccc|ccc}1&0&0&1&3&-2\\0&-2&0&3&6&-5\\0&0&-1&-1&-1&1\end{array}\right)$$

$$\xrightarrow[(-1)R_3]{(-\frac{1}{2})R_2}\left(\begin{array}{ccc|ccc}1&0&0&1&3&-2\\0&1&0&-\dfrac{3}{2}&-3&\dfrac{5}{2}\\0&0&1&1&1&-1\end{array}\right),$$

故

$$\boldsymbol{B}^{-1}=\begin{pmatrix}1&3&-2\\-\dfrac{3}{2}&-3&\dfrac{5}{2}\\1&1&-1\end{pmatrix}.$$

例 3.5.2　设 $\boldsymbol{B}=\begin{pmatrix}1&2&3\\2&2&1\\3&4&3\end{pmatrix}$，$\boldsymbol{A}=\begin{pmatrix}2&1\\5&3\end{pmatrix}$，$\boldsymbol{C}=\begin{pmatrix}1&3\\2&0\\3&1\end{pmatrix}$，求矩阵 $\boldsymbol{X}$ 使其满足 $\boldsymbol{BXA}=\boldsymbol{C}$.

解　我们可知方程的解为 $\boldsymbol{X}=\boldsymbol{B}^{-1}\boldsymbol{C}\boldsymbol{A}^{-1}$. 若令 $\boldsymbol{D}=\boldsymbol{B}^{-1}\boldsymbol{C}$，则 $\boldsymbol{X}=\boldsymbol{D}\boldsymbol{A}^{-1}$. 这就预示着我们可先用初等行变换计算出 $\boldsymbol{D}$，再利用初等列变换计算出 $\boldsymbol{X}$. 以下是计算过程:

$$\left(\boldsymbol{B} \mid \boldsymbol{C}\right)=\left(\begin{array}{ccc|cc}1&2&3&1&3\\2&2&1&2&0\\3&4&3&3&1\end{array}\right)\xrightarrow[R_3-3R_1]{R_2-2R_1}\left(\begin{array}{ccc|cc}1&2&3&1&3\\0&-2&-5&0&-6\\0&-2&-6&0&-8\end{array}\right)$$

$$\xrightarrow[R_3-R_2]{R_1+R_2}\left(\begin{array}{ccc:cc}1 & 0 & -2 & 1 & -3\\ 0 & -2 & -5 & 0 & -6\\ 0 & 0 & -1 & 0 & -2\end{array}\right)$$

$$\xrightarrow[R_1-2R_3]{R_2-5R_3}\left(\begin{array}{ccc:cc}1 & 0 & 0 & 1 & 1\\ 0 & -2 & 0 & 0 & 4\\ 0 & 0 & -1 & 0 & -2\end{array}\right)$$

$$\xrightarrow[(-1)R_3]{(-\frac{1}{2})R_2}\left(\begin{array}{ccc:cc}1 & 0 & 0 & 1 & 1\\ 0 & 1 & 0 & 0 & -2\\ 0 & 0 & 1 & 0 & 2\end{array}\right),$$

所以

$$\boldsymbol{D}=\boldsymbol{B}^{-1}\boldsymbol{C}=\begin{pmatrix}1 & 1\\ 0 & -2\\ 0 & 2\end{pmatrix}.$$

但

$$\left(\begin{array}{c}\boldsymbol{A}\\ \hdashline \boldsymbol{D}\end{array}\right)=\left(\begin{array}{cc}2 & 1\\ 5 & 3\\ \hdashline 1 & 1\\ 0 & -2\\ 0 & -2\end{array}\right)\xrightarrow{C_{12}}\left(\begin{array}{cc}1 & 2\\ 3 & 5\\ \hdashline 1 & 1\\ -2 & 0\\ 2 & 0\end{array}\right)$$

$$\xrightarrow{C_2-2C_1}\left(\begin{array}{cc}1 & 0\\ 3 & -1\\ \hdashline 1 & -1\\ -2 & 4\\ 2 & -4\end{array}\right)\xrightarrow{C_1+3C_2}\left(\begin{array}{cc}1 & 0\\ 0 & -1\\ \hdashline -2 & -1\\ 10 & 4\\ -10 & -4\end{array}\right)$$

$$\xrightarrow{(-1)C_2}\left(\begin{array}{cc}1 & 0\\ 0 & 1\\ \hdashline -2 & 1\\ 10 & -4\\ -10 & 4\end{array}\right),$$

故

$$\boldsymbol{X}=\begin{pmatrix}-2 & 1\\ 10 & -4\\ -10 & 4\end{pmatrix}.$$

习　题　3.5

1. 求解矩阵 $\boldsymbol{X}$:

(1) $$\begin{pmatrix} 1 & 1 & 1 & \cdots & 1 & 1 \\ 0 & 1 & 1 & \cdots & 1 & 1 \\ 0 & 0 & 1 & \cdots & 1 & 1 \\ \vdots & \vdots & \vdots & & \vdots & \vdots \\ 0 & 0 & 0 & \cdots & 0 & 1 \end{pmatrix}_{n\times n} \boldsymbol{X} = \begin{pmatrix} 2 & 1 & 0 & \cdots & 0 & 0 \\ 1 & 2 & 1 & \cdots & 0 & 0 \\ 0 & 1 & 2 & \cdots & 0 & 0 \\ \vdots & \vdots & \vdots & & \vdots & \vdots \\ 0 & 0 & 0 & \cdots & 1 & 2 \end{pmatrix}_{n\times n};$$

(2) $$\boldsymbol{X}\begin{pmatrix} 1 & 1 & -1 \\ 0 & 2 & 2 \\ 1 & -1 & 0 \end{pmatrix} = \begin{pmatrix} 1 & -1 & 1 \\ 1 & 1 & 0 \\ 2 & 1 & 1 \end{pmatrix};$$

(3) $$\begin{pmatrix} 1 & 4 \\ -1 & 2 \end{pmatrix}\boldsymbol{X}\begin{pmatrix} 2 & 0 \\ -1 & 1 \end{pmatrix} = \begin{pmatrix} 3 & 1 \\ 0 & -1 \end{pmatrix}.$$

2. 求下列矩阵的逆:

$$\boldsymbol{A}_1 = \begin{pmatrix} 1 & 1 & -1 \\ 0 & 2 & 2 \\ 1 & -1 & 0 \end{pmatrix}, \quad \boldsymbol{A}_2 = \begin{pmatrix} -1 & 2 & 1 \\ 2 & 1 & 2 \\ -1 & 0 & 1 \end{pmatrix}.$$

3.6　矩阵秩的等价刻画

引理 3.6.1　任一个矩阵的最高阶非零子式的阶数是初等变换下的不变量, 即若 $\boldsymbol{A}$ 可通过初等变换变为 $\boldsymbol{B}$ 且 r 是 $\boldsymbol{A}$ 的最高阶非零子式的阶数, 则 r 也是 $\boldsymbol{B}$ 的最高阶非零子式的阶数.

证明　显然, r 是 $\boldsymbol{A}$ 的最高阶非零子式的阶数当且仅当存在 $\boldsymbol{A}$ 的一个 r 阶子式不等于零且 $\boldsymbol{A}$ 的任一个 k 阶子式都等于 0, 其中 $k>r$.

设 t 是 $\boldsymbol{B}$ 的最高阶非零子式的阶数. 下面我们对三种初等行变换分别验证 $r=t$ 成立.

(1) 设

$$\boldsymbol{A} \xrightarrow{R_{ij}} \boldsymbol{B}.$$

此时, $\boldsymbol{B}$ 的任一个子式有如下三种可能: ① 不含 $\boldsymbol{B}$ 的第 i 行和第 j 行的任何元素. 这样的子式实际上就是 $\boldsymbol{A}$ 的一个同阶子式. ② 同时含有 $\boldsymbol{B}$ 的第 i 行和第 j 行的元素. 这样的子式实际上是 $\boldsymbol{A}$ 的某个同阶子式交换第 i 行和第 j 行所得的. ③ 仅含 $\boldsymbol{B}$ 的第 i 行或第 j 行中某一行中的元素. 不难推知, $\boldsymbol{B}$ 的仅含第

i 行 (第 j 行) 元素的子式是 $\boldsymbol{A}$ 的某个仅含第 j 行 (第 i 行) 而不含第 i 行 (第 j 行) 元素的子式经过若干次行的互换所得的.

上述分析说明 $\boldsymbol{B}$ 的任一个 k 阶子式 (若有) 必全为零 (其中 $k>r$), 故 $t\leqslant r$. 反之, $\boldsymbol{A}$ 可以看成为 $\boldsymbol{B}$ 互换第 i 行和第 j 行所得, 因此有 $r\leqslant t$. 从而 $r=t$.

(2) 设

$$\boldsymbol{A}\xrightarrow{kR_i}\boldsymbol{B}(k\neq 0).$$

此时, $\boldsymbol{B}$ 的任一个子式有两种可能: ① 它不含第 i 行元素. 这样的矩阵实际上也是 $\boldsymbol{A}$ 的一个同阶矩阵. ② 它含有第 i 行元素. 这样的矩阵是将 $\boldsymbol{A}$ 的某个同阶子式的第 i 行元素同乘以常数 k 所得的. 故仿照 (1) 的分析, 不难知 $r=t$.

(3) 设

$$\boldsymbol{A}\xrightarrow{R_i+kR_j}\boldsymbol{B}.$$

此时, $\boldsymbol{B}$ 的任一阶子式有如下两种可能: ① 它含有第 i 行元素. 这样的子式其值为

$$\begin{vmatrix}\vdots\\ R_i+kR_j\\ \vdots\end{vmatrix}\xlongequal{\text{性质2.2.6}}\begin{vmatrix}\vdots\\ R_i\\ \vdots\end{vmatrix}+k\begin{vmatrix}\vdots\\ R_j\\ \vdots\end{vmatrix}.$$

上式等式右端的第一个行列式是 $\boldsymbol{A}$ 的一个同阶子式, 而第二个行列式是 $\boldsymbol{A}$ 的某个同阶子式经过若干次行互换所得的.

② 它不含有第 i 行元素. 这样的子式实际上就是 $\boldsymbol{A}$ 的同阶子式.

综上分析, $\boldsymbol{B}$ 的任一个 k 阶子式 (若有) 必全为零 (其中 $k>r$), 故 $t\leqslant r$. 但

$$\boldsymbol{B}\xrightarrow{R_i+(-k)R_j}\boldsymbol{A},$$

故同理 $r\leqslant t$, 从而 $r=t$.

综上所述, 初等行变换不改变矩阵的最高阶非零子式的阶数. 对初等列变换可同样验证. □

注意到分块矩阵 $\begin{pmatrix}\boldsymbol{E}_r & \boldsymbol{O}\\ \boldsymbol{O} & \boldsymbol{O}\end{pmatrix}$ 的最高阶非零子式只有一个, 其阶数恰好是 r. 由上述引理易得下面的定理.

定理 3.6.2 矩阵 $\boldsymbol{A}$ 的秩等于矩阵 $\boldsymbol{A}$ 的非零子式的最大阶数. 特别地, 矩阵的所有子式均为零当且仅当该矩阵的秩为零.

命题 3.6.3 若 $\boldsymbol{A}_1$ 是矩阵 $\boldsymbol{A}$ 的子矩阵, 则 $r(\boldsymbol{A}_1)\leqslant r(\boldsymbol{A})$.

证明 由定理 3.6.2, 直接可得. □

例 3.6.1 设 $A = \begin{pmatrix} 1 & 2 & 0 & 0 \\ 0 & 1 & 3 & 0 \\ 0 & 0 & 0 & 0 \end{pmatrix}$，则 A 有一阶的非零子式 $|1|_1$ 及二阶的非零子式 $\begin{vmatrix} 1 & 2 \\ 0 & 1 \end{vmatrix}$，而三阶子式全为 0, 故 $r(A) = 2$.

依定理 3.6.2, 不难推知如下结论.

定理 3.6.4 设 $A \in \mathbb{F}^{m\times n}$，$1 \leqslant s \leqslant \min\{m, n\}$, 则

(1) $r(A) \geqslant s \Longleftrightarrow$ 至少存在一个 A 的非零的 s 阶子式.

(2) $r(A) \leqslant s \Longleftrightarrow A$ 的所有 $s+1$ 阶子式 (若有) 全为零

$\Longleftrightarrow A$ 的所有 k $(k \geqslant s+1)$ 阶子式 (若有) 全为零.

依定理 3.6.2 和定理 3.6.4, 读者很容易证明如下推论.

推论 3.6.5 矩阵 A 的秩 $r(A) = r$ 当且仅当存在 A 的一个非零 r 阶子式, 且 A 的所有 $r+1$ 阶子式 (若有) 全为零.

由 A 的等价定义, 易得下列定理.

定理 3.6.6 矩阵添加一行或一列后, 其秩不变或加 1.

定理 3.6.7 设 A 是一个 n 阶方阵, 则 $r(A) = n \Leftrightarrow |A| \neq 0$ (此时称 A 是**满秩**的).

最后, 依据矩阵的秩, 我们引入矩阵等价的概念.

定义 3.6.1 设 $\mathbb{F}$ 为数域, $A \in \mathbb{F}^{m\times n}$，$B \in \mathbb{F}^{m\times n}$，若 $r(A) = r(B)$, 则称 A 与 B 是**等价**的, 记作 $A \overset{R}{\sim} B$.

我们有

定理 3.6.8 $A \overset{R}{\sim} B \Longleftrightarrow A$ 可经初等变换化为 B.

证明 “$\Longleftarrow$” 此时, $r(A) = r(B)$, 即 $A \overset{R}{\sim} B$.

“$\Longrightarrow$” 设 $r(A) = r$, 由于 $A \overset{R}{\sim} B$, 故 $r(A) = r(B) = r$, 从而

$$A \xrightarrow{\text{初等变换 I}} \begin{pmatrix} E_r & O \\ O & O \end{pmatrix}, \quad B \xrightarrow{\text{初等变换 II}} \begin{pmatrix} E_r & O \\ O & O \end{pmatrix}.$$

因而

$$A \xrightarrow{\text{初等变换 I}} \begin{pmatrix} E_r & O \\ O & O \end{pmatrix} \xrightarrow{\text{初等变换 II 的逆变换}} B.$$

必要性得证. □

推论 3.6.9 $\mathbb{F}^{m\times n}$ 中的两个矩阵 A 和 B 等价的充分必要条件是存在 $\mathbb{F}^{m\times m}$ 中的可逆矩阵 P 和 $\mathbb{F}^{n\times n}$ 中的可逆矩阵 Q 满足 $PAQ = B$.

此结论作为习题, 请读者自行证明.

不难得到, 若 $\boldsymbol{A},\boldsymbol{B},\boldsymbol{C}$ 均为 $\mathbb{F}^{m\times n}$ 中的矩阵, 则

自反性 $\boldsymbol{A}\overset{R}{\sim}\boldsymbol{A}$.

对称性 若$\boldsymbol{A}\overset{R}{\sim}\boldsymbol{B}$,则 $\boldsymbol{B}\overset{R}{\sim}\boldsymbol{A}$.

传递性 若$\boldsymbol{A}\overset{R}{\sim}\boldsymbol{B},\boldsymbol{B}\overset{R}{\sim}\boldsymbol{C}$,则 $\boldsymbol{A}\overset{R}{\sim}\boldsymbol{C}$.

数学上, 我们称满足自反性、对称性和传递性的关系为一个**等价关系**①. 上述定理说明矩阵的等价形成一个等价关系, 我们称该关系为**矩阵的等价关系**.

如果将 $\mathbb{F}^{m\times n}$ 中秩相同的矩阵归为一类, 则 $\mathbb{F}^{m\times n}$ 中的任一个矩阵属且仅属于一个类, 我们称这样所得的类为矩阵的**等价类**. 按此分类, $\mathbb{F}^{m\times n}$ 中的矩阵共分为 $\min\{m,n\}+1$ 个类. 与 $\begin{pmatrix}\boldsymbol{E}_r & \boldsymbol{O}\\ \boldsymbol{O} & \boldsymbol{O}\end{pmatrix}$ 同类的矩阵, 其秩 $r(\boldsymbol{A})=r$ $(r=0,1,\cdots,\min\{m,n\})$.

习 题 3.6

1. 证明矩阵 $\boldsymbol{A}$ 与 $\boldsymbol{A}^{\mathrm{T}}$ 的秩相同.

2. 设 $\boldsymbol{A}\in\mathbb{F}^{r\times r},\boldsymbol{B}\in\mathbb{F}^{s\times s},\boldsymbol{C}\in\mathbb{F}^{s\times r}$, 求证 $r\left(\begin{pmatrix}\boldsymbol{A} & \boldsymbol{O}\\ \boldsymbol{O} & \boldsymbol{B}\end{pmatrix}\right)\leqslant r\left(\begin{pmatrix}\boldsymbol{A} & \boldsymbol{O}\\ \boldsymbol{C} & \boldsymbol{B}\end{pmatrix}\right)$.

3. 证明

$$r(\boldsymbol{A})+r(\boldsymbol{B})\geqslant r\begin{pmatrix}\boldsymbol{A}\\ \boldsymbol{B}\end{pmatrix}\geqslant\max\{r(\boldsymbol{A}),r(\boldsymbol{B})\}.$$

3.7 矩阵的秩与线性方程组的解

本节回答如下问题: 阶梯形方程组中非零方程的个数 r 是否与方程组的消元过程无关.

设 r 是方程组系数矩阵的增广矩阵 $\bar{\boldsymbol{A}}$ 的秩, 即 $r(\bar{\boldsymbol{A}})=r$. $r(\boldsymbol{A})=r$ (若 $d_{r+1}=0$) 或 $r(\boldsymbol{A})=r-1$ (若 $d_{r+1}\neq 0$). 由定理 3.4.2 可知, r 与方程组的消元过程无关. 因此, 不管用什么样的消元过程, 所得阶梯形线性方程组中非零方程的个数都是一样的, 即 r 是消元过程的不变量.

对于 1.1 节所定义的数域 $\mathbb{F}$ 上的线性方程组

$$\begin{cases}a_{11}x_1+a_{12}x_2+\cdots+a_{1n}x_n=b_1,\\ a_{21}x_1+a_{22}x_2+\cdots+a_{2n}x_n=b_2,\\ \qquad\cdots\cdots\\ a_{m1}x_1+a_{m2}x_2+\cdots+a_{mn}x_n=b_m,\end{cases}\tag{3.7.1}$$

① 等价关系的更加严密的定义将在后续的课程中阐述. 请读者注意本书中所出现的不同等价关系所具备的相同特征.

这里 $a_{ij} \in \mathbb{F}\ (i=1,2,\cdots,m, j=1,2,\cdots,n), b_i \in \mathbb{F}\ (i=1,2,\cdots,m)$. 令

$$\boldsymbol{A}=(a_{ij})_{m\times n},\quad \boldsymbol{X}=(x_1,x_2,\cdots,x_n)^{\mathrm{T}},\quad \boldsymbol{b}=(b_1,b_2,\cdots b_m)^{\mathrm{T}},\quad \bar{\boldsymbol{A}}=(\boldsymbol{A},\boldsymbol{b}).$$

则线性方程组 (3.7.1) 可记为 $\boldsymbol{AX}=\boldsymbol{b}$ 且定理 1.1.4 可以等价地写成

定理 3.7.1　(1) 线性方程组 $\boldsymbol{AX}=\boldsymbol{b}$ 有解 $\Leftrightarrow r(\boldsymbol{A})=r(\boldsymbol{A},\boldsymbol{b})$, 线性方程组 $\boldsymbol{AX}=\boldsymbol{b}$ 无解 $\Leftrightarrow r(\boldsymbol{A})+1=r(\boldsymbol{A},\boldsymbol{b})$;

(2) 当 $\boldsymbol{AX}=\boldsymbol{b}$ 有解时, 未知量总数 $n=r(\boldsymbol{A})+$自由未知量个数 t, 所以

线性方程组 $\boldsymbol{AX}=\boldsymbol{b}$ 有唯一解 $\Leftrightarrow t=0 \Leftrightarrow r(\boldsymbol{A})=n$;

线性方程组 $\boldsymbol{AX}=\boldsymbol{b}$ 有无穷多解 $\Leftrightarrow t\geqslant 1 \Leftrightarrow r(\boldsymbol{A})<n$.

证明　由 1.1 节中定理 1.1.4 和定理 1.1.5, 我们有

$$(\boldsymbol{A},\boldsymbol{b})\xrightarrow[\text{前 } n \text{ 个列间的列互换}]{\text{初等行变换}}\left(\begin{array}{cccccccc|c} 1 & & & & c_{1,\,r+1} & \cdots & c_{1n} & & d_1 \\ & 1 & & & c_{2,\,r+1} & \cdots & c_{2n} & & d_2 \\ & & \ddots & & \vdots & & \vdots & & \vdots \\ & & & 1 & c_{r,\,r+1} & \cdots & c_{rn} & & d_r \\ & & & & & & & & d_{r+1} \\ & & & & & & & & \vdots \\ & & & & & & & & \end{array}\right)=(\boldsymbol{C},\boldsymbol{d}).$$

(1) 线性方程组 $\boldsymbol{AX}=\boldsymbol{b}$ 有解 $\Leftrightarrow d_{r+1}=0 \Leftrightarrow r(\boldsymbol{C})=r(\boldsymbol{C},\boldsymbol{d}) \Leftrightarrow r(\boldsymbol{A})=r(\boldsymbol{A},\boldsymbol{b})$.

线性方程组 $\boldsymbol{AX}=\boldsymbol{b}$ 无解 $\Leftrightarrow d_{r+1}\neq 0 \Leftrightarrow r(\boldsymbol{C})+1=r(\boldsymbol{C},\boldsymbol{d}) \Leftrightarrow r(\boldsymbol{A})+1=r(\boldsymbol{A},\boldsymbol{b})$.

(2) 当 $\boldsymbol{AX}=\boldsymbol{b}$ 有解时, 自由未知量个数 $t=n-r=n-r(\boldsymbol{A})$, 即未知量总数 $n=r(\boldsymbol{A})+$自由未知量个数 t. 所以线性方程组 $\boldsymbol{AX}=\boldsymbol{b}$ 有唯一解 $\Leftrightarrow t=0 \Leftrightarrow r(\boldsymbol{A})=n$; 线性方程组 $\boldsymbol{AX}=\boldsymbol{b}$ 有无穷多解 $\Leftrightarrow t\geqslant 1 \Leftrightarrow r(\boldsymbol{A})<n$. □

请读者自行写出利用矩阵的秩描述的齐次线性方程组仅有零解和有非零解的相关定理.

例 3.7.1　问 a,b 为何值时, 线性方程组

$$\begin{cases} x_1+x_2+x_3+x_4=0, \\ x_2+2x_3+2x_4=1, \\ -x_2+(a-3)x_3-2x_4=b, \\ 3x_1+2x_2+x_3+ax_4=-1 \end{cases}$$

有唯一解、无解、有无穷多解?

解 对方程组系数矩阵的增广矩阵实施初等变换[①]得

$$\bar{\boldsymbol{A}} = \left(\begin{array}{cccc|c} 1 & 1 & 1 & 1 & 0 \\ 0 & 1 & 2 & 2 & 1 \\ 0 & -1 & a-3 & -2 & b \\ 3 & 2 & 1 & a & -1 \end{array}\right)$$

$$\xrightarrow{R_4-3R_1} \left(\begin{array}{cccc|c} 1 & 1 & 1 & 1 & 0 \\ 0 & 1 & 2 & 2 & 1 \\ 0 & -1 & a-3 & -2 & b \\ 0 & -1 & -2 & a-3 & -1 \end{array}\right)$$

$$\xrightarrow[R_4+R_2]{R_3+R_2} \left(\begin{array}{cccc|c} 1 & 1 & 1 & 1 & 0 \\ 0 & 1 & 2 & 2 & 1 \\ 0 & 0 & a-1 & 0 & b+1 \\ 0 & 0 & 0 & a-1 & 0 \end{array}\right).$$

当 $a \neq 1$ 时, $r(\boldsymbol{A}) = r(\bar{\boldsymbol{A}}) = 4 = n$, 故该方程组有唯一解.

当 $a = 1$ 且 $b \neq -1$ 时, $r(\boldsymbol{A}) = 2$, $r(\bar{\boldsymbol{A}}) = 3$, 即 $r(\boldsymbol{A}) < r(\bar{\boldsymbol{A}})$, 故方程组无解.

当 $a = 1$ 且 $b = -1$ 时, $r(\boldsymbol{A}) = r(\bar{\boldsymbol{A}}) = 2 < n$, 故此时方程有无穷多解.

例 3.7.2 *当 $m = n$ 时, 方程组 (1.1.1) 有唯一解 $\Longleftrightarrow r(\boldsymbol{A}) = n$. 这里 $\boldsymbol{A}$ 为方程组 (1.1.1) 的系数矩阵.*

证明 当 $m = n$ 时, 方程组 (3.7.1) 即为本章之前所提及的方程组. 若方程组 (3.7.1) 有唯一解, 则由定理 3.2.4 有 $r(\boldsymbol{A}) = r(\bar{\boldsymbol{A}}) = n$. 反之, 若 $r(\boldsymbol{A}) = n$, 则 $\boldsymbol{A}$ 的非零子式的最大阶数为 n, 因而, $|\boldsymbol{A}| \neq 0$, 由 Cramer 法则, 方程组 (3.7.1) 有唯一解. 得证. □

Cramer 法则仅说明系数行列式非零是线性方程组有解且解唯一的充分条件. 本例说明系数行列式非零是这个方程组有解且解唯一的充分必要条件.

习 题 3.7

1. 判别齐次线性方程组 ($n > 1$)

$$\begin{cases} x_2 + x_3 + \cdots + x_{n-1} + x_n = 0, \\ x_1 + x_3 + \cdots + x_{n-1} + x_n = 0, \\ \cdots\cdots \\ x_1 + x_2 + x_3 + \cdots + x_{n-1} = 0 \end{cases}$$

① 请读者注意, 这里所实施的初等变换仅包括初等行变换以及列的互换, 且最后一列不参加列的互换.

是否有非零解.

2. 问 a, b, c 满足什么条件时, 线性方程组

$$\begin{cases} x+y+z=a+b+c, \\ ax+by+cz=a^2+b^2+c^2, \\ bcx+acy+abz=3abc \end{cases}$$

有唯一解, 并求之.

3. 设线性方程组

$$\begin{cases} a_{11}x_1+a_{12}x_2+\cdots+a_{1n}x_n=b_1, \\ a_{21}x_1+a_{22}x_2+\cdots+a_{2n}x_n=b_2, \\ \qquad\cdots\cdots \\ a_{n1}x_1+a_{n2}x_2+\cdots+a_{nn}x_n=b_n \end{cases}$$

的系数矩阵 $\boldsymbol{A}$ 的秩等于矩阵 $\boldsymbol{B}$ 的秩, 其中

$$\boldsymbol{B}=\begin{pmatrix} a_{11} & a_{12} & \cdots & a_{1n} & b_1 \\ a_{21} & a_{22} & \cdots & a_{2n} & b_2 \\ \vdots & \vdots & & \vdots & \vdots \\ a_{n1} & a_{n2} & \cdots & a_{nn} & b_n \\ b_1 & b_2 & \cdots & b_n & 0 \end{pmatrix}.$$

试证该线性方程组有解.

4. 证明: 线性方程组

$$\begin{cases} a_{11}x_1+a_{12}x_2+\cdots+a_{1n}x_n=b_1, \\ a_{21}x_1+a_{22}x_2+\cdots+a_{2n}x_n=b_2, \\ \qquad\cdots\cdots \\ a_{n1}x_1+a_{n2}x_2+\cdots+a_{nn}x_n=b_n, \\ a_{n+1,1}x_1+a_{n+1,2}x_2+\cdots+a_{n+1,n}x_n=b_{n+1} \end{cases}$$

有解的必要条件是行列式

$$\begin{vmatrix} a_{11} & a_{12} & \cdots & a_{1n} & b_1 \\ a_{21} & a_{22} & \cdots & a_{2n} & b_2 \\ \vdots & \vdots & & \vdots & \vdots \\ a_{n1} & a_{n2} & \cdots & a_{nn} & b_n \\ a_{n+1,1} & a_{n+1,2} & \cdots & a_{n+1,n} & b_{n+1} \end{vmatrix}=0.$$

试举例说明这条件不是充分的.

5. 设 n 阶方阵 $\boldsymbol{A}=(a_{ij})$, 且对任意的 $1\leqslant i\leqslant n$, 满足 $2|a_{ii}|>\sum\limits_{j=1}^{n}|a_{ij}|$. 证明: $\boldsymbol{A}$ 可逆.

3.8 矩阵运算对矩阵秩的影响

本节我们讨论矩阵运算前后矩阵秩的变化关系. 首先, 我们有

性质 3.8.1 若 $\boldsymbol{P} \in \mathbb{F}^{m\times m}, \boldsymbol{Q} \in \mathbb{F}^{n\times n}$ 均为可逆阵, $\boldsymbol{A} \in \mathbb{F}^{m\times n}$, 则

$$r(\boldsymbol{PA}) = r(\boldsymbol{A}), \quad r(\boldsymbol{AQ}) = r(\boldsymbol{A}), \quad r(\boldsymbol{PAQ}) = r(\boldsymbol{A}).$$

证明 根据定理 3.2.4, $\boldsymbol{PA}$ 实际上是对 $\boldsymbol{A}$ 实施了有限次初等行变换所得的, 但初等变换不改变矩阵的秩, 故 $r(\boldsymbol{PA}) = r(\boldsymbol{A})$. 同理可证

$$r(\boldsymbol{AQ}) = r(\boldsymbol{A}), \quad r(\boldsymbol{PAQ}) = r(\boldsymbol{A}).$$

□

进一步, 有

性质 3.8.2 设 $\boldsymbol{A}, \boldsymbol{B}$ 分别为数域 $\mathbb{F}$ 上的 $m \times n$ 及 $n \times s$ 矩阵, 则

$$r(\boldsymbol{AB}) \leqslant \min\{r(\boldsymbol{A}), r(\boldsymbol{B})\}.$$

证明 设 $r(\boldsymbol{A}) = r$, 则依定理 3.2.4, 存在 $\mathbb{F}$ 上的 m 阶可逆阵 $\boldsymbol{P}$ 及 n 阶可逆阵 $\boldsymbol{Q}$, 使得

$$\boldsymbol{PAQ} = \begin{pmatrix} \boldsymbol{E}_r & \boldsymbol{O} \\ \boldsymbol{O} & \boldsymbol{O} \end{pmatrix}.$$

若记 $\boldsymbol{Q}^{-1}\boldsymbol{B} = \begin{pmatrix} \boldsymbol{B}_1 \\ \hdashline \boldsymbol{B}_2 \end{pmatrix}$, 其中, $\boldsymbol{B}_1$ 为 $r \times s$ 矩阵, 则依据性质 3.8.1, $r(\boldsymbol{Q}^{-1}\boldsymbol{B}) = r(\boldsymbol{B})$, 且

$$\boldsymbol{PAB} = \begin{pmatrix} \boldsymbol{E}_r & \boldsymbol{O} \\ \boldsymbol{O} & \boldsymbol{O} \end{pmatrix} \boldsymbol{Q}^{-1}\boldsymbol{B} = \begin{pmatrix} \boldsymbol{B}_1 \\ \boldsymbol{O} \end{pmatrix},$$

故

$$r(\boldsymbol{AB}) = r(\boldsymbol{PAB}) = r(\boldsymbol{B}_1). \tag{3.8.1}$$

由于 $\boldsymbol{B}_1$ 是 r 行的矩阵, 故

$$r(\boldsymbol{B}_1) \leqslant r. \tag{3.8.2}$$

又 $\boldsymbol{B}_1$ 是 $\boldsymbol{Q}^{-1}\boldsymbol{B}$ 的前 r 个行, 故

$$r(\boldsymbol{B}_1) \leqslant r(\boldsymbol{Q}^{-1}\boldsymbol{B}) = r(\boldsymbol{B}). \tag{3.8.3}$$

由 (3.8.1)—(3.8.3), 结论成立. □

引理 3.8.3 设 $\boldsymbol{A}_{m\times p}, \boldsymbol{B}_{n\times q}$ 分别为数域 $\mathbb{F}$ 上的 $m \times p, n \times q$ 矩阵, $\boldsymbol{C} = \begin{pmatrix} \boldsymbol{A} & \boldsymbol{O} \\ \boldsymbol{O} & \boldsymbol{B} \end{pmatrix}$, $r(\boldsymbol{A}) = r, r(\boldsymbol{B}) = s$, 则

$$r(\boldsymbol{C}) = r(\boldsymbol{A}) + r(\boldsymbol{B}).$$

证明 由条件, 存在数域 $\mathbb{F}$ 上的 m 阶可逆阵 $\boldsymbol{P}_1$、n 阶可逆阵 $\boldsymbol{P}_2$、p 阶可逆阵 $\boldsymbol{Q}_1$ 及 q 阶可逆阵 $\boldsymbol{Q}_2$, 使得

$$\boldsymbol{P}_1\boldsymbol{A}\boldsymbol{Q}_1=\begin{pmatrix}\boldsymbol{E}_r & \boldsymbol{O}\\ \boldsymbol{O} & \boldsymbol{O}\end{pmatrix},\quad \boldsymbol{P}_2\boldsymbol{B}\boldsymbol{Q}_2=\begin{pmatrix}\boldsymbol{E}_s & \boldsymbol{O}\\ \boldsymbol{O} & \boldsymbol{O}\end{pmatrix}.$$

从而

$$\begin{pmatrix}\boldsymbol{P}_1 & \\ & \boldsymbol{P}_2\end{pmatrix}\begin{pmatrix}\boldsymbol{A} & \boldsymbol{O}\\ \boldsymbol{O} & \boldsymbol{B}\end{pmatrix}\begin{pmatrix}\boldsymbol{Q}_1 & \\ & \boldsymbol{Q}_2\end{pmatrix}=\begin{pmatrix}\boldsymbol{E}_r & \boldsymbol{O} & & \\ \boldsymbol{O} & \boldsymbol{O} & & \\ & & \boldsymbol{E}_s & \boldsymbol{O}\\ & & \boldsymbol{O} & \boldsymbol{O}\end{pmatrix}.$$

但

$$\begin{pmatrix}\boldsymbol{E}_r & \boldsymbol{O} & & \\ \boldsymbol{O} & \boldsymbol{O} & & \\ & & \boldsymbol{E}_s & \boldsymbol{O}\\ & & \boldsymbol{O} & \boldsymbol{O}\end{pmatrix}\xrightarrow[\text{换行与列}]{\text{有限次互}}\begin{pmatrix}\boldsymbol{E}_r & & & \\ & \boldsymbol{E}_s & & \\ & & \boldsymbol{O} & \\ & & & \boldsymbol{O}\end{pmatrix},$$

由性质 3.8.1 知

$$r(\boldsymbol{C})=r\left(\begin{pmatrix}\boldsymbol{E}_r & \boldsymbol{O} & & \\ \boldsymbol{O} & \boldsymbol{O} & & \\ & & \boldsymbol{E}_s & \boldsymbol{O}\\ & & \boldsymbol{O} & \boldsymbol{O}\end{pmatrix}\right)=r\left(\begin{pmatrix}\boldsymbol{E}_r & & & \\ & \boldsymbol{E}_s & & \\ & & \boldsymbol{O} & \\ & & & \boldsymbol{O}\end{pmatrix}\right)=r+s.\quad\square$$

性质 3.8.4 设 $\boldsymbol{A},\boldsymbol{B}$ 为数域 $\mathbb{F}$ 上的 $m\times n$ 矩阵, 则

$$r(\boldsymbol{A}+\boldsymbol{B})\leqslant r(\boldsymbol{A})+r(\boldsymbol{B}).$$

证明 因

$$\begin{pmatrix}\boldsymbol{A} & \\ \boldsymbol{A}+\boldsymbol{B} & \boldsymbol{B}\end{pmatrix}=\begin{pmatrix}\boldsymbol{E}_m & \\ \boldsymbol{E}_m & \boldsymbol{E}_m\end{pmatrix}\begin{pmatrix}\boldsymbol{A} & \\ & \boldsymbol{B}\end{pmatrix}\begin{pmatrix}\boldsymbol{E}_n & \\ \boldsymbol{E}_n & \boldsymbol{E}_n\end{pmatrix},$$

故由引理 3.6.1 及性质 3.8.1, 我们有

$$r(\boldsymbol{A}+\boldsymbol{B})\leqslant r\begin{pmatrix}\boldsymbol{A} & \\ \boldsymbol{A}+\boldsymbol{B} & \boldsymbol{B}\end{pmatrix}=r\begin{pmatrix}\boldsymbol{A} & \\ & \boldsymbol{B}\end{pmatrix}=r(\boldsymbol{A})+r(\boldsymbol{B}).\qquad\square$$

在性质 3.8.1—性质 3.8.4 的证明中, 我们实际上利用了矩阵标准形的性质以及分块矩阵的初等变换的性质, 这是矩阵理论中非常重要的一种技巧.

我们不加证明地给出如下性质, 这些性质既可以利用之前的证明方法来证明, 也可以结合第 6 章的相关理论来证明. 读者可以试着证明它们或者参见其他参考资料.

性质 3.8.5 设 $\boldsymbol{A}, \boldsymbol{B}, \boldsymbol{C}$ 是数域 $\mathbb{F}$ 上的 n 阶方阵, 则

$$\text{(Sylvester 不等式)} \quad r(\boldsymbol{AB}) \geqslant r(\boldsymbol{A}) + r(\boldsymbol{B}) - n,$$

$$\text{(Frobenius 不等式)} \quad r(\boldsymbol{ABC}) \geqslant r(\boldsymbol{AB}) + r(\boldsymbol{BC}) - r(\boldsymbol{B}).$$

习 题 3.8

西尔维斯特在数学上的贡献

1. 设 $\boldsymbol{A}$ 是一个 n 阶可逆方阵, 向量 $\boldsymbol{\alpha}, \boldsymbol{\beta} \in \mathbb{F}^n$. 证明: $r(\boldsymbol{A} + \boldsymbol{\alpha}\boldsymbol{\beta}^{\mathrm{T}}) \geqslant n - 1$.

2. 设矩阵 $\boldsymbol{A} \in \mathbb{F}^{m\times n}$, $\boldsymbol{B} \in \mathbb{F}^{n\times m}$, 证明: $r(\boldsymbol{E}_m - \boldsymbol{AB}) + n = r(\boldsymbol{E}_n - \boldsymbol{BA}) + m$.

3. 设 $\boldsymbol{A}$ 是 $m \times n$ 矩阵, $\boldsymbol{B}$ 是 $n \times m$ 矩阵, 且 $n \geqslant m$, 若 $\boldsymbol{AB} = \boldsymbol{E}_m$, 试证明 $r(\boldsymbol{A}) = m = r(\boldsymbol{B})$.

4. 设 $\boldsymbol{A}$ 为 n 阶矩阵 $(n \geqslant 2)$, $\boldsymbol{A}^*$ 为 $\boldsymbol{A}$ 的伴随阵, 证明

$$r(\boldsymbol{A}^*) = \begin{cases} n, & r(\boldsymbol{A}) = n, \\ 1, & r(\boldsymbol{A}) = n - 1, \\ 0, & r(\boldsymbol{A}) \leqslant n - 2. \end{cases}$$

5. 设 $\boldsymbol{A}$ 是二阶方阵, 且 $\boldsymbol{A}^2 = \boldsymbol{E}$, 但 $\boldsymbol{A} \neq \pm\boldsymbol{E}$. 证明 $\boldsymbol{A} + \boldsymbol{E}, \boldsymbol{A} - \boldsymbol{E}$ 的秩都是 1.

6. 设 $\boldsymbol{A}$ 是一个 n 阶方阵. 证明: $\boldsymbol{A}^2 = \boldsymbol{E}_n$ 的充要条件为 $r(\boldsymbol{E}_n - \boldsymbol{A}) + r(\boldsymbol{E}_n + \boldsymbol{A}) = n$.

7. 证明: 若 $\boldsymbol{A}, \boldsymbol{B}$ 是 n 阶方阵, 且 $\boldsymbol{AB} = \boldsymbol{O}$, 那么 $r(\boldsymbol{A}) + r(\boldsymbol{B}) \leqslant n$.

8. 设 $\boldsymbol{A}$ 是 $n(n > 2)$ 阶方阵. 证明 $|\boldsymbol{A}^*| = |\boldsymbol{A}|^{n-1}$.

本章拓展题

1. (1) 设 $\boldsymbol{A}$ 设一个 n 阶方阵, $r(\boldsymbol{A}) = 1$, 则存在 n 维列向量 $\begin{pmatrix} a_1 \\ a_2 \\ \vdots \\ a_n \end{pmatrix}$, 和 n 维行向量 $(b_1, b_2, \cdots, b_n)$ 以及常数 k 使得 $\boldsymbol{A} = \begin{pmatrix} a_1 \\ a_2 \\ \vdots \\ a_n \end{pmatrix} (b_1, b_2, \cdots, b_n)$, $\boldsymbol{A}^2 = k\boldsymbol{A}$ 成立.

(2) 设 $\boldsymbol{A}$ 为一个二阶方阵, 证明如果存在正整数 $l \geqslant 2$ 使得 $\boldsymbol{A}^l = \boldsymbol{O}$, 则 $\boldsymbol{A}^2 = \boldsymbol{O}$.

2. 设 $\boldsymbol{A}$ 为 n 阶方阵, 证明: 如果 $\boldsymbol{A}^2 = \boldsymbol{A}$, 则 $r(\boldsymbol{A}) + r(\boldsymbol{A} - \boldsymbol{E}) = n$.

3. 设 $\boldsymbol{A}$ 是一个 $n\ (n > 2)$ 阶方阵, 试证明 $(\boldsymbol{A}^*)^* = |\boldsymbol{A}|^{n-2}\boldsymbol{A}$.

4. 设 $\boldsymbol{A}$ 是一个 $s \times n$ 矩阵. 求证:

(1) 如果 $s < n$ 且 $r(\boldsymbol{A}) = s$, 则必有 $n \times s$ 矩阵 $\boldsymbol{B}$ 使得 $\boldsymbol{AB} = \boldsymbol{E}_s$;

(2) 如果 $n < s$ 且 $r(\boldsymbol{A}) = n$, 则必有 $n \times s$ 矩阵 $\boldsymbol{C}$ 使得 $\boldsymbol{CA} = \boldsymbol{E}_n$.

5. 设 $\boldsymbol{A}$ 是 n 阶方阵, 且 $r(\boldsymbol{A}) = r$, 试证明:

(1) $\boldsymbol{A}$ 可表示成 r 个秩为 1 的方阵的和;

(2) 存在一个 n 阶可逆方阵 $\boldsymbol{P}$, 使 $\boldsymbol{PAP}^{-1}$ 的后 $n - r$ 个行全为零.

6. 设 $\boldsymbol{A} = (a_{ij})_{s\times n}$, $\boldsymbol{B} = (b_{ij})_{n\times m}$, 试证明 $r(\boldsymbol{AB}) \geqslant r(\boldsymbol{A}) + r(\boldsymbol{B}) - n$.

7. 设 $m \times n$ 矩阵 $\boldsymbol{A}$ 的秩为 r, 则有秩为 r 的 $m \times r$ 的矩阵 $\boldsymbol{F}$ 和秩为 r 的 $r \times n$ 矩阵 $\boldsymbol{G}$, 使得 $\boldsymbol{A} = \boldsymbol{FG}$.

8. 设 $\boldsymbol{A}, \boldsymbol{B}$ 为 n 阶方阵, 且 $\boldsymbol{AB} = \boldsymbol{A} + \boldsymbol{B}$. 证明 $\boldsymbol{AB} = \boldsymbol{BA}$.

9. 设分块矩阵 $\begin{pmatrix} \boldsymbol{A} & \boldsymbol{B} \\ \boldsymbol{C} & \boldsymbol{D} \end{pmatrix}$ 是对称阵, 且 $\boldsymbol{A}$ 可逆, 证明: 存在可逆矩阵 $\boldsymbol{P}$ 使得

$$\boldsymbol{P}^{\mathrm{T}} \begin{pmatrix} \boldsymbol{A} & \boldsymbol{B} \\ \boldsymbol{C} & \boldsymbol{D} \end{pmatrix} \boldsymbol{P} = \begin{pmatrix} \boldsymbol{A} & \boldsymbol{O} \\ \boldsymbol{O} & \boldsymbol{D} - \boldsymbol{CA}^{-1}\boldsymbol{B} \end{pmatrix}.$$

10. 设 $\boldsymbol{A}$ 为 n 阶实方阵, 证明 $r(\boldsymbol{A}^{\mathrm{T}}\boldsymbol{A}) = r(\boldsymbol{AA}^{\mathrm{T}}) = r(\boldsymbol{A})$.

11. 设 $\boldsymbol{A}$ 为 n 阶方阵, 证明 $r(\boldsymbol{A}^n) = r(\boldsymbol{A}^{n+1}) = r(\boldsymbol{A}^{n+2}) = \cdots$.

12. 试证明 $\mathbb{F}^{n\times n}$ 中的任意一个矩阵均可表示为 $\mathbb{F}^{n\times n}$ 中的一个可逆矩阵和一个**幂等矩阵** (即 $\mathbb{F}^{n\times n}$ 中满足 $\boldsymbol{A}^2 = \boldsymbol{A}$ 的矩阵 $\boldsymbol{A}$) 的乘积.

13. 计算行列式 $\begin{vmatrix} a_1 & 2 & 3 & \cdots & n-1 & n \\ 1 & a_2 & 3 & \cdots & n-1 & n \\ 1 & 2 & a_3 & \cdots & n-1 & n \\ \vdots & \vdots & \vdots & & \vdots & \vdots \\ 1 & 2 & 3 & \cdots & a_{n-1} & n \\ 1 & 2 & 3 & \cdots & n-1 & a_n \end{vmatrix}$.

14. 设 $\boldsymbol{A} = \begin{pmatrix} a_{11} & a_{12} & a_{13} \\ a_{21} & a_{22} & a_{23} \\ a_{31} & a_{32} & a_{33} \end{pmatrix}$, $\boldsymbol{P}_1 = \begin{pmatrix} 1 & 0 & 0 \\ 0 & 1 & 0 \\ 2 & 0 & 1 \end{pmatrix}$, $\boldsymbol{P}_2 = \begin{pmatrix} 0 & 0 & 1 \\ 0 & 1 & 0 \\ 1 & 0 & 0 \end{pmatrix}$, 求:

(1) $\boldsymbol{P}_1\boldsymbol{AP}_2^{100}$;　　(2) $\boldsymbol{P}_1^{100}\boldsymbol{AP}_2^{999}$.

15. 证明: n 阶方阵 $\boldsymbol{A}$ 是一个反对称矩阵的充要条件为对任意 n 维列向量 $\boldsymbol{X}$ 均有 $\boldsymbol{X}^{\mathrm{T}}\boldsymbol{AX} = 0$.

16. 设 $\boldsymbol{V} = (a_{ij})_n$ 是 Vandermonde 矩阵, $a_{ij} = x_j^{i-1}, i, j = 1, \cdots, n$.

(1) 求 $\boldsymbol{V}$ 的伴随阵 $\boldsymbol{V}^*$;

(2) 设当 $i \neq j$ 时, $x_i \neq x_j$, 求 $\boldsymbol{V}^{-1}$.

第 4 章　向 量 代 数

向量代数和坐标法是研究几何问题的基本工具, 也是学习其他数学课程的基础, 本章主要介绍向量代数的基本知识 (如线性运算、内积、向量积). 为了丰富向量代数的内涵, 我们将引入仿射坐标系和直角坐标系, 并将有关向量概念用坐标表示. 在介绍用坐标表示向量的内积、外积以及多重向量积时, 利用直角坐标来表示, 将特别简洁. 不同于一般线性代数课程, 我们将着重于三维欧氏空间并注重用几何的方法来叙述向量的概念及运算.

在反映现实世界的各种量中, 一般可分为两类: 一类在取定单位后可以用一个实数来表示, 例如, 距离、时间、温度、体积、质量等, 这类只具有大小的量称为**数量**; 另一类量不仅有大小, 而且有方向, 例如, 位移、力、速度、加速度等, 这类量称为**向量**或**矢量**. 向量虽然与数量不同, 但也可以像数量那样引入运算, 并有类似的运算规则. 向量代数就是研究向量的运算及其运算规则的. 利用向量可以简明地把基本的几何对象表示出来, 并通过向量的运算解决许多几何问题. 另一方面, 通过引入坐标系, 向量的运算归结为其坐标的代数运算. 向量代数与坐标法相结合是解析几何研究中的最重要方法.

4.1　向量及其线性运算

向量

4.1.1　向量及其表示

定义 4.1.1　**向量** (或**矢量**) *是既有大小又有方向的量.*

向量既有大小, 又有方向, 因此我们常用带箭头的线段 (即有向线段) 来表示. 线段的长度表示向量的大小, 箭头所指的方向表示向量的方向. 如图 4.1.1 中的向量记作 $\overrightarrow{AB}$, A 称为该向量的**始点**, B 称为**终点**. 有时向量不标明始、终点, 只用一个字母表示, 例如, 向量 $\boldsymbol{a}, \boldsymbol{b}, \boldsymbol{c}$ 等.

向量的大小也称为它的长度或模, 通常向量 $\overrightarrow{AB}$ 的长度记为 $|\overrightarrow{AB}|$, 向量 $\boldsymbol{a}$ 的长度记作 $|\boldsymbol{a}|$. 长度等于 1 的向量称为**单位向量**.

定义 4.1.2　*若两个向量具有相同的长度和方向, 则称这两个向量相等. 向量* $\boldsymbol{a}$ *与* $\boldsymbol{b}$ *相等, 记作* $\boldsymbol{a} = \boldsymbol{b}$.

由上面的定义, 两个向量是否相等与它们的始点无关, 只由它们的长度和方向决定. 像这种始点可任意选取, 而只由其长度和方向决定的向量通常称为**自由**

向量. 也就是说, 自由向量可任意平移, 平移后的向量与原来的向量相等. 本书中我们所讲的向量都是指自由向量. 图 4.1.2 中, 平行四边形 $ABCD$, 根据上面定义, 就有 $\overrightarrow{AB}=\overrightarrow{CD}$, $\overrightarrow{AC}=\overrightarrow{BD}$.

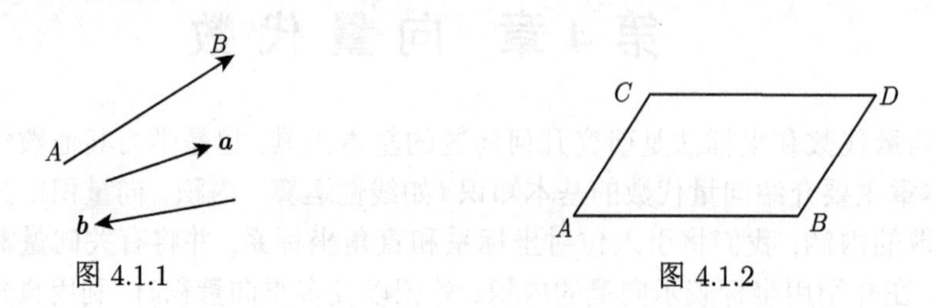

图 4.1.1 图 4.1.2

定义 4.1.3 两个模长相等, 方向相反的向量称为**互为负向量**, 向量 $\boldsymbol{a}$ 的负向量记作 $-\boldsymbol{a}$.

显然, 向量 $\overrightarrow{AB}$ 与 $\overrightarrow{BA}$ 互为负向量, 即 $\overrightarrow{AB}=-\overrightarrow{BA}$. 在三维空间中, 如果两向量通过平行移动可以移到同一直线上, 则称这两个向量共线 (平行) . 如果 $\boldsymbol{a}$ 与 $\boldsymbol{b}$ 共线, 记作 $\boldsymbol{a}\parallel\boldsymbol{b}$. 平行于同一平面的一组向量, 称为共面向量.

4.1.2 向量的加法

物理学中力、位移的合成分别遵循“平行四边形法则”和“三角形法则”. 如图 4.1.3 中的两个力 $\overrightarrow{OA}$, $\overrightarrow{OC}$ 的合力就是以 $\overrightarrow{OA}$, $\overrightarrow{OC}$ 为邻边的平行四边形 $OABC$ 的对角线向量. 如图 4.1.4 中接连两次位移 $\overrightarrow{OA}$ 和 $\overrightarrow{AB}$ 的合成就是 O 到 B 的位移, 即 $\overrightarrow{OB}$.

图 4.1.3 图 4.1.4

在自由向量的意义下,“平行四边形法则”和“三角形法则”是可以互推的.

定义 4.1.4 设已知向量 $\boldsymbol{a}$, $\boldsymbol{b}$, 以空间任一点 O 为始点作向量 $\overrightarrow{OA}=\boldsymbol{a}$, $\overrightarrow{AB}=\boldsymbol{b}$, 得到一条折线 OAB, 向量 $\overrightarrow{OB}=\boldsymbol{c}$ 称为向量 $\boldsymbol{a}$ 与 $\boldsymbol{b}$ 的和, 记作 $\boldsymbol{c}=\boldsymbol{a}+\boldsymbol{b}$.

定理 4.1.1 向量加法满足下面的运算规律:

(1)交换律

$$\boldsymbol{a}+\boldsymbol{b}=\boldsymbol{b}+\boldsymbol{a}. \tag{4.1.1}$$

(2)结合律

$$(\boldsymbol{a}+\boldsymbol{b})+\boldsymbol{c}=\boldsymbol{a}+(\boldsymbol{b}+\boldsymbol{c}). \tag{4.1.2}$$

证明 利用作图法立刻得到这两条规律, 如图 4.1.5 和图 4.1.6 所示,

$$\boldsymbol{b}+\boldsymbol{a}=\overrightarrow{OC}+\overrightarrow{CB}=\overrightarrow{OB}=\overrightarrow{OA}+\overrightarrow{AB}=\boldsymbol{a}+\boldsymbol{b}.$$

$$(\boldsymbol{a}+\boldsymbol{b})+\boldsymbol{c}=\overrightarrow{OB}+\overrightarrow{BC}=\overrightarrow{OC}=\overrightarrow{OA}+\overrightarrow{AC}=\boldsymbol{a}+(\boldsymbol{b}+\boldsymbol{c}).$$

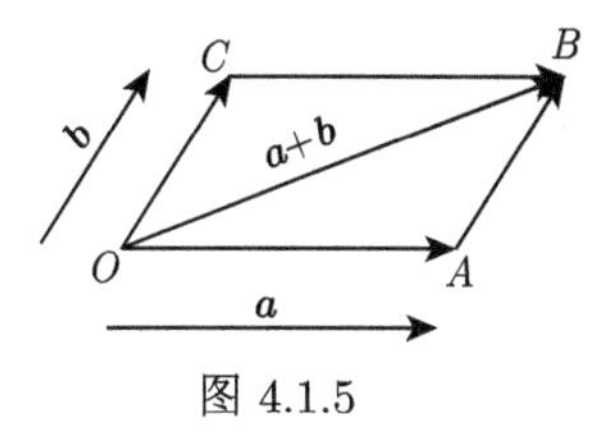

图 4.1.5

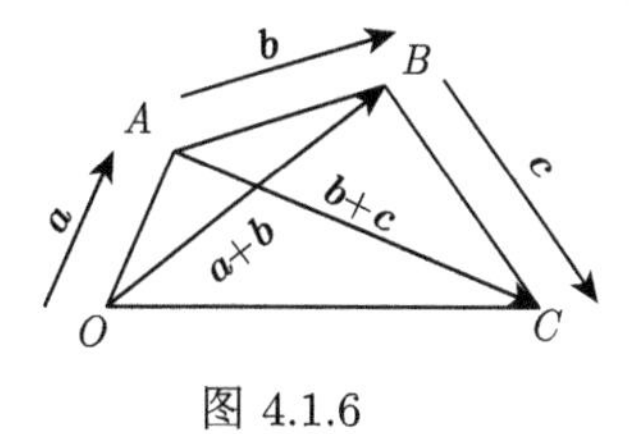

图 4.1.6

由上面规则, 任三个向量 $\boldsymbol{a}$, $\boldsymbol{b}$, $\boldsymbol{c}$ 相加, 不论它们的先后顺序与结合顺序如何, 它们的和是一样的, 因此可以写成 $\boldsymbol{a}+\boldsymbol{b}+\boldsymbol{c}$. □

多个向量的和也可简单写作 $\boldsymbol{a}_1+\boldsymbol{a}_2+\cdots+\boldsymbol{a}_n$.

作为加法的逆运算, 我们可以自然地定义向量的减法.

定义 4.1.5 给定两向量 $\boldsymbol{a}$ 和 $\boldsymbol{b}$, 如果向量 $\boldsymbol{c}$ 与 $\boldsymbol{b}$ 的和为 $\boldsymbol{a}$, 即 $\boldsymbol{c}+\boldsymbol{b}=\boldsymbol{a}$, 则向量 $\boldsymbol{c}$ 称为向量 $\boldsymbol{a}$ 与 $\boldsymbol{b}$ 的**差**, 记作 $\boldsymbol{c}=\boldsymbol{a}-\boldsymbol{b}$.

定义 4.1.6 长度为零的向量称为**零向量**, 以 $\mathbf{0}$ 表示.

用有向线段来表示, $\overrightarrow{OA}=\mathbf{0}$, 即 O 和 A 两点重合. 根据定义知, $\boldsymbol{a}=\mathbf{0}$, 即 $|\boldsymbol{a}|=0$. 零向量没有确定的方向, 它与任何向量平行. 容易验证

(1) $\boldsymbol{a}+\mathbf{0}=\boldsymbol{a}$;

(2) $\boldsymbol{a}+(-\boldsymbol{b})=\boldsymbol{a}-\boldsymbol{b}$;

(3) $\boldsymbol{a}+(-\boldsymbol{a})=\boldsymbol{a}-\boldsymbol{a}=\mathbf{0}$.

根据向量的减法, 我们可得向量等式的移项法则: 由 $\boldsymbol{b}+\boldsymbol{c}=\boldsymbol{d}$ 可得 $\boldsymbol{b}=\boldsymbol{d}-\boldsymbol{c}$.

另一方面, 对于任何两个向量 $\boldsymbol{a}$ 和 $\boldsymbol{b}$, 成立下面**三角不等式**:

$$|\boldsymbol{a}+\boldsymbol{b}|\leqslant|\boldsymbol{a}|+|\boldsymbol{b}|, \tag{4.1.3}$$

等号成立当且仅当 $\boldsymbol{a}$, $\boldsymbol{b}$ 同向.

例 4.1.1 平行六面体 $ABCD\text{-}A_1B_1C_1D_1$ 如图 4.1.7, $\overrightarrow{AB}=\boldsymbol{a}$, $\overrightarrow{AD}=\boldsymbol{b}$, $\overrightarrow{AA_1}=\boldsymbol{c}$, 试用 $\boldsymbol{a}$, $\boldsymbol{b}$, $\boldsymbol{c}$ 来表示对角线向量 $\overrightarrow{AC_1}$, $\overrightarrow{A_1C}$.

解

$$\overrightarrow{AC_1}=\overrightarrow{AB}+\overrightarrow{BB_1}+\overrightarrow{B_1C_1}=\overrightarrow{AB}+\overrightarrow{AA_1}+\overrightarrow{AD}=\boldsymbol{a}+\boldsymbol{b}+\boldsymbol{c},$$

$$\overrightarrow{A_1C}=\overrightarrow{A_1A}+\overrightarrow{AB}+\overrightarrow{BC}=\overrightarrow{AB}+\overrightarrow{AD}-\overrightarrow{AA_1}=\boldsymbol{a}+\boldsymbol{b}-\boldsymbol{c}.$$

例 4.1.2 设 $\boldsymbol{a}$ 和 $\boldsymbol{b}$ 都是非零向量且不共线, 证明:

$$2\left(|\boldsymbol{a}|^2+|\boldsymbol{b}|^2\right)=|\boldsymbol{a}+\boldsymbol{b}|^2+|\boldsymbol{a}-\boldsymbol{b}|^2,$$

并说明这个等式的几何意义.

证明 如图 4.1.8, 利用余弦定理可得

$$|\overrightarrow{OC}|^2=|\overrightarrow{OB}|^2+|\overrightarrow{BC}|^2-2|\overrightarrow{OB}||\overrightarrow{BC}|\cos\angle OBC,$$
$$|\overrightarrow{BA}|^2=|\overrightarrow{OB}|^2+|\overrightarrow{OA}|^2-2|\overrightarrow{OB}||\overrightarrow{OA}|\cos\angle AOB,$$

两式相加得 $|\overrightarrow{OC}|^2+|\overrightarrow{BA}|^2=2\left(|\overrightarrow{OB}|^2+|\overrightarrow{BC}|^2\right)$, 即

$$2\left(|\boldsymbol{a}|^2+|\boldsymbol{b}|^2\right)=|\boldsymbol{a}+\boldsymbol{b}|^2+|\boldsymbol{a}-\boldsymbol{b}|^2.$$

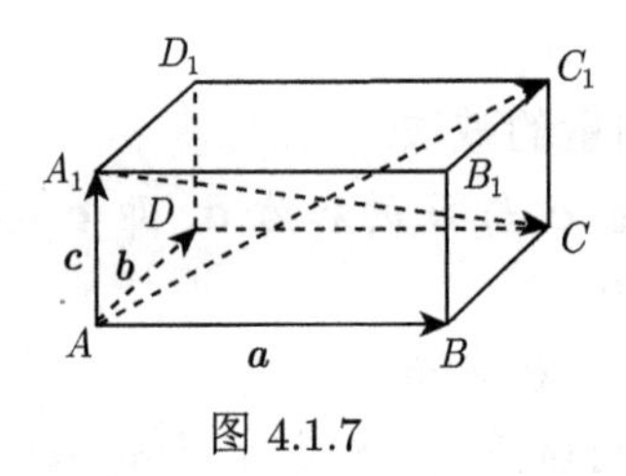

图 4.1.7

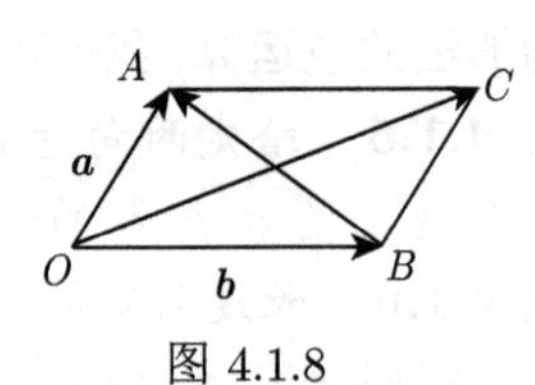

图 4.1.8

此等式说明平行四边形的两条对角线长度的平方和等于两边长度的平方和的两倍. □

4.1.3 向量的数乘

定义 4.1.7 实数 λ 与向量 $\boldsymbol{a}$ 的乘积是一个向量, 记作 $\lambda\boldsymbol{a}$, 它的模为 $|\lambda||\boldsymbol{a}|$, 即 $|\lambda\boldsymbol{a}|=|\lambda||\boldsymbol{a}|$. $\lambda\boldsymbol{a}$ 的方向, 当 $\lambda>0$ 时, 与 $\boldsymbol{a}$ 相同; 当 $\lambda<0$ 时, 与 $\boldsymbol{a}$ 相反. 这种运算我们称为**实数与向量的乘法**, 简称为**数乘**.

已知非零向量 $\boldsymbol{a}$ 和与它同向的单位向量 $\boldsymbol{a}^0$, 则下面的等式显然成立.

$$\boldsymbol{a}=|\boldsymbol{a}|\boldsymbol{a}^0 \quad 或 \quad \boldsymbol{a}^0=\frac{\boldsymbol{a}}{|\boldsymbol{a}|}.$$

根据上面的定义, 我们可以得到下面运算规律.

定理 4.1.2 实数与向量的乘法满足

(1) $$1\cdot\boldsymbol{a}=\boldsymbol{a},\quad 0\cdot\boldsymbol{a}=\boldsymbol{0},\quad (-1)\cdot\boldsymbol{a}=-\boldsymbol{a}; \tag{4.1.4}$$

(2) $$\lambda(\mu\boldsymbol{a})=(\lambda\mu)\boldsymbol{a}; \tag{4.1.5}$$

(3) $$(\lambda+\mu)\boldsymbol{a}=\lambda\boldsymbol{a}+\mu\boldsymbol{a};\tag{4.1.6}$$

(4) $$\lambda(\boldsymbol{a}+\boldsymbol{b})=\lambda\boldsymbol{a}+\lambda\boldsymbol{b},\tag{4.1.7}$$

这里 $\boldsymbol{a}, \boldsymbol{b}$ 为向量, λ, μ 为实数.

证明 这里我们仅给出 (4) 的证明, 其余留给读者.

不妨设 $\boldsymbol{a}\neq\boldsymbol{b}, \boldsymbol{b}\neq\boldsymbol{0}, \lambda\neq 0$ 或 1, 否则等式显然成立.

如果 $\boldsymbol{a}\,/\!/\,\boldsymbol{b}$, 则取实数 k, 使得 $\boldsymbol{a}=k\boldsymbol{b}$ $\left(\boldsymbol{a}\text{ 与 }\boldsymbol{b}\text{ 同向时, 取 }k=\dfrac{|\boldsymbol{a}|}{|\boldsymbol{b}|};\ \boldsymbol{a}\text{ 与 }\boldsymbol{b}\text{ 反向时, 取 }k=-\dfrac{|\boldsymbol{a}|}{|\boldsymbol{b}|}\right)$, 则有

$$\begin{aligned}\lambda(\boldsymbol{a}+\boldsymbol{b})&=\lambda(k\boldsymbol{b}+\boldsymbol{b})=\lambda[(k+1)\boldsymbol{b}]\\&=(\lambda k+\lambda)\boldsymbol{b}=(\lambda k)\boldsymbol{b}+\lambda\boldsymbol{b}=\lambda\boldsymbol{a}+\lambda\boldsymbol{b}.\end{aligned}$$

如果 $\boldsymbol{a}$ 与 $\boldsymbol{b}$ 不共线, 如图 4.1.9 所示, 以 $\boldsymbol{a}, \boldsymbol{b}$ 为边的 $\triangle OAB$ 与以 $\lambda\boldsymbol{a}, \lambda\boldsymbol{b}$ 为边的三角形 $\triangle OA'B'$ 相似, 因此由平面几何知识可得

$$\lambda(\boldsymbol{a}+\boldsymbol{b})=\lambda\overrightarrow{OB}=\overrightarrow{OB'}=\overrightarrow{OA'}+\overrightarrow{A'B'}=\lambda\boldsymbol{a}+\lambda\boldsymbol{b}.$$ □

例 4.1.3 如图 4.1.10, 已知 $\triangle ABC$, 三边 BC, CA, AB 的中点分别设为 D, E, F, 证明: 顺次将三个向量 $\overrightarrow{AD}, \overrightarrow{BE}, \overrightarrow{CF}$ 的终点和始点连接, 正好构成一个三角形.

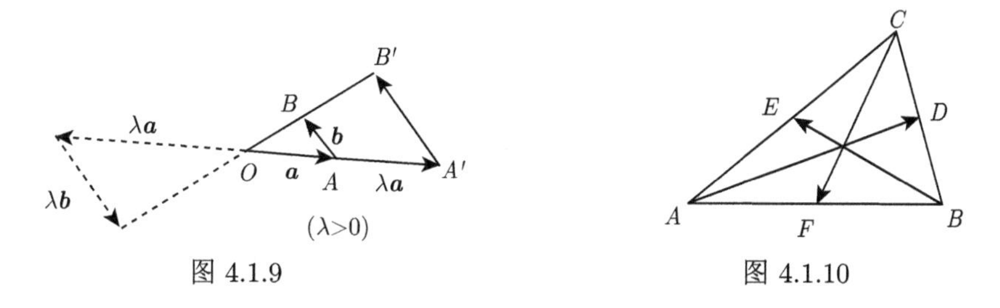

图 4.1.9 图 4.1.10

证明 三个向量依次终点与始点连接, 则以第一个向量的始点为始点, 最后一个向量的终点为终点的向量即是三个向量之和.

因此要证明三个向量依次终点与始点连接能构成三角形的等价条件, 即这三个向量之和为零向量.

因为 $\overrightarrow{AD}=\overrightarrow{AC}+\dfrac{1}{2}\overrightarrow{CB}$, $\overrightarrow{BE}=\overrightarrow{BA}+\dfrac{1}{2}\overrightarrow{AC}$, $\overrightarrow{CF}=\overrightarrow{CB}+\dfrac{1}{2}\overrightarrow{BA}$, 所以

$$\overrightarrow{AD}+\overrightarrow{BE}+\overrightarrow{CF}=\overrightarrow{AC}+\overrightarrow{CB}+\overrightarrow{BA}+\frac{1}{2}(\overrightarrow{CB}+\overrightarrow{BA}+\overrightarrow{AC})=\frac{3}{2}(\overrightarrow{AC}+\overrightarrow{CB}+\overrightarrow{BA})=\boldsymbol{0},$$

这表示 $\overrightarrow{AD}, \overrightarrow{BE}, \overrightarrow{CF}$ 构成一个三角形. □

4.1.4 向量的线性关系与向量的分解

定义 4.1.8 由向量 $\boldsymbol{a}_1, \boldsymbol{a}_2, \cdots, \boldsymbol{a}_n$ 及实数 $\lambda_1, \lambda_2, \cdots, \lambda_n$ 所组成的向量 $\boldsymbol{a} = \lambda_1\boldsymbol{a}_1 + \lambda_2\boldsymbol{a}_2 + \cdots + \lambda_n\boldsymbol{a}_n$ (即 $\boldsymbol{a} = \sum\limits_{i=1}^{n} \lambda_i\boldsymbol{a}_i$) 称为向量 $\boldsymbol{a}_1, \boldsymbol{a}_2, \cdots, \boldsymbol{a}_n$ 的**一个线性组合**. 此时也称 $\boldsymbol{a}$ 可以由 $\boldsymbol{a}_1, \boldsymbol{a}_2, \cdots, \boldsymbol{a}_n$ **线性表出** (或**线性表示**).

利用向量的线性运算 (即加法和数乘), 下面我们给出向量共线、共面的充要条件.

定理 4.1.3 如果向量 $\boldsymbol{a} \neq \boldsymbol{0}$, 则向量 $\boldsymbol{b}$ 与 $\boldsymbol{a}$ 共线的充要条件是

$$\boldsymbol{b} = k\boldsymbol{a},$$

其中 k 是由 $\boldsymbol{a}$ 和 $\boldsymbol{b}$ 唯一确定的数量.

证明略, 留给读者作为习题.

定理 4.1.4 如果 $\boldsymbol{a}$ 和 $\boldsymbol{b}$ 不共线, 则向量 $\boldsymbol{c}$ 和 $\boldsymbol{a}, \boldsymbol{b}$ 共面的充要条件是

$$\boldsymbol{c} = k_1\boldsymbol{a} + k_2\boldsymbol{b},$$

其中 k_1, k_2 是由 $\boldsymbol{a}, \boldsymbol{b}, \boldsymbol{c}$ 唯一确定的数量.

证明 因为 $\boldsymbol{a}, \boldsymbol{b}$ 不共线, 所以 $\boldsymbol{a}, \boldsymbol{b}$ 都不是零向量.

充分性: 如果 k_1, k_2 中至少有一个是零, 则 $\boldsymbol{c}$ 必与 $\boldsymbol{a}, \boldsymbol{b}$ 之一共线, 从而 $\boldsymbol{a}, \boldsymbol{b}, \boldsymbol{c}$ 共面. 如果 $k_1k_2 \neq 0$, 则由向量加法的定义知 $\boldsymbol{c}$ 和 $k_1\boldsymbol{a}, k_2\boldsymbol{b}$ 共面, 因此也和 $\boldsymbol{a}, \boldsymbol{b}$ 共面.

必要性: 将共面向量 $\boldsymbol{a}, \boldsymbol{b}, \boldsymbol{c}$ 的始点都移到同一点 O. 设 $\overrightarrow{OB} = \boldsymbol{c}$, 平行四边形 $OABC$ (图 4.1.11), 使 $\overrightarrow{OA}$ 与 $\boldsymbol{a}$ 共线, $\overrightarrow{OC}$ 与 $\boldsymbol{b}$ 共线, 则必存在 k_1, k_2 使得 $\overrightarrow{OA} = k_1\boldsymbol{a}$, $\overrightarrow{OC} = k_2\boldsymbol{b}$, 所以 $\boldsymbol{c} = \overrightarrow{OB} = \overrightarrow{OA} + \overrightarrow{OC} = k_1\boldsymbol{a} + k_2\boldsymbol{b}$.

余下证明 k_1 和 k_2 是唯一确定的.

假设 $\boldsymbol{c} = k_1\boldsymbol{a} + k_2\boldsymbol{b} = \lambda_1\boldsymbol{a} + \lambda_2\boldsymbol{b}$, 则有 $(k_1 - \lambda_1)\,\boldsymbol{a} + (k_2 - \lambda_2)\,\boldsymbol{b} = \boldsymbol{0}$. 如果 $k_1 - \lambda_1$ 和 $k_2 - \lambda_2$ 中有一个非零, 例如 $k_1 - \lambda_1 \neq 0$, 则有 $\boldsymbol{a} = -\dfrac{k_2 - \lambda_2}{k_1 - \lambda_1}\boldsymbol{b}$, 从而 $\boldsymbol{a}$ 和 $\boldsymbol{b}$ 共线, 这跟定理的假设矛盾. 因此必有 $k_1 = \lambda_1$, $k_2 = \lambda_2$. □

定理 4.1.5 如果三个向量 $\boldsymbol{a}, \boldsymbol{b}, \boldsymbol{c}$ 不共面, 则空间中任意向量 $\boldsymbol{r}$ 可以表示为

$$\boldsymbol{r} = k_1\boldsymbol{a} + k_2\boldsymbol{b} + k_3\boldsymbol{c},$$

其中 k_1, k_2, k_3 是由向量 $\boldsymbol{a}, \boldsymbol{b}, \boldsymbol{c}, \boldsymbol{r}$ 所唯一确定的实数.

证明 因为 $\boldsymbol{a}, \boldsymbol{b}, \boldsymbol{c}$ 不共面, 所以 $\boldsymbol{a}, \boldsymbol{b}, \boldsymbol{c}$ 都不是零向量, 也不相互平行. 将向量 $\boldsymbol{a}, \boldsymbol{b}, \boldsymbol{c}, \boldsymbol{r}$ 移至同一始点 O, 设 $\overrightarrow{OR} = \boldsymbol{r}$. 过 R 点作三张平面分别平行 $\boldsymbol{c}$ 与 $\boldsymbol{b}, \boldsymbol{a}$

与 $\boldsymbol{c},\boldsymbol{a}$ 与 $\boldsymbol{b}$ 所张成的平面, 并与 $\boldsymbol{a},\boldsymbol{b},\boldsymbol{c}$ 所在的三条直线的交点分别记为 A,B,C (图 4.1.12). 由向量加法的定义可得

$$\boldsymbol{r}=\overrightarrow{OR}=\overrightarrow{OA}+\overrightarrow{OB}+\overrightarrow{OC}.$$

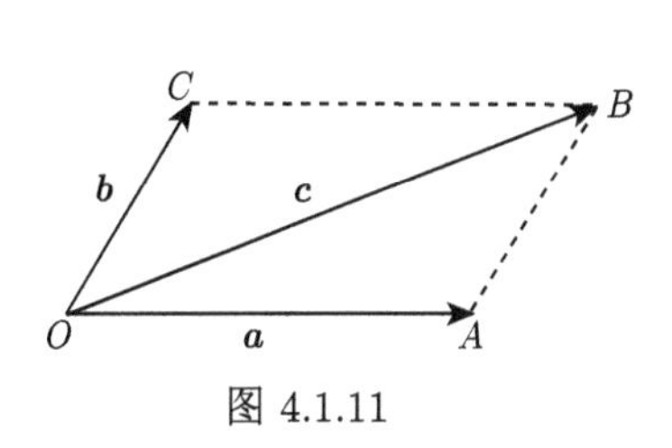

图 4.1.11

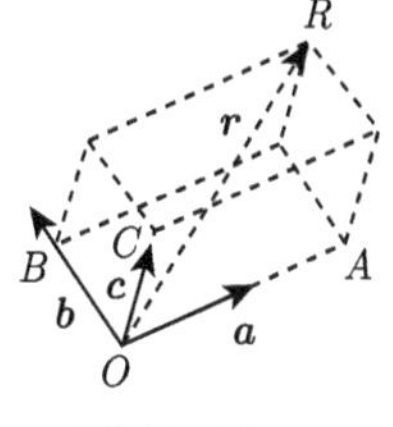

图 4.1.12

另一方面, $\overrightarrow{OA},\overrightarrow{OB},\overrightarrow{OC}$ 分别与 $\boldsymbol{a},\boldsymbol{b},\boldsymbol{c}$ 共线, 则存在实数 k_1,k_2,k_3 使得 $\overrightarrow{OA}=k_1\boldsymbol{a}$, $\overrightarrow{OB}=k_2\boldsymbol{b}$, $\overrightarrow{OC}=k_3\boldsymbol{c}$, 所以 $\boldsymbol{r}=k_1\boldsymbol{a}+k_2\boldsymbol{b}+k_3\boldsymbol{c}$.

再证实数 k_1,k_2,k_3 是唯一确定的. 假设存在另一分解 $\boldsymbol{r}=\lambda_1\boldsymbol{a}+\lambda_2\boldsymbol{b}+\lambda_3\boldsymbol{c}$, 则 $(k_1-\lambda_1)\,\boldsymbol{a}+(k_2-\lambda_2)\,\boldsymbol{b}+(k_3-\lambda_3)\,\boldsymbol{c}=0$. 如果上式系数中不全为零, 例如 $k_1-\lambda_1\neq 0$, 则 $\boldsymbol{a}=-\dfrac{k_2-\lambda_2}{k_1-\lambda_1}\boldsymbol{b}-\dfrac{k_3-\lambda_3}{k_1-\lambda_1}\boldsymbol{c}$, 此时 $\boldsymbol{a},\boldsymbol{b},\boldsymbol{c}$ 共面, 与原题设矛盾. 因此必有 $k_1=\lambda_1$, $k_2=\lambda_2$, $k_3=\lambda_3$, 即 $\boldsymbol{r}$ 的分解是唯一的. □

定义 4.1.9 设 $\boldsymbol{a}_1,\boldsymbol{a}_2,\cdots,\boldsymbol{a}_n$ 是 n 个向量, 如果存在不全为零的 n 个数 $k_1,k_2,\cdots,k_n$, 使得

$$k_1\boldsymbol{a}_1+k_2\boldsymbol{a}_2+\cdots+k_n\boldsymbol{a}_n=\boldsymbol{0},\quad \text{即}\quad \sum_{i=1}^{n}k_i\boldsymbol{a}_i=\boldsymbol{0},$$

则称 n 个向量 $\boldsymbol{a}_1,\boldsymbol{a}_2,\cdots,\boldsymbol{a}_n$ 是**线性相关**的. 否则称这 n 个向量是**线性无关**的.

根据定义, 我们可得下面定理.

定理 4.1.6 向量组 $\boldsymbol{a}_1,\boldsymbol{a}_2,\cdots,\boldsymbol{a}_n$ 线性相关的充要条件是其中必有一向量是其余 $n-1$ 个向量的线性组合.

定理 4.1.7 如果向量组 $\boldsymbol{a}_1,\boldsymbol{a}_2,\cdots,\boldsymbol{a}_n$ 中有一部分向量组线性相关, 则原来的 n 个向量构成的向量组也线性相关.

根据线性相关的定义及定理 4.1.3 —定理 4.1.7, 容易得到下面结论.

推论 4.1.8 (1) 一个向量 $\boldsymbol{a}$ 线性相关的充要条件是 $\boldsymbol{a}=\boldsymbol{0}$;

(2) 两个向量线性相关的充要条件是这两个向量共线;

(3) 三个向量线性相关的充要条件是这三个向量共面;

(4) 空间中任意四个向量总是线性相关的.

证明略, 留给读者作为习题.

例 4.1.4 如图 4.1.13, 设直线上三点 A, B, P 满足 $\overrightarrow{AP}=\lambda\overrightarrow{PB}$ $(\lambda\neq-1)$. O 是空间任意一点. 求证:

$$\overrightarrow{OP}=\frac{\overrightarrow{OA}+\lambda\overrightarrow{OB}}{1+\lambda}.$$

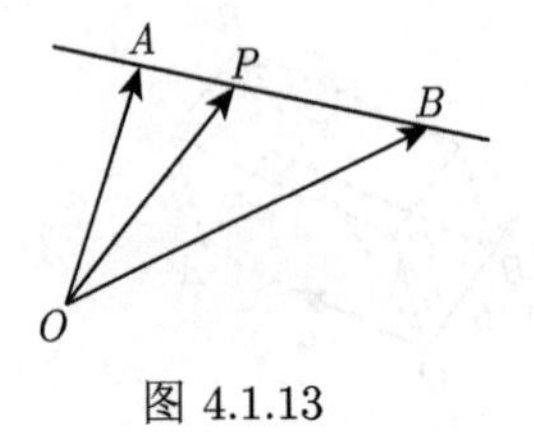

图 4.1.13

证明 直接利用向量加法的定义, 我们有

$$\begin{aligned}\overrightarrow{OP}&=\overrightarrow{OA}+\overrightarrow{AP}\\&=\overrightarrow{OA}+\lambda\overrightarrow{PB}\\&=\overrightarrow{OA}+\lambda(\overrightarrow{OB}-\overrightarrow{OP}),\end{aligned}$$

经移项, 即得等式成立. □

注 当点 P 是线段 AB 的中点时, $\lambda=1$. 此时, 中点公式为

$$\overrightarrow{OP}=\frac{\overrightarrow{OA}+\overrightarrow{OB}}{2}.$$

例 4.1.5 利用向量法证明三角形的三条中线相交于一点, 且这点与每一顶点的距离等于从这顶点所引中线长的 $\frac{2}{3}$.

证明 设 $\triangle ABC$ 中, D, E, F 分别是边 BC, AC, AB 的中点. 作中线 BE 与 AD 相交于一点 G (图 4.1.14), 设 $\overrightarrow{AG}=\lambda\overrightarrow{AD}$, $\overrightarrow{BG}=\mu\overrightarrow{BE}$, 因为 $\overrightarrow{AD}=\overrightarrow{AB}+\frac{1}{2}\overrightarrow{BC}$, $\overrightarrow{BE}=\overrightarrow{BC}+\frac{1}{2}\overrightarrow{CA}$, 所以 $\overrightarrow{AG}=\lambda\left(\overrightarrow{AB}+\frac{1}{2}\overrightarrow{BC}\right)$, $\overrightarrow{BG}=\mu\left(\overrightarrow{BC}+\frac{1}{2}\overrightarrow{CA}\right)$.

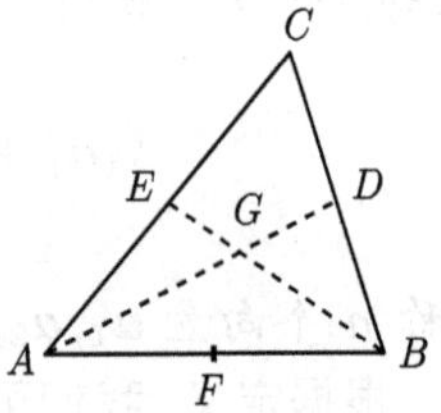

图 4.1.14

又因为 $\overrightarrow{AB}+\overrightarrow{BG}+\overrightarrow{GA}=\mathbf{0}$, 即

$$\begin{aligned}&\overrightarrow{AB}+\mu\left(\overrightarrow{BC}+\frac{1}{2}\overrightarrow{CA}\right)-\lambda\left(\overrightarrow{AB}+\frac{1}{2}\overrightarrow{BC}\right)\\&=(1-\lambda)\overrightarrow{AB}+\left(\mu-\frac{1}{2}\lambda\right)\overrightarrow{BC}+\frac{1}{2}\mu\overrightarrow{CA}=\mathbf{0}.\end{aligned}$$

由于 $\overrightarrow{CA}=-\overrightarrow{AB}-\overrightarrow{BC}$, 代入上式得

$$\left(1-\lambda-\frac{1}{2}\mu\right)\overrightarrow{AB}+\frac{1}{2}(\mu-\lambda)\overrightarrow{BC}=\mathbf{0}.$$

由于 $\overrightarrow{AB}, \overrightarrow{BC}$ 不共线, 则必有 $1-\lambda-\frac{1}{2}\mu=0,\ \lambda-\mu=0$. 可得 $\lambda=\mu=\frac{2}{3}$, 即 $\overrightarrow{AG}=\frac{2}{3}\overrightarrow{AD}, \overrightarrow{BG}=\frac{2}{3}\overrightarrow{BE}$.

这表明, 中线 AD 和 BE 的交点与顶点 A,B 的距离分别等于相应中线的 $\frac{2}{3}$. 同理可证中线 AD 与 CF 的交点与 A,C 的距离也等于相应中线的 $\frac{2}{3}$. 因此三个中线必交于一点, 且这点与 A,B,C 的距离分别等于相应中线的长的 $\frac{2}{3}$. □

例 4.1.6 证明四面体对边中点的连线交于一点, 且互相平分.

证明 如图 4.1.15. 设四面体 $ABCD$ 一组对边 AB, CD 的中点分别为 E, F, EF 的中点设为 G_1, 其余两组对应中点连线的中点分别设为 G_2, G_3. 下面仅需证明 G_1, G_2, G_3 三点重合.

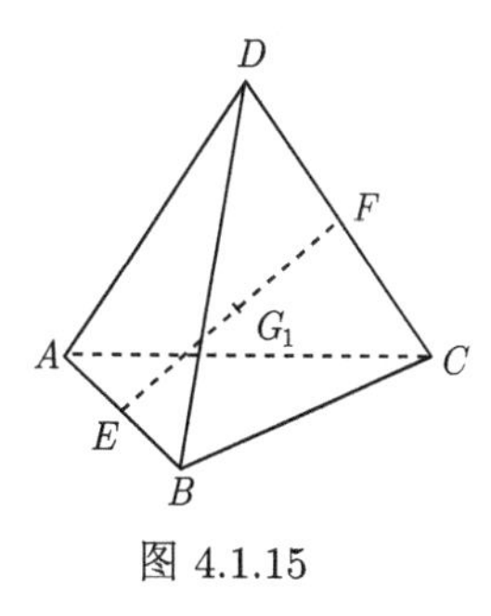

图 4.1.15

$$\begin{aligned}\overrightarrow{AG_1}&=\frac{1}{2}(\overrightarrow{AF}+\overrightarrow{AE})\\&=\frac{1}{2}\left(\frac{1}{2}(\overrightarrow{AC}+\overrightarrow{AD})+\frac{1}{2}\overrightarrow{AB}\right)\\&=\frac{1}{4}(\overrightarrow{AC}+\overrightarrow{AD}+\overrightarrow{AB}).\end{aligned}$$

同理可证 $\overrightarrow{AG_i}=\frac{1}{4}(\overrightarrow{AC}+\overrightarrow{AD}+\overrightarrow{AB})\ (i=2,3)$. 所以 $\overrightarrow{AG_1}=\overrightarrow{AG_2}=\overrightarrow{AG_3}$, 即 G_1, G_2, G_3 三点重合, 命题得证. □

例 4.1.7 已知向量 $\boldsymbol{\xi}_1,\boldsymbol{\xi}_2,\boldsymbol{\xi}_3$ 不共面, 判定 $\boldsymbol{a}=\boldsymbol{\xi}_1+\boldsymbol{\xi}_2+\boldsymbol{\xi}_3,\ \boldsymbol{b}=\boldsymbol{\xi}_1+2\boldsymbol{\xi}_2,\ \boldsymbol{c}=\boldsymbol{\xi}_1+\boldsymbol{\xi}_2+2\boldsymbol{\xi}_3$ 是否共面.

解 由推论 4.1.8 已知, 判定 $\boldsymbol{a},\boldsymbol{b},\boldsymbol{c}$ 是否共面即判定 $\boldsymbol{a},\boldsymbol{b},\boldsymbol{c}$ 是否线性相关. 设 $\lambda_1\boldsymbol{a}+\lambda_2\boldsymbol{b}+\lambda_3\boldsymbol{c}=\mathbf{0}$, 则

$$\lambda_1(\boldsymbol{\xi}_1+\boldsymbol{\xi}_2+\boldsymbol{\xi}_3)+\lambda_2(\boldsymbol{\xi}_1+2\boldsymbol{\xi}_2)+\lambda_3(\boldsymbol{\xi}_1+\boldsymbol{\xi}_2+2\boldsymbol{\xi}_3)=\mathbf{0}.$$

即 $(\lambda_1+\lambda_2+\lambda_3)\boldsymbol{\xi}_1+(\lambda_1+2\lambda_2+\lambda_3)\boldsymbol{\xi}_2+(\lambda_1+2\lambda_3)\boldsymbol{\xi}_3=\mathbf{0}$.

由于 $\boldsymbol{\xi}_1,\boldsymbol{\xi}_2,\boldsymbol{\xi}_3$ 不共面, 则有 $\begin{cases}\lambda_1+\lambda_2+\lambda_3=0,\\\lambda_1+2\lambda_2+\lambda_3=0,\\\lambda_1+2\lambda_3=0.\end{cases}$

由于此齐次线性方程组的行列式 $\begin{vmatrix} 1 & 1 & 1 \\ 1 & 2 & 1 \\ 1 & 0 & 2 \end{vmatrix} \neq 0$, 所以方程组只有零解. $\lambda_1 = \lambda_2 = \lambda_3 = 0$, 因此 $\boldsymbol{a}, \boldsymbol{b}, \boldsymbol{c}$ 不共面.

习　题　4.1

1. 设 $ABCDEF$ 为正六边形, O 是中心, 在向量 $\overrightarrow{OA}$, $\overrightarrow{OB}$, $\overrightarrow{OC}$, $\overrightarrow{OD}$, $\overrightarrow{OE}$, $\overrightarrow{OF}$, $\overrightarrow{AB}$, $\overrightarrow{BC}$, $\overrightarrow{CD}$, $\overrightarrow{DE}$, $\overrightarrow{EF}$ 和 $\overrightarrow{FA}$ 中哪几个是相等的?

2. 根据向量加法法则, 用作图法证明下列等式:

(1) $(\boldsymbol{a}+\boldsymbol{b})+(\boldsymbol{a}-\boldsymbol{b})=2\boldsymbol{a}$;

(2) $\dfrac{\boldsymbol{a}-\boldsymbol{b}}{2}+\boldsymbol{b}=\dfrac{\boldsymbol{a}+\boldsymbol{b}}{2}$.

3. 向量 $\boldsymbol{a}, \boldsymbol{b}$ 必须满足什么几何性质, 以下各式才成立?

(1) $|\boldsymbol{a}+\boldsymbol{b}|=|\boldsymbol{a}-\boldsymbol{b}|$;

(2) $\boldsymbol{a}+\boldsymbol{b}=\lambda(\boldsymbol{a}-\boldsymbol{b})$;

(3) $\dfrac{\boldsymbol{a}}{|\boldsymbol{a}|}=\dfrac{\boldsymbol{b}}{|\boldsymbol{b}|}$;

(4) $|\boldsymbol{a}+\boldsymbol{b}|=|\boldsymbol{a}|+|\boldsymbol{b}|$;

(5) $|\boldsymbol{a}+\boldsymbol{b}|=|\boldsymbol{a}|-|\boldsymbol{b}|$;

(6) $|\boldsymbol{a}-\boldsymbol{b}|=|\boldsymbol{a}|+|\boldsymbol{b}|$.

4. 用向量法证明任意三角形两边中点的连线平行于第三边, 而且它的长等于第三边长的一半.

5. 设 P 是平行四边形 $ABCD$ 的中心, O 是任意一点. 证明: $\overrightarrow{OA}+\overrightarrow{OB}+\overrightarrow{OC}+\overrightarrow{OD}=4\overrightarrow{OP}$.

6. 设 O 是平面上正多边形 $A_1A_2\cdots A_n$ 的中心, 证明: $\overrightarrow{OA_1}+\overrightarrow{OA_2}+\cdots+\overrightarrow{OA_n}=\mathbf{0}$.

7. 在 6 题条件下, P 是任意一点. 证明: $\overrightarrow{PA_1}+\overrightarrow{PA_2}+\cdots+\overrightarrow{PA_n}=n\overrightarrow{PO}$.

8. 已知 $\overrightarrow{OA}=\boldsymbol{r}_1, \overrightarrow{OB}=\boldsymbol{r}_2, \overrightarrow{OC}=\boldsymbol{r}_3$ 是以原点 O 为顶点的平行六面体的三条边, 设过点 O 的对角线与平面 ABC 的交点为 M, 求向量 $\overrightarrow{OM}$.

9. 设 D 是 $\triangle ABC$ 的内心, O 是空间任意一点. 求证:

$$\overrightarrow{OD}=\frac{a\overrightarrow{OA}+b\overrightarrow{OB}+c\overrightarrow{OC}}{a+b+c},$$

其中 $a=|\overrightarrow{BC}|, b=|\overrightarrow{AC}|, c=|\overrightarrow{AB}|$.

10. 已知不共线向量 $\overrightarrow{OA}=\boldsymbol{e}_1, \overrightarrow{OB}=\boldsymbol{e}_2$, 求 $\angle BOA$ 的角平分线上的单位向量.

11. 在四面体 $OABC$ 中, 设点 P 是 $\triangle ABC$ 的重心 (三中线之交点). 求向量 $\overrightarrow{OP}$ 关于向量 $\overrightarrow{OA}$, $\overrightarrow{OB}$ 和 $\overrightarrow{OC}$ 的分解式.

12. 用向量法证明:

(1) P 是 $\triangle ABC$ 重心的充要条件是 $\overrightarrow{PA}+\overrightarrow{PB}+\overrightarrow{PC}=\mathbf{0}$;

(2) 三角形三条角平分线共点;

(3) 平行六面体的四条对角线交于一点, 而且互相平分.

13. 已知向量 $\boldsymbol{a}=\boldsymbol{e}_1-2\boldsymbol{e}_2+3\boldsymbol{e}_3,\boldsymbol{b}=2\boldsymbol{e}_1+\boldsymbol{e}_3,\boldsymbol{c}=6\boldsymbol{e}_1-2\boldsymbol{e}_2+6\boldsymbol{e}_3$, 问 $\boldsymbol{a}+\boldsymbol{b}$ 和 $\boldsymbol{c}$ 是否共线.

14. 已知向量 $\boldsymbol{a},\boldsymbol{b},\boldsymbol{c}$ 关于三个不共面向量 $\boldsymbol{e}_1,\boldsymbol{e}_2,\boldsymbol{e}_3$ 的分解式为

(1) $\boldsymbol{a}=2\boldsymbol{e}_1-\boldsymbol{e}_2-\boldsymbol{e}_3$, $\boldsymbol{b}=-\boldsymbol{e}_1+2\boldsymbol{e}_2-\boldsymbol{e}_3$, $\boldsymbol{c}=-\boldsymbol{e}_1-\boldsymbol{e}_2+2\boldsymbol{e}_3$;

(2) $\boldsymbol{a}=\boldsymbol{e}_3$, $\boldsymbol{b}=\boldsymbol{e}_1-\boldsymbol{e}_2-\boldsymbol{e}_3$, $\boldsymbol{c}=\boldsymbol{e}_1-\boldsymbol{e}_2+\boldsymbol{e}_3$;

(3) $\boldsymbol{a}=\boldsymbol{e}_1+\boldsymbol{e}_2+\boldsymbol{e}_3$, $\boldsymbol{b}=\boldsymbol{e}_2+\boldsymbol{e}_3$, $\boldsymbol{c}=-\boldsymbol{e}_1+\boldsymbol{e}_3$.

问 $\boldsymbol{a},\boldsymbol{b},\boldsymbol{c}$ 是否共面. 如果共面, 写出它们之间的线性关系.

15. 证明三个向量 $a\boldsymbol{e}_1-b\boldsymbol{e}_2$, $b\boldsymbol{e}_2-c\boldsymbol{e}_3$, $c\boldsymbol{e}_3-a\boldsymbol{e}_1$ 共面.

16. 设 $\boldsymbol{OP}_i=\boldsymbol{r}_i$ $(i=1,2,3,4)$, 试证: P_1, P_2, P_3, P_4 四点共面的充要条件是存在不全为零的实数 λ_i $(i=1,2,3,4)$ 使得

$$\sum_{i=1}^{4}\lambda_i\boldsymbol{r}_i=\boldsymbol{0},\quad \text{其中}\quad \sum_{i=1}^{4}\lambda_i=0.$$

4.2 标架与坐标

4.2.1 标架、坐标系

定义 4.2.1 三维空间一定点 O, 连同三个不共面的有序向量 $\boldsymbol{e}_1,\boldsymbol{e}_2,\boldsymbol{e}_3$, 称为空间中的一个**仿射标架**, O 称为这个仿射标架的原点, 记这个仿射标架为 $\{O;\boldsymbol{e}_1,\boldsymbol{e}_2,\boldsymbol{e}_3\}$; 如果向量 $\boldsymbol{e}_1,\boldsymbol{e}_2,\boldsymbol{e}_3$ 都是单位向量, 且两两相互垂直, 则 $\{O;\boldsymbol{e}_1,\boldsymbol{e}_2,\boldsymbol{e}_3\}$ 称为**直角标架**, 或**幺正标架**.

给定一标架 $\{O;\boldsymbol{e}_1,\boldsymbol{e}_2,\boldsymbol{e}_3\}$, 由于 $\boldsymbol{e}_1,\boldsymbol{e}_2,\boldsymbol{e}_3$ 不共面, 由定理 4.1.5 知, 空间任何向量 $\boldsymbol{a}$ 都可以由 $\boldsymbol{e}_1,\boldsymbol{e}_2,\boldsymbol{e}_3$ 线性表示, 即

$$\boldsymbol{a}=x\boldsymbol{e}_1+y\boldsymbol{e}_2+z\boldsymbol{e}_3,\tag{4.2.1}$$

这里唯一确定的有序三元实数组 (x,y,z) 称为向量 $\boldsymbol{a}$ 关于标架 $\{O;\boldsymbol{e}_1,\boldsymbol{e}_2,\boldsymbol{e}_3\}$ 的**坐标**, x,y,z 称为对应的**坐标分量**. 通常简写为 $\boldsymbol{a}=(x,y,z)$. 对于空间任意点 P, 向量 $\overrightarrow{OP}$ 称为点 P 的**径向量**或**向径**, 径向量 $\overrightarrow{OP}$ 关于标架 $\{O;\boldsymbol{e}_1,\boldsymbol{e}_2,\boldsymbol{e}_3\}$ 的坐标 (x,y,z) 也称为点 P 关于标架 $\{O;\boldsymbol{e}_1,\boldsymbol{e}_2,\boldsymbol{e}_3\}$ 的坐标. 这样取定标架 $\{O;\boldsymbol{e}_1,\boldsymbol{e}_2,\boldsymbol{e}_3\}$ 之后, 空间全体点的集合与全体有序三元实数组 (x,y,z) 的集合构成一一对应的关系, 这种一一对应的关系称为空间的一个**仿射坐标系**, 简称**坐标系**. 这时向量组 $\{\boldsymbol{e}_1,\boldsymbol{e}_2,\boldsymbol{e}_3\}$ 是空间关于这个仿射坐标系的一组基.

由于坐标系由标架 $\{O;\boldsymbol{e}_1,\boldsymbol{e}_2,\boldsymbol{e}_3\}$ 完全决定, 因此空间坐标系也常用标架 $\{O;\boldsymbol{e}_1,\boldsymbol{e}_2,\boldsymbol{e}_3\}$ 来表示, 此时点 O 称为坐标原点, 而向量 $\boldsymbol{e}_1,\boldsymbol{e}_2,\boldsymbol{e}_3$ 称为坐标向量.

对于标架 $\{O;\boldsymbol{e}_1,\boldsymbol{e}_2,\boldsymbol{e}_3\}$, 如果 $\boldsymbol{e}_1,\boldsymbol{e}_2,\boldsymbol{e}_3$ 间的相互关系和右手拇指、食指、中指相同, 则此标架称为右旋标架或右手标架. 如果 $\boldsymbol{e}_1,\boldsymbol{e}_2,\boldsymbol{e}_3$ 和左手拇指、食指、中指相同, 则此标架称为左旋标架或左手标架. 等价地: 用右手四指转动方向表示从

$\boldsymbol{e}_1$ 转到 $\boldsymbol{e}_2$, 如果 $\boldsymbol{e}_3$ 与大拇指方向一致, 则称标架 $\boldsymbol{e}_1, \boldsymbol{e}_2, \boldsymbol{e}_3$ 为右手标架; 用左手四指转动方向表示从 $\boldsymbol{e}_1$ 转到 $\boldsymbol{e}_2$, 如果 $\boldsymbol{e}_3$ 与大拇指方向一致, 则称标架 $\boldsymbol{e}_1, \boldsymbol{e}_2, \boldsymbol{e}_3$ 为左手标架 (图 4.2.1).

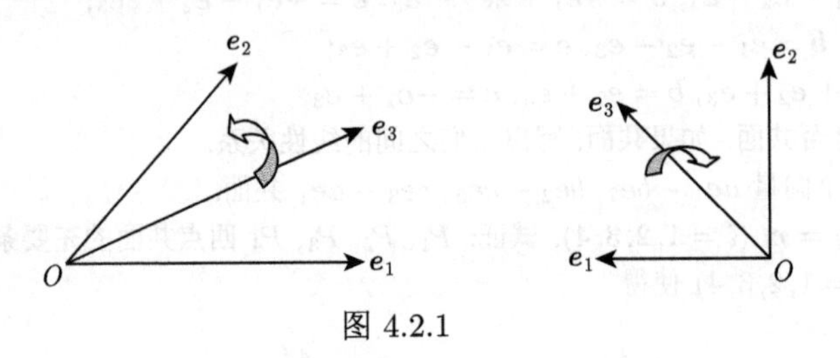

图 4.2.1

由右旋标架决定的坐标系称为**右旋坐标系**或**右手坐标系**, 由左旋标架决定的坐标系称为**左旋坐标系**或**左手坐标系**; 直角标架所确定的坐标系称为**直角坐标系**.

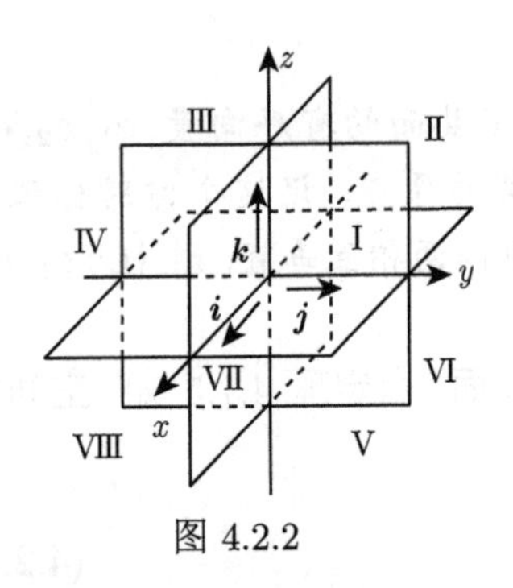

图 4.2.2

通常在讨论空间问题时, 所采用的坐标系, 一般都是右手直角坐标系. 特别约定, 在用到直角坐标系时, 坐标向量用 $\boldsymbol{i}, \boldsymbol{j}, \boldsymbol{k}$ 来表示, 即用 $\{O; \boldsymbol{i}, \boldsymbol{j}, \boldsymbol{k}\}$ 来表示直角坐标系 (图 4.2.2). 过 O 点作三条分别与 $\boldsymbol{i}, \boldsymbol{j}, \boldsymbol{k}$ 同向的数轴 (规定了正方向的直线) Ox, Oy, Oz, 再取定一个线段作为长度单位, 这样就确定了一个直角坐标系. 我们将其记作 O-xyz. 点 O 称为坐标原点, 三条轴 Ox, Oy, Oz 称为坐标轴, 依次称为 x 轴、y 轴、z 轴; 由每两条坐标轴所决定的平面 xOy, yOz, zOx 称为坐标平面. 三个坐标平面把空间划分成八个区域, 每一个区域称为一个卦限. 八个卦限的顺序按其中点的坐标分量的符号如表 4.2.1.

表 4.2.1

坐标 \ 卦限	I	II	III	IV	V	VI	VII	VIII
x	+	−	−	+	+	−	−	+
y	+	+	−	−	+	+	−	−
z	+	+	+	+	−	−	−	−

由点的坐标的定义可知, 坐标平面上的点的坐标必有一分量为零, 例如, 在平面 xOy 上的点的坐标可表示为 $(x, y, 0)$, 在 x 轴上的点的坐标可表示为 $(x, 0, 0)$, 在 y 轴上的点的坐标可表示为 $(0, y, 0)$, 原点的坐标为 $(0, 0, 0)$.

4.2.2 向量及其线性运算的坐标表示

空间中给定一仿射标架 $\{O;\boldsymbol{e}_1,\boldsymbol{e}_2,\boldsymbol{e}_3\}$. 如果向量 $\boldsymbol{r}$ 的始点为 $P_1(x_1,y_1,z_1)$, 终点为 $P_2(x_2,y_2,z_2)$, 则点 P_1 和 P_2 的径向量为

$$\overrightarrow{OP_1}=x_1\boldsymbol{e}_1+y_1\boldsymbol{e}_2+z_1\boldsymbol{e}_3 \quad 和 \quad \overrightarrow{OP_2}=x_2\boldsymbol{e}_1+y_2\boldsymbol{e}_2+z_2\boldsymbol{e}_3.$$

所以 $\boldsymbol{r}=\overrightarrow{P_1P_2}=\overrightarrow{OP_2}-\overrightarrow{OP_1}=(x_2-x_1)\boldsymbol{e}_1+(y_2-y_1)\boldsymbol{e}_2+(z_2-z_1)\boldsymbol{e}_3$, 故该向量的坐标等于它的终点坐标减去始点的坐标. 特别地, 当向量的始点是坐标原点时, 向量的坐标等于它的终点的坐标.

设向量 $\boldsymbol{r}_1=x_1\boldsymbol{e}_1+y_1\boldsymbol{e}_2+z_1\boldsymbol{e}_3$, $\boldsymbol{r}_2=x_2\boldsymbol{e}_1+y_2\boldsymbol{e}_2+z_2\boldsymbol{e}_3$, 则由向量加法和数乘的运算规律得

$$\boldsymbol{r}_1+\boldsymbol{r}_2=(x_1+x_2)\boldsymbol{e}_1+(y_1+y_2)\boldsymbol{e}_2+(z_1+z_2)\boldsymbol{e}_3.$$

设向量 $\boldsymbol{r}=x\boldsymbol{e}_1+y\boldsymbol{e}_2+z\boldsymbol{e}_3$, $\lambda\in\mathbb{R}$, 则

$$\lambda\boldsymbol{r}=\lambda x\boldsymbol{e}_1+\lambda y\boldsymbol{e}_2+\lambda z\boldsymbol{e}_3.$$

上面两式表示, 两个向量和的坐标等于两个向量对应坐标的和, 数和向量乘积的坐标等于这个数和向量的对应坐标的乘积.

下面考虑三维空间 $\mathbb{R}^3$ 的仿射坐标系, 坐标向量 $\boldsymbol{e}_1,\boldsymbol{e}_2,\boldsymbol{e}_3$, 这时向量 $\boldsymbol{r}=x\boldsymbol{e}_1+y\boldsymbol{e}_2+z\boldsymbol{e}_3$ 表示为 $\boldsymbol{r}=(x,y,z)$.

定理 4.2.1 两非零向量 $\boldsymbol{r}_1=(x_1,y_1,z_1)$, $\boldsymbol{r}_2=(x_2,y_2,z_2)$ 共线的充要条件是对应坐标分量成比例.

证明 由 4.1 节知, 两个向量共线的充要条件是其中一向量可用另一向量来线性表示, 不妨设 $\boldsymbol{r}_1=\lambda\boldsymbol{r}_2$, 因此

$$(x_1,y_1,z_1)=\lambda(x_2,y_2,z_2)=(\lambda x_2,\lambda y_2,\lambda z_2).$$

由此得到 $\dfrac{x_1}{x_2}=\dfrac{y_1}{y_2}=\dfrac{z_1}{z_2}=\lambda$. 当分母为零时, 约定分子也为零. □

推论 4.2.2 三个点 $P_1(x_1,y_1,z_1)$, $P_2(x_2,y_2,z_2)$ 和 $P_3(x_3,y_3,z_3)$ 共线的充要条件是

$$\frac{x_2-x_1}{x_3-x_1}=\frac{y_2-y_1}{y_3-y_1}=\frac{z_2-z_1}{z_3-z_1}. \tag{4.2.2}$$

定理 4.2.3 三个向量 $\boldsymbol{r}_1=(x_1,y_1,z_1)$, $\boldsymbol{r}_2=(x_2,y_2,z_2)$, $\boldsymbol{r}_3=(x_3,y_3,z_3)$ 共面的充要条件是

$$\begin{vmatrix} x_1 & y_1 & z_1 \\ x_2 & y_2 & z_2 \\ x_3 & y_3 & z_3 \end{vmatrix}=0. \tag{4.2.3}$$

证明　由 4.1 节知, 三个向量 $\boldsymbol{r}_1,\boldsymbol{r}_2,\boldsymbol{r}_3$ 共面的充要条件是存在不全为零的数 λ,μ,ν 使得 $\lambda\boldsymbol{r}_1+\mu\boldsymbol{r}_2+v\boldsymbol{r}_3=\mathbf{0}$, 由此可得

$$\begin{pmatrix} x_1 & x_2 & x_3 \\ y_1 & y_2 & y_3 \\ z_1 & z_2 & z_3 \end{pmatrix}\begin{pmatrix} \lambda \\ \mu \\ \nu \end{pmatrix}=\begin{pmatrix} 0 \\ 0 \\ 0 \end{pmatrix}.$$

根据线性方程组理论, 由于 λ,μ,ν 不全为零, 所以

$$\begin{vmatrix} x_1 & x_2 & x_3 \\ y_1 & y_2 & y_3 \\ z_1 & z_2 & z_3 \end{vmatrix}=0.$$

□

推论 4.2.4　四点 $P_i(x_i,y_i,z_i)$ $(i=1,2,3,4)$ 共面的充要条件是

$$\begin{vmatrix} x_2-x_1 & y_2-y_1 & z_2-z_1 \\ x_3-x_1 & y_3-y_1 & z_3-z_1 \\ x_4-x_1 & y_4-y_1 & z_4-z_1 \end{vmatrix}=0, \tag{4.2.4}$$

或

$$\begin{vmatrix} x_1 & y_1 & z_1 & 1 \\ x_2 & y_2 & z_2 & 1 \\ x_3 & y_3 & z_3 & 1 \\ x_4 & y_4 & z_4 & 1 \end{vmatrix}=0. \tag{4.2.5}$$

利用向量法也可以推导有向线段的**定比分点公式**.

设有向线段 $\overrightarrow{P_1P_2}$ 的两个端点 P_1 和 P_2 $(P_1\neq P_2)$, 如果点 P 满足 $\overrightarrow{P_1P}=\lambda\overrightarrow{PP_2}$, 则称点 P 是把有向线段 $\overrightarrow{P_1P_2}$ 分成定比 λ 的分点. 注意 $\lambda\neq-1$, 不然, 如果 $\overrightarrow{P_1P}=-\overrightarrow{PP_2}$, 则有 $\overrightarrow{OP}-\overrightarrow{OP_1}=\overrightarrow{OP}-\overrightarrow{OP_2}$, 因此 $\overrightarrow{OP_1}=\overrightarrow{OP_2}$, 即 P_1,P_2 为同一点, 这与条件 $P_1\neq P_2$ 矛盾.

命题 4.2.5　设有向线段 $\overrightarrow{P_1P_2}$ 的两个端点 $P_1(x_1,y_1,z_1)$ 和 $P_2(x_2,y_2,z_2)$ $(P_1\neq P_2)$, 则分有向线段 $\overrightarrow{P_1P_2}$ 成定比 λ 的分点 P 的坐标是

$$x=\frac{x_1+\lambda x_2}{1+\lambda},\quad y=\frac{y_1+\lambda y_2}{1+\lambda},\quad z=\frac{z_1+\lambda z_2}{1+\lambda}. \tag{4.2.6}$$

证明　设分点 P 的坐标是 (x,y,z), 由于 $\overrightarrow{P_1P}=\lambda\overrightarrow{PP_2}$, 即

$$(x-x_1,y-y_1,z-z_1)=\lambda(x_2-x,y_2-y,z_2-z),$$

故得

$$x - x_1 = \lambda(x_2 - x), \quad y - y_1 = \lambda(y_2 - y), \quad z - z_1 = \lambda(z_2 - z).$$

由此可得分 $\overrightarrow{P_1P_2}$ 成定比 λ 的分点 P 的坐标为

$$x = \frac{x_1 + \lambda x_2}{1 + \lambda}, \quad y = \frac{y_1 + \lambda y_2}{1 + \lambda}, \quad z = \frac{z_1 + \lambda z_2}{1 + \lambda}. \qquad \square$$

推论 4.2.6 设两点 $P_1(x_1, y_1, z_1)$ 和 $P_2(x_2, y_2, z_2)$, 则线段 P_1P_2 的中点 (即 $\lambda = 1$) 的坐标为

$$x = \frac{x_1 + x_2}{2}, \quad y = \frac{y_1 + y_2}{2}, \quad z = \frac{z_1 + z_2}{2}. \tag{4.2.7}$$

例 4.2.1 空间中取定一仿射标架 $\{O; \boldsymbol{e}_1, \boldsymbol{e}_2, \boldsymbol{e}_3\}$, 已知三角形三顶点为 $P_i(x_i, y_i, z_i)(i = 1, 2, 3)$, 求 $\triangle P_1P_2P_3$ 的重心坐标.

解 如图 4.2.3, 设 $\triangle P_1P_2P_3$ 的三顶点 P_i 的对边上的中点为 $M_i(i = 1, 2, 3)$, 三中线的公共点 (即重心) 为 $G(x, y, z)$, 因此

$$\overrightarrow{P_1G} = 2\overrightarrow{GM_1},$$

即重心 G 把中线 $\overrightarrow{P_1M_1}$ 分成定比 $\lambda = 2$.

因为 M_1 为 $\overrightarrow{P_2P_3}$ 的中心, 即 M_1 把 $\overrightarrow{P_2P_3}$ 分成定比 $\lambda = 1$, 根据定比分点坐标公式有

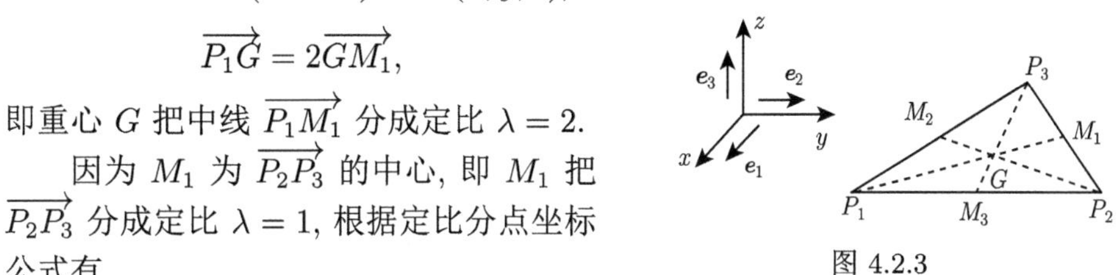

图 4.2.3

$$M_1\left(\frac{x_2 + x_3}{2}, \frac{y_2 + y_3}{2}, \frac{z_2 + z_3}{2}\right).$$

再次利用定比分点坐标公式

$$x = \frac{x_1 + 2\left(\dfrac{x_2 + x_3}{2}\right)}{1 + 2}, \quad y = \frac{y_1 + 2\left(\dfrac{y_2 + y_3}{2}\right)}{1 + 2}, \quad z = \frac{z_1 + 2\left(\dfrac{z_2 + z_3}{2}\right)}{1 + 2},$$

所以 $\triangle P_1P_2P_3$ 的重心坐标为

$$\left(\frac{x_1 + x_2 + x_3}{3}, \frac{y_1 + y_2 + y_3}{3}, \frac{z_1 + z_2 + z_3}{3}\right).$$

注 在讨论向量的线性运算时, 我们可采用一般的仿射坐标系. 但在下面我们讨论向量内积、向量外积时, 采用直角坐标系表述起来非常方便, 这也是通常取直角坐标系的原因.

习　题　4.2

1. 在平行六面体 $ABCD\text{-}EFGH$ 中. 平行四边形 $CGHD$ 的中心为 P, 并设 $\overrightarrow{EF}=\boldsymbol{e}_1$, $\overrightarrow{EH}=\boldsymbol{e}_2$, $\overrightarrow{EA}=\boldsymbol{e}_3$, 试求向量 $\overrightarrow{AP},\overrightarrow{FP}$ 关于标架 $\{A;\boldsymbol{e}_1,\boldsymbol{e}_2,\boldsymbol{e}_3\}$ 的分量, 以及 $\triangle BEP$ 三个顶点及其重心关于 $\{A;\boldsymbol{e}_1,\boldsymbol{e}_2,\boldsymbol{e}_3\}$ 的坐标.

2. 设平行四边形的三个顶点的径向量分别为 $\boldsymbol{r}_1,\boldsymbol{r}_2,\boldsymbol{r}_3$, 求第四个顶点的径向量和对角线交点的径向量用 $\boldsymbol{r}_1,\boldsymbol{r}_2,\boldsymbol{r}_3$ 表示的关系式.

3. 在标架 $\{O;\boldsymbol{e}_1,\boldsymbol{e}_2,\boldsymbol{e}_3\}$ 下, 已知向量 $\boldsymbol{a},\boldsymbol{b},\boldsymbol{c}$ 的分量如下:

$$\boldsymbol{a}=(1,0,1),\quad \boldsymbol{b}=(0,-2,0),\quad \boldsymbol{c}=(1,2,3),$$

求向量 $\boldsymbol{a}+3\boldsymbol{b}-\boldsymbol{c}$ 的分量.

4. 在空间直角坐标系 $\{O;\boldsymbol{i},\boldsymbol{j},\boldsymbol{k}\}$ 下, 设点 $P(1,2,-3)$, 求 P 点关于

(1) 各坐标平面;　　(2) 各坐标轴;

(3) 坐标原点的各个对称点的坐标.

5. 已知向量 $\boldsymbol{a},\boldsymbol{b},\boldsymbol{c}$ 的分量如下:

(1) $\boldsymbol{a}=(0,-1,2)$, $\boldsymbol{b}=(1,1,3)$, $\boldsymbol{c}=(2,1,-1)$;

(2) $\boldsymbol{a}=(1,1,1)$, $\boldsymbol{b}=(2,1,-1)$, $\boldsymbol{c}=(0,1,3)$,

试判别它们是否共面?

6. 已知线段 AB 被点 $C(1,0,1)$ 和 $D(3,2,1)$ 三等分. 试求这个线段两端点 A 与 B 的坐标.

7. 证明: 四面体每一顶点与对面重心所连的线段共点, 且这点到顶点的距离是它到对面重心距离的三倍.

4.3　向量的内积

4.3.1　向量在轴上的射影

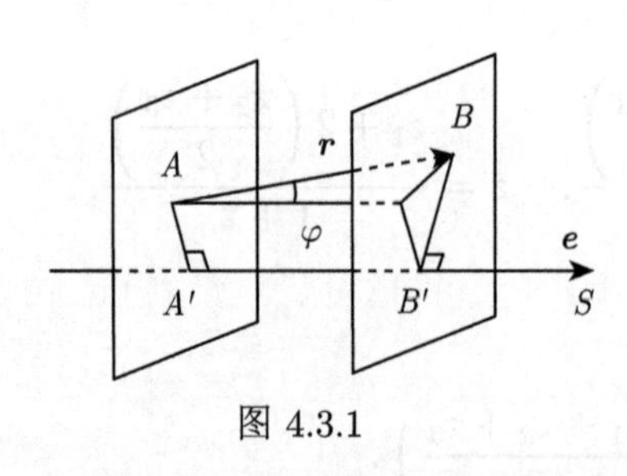

图 4.3.1

在讲述向量的数量积之前, 先介绍一下向量在轴上的射影的概念. 在空间中取一轴 (即有向直线) S, 给定一向量 $\boldsymbol{r}$, 设其起点为 A, 终点为 B. 过 A, B 两点作平面垂直于轴 S, 交 S 于点 A' 和 B' (图 4.3.1), 则有向线段 $\overrightarrow{A'B'}$ 在轴 S 上的代数长称为向量 $\boldsymbol{r}$ 在轴上的**射影**, 记作射影$_S\,\boldsymbol{r}$. 而向量 $\overrightarrow{A'B'}$ 称为向量 $\overrightarrow{AB}$ 在轴 S 上的**射影向量**, 记作射影向量 $_S\overrightarrow{AB}$.

设 φ 是向量 $\boldsymbol{r}$ 与轴 S 正向之间的夹角 (本书中夹角总是取值于 0 至 π 之间的角度, 即 $\varphi\in[0,\pi]$), $\boldsymbol{e}$ 为与轴 S 同向的单位向量, 则由图 4.3.1 易知,

$$|\overrightarrow{A'B'}|=\text{射影}_S\,\boldsymbol{r}=|\boldsymbol{r}|\cos\varphi, \tag{4.3.1}$$

$$\overrightarrow{A'B'} = \text{射影向量}_S\, \boldsymbol{r} = \big(\text{射影}_S\, \boldsymbol{r}\big) \cdot \boldsymbol{e} = |\boldsymbol{r}| \cos\varphi \cdot \boldsymbol{e}. \tag{4.3.2}$$

由上式容易证明, 相等的向量在同一轴上的射影和射影向量必相等. 我们也可以把射影 $_S\overrightarrow{AB}$ 和射影向量 $_S\overrightarrow{AB}$ 分别写成: 射影 $_{\boldsymbol{e}}\overrightarrow{AB}$ 和射影向量 $_{\boldsymbol{e}}\overrightarrow{AB}$, 并且分别称为 $\overrightarrow{AB}$ 在向量 $\boldsymbol{e}$ 上的射影和射影向量.

定理 4.3.1 对任何向量 $\boldsymbol{a}, \boldsymbol{b}$ 成立

$$\text{射影}_S(\boldsymbol{a}+\boldsymbol{b}) = \text{射影}_S\, \boldsymbol{a} + \text{射影}_S\, \boldsymbol{b}. \tag{4.3.3}$$

证明 如图 4.3.2, 设 $\overrightarrow{AB} = \boldsymbol{a}, \overrightarrow{BC} = \boldsymbol{b}$, 则 $\boldsymbol{a}+\boldsymbol{b} = \overrightarrow{AC}$. 过 A, B, C 作轴 S 的垂直平面分别交轴 S 于 A', B', C', 则有 $\overrightarrow{A'C'} = \overrightarrow{A'B'} + \overrightarrow{B'C'}$. 因为

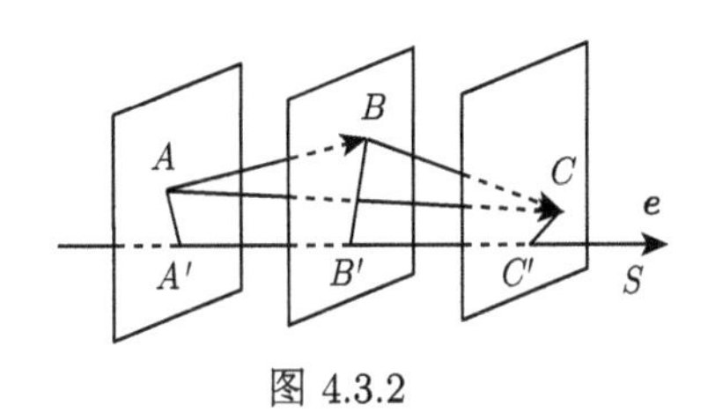

图 4.3.2

$$\overrightarrow{A'C'} = \text{射影向量}_S\, \overrightarrow{AC} = (\text{射影}_S\, \overrightarrow{AC})\boldsymbol{e},$$

$$\overrightarrow{A'B'} = \text{射影向量}_S\, \overrightarrow{AB} = (\text{射影}_S\, \overrightarrow{AB})\boldsymbol{e},$$

$$\overrightarrow{B'C'} = \text{射影向量}_S\, \overrightarrow{BC} = (\text{射影}_S\, \overrightarrow{BC})\boldsymbol{e},$$

其中 $\boldsymbol{e}$ 为与轴 S 同向的单位向量, 因此

$$(\text{射影}_S\, \overrightarrow{AC})\boldsymbol{e} = (\text{射影}_S\, \overrightarrow{AB} + \text{射影}_S\, \overrightarrow{BC})\boldsymbol{e},$$

即射影 $_S(\boldsymbol{a}+\boldsymbol{b}) = \text{射影}_S\, \boldsymbol{a} + \text{射影}_S\, \boldsymbol{b}$. □

类似地, 我们可得

定理 4.3.2 对于任意向量 $\boldsymbol{a}$ 和实数 λ 成立

$$\text{射影}_S(\lambda\boldsymbol{a}) = \lambda(\text{射影}_S\, \boldsymbol{a}). \tag{4.3.4}$$

证明留给读者作为习题.

例 4.3.1 在直角坐标系 $\{O; \boldsymbol{i}, \boldsymbol{j}, \boldsymbol{k}\}$ 下, 对于任何向量 $\boldsymbol{r}$ 必有如下分解:

$$\boldsymbol{r} = (\text{射影}_{\boldsymbol{i}}\, \boldsymbol{r})\boldsymbol{i} + (\text{射影}_{\boldsymbol{j}}\, \boldsymbol{r})\boldsymbol{j} + (\text{射影}_{\boldsymbol{k}}\, \boldsymbol{r})\boldsymbol{k}.$$

证明 如图 4.3.3, 过 O 点作三条轴 x 轴、y 轴、z 轴分别与 $\boldsymbol{i}, \boldsymbol{j}, \boldsymbol{k}$ 同向, 取一点 P 使得 $\overrightarrow{OP} = \boldsymbol{r}$. 过 P 作三平面垂直于 x 轴、y 轴、z 轴, 交点分别设为 A, B, C, 则有

$$\boldsymbol{r} = \overrightarrow{OP} = \overrightarrow{OA} + \overrightarrow{OB} + \overrightarrow{OC}.$$

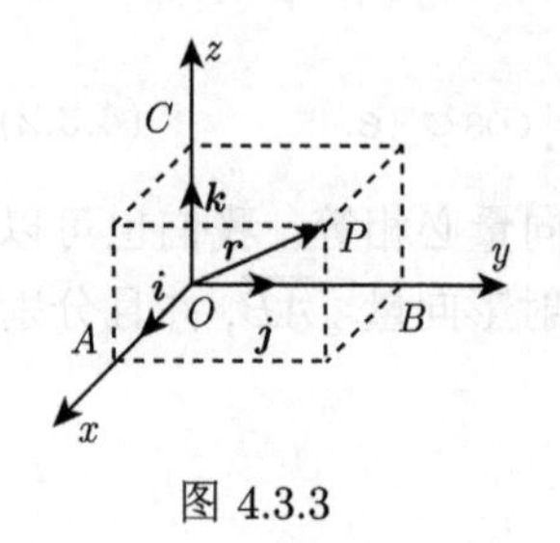

图 4.3.3

另一方面,

$$\overrightarrow{OA} = \text{射影向量}_{\boldsymbol{i}}\,\boldsymbol{r} = (\text{射影}_{\boldsymbol{i}}\,\boldsymbol{r})\boldsymbol{i},$$

$$\overrightarrow{OB} = \text{射影向量}_{\boldsymbol{j}}\,\boldsymbol{r} = (\text{射影}_{\boldsymbol{j}}\,\boldsymbol{r})\boldsymbol{j},$$

$$\overrightarrow{OC} = \text{射影向量}_{\boldsymbol{k}}\,\boldsymbol{r} = (\text{射影}_{\boldsymbol{k}}\,\boldsymbol{r})\boldsymbol{k},$$

因此 $\boldsymbol{r} = (\text{射影}_{\boldsymbol{i}}\,\boldsymbol{r})\boldsymbol{i} + (\text{射影}_{\boldsymbol{j}}\,\boldsymbol{r})\boldsymbol{j} + (\text{射影}_{\boldsymbol{k}}\,\boldsymbol{r})\boldsymbol{k}$. □

例 4.3.1 说明, 在直角坐标系下, 一向量 (或点) 的坐标分别是其在各坐标轴上的射影.

4.3.2 向量的内积

回顾物理学中做功问题. 如果一个质点在力 $\boldsymbol{f}$ 的作用下产生一个位移 $\boldsymbol{s}$, 则力 $\boldsymbol{f}$ 所做的功 W 是一个数量, 它等于力 $\boldsymbol{f}$ 在位移上的射影 $|\boldsymbol{f}|\cos\angle(\boldsymbol{f},\boldsymbol{s})$ 与位移 $\boldsymbol{s}$ 的距离的乘积, 即

$$W = |\boldsymbol{f}||\boldsymbol{s}|\cos\angle(\boldsymbol{f},\boldsymbol{s}),$$

其中 $\angle(\boldsymbol{f},\boldsymbol{s})$ 表示 $\boldsymbol{f}$ 和 $\boldsymbol{s}$ 之间的夹角.

定义 4.3.1 两个向量 $\boldsymbol{a},\boldsymbol{b}$ 的模和它们夹角余弦的乘积称为向量 $\boldsymbol{a}$ 和 $\boldsymbol{b}$ 的**内积** (也称**数量积**), 记作 $\boldsymbol{a}\cdot\boldsymbol{b}$, 即

$$\boldsymbol{a}\cdot\boldsymbol{b} = |\boldsymbol{a}||\boldsymbol{b}|\cos\angle(\boldsymbol{a},\boldsymbol{b}). \tag{4.3.5}$$

两个向量的内积是一个数量而不是向量. 当 $\boldsymbol{a},\boldsymbol{b}$ 中有零向量时, $\boldsymbol{a}\cdot\boldsymbol{b}=0$. 如果 $\boldsymbol{a},\boldsymbol{b}$ 都是非零向量, 则有

$$\text{射影}_{\boldsymbol{a}}\,\boldsymbol{b} = |\boldsymbol{b}|\cos\angle(\boldsymbol{a},\boldsymbol{b}),$$

$$\text{射影}_{\boldsymbol{b}}\,\boldsymbol{a} = |\boldsymbol{a}|\cos\angle(\boldsymbol{a},\boldsymbol{b}).$$

所以

$$\boldsymbol{a}\cdot\boldsymbol{b} = |\boldsymbol{b}|\,\text{射影}_{\boldsymbol{b}}\,\boldsymbol{a} = |\boldsymbol{a}|\,\text{射影}_{\boldsymbol{a}}\,\boldsymbol{b}. \tag{4.3.6}$$

特别地, 向量 $\boldsymbol{a}$ 和单位向量 $\boldsymbol{b}^0$ 的内积等于 $\boldsymbol{a}$ 在 $\boldsymbol{b}^0$ 上的射影, 即

$$\boldsymbol{a}\cdot\boldsymbol{b}^0 = \text{射影}_{\boldsymbol{b}^0}\,\boldsymbol{a}.$$

向量 $\boldsymbol{a}$ 与自身的内积等于 $\boldsymbol{a}$ 的模的平方, 即

$$\boldsymbol{a}\cdot\boldsymbol{a} = |\boldsymbol{a}|^2.$$

向量与自身的内积也可记为 $\boldsymbol{a}^2$. 从 (4.3.5), 我们也可把两个非零向量的夹角的余弦用内积和模来表示, 即

$$\angle(\boldsymbol{a},\boldsymbol{b})=\arccos\frac{\boldsymbol{a}\cdot\boldsymbol{b}}{|\boldsymbol{a}||\boldsymbol{b}|},\tag{4.3.7}$$

由上式可得下面定理.

定理 4.3.3 (1) 两个向量互相垂直的充要条件是它们的内积等于零.

(2) (Schwarz 不等式) $|\boldsymbol{a}\cdot\boldsymbol{b}|\leqslant|\boldsymbol{a}||\boldsymbol{b}|$, 等式成立当且仅当 $\boldsymbol{a},\boldsymbol{b}$ 共线.

向量的内积满足以下的运算规律.

定理 4.3.4 $\boldsymbol{a},\boldsymbol{b},\boldsymbol{c}$ 为任意向量, λ 为任意实数, 则成立

(1)交换律 $$\boldsymbol{a}\cdot\boldsymbol{b}=\boldsymbol{b}\cdot\boldsymbol{a};\tag{4.3.8}$$

(2)结合律 $$(\lambda\boldsymbol{a})\cdot\boldsymbol{b}=\lambda(\boldsymbol{a}\cdot\boldsymbol{b});\tag{4.3.9}$$

(3)分配律 $$\boldsymbol{a}\cdot(\boldsymbol{b}+\boldsymbol{c})=\boldsymbol{a}\cdot\boldsymbol{b}+\boldsymbol{a}\cdot\boldsymbol{c}.\tag{4.3.10}$$

证明 (1) 和 (2) 由读者自行证明, 这里仅证明 (3). 如果 $\boldsymbol{a}=\boldsymbol{0}$, (4.3.10) 自然成立. 不妨设 $\boldsymbol{a}\neq\boldsymbol{0}$, 由 (4.3.6) 式得

$$\begin{aligned}\boldsymbol{a}\cdot(\boldsymbol{b}+\boldsymbol{c})&=|\boldsymbol{a}|\,射影_{\boldsymbol{a}}(\boldsymbol{b}+\boldsymbol{c})=|\boldsymbol{a}|(射影_{\boldsymbol{a}}\boldsymbol{b}+射影_{\boldsymbol{a}}\boldsymbol{c})\\&=|\boldsymbol{a}|\,射影_{\boldsymbol{a}}\boldsymbol{b}+|\boldsymbol{a}|\,射影_{\boldsymbol{a}}\boldsymbol{c}\\&=\boldsymbol{a}\cdot\boldsymbol{b}+\boldsymbol{a}\cdot\boldsymbol{c}.\end{aligned}$$

□

由于向量的内积满足上述运算规律, 因此向量的两个线性组合的数量积可以按多项式相乘的法则来展开, 即成立下式:

$$\left(\sum_{i=1}^{m}\lambda_i a_i\right)\cdot\left(\sum_{j=1}^{n}\mu_j b_j\right)=\sum_{i=1}^{m}\sum_{j=1}^{n}\lambda_i\mu_j a_i\cdot b_j.\tag{4.3.11}$$

例 4.3.2 证明三角形三条高线相交于一点.

证明 如图 4.3.4, 设 $\triangle ABC$, BC 边上的高和 AC 边上的高交于一点 X. 证明三条高交于一点, 只需证明 $\overrightarrow{CX}\perp\overrightarrow{AB}$. 由于 $\overrightarrow{XA}\perp\overrightarrow{BC}$, $\overrightarrow{XB}\perp\overrightarrow{CA}$, 因此 $\overrightarrow{XA}\cdot\overrightarrow{BC}=0$, $\overrightarrow{XB}\cdot\overrightarrow{CA}=0$.

$$\begin{aligned}0&=\overrightarrow{XA}\cdot\overrightarrow{BC}+\overrightarrow{XB}\cdot\overrightarrow{CA}\\&=\overrightarrow{XA}\cdot(\overrightarrow{XC}-\overrightarrow{XB})+\overrightarrow{XB}\cdot(\overrightarrow{XA}-\overrightarrow{XC})\end{aligned}$$

$$
\begin{aligned}
&= \overrightarrow{XC}\cdot\overrightarrow{XA} - \overrightarrow{XC}\cdot\overrightarrow{XB} \\
&= \overrightarrow{XC}\cdot(\overrightarrow{XA} - \overrightarrow{XB}) \\
&= \overrightarrow{XC}\cdot\overrightarrow{AB}.
\end{aligned}
$$

□

例 4.3.3　利用向量的内积导出三角形的余弦定理和中线长度公式.

解　如图 4.3.5, 设 $\triangle ABC$ 中, D 为 BC 中点. 由于 $\overrightarrow{AC} = \overrightarrow{AB} + \overrightarrow{BC}$,

$$
\begin{aligned}
|\overrightarrow{AC}|^2 = \overrightarrow{AC}\cdot\overrightarrow{AC} &= (\overrightarrow{AB} + \overrightarrow{BC})^2 \\
&= |\overrightarrow{AB}|^2 + |\overrightarrow{BC}|^2 + 2\overrightarrow{AB}\cdot\overrightarrow{BC} \\
&= |\overrightarrow{AB}|^2 + |\overrightarrow{BC}|^2 - 2\overrightarrow{BA}\cdot\overrightarrow{BC} \\
&= |\overrightarrow{AB}|^2 + |\overrightarrow{BC}|^2 - 2|\overrightarrow{AB}|\cdot|\overrightarrow{BC}|\cos\angle ABC.
\end{aligned}
$$

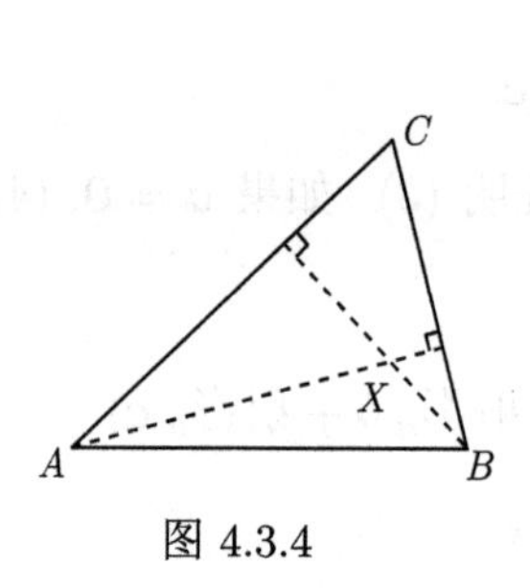

图 4.3.4

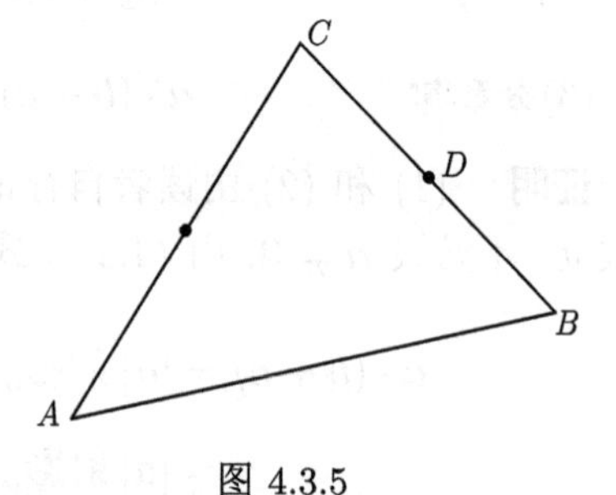

图 4.3.5

由于 $\overrightarrow{AD} = \overrightarrow{AC} + \frac{1}{2}\overrightarrow{CB} = \overrightarrow{AB} + \frac{1}{2}\overrightarrow{BC}$, 所以

$$
|\overrightarrow{AD}|^2 = \left(\overrightarrow{AC} + \frac{1}{2}\overrightarrow{CB}\right)^2 = |\overrightarrow{AC}|^2 + \frac{1}{4}|\overrightarrow{CB}|^2 + \overrightarrow{AC}\cdot\overrightarrow{CB},
$$

$$
|\overrightarrow{AD}|^2 = \left(\overrightarrow{AB} + \frac{1}{2}\overrightarrow{BC}\right)^2 = |\overrightarrow{AB}|^2 + \frac{1}{4}|\overrightarrow{BC}|^2 + \overrightarrow{AB}\cdot\overrightarrow{BC}.
$$

两式相加得

$$
\begin{aligned}
2|\overrightarrow{AD}|^2 &= |\overrightarrow{AC}|^2 + |\overrightarrow{AB}|^2 + \frac{1}{2}|\overrightarrow{CB}|^2 + \overrightarrow{BC}\cdot(\overrightarrow{AB} - \overrightarrow{AC}) \\
&= |\overrightarrow{AC}|^2 + |\overrightarrow{AB}|^2 - \frac{1}{2}|\overrightarrow{CB}|^2.
\end{aligned}
$$

因此

$$
|\overrightarrow{AD}| = \sqrt{\frac{1}{2}|\overrightarrow{AC}|^2 + \frac{1}{2}|\overrightarrow{AB}|^2 - \frac{1}{4}|\overrightarrow{CB}|^2}.
$$

4.3.3 内积的坐标表示

空间中任取一仿射标架 $\{O,\boldsymbol{e}_1,\boldsymbol{e}_2,\boldsymbol{e}_3\}$, 设 $\boldsymbol{r}_1=x_1\boldsymbol{e}_1+y_1\boldsymbol{e}_2+z_1\boldsymbol{e}_3,\boldsymbol{r}_2=x_2\boldsymbol{e}_1+y_2\boldsymbol{e}_2+z_2\boldsymbol{e}_3$, 则由内积的运算规则得

$$\begin{aligned}\boldsymbol{r}_1\cdot\boldsymbol{r}_2=&x_1x_2\boldsymbol{e}_1\cdot\boldsymbol{e}_1+x_1y_2\boldsymbol{e}_1\cdot\boldsymbol{e}_2+x_1z_2\boldsymbol{e}_1\cdot\boldsymbol{e}_3\\&+y_1x_2\boldsymbol{e}_2\cdot\boldsymbol{e}_1+y_1y_2\boldsymbol{e}_2\cdot\boldsymbol{e}_2+y_1z_2\boldsymbol{e}_2\cdot\boldsymbol{e}_3\\&+z_1x_2\boldsymbol{e}_3\cdot\boldsymbol{e}_1+z_1y_2\boldsymbol{e}_3\cdot\boldsymbol{e}_2+z_1z_2\boldsymbol{e}_3\cdot\boldsymbol{e}_3.\end{aligned}$$

由上式可见在一般仿射坐标系下, 内积的坐标表示式比较复杂. 下面我们将在直角坐标系下给出内积的坐标表示, 其表示式则较为简便.

空间中取直角标架 $\{O,\boldsymbol{i},\boldsymbol{j},\boldsymbol{k}\}$, 即 $\boldsymbol{i}\cdot\boldsymbol{j}=\boldsymbol{j}\cdot\boldsymbol{k}=\boldsymbol{k}\cdot\boldsymbol{i}=0,\boldsymbol{i}^2=\boldsymbol{j}^2=\boldsymbol{k}^2=1$, 设 $\boldsymbol{r}_1=x_1\boldsymbol{i}+y_1\boldsymbol{j}+z_1\boldsymbol{k}$, $\boldsymbol{r}_2=x_2\boldsymbol{i}+y_2\boldsymbol{j}+z_2\boldsymbol{k}$, 则由内积的运算规则得

$$\begin{aligned}\boldsymbol{r}_1\cdot\boldsymbol{r}_2=&x_1x_2\boldsymbol{i}\cdot\boldsymbol{i}+x_1y_2\boldsymbol{i}\cdot\boldsymbol{j}+x_1z_2\boldsymbol{i}\cdot\boldsymbol{j}\\&+y_1x_2\boldsymbol{j}\cdot\boldsymbol{i}+y_1y_2\boldsymbol{j}\cdot\boldsymbol{j}+y_1z_2\boldsymbol{j}\cdot\boldsymbol{k}\\&+z_1x_2\boldsymbol{k}\cdot\boldsymbol{i}+z_1y_2\boldsymbol{k}\cdot\boldsymbol{j}+z_1z_2\boldsymbol{k}\cdot\boldsymbol{k}\\=&x_1x_2+y_1y_2+z_1z_2.\end{aligned}\tag{4.3.12}$$

上式说明, 在直角坐标系下, 两个向量的内积等于这两个向量的对应坐标分量乘积之和. 特别地, 我们可以得到求向量模长的公式

$$\begin{aligned}|\boldsymbol{r}_1|=\sqrt{\boldsymbol{r}_1\cdot\boldsymbol{r}_1}=\sqrt{x_1^2+y_1^2+z_1^2},\\|\boldsymbol{r}_2|=\sqrt{\boldsymbol{r}_2\cdot\boldsymbol{r}_2}=\sqrt{x_2^2+y_2^2+z_2^2}.\end{aligned}\tag{4.3.13}$$

又根据内积的定义, 可求两个向量 $\boldsymbol{r}_1$ 和 $\boldsymbol{r}_2$ 的夹角公式

$$\begin{aligned}\cos\angle(\boldsymbol{r}_1,\boldsymbol{r}_2)&=\frac{\boldsymbol{r}_1\cdot\boldsymbol{r}_2}{|\boldsymbol{r}_1|\cdot|\boldsymbol{r}_2|}\\&=\frac{x_1x_2+y_1y_2+z_1z_2}{\sqrt{x_1^2+y_1^2+z_1^2}\cdot\sqrt{x_2^2+y_2^2+z_2^2}}.\end{aligned}\tag{4.3.14}$$

设两点 $P_1(x_1,y_1,z_1),P_2(x_2,y_2,z_2)$, 则两点之间的距离

$$\begin{aligned}d&=\left|\overrightarrow{P_1P_2}\right|\\&=\sqrt{\overrightarrow{P_1P_2}\cdot\overrightarrow{P_1P_2}}\end{aligned}$$

$$= \sqrt{(x_2 - x_1)^2 + (y_2 - y_1)^2 + (z_2 - z_1)^2}.$$

向量与坐标轴的夹角称为向量的**方向角**, 方向角的余弦称为**方向余弦**. 一个向量的方向完全可由它的方向角来决定.

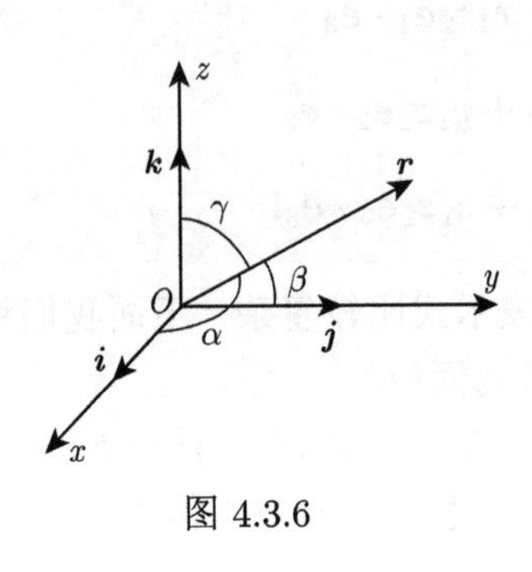

图 4.3.6

设非零向量 $\boldsymbol{r} = x\boldsymbol{i} + y\boldsymbol{j} + z\boldsymbol{k}$, 并设 α, β, γ 分别是 $\boldsymbol{r}$ 与 x 轴 $(\boldsymbol{i})$、y 轴 $(\boldsymbol{j})$ 、z 轴 $(\boldsymbol{k})$ 的夹角, 即 $\boldsymbol{r}$ 的三个方向角 (图 4.3.6), 则成立

$$\begin{cases} \cos\alpha = \dfrac{\boldsymbol{r}\cdot\boldsymbol{i}}{|\boldsymbol{r}|} = \dfrac{x}{\sqrt{x^2+y^2+z^2}}, \\ \cos\beta = \dfrac{\boldsymbol{r}\cdot\boldsymbol{j}}{|\boldsymbol{r}|} = \dfrac{y}{\sqrt{x^2+y^2+z^2}}, \\ \cos\gamma = \dfrac{\boldsymbol{r}\cdot\boldsymbol{k}}{|\boldsymbol{r}|} = \dfrac{z}{\sqrt{x^2+y^2+z^2}}. \end{cases} \tag{4.3.15}$$

显然

$$\boldsymbol{r}^0 = \frac{\boldsymbol{r}}{|\boldsymbol{r}|} = (\cos\alpha, \cos\beta, \cos\gamma). \tag{4.3.16}$$

例 4.3.4 利用内积证明 Cauchy-Schwarz (柯西-施瓦茨) 不等式

$$\left(\sum_{i=1}^{3} a_i b_i\right)^2 \leqslant \left(\sum_{i=1}^{3} a_i^2\right)\left(\sum_{i=1}^{3} b_i^2\right).$$

证明 设 $\boldsymbol{a} = (a_1, a_2, a_3)$, $\boldsymbol{b} = (b_1, b_2, b_3)$,

$$|\boldsymbol{a}\cdot\boldsymbol{b}| = |\boldsymbol{a}|\cdot|\boldsymbol{b}|\cos\angle(\boldsymbol{a},\boldsymbol{b}) \leqslant |\boldsymbol{a}|\cdot|\boldsymbol{b}|,$$

所以

$$\left(\sum_{i=1}^{3} a_i b_i\right)^2 \leqslant \left(\sum_{i=1}^{3} a_i^2\right)\left(\sum_{i=1}^{3} b_i^2\right).$$

□

例 4.3.5 求向量 $\boldsymbol{a} = (3,4,5)$ 在向量 $\boldsymbol{b} = (-1,2,0)$ 上的射影.

证明 由于 $\boldsymbol{a}\cdot\boldsymbol{b} = |\boldsymbol{b}|$ 射影$_{\boldsymbol{b}}\,\boldsymbol{a}$, 所以

$$\text{射影}_{\boldsymbol{b}}\,\boldsymbol{a} = \frac{\boldsymbol{a}\cdot\boldsymbol{b}}{|\boldsymbol{b}|} = \frac{-3+8}{\sqrt{1+4}} = \sqrt{5}.$$

□

习 题 4.3

1. 证明: 射影$_l\,(\lambda_1\boldsymbol{a}_1+\lambda_2\boldsymbol{a}_2+\cdots+\lambda_n\boldsymbol{a}_n)=\lambda_1$ 射影$_l\,\boldsymbol{a}_1+\lambda_2$ 射影$_l\,\boldsymbol{a}_2+\cdots+\lambda_n$ 射影$_l\,\boldsymbol{a}_n$.

2. 已给下列各条件, 求 $\boldsymbol{a},\boldsymbol{b}$ 的内积, 以及 $\boldsymbol{a}$ 在 $\boldsymbol{b}$ 上的射影.

(1) $|\boldsymbol{a}|=4$, $|\boldsymbol{b}|=3$, $\angle(\boldsymbol{a},\boldsymbol{b})=\dfrac{\pi}{4}$;

(2) $|\boldsymbol{a}|=3$, $|\boldsymbol{b}|=5$, $\boldsymbol{a},\boldsymbol{b}$ 反向.

3. 计算下列各项:

(1) 已知向量 $\boldsymbol{a},\boldsymbol{b},\boldsymbol{c}$ 两两相成 60° 角, 且 $|\boldsymbol{a}|=4,|\boldsymbol{b}|=2,|\boldsymbol{c}|=6$, 试求 $\boldsymbol{p}=\boldsymbol{a}+\boldsymbol{b}+\boldsymbol{c}$ 的长度;

(2) 已知等边三角形 ABC 的边长为 1, 且 $\overrightarrow{BC}=\boldsymbol{a}$, $\overrightarrow{CA}=\boldsymbol{b}$, $\overrightarrow{AB}=\boldsymbol{c}$, 求 $\boldsymbol{a}\cdot\boldsymbol{b}+\boldsymbol{b}\cdot\boldsymbol{c}+\boldsymbol{c}\cdot\boldsymbol{a}$;

(3) 在直角坐标系下, 已知 $\boldsymbol{a}=(3,5,7)$, $\boldsymbol{b}=(4,2,5)$, $\boldsymbol{c}=(1,0,-1)$, 求 $(\boldsymbol{a}+2\boldsymbol{b})\cdot\boldsymbol{c}$;

(4) 已知向量 $\boldsymbol{a}+3\boldsymbol{b}$ 与 $7\boldsymbol{a}-5\boldsymbol{b}$ 垂直, 且 $\boldsymbol{a}-4\boldsymbol{b}$ 与 $7\boldsymbol{a}-2\boldsymbol{b}$ 垂直, 求 $\boldsymbol{a},\boldsymbol{b}$ 的夹角;

(5) 在直角坐标下, 已知 $\boldsymbol{a}=(4,-3,2)$, $\boldsymbol{b}=(2,-1,-2)$, 求向量 $\boldsymbol{a}$ 在 $\boldsymbol{b}$ 上的射影;

(6) 已知 $|\boldsymbol{a}|=3,|\boldsymbol{b}|=2,\angle(\boldsymbol{a},\boldsymbol{b})=\dfrac{\pi}{3}$, 求 $3\boldsymbol{a}+2\boldsymbol{b}$ 与 $2\boldsymbol{a}-3\boldsymbol{b}$ 的内积和夹角.

4. 证明 $\boldsymbol{a}$ 与 $(\boldsymbol{a}\cdot\boldsymbol{c})\boldsymbol{b}-(\boldsymbol{a}\cdot\boldsymbol{b})\boldsymbol{c}$ 和 $\boldsymbol{b}-\dfrac{\boldsymbol{a}\cdot\boldsymbol{b}}{\boldsymbol{a}^2}\boldsymbol{a}$ 都垂直.

5. 用向量法证明以下各题:

(1) 三角形三条中线的长度的平方和等于三边长度的平方和的 $\dfrac{3}{4}$;

(2) 内接于半圆且以直径为一边的三角形为直角三角形;

(3) 三角形各边的垂直平分线共点且这点到各顶点等距;

(4) 平行四边形为菱形的充要条件是对角线互相垂直;

(5) 任意空间四边形四边的平方和等于它的对角线中点连线平方的四倍与对角线的平方和;

(6) 空间四边形对角线相互垂直的充要条件是对边平方和相等.

6. 证明: 对任意四点 A,B,C,D, 有

$$\overrightarrow{AB}\cdot\overrightarrow{CD}+\overrightarrow{BC}\cdot\overrightarrow{AD}+\overrightarrow{CA}\cdot\overrightarrow{BD}=0.$$

7. 已知 $\triangle ABC$ 三顶点 $A(0,0,0),B(0,1,1),C(1,2,2)$, 求

(1) 三角形三边长度;

(2) 三角形三个内角;

(3) 三角形三个中线长度;

(4) 角 A 的平分角线向量 $\overrightarrow{AD}$ (终点 D 在 BC 边上), 并求 $\overrightarrow{AD}$ 的方向余弦;

(5) 三角形内心的坐标.

8. 证明: 对于任意三个共面向量 $\boldsymbol{r}_1,\boldsymbol{r}_2,\boldsymbol{r}_3$, 有

$$\begin{vmatrix}\boldsymbol{r}_1\cdot\boldsymbol{r}_1 & \boldsymbol{r}_1\cdot\boldsymbol{r}_2 & \boldsymbol{r}_1\cdot\boldsymbol{r}_3\\ \boldsymbol{r}_2\cdot\boldsymbol{r}_1 & \boldsymbol{r}_2\cdot\boldsymbol{r}_2 & \boldsymbol{r}_2\cdot\boldsymbol{r}_3\\ \boldsymbol{r}_3\cdot\boldsymbol{r}_1 & \boldsymbol{r}_3\cdot\boldsymbol{r}_2 & \boldsymbol{r}_3\cdot\boldsymbol{r}_3\end{vmatrix}=0.$$

9. 设 $A_1A_2\cdots A_n$ 是一正 n 边形, P 是它的外接圆上的任意一点, 试证明:

$$\left|\overrightarrow{PA_1}+\overrightarrow{PA_2}+\cdots+\overrightarrow{PA_n}\right|=\text{常数}.$$

4.4 向量的外积

4.4.1 外积的定义及运算规律

我们以物理学中力矩的概念为例来引入两个向量外积的概念. 设力 $\boldsymbol{f}$ 的作用点为 P, $\boldsymbol{r}=\overrightarrow{OP}$, 则力 $\boldsymbol{f}$ 关于点 O 的力矩是一个向量 $\boldsymbol{m}$, 其大小等于点 O 到 $\boldsymbol{f}$ 的距离与 $\boldsymbol{f}$ 的大小的乘积, 即为 $|\boldsymbol{r}||\boldsymbol{f}|\cdot\sin\angle(\boldsymbol{r},\boldsymbol{f})$, 其方向垂直于由 $\boldsymbol{r}$ 和 $\boldsymbol{f}$ 所决定的平面, 且从 $\boldsymbol{m}$ 的终端向下看时, $\boldsymbol{f}$ 绕 $\boldsymbol{O}$ 旋转取逆时针方向, 即 $\boldsymbol{r},\boldsymbol{f},\boldsymbol{m}$ 构成右手系 (图 4.4.1).

定义 4.4.1　两向量 $\boldsymbol{a}$ 和 $\boldsymbol{b}$ 的**外积**是一个向量, 记作 $\boldsymbol{a}\times\boldsymbol{b}$, 其长度为

$$|\boldsymbol{a}\times\boldsymbol{b}|=|\boldsymbol{a}||\boldsymbol{b}|\sin\angle(\boldsymbol{a},\boldsymbol{b}),\tag{4.4.1}$$

其方向与 $\boldsymbol{a},\boldsymbol{b}$ 都垂直, 且使 $\boldsymbol{a},\boldsymbol{b},\boldsymbol{a}\times\boldsymbol{b}$ 构成右手系, 即用右手四指转动方向表示从 $\boldsymbol{a}$ 转到 $\boldsymbol{b}$, 则 $\boldsymbol{a}\times\boldsymbol{b}$ 方向与大拇指方向一致. 外积也称为**向量积**.

显然, 当 $\boldsymbol{a}$ 和 $\boldsymbol{b}$ 是互相垂直的非零向量, 则 $\dfrac{\boldsymbol{a}}{|\boldsymbol{a}|},\dfrac{\boldsymbol{b}}{|\boldsymbol{b}|},\dfrac{\boldsymbol{a}\times\boldsymbol{b}}{|\boldsymbol{a}\times\boldsymbol{b}|}$ 构成一个幺正标架.

由定义, 当 $\boldsymbol{a},\boldsymbol{b}$ 不共线时, $|\boldsymbol{a}\times\boldsymbol{b}|$ 等于以 $\boldsymbol{a},\boldsymbol{b}$ 为边的平行四边形的面积 (图 4.4.2). 由定义, 易证下面定理.

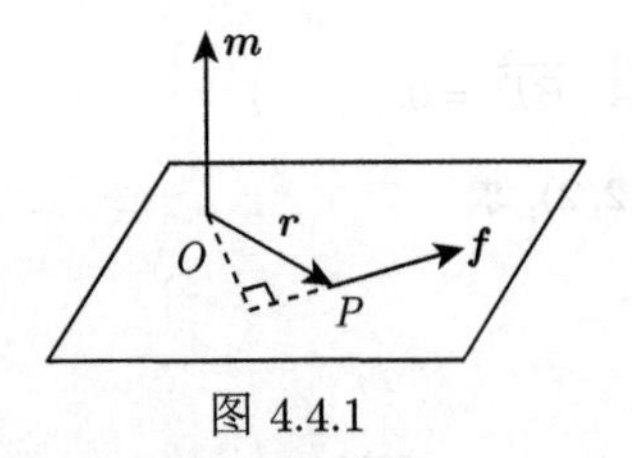

图 4.4.1

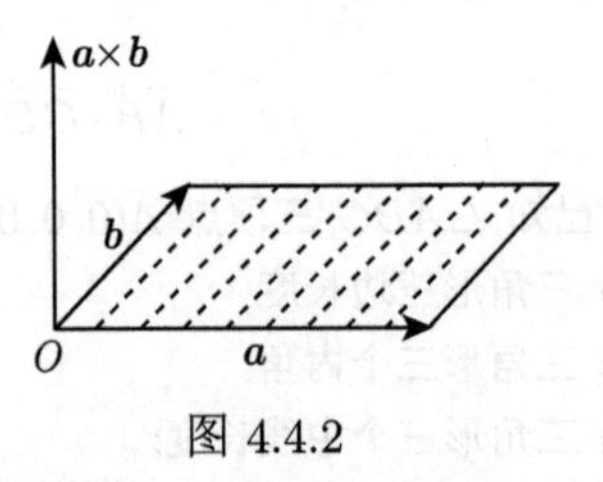

图 4.4.2

定理 4.4.1　两个向量 $\boldsymbol{a}$ 和 $\boldsymbol{b}$ 共线的充要条件是 $\boldsymbol{a}\times\boldsymbol{b}=\boldsymbol{0}$.

定理 4.4.2　外积满足下面的运算规律:

(1) 反交换律

$$\boldsymbol{a}\times\boldsymbol{b}=-\boldsymbol{b}\times\boldsymbol{a};\tag{4.4.2}$$

(2) 结合律

$$(\lambda\boldsymbol{a})\times\boldsymbol{b}=\lambda(\boldsymbol{a}\times\boldsymbol{b});\tag{4.4.3}$$

(3) **分配律**

$$(\boldsymbol{a}+\boldsymbol{b})\times\boldsymbol{c}=\boldsymbol{a}\times\boldsymbol{c}+\boldsymbol{b}\times\boldsymbol{c}. \tag{4.4.4}$$

证明 (1) 如果 $\boldsymbol{a}$ 与 $\boldsymbol{b}$ 共线, (4.4.2) 式显然成立. 如果不共线, 由定义 $\boldsymbol{a}\times\boldsymbol{b}$ 和 $\boldsymbol{b}\times\boldsymbol{a}$ 的模显然相等, $\boldsymbol{a}\times\boldsymbol{b}$ 和 $\boldsymbol{b}\times\boldsymbol{a}$ 都垂直于 $\boldsymbol{a},\boldsymbol{b}$ 所决定的平面, 所以 $\boldsymbol{a}\times\boldsymbol{b}$ 与 $\boldsymbol{b}\times\boldsymbol{a}$ 必共线. 另一方面 $\boldsymbol{a},\boldsymbol{b},\boldsymbol{a}\times\boldsymbol{b}$ 和 $\boldsymbol{b},\boldsymbol{a},\boldsymbol{b}\times\boldsymbol{a}$ 都构成右手系, 因此 $\boldsymbol{a}\times\boldsymbol{b}$ 与 $\boldsymbol{b}\times\boldsymbol{a}$ 方向必相反. 故 (4.4.2) 式成立.

(2) 当 $\lambda=0$ 或 $\boldsymbol{a},\boldsymbol{b}$ 共线时, (4.4.3) 式显然成立. 不妨设 $\lambda\neq 0$ 且 $\boldsymbol{a},\boldsymbol{b}$ 不共线. 首先考虑 (4.4.3) 式两边向量的模.

$$\begin{aligned}|(\lambda\boldsymbol{a})\times\boldsymbol{b}|&=|\lambda||\boldsymbol{a}||\boldsymbol{b}|\sin\angle(\lambda\boldsymbol{a},\boldsymbol{b});\\|\lambda(\boldsymbol{a}\times\boldsymbol{b})|&=|\lambda||\boldsymbol{a}||\boldsymbol{b}|\sin\angle(\boldsymbol{a},\boldsymbol{b}).\end{aligned}$$

不管 λ 是正是负, 必有 $\sin\angle(\boldsymbol{a},\boldsymbol{b})=\sin\angle(\lambda\boldsymbol{a},\boldsymbol{b})$. 因此 $|(\lambda\boldsymbol{a})\times\boldsymbol{b}|=|\lambda(\boldsymbol{a}\times\boldsymbol{b})|$. 另一方面, 当 $\lambda>0$ 时, 则 $\lambda\boldsymbol{a}$ 和 $\boldsymbol{a}$ 同向, 因此 $(\lambda\boldsymbol{a})\times\boldsymbol{b}$ 和 $(\boldsymbol{a}\times\boldsymbol{b})$ 同向. 从而 $(\lambda\boldsymbol{a})\times\boldsymbol{b}$ 和 $\lambda(\boldsymbol{a}\times\boldsymbol{b})$ 同向. 当 $\lambda<0$ 时, $(\lambda\boldsymbol{a})\times\boldsymbol{b},\lambda(\boldsymbol{a}\times\boldsymbol{b})$ 都和 $\boldsymbol{a}\times\boldsymbol{b}$ 反向, 所以 $(\lambda\boldsymbol{a})\times\boldsymbol{b}$ 和 $\lambda(\boldsymbol{a}\times\boldsymbol{b})$ 仍同向. 由此可见 $(\lambda\boldsymbol{a})\times\boldsymbol{b}$ 和 $\lambda(\boldsymbol{a}\times\boldsymbol{b})$ 有相同的模和方向, 因此必相等.

(3) 如果 $\boldsymbol{a},\boldsymbol{b},\boldsymbol{c}$ 中至少有一零向量或 $\boldsymbol{a},\boldsymbol{b}$ 为共线向量, (4.4.4) 式显然成立. 设 $\boldsymbol{c}^0$ 为 $\boldsymbol{c}$ 的单位向量, 由于

$$\begin{aligned}(\boldsymbol{a}+\boldsymbol{b})\times\boldsymbol{c}&=|\boldsymbol{c}|\left((\boldsymbol{a}+\boldsymbol{b})\times\boldsymbol{c}^0\right);\\\boldsymbol{a}\times\boldsymbol{c}+\boldsymbol{b}\times\boldsymbol{c}&=|\boldsymbol{c}|\left(\boldsymbol{a}\times\boldsymbol{c}^0+\boldsymbol{b}\times\boldsymbol{c}^0\right).\end{aligned}$$

因此我们仅需证明

$$(\boldsymbol{a}+\boldsymbol{b})\times\boldsymbol{c}^0=\boldsymbol{a}\times\boldsymbol{c}^0+\boldsymbol{b}\times\boldsymbol{c}^0. \tag{4.4.5}$$

我们可以用下面作图法作出向量 $\boldsymbol{a}\times\boldsymbol{c}^0$.

过向量 $\boldsymbol{a}$ 与 $\boldsymbol{c}^0$ 的公共始点 O 作平面 π 垂直于 $\boldsymbol{c}^0$(图 4.4.3). 从向量 $\boldsymbol{a}$ 的终点 A 引 $AA_1\perp\pi$, $A_1\in\pi$ 为垂足, $\overrightarrow{OA_1}$ 为向量 $\boldsymbol{a}$ 在 π 上的射影向量, 再将 $\overrightarrow{OA_1}$ 在平面 π 上绕 O 点依顺时针方向 (自 $\boldsymbol{c}^0$ 的终点看平面 π) 旋转 90°, 得 $\overrightarrow{OA_2}$, 将证明

$$\overrightarrow{OA_2}=\boldsymbol{a}\times\boldsymbol{c}^0.$$

由作图法知 $\overrightarrow{OA_2}\perp\boldsymbol{a}$, $\overrightarrow{OA_2}\perp\boldsymbol{c}^0$ 且 $\left\{O;\boldsymbol{a},\boldsymbol{c}^0,\overrightarrow{OA_2}\right\}$ 构成右手标架, 则 $\overrightarrow{OA_2}$ 与 $\boldsymbol{a}\times\boldsymbol{c}^0$ 同向. 另一方面 $\left|\overrightarrow{OA_2}\right|=\left|\overrightarrow{OA_1}\right|=|\boldsymbol{a}|\sin\angle(\boldsymbol{a},\boldsymbol{c}^0)$, 所以 $\overrightarrow{OA_2}$ 与 $\boldsymbol{a}\times\boldsymbol{c}^0$ 有相同的方向和模, 必相等.

如图 4.4.4 所示, π 为垂直于 $\boldsymbol{c}^0$ 过 O 点的平面. 设 $\overrightarrow{OA}=\boldsymbol{a}$, $\overrightarrow{OB}=\boldsymbol{b}$, $\overrightarrow{OD}=\boldsymbol{a}+\boldsymbol{b}$, 并设 A,B,D 在 π 上的垂足分别为 A_1,B_1,D_1, 则可知 $\overrightarrow{OA_1}$, $\overrightarrow{OB_1}$, $\overrightarrow{OD_1}$ 分别是 $\overrightarrow{OA}$, $\overrightarrow{OB}$, $\overrightarrow{OD}$ 在平面 π 上的射影向量. 由于向量 $\overrightarrow{OB}$ 和 $\overrightarrow{AD}$ 相等, 则它们在平面 π 上的射影向量也相等, 即 $\overrightarrow{OB_1}=\overrightarrow{A_1D_1}$, 因此成立:

$$\overrightarrow{OD_1}=\overrightarrow{OA_1}+\overrightarrow{A_1D_1}=\overrightarrow{OA_1}+\overrightarrow{OB_1},$$

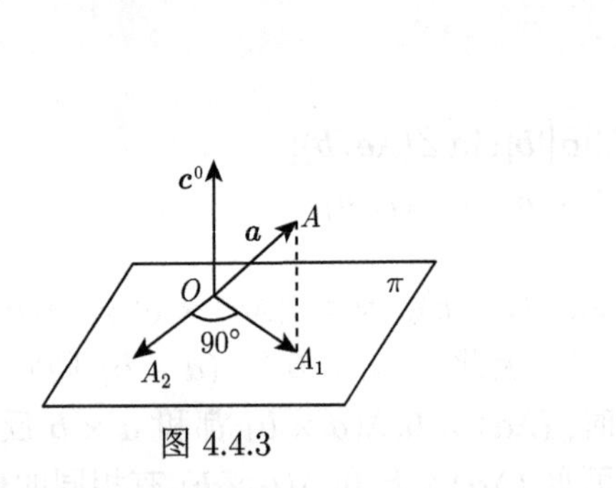

图 4.4.3

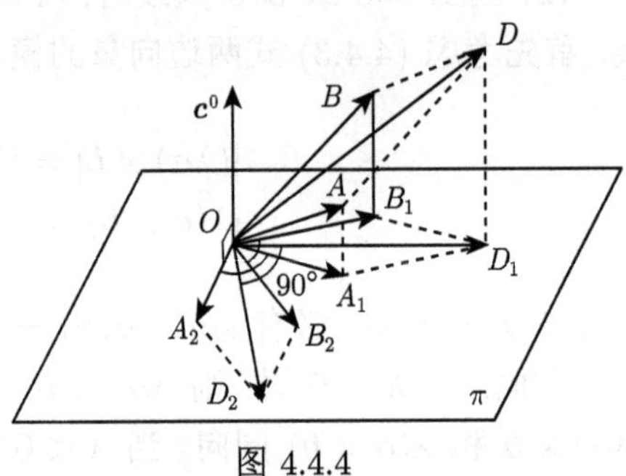

图 4.4.4

即 $OA_1D_1B_1$ 构成一平行四边形. 再将 $\overrightarrow{OA_1},\overrightarrow{OB_1},\overrightarrow{OD_1}$ 在平面 π 内绕 O 点顺时针方向 (从 $\boldsymbol{c}^0$ 的终点看平面 π) 旋转 90° 得 $\overrightarrow{OA_2},\overrightarrow{OB_2},\overrightarrow{OD_2}$. 由作图法可知

$$\overrightarrow{OA_2}=\boldsymbol{a}\times\boldsymbol{c}^0,\quad \overrightarrow{OB_2}=\boldsymbol{b}\times\boldsymbol{c}^0,\quad \overrightarrow{OD_2}=(\boldsymbol{a}+\boldsymbol{b})\times\boldsymbol{c}^0.$$

由于 $OA_2D_2B_2$ 仍构成一平行四边形, 即 $\overrightarrow{OD_2}=\overrightarrow{OA_2}+\overrightarrow{OB_2}$, 所以

$$(\boldsymbol{a}+\boldsymbol{b})\times\boldsymbol{c}^0=\boldsymbol{a}\times\boldsymbol{c}^0+\boldsymbol{b}\times\boldsymbol{c}^0.$$ □

推论 4.4.3

$$\boldsymbol{c}\times(\boldsymbol{a}+\boldsymbol{b})=\boldsymbol{c}\times\boldsymbol{a}+\boldsymbol{c}\times\boldsymbol{b}. \tag{4.4.6}$$

由外积的运算规律知, 向量的两个线性组合的外积类似于多项式运算

$$\left(\sum_{i=1}^{m}\lambda_i\boldsymbol{a}_i\right)\times\left(\sum_{j=1}^{n}\mu_j\boldsymbol{b}_j\right)=\sum_{i=1}^{m}\sum_{j=1}^{n}\lambda_i\mu_j\boldsymbol{a}_i\times\boldsymbol{b}_j. \tag{4.4.7}$$

在向量外积的运算中, 必须注意外积不满足交换律, 而且有反交换律, 所以在运算中, 向量的次序不可以任意颠倒, 交换外积的两个向量, 就必须改变符号.

例 4.4.1 证明

$$(\boldsymbol{a}\times\boldsymbol{b})^2+(\boldsymbol{a}\cdot\boldsymbol{b})^2=\boldsymbol{a}^2\boldsymbol{b}^2. \tag{4.4.8}$$

证明 由于

$$(\boldsymbol{a}\times\boldsymbol{b})^2=\boldsymbol{a}^2\boldsymbol{b}^2\sin^2\angle(\boldsymbol{a},\boldsymbol{b}),$$

$$(\boldsymbol{a}\cdot\boldsymbol{b})^2=\boldsymbol{a}^2\boldsymbol{b}^2\cos^2\angle(\boldsymbol{a},\boldsymbol{b}),$$

因此

$$(\boldsymbol{a}\times\boldsymbol{b})^2+(\boldsymbol{a}\cdot\boldsymbol{b})^2=\boldsymbol{a}^2\boldsymbol{b}^2\left(\sin^2\angle(\boldsymbol{a},\boldsymbol{b})+\cos^2\angle(\boldsymbol{a},\boldsymbol{b})\right)=\boldsymbol{a}^2\boldsymbol{b}^2.$$ □

例 4.4.2 利用向量积推导三角形正弦定理.

证明 证如图 4.4.5, 设 $\triangle ABC$ 三个内角为 α,β,γ, 三边长分别为 a,b,c. 由于

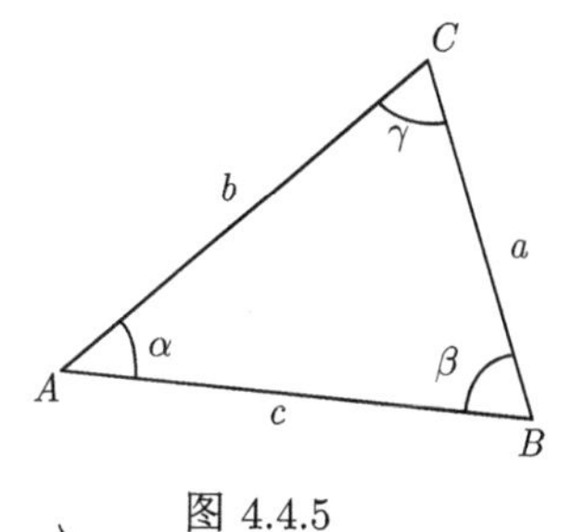

图 4.4.5

$$\begin{aligned}\mathbf{0}=\overrightarrow{AB}\times\overrightarrow{AB}&=(\overrightarrow{AC}+\overrightarrow{CB})\times\overrightarrow{AB}\\&=\overrightarrow{AC}\times\overrightarrow{AB}+\overrightarrow{CB}\times\overrightarrow{AB},\end{aligned}$$

得

$$\overrightarrow{AC}\times\overrightarrow{AB}=-\overrightarrow{CB}\times\overrightarrow{AB}.$$

因此

$$|\overrightarrow{AC}\times\overrightarrow{AB}|=|\overrightarrow{CB}\times\overrightarrow{AB}|,$$

即

$$bc\sin\alpha=ac\sin\beta,$$

也即

$$\frac{\sin\alpha}{a}=\frac{\sin\beta}{b}.$$

同理可得

$$\frac{b}{\sin\beta}=\frac{c}{\sin\gamma}.$$ □

例 4.4.3 已知非零向量 $\boldsymbol{r}_1$ 垂直于另一非零向量 $\boldsymbol{r}_2$, 将 $\boldsymbol{r}_2$ 绕 $\boldsymbol{r}_1$ 逆时针 (从 $\boldsymbol{r}_1$ 的终点往其起点看) 旋转角度 θ 得到向量 $\boldsymbol{r}_3$, 试用 $\boldsymbol{r}_1,\boldsymbol{r}_2$ 和 θ 来表示 $\boldsymbol{r}_3$.

解 显然三个向量 $\dfrac{\boldsymbol{r}_1}{|\boldsymbol{r}_1|}$, $\dfrac{\boldsymbol{r}_2}{|\boldsymbol{r}_2|}$, $\dfrac{\boldsymbol{r}_1}{|\boldsymbol{r}_1|}\times\dfrac{\boldsymbol{r}_2}{|\boldsymbol{r}_2|}$ 构成空间的一个幺正标架, 空间中任何向量都可由此三个向量线性表出. 这里根据题意可得

$$\boldsymbol{r}_3=|\boldsymbol{r}_2|\left(\cos\theta\cdot\frac{\boldsymbol{r}_2}{|\boldsymbol{r}_2|}+\sin\theta\cdot\left(\frac{\boldsymbol{r}_1}{|\boldsymbol{r}_1|}\times\frac{\boldsymbol{r}_2}{|\boldsymbol{r}_2|}\right)\right)=\cos\theta\cdot\boldsymbol{r}_2+\frac{\sin\theta}{|\boldsymbol{r}_1|}\boldsymbol{r}_1\times\boldsymbol{r}_2.$$

例 4.4.4 已给空间三点 A, B, C, 试证: A, B, C 共线的充要条件是对任一点 O 有 $\overrightarrow{OA}\times\overrightarrow{OB}+\overrightarrow{OB}\times\overrightarrow{OC}+\overrightarrow{OC}\times\overrightarrow{OA}=\mathbf{0}$.

证明 A, B, C 三点共线, 即向量 $\overrightarrow{AB}$ 与 $\overrightarrow{AC}$ 共线, 根据定理 4.4.1, 其充要条件为

$$\overrightarrow{AB}\times\overrightarrow{AC}=\mathbf{0}.$$

另一方面,

$$\begin{aligned}\overrightarrow{AB}\times\overrightarrow{AC}&=(\overrightarrow{OB}-\overrightarrow{OA})\times(\overrightarrow{OC}-\overrightarrow{OA})\\&=\overrightarrow{OB}\times\overrightarrow{OC}-\overrightarrow{OB}\times\overrightarrow{OA}-\overrightarrow{OA}\times\overrightarrow{OC}\\&=\overrightarrow{OA}\times\overrightarrow{OB}+\overrightarrow{OB}\times\overrightarrow{OC}+\overrightarrow{OC}\times\overrightarrow{OA}.\end{aligned}$$

□

4.4.2 外积的坐标表示

取直角坐标系 $\{O;\boldsymbol{i},\boldsymbol{j},\boldsymbol{k}\}$. 设向量 $\boldsymbol{v}_1$ 和 $\boldsymbol{v}_2$ 的坐标分别是 (x_1,y_1,z_1) 和 (x_2,y_2,z_2), 即 $\boldsymbol{v}_1=x_1\boldsymbol{i}+y_1\boldsymbol{j}+z_1\boldsymbol{k},\boldsymbol{v}_2=x_2\boldsymbol{i}+y_2\boldsymbol{j}+z_2\boldsymbol{k}$, 根据外积的运算规律, 我们有

$$\begin{aligned}\boldsymbol{v}_1\times\boldsymbol{v}_2&=(x_1\boldsymbol{i}+y_1\boldsymbol{j}+z_1\boldsymbol{k})\times(x_2\boldsymbol{i}+y_2\boldsymbol{j}+z_2\boldsymbol{k})\\&=x_1x_2(\boldsymbol{i}\times\boldsymbol{i})+x_1y_2(\boldsymbol{i}\times\boldsymbol{j})+x_1z_2(\boldsymbol{i}\times\boldsymbol{k})\\&\quad+y_1x_2(\boldsymbol{j}\times\boldsymbol{i})+y_1y_2(\boldsymbol{j}\times\boldsymbol{j})+y_1z_2(\boldsymbol{j}\times\boldsymbol{k})\\&\quad+z_1x_2(\boldsymbol{k}\times\boldsymbol{i})+z_1y_2(\boldsymbol{k}\times\boldsymbol{j})+z_1z_2(\boldsymbol{k}\times\boldsymbol{k}).\end{aligned}$$

由于 $\boldsymbol{i},\boldsymbol{j},\boldsymbol{k}$ 是两两正交的单位向量且构成右手系, 所以有如下关系:

$$\begin{array}{lll}\boldsymbol{i}\times\boldsymbol{i}=\mathbf{0}, & \boldsymbol{i}\times\boldsymbol{j}=\boldsymbol{k}, & \boldsymbol{i}\times\boldsymbol{k}=-\boldsymbol{j},\\ \boldsymbol{j}\times\boldsymbol{i}=-\boldsymbol{k}, & \boldsymbol{j}\times\boldsymbol{j}=\mathbf{0}, & \boldsymbol{j}\times\boldsymbol{k}=\boldsymbol{i},\\ \boldsymbol{k}\times\boldsymbol{i}=\boldsymbol{j}, & \boldsymbol{k}\times\boldsymbol{j}=-\boldsymbol{i}, & \boldsymbol{k}\times\boldsymbol{k}=\mathbf{0}.\end{array}\tag{4.4.9}$$

代入上式, 则得

$$\boldsymbol{v}_1\times\boldsymbol{v}_2=(y_1z_2-y_2z_1)\,\boldsymbol{i}+(z_1x_2-z_2x_1)\,\boldsymbol{j}+(x_1y_2-x_2y_1)\,\boldsymbol{k},$$

即

$$\boldsymbol{v}_1\times\boldsymbol{v}_2=\begin{vmatrix}y_1 & z_1\\ y_2 & z_2\end{vmatrix}\boldsymbol{i}+\begin{vmatrix}z_1 & x_1\\ z_2 & x_2\end{vmatrix}\boldsymbol{j}+\begin{vmatrix}x_1 & y_1\\ x_2 & y_2\end{vmatrix}\boldsymbol{k},\tag{4.4.10}$$

为便于记忆, 上式也可写成

$$\boldsymbol{v}_1 \times \boldsymbol{v}_2 = \begin{vmatrix} \boldsymbol{i} & \boldsymbol{j} & \boldsymbol{k} \\ x_1 & y_1 & z_1 \\ x_2 & y_2 & z_2 \end{vmatrix}. \tag{4.4.11}$$

例 4.4.5 设 $\triangle ABC$ 三个顶点为 $A(1,0,1)$, $B(2,1,1)$, $C(3,-1,1)$, 求它的面积和 AB 边上的高.

证明 $\triangle ABC$ 的面积 $S=\dfrac{1}{2}|\overrightarrow{AB}\times\overrightarrow{AC}|$, AB 边上的高 $h=\dfrac{2S}{|\overrightarrow{AB}|}$.

由于 $\overrightarrow{AB}=(1,1,0)$, $\overrightarrow{AC}=(2,-1,0)$,

$$\overrightarrow{AB}\times\overrightarrow{AC}=\begin{vmatrix} \boldsymbol{i} & \boldsymbol{j} & \boldsymbol{k} \\ 1 & 1 & 0 \\ 2 & -1 & 0 \end{vmatrix}=-3\boldsymbol{k},$$

所以 $S=\dfrac{3}{2}$, $h=\dfrac{2S}{|\sqrt{1+1}|}=\dfrac{3}{2}\sqrt{2}$. □

习 题 4.4

1. 已知 $|\boldsymbol{a}|=1$, $|\boldsymbol{b}|=2$, $\boldsymbol{a}\cdot\boldsymbol{b}=1$, 试求

(1) $|\boldsymbol{a}\times\boldsymbol{b}|$;

(2) $|(\boldsymbol{a}+\boldsymbol{b})\times(\boldsymbol{a}-\boldsymbol{b})|^2$.

2. 设 $\boldsymbol{i},\boldsymbol{j},\boldsymbol{k}$ 是互相垂直的单位向量, 并构成右手系, 试求 $\boldsymbol{i}\times(5\boldsymbol{i}+2\boldsymbol{j}+\boldsymbol{k})+(\boldsymbol{j}+\boldsymbol{k})\times(\boldsymbol{i}-\boldsymbol{j}+\boldsymbol{k})$.

3. 证明:

(1) $(\boldsymbol{a}\times\boldsymbol{b})\cdot\boldsymbol{c}=(\boldsymbol{a}\times\boldsymbol{b})\cdot(\boldsymbol{c}+\lambda\boldsymbol{a}+\mu\boldsymbol{b})$, 其中 λ,μ 为任意实数;

(2) $(\boldsymbol{a}\times\boldsymbol{b})^2\leqslant\boldsymbol{a}^2\cdot\boldsymbol{b}^2$, 并证明在什么情形下等号成立;

(3) 如果 $\boldsymbol{a}+\boldsymbol{b}+\boldsymbol{c}=\boldsymbol{0}$, 那么 $\boldsymbol{a}\times\boldsymbol{b}=\boldsymbol{b}\times\boldsymbol{c}=\boldsymbol{c}\times\boldsymbol{a}$;

(4) 如果 $\boldsymbol{a}\times\boldsymbol{b}=\boldsymbol{c}\times\boldsymbol{d}=\boldsymbol{a}\times\boldsymbol{c}=\boldsymbol{b}\times\boldsymbol{d}$, 则 $\boldsymbol{a}-\boldsymbol{d}$ 和 $\boldsymbol{b}-\boldsymbol{c}$ 共线;

(5) 设 P 是 $\triangle ABC$ 的重心, 试证明 $\triangle APB$, $\triangle BPC$, $\triangle CPA$ 的面积相等;

(6) 设 $\boldsymbol{a},\boldsymbol{b},\boldsymbol{c}$ 共面, 且都是单位向量, $\angle(\boldsymbol{b},\boldsymbol{c})=\alpha$, $\angle(\boldsymbol{c},\boldsymbol{a})=\beta$, $\angle(\boldsymbol{a},\boldsymbol{b})=\gamma$, 且 $\alpha+\beta+\gamma=2\pi$. 试证明 $\sin\alpha\boldsymbol{a}+\sin\beta\boldsymbol{b}+\sin\gamma\boldsymbol{c}=\boldsymbol{0}$.

4. 在直角坐标系内, 已知三点 $A(3,4,-1)$, $B(2,4,1)$, $C(3,5,-4)$. 求

(1) 三角形 ABC 的面积; (2) 三角形 ABC 的三条高的长.

5. 如果三点 A,B,C 不共线, 它们的径向量分别为 $\boldsymbol{r}_1$, $\boldsymbol{r}_2$, $\boldsymbol{r}_3$. 证明: A,B,C 所决定的平面与向量 $\boldsymbol{r}_1\times\boldsymbol{r}_2+\boldsymbol{r}_2\times\boldsymbol{r}_3+\boldsymbol{r}_3\times\boldsymbol{r}_1$ 垂直.

6. 用向量方法证明三角形面积的海伦–秦九韶面积公式: $\varDelta^2=p(p-a)(p-b)(p-c)$, 其中 $p=\dfrac{1}{2}(a+b+c)$, $\varDelta$ 为三角形的面积.

7. 给定不共线三点 O, A, B. 将 B 绕 $\overrightarrow{OA}$ 逆时针 (从 A 点往 O 点看) 旋转角度 θ 得到点 C, 试用 $\overrightarrow{OA}, \overrightarrow{OB}$ 和 θ 来表示 $\overrightarrow{OC}$.

4.5　向量的多重乘积

向量的内积和外积

4.5.1　向量的混合积及其坐标表示

定义 4.5.1　给定三个向量 $\boldsymbol{a}, \boldsymbol{b}, \boldsymbol{c}$, 如果先作前两个向量 $\boldsymbol{a}$ 和 $\boldsymbol{b}$ 的外积, 再用所得的向量与第三个向量 $\boldsymbol{c}$ 作内积, 最后得到的数称为 $\boldsymbol{a}, \boldsymbol{b}, \boldsymbol{c}$ 的**混合积**, 记作 $(\boldsymbol{a} \times \boldsymbol{b}) \cdot \boldsymbol{c}$ 或 $(\boldsymbol{a}, \boldsymbol{b}, \boldsymbol{c})$.

定理 4.5.1 (混合积的几何性质)　三个不共面向量 $\boldsymbol{a}, \boldsymbol{b}, \boldsymbol{c}$ 的混合积的绝对值等于以 $\boldsymbol{a}, \boldsymbol{b}, \boldsymbol{c}$ 为棱的平行六面体的体积, 且当 $\boldsymbol{a}, \boldsymbol{b}, \boldsymbol{c}$ 构成右手系时, $(\boldsymbol{a}, \boldsymbol{b}, \boldsymbol{c}) > 0$; 当 $\boldsymbol{a}, \boldsymbol{b}, \boldsymbol{c}$ 构成左手系时, $(\boldsymbol{a}, \boldsymbol{b}, \boldsymbol{c}) < 0$.

证明　设不共面向量 $\boldsymbol{a}, \boldsymbol{b}, \boldsymbol{c}$ 有共同始点 O, 以这三向量为棱作一平行六面体 (图 4.5.1). 设 $\boldsymbol{a}, \boldsymbol{b}$ 为边的平行四边形面积为 S, 高为 h.

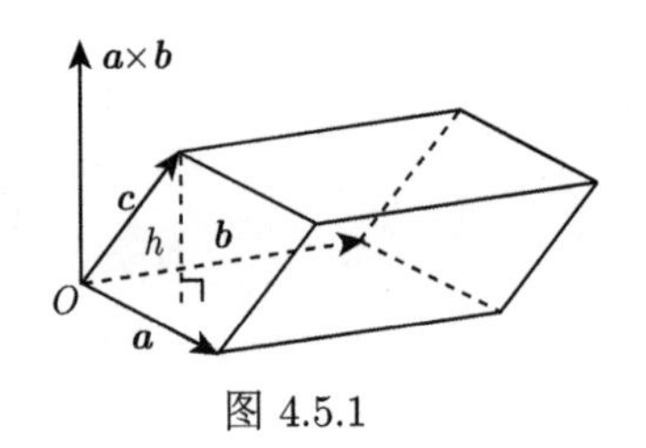

图 4.5.1

$$V = Sh = |\boldsymbol{a} \times \boldsymbol{b}||\text{射影}_{\boldsymbol{a}\times\boldsymbol{b}}\,\boldsymbol{c}| = |(\boldsymbol{a} \times \boldsymbol{b}) \cdot \boldsymbol{c}|. \tag{4.5.1}$$

当 $\boldsymbol{a}, \boldsymbol{b}, \boldsymbol{c}$ 构成右手系, 则 $\boldsymbol{c}$ 与 $\boldsymbol{a} \times \boldsymbol{b}$ 的夹角为锐角, 即射影 ${}_{\boldsymbol{a}\times\boldsymbol{b}}\boldsymbol{c} > 0$. 此时

$$(\boldsymbol{a} \times \boldsymbol{b}) \cdot \boldsymbol{c} = V > 0.$$

当 $\boldsymbol{a}, \boldsymbol{b}, \boldsymbol{c}$ 构成左手系, 则 $\boldsymbol{c}$ 与 $\boldsymbol{a} \times \boldsymbol{b}$ 的夹角为钝角, 即射影 ${}_{\boldsymbol{a}\times\boldsymbol{b}}\boldsymbol{c} < 0$. 此时

$$(\boldsymbol{a} \times \boldsymbol{b}) \cdot \boldsymbol{c} = -V < 0.$$

□

如果三个向量 $\boldsymbol{a}$, $\boldsymbol{b}$, $\boldsymbol{c}$ 共面, 则由 $\boldsymbol{a} \times \boldsymbol{b}$ 正交于 $\boldsymbol{a}$ 和 $\boldsymbol{b}$ 得 $\boldsymbol{a} \times \boldsymbol{b}$ 也正交于 $\boldsymbol{c}$, 即 $(\boldsymbol{a}, \boldsymbol{b}, \boldsymbol{c}) = (\boldsymbol{a} \times \boldsymbol{b}) \cdot \boldsymbol{c} = 0$. 反之, 如果 $(\boldsymbol{a}, \boldsymbol{b}, \boldsymbol{c}) = (\boldsymbol{a} \times \boldsymbol{b}) \cdot \boldsymbol{c} = 0$, 则 $\boldsymbol{a} \times \boldsymbol{b}$ 正交于 $\boldsymbol{c}$. 假设 $\boldsymbol{a} \times \boldsymbol{b} = \boldsymbol{0}$, 即 $\boldsymbol{a}, \boldsymbol{b}$ 共线, 此时必有 $\boldsymbol{a}, \boldsymbol{b}, \boldsymbol{c}$ 共面, 我们不妨假设 $\boldsymbol{a} \times \boldsymbol{b} \neq \boldsymbol{0}$, 由于 $\boldsymbol{a}, \boldsymbol{b}, \boldsymbol{c}$ 同时正交于一非零向量 $\boldsymbol{a} \times \boldsymbol{b}$, 故 $\boldsymbol{a}, \boldsymbol{b}, \boldsymbol{c}$ 共面. 因此, 我们得到

定理 4.5.2　三个向量 $\boldsymbol{a}, \boldsymbol{b}, \boldsymbol{c}$ 共面的充要条件是 $(\boldsymbol{a}, \boldsymbol{b}, \boldsymbol{c}) = 0$.

下面我们在直角坐标系下给出混合积的坐标表示.

定理 4.5.3　取直角坐标系 $\{O; \boldsymbol{i}, \boldsymbol{j}, \boldsymbol{k}\}$, 设 $\boldsymbol{a} = (x_1, y_1, z_1)$, $\boldsymbol{b} = (x_2, y_2, z_2)$, $\boldsymbol{c} = (x_3, y_3, z_3)$, 则

$$(\boldsymbol{a}, \boldsymbol{b}, \boldsymbol{c}) = \begin{vmatrix} x_1 & y_1 & z_1 \\ x_2 & y_2 & z_2 \\ x_3 & y_3 & z_3 \end{vmatrix}. \tag{4.5.2}$$

证明

$$(\boldsymbol{a}\times\boldsymbol{b})\cdot\boldsymbol{c}=\begin{vmatrix}\boldsymbol{i}&\boldsymbol{j}&\boldsymbol{k}\\x_1&y_1&z_1\\x_2&y_2&z_2\end{vmatrix}\cdot(x_3\boldsymbol{i}+y_3\boldsymbol{j}+z_3\boldsymbol{k})$$

$$=\begin{vmatrix}x_3&y_3&z_3\\x_1&y_1&z_1\\x_2&y_2&z_2\end{vmatrix}=\begin{vmatrix}x_1&y_1&z_1\\x_2&y_2&z_2\\x_3&y_3&z_3\end{vmatrix}.$$

□

由 (4.5.2) 式可知

定理 4.5.4　轮换混合积的三个因子, 并不改变它的值, 对调任何两个因子其值将改变符号, 即

$$(\boldsymbol{a},\boldsymbol{b},\boldsymbol{c})=(\boldsymbol{b},\boldsymbol{c},\boldsymbol{a})=(\boldsymbol{c},\boldsymbol{a},\boldsymbol{b})=-(\boldsymbol{b},\boldsymbol{a},\boldsymbol{c})=-(\boldsymbol{c},\boldsymbol{b},\boldsymbol{a})=-(\boldsymbol{a},\boldsymbol{c},\boldsymbol{b}).\quad(4.5.3)$$

例 4.5.1　试将任一向量 $\boldsymbol{r}$ 表示成三个不共面向量 $\boldsymbol{a},\boldsymbol{b}$ 和 $\boldsymbol{c}$ 的线性组合.

证明　设 $\boldsymbol{r}=\lambda_1\boldsymbol{a}+\lambda_2\boldsymbol{b}+\lambda_3\boldsymbol{c}$, 则

$$\boldsymbol{r}\cdot(\boldsymbol{b}\times\boldsymbol{c})=(\lambda_1\boldsymbol{a}+\lambda_2\boldsymbol{b}+\lambda_3\boldsymbol{c})\cdot(\boldsymbol{b}\times\boldsymbol{c})=\lambda_1\boldsymbol{a}\cdot(\boldsymbol{b}\times\boldsymbol{c})$$
$$=\lambda_1(\boldsymbol{b},\boldsymbol{c},\boldsymbol{a})=\lambda_1(\boldsymbol{a},\boldsymbol{b},\boldsymbol{c}).$$

因此 $\lambda_1=\dfrac{(\boldsymbol{r},\boldsymbol{b},\boldsymbol{c})}{(\boldsymbol{a},\boldsymbol{b},\boldsymbol{c})}$. 同理可得 $\lambda_2=\dfrac{(\boldsymbol{a},\boldsymbol{r},\boldsymbol{c})}{(\boldsymbol{a},\boldsymbol{b},\boldsymbol{c})}$, $\lambda_3=\dfrac{(\boldsymbol{a},\boldsymbol{b},\boldsymbol{r})}{(\boldsymbol{a},\boldsymbol{b},\boldsymbol{c})}$. 故

$$\boldsymbol{r}=\frac{1}{(\boldsymbol{a},\boldsymbol{b},\boldsymbol{c})}[(\boldsymbol{r},\boldsymbol{b},\boldsymbol{c})\boldsymbol{a}+(\boldsymbol{a},\boldsymbol{r},\boldsymbol{c})\boldsymbol{b}+(\boldsymbol{a},\boldsymbol{b},\boldsymbol{r})\boldsymbol{c}].\quad(4.5.4)$$

在直角坐标系下, 设 $\boldsymbol{a},\boldsymbol{b},\boldsymbol{c},\boldsymbol{r}$ 的坐标分别是

$$\begin{aligned}\boldsymbol{a}&=(a_1,a_2,a_3),\quad&\boldsymbol{b}&=(b_1,b_2,b_3),\\\boldsymbol{c}&=(c_1,c_2,c_3),\quad&\boldsymbol{r}&=(r_1,r_2,r_3).\end{aligned}$$

上面的分解法就是解线性方程组

$$\begin{cases}a_1\lambda_1+b_1\lambda_2+c_1\lambda_3=r_1,\\a_2\lambda_1+b_2\lambda_2+c_2\lambda_3=r_2,\\a_3\lambda_1+b_3\lambda_2+c_3\lambda_3=r_3\end{cases}$$

的 Cramer 法则.

□

4.5.2 双重外积

定义 4.5.2 给定三个向量, 先作其中的两个向量的外积, 再作所得向量和第三个向量的外积, 最后所得的向量称为三个向量的**双重外积** (**双重向量积**).

不妨设 $\boldsymbol{a}\times\boldsymbol{b}\neq\mathbf{0}$ 即 $\boldsymbol{a},\boldsymbol{b}$ 不共线, 现在我们讨论双重外积 $(\boldsymbol{a}\times\boldsymbol{b})\times\boldsymbol{c}$. 设

$$\begin{gathered}\boldsymbol{e}_1=\frac{\boldsymbol{a}}{|\boldsymbol{a}|},\quad \boldsymbol{e}_2=\left(\boldsymbol{b}-\frac{\boldsymbol{a}\cdot\boldsymbol{b}}{|\boldsymbol{a}|^2}\boldsymbol{a}\right)\Big/\left|\boldsymbol{b}-\frac{\boldsymbol{a}\cdot\boldsymbol{b}}{|\boldsymbol{a}|^2}\boldsymbol{a}\right|,\\ \boldsymbol{e}_3=\boldsymbol{e}_1\times\boldsymbol{e}_2=\boldsymbol{a}\times\boldsymbol{b}/\sqrt{|\boldsymbol{a}|^2|\boldsymbol{b}|^2-(\boldsymbol{a}\cdot\boldsymbol{b})^2}.\end{gathered}\tag{4.5.5}$$

容易验证 $\{O,\boldsymbol{e}_1,\boldsymbol{e}_2,\boldsymbol{e}_3\}$ 为右手直角标架.

$$\begin{aligned}(\boldsymbol{a}\times\boldsymbol{b})\times\boldsymbol{c}=&\sqrt{|\boldsymbol{a}|^2|\boldsymbol{b}|^2-(\boldsymbol{a}\cdot\boldsymbol{b})^2}\boldsymbol{e}_3\times((\boldsymbol{c}\cdot\boldsymbol{e}_1)\,\boldsymbol{e}_1+(\boldsymbol{c}\cdot\boldsymbol{e}_2)\,\boldsymbol{e}_2+(\boldsymbol{c}\cdot\boldsymbol{e}_3)\,\boldsymbol{e}_3)\\ =&|\boldsymbol{a}\times\boldsymbol{b}|\,((\boldsymbol{c}\cdot\boldsymbol{e}_1)\,\boldsymbol{e}_2)-|\boldsymbol{a}\times\boldsymbol{b}|\,((\boldsymbol{c}\cdot\boldsymbol{e}_2)\,\boldsymbol{e}_1)\\ =&|\boldsymbol{a}\times\boldsymbol{b}|\left\{\left(\frac{\boldsymbol{c}\cdot\boldsymbol{a}}{|\boldsymbol{a}|}\right)\left(\boldsymbol{b}-\frac{\boldsymbol{a}\cdot\boldsymbol{b}}{|\boldsymbol{a}|^2}\boldsymbol{a}\right)\Big/\left|\boldsymbol{b}-\frac{\boldsymbol{a}\cdot\boldsymbol{b}}{|\boldsymbol{a}|^2}\boldsymbol{a}\right|\right.\\ &\left.-\frac{\boldsymbol{a}}{|\boldsymbol{a}|}\left(\boldsymbol{c}\cdot\boldsymbol{b}-\frac{\boldsymbol{a}\cdot\boldsymbol{b}}{|\boldsymbol{a}|^2}\boldsymbol{c}\cdot\boldsymbol{a}\right)\Big/\left|\boldsymbol{b}-\frac{\boldsymbol{a}\cdot\boldsymbol{b}}{|\boldsymbol{a}|^2}\boldsymbol{a}\right|\right\}\\ =&\left[(\boldsymbol{c}\cdot\boldsymbol{a})\left(\boldsymbol{b}-\frac{\boldsymbol{a}\cdot\boldsymbol{b}}{|\boldsymbol{a}|^2}\boldsymbol{a}\right)-\left(\boldsymbol{c}\cdot\boldsymbol{b}-\frac{\boldsymbol{a}\cdot\boldsymbol{b}}{|\boldsymbol{a}|^2}(\boldsymbol{c}\cdot\boldsymbol{a})\right)\boldsymbol{a}\right]\\ =&(\boldsymbol{a}\cdot\boldsymbol{c})\boldsymbol{b}-(\boldsymbol{b}\cdot\boldsymbol{c})\boldsymbol{a},\end{aligned}$$

即得

$$(\boldsymbol{a}\times\boldsymbol{b})\times\boldsymbol{c}=(\boldsymbol{a}\cdot\boldsymbol{c})\boldsymbol{b}-(\boldsymbol{b}\cdot\boldsymbol{c})\boldsymbol{a}.\tag{4.5.6}$$

根据外积的反交换律, 我们可得

$$\begin{aligned}\boldsymbol{a}\times(\boldsymbol{b}\times\boldsymbol{c})&=-(\boldsymbol{b}\times\boldsymbol{c})\times\boldsymbol{a}\\ &=-[(\boldsymbol{a}\cdot\boldsymbol{b})\boldsymbol{c}-(\boldsymbol{a}\cdot\boldsymbol{c})\boldsymbol{b}]\\ &=(\boldsymbol{a}\cdot\boldsymbol{c})\boldsymbol{b}-(\boldsymbol{a}\cdot\boldsymbol{b})\boldsymbol{c}.\end{aligned}\tag{4.5.7}$$

例 4.5.2 求证:

(1) (Jacobi 恒等式) $(\boldsymbol{a}\times\boldsymbol{b})\times\boldsymbol{c}+(\boldsymbol{b}\times\boldsymbol{c})\times\boldsymbol{a}+(\boldsymbol{c}\times\boldsymbol{a})\times\boldsymbol{b}=\mathbf{0}$;

(2) (Lagrange 恒等式) $(\boldsymbol{a}\times\boldsymbol{b})\cdot(\boldsymbol{c}\times\boldsymbol{d})=(\boldsymbol{a}\cdot\boldsymbol{c})(\boldsymbol{b}\cdot\boldsymbol{d})-(\boldsymbol{a}\cdot\boldsymbol{d})(\boldsymbol{b}\cdot\boldsymbol{c})$;

(3) $(\boldsymbol{a}\times\boldsymbol{b})\times(\boldsymbol{c}\times\boldsymbol{d})=(\boldsymbol{a},\boldsymbol{b},\boldsymbol{d})\cdot\boldsymbol{c}-(\boldsymbol{a},\boldsymbol{b},\boldsymbol{c})\cdot\boldsymbol{d}=(\boldsymbol{a},\boldsymbol{c},\boldsymbol{d})\cdot\boldsymbol{b}-(\boldsymbol{b},\boldsymbol{c},\boldsymbol{d})\cdot\boldsymbol{a}$.

证明 (1) 利用双重外积公式 (4.5.6) 有

$$\begin{aligned}&(\boldsymbol{a}\times\boldsymbol{b})\times\boldsymbol{c}+(\boldsymbol{b}\times\boldsymbol{c})\times\boldsymbol{a}+(\boldsymbol{c}\times\boldsymbol{a})\times\boldsymbol{b}\\=&(\boldsymbol{a}\cdot\boldsymbol{c})\boldsymbol{b}-(\boldsymbol{b}\cdot\boldsymbol{c})\boldsymbol{a}+(\boldsymbol{b}\cdot\boldsymbol{a})\boldsymbol{c}-(\boldsymbol{c}\cdot\boldsymbol{a})\boldsymbol{b}+(\boldsymbol{c}\cdot\boldsymbol{b})\boldsymbol{a}-(\boldsymbol{a}\cdot\boldsymbol{b})\boldsymbol{c}\\=&\boldsymbol{0}.\end{aligned}$$

(2)
$$\begin{aligned}(\boldsymbol{a}\times\boldsymbol{b})\cdot(\boldsymbol{c}\times\boldsymbol{d})&=(\boldsymbol{a},\boldsymbol{b},\boldsymbol{c}\times\boldsymbol{d})=(\boldsymbol{b},\boldsymbol{c}\times\boldsymbol{d},\boldsymbol{a})\\&=(\boldsymbol{b}\times(\boldsymbol{c}\times\boldsymbol{d}))\cdot\boldsymbol{a}\\&=((\boldsymbol{b}\cdot\boldsymbol{d})\boldsymbol{c}-(\boldsymbol{b}\cdot\boldsymbol{c})\boldsymbol{d})\cdot\boldsymbol{a}\\&=(\boldsymbol{a}\cdot\boldsymbol{c})(\boldsymbol{b}\cdot\boldsymbol{d})-(\boldsymbol{b}\cdot\boldsymbol{c})(\boldsymbol{a}\cdot\boldsymbol{d}).\end{aligned}$$

(3) 根据 (4.5.6) 和 (4.5.7), 有

$$\begin{aligned}(\boldsymbol{a}\times\boldsymbol{b})\times(\boldsymbol{c}\times\boldsymbol{d})&=(\boldsymbol{a}\cdot(\boldsymbol{c}\times\boldsymbol{d}))\boldsymbol{b}-(\boldsymbol{b}\cdot(\boldsymbol{c}\times\boldsymbol{d}))\boldsymbol{a}\\&=(\boldsymbol{a},\boldsymbol{c},\boldsymbol{d})\cdot\boldsymbol{b}-(\boldsymbol{b},\boldsymbol{c},\boldsymbol{d})\cdot\boldsymbol{a}\end{aligned}$$

或

$$\begin{aligned}(\boldsymbol{a}\times\boldsymbol{b})\times(\boldsymbol{c}\times\boldsymbol{d})&=((\boldsymbol{a}\times\boldsymbol{b})\cdot\boldsymbol{d})\boldsymbol{c}-((\boldsymbol{a}\times\boldsymbol{b})\cdot\boldsymbol{c})\boldsymbol{d}\\&=(\boldsymbol{a},\boldsymbol{b},\boldsymbol{d})\cdot\boldsymbol{c}-(\boldsymbol{a},\boldsymbol{b},\boldsymbol{c})\cdot\boldsymbol{d}.\end{aligned}$$ □

习 题 4.5

1. 证明下列各题:

(1) $|(\boldsymbol{a},\boldsymbol{b},\boldsymbol{c})|\leqslant|\boldsymbol{a}||\boldsymbol{b}||\boldsymbol{c}|$, 并说明其几何意义;

(2) $(\boldsymbol{a},\boldsymbol{b},\lambda\boldsymbol{c}+\mu\boldsymbol{d})=\lambda(\boldsymbol{a},\boldsymbol{b},\boldsymbol{c})+\mu(\boldsymbol{a},\boldsymbol{b},\boldsymbol{d})$;

(3) 直角坐标系下 $\boldsymbol{a}=(3,4,5)$, $\boldsymbol{b}=(1,2,2)$, $\boldsymbol{c}=(9,14,16)$ 共面;

(4) $\boldsymbol{a}=a_1\boldsymbol{e}_1+a_2\boldsymbol{e}_2+a_3\boldsymbol{e}_3$, $\boldsymbol{b}=b_1\boldsymbol{e}_1+b_2\boldsymbol{e}_2+b_3\boldsymbol{e}_3$, $\boldsymbol{c}=c_1\boldsymbol{e}_1+c_2\boldsymbol{e}_2+c_3\boldsymbol{e}_3$, 则成立

$$(\boldsymbol{a},\boldsymbol{b},\boldsymbol{c})=\begin{vmatrix}a_1&a_2&a_3\\b_1&b_2&b_3\\c_1&c_2&c_3\end{vmatrix}(\boldsymbol{e}_1,\boldsymbol{e}_2,\boldsymbol{e}_3).$$

2. 已知直角坐标系内 A,B,C,D 四点坐标, 判别它们是否共面? 如果不共面, 求以它们为顶点的四面体体积和从顶点 D 所引出的高.

(1) $A(1,0,1)$, $B(4,4,6)$, $C(2,2,3)$, $D(10,14,17)$;

(2) $A(0,0,0)$, $B(1,0,1)$, $C(0,1,1)$, $D(1,1,1)$;

(3) $A(2,3,1)$, $B(4,1,-2)$, $C(6,3,7)$, $D(-5,4,8)$.

3. 设 AD, BE, CF 是 $\triangle ABC$ 的三条中线, P 是任意一点, O 是三角形的重心, 证明:

$$(\overrightarrow{OP}, \overrightarrow{OA}, \overrightarrow{OD}) + (\overrightarrow{OP}, \overrightarrow{OB}, \overrightarrow{OE}) + (\overrightarrow{OP}, \overrightarrow{OC}, \overrightarrow{OF}) = 0.$$

4. 直角坐标系下, 已知向量 $\boldsymbol{a} = (3,1,2), \boldsymbol{b} = (2,7,4), \boldsymbol{c} = (1,2,1)$, 求:

(1) $(\boldsymbol{a}, \boldsymbol{b}, \boldsymbol{c})$;

(2) $(\boldsymbol{a} \times \boldsymbol{b}) \times \boldsymbol{c}$;

(3) $\boldsymbol{a} \times (\boldsymbol{b} \times \boldsymbol{c})$.

5. 证明:

(1) $\boldsymbol{b} \cdot [(\boldsymbol{a} \times \boldsymbol{b}) \times \boldsymbol{a}] = |\boldsymbol{a}|^2 |\boldsymbol{b}|^2 \sin^2 \angle(\boldsymbol{a}, \boldsymbol{b})$;

(2) $(\boldsymbol{a} \times \boldsymbol{b}) \cdot (\boldsymbol{c} \times \boldsymbol{d}) + (\boldsymbol{a} \times \boldsymbol{c}) \cdot (\boldsymbol{d} \times \boldsymbol{b}) + (\boldsymbol{a} \times \boldsymbol{d}) \cdot (\boldsymbol{b} \times \boldsymbol{c}) = 0$;

(3) $(\boldsymbol{a} \times \boldsymbol{b}, \boldsymbol{c} \times \boldsymbol{d}, \boldsymbol{e} \times \boldsymbol{f}) = (\boldsymbol{a}, \boldsymbol{b}, \boldsymbol{d}) \cdot (\boldsymbol{c}, \boldsymbol{e}, \boldsymbol{f}) - (\boldsymbol{a}, \boldsymbol{b}, \boldsymbol{c}) \cdot (\boldsymbol{d}, \boldsymbol{e}, \boldsymbol{f})$;

(4) $(\boldsymbol{b}, \boldsymbol{c}, \boldsymbol{d}) \cdot \boldsymbol{a} + (\boldsymbol{c}, \boldsymbol{a}, \boldsymbol{d}) \cdot \boldsymbol{b} + (\boldsymbol{a}, \boldsymbol{b}, \boldsymbol{d}) \cdot \boldsymbol{c} + (\boldsymbol{b}, \boldsymbol{a}, \boldsymbol{c}) \cdot \boldsymbol{d} = 0$;

(5) $\boldsymbol{a}, \boldsymbol{b}, \boldsymbol{c}$ 共面的充要条件是 $\boldsymbol{b} \times \boldsymbol{c}, \boldsymbol{c} \times \boldsymbol{a}, \boldsymbol{a} \times \boldsymbol{b}$ 共面.

第 5 章　空间的直线和平面

空间解析几何的主要内容, 是用代数方法研究空间曲线和曲面的性质. 第 4 章中我们介绍了坐标系, 在空间引入坐标系后, 空间的点与三元数组间建立了对应关系. 在此基础上, 把曲线和曲面看作点的几何轨迹, 就可建立曲线、曲面与方程之间的对应关系. 本章主要介绍在直角坐标系下曲线和曲面的方程表示, 利用向量代数和线性方程组的理论来导出平面和直线的方程, 并讨论它们的相互位置关系. 这里需要指出, 如果我们所讨论的问题只涉及点、直线、平面的位置关系 (如点在直线或平面上、直线在平面上、相交、平行等), 而不涉及有关距离、夹角 (包括垂直) 等所谓度量性质, 我们完全可以用仿射坐标系代替直角坐标系进行讨论. 关于这一点, 我们将不再一一指出, 请读者仔细体会.

5.1　图形与方程

笛卡儿在数学上的贡献

空间中的几何图形 (如曲线、曲面) 都可看成具有某种特征性质的点的集合. 几何图形的点的特征性质, 包含两方面的意思:

(1) 该图形的点都具有这种特征性质.

(2) 具有这种特征性质的点必在该图形上.

因此图形上点的这种特征性质, 也可说成是点在该图形上的充要条件.

在空间取定标架后, 空间的点与三元组 (x, y, z) 建立一一对应关系. 图形上点的这种特征性质通常反映为坐标 (x, y, z) 应满足的相互制约条件, 一般可用代数式子 (如代数方程组、代数不等式) 来表示. 这样研究空间图形的几何问题, 归结为研究其对应的代数方程组或代数不等式.

5.1.1　曲面的方程

空间的曲面可看作满足某种特性的点的轨迹. 建立坐标系 $O\text{-}xyz$, 曲面上点的特征性质反映为点的坐标 x, y, z 所应满足的相互制约条件, 一般用方程

$$F(x, y, z) = 0 \tag{5.1.1}$$

来表示.

定义 5.1.1　空间建立坐标系后, 如果一个方程与一张曲面有下面的关系:

(1) 曲面上所有点的坐标都满足这个方程;

(2) 坐标满足这个方程的所有点都在这张曲面上, 那么这个方程称为曲面的**方程**, 而这张曲面称为这个方程的**图形**. 方程 (5.1.1) 通常称为曲面的**一般方程**或**普通方程**.

一般说来, 在空间直角坐标系下 (即取定一标架 $\{O;\boldsymbol{i},\boldsymbol{j},\boldsymbol{k}\}$), 如果把点的坐标 x,y,z 表示成两个变量 u,v 的函数

$$\begin{cases} x=x(u,v), \\ y=y(u,v), \quad (a\leqslant u\leqslant b, c\leqslant v\leqslant d). \\ z=z(u,v) \end{cases} \tag{5.1.2}$$

那么对于 u,v 在所属范围内的每对值, 由方程 (5.1.2) 所确定的点都在某一曲面上; 反之, 该曲面上的每个点的坐标 x,y,z 都可由 u,v 在所属范围内的一对值通过方程 (5.1.2) 来表示, 则方程 (5.1.2) 称为该曲面的**参数方程**, u,v 称为参数. 从曲面的参数方程消去参数 u,v 就可以得到曲面的一般方程. 在本节的学习中, 我们应掌握参数方程和一般方程的互化.

曲面中的每点都有一径向量与之对应, 我们也可采用向量值函数来表示一张曲面. 通常记作

$$\boldsymbol{r}=\boldsymbol{r}(u,v), \quad a\leqslant u\leqslant b, \quad c\leqslant v\leqslant d. \tag{5.1.3}$$

在直角标架 $\{O;\boldsymbol{i},\boldsymbol{j},\boldsymbol{k}\}$ 下, 有下面分解式:

$$\boldsymbol{r}(u,v)=x(u,v)\boldsymbol{i}+y(u,v)\boldsymbol{j}+z(u,v)\boldsymbol{k}, \tag{5.1.4}$$

其中 $a\leqslant u\leqslant b, c\leqslant v\leqslant d$. (5.1.4) 通常也称为曲面的**向量式参数方程**.

例 5.1.1 通过点 (x_0,y_0,z_0) 且平行于坐标平面 xOy 的平面方程为 $z=z_0$, 其向量式参数方程为

$$\boldsymbol{r}(u,v)=u\boldsymbol{i}+v\boldsymbol{j}+z_0\boldsymbol{k}, \quad u,v\in\mathbb{R}.$$

例 5.1.2 球面. 假设球面的球心坐标为 (x_0,y_0,z_0), 半径为 R. 则球面上任一点 $P(x,y,z)$, 与球心距离等于 R, P 的坐标满足方程

$$\sqrt{(x-x_0)^2+(y-y_0)^2+(z-z_0)^2}=R,$$

即

$$(x-x_0)^2+(y-y_0)^2+(z-z_0)^2=R^2. \tag{5.1.5}$$

容易验证 (5.1.5) 即所求球面的方程. 特别地, 当球心为坐标原点时, 球面方程为

$$x^2+y^2+z^2=R^2. \tag{5.1.6}$$

如图 5.1.1. 假设球面球心为坐标原点. 设 $P(x,y,z)$ 是球面上任一点, 过 P 引 xOy 平面的垂线. 垂足为 Q, θ 为 x 轴到 $\overrightarrow{OQ}$ 的角 (从 z 轴正向往下看逆时针旋转) $(0 \leqslant \theta < 2\pi)$, φ 为由 $\overrightarrow{OQ}$ 到 $\overrightarrow{OP}$ 的角 $\left(-\dfrac{\pi}{2} \leqslant \varphi \leqslant \dfrac{\pi}{2}\right)$, 则点 P 的位置由角 θ 和 φ 完全确定, 点 P 的坐标 x,y,z 和 θ,φ 的关系为

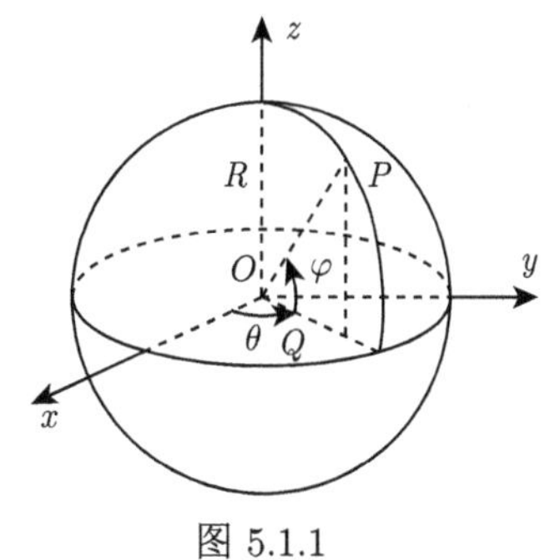

图 5.1.1

$$\begin{cases} x = R\cos\varphi\cos\theta, \\ y = R\cos\varphi\sin\theta, \quad 0 \leqslant \theta < 2\pi, \quad -\dfrac{\pi}{2} \leqslant \varphi \leqslant \dfrac{\pi}{2}. \\ z = R\sin\varphi. \end{cases} \tag{5.1.7}$$

于是, 球面上的点 $P(x,y,z)$ (除 $(0,0,R)$ 和 $(0,0,-R)$ 两点外) 与 (θ,φ) 建立一一对应关系, 这里 θ 相当于地球的经度, φ 相当于纬度. 方程 (5.1.7) 就是这个球面的参数方程, θ 和 φ 是参数.

例 5.1.3 已知曲面的参数方程为

$$\begin{cases} x = a(u+v), \\ y = b(u-v), \\ z = uv \end{cases} \quad \left(\begin{array}{c} -\infty < u < +\infty, \\ -\infty < v < +\infty \end{array}\right).$$

求该曲面的一般方程.

解 由前两式可写成 $u+v = \dfrac{x}{a}, u-v = \dfrac{y}{b}$. 由此得

$$u = \frac{1}{2}\left(\frac{x}{a}+\frac{y}{b}\right), \quad v = \frac{1}{2}\left(\frac{x}{a}-\frac{y}{b}\right).$$

代入参数方程中的第三式, 得 $z = \dfrac{1}{4}\left(\dfrac{x}{a}+\dfrac{y}{b}\right)\left(\dfrac{x}{a}-\dfrac{y}{b}\right)$, 即 $\dfrac{x^2}{a^2}-\dfrac{y^2}{b^2} = 4z$.

5.1.2 曲线的方程

定义 5.1.2 空间的曲线可以看作两张曲面的交线. 设两张曲面的方程分别为 $F(x,y,z)=0$ 和 $G(x,y,z)=0$, 如果曲线 C 和方程组

$$\begin{cases} F(x,y,z) = 0, \\ G(x,y,z) = 0 \end{cases} \tag{5.1.8}$$

有如下关系:

(1) 曲线 C 上所有点的坐标都满足方程组;

(2) 坐标满足方程组的所有点都在曲线 C 上,

则方程组 (5.1.8) 称为曲线 C 的**方程**, 也称为曲线 C 的**一般方程**.

另一方面, 曲线又可表示为一动点的运动轨迹, 动点的坐标 x, y, z 表示为一个变量 t 的函数,

$$\begin{cases} x = x(t), \\ y = y(t), \\ z = z(t) \end{cases} \qquad (a \leqslant t \leqslant b). \tag{5.1.9}$$

如果对于 t 在所属范围内的一个值, 方程 (5.1.9) 所确定的点都在曲线 C 上; 并且曲线 C 上的每点的坐标都可以由 t 在所属范围内的某个值通过方程 (5.1.9) 来表示, 则方程 (5.1.9) 称为曲线 C 的**参数方程**, t 称为**参数**. 从曲线的参数方程中消去参数 t, 就可以得到曲线的一般方程. 当然, 我们也可写出曲线的**向量式参数方程**:

$$\boldsymbol{r}(t) = x(t)\boldsymbol{i} + y(t)\boldsymbol{j} + z(t)\boldsymbol{k}, \quad a \leqslant t \leqslant b. \tag{5.1.10}$$

例 5.1.4 写出以原点为球心, 半径为 5 的球面和过 $(1,1,4)$ 平行于 xOy 坐标面的平面的交线方程.

解 球面方程为 $x^2 + y^2 + z^2 = 25$, 平面方程为 $z = 4$. 它们的交线方程即为

$$\begin{cases} x^2 + y^2 + z^2 = 25, \\ z = 4, \end{cases}$$

等价于

$$\begin{cases} x^2 + y^2 = 9, \\ z = 4. \end{cases}$$

故其参数方程为

$$\begin{cases} x = 3\cos\theta, \\ y = 3\sin\theta, \\ z = 4, \end{cases} \qquad 0 \leqslant \theta < 2\pi.$$

5.1.3 曲面、曲线方程举例

1. 圆柱面

由例 5.1.4 知, xOy 平面上以原点为圆心, $R\,(>0)$ 为半径的圆 C, 可看成由以原点为球心, 以 R 为半径的球面: $x^2+y^2+z^2=R^2$ 和 xOy 平面: $z=0$ 相交形成, 因此它的方程可写成

$$C:\begin{cases}x^2+y^2=R^2,\\ z=0.\end{cases} \tag{5.1.11}$$

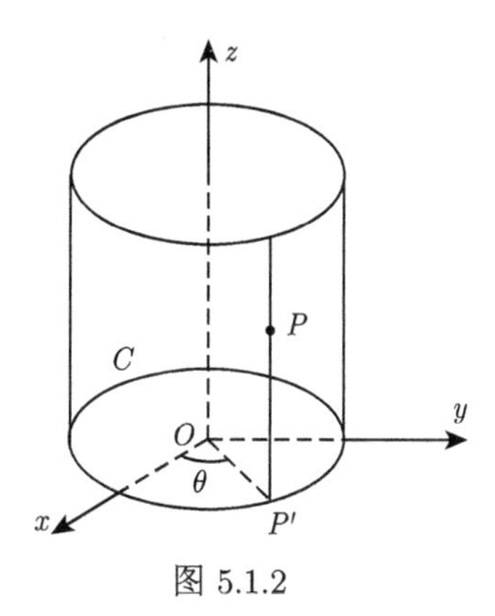

图 5.1.2

z 轴与这个图形所在的平面, 即 xOy 平面垂直, 这时我们称 z 轴方向是 xOy 平面的法向 (关于平面法向概念, 参见 5.2 节). 一直线保持平行于 z 轴方向且与圆 C 相交, 经过移动所产生的曲面就是**圆柱面** (图 5.1.2). 圆 C 是该圆柱面的一条 "准线". 构成圆柱面的每一条直线称为 "母线". 对于更一般的定义, 留待第 9 章.

设 $P(x,y,z)$ 是圆柱面上的任一点, 则过 P 且与 z 轴平行的直线是圆柱面的一条母线. 它必与准线 C 相交, 交点 P' 的坐标为 $(x,y,0)$. 由于 P' 在准线 C 上, 其坐标必满足准线方程. 因此 P 的坐标满足

$$x^2+y^2=R^2. \tag{5.1.12}$$

反之, 若一点 $P(x,y,z)$ 的坐标满足方程 (5.1.12). 过 P 作 z 轴的平行线交 xOy 平面于一点 P', 则 P' 的坐标 $(x,y,0)$, 该点的坐标满足 (5.1.11). 这表明 P' 在准线 C 上, 所以直线 PP' 是所求圆柱面的母线, 从而 P 点在所求圆柱面上. 由此我们可知圆柱面方程为 (5.1.12) .

如图 5.1.2, 设 OP' 是由 x 轴在 xOy 平面上绕 O 点逆时针 (从 z 轴正向往下看) 旋转角 θ 得到, 则 P' 点的坐标为 $(R\cos\theta,R\sin\theta,0)$. 从而 P 点的坐标就是 $(R\cos\theta,R\sin\theta,z)$. 由此我们得到圆柱面 (5.1.12) 的参数方程

$$\begin{cases}x=R\cos\theta,\\ y=R\sin\theta, \qquad \theta\in[0,2\pi),\quad -\infty<t<\infty.\\ z=t,\end{cases} \tag{5.1.13}$$

在第 9 章中我们将进一步讨论母线平行或不平行于坐标轴的一般的柱面.

2. 圆锥面

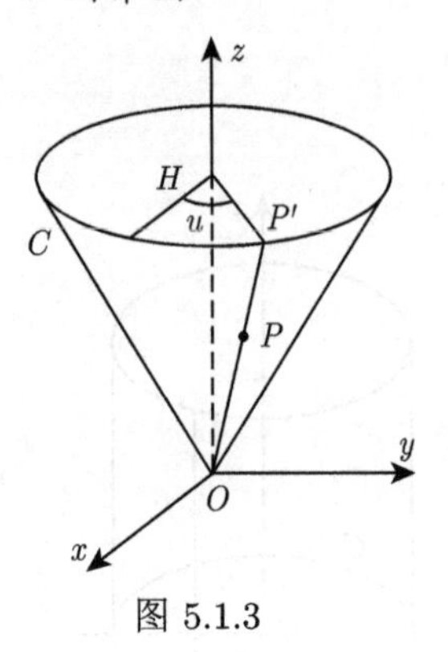

图 5.1.3

如图 5.1.3 所示，在平行于 xOy 平面的平面 $z=h\,(h\neq 0)$ 上取一个以点 $H(0,0,h)$ 为中心, 半径为 $R\,(>0)$ 的圆 C:

$$\begin{cases} x^2+y^2=R^2, \\ z=h. \end{cases} \tag{5.1.14}$$

过原点 O 且与圆 C 相交的所有直线所构成的图形就是**母线**, 圆 C 称为该圆锥面的一条“准线”, 原点是圆锥面的“顶点”, 而过原点且与圆 C 相交的直线, 都称为该圆锥面的“母线”.

圆 C 的参数方程为 $\boldsymbol{r}(u)=(R\cos u, R\sin u, h)$, 这里 $u\in[0,2\pi)$. 对于圆锥面上任意一点 $P(x,y,z)$, 设直线 OP 与圆 C 的交点为 $P'(R\cos u, R\sin u, h)$ (图 5.1.3), 则存在 $v\in(-\infty,+\infty)$, 满足

$$\begin{cases} x=vR\cos u, \\ y=vR\sin u, \qquad v\in(-\infty,\infty), \quad u\in[0,2\pi). \\ z=hv, \end{cases} \tag{5.1.15}$$

(5.1.15) 就是所求圆锥面的参数方程. 曲面也可表示为

$$\boldsymbol{X}(u,v)=(Rv\cos u, Rv\sin u, hv)=v\boldsymbol{r}(u), \tag{5.1.16}$$

这里 $u\in[0,2\pi)$, $v\in(-\infty,+\infty)$. 从 (5.1.15) 式, 消去参数, 就得圆锥面的普通方程

$$x^2+y^2=\frac{R^2z^2}{h^2}. \tag{5.1.17}$$

一般的锥面方程我们将在第 9 章中作进一步讨论.

3. 圆柱螺线

设一动点沿着半径为 R 的圆周做匀速转动, 同时这个圆周所在的平面又沿着过圆心且垂直于这平面的直线的方向做匀速平移, 则动点轨迹称为圆柱螺线. 选取坐标系, 使得当 $t=0$ 时, 圆周的圆心在原点, 圆周所在的平面为 xOy 平面, 那么过圆心且垂直于圆周所在平面的直线就是 z 轴 (图 5.1.4). 设动点 P 沿圆周转

动的角速度为 ω, 圆周所在平面沿 z 轴方向平移的速度为 v, 并设 $t=0$ 时, P 点的位置为 $P_0(R,0,0)$; 在 t 时刻, P 点的坐标为 (x,y,z), 则有

$$z = vt.$$

此时, P 沿着圆周的转角为 $\angle P_0ON = \omega t$. 所以, P 点的坐标 x,y,z 满足 (图 5.1.5)

$$\begin{cases} x = R\cos\omega t, \\ y = R\sin\omega t, \\ z = vt \end{cases} \qquad (-\infty < t < +\infty). \tag{5.1.18}$$

这就是圆柱螺线的参数方程, 其中 t 为参数. 若进行参数变换, 令 $\theta = \omega t$, 则有 $t = \dfrac{\theta}{\omega}$, 代入 (5.1.18) 得圆柱螺线以 θ 为参数的参数方程

$$\begin{cases} x = R\cos\theta, \\ y = R\sin\theta, \\ z = b\theta \end{cases} \qquad (-\infty < \theta < \infty),$$

其中, $b = \dfrac{v}{\omega}$.

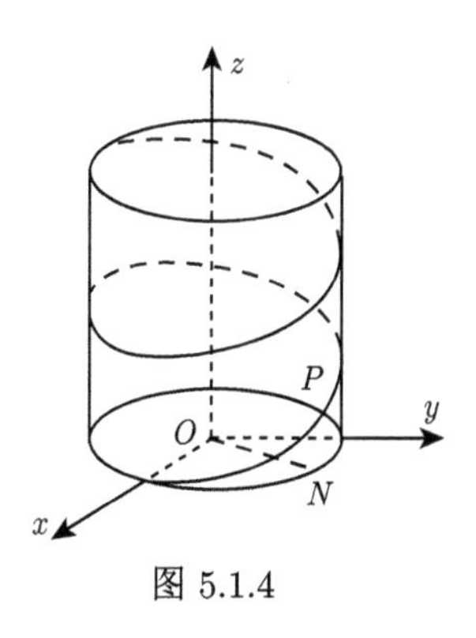

图 5.1.4

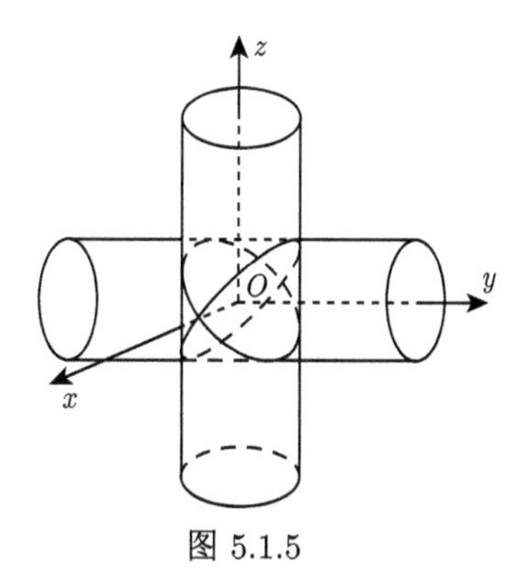

图 5.1.5

从圆柱螺线的参数方程可见, 圆柱螺线在圆柱面 $x^2+y^2=R^2$ 上.

例 5.1.5 方程组 $\begin{cases} x^2+y^2=R^2, \\ x^2+z^2=R^2 \end{cases}$ 表示什么图形?

解 方程 $x^2+y^2=R^2$ 和 $x^2+z^2=R^2$ 分别表示以 z 轴和 y 轴为轴、半径为 R 的圆柱面. 从第一式减去第二式得 $y^2-z^2=0$, 即 $y=\pm z$, 因此原方程组等

价于方程组

$$\begin{cases} x^2 + y^2 = R^2, \\ y = \pm z. \end{cases}$$

从这个方程组我们可以看出, 所求的图形是圆柱面 $x^2 + y^2 = R^2$ 和两个平面 $y = z$, $y = -z$ 的交线, 因而是两个椭圆.

习　题　5.1

1. 求平面中下列动点轨迹方程:

(1) Oxy 平面上已知两点 $A(-2,-2)$ 和 $B(2,2)$, 求满足条件 $|\overrightarrow{MA}| - |\overrightarrow{MB}| = 2$ 的动点 M 的轨迹方程;

(2) 一个圆在一直线上无滑动地滚动, 求圆周上的一点 P 的轨迹 (旋轮线或摆线);

(3) 已知大圆半径为 a, 小圆半径为 b, 设大圆不动, 而小圆在大圆内无滑动地滚动, 动圆周上某一定点 P 的轨迹称为内旋轮线 (或称内摆线), 求内旋轮线的方程 ;

(4) 把线绕在一个固定圆周上, 将线头拉紧后向反方向旋转, 使放出来的部分成为圆的切线, 求线头的轨迹 (称为圆的渐伸线或切展线);

(5) 当一圆沿着一个定圆的外部作无滑动地滚动时, 动圆上一点的轨迹称为外旋轮线, 令 a 与 b 分别表示定圆与动圆的半径, 试导出其方程 (当 $a = b$ 时, 曲线称为心脏线).

2. 在空间直角坐标系 $Oxyz$ 下, 求下列动点的轨迹方程:

(1) 到两定点距离之比等于常数的点的轨迹;

(2) 到两定点距离之和 (差) 等于常数的点的轨迹;

(3) 到平面 $x + y = 1$ 和到 z 轴等距的点的轨迹的方程;

(4) 到点 $(4,0,1)$ 距离等于常数 1 的点的轨迹;

(5) 到三个坐标平面等距的点的轨迹方程.

3. 试求球面 $x^2 + y^2 + z^2 + 2x - 4y - 4 = 0$ 的参数方程.

4. 指出下列曲面与三个坐标面的交线分别是什么曲线:

(1) $x^2 + y^2 + z^2 = 4$;

(2) $x^2 + 2y^2 - 4z^2 = 6$;

(3) $x^2 - 2y^2 - 3z^2 = 4$;

(4) $x^2 + y^2 = z$;

(5) $x^2 - y^2 = z$;

(6) $x^2 + y^2 - 4z^2 = 0$.

5. 通过空间曲线作柱面, 使其母线平行于坐标轴 Ox, Oy 或 Oz, 这样得到的三个柱面分别叫做曲线对 yOz, xOz 与 xOy 坐标面的**射影柱面**. 求下列空间曲线对三个坐标面的射影柱面方程:

(1) $\begin{cases} x^2 + y^2 - z = 0, \\ z = x + 2; \end{cases}$

(2) $\begin{cases} x+2y+3z=5, \\ 3x-2y+4z=6; \end{cases}$

(3) $\begin{cases} x^2+y^2+z^2=1, \\ x^2+(y+1)^2+(z+1)^2=1. \end{cases}$

6. 把下列曲线的参数方程化为一般方程:

(1) $\begin{cases} x=2t+1, \\ y=(t+3)^2, \quad (-\infty<t<\infty); \\ z=t \end{cases}$

(2) $\begin{cases} x=\sin t, \\ y=2\sin t, \quad (0\leqslant t<2\pi). \\ z=3\cos t \end{cases}$

5.2 平面的方程

本节我们主要讲述最简单的一类曲面, 即平面. 给定一个平面 π. 垂直于 π 的直线称为它的**法线**, 平行于该法线的任一非零向量称为它的**法向量**.

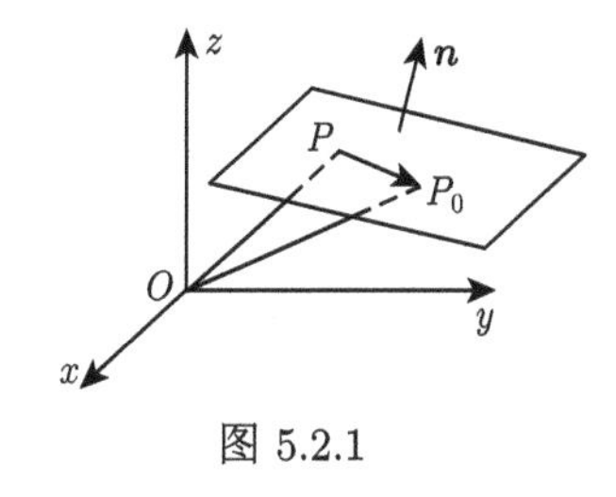

图 5.2.1

如图 5.2.1, 设平面 π 是过 P_0 点并以 $\boldsymbol{n}$ 为法向量的平面. 显然, 点 P 在平面 π 上的充分必要条件是 $\overrightarrow{P_0P}\perp\boldsymbol{n}$, 即 $\overrightarrow{P_0P}\cdot\boldsymbol{n}=0$. 如果记 $\boldsymbol{r}_0=\overrightarrow{OP_0}$, $\boldsymbol{r}=\overrightarrow{OP}$, 则

$$(\boldsymbol{r}-\boldsymbol{r}_0)\cdot\boldsymbol{n}=0 \tag{5.2.1}$$

或

$$\boldsymbol{r}\cdot\boldsymbol{n}+D=0,$$

其中 $D=-\boldsymbol{n}\cdot\boldsymbol{r}_0$. 因此, 平面 π 上任一点 P 的径向量应满足 (5.2.1); 反之, 以满足 (5.2.1) 的向量 $\boldsymbol{r}$ 为径向量的点必落在 π 上. (5.2.1) 式称为平面 π 的**点法式向量方程**.

例 5.2.1 试求经过定点 P_0, 并且与两个不共线的向量 $\boldsymbol{u},\boldsymbol{v}$ 都平行的平面方程.

解 因所求平面与 $\boldsymbol{u},\boldsymbol{v}$ 平行, 故可取平面的法向量 $\boldsymbol{n}=\boldsymbol{u}\times\boldsymbol{v}$, 因此由 (5.2.1) 式可知所求平面方程为

$$(\boldsymbol{r}-\boldsymbol{r}_0)\cdot(\boldsymbol{u}\times\boldsymbol{v})=0,$$

其中, $\boldsymbol{r}_0=\overrightarrow{OP_0},\boldsymbol{r}=\overrightarrow{OP},P$ 为平面上任一点. 上述方程也可写成

$$(\boldsymbol{r}-\boldsymbol{r}_0,\boldsymbol{u},\boldsymbol{v})=0. \tag{5.2.2}$$

(5.2.2) 式也称为平面的**点位式方程**.

例 5.2.1 也可用如下方法解答. 因为点 P 在所求平面上的充分必要条件是 $\overrightarrow{P_0P}$ 与 $\boldsymbol{u},\boldsymbol{v}$ 共面, 即

$$\overrightarrow{P_0P}=\lambda\boldsymbol{u}+\mu\boldsymbol{v}\quad(\lambda,\mu\text{ 是参数}),$$

所以

$$\boldsymbol{r}=\boldsymbol{r}_0+\lambda\boldsymbol{u}+\mu\boldsymbol{v}\quad(\lambda,\mu\text{ 是参数}), \tag{5.2.3}$$

其中, $\boldsymbol{r}_0=\overrightarrow{OP_0}$, $\boldsymbol{r}=\overrightarrow{OP}$, $\boldsymbol{u}$, $\boldsymbol{v}$ 称为平面的方位向量. (5.2.3) 称为平面的**向量式参数方程**.

在直角坐标系 $Oxyz$ 中, 设 $\boldsymbol{r}_0=(x_0,y_0,z_0)$, $\boldsymbol{r}=(x,y,z)$, $\boldsymbol{u}=(u_1,u_2,u_3)$, $\boldsymbol{v}=(v_1,v_2,v_3)$, 则由 (5.2.2) 可得平面的方程为

$$\begin{vmatrix} x-x_0 & y-y_0 & z-z_0 \\ u_1 & u_2 & u_3 \\ v_1 & v_2 & v_3 \end{vmatrix}=0. \tag{5.2.4}$$

(5.2.4) 称为平面的**坐标式点位式方程**.

由 (5.2.3) 可得

$$\begin{cases} x=x_0+u_1\lambda+v_1\mu, \\ y=y_0+u_2\lambda+v_2\mu, \\ z=z_0+u_3\lambda+v_3\mu. \end{cases} \tag{5.2.5}$$

(5.2.5) 称为平面的**坐标式参数方程**.

还可以将平面的向量式方程 (5.2.1) 改写成坐标形式. 设在坐标系 $Oxyz$ 中,

$$\boldsymbol{n}=(A,B,C),\quad \boldsymbol{r}=(x,y,z),\quad \boldsymbol{r}_0=(x_0,y_0,z_0),$$

则 (5.2.1) 式可写成

$$A(x-x_0)+B(y-y_0)+C(z-z_0)=0 \tag{5.2.6}$$

或

$$Ax+By+Cz+D=0, \tag{5.2.7}$$

其中, $D=-(Ax_0+By_0+Cz_0)$. (5.2.6) 称为平面的**坐标式点法式方程**, 简称**点法式方程**. 三元一次方程 (5.2.7) 称为平面的**坐标式一般方程**, 简称**一般方程**.

由前面可知, 任一平面的方程都可表示成三元一次方程 (5.2.7) . 反之任一个三元一次方程必表示一张平面. 设有一个形如 (5.2.7) 的方程, 不妨设 $A\neq 0$, 可知 $P_0\left(-\dfrac{D}{A},0,0\right)$ 满足 (5.2.7) . 由 P_0 和 $\boldsymbol{n}=(A,B,C)$ 可以决定一个平面 π,π 的点法式方程就是 (5.2.7), 也即方程 (5.2.7) 的图形就是平面 π. 由此我们得到下面定理.

定理 5.2.1 空间中任一平面的方程都可表示成一个关于坐标分量 x,y,z 的一次方程; 反之, 每一个关于坐标分量 x,y,z 的一次方程都表示一个平面.

注 这个定理在仿射坐标下也成立.

特别地, 若平面 π 的一般方程 (5.2.7) 中 $D=0$, 则平面 π 必过原点. 如果 A,B,C 中有一个为零, 则平面 π 必平行于某一坐标轴. 如: $A=0$, 则 $\pi//x$ 轴 ; $B=0$, 则 $\pi//y$ 轴; $C=0$, 则 $\pi//z$ 轴. 如果 A,B,C 中有两个为零, 则平面 π 必平行于某一坐标平面. 如: $A=B=0$, 则平面 π 平行于 xOy 平面 ; $B=C=0$, 则平面 π 平行于 yOz 平面; $A=C=0$, 则平面 π 平行于 xOz 平面.

例 5.2.2 已知一平面过点 $(-3,2,0)$, 法向量 $\boldsymbol{n}=(5,4,-3)$, 求它的方程.

解 根据 (5.2.6), 所求平面方程为

$$5(x+3)+4(y-2)-3(z-0)=0,$$

即

$$5x+4y-3z+7=0.$$

例 5.2.3 已知一平面过三点 $(a,0,0),(0,b,0),(0,0,c)$且$abc\neq 0$. 求该平面方程.

解 设该平面方程为

$$Ax+By+Cz+D=0.$$

将 $(a,0,0),(0,b,0),(0,0,c)$ 逐个代入, 得

$$A=-\frac{D}{a},\quad B=-\frac{D}{b},\quad C=-\frac{D}{c},$$

于是平面方程是

$$\frac{x}{a}+\frac{y}{b}+\frac{z}{c}=1. \tag{5.2.8}$$

(5.2.8) 式称为平面的**截距式方程**, 其中 a, b, c 分别为平面在 x 轴、y 轴、z 轴上的截距.

例 5.2.4 已知 $P_1(x_1, y_1, z_1), P_2(x_2, y_2, z_2)$ 和 $P_3(x_3, y_3, z_3)$ 是不共线的三点, 求过这三点的平面方程.

解 易知 $\boldsymbol{n} = \overrightarrow{P_1P_2} \times \overrightarrow{P_1P_3}$ 为所求平面的一个法向量, 平面上任一点 P 应满足 $\boldsymbol{n} \cdot \overrightarrow{P_1P} = 0$, 即

$$\left(\overrightarrow{P_1P_2}, \overrightarrow{P_1P_3}, \overrightarrow{P_1P}\right) = 0.$$

根据混合积公式, 可得所求的平面方程为

$$\begin{vmatrix} x - x_1 & y - y_1 & z - z_1 \\ x_2 - x_1 & y_2 - y_1 & z_2 - z_1 \\ x_3 - x_1 & y_3 - y_1 & z_3 - z_1 \end{vmatrix} = 0. \tag{5.2.9}$$

(5.2.9) 式称为平面的**三点式方程**.

对于平面的点法式方程 $(\boldsymbol{r} - \boldsymbol{r}_0) \cdot \boldsymbol{n} = 0$, 若平面的法向量取作单位法向量 $\boldsymbol{n}^0 = \dfrac{\boldsymbol{n}}{|\boldsymbol{n}|}$, 则平面方程可表示为

$$\boldsymbol{r} \cdot \boldsymbol{n}^0 - p = 0, \tag{5.2.10}$$

其中 $p = \boldsymbol{r}_0 \cdot \boldsymbol{n}^0$, 其绝对值为原点到平面的距离. (5.2.10) 式称为平面的**向量式法式方程**.

建立直角坐标系, 设 $\boldsymbol{r} = (x, y, z)$, $\boldsymbol{n}^0 = (\cos\alpha, \cos\beta, \cos\gamma)$, 这里 α, β, γ 即 $\boldsymbol{n}^0$ 的三个方向角, 由 (5.2.10) 式得

$$x\cos\alpha + y\cos\beta + z\cos\gamma - p = 0. \tag{5.2.11}$$

(5.2.11) 称为平面的**坐标式法式方程**, 简称**法式方程**.

如图 5.2.2, 在空间直角坐标系 $Oxyz$ 中, 设给定一点 $P_1(x_1, y_1, z_1)$ 与一个平面 π. 从点 P_1 到平面 π 作垂线, 其垂足为 Q, 则点 P_1 到平面 π 的距离为 $d = \left|\overrightarrow{QP_1}\right|$. 取定平面 π 的单位法向量 $\boldsymbol{n}^0$, 则向量 $\overrightarrow{QP_1}$ 在平面 π 的单位法向量 $\boldsymbol{n}^0$ 上的射影称为 P_1 点与平面 π 间的**离差**, 记作

$$\delta = \text{射影}_{\boldsymbol{n}^0} \overrightarrow{QP_1} = \text{射影}_{\boldsymbol{n}^0} \overrightarrow{P_0P_1}, \tag{5.2.12}$$

其中 P_0 可取平面上任一点. 离差的绝对值就是该点与平面 π 的距离. 当点 P_1 位于平面 π 的单位法向量 $\boldsymbol{n}^0$ 所指的一侧, $\overrightarrow{QP_1}$ 与单位法向量 $\boldsymbol{n}^0$ 同向, 因此其离差为正; 而当点 P_1 位于平面 π 的另一侧, 则其离差为负.

设平面 π 的法式方程为 $\boldsymbol{r}\cdot\boldsymbol{n}^0-p=0$. 由于 $Q\in\pi$, 则有 $\overrightarrow{OQ}\cdot\boldsymbol{n}^0=p$, 因此

$$\delta=\overrightarrow{QP_1}\cdot\boldsymbol{n}^0=\left(\overrightarrow{OP_1}-\overrightarrow{OQ}\right)\cdot\boldsymbol{n}^0=\overrightarrow{OP_1}\cdot\boldsymbol{n}^0-p. \tag{5.2.13}$$

在平面用坐标式法式方程表示时, 点 P_1 与平面 (5.2.11) 间的离差是

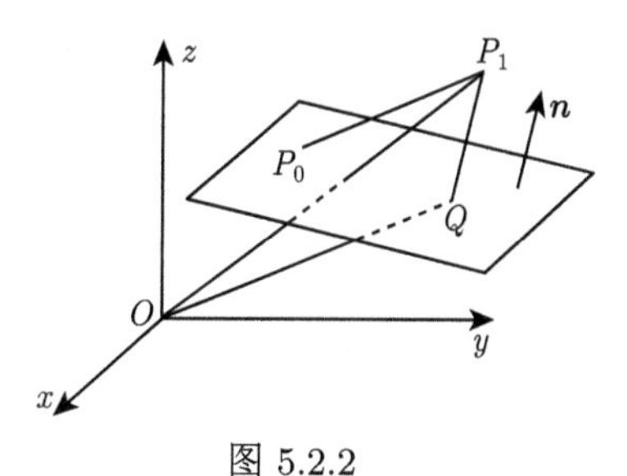

图 5.2.2

$$\delta=x_1\cos\alpha+y_1\cos\beta+z_1\cos\gamma-p. \tag{5.2.14}$$

设平面 π 的一般式方程为 $Ax+By+Cz+D=0$, 此时其单位法向量 $\boldsymbol{n}^0$ 的三个方向角余弦分别为

$$\cos\alpha=\frac{A}{\sqrt{A^2+B^2+C^2}},\quad \cos\beta=\frac{B}{\sqrt{A^2+B^2+C^2}},\quad \cos\gamma=\frac{C}{\sqrt{A^2+B^2+C^2}}$$

而 $p=-\dfrac{D}{\sqrt{A^2+B^2+C^2}}$. 根据 (5.2.14), 则 $P_1(x_1,y_1,z_1)$ 点到平面 π 的距离是

$$d=|\delta|=\left|\frac{Ax_1+By_1+Cz_1+D}{\sqrt{A^2+B^2+C^2}}\right|. \tag{5.2.15}$$

习　题　5.2

1. 求下列各平面的坐标式参数方程和一般方程:

(1) 通过点 $P_1(3,1,0)$ 和 $P_2(1,1,1)$, 且平行于向量 $(1,0,2)$ 的平面;

(2) 通过点 $P(1,1,1)$ 及 z 轴的平面;

(3) 通过点 $(-1,0,1)$ 与平面 $2x-y+3=0$ 平行的平面;

(4) 通过点 $P_1(3,-5,1)$ 和 $P_2(4,1,2)$ 且垂直于平面 $x-6y+3z-1=0$ 的平面.

2. 求平面一般方程 $2x+3y+z-6=0$ 的截距式方程和坐标式参数方程.

3. 设动平面在三个坐标轴上的截距的倒数之和是一个常数 $k(k\neq 0)$. 证明动平面必经过一定点.

4. 证明向量 $\boldsymbol{a}=(a_1,a_2,a_3)$ 平行于平面 $Ax+By+Cz+D=0$ 的充要条件为

$$Aa_1+Ba_2+Ca_3=0.$$

5. 已知三角形顶点为 $A(0,-4,0)$, $B(2,0,0)$, $C(2,2,2)$. 求平行于 $\triangle ABC$ 所在的平面且与它相距 1 个单位的平面方程.

6. 平面 $\dfrac{x}{a}+\dfrac{y}{b}+\dfrac{z}{c}=1$ 分别与三个坐标轴交于点 A,B,C, 求 $\triangle ABC$ 的面积.

7. 求与原点距离为 2 个单位, 且在三坐标轴 Ox,Oy,Oz 上的截距之比为 $a:b:c=1:2:3$ 的平面.

8. (1) 求点 $(1,2,1)$ 到平面 $3x+4y+2z+1=0$ 的距离;
(2) 求点 $(0,0,0)$ 到平面 $x-y+1=0$ 的距离.
9. 已知原点到平面 $\frac{x}{a}+\frac{y}{b}+\frac{z}{c}=1$ (这里 $abc\neq 0$) 的距离为 p, 求证

$$\frac{1}{p^2}=\frac{1}{a^2}+\frac{1}{b^2}+\frac{1}{c^2}.$$

10. 求与下列各对平面距离相等的点的轨迹:
(1) $x+2y-z-5=0$ 和 $2x-y-5=0$;
(2) $x+y+2z-6=0$ 和 $x+y+2z+5=0$.
11. 给定两点 $P_1(x_1,y_1,z_1)$, $P_2(x_2,y_2,z_2)$ 和平面 $\pi: Ax+By+Cz+D=0$. 设直线 P_1P_2 与 π 交于一点 P_0, 求 P_0 分 $\overrightarrow{P_1P_2}$ 之比.

5.3 直线的方程

一般地, 空间直线的位置可由以下两种条件之一来确定:
(1) 经过一定点, 且与一确定向量平行;
(2) 两个相交平面的交线.

过点 $P_0(x_0,y_0,z_0)$ 可作唯一一条平行于非零向量 $\boldsymbol{v}(l,m,n)$ 的直线 l. 设 $P(x,y,z)$ 是直线 l 上任意一点, 记 $\boldsymbol{r}_0=\overrightarrow{OP_0}, \boldsymbol{r}=\overrightarrow{OP}$, 则

$$\boldsymbol{r}-\boldsymbol{r}_0=t\boldsymbol{v} \tag{5.3.1}$$

为直线 l 的方程. $\boldsymbol{v}$ 称为直线的**方向向量**. 将 (5.3.1) 化成坐标形式, 则

$$(x-x_0,y-y_0,z-z_0)=t(l,m,n)$$

或

$$\begin{cases} x=x_0+lt, \\ y=y_0+mt, \\ z=z_0+nt. \end{cases} \tag{5.3.2}$$

(5.3.1) 和 (5.3.2) 分别称为直线 l 的**向量式**和**坐标式参数方程**, 其中参数 t 可取一切实数值. 当 $|\boldsymbol{v}|=1$ 时, $|t|$ 表示动点 P 到 P_0 的距离.

从 (5.3.2) 中消去参数 t, 可得

$$\frac{x-x_0}{l}=\frac{y-y_0}{m}=\frac{z-z_0}{n}. \tag{5.3.3}$$

称之为直线 l 的**对称式方程** (或**标准方程**). 当 l, m 和 n 三个数中有一个或两个为零时, 仍然可写出 (5.3.3) 式. 我们约定: 如 $l=0$, (5.3.3) 表示成

$$\begin{cases}\dfrac{y-y_0}{m}=\dfrac{z-z_0}{n},\\ x-x_0=0,\end{cases}$$

如 $l=m=0$, 则 (5.3.3) 表示成

$$\begin{cases}x-x_0=0,\\ y-y_0=0.\end{cases}$$

(5.3.1)—(5.3.3) 都称为直线 l 的**点向式方程**.

另一方面, 任意一条直线都可视为两个平面的交线. 设两个相交平面 π_1 和 π_2 的方程分别为

$$\boldsymbol{r}\cdot\boldsymbol{n}_1+d_1=0 \quad 和 \quad \boldsymbol{r}\cdot\boldsymbol{n}_2+d_2=0 \quad (\boldsymbol{n}_1 与 \boldsymbol{n}_2 不平行),$$

则其相交直线 l 方程为

$$\begin{cases}\boldsymbol{r}\cdot\boldsymbol{n}_1+d_1=0,\\ \boldsymbol{r}\cdot\boldsymbol{n}_2+d_2=0.\end{cases} \tag{5.3.4}$$

(5.3.4) 式称为直线的**向量式一般方程**.

若平面 π_1 和 π_2 的方程分别为 $A_1x+B_1y+C_1z+D_1=0$ 与 $A_2x+B_2y+C_2z+D_2=0$, 且 π_1 和 π_2 不平行, 即 $A_1:B_1:C_1\neq A_2:B_2:C_2$, 则其相交直线方程为

$$\begin{cases}A_1x+B_1y+C_1z+D_1=0,\\ A_2x+B_2y+C_2z+D_2=0.\end{cases} \tag{5.3.5}$$

(5.3.5) 式称为直线的**坐标式一般方程**.

例 5.3.1 已知一直线通过两个定点 P_1 和 P_2, 试求此直线的向量式方程. 又假定 P_1 和 P_2 的坐标分别为 (x_1, y_1, z_1) 和 (x_2, y_2, z_2), 写出直线的坐标式参数方程和对称式方程.

解 设 $\boldsymbol{r}_1=\overrightarrow{OP_1}$, $\boldsymbol{r}_2=\overrightarrow{OP_2}$, 则 $\boldsymbol{v}=\overrightarrow{P_1P_2}=\boldsymbol{r}_2-\boldsymbol{r}_1$ 即为所求直线的一个方向向量. 由 (5.3.1), 所求直线的向量方程为

$$\boldsymbol{r}=\boldsymbol{r}_1+t(\boldsymbol{r}_2-\boldsymbol{r}_1).$$

其坐标式参数方程为

$$\begin{cases} x = x_1 + t\,(x_2 - x_1)\,, \\ y = y_1 + t\,(y_2 - y_1)\,, \\ z = z_1 + t\,(z_2 - z_1)\,. \end{cases} \tag{5.3.6}$$

对称式方程为

$$\frac{x - x_1}{x_2 - x_1} = \frac{y - y_1}{y_2 - y_1} = \frac{z - z_1}{z_2 - z_1}. \tag{5.3.7}$$

上面两式也称为直线的**两点式方程**.

例 5.3.2 已知直线的一般方程为

$$\begin{cases} x - 2y + 3z + 6 = 0, \\ 3x - y + 2z - 1 = 0. \end{cases}$$

求它的点向式方程.

解 这两个平面的法向量分别为 $\boldsymbol{n}_1 = (1, -2, 3)$ 和 $\boldsymbol{n}_2 = (3, -1, 2)$, 因此

$$\boldsymbol{v} = \boldsymbol{n}_1 \times \boldsymbol{n}_2 = \left(\begin{vmatrix} -2 & 3 \\ -1 & 2 \end{vmatrix}, \begin{vmatrix} 3 & 1 \\ 2 & 3 \end{vmatrix}, \begin{vmatrix} 1 & -2 \\ 3 & -1 \end{vmatrix} \right) = (-1, 7, 5)$$

是已知直线的一个方向向量.

为求直线上一点, 可令 $x = 0$, 解

$$\begin{cases} -2y + 3z + 6 = 0, \\ -y + 2z - 1 = 0, \end{cases}$$

得 $(0, 15, 8)$ 是直线上的点, 则可得直线的点向式方程为

$$\frac{x}{-1} = \frac{y - 15}{7} = \frac{z - 8}{5}.$$

如图 5.3.1, 设一条直线 l 经过点 P_0, 方向向量为 $\boldsymbol{v}$, 则一点 P_1 到直线 l 的距离 $d(P_1, l)$ 是以 $\overrightarrow{P_0P_1}$ 和 $\boldsymbol{v}$ 为邻边的平行四边形的底边 $\boldsymbol{v}$ 上的高. 因此

$$d\,(P_1, l) = \frac{\left|\overrightarrow{P_0P_1} \times \boldsymbol{v}\right|}{|\boldsymbol{v}|} = \frac{|(\boldsymbol{r}_1 - \boldsymbol{r}_0) \times \boldsymbol{v}|}{|\boldsymbol{v}|},$$

其中 $\boldsymbol{r}_0 = \overrightarrow{OP_0}$, $\boldsymbol{r}_1 = \overrightarrow{OP}$.

在空间直角坐标系下, 设点 P_1 的坐标为 (x_1, y_1, z_1), 直线 l 的对称式方程为

$$\frac{x-x_0}{l}=\frac{y-y_0}{m}=\frac{z-z_0}{n},$$

这里 $P_0(x_0, y_0, z_0)$ 是直线 l 上的一点, $\boldsymbol{v}=(l, m, n)$ 为直线 l 的方向向量, 则点 P_1 到直线 l 的距离为

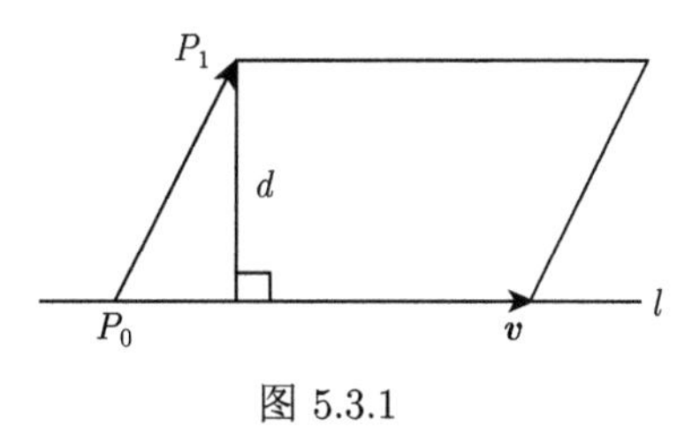

图 5.3.1

$$d=\frac{\left|\overrightarrow{P_0P_1}\times\boldsymbol{v}\right|}{|\boldsymbol{v}|}$$

$$=\frac{\sqrt{\begin{vmatrix} y_1-y_0 & z_1-z_0 \\ m & n \end{vmatrix}^2+\begin{vmatrix} z_1-z_0 & x_1-x_0 \\ n & l \end{vmatrix}^2+\begin{vmatrix} x_1-x_0 & y_1-y_0 \\ l & m \end{vmatrix}^2}}{\sqrt{l^2+m^2+n^2}}. \quad (5.3.8)$$

习 题 5.3

1. 求下列各直线的方程 (参数方程和坐标式方程).

(1) 经过点 $P_0(1,3,-1)$ 且平行于直线 $\boldsymbol{r}=(1+3t,1,1-2t)$;

(2) 经过点 $P_0(2,-2,1)$ 且平行于 y 轴;

(3) 经过点 $P_1(1,1,-1)$ 和 $P_2(1,0,3)$;

(4) 通过点 $P_0(1,0,1)$ 且与两直线 $\frac{x-1}{2}=\frac{y}{1}=\frac{z+1}{1}$ 和 $\frac{x}{1}=\frac{y+1}{-1}=\frac{z-1}{0}$ 垂直的直线;

(5) 通过点 $P_0(1,1,1)$ 且与 x,y,z 三轴分别成 $60^\circ, 45^\circ, 120^\circ$ 的直线.

2. 将下面直线的一般方程化为对称式方程:

(1) $\begin{cases} 2x-3y+4z-12=0, \\ x+y+z=0; \end{cases}$

(2) $\begin{cases} 3x+2y-z-4=0, \\ x+2y-z-2=0; \end{cases}$

(3) $\begin{cases} y=4, \\ z=3x+12. \end{cases}$

3. 求下列各平面的方程:

(1) 通过点 $P(1,0,-1)$, 且又通过直线 $\frac{x-1}{1}=\frac{y+1}{2}=\frac{z+2}{3}$ 的平面;

(2) 通过直线 $\frac{x-1}{1}=\frac{y+1}{-5}=\frac{z}{-1}$ 且与直线 $\begin{cases} 2x-y+z-1=0, \\ x+2y-z-4=0 \end{cases}$ 平行的平面;

(3) 通过直线 $\begin{cases}2x-y+3z-1=0,\\x-4y+z+1=0\end{cases}$ 且与三个坐标面所成的三个射影平面.

4. 设直线 l 在 yOz 平面上的投影直线为 $\begin{cases}4y-3z=0,\\x=0\end{cases}$ 在 zOx 平面上的投影为 $\begin{cases}x+2z=0,\\y=0\end{cases}$ 求直线 l 在 xOy 平面上的投影直线方程.

5. 求以下各点的坐标:

(1) 在直线 $\dfrac{x-1}{2}=\dfrac{y+1}{1}=\dfrac{z-4}{5}$ 上与原点相距 5 个单位的点;

(2) 关于直线 $\begin{cases}x-y-z+1=0,\\x+y+z-1=0\end{cases}$ 与点 $P(1,0,-1)$ 对称的点.

6. 求

(1) 点 $(1,1,1)$ 到直线 $\begin{cases}x+y-z+1=0,\\2x+y-3z+1=0\end{cases}$ 的距离;

(2) 点 $(3,4,2)$ 到直线 $\dfrac{x-1}{1}=\dfrac{y-2}{1}=\dfrac{z-1}{2}$ 的距离.

7. 空间 n 个平面 $\pi_i: A_ix+B_iy+C_iz+D_i=0\ (i=1,2,\cdots,n)$ 通过同一条直线的充要条件是什么?

5.4 平面、直线的相互位置关系

5.4.1 两平面的相互位置关系

设两平面 π_1 和 π_2 的方程分别为

$$\pi_1\text{: } \boldsymbol{n}_1\cdot(\boldsymbol{r}-\boldsymbol{r}_1)=0,$$

$$\pi_2\text{: } \boldsymbol{n}_2\cdot(\boldsymbol{r}-\boldsymbol{r}_2)=0.$$

若 $\boldsymbol{n}_1\times\boldsymbol{n}_2\neq\boldsymbol{0}$, 则 π_1 与 π_2 相交, 它们的联立方程即表示交线.

若 $\boldsymbol{n}_1\times\boldsymbol{n}_2=\boldsymbol{0}$, 即 $\boldsymbol{n}_2=\lambda\boldsymbol{n}_1(\lambda\neq 0)$. 可见 $\pi_1//\pi_2$ 或 π_1 与 π_2 重合. 此时, π_2 的方程可写为

$$\boldsymbol{n}_1\cdot(\boldsymbol{r}-\boldsymbol{r}_2)=0.$$

若 π_1 与 π_2 重合, 将以上方程与 π_1 的方程相减, 得 $\boldsymbol{n}_1\cdot(\boldsymbol{r}_1-\boldsymbol{r}_2)=0$. 若 $\pi_1//\pi_2$ 但不重合, 则 $\boldsymbol{n}_1\cdot(\boldsymbol{r}_1-\boldsymbol{r}_2)\neq 0$.

定义 5.4.1 两平面 π_1 和 π_2 的夹角就是它们的法向量的夹角或其补角 (两平面的夹角通常取为锐角).

当两平面用坐标式一般方程表示时, 则有下面定理.

定理 5.4.1 设两平面 π_1 和 π_2 的方程为

$$\begin{aligned}\pi_1: \quad & A_1x+B_1y+C_1z+D_1=0,\\ \pi_2: \quad & A_2x+B_2y+C_2z+D_2=0,\end{aligned}$$

则它们相关位置关系的充要条件分别为

(1) 相交: $A_1:B_1:C_1\neq A_2:B_2:C_2$.

(2) 平行: $\dfrac{A_1}{A_2}=\dfrac{B_1}{B_2}=\dfrac{C_1}{C_2}\neq\dfrac{D_1}{D_2}$.

(3) 重合: $\dfrac{A_1}{A_2}=\dfrac{B_1}{B_2}=\dfrac{C_1}{C_2}=\dfrac{D_1}{D_2}$.

设两平面 π_1 和 π_2 的夹角为 $\angle(\pi_1,\pi_2)$, 则其余弦为

$$\cos\angle(\pi_1,\pi_2)=\frac{|\boldsymbol{n}_1\cdot\boldsymbol{n}_2|}{|\boldsymbol{n}_1|\,|\boldsymbol{n}_2|}=\frac{|A_1A_2+B_1B_2+C_1C_2|}{\sqrt{A_1^2+B_1^2+C_1^2}\sqrt{A_2^2+B_2^2+C_2^2}}. \tag{5.4.1}$$

证明 在直角坐标系下, 平面 π_1 和 π_2 法向量分别为

$$\boldsymbol{n}_1=(A_1,B_1,C_1) \quad 和 \quad \boldsymbol{n}_2=(A_2,B_2,C_2).$$

π_1 和 π_2 相交当且仅当 $\boldsymbol{n}_1$ 不平行于 $\boldsymbol{n}_2$, 即 $A_1:B_1:C_1\neq A_2:B_2:C_2$. 而平面 π_1 和 π_2 平行或重合的充要条件为 $\boldsymbol{n}_2=\lambda\boldsymbol{n}_1(\lambda\neq0)$, 即 $\dfrac{A_1}{A_2}=\dfrac{B_1}{B_2}=\dfrac{C_1}{C_2}=\dfrac{1}{\lambda}$. 进一步, 如果 $\dfrac{D_1}{D_2}=\dfrac{1}{\lambda}$, 则平面 π_1 和 π_2 重合；如果 $\dfrac{D_1}{D_2}\neq\dfrac{1}{\lambda}$, 则平面 π_1 和 π_2 仅是平行. □

5.4.2 直线与平面的位置关系

直线与平面的位置关系有三种, 即相交、平行和直线在平面上.

设直线 l 和平面 π 的方程分别为

$$l:\ \boldsymbol{r}=\boldsymbol{r}_0+t\boldsymbol{v},$$

$$\pi:\ \boldsymbol{n}\cdot(\boldsymbol{r}-\boldsymbol{r}_1)=0.$$

为求它们的交点, 把 l 的方程代入 π 的方程, 得

$$\boldsymbol{n}\cdot(\boldsymbol{r}_0-\boldsymbol{r}_1)+t\boldsymbol{n}\cdot\boldsymbol{v}=0.$$

若 $\boldsymbol{n}\cdot\boldsymbol{v}\neq 0$, 即 $\boldsymbol{n}$ 与 $\boldsymbol{v}$ 不垂直, 则可得

$$t=-\frac{\boldsymbol{n}\cdot(\boldsymbol{r}_0-\boldsymbol{r}_1)}{\boldsymbol{n}\cdot\boldsymbol{v}}, \tag{5.4.2}$$

所以 l 与 π 有唯一一个交点. 若 $\boldsymbol{n}\cdot\boldsymbol{v}=0$, 且 $\boldsymbol{n}\cdot(\boldsymbol{r}_0-\boldsymbol{r}_1)\neq 0$, 则 l 和 π 没有交点, 即它们平行. 若 $\boldsymbol{n}\cdot\boldsymbol{v}=0$ 且 $\boldsymbol{n}\cdot(\boldsymbol{r}_0-\boldsymbol{r}_1)=0$, 则 l 与 π 有无穷多个交点, 即 l 落在 π 上.

当直线与平面用坐标式方程表示时, 则我们可得下面定理.

定理 5.4.2 设直线 l 与平面 π 的方程分别为

$$l:\frac{x-x_0}{X}=\frac{y-y_0}{Y}=\frac{z-z_0}{Z},$$

$$\pi:Ax+By+Cz+D=0,$$

则直线 l 与平面 π 的相关位置关系的充要条件分别为

(1) 相交: $AX+BY+CZ\neq 0$.

(2) 平行: $\begin{cases}AX+BY+CZ=0,\\ Ax_0+By_0+Cz_0+D\neq 0.\end{cases}$

(3) 直线在平面上: $\begin{cases}AX+BY+CZ=0,\\ Ax_0+By_0+Cz_0+D=0.\end{cases}$

证明 直线 l 的方向向量 $\boldsymbol{v}=(X,Y,Z)$, 平面 π 的法向量 $\boldsymbol{n}=(A,B,C)$. 直线 l 与平面 π 相交当且仅当 $\boldsymbol{n}\cdot\boldsymbol{v}\neq 0$, 即 $AX+BY+CZ\neq 0$; 交点坐标 (x,y,z) 满足

$$\frac{x-x_0}{X}=\frac{y-y_0}{Y}=\frac{z-z_0}{Z}=t=-\frac{Ax_0+By_0+Cz_0+D}{AX+BY+CZ}, \tag{5.4.3}$$

即 $x=x_0-\dfrac{Ax_0+By_0+Cz_0+D}{AX+BY+CZ}X$, $y=y_0-\dfrac{Ax_0+By_0+Cz_0+D}{AX+BY+CZ}Y$, $z=z_0-\dfrac{Ax_0+By_0+Cz_0+D}{AX+BY+CZ}Z$.

另一方面 $\boldsymbol{n}\cdot\boldsymbol{v}=0$, 即 $AX+BY+CZ=0$, 则当且仅当直线 l 与平面 π 平行或直线 l 在平面 π 上, 此时若直线 l 在平面 π 上则当且仅当点 (x_0,y_0,z_0) 在平面 π 中, 即 $Ax_0+By_0+Cz_0+D=0$; 反之 $Ax_0+By_0+Cz_0+D\neq 0$, 则直线 l 仅与平面 π 平行. □

例 5.4.1 试求 B 和 C 使得直线

$$l:\begin{cases}x+2y-z+C=0,\\3x+By-z+2=0\end{cases}$$

在 xOy 平面上.

解 在直线 l 的方程中, 令 $y=0$, 则由

$$\begin{cases}x-z+C=0,\\3x-z+2=0,\end{cases}$$

得 $x=\dfrac{C}{2}-1$, $z=\dfrac{3C}{2}-1$. 所以 $\left(\dfrac{C}{2}-1,0,\dfrac{3C}{2}-1\right)$ 是直线 l 上的点. 由于直线 l 的方向向量为 $\boldsymbol{v}=(-2+B,-2,B-6)$, xOy 平面的方程为 $z=0$, 所以

$$B-6=0,\quad \frac{3C}{2}-1=0,$$

即 $B=6, C=\dfrac{2}{3}$.

定义 5.4.2 直线与平面的夹角是指直线与它在平面上的垂直投影所交成的最小正角, 当直线与平面垂直时, 它们的夹角规定为 $90°$.

设直线 l 的方向向量 $\boldsymbol{v}=(X,Y,Z)$, 平面 π 的法向量 $\boldsymbol{n}=(A,B,C)$, 则 l 与 π 的夹角 θ 为

$$\theta=\frac{\pi}{2}-\angle(\boldsymbol{v},\boldsymbol{n})\quad 或 \quad \theta=\angle(\boldsymbol{v},\boldsymbol{n})-\frac{\pi}{2}.$$

因此

$$\sin\theta=\frac{|\boldsymbol{v}\cdot\boldsymbol{n}|}{|\boldsymbol{v}||\boldsymbol{n}|}=\frac{|AX+BY+CZ|}{\sqrt{X^2+Y^2+Z^2}\sqrt{A^2+B^2+C^2}}.$$

5.4.3 两直线的相互位置关系

两条直线的关系有以下四种: 平行、重合、相交或异面. 设

$$l_1:\boldsymbol{r}=\boldsymbol{r}_1+t\boldsymbol{v}_1,$$

$$l_2:\boldsymbol{r}=\boldsymbol{r}_2+t\boldsymbol{v}_2.$$

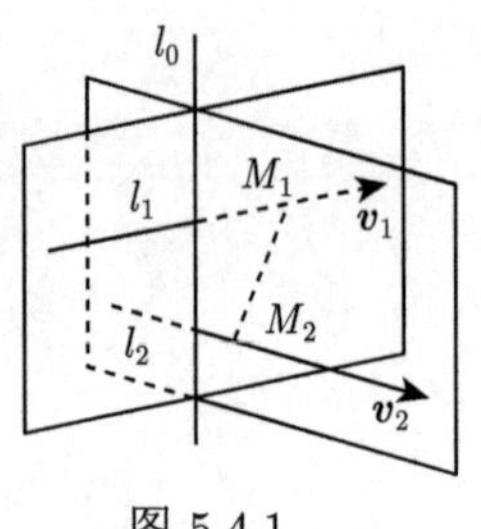

图 5.4.1

易知 $(\boldsymbol{r}_2-\boldsymbol{r}_1,\boldsymbol{v}_1,\boldsymbol{v}_2)=0$, 则 l_1 与 l_2 在同一平面上, l_1 与 l_2 平行的充要条件为 $\boldsymbol{v}_1\times\boldsymbol{v}_2=\boldsymbol{0}$, 但 $\boldsymbol{r}_2-\boldsymbol{r}_1$ 不平行于 $\boldsymbol{v}_1$; l_1 与 l_2 重合的充要条件为 $\boldsymbol{r}_2-\boldsymbol{r}_1$, $\boldsymbol{v}_1$, $\boldsymbol{v}_2$ 三向量平行 ; l_1 与 l_2 相交的充要条件是 $(\boldsymbol{r}_2-\boldsymbol{r}_1,\boldsymbol{v}_1,\boldsymbol{v}_2)=0$ 和 $\boldsymbol{v}_1\times\boldsymbol{v}_2\neq\boldsymbol{0}$; 它们异面的充要条件是 $(\boldsymbol{r}_2-\boldsymbol{r}_1,\boldsymbol{v}_1,\boldsymbol{v}_2)\neq 0$.

现在来求两异面直线 l_1,l_2 的公垂线方程. 如图 5.4.1, 公垂线 l_0 的方向向量可以取为 $\boldsymbol{v}_1\times\boldsymbol{v}_2$, 而公垂线 l_0 可以看作由过 l_1 上的点 M_1, 以 $\boldsymbol{v}_1$, $\boldsymbol{v}_1\times\boldsymbol{v}_2$ 为方向向量的平面与过 l_2 上的点 M_2, 以 $\boldsymbol{v}_2$, $\boldsymbol{v}_1\times\boldsymbol{v}_2$ 为方向向量的平面的交线, 因此由 (5.2.2) 可得公垂线 l_0 的方程为

$$\begin{cases}(\boldsymbol{r}-\boldsymbol{r}_1,\boldsymbol{v}_1,\boldsymbol{v}_1\times\boldsymbol{v}_2)=0,\\(\boldsymbol{r}-\boldsymbol{r}_2,\boldsymbol{v}_2,\boldsymbol{v}_1\times\boldsymbol{v}_2)=0.\end{cases}\tag{5.4.4}$$

记 d 为其公垂线段长度, 则 d 恰为 $\overrightarrow{M_1M_2}=\boldsymbol{r}_2-\boldsymbol{r}_1$ 在公垂线方向 $\boldsymbol{v}_1\times\boldsymbol{v}_2$ 上投影的绝对值, 因此

$$d=\frac{|(\boldsymbol{r}_2-\boldsymbol{r}_1,\boldsymbol{v}_1,\boldsymbol{v}_2)|}{|\boldsymbol{v}_1\times\boldsymbol{v}_2|}.\tag{5.4.5}$$

当 l_1 与 l_2 平行时, 则它们之间的距离等于一条直线上的一点到另一条直线的距离.

当直线用对称式方程表示时, 则由上面的分析, 仅需将具体向量的坐标代入, 我们可得如下定理.

定理 5.4.3　设两直线 l_1 与 l_2 的对称式方程为

$$l_1:\quad \frac{x-x_1}{X_1}=\frac{y-y_1}{Y_1}=\frac{z-z_1}{Z_1},\tag{5.4.6}$$

$$l_2:\quad \frac{x-x_2}{X_2}=\frac{y-y_2}{Y_2}=\frac{z-z_2}{Z_2},\tag{5.4.7}$$

则两直线的相关位置的充要条件分别为

(1) 异面: $D=\begin{vmatrix}x_2-x_1 & y_2-y_1 & z_2-z_1\\X_1 & Y_1 & Z_1\\X_2 & Y_2 & Z_2\end{vmatrix}\neq 0.$

(2) 相交: $D=0,\ X_1:Y_1:Z_1\neq X_2:Y_2:Z_2$.

(3) 平行: $X_1:Y_1:Z_1=X_2:Y_2:Z_2\neq(x_2-x_1):(y_2-y_1):(z_2:z_1)$.

(4) 重合: $X_1:Y_1:Z_1=X_2:Y_2:Z_2=(x_2-x_1):(y_2-y_1):(z_2:z_1)$.

两异面直线的 l_1 与 l_2 的距离为

$$d=\frac{\left\|\begin{vmatrix}x_2-x_1 & y_2-y_1 & z_2-z_1\\ X_1 & Y_1 & Z_1\\ X_2 & Y_2 & Z_2\end{vmatrix}\right\|}{\sqrt{\begin{vmatrix}Y_1 & Z_1\\ Y_2 & Z_2\end{vmatrix}^2+\begin{vmatrix}Z_1 & X_1\\ Z_2 & X_2\end{vmatrix}^2+\begin{vmatrix}X_1 & Y_1\\ X_2 & Y_2\end{vmatrix}^2}}, \tag{5.4.8}$$

其中 (5.4.8) 中的分子表示行列式的绝对值. 公垂线 l_0 的方程为

$$\begin{cases}\begin{vmatrix}x-x_1 & y-y_1 & z-z_1\\ X_1 & Y_1 & Z_1\\ X & Y & Z\end{vmatrix}=0,\\ \begin{vmatrix}x-x_2 & y-y_2 & z-z_2\\ X_2 & Y_2 & Z_2\\ X & Y & Z\end{vmatrix}=0,\end{cases} \tag{5.4.9}$$

其中 $X=\begin{vmatrix}Y_1 & Z_1\\ Y_2 & Z_2\end{vmatrix}, Y=\begin{vmatrix}Z_1 & X_1\\ Z_2 & X_2\end{vmatrix}, Z=\begin{vmatrix}X_1 & Y_1\\ X_2 & Y_2\end{vmatrix}$ 是向量 $\boldsymbol{v}_1\times\boldsymbol{v}_2$ 的分量.

定义 5.4.3 两条直线的**夹角**是指它们的方向向量的夹角或其补角 (通常为锐角).

设直线 l_1 和 l_2 的方向向量分别是 $\boldsymbol{v}_1$ 和 $\boldsymbol{v}_2$, 则 l_1 与 l_2 的夹角

$$\theta=\angle(\boldsymbol{v}_1,\boldsymbol{v}_2) \quad 或 \quad \theta=\pi-\angle(\boldsymbol{v}_1,\boldsymbol{v}_2).$$

例 5.4.2 求直线 $l_1: x-2=\dfrac{y+1}{-2}=\dfrac{z-3}{-1}$ 与直线 $l_2: \dfrac{x}{2}=\dfrac{y-1}{-1}=\dfrac{z+1}{-2}$ 之间的距离与它们的公垂线方程.

解 可见 $\boldsymbol{v}_1=(1,-2,-1)$ 与 $\boldsymbol{v}_2=(2,-1,-2)$ 不平行, 则直线 l_1 与 l_2 不平行, 且

$$\boldsymbol{v}_1\times\boldsymbol{v}_2=(3,0,3).$$

点 $P_1(2,-1,3)$ 和 $P_2(0,1,-1)$ 分别在直线 l_1 和 l_2 上, $\overrightarrow{P_1P_2}=(-2,2,-4)$. 因为

$$(\overrightarrow{P_1P_2},\boldsymbol{v}_1,\boldsymbol{v}_2)=-18\neq 0,$$

所以直线 l_1 和 l_2 是异面直线. 所求距离为

$$d=\frac{\left|(\overrightarrow{P_1P_2},\boldsymbol{v}_1,\boldsymbol{v}_2)\right|}{|\boldsymbol{v}_1\times\boldsymbol{v}_2|}=3\sqrt{2}.$$

根据 (5.4.9) 得公垂线方程为

$$\begin{cases}\begin{vmatrix}x-2 & y+1 & z-3\\ 1 & -2 & -1\\ 3 & 0 & 3\end{vmatrix}=0,\\ \begin{vmatrix}x & y-1 & z+1\\ 2 & -1 & -2\\ 3 & 0 & 3\end{vmatrix}=0,\end{cases}$$

即

$$\begin{cases}x+y-z+12=0,\\ x+4y-z-5=0.\end{cases}$$

习 题 5.4

1. 求过点 $P(1,1,1)$ 且与两直线 $l_1:\dfrac{x}{1}=\dfrac{y}{2}=\dfrac{z}{3}$, $l_2:\dfrac{x-1}{2}=\dfrac{y-2}{1}=\dfrac{z-3}{4}$ 都相交的直线的方程.

2. 在直线方程 $\begin{cases}Ax+By+Cz+D=0,\\ A_1x+B_1y+C_1z+D_1=0\end{cases}$ 中, 各系数应满足什么条件, 才会使直线具有以下各性质:

(1) 经过坐标原点;

(2) 和 x 轴平行;

(3) 和 y 轴相交;

(4) 与 z 轴重合.

3. 判别下列各对直线的相互位置. 如果是异面直线, 求出它们之间的距离.

(1) $\begin{cases}x-2y+2z=0,\\ 3x+2y-6=0\end{cases}$ 与 $\begin{cases}x+2y-z-11=0,\\ 2x+z-14=0;\end{cases}$

(2) $\dfrac{x-3}{3}=\dfrac{y-8}{-1}=\dfrac{z-3}{1}$ 与 $\dfrac{x+3}{-3}=\dfrac{y+7}{2}=\dfrac{z-6}{4}$;

(3) $\begin{cases} x = t, \\ y = 2t+1, \\ z = -t-2 \end{cases}$ 与 $\dfrac{x-1}{4} = \dfrac{y-4}{7} = \dfrac{z+2}{-5}$.

4. 求下列各对直线间的最短距离, 并求它们的公垂线:

(1) $\dfrac{x-3}{1} = \dfrac{y-1}{1} = \dfrac{z-2}{2}$ 与 $\dfrac{x}{-1} = \dfrac{y-2}{3} = \dfrac{z}{3}$;

(2) $\begin{cases} 3x-2y+z=0, \\ x-3y+5=0 \end{cases}$ 与 $\begin{cases} x-3z+2=0, \\ x+y+z+1=0; \end{cases}$

(3) $\begin{cases} x=3z-1, \\ y=2z-3 \end{cases}$ 与 $\begin{cases} y=2x-5, \\ z=7x+2. \end{cases}$

5. 设两直线 $\begin{cases} \dfrac{y}{b}+\dfrac{z}{c}=1, \\ x=0 \end{cases}$ 和 $\begin{cases} \dfrac{x}{a}-\dfrac{z}{c}=1, \\ y=0 \end{cases}$ 间的最短距离为 $2d$. 证明: $\dfrac{1}{d^2} = \dfrac{1}{a^2} + \dfrac{1}{b^2} + \dfrac{1}{c^2}$.

6. 求下列直线间的夹角:

(1) $\dfrac{x}{3} = \dfrac{y+1}{6} = \dfrac{z-5}{2}$ 和 $\dfrac{x}{2} = \dfrac{y}{9} = \dfrac{z+1}{6}$;

(2) $\begin{cases} 3x-2y-z=0, \\ 2x+y+z=0 \end{cases}$ 和 $\begin{cases} 4x+2y-6z-2=0, \\ y-5z+2=0. \end{cases}$

7. 判别下列直线与平面的相关位置:

(1) $\dfrac{x-3}{-2} = \dfrac{y+4}{-7} = \dfrac{z}{3}$ 与 $4x-2y-3z=3$;

(2) $\begin{cases} x=t, \\ y=-2t+9, \\ z=9t-4 \end{cases}$ 与 $3x-4y+7z-10=0$;

(3) $\begin{cases} x=3z-1, \\ y=2z-3 \end{cases}$ 与平面 $x+y+z=0$.

8. 设一直线与三坐标平面的交角为 α, β, γ. 试证:

$$\cos^2\alpha + \cos^2\beta + \cos^2\gamma = 2.$$

9. 判别下列各对平面的相关位置:

(1) $2x-4y+5z-21=0$ 与 $x-3z+18=0$;

(2) $3x-y+2z+1=0$ 与 $15x+8y-z-2=0$;

(3) $6x+2y-4z+3=0$ 与 $9x+3y-6z-\dfrac{9}{2}=0$.

10. 求下列各组平面所成的角:

(1) $x+y-11=0,\ 3x+8=0$;

(2) $7x+2y+z=0,\ 15x+8y-z-2=0$.

11. 设三平行平面 $\pi_i: Ax+By+Cz+D_i=0\ (i=1,2,3)$, L,M,N 是分别属于平面 π_1,π_2,π_3 的任三点, 求 $\triangle LMN$ 的重心的轨迹.

5.5 平面束及其应用

空间中所有平行于同一平面的一族平面称为平行平面束. 易见, 在空间直角坐标系 $Oxyz$ 中, 由平面 $\pi: Ax+By+Cz+D=0$ 决定的平行平面束的方程为

$$Ax+By+Cz+\lambda=0, \tag{5.5.1}$$

其中 λ 是任意实数.

空间中所有通过同一直线的一族平面称为**有轴平面束**, 其中直线称为平面束的轴.

平面束

定理 5.5.1 设直线 l 的方程为

$$\begin{cases}A_1x+B_1y+C_1z+D_1=0,\\ A_2x+B_2y+C_2z+D_2=0,\end{cases} \tag{5.5.2}$$

则通过直线 l 的有轴平面束的方程是

$$\lambda_1(A_1x+B_1y+C_1z+D_1)+\lambda_2(A_2x+B_2y+C_2z+D_2)=0, \tag{5.5.3}$$

其中 λ_1,λ_2 是不全为零的任意实数.

证明 首先, 对于任意一对不全为零的实数 λ_1,λ_2, 方程 (5.5.3) 必表示一张平面. 此时, 方程 (5.5.3) 可写为

$$(\lambda_1A_1+\lambda_2A_2)x+(\lambda_1B_1+\lambda_2B_2)y+(\lambda_1C_1+\lambda_2C_2)z+(\lambda_1D_1+\lambda_2D_2)=0, \tag{5.5.4}$$

这里三个系数 $\lambda_1A_1+\lambda_2A_2$, $\lambda_1B_1+\lambda_2B_2$, $\lambda_1C_1+\lambda_2C_2$ 不能全为零, 否则

$$\lambda_1A_1+\lambda_2A_2=0,\quad \lambda_1B_1+\lambda_2B_2=0,\quad \lambda_1C_1+\lambda_2C_2=0.$$

故有

$$\frac{A_1}{A_2}=\frac{B_1}{B_2}=\frac{C_1}{C_2},$$

这与直线方程 (5.5.2) 中系数 (A_1,B_1,C_1) 和 (A_2,B_2,C_2) 不成比例相矛盾, 因此 (5.5.4) 是一个关于 x,y,z 的一次方程, 则 (5.5.4) 或 (5.5.3) 必表示一张平面. 另

一方面, 直线 l 上的点的坐标满足方程组 (5.5.2), 从而必满足方程 (5.5.3), 所以对于不全为零的任意实数 λ_1, λ_2, 方程 (5.5.3) 必表示一张通过直线 l 的平面, 也即对于不全为零的任意实数 λ_1, λ_2, 方程 (5.5.3) 必表示以直线 l 为轴的平面束中的平面.

反之, 对于任一张通过直线 l 的平面 π, 取其不在直线 l 上的一点 $P(x_0, y_0, z_0)$, 则 $A_1x_0 + B_1y_0 + C_1z_0 + D_1$ 与 $A_2x_0 + B_2y_0 + C_2z_0 + D_2$ 不能同时为零, 否则点 P 的坐标满足方程组 (5.5.2), 这与 P 不在直线 l 上相矛盾. 容易验证下面方程:

$$\begin{aligned}&(A_2x_0 + B_2y_0 + C_2z_0 + D_2)(A_1x + B_1y + C_1z + D_1)\\ &+(-A_1x_0 - B_1y_0 - C_1z_0 - D_1)(A_2x + B_2y + C_2z + D_2) = 0\end{aligned}$$

表示一张过直线 l 和 P 点的平面, 即为平面 π 的方程. 只要取 $\lambda_1 = A_2x_0+B_2y_0+C_2z_0 + D_2$, $\lambda_2 = -A_1x_0 - B_1y_0 - C_1z_0 - D_1$, 从而平面 π 可写成方程 (5.5.3) 的形式. 因此以直线 l 为轴的平面束中的任一张平面都可写成方程 (5.5.3) 的形式. □

例 5.5.1 试求经过直线 $l:\begin{cases}x + 2y - z = 0,\\ x + z + 2 = 0\end{cases}$ 并且与平面 $\pi: -x - 2y + z - 1 = 0$ 的夹角是 45° 的平面的方程.

解 设经过直线 l 的平面束方程为

$$\lambda_1(x + 2y - z) + \lambda_2(x + z + 2) = 0,$$

即 $(\lambda_1 + \lambda_2)x + 2\lambda_1 y + (\lambda_2 - \lambda_1)z + 2\lambda_2 = 0$. 由题设条件, 可知

$$\cos 45^\circ = \frac{|-\lambda_1 - \lambda_2 - 4\lambda_1 + \lambda_2 - \lambda_1|}{\sqrt{6\left[(\lambda_1 + \lambda_2)^2 + 4\lambda_1^2 + (\lambda_2 - \lambda_1)^2\right]}},$$

即

$$\frac{|-6\lambda_1|}{\sqrt{6(6\lambda_1^2 + 2\lambda_2^2)}} = \frac{\sqrt{2}}{2}.$$

将上式两边平方后化简, 可得

$$\lambda_1 : \lambda_2 = 1 : \sqrt{3} \quad 或 \quad \lambda_1 : \lambda_2 = 1 : -\sqrt{3}.$$

因此, 所求平面的方程为

$$(1 + \sqrt{3})x + 2\sqrt{3}y + (\sqrt{3} - 1)z + 2\sqrt{3} = 0$$

或

$$(1-\sqrt{3})x-2\sqrt{3}y-(\sqrt{3}+1)z-2\sqrt{3}=0.$$

例 5.5.2 试证两个直线

$$l_1:\begin{cases}A_1x+B_1y+C_1z+D_1=0,\\A_2x+B_2y+C_2z+D_2=0,\end{cases}\quad l_2:\begin{cases}A_3x+B_3y+C_3z+D_3=0,\\A_4x+B_4y+C_4z+D_4=0\end{cases}$$

在同一平面上的充要条件是

$$\begin{vmatrix}A_1&B_1&C_1&D_1\\A_2&B_2&C_2&D_2\\A_3&B_3&C_3&D_3\\A_4&B_4&C_4&D_4\end{vmatrix}=0. \tag{5.5.5}$$

证明 通过直线 l_1 的有轴平面束的方程是

$$\lambda_1(A_1x+B_1y+C_1z+D_1)+\lambda_2(A_2x+B_2y+C_2z+D_2)=0, \tag{5.5.6}$$

其中 λ_1,λ_2 是不全为零的任意实数; 通过直线 l_2 的有轴平面束的方程是

$$\lambda_3(A_3x+B_3y+C_3z+D_3)+\lambda_4(A_4x+B_4y+C_4z+D_4)=0, \tag{5.5.7}$$

其中 λ_3,λ_4 是不全为零的任意实数. l_1 和 l_2 在同一平面上的充要条件是存在不全为零的实数对 λ_1,λ_2 和 λ_3,λ_4 使得方程 (5.5.6) 和 (5.5.7) 表示同一张平面, 也即存在非零实数 t 使得

$$\begin{aligned}&\lambda_1(A_1x+B_1y+C_1z+D_1)+\lambda_2(A_2x+B_2y+C_2z+D_2)\\=&\,t[\lambda_3(A_3x+B_3y+C_3z+D_3)+\lambda_4(A_4x+B_4y+C_4z+D_4)]\end{aligned}$$

成立, 化简整理后得

$$\begin{aligned}&(\lambda_1A_1+\lambda_2A_2-t\lambda_3A_3-t\lambda_4A_4)x\\&+(\lambda_1B_1+\lambda_2B_2-t\lambda_3B_3-t\lambda_4B_4)y\\&+(\lambda_1C_1+\lambda_2C_2-t\lambda_3C_3-t\lambda_4C_4)z\\&+(\lambda_1D_1+\lambda_2D_2-t\lambda_3D_3-t\lambda_4D_4)=0,\end{aligned}$$

所以

$$\lambda_1 A_1 + \lambda_2 A_2 - t\lambda_3 A_3 - t\lambda_4 A_4 = 0,$$

$$\lambda_1 B_1 + \lambda_2 B_2 - t\lambda_3 B_3 - t\lambda_4 B_4 = 0,$$

$$\lambda_1 C_1 + \lambda_2 C_2 - t\lambda_3 C_3 - t\lambda_4 C_4 = 0,$$

$$\lambda_1 D_1 + \lambda_2 D_2 - t\lambda_3 D_3 - t\lambda_4 D_4 = 0.$$

由于 $\lambda_1, \lambda_2, \lambda_3, \lambda_4$ 不全为零, 所以

$$\begin{vmatrix} A_1 & A_2 & -tA_3 & -tA_4 \\ B_1 & B_2 & -tB_3 & -tB_4 \\ C_1 & C_2 & -tC_3 & -tC_4 \\ D_1 & D_2 & -tD_3 & -tD_4 \end{vmatrix} = 0,$$

由于 $t \neq 0$, 两直线 l_1 和 l_2 共面, 则

$$\begin{vmatrix} A_1 & B_1 & C_1 & D_1 \\ A_2 & B_2 & C_2 & D_2 \\ A_3 & B_3 & C_3 & D_3 \\ A_4 & B_4 & C_4 & D_4 \end{vmatrix} = 0. \qquad \square$$

反之, 若 (5.5.5) 成立, 则关于 $\lambda_1, \lambda_2, t\lambda_3, t\lambda_4$ 的齐次方程组 (5.5.9) 有非零约. 不妨设 $\lambda_1 \neq 0$. 可以证明 $t\lambda_3$ 与 $t\lambda_4$ 不全为零. 否则, 由 (5.5.9) 知 $A_1 : A_2 = B_1 : B_2 = C_1 : C_2 = D_1 : D_2 = \lambda_2 : (-\lambda_1)$ 从而 ℓ_1 中两平面平行, 与题设矛盾. 从而 (5.5.8) 成立. 因此 l_1 与 l_2 共面. $\square$

习 题 5.5

1. 证明三平面 $2x - y + 1 = 0, x + 2y + z + 2 = 0, 3x + y + z + 3 = 0$ 属于同一平面束, 并求平面束中通过点:

(1) $P_1(1, 0, 1)$;

(2) $P_2(-1, 2, 1)$;

(3) $O(0, 0, 0)$

的平面方程.

2. 求满足下列条件的平面方程:

(1) 通过直线 $\begin{cases} x + y + z = 0, \\ 2x - y + 3z = 0 \end{cases}$ 且平行于直线 $x - 1 = 2y = 3z$;

(2) 通过直线 $\begin{cases} 4x - y + 3z - 1 = 0, \\ x + 5y = 0 \end{cases}$ 且与平面 $2x - y + 5z - 3 = 0$ 垂直;

(3) 通过直线 $\begin{cases} x + 3y - 5 = 0, \\ x - y - 2z + 4 = 0 \end{cases}$ 且在 x 轴和 y 轴上的截距相等;

(4) 通过直线 $\dfrac{x-1}{0} = \dfrac{y-2}{2} = \dfrac{z+2}{-3}$ 且与点 $P(2, 2, 2)$ 的距离等于 2 的平面.

3. 一平面与 xOy 平面的交线为 $\begin{cases} 2x + y - 2 = 0, \\ z = 0 \end{cases}$ 且与三坐标平面构成一个体积为 2 的四面体. 求此平面的方程.

第 6 章 线 性 空 间

线性空间理论是数学理论的一个重要基石, 也是科学计算的重要基础, 它在能源、环境保护、流体力学等工程领域有着极其重要的应用. 线性空间理论的研究也体现了代数学中突出的共性研究的思想. 本章我们将讨论数域上线性空间的初步理论.

6.1 线性空间的定义

让我们从几个例子来开始分析.

例 6.1.1 设 X ={定义在 $[a,b]$ 上的实值函数全体}, X 具有如下的一些运算:

(1) 函数的加法 (减法);

(2) 函数的乘法;

(3) 函数的复合运算;

(4) 函数与实数的数乘运算.

例 6.1.2 设 $\boldsymbol{X}=\mathbb{F}^{m\times n}$, $\boldsymbol{X}$ 具有如下运算:

(1) 矩阵的加法 (减法);

(2) 矩阵与数的数乘运算;

(3) 矩阵乘法 (若 $m=n$).

例 6.1.3 设 $X=\mathbb{R}^3$, 这里 $\mathbb{R}^3=\left\{(x,y,z)^{\mathrm{T}}\,\middle|\,x,y,z\in\mathbb{R}\right\}$, 我们知道 $\mathbb{R}^3$ 中的任意一个元素就是我们在解析几何中所熟知的三元向量, 它具有如下运算:

(1) 向量的加法;

(2) 向量与实数的数乘;

(3) 向量间的叉乘.

从上述三个例子中我们可以看到, 集合 X 所代表的对象是不相同的, 对于不同的 X, 其元素所能参与的运算以及运算形式也不尽相同. 但是, 如果撇开运算的具体形式, 我们不难验证其中有两个运算, 它们所有的运算性质都完全相同. 这两个运算分别是三个例子中的加法运算及数乘运算. 于是, 如果我们能把三个例子中一个集合的与加法、数乘运算相关的运算性质研究透了, 那么其他两个例子中关于加法、数乘运算相关的性质就可以类似地推知.

线性空间理论正是体现了这样的思想, 它是研究具有加法及数乘运算的集合的理论 ①.

定义 6.1.1 设 $\mathbb{F}$ 是一个数域, V 是一个非空集合, 又设 V 上定义了一个二元运算及一个与 $\mathbb{F}$ 中数相乘的数乘运算. 记该二元运算为 "+", 并称其为加法. 如果所定义的加法与数乘运算满足

(1) $\boldsymbol{\alpha}+\boldsymbol{\beta}=\boldsymbol{\beta}+\boldsymbol{\alpha}, \forall \boldsymbol{\alpha}, \boldsymbol{\beta} \in V$;

(2) $(\boldsymbol{\alpha}+\boldsymbol{\beta})+\boldsymbol{\gamma}=\boldsymbol{\alpha}+(\boldsymbol{\beta}+\boldsymbol{\gamma}), \forall \boldsymbol{\alpha}, \boldsymbol{\beta}, \boldsymbol{\gamma} \in V$;

(3) $\exists \boldsymbol{\theta} \in V$, s.t. $\boldsymbol{\alpha}+\boldsymbol{\theta}=\boldsymbol{\alpha}$, $\forall \boldsymbol{\alpha} \in V$ (习惯上, 称 $\boldsymbol{\theta}$ 为零元素);

(4) $\forall \boldsymbol{\alpha} \in V$, $\exists \boldsymbol{\beta} \in V$, s.t. $\boldsymbol{\alpha}+\boldsymbol{\beta}=\boldsymbol{\theta}$ (习惯上, 称 $\boldsymbol{\beta}$ 为 $\boldsymbol{\alpha}$ 的负元素, 并记 $-\boldsymbol{\alpha}=\boldsymbol{\beta}$);

(5) $1\ \boldsymbol{\alpha}=\boldsymbol{\alpha}, \forall \boldsymbol{\alpha} \in V$;

(6) $(kl)\boldsymbol{\alpha}=k(l\boldsymbol{\alpha}), \forall \boldsymbol{\alpha} \in V, \forall k, l \in \mathbb{F}$;

(7) $(k+l)\boldsymbol{\alpha}=k\boldsymbol{\alpha}+l\boldsymbol{\alpha}, \forall \boldsymbol{\alpha} \in V, \forall k, l \in \mathbb{F}$;

(8) $k(\boldsymbol{\alpha}+\boldsymbol{\beta})=k\boldsymbol{\alpha}+k\boldsymbol{\beta}, \forall \boldsymbol{\alpha}, \boldsymbol{\beta} \in V, \forall k \in \mathbb{F}$.

则称 V 关于所定义的加法与数乘运算构成数域 $\mathbb{F}$ 上的一个线性空间.

依定义 6.1.1, 例 6.1.1 中的 X 关于函数的加法、函数与数的数乘运算构成实数域 $\mathbb{R}$ 上的线性空间、例 6.1.2 中的 $\mathbb{F}^{m\times n}$ 关于矩阵加法、矩阵与数的数乘运算构成数域 $\mathbb{F}$ 上的线性空间, 例 6.1.3 中的 $\mathbb{R}^3$ 关于向量的加法、向量与数的数乘运算也构成 $\mathbb{R}$ 上的线性空间.

例 6.1.4 (1) $\mathbb{R}$ 本身关于数的加法以及乘法 (看成数乘) 构成 $\mathbb{R}$ 上的一个线性空间.

(2) 数域 $\mathbb{F}$ 上的一元多项式函数全体 $\mathbb{F}[x]$, 以及 $\mathbb{F}$ 上次数不超过 $n-1$ 次的一元多项式函数全体 $\mathbb{F}[x]_n$ 关于多项式函数的加法及多项式函数与数的数乘运算构成 $\mathbb{F}$ 上的一个线性空间.

(3) 设 $\mathbb{F}$ 是一个数域, $V=\{\boldsymbol{\theta}\}$ 为只含有一个元素的集合, 定义 V 中向量间的运算 + 和与 $\mathbb{F}$ 中数的数乘运算如下:

$$\boldsymbol{\theta}+\boldsymbol{\theta}=\boldsymbol{\theta}, \quad k\boldsymbol{\theta}=\boldsymbol{\theta}, \quad \forall k \in \mathbb{F},$$

则所定义的两个运算满足定义 6.1.1 中的 8 条性质, 因此, $V=\{\boldsymbol{\theta}\}$ 关于所定义的运算构成数域 $\mathbb{F}$ 上的线性空间. 这个空间只含有一个零元素, 通常, 我们称之为**零空间**.

例 6.1.5 令 $\mathbb{F}^n \triangleq \mathbb{F}^{n\times 1}$, 则 $\mathbb{F}^n$ 关于向量的加法与向量的数乘运算构成 $\mathbb{F}$ 上的一个线性空间. 通常, 我们称该空间为 $\mathbb{F}$ 上的 n **元向量空间**. $\mathbb{R}^2$ 及 $\mathbb{R}^3$ 均为其

① 线性空间研究由两个算法构成的对象的性质, 它与力学中力的合成、几何学矢径的加法等相关. 研究由几个不同算法所构成的体系的性质, 是代数学的主要任务之一.

特例. 同理, $\mathbb{F}^{1\times n}$ 也构成 $\mathbb{F}$ 上的一个线性空间, 也称为 $\mathbb{F}$ 上的 n **元向量空间**. 在不会引起混淆的时候, 我们也记 $\mathbb{F}^{1\times n}$ 为 $\mathbb{F}^n$.

例 6.1.6 设 $\mathbb{F}=\mathbb{R}$, $V=\mathbb{R}^+$, V 中加法定义如下 (为了避免与数的加法混淆, 这里我们用 $\oplus$):

$$\boldsymbol{\alpha}\oplus\boldsymbol{\beta}=\boldsymbol{\alpha}\boldsymbol{\beta},\qquad \forall\boldsymbol{\alpha},\boldsymbol{\beta}\in V.$$

数乘运算定义如下:

$$k\boldsymbol{\alpha}=\boldsymbol{\alpha}^k,\qquad \forall\boldsymbol{\alpha}\in\mathbb{R}^+,\ k\in\mathbb{F}.$$

试判断 V 关于 $\oplus$ 及数乘运算是否构成 $\mathbb{F}$ 上的线性空间.

解 我们只要验证定义 6.1.1 中 (1)—(8) 被满足或者不全被满足即可. $\forall\boldsymbol{\alpha},\boldsymbol{\beta},\boldsymbol{\gamma}\in V$, 依乘法性质有

$$\boldsymbol{\alpha}\oplus\boldsymbol{\beta}=\boldsymbol{\alpha}\boldsymbol{\beta}=\boldsymbol{\beta}\boldsymbol{\alpha}=\boldsymbol{\beta}\oplus\boldsymbol{\alpha}$$

及

$$(\boldsymbol{\alpha}\oplus\boldsymbol{\beta})\oplus\boldsymbol{\gamma}=\boldsymbol{\alpha}\oplus(\boldsymbol{\beta}\oplus\boldsymbol{\gamma}),$$

即 (1) 和 (2) 满足.

(3) $\forall\boldsymbol{\alpha}\in V$, $1\oplus\boldsymbol{\alpha}=1\boldsymbol{\alpha}=\boldsymbol{\alpha}$, 故 1 为 V 的一个零元素.

(4) $\forall\boldsymbol{\alpha}\in V$, $\boldsymbol{\alpha}\oplus\dfrac{1}{\boldsymbol{\alpha}}=\boldsymbol{\alpha}\cdot\dfrac{1}{\boldsymbol{\alpha}}=1$, 所以, $\dfrac{1}{\boldsymbol{\alpha}}$ 为 $\boldsymbol{\alpha}$ 的负元素.

(5) $1\boldsymbol{\alpha}=\boldsymbol{\alpha}^1=\boldsymbol{\alpha},\forall\boldsymbol{\alpha}\in V$.

(6) $(kl)\boldsymbol{\alpha}=\boldsymbol{\alpha}^{kl}=(\boldsymbol{\alpha}^l)^k=k(l\boldsymbol{\alpha}),\forall\boldsymbol{\alpha}\in V,\forall k,l\in\mathbb{F}$.

(7) $(k+l)\boldsymbol{\alpha}=\boldsymbol{\alpha}^{k+l}=\boldsymbol{\alpha}^k\cdot\boldsymbol{\alpha}^l=\boldsymbol{\alpha}^k\oplus\boldsymbol{\alpha}^l=k\boldsymbol{\alpha}\oplus l\boldsymbol{\alpha},\forall\boldsymbol{\alpha}\in V,\forall k,l\in\mathbb{F}$.

(8) $k(\boldsymbol{\alpha}\oplus\boldsymbol{\beta})=(\boldsymbol{\alpha}\boldsymbol{\beta})^k=\boldsymbol{\alpha}^k\boldsymbol{\beta}^k=\boldsymbol{\alpha}^k\oplus\boldsymbol{\beta}^k=k\boldsymbol{\alpha}\oplus k\boldsymbol{\beta},\forall\boldsymbol{\alpha},\boldsymbol{\beta}\in V,\forall k\in\mathbb{F}$.

上述验证说明, V 关于所定义的运算构成 $\mathbb{F}$ 上的一个线性空间.

例 6.1.7 设 S 是一个非空集合, V 是 $\mathbb{F}$ 上的线性空间, $F(S,V)=\{f: S\to V\}$ 是 S 到 V 的所有映射构成的集合. 对任意 $f,g\in F(S,V)$, 任意 $\lambda\in\mathbb{F}$, 定义加法 $f+g$ 和数乘 λf 如下:

$$\forall s\in S,\ \ (f+g)(s)=f(s)+g(s);\qquad (\lambda f)(s)=\lambda f(s).$$

则容易验证 $F(S,V)$ 关于加法和数乘构成 $\mathbb{F}$ 上的线性空间. 特别地, 当 $V=\mathbb{F}$ 时, S 上的取值于 $\mathbb{F}$ 的所有函数全体构成 $\mathbb{F}$ 上的线性空间 $F(S,\mathbb{F})$.

由于线性空间中的两个运算性质与 $\mathbb{R}^3$ 中向量加法运算及向量与数的数乘运算的运算性质一样, 故通常我们也称线性空间 V 为**向量空间**, 而 V 中的元素称为**向量**, 零元素 $\boldsymbol{\theta}$ 称为**零向量**, 负元素称为**负向量**.

定理 6.1.1 设 V 是数域 $\mathbb{F}$ 上的线性空间, 则

(1) 零向量 $\boldsymbol{\theta}$ 唯一.

(2) $\forall \boldsymbol{\alpha} \in V$, 负向量 $-\boldsymbol{\alpha}$ 唯一.

(3) $0\boldsymbol{\alpha} = \boldsymbol{\theta}$, $k\boldsymbol{\theta} = \boldsymbol{\theta}$, $\forall \boldsymbol{\alpha} \in V$, $\forall k \in \mathbb{F}$.

(4) $-\boldsymbol{\alpha} = (-1)\boldsymbol{\alpha}, \forall \boldsymbol{\alpha} \in V$.

(5) 若 $k\boldsymbol{\alpha} = \boldsymbol{\theta}$, 则 $k = 0$ 或 $\boldsymbol{\alpha} = \boldsymbol{\theta}$.

证明 (1) 设 $\boldsymbol{\theta}_1$, $\boldsymbol{\theta}_2$ 均是 V 的零向量, 则依定义及交换律, 有

$$\boldsymbol{\theta}_1 = \boldsymbol{\theta}_1 + \boldsymbol{\theta}_2 = \boldsymbol{\theta}_2 + \boldsymbol{\theta}_1 = \boldsymbol{\theta}_2,$$

即零向量唯一.

(2) $\forall \boldsymbol{\alpha} \in V$, 设$\boldsymbol{\beta}_1, \boldsymbol{\beta}_2 \in V$ 为 $\boldsymbol{\alpha}$ 的负向量, 即

$$\boldsymbol{\alpha} + \boldsymbol{\beta}_1 = \boldsymbol{\alpha} + \boldsymbol{\beta}_2 = \boldsymbol{\theta},$$

则

$$\begin{aligned}\boldsymbol{\beta}_1 &= \boldsymbol{\beta}_1 + \boldsymbol{\theta} = \boldsymbol{\beta}_1 + (\boldsymbol{\alpha} + \boldsymbol{\beta}_2) = (\boldsymbol{\beta}_1 + \boldsymbol{\alpha}) + \boldsymbol{\beta}_2 \\ &= (\boldsymbol{\alpha} + \boldsymbol{\beta}_1) + \boldsymbol{\beta}_2 = \boldsymbol{\theta} + \boldsymbol{\beta}_2 = \boldsymbol{\beta}_2 + \boldsymbol{\theta} = \boldsymbol{\beta}_2,\end{aligned}$$

即 V 中任一元的负向量唯一.

(3) $\forall \boldsymbol{\alpha} \in V, 0\boldsymbol{\alpha} = (0+0)\boldsymbol{\alpha} = 0\boldsymbol{\alpha} + 0\boldsymbol{\alpha}$, 两边同时加上 $0\boldsymbol{\alpha}$ 的负向量 $-0\boldsymbol{\alpha}$, 则

$$\boldsymbol{\theta} = 0\boldsymbol{\alpha} + (-0\boldsymbol{\alpha}) = 0\boldsymbol{\alpha} + (0\boldsymbol{\alpha} + (-0\boldsymbol{\alpha})) = 0\boldsymbol{\alpha} + \boldsymbol{\theta},$$

从而

$$0\boldsymbol{\alpha} = \boldsymbol{\theta}.$$

同理可证, $\forall k \in \mathbb{F}, k\boldsymbol{\theta} = \boldsymbol{\theta}$.

(4) $\forall \boldsymbol{\alpha} \in V$, 由于

$$\boldsymbol{\theta} = 0\boldsymbol{\alpha} = (1 + (-1))\boldsymbol{\alpha} = \boldsymbol{\alpha} + (-1)\boldsymbol{\alpha},$$

故 $(-1)\boldsymbol{\alpha}$ 为 $\boldsymbol{\alpha}$ 的负向量 , $-\boldsymbol{\alpha} = (-1)\boldsymbol{\alpha}$.

(5) 若 $k\boldsymbol{\alpha} = \boldsymbol{\theta}$, 而 $k \neq 0$, 则 $\boldsymbol{\alpha} = \left(\dfrac{1}{k} \cdot k\right)\boldsymbol{\alpha} = \dfrac{1}{k}(k\boldsymbol{\alpha}) = \dfrac{1}{k}\boldsymbol{\theta} = \boldsymbol{\theta}$. □

依据定义 6.1.1, 我们有 $\forall n \in \mathbb{N}^+$,

$$n\boldsymbol{\alpha} = \underbrace{\boldsymbol{\alpha} + \boldsymbol{\alpha} + \cdots + \boldsymbol{\alpha}}_{n}, \quad (-n)\boldsymbol{\alpha} = \underbrace{(-\boldsymbol{\alpha}) + (-\boldsymbol{\alpha}) + \cdots + (-\boldsymbol{\alpha})}_{n}.$$

利用线性空间 V 中的加法运算以及定理 6.1.1, 我们可以验证如下确定的对应规则:

$$\phi: V \times V \to V,\ \phi(\boldsymbol{\alpha}, \boldsymbol{\beta}) = \boldsymbol{\alpha} + (-\boldsymbol{\beta}),\quad \forall \boldsymbol{\alpha}, \boldsymbol{\beta} \in V$$

是 V 上的一个运算. 通常, 我们称之为 V 上的**减法运算**. 习惯上, 我们记

$$\boldsymbol{\alpha} - \boldsymbol{\beta} \triangleq \boldsymbol{\alpha} + (-\boldsymbol{\beta}), \qquad \forall \boldsymbol{\alpha}, \boldsymbol{\beta} \in V.$$

减法运算由加法运算所派生. 数的减法、矩阵的减法都可以看成是由相应的加法运算所派生的.

习 题 6.1

1. 检验以下集合关于指定的运算是否构成相应数域上的线性空间.

(1) 实平面上的全体向量所成的集合关于通常向量的加法和如下定义的数乘:

$$k\boldsymbol{\alpha} = \boldsymbol{\alpha}, \quad \forall \boldsymbol{\alpha} \in V, \quad \forall k \in \mathbb{R}.$$

(2) 复数域 $\mathbb{C}$ 关于通常数的加法以及乘法 (看成数乘).

(3) 实数域 $\mathbb{R}$ 上的二元笛卡儿积, 关于下面定义的二元运算:

$$\begin{aligned} &(a_1, b_1) \oplus (a_2, b_2) = (a_1 + a_2, b_1 + b_2 + a_1 a_2), \\ &k(a_1, b_1) = \left(ka_1, kb_1 + \frac{k(k-1)}{2} a_1^2\right), \end{aligned} \qquad \forall a_1, b_1, a_2, b_2, k \in \mathbb{R}.$$

(4) 次数等于 $n (n \geqslant 1)$ 的一元实系数多项式函数全体, 关于多项式函数的加法和多项式函数与实数的数乘.

(5) 全体实 n 阶方阵的集合关于通常与数的数乘运算及如下定义的加法运算:

$$\boldsymbol{A} \oplus \boldsymbol{B} = \boldsymbol{AB} - \boldsymbol{BA}.$$

2. 设 V 是数域 $\mathbb{F}$ 上的线性空间, 假如 V 至少含有一个非零向量 $\boldsymbol{\alpha}$, 问 V 中向量个数是有限多个还是无限多个? 有没有由 $n\ (2 \leqslant n < +\infty)$ 个向量所构成的数域上的线性空间?

3. 设 V 是数域 $\mathbb{F}$ 上的线性空间, 证明:

(1) $k(-\boldsymbol{\alpha}) = -k\boldsymbol{\alpha} = (-k)\boldsymbol{\alpha}, \forall k \in \mathbb{F}, \forall \boldsymbol{\alpha} \in V$;

(2) $(k-l)\boldsymbol{\alpha} = k\boldsymbol{\alpha} - l\boldsymbol{\alpha}, \forall k, l \in \mathbb{F}, \forall \boldsymbol{\alpha} \in V$;

(3) $k(\boldsymbol{\alpha} - \boldsymbol{\beta}) = k\boldsymbol{\alpha} - k\boldsymbol{\beta}, \forall k \in \mathbb{F}, \forall \boldsymbol{\alpha}, \forall \boldsymbol{\beta} \in V$;

(4) $k\boldsymbol{\theta} = \boldsymbol{\theta}, \forall k \in \mathbb{F}$.

4. 证明: 数域上的线性空间定义的八个条件中向量加法满足交换律不是独立的, 即它可以由其余七个条件推出. (注: 当线性空间 V 是特征为素数 p 的域时, 一般情况下, 交换律不可由其他条件推出. 具体可参见后继课程抽象代数的相关内容.)

6.2 向量组的线性关系

在 $\mathbb{R}^2$ 或 $\mathbb{R}^3$ 中, 两个向量的共线与共面、不共线与不共面的判断是解析几何的一个要点之一. 数域 $\mathbb{F}$ 上的线性空间 V 中向量线性相关与线性无关的概念既是 $\mathbb{R}^2$ 或 $\mathbb{R}^3$ 中上述几何现象的推广, 又是线性空间理论中的一个重要基础概念. 本节及以后, 若无特殊说明, 我们总假设 s 与 t 为正整数.

设 V 是数域 $\mathbb{F}$ 上的线性空间, $\boldsymbol{\alpha}_1, \boldsymbol{\alpha}_2, \cdots, \boldsymbol{\alpha}_s$ $(s \geqslant 1)$ 为 V 的一组向量, 通常称之为 V 的一个向量组.

定义 6.2.1 设 $k_1, k_2, \cdots, k_s$ 为 $\mathbb{F}$ 中的 s 个数, 称 $k_1\boldsymbol{\alpha}_1 + k_2\boldsymbol{\alpha}_2 + \cdots + k_s\boldsymbol{\alpha}_s$ 为向量 $\boldsymbol{\alpha}_1, \boldsymbol{\alpha}_2, \cdots, \boldsymbol{\alpha}_s$ 的一个**线性组合**.

显然向量 $\boldsymbol{\alpha}_1, \boldsymbol{\alpha}_2, \cdots, \boldsymbol{\alpha}_s$ 的线性组合亦是 V 中的一个向量.

定义 6.2.2 设 $\boldsymbol{\beta}, \boldsymbol{\alpha}_1, \boldsymbol{\alpha}_2, \cdots, \boldsymbol{\alpha}_s$ 均为 V 中的向量, 若存在 $\mathbb{F}$ 中的 s 个数 $k_1, k_2, \cdots, k_s$ 使得

$$\boldsymbol{\beta} = k_1\boldsymbol{\alpha}_1 + k_2\boldsymbol{\alpha}_2 + \cdots + k_s\boldsymbol{\alpha}_s,$$

则称 $\boldsymbol{\beta}$ 可由 $\boldsymbol{\alpha}_1, \boldsymbol{\alpha}_2, \cdots, \boldsymbol{\alpha}_s$ **线性表出**或**线性表示**, 并称 $k_1, k_2, \cdots, k_s$ 为**系数**.

习惯上, 我们也记上述 $\boldsymbol{\beta}$ 可由 $\boldsymbol{\alpha}_1, \boldsymbol{\alpha}_2, \cdots, \boldsymbol{\alpha}_s$ 线性表示的形式为如下的类似矩阵乘法的形式:

$$\boldsymbol{\beta} \triangleq (\boldsymbol{\alpha}_1,\ \boldsymbol{\alpha}_2,\ \cdots,\ \boldsymbol{\alpha}_s)\begin{pmatrix} k_1 \\ k_2 \\ \vdots \\ k_s \end{pmatrix}.$$

从物理上看, 向量的线性组合及线性表示各对应着力的合成与分解.

例 6.2.1 设 $\boldsymbol{AX} = \boldsymbol{b}, \boldsymbol{A} = (a_{ij})_{m\times n}, \boldsymbol{X} = \begin{pmatrix} x_1 \\ x_2 \\ \vdots \\ x_n \end{pmatrix}, \boldsymbol{b} = \begin{pmatrix} b_1 \\ b_2 \\ \vdots \\ b_m \end{pmatrix}$, 将 $\boldsymbol{A}$ 按列分块, 并记 $\boldsymbol{A}$ 的列依次为

$$\boldsymbol{\alpha}_i = \begin{pmatrix} a_{1i} \\ a_{2i} \\ \vdots \\ a_{mi} \end{pmatrix} \quad (i = 1, 2, \cdots, n).$$

则

$$\boldsymbol{AX}=\boldsymbol{b} \Longleftrightarrow \boldsymbol{b}=x_1\boldsymbol{\alpha}_1+x_2\boldsymbol{\alpha}_2+\cdots+x_n\boldsymbol{\alpha}_n,$$

即

$$\boldsymbol{AX}=\boldsymbol{b}\text{ 有解} \Longleftrightarrow \boldsymbol{b}\text{ 可以经}\boldsymbol{\alpha}_1,\boldsymbol{\alpha}_2,\cdots,\boldsymbol{\alpha}_n\text{线性表出}.$$

同理,

$$\boldsymbol{AX}=\boldsymbol{b}\text{ 无解} \Longleftrightarrow \boldsymbol{b}\text{ 不是}\boldsymbol{\alpha}_1,\boldsymbol{\alpha}_2,\cdots,\boldsymbol{\alpha}_n\text{的线性组合}.$$

定义 6.2.3 设 $\boldsymbol{\alpha}_1,\boldsymbol{\alpha}_2,\cdots,\boldsymbol{\alpha}_s(s\geqslant 1)$ 是数域 $\mathbb{F}$ 上线性空间 V 中的一个向量组, 若存在 $\mathbb{F}$ 中不全为零的数 $k_1,k_2,\cdots,k_s$, 使得

$$k_1\boldsymbol{\alpha}_1+k_2\boldsymbol{\alpha}_2+\cdots+k_s\boldsymbol{\alpha}_s=\boldsymbol{\theta}, \tag{6.2.1}$$

则称 $\boldsymbol{\alpha}_1,\boldsymbol{\alpha}_2,\cdots,\boldsymbol{\alpha}_s$ **线性相关**, 或称 $\boldsymbol{\alpha}_1,\boldsymbol{\alpha}_2,\cdots,\boldsymbol{\alpha}_s$ 是 V 的一组线性相关的向量组.

若 (6.2.1) 当且仅当 $k_1,k_2,\cdots,k_s$ 全为零时成立, 则称 $\boldsymbol{\alpha}_1,\boldsymbol{\alpha}_2,\cdots,\boldsymbol{\alpha}_s$ **线性无关**, 或称 $\boldsymbol{\alpha}_1, \boldsymbol{\alpha}_2, \cdots,\boldsymbol{\alpha}_s$ 是 V 的一组线性无关的向量组.

例 6.2.2 单个向量 $\boldsymbol{\alpha}$ 线性无关 $\Longleftrightarrow \boldsymbol{\alpha}\neq\boldsymbol{\theta}$, 单个向量 $\boldsymbol{\alpha}$ 线性相关 $\Longleftrightarrow \boldsymbol{\alpha}=\boldsymbol{\theta}$.

例 6.2.3 由前面向量代数的知识, 我们可以知道

(1) 设 $\boldsymbol{\alpha},\boldsymbol{\beta}$ 是 $\mathbb{R}^2$ 中的两个非零向量, 则

$$\boldsymbol{\alpha}\text{与}\boldsymbol{\beta}\text{共线 (或平行)} \Longleftrightarrow \boldsymbol{\alpha}\text{与}\boldsymbol{\beta}\text{线性相关}.$$

$$\boldsymbol{\alpha}\text{与}\boldsymbol{\beta}\text{不共线} \Longleftrightarrow \boldsymbol{\alpha}\text{与}\boldsymbol{\beta}\text{线性无关}.$$

(2) 设 $\boldsymbol{\alpha},\boldsymbol{\beta},\boldsymbol{\gamma}$ 是 $\mathbb{R}^3$ 中的三个非零向量, 则

$$\boldsymbol{\alpha}\text{与}\boldsymbol{\beta}\text{共线} \Longleftrightarrow \boldsymbol{\alpha},\boldsymbol{\beta}\text{线性相关}.$$

$$\boldsymbol{\alpha},\boldsymbol{\beta},\boldsymbol{\gamma}\text{共面} \Longleftrightarrow \boldsymbol{\alpha},\boldsymbol{\beta},\boldsymbol{\gamma}\text{线性相关}.$$

例 6.2.4 设 $\boldsymbol{\alpha}_1,\boldsymbol{\alpha}_2,\cdots,\boldsymbol{\alpha}_s\in\mathbb{F}^m$, 且

$$\boldsymbol{\alpha}_1=\begin{pmatrix}a_{11}\\ \vdots\\ a_{m1}\end{pmatrix},\boldsymbol{\alpha}_2=\begin{pmatrix}a_{12}\\ \vdots\\ a_{m2}\end{pmatrix},\ \cdots,\ \boldsymbol{\alpha}_s=\begin{pmatrix}a_{1s}\\ \vdots\\ a_{ms}\end{pmatrix},$$

则

$$\boldsymbol{\alpha}_1, \boldsymbol{\alpha}_2, \cdots, \boldsymbol{\alpha}_s \text{线性相关} \Longleftrightarrow \text{存在}\mathbb{F}\text{中不全为零的数}k_1, k_2, \cdots, k_s, \text{使得}$$

$$k_1\boldsymbol{\alpha}_1 + k_2\boldsymbol{\alpha}_2 + \cdots + k_s\boldsymbol{\alpha}_s = \boldsymbol{\theta}$$

$$\Longleftrightarrow \text{线性方程组}\ (\boldsymbol{\alpha}_1, \boldsymbol{\alpha}_2, \cdots, \boldsymbol{\alpha}_s)\begin{pmatrix} k_1 \\ k_2 \\ \vdots \\ k_s \end{pmatrix} = \boldsymbol{\theta}\ \text{有非零解}$$

$$\Longleftrightarrow \text{矩阵}(\boldsymbol{\alpha}_1, \boldsymbol{\alpha}_2, \cdots, \boldsymbol{\alpha}_s)\text{的秩}r(\boldsymbol{\alpha}_1,\ \boldsymbol{\alpha}_2,\ \cdots,\ \boldsymbol{\alpha}_s) < s. \tag{6.2.2}$$

同理,

$\boldsymbol{\alpha}_1, \boldsymbol{\alpha}_2, \cdots, \boldsymbol{\alpha}_s$ 线性无关 $\Longleftrightarrow$ 线性方程组 (6.2.2) 仅有零解 $\Longleftrightarrow r(\boldsymbol{\alpha}_1, \boldsymbol{\alpha}_2, \cdots, \boldsymbol{\alpha}_s) = s$.

定理 6.2.1　设 V 是数域 $\mathbb{F}$ 上的线性空间, $\boldsymbol{\alpha}_1, \boldsymbol{\alpha}_2, \cdots, \boldsymbol{\alpha}_s$ 为其一向量组 $(s \geqslant 2)$, 则

(1) $\boldsymbol{\alpha}_1, \boldsymbol{\alpha}_2, \cdots, \boldsymbol{\alpha}_s$ 线性相关 $\Longleftrightarrow$ 存在其中的一个向量可由其余 $s-1$ 个向量线性表示.

(2) $\boldsymbol{\alpha}_1, \boldsymbol{\alpha}_2, \cdots, \boldsymbol{\alpha}_s$ 线性无关 $\Longleftrightarrow$ $\boldsymbol{\alpha}_1, \boldsymbol{\alpha}_2, \cdots, \boldsymbol{\alpha}_s$ 中的任一个向量均不可由其余 $s-1$ 个向量线性表示.

证明　(1) 与 (2) 互为逆否命题, 故只需证明 (1).

"$\Longrightarrow$"　由于 $\boldsymbol{\alpha}_1, \boldsymbol{\alpha}_2, \cdots, \boldsymbol{\alpha}_s (s \geqslant 2)$ 线性相关, 故存在 $\mathbb{F}$ 中不全为零的数 $k_1, k_2, \cdots, k_s$ 使得

$$k_1\boldsymbol{\alpha}_1 + k_2\boldsymbol{\alpha}_2 + \cdots + k_s\boldsymbol{\alpha}_s = \boldsymbol{\theta}.$$

不妨设 $k_t \neq 0\ (1 \leqslant t \leqslant s)$, 则

$$\boldsymbol{\alpha}_t = \left(-\frac{k_1}{k_t}\right)\boldsymbol{\alpha}_1 + \cdots + \left(-\frac{k_{t-1}}{k_t}\right)\boldsymbol{\alpha}_{t-1} + \left(-\frac{k_{t+1}}{k_t}\right)\boldsymbol{\alpha}_{t+1} + \cdots + \left(-\frac{k_s}{k_t}\right)\boldsymbol{\alpha}_s.$$

必要性得证.

"$\Longleftarrow$"　不妨设 $\boldsymbol{\alpha}_t (1 \leqslant t \leqslant s)$ 可由其余 $s-1$ 向量线性表出, 即存在 $s-1$ 个 $\mathbb{F}$ 中的数 $k_1,\ \cdots,\ k_{t-1},\ k_{t+1},\ \cdots,\ k_s$ 使得

$$\boldsymbol{\alpha}_t = \sum_{\substack{i=1 \\ i \neq t}}^{s} k_i\boldsymbol{\alpha}_i = k_1\boldsymbol{\alpha}_1 + \cdots + k_{t-1}\boldsymbol{\alpha}_{t-1} + k_{t+1}\boldsymbol{\alpha}_{t+1} + \cdots + k_s\boldsymbol{\alpha}_s,$$

即

$$k_1\boldsymbol{\alpha}_1+\cdots+k_{t-1}\boldsymbol{\alpha}_{t-1}+(-1)\boldsymbol{\alpha}_t+k_{t+1}\boldsymbol{\alpha}_{t+1}+\cdots+k_s\boldsymbol{\alpha}_s=\boldsymbol{\theta}.$$

由于上述等式左端的线性组合中的系数不全为零, 故 $\boldsymbol{\alpha}_1,\boldsymbol{\alpha}_2,\cdots,\boldsymbol{\alpha}_s$ 线性相关, 充分性得证. □

定理 6.2.2 设 $\boldsymbol{\alpha}_1,\boldsymbol{\alpha}_2,\cdots,\boldsymbol{\alpha}_s,\boldsymbol{\beta}$ 是数域 $\mathbb{F}$ 上线性空间 V 中的向量, $\boldsymbol{\alpha}_1,\boldsymbol{\alpha}_2,\cdots,\boldsymbol{\alpha}_s$ 线性无关, 而 $\boldsymbol{\alpha}_1,\boldsymbol{\alpha}_2,\cdots,\boldsymbol{\alpha}_s,\boldsymbol{\beta}$ 线性相关, 则 $\boldsymbol{\beta}$ 可由 $\boldsymbol{\alpha}_1,\boldsymbol{\alpha}_2,\cdots,\boldsymbol{\alpha}_s$ 线性表出, 且表示法唯一.

证明 因为 $\boldsymbol{\alpha}_1,\boldsymbol{\alpha}_2,\cdots,\boldsymbol{\alpha}_s,\boldsymbol{\beta}$ 线性相关, 故存在 $\mathbb{F}$ 中不全为零的数 $k_1,k_2,\cdots,k_s,k_{s+1}$ 使得

$$k_1\boldsymbol{\alpha}_1+k_2\boldsymbol{\alpha}_2+\cdots+k_s\boldsymbol{\alpha}_s+k_{s+1}\boldsymbol{\beta}=\boldsymbol{\theta}. \tag{6.2.3}$$

若 $k_{s+1}=0$, 则 $k_1,k_2,\cdots,k_s$ 不全为零, 依 (6.2.3) 有 $\boldsymbol{\alpha}_1,\boldsymbol{\alpha}_2,\cdots,\boldsymbol{\alpha}_s$ 线性相关, 与假设矛盾! 从而 $k_{s+1}\neq 0$, 由 (6.2.3) 得

$$\boldsymbol{\beta}=\left(-\frac{k_1}{k_{s+1}}\right)\boldsymbol{\alpha}_1+\left(-\frac{k_2}{k_{s+1}}\right)\boldsymbol{\alpha}_2+\cdots+\left(-\frac{k_s}{k_{s+1}}\right)\boldsymbol{\alpha}_s,$$

即 $\boldsymbol{\beta}$ 可由 $\boldsymbol{\alpha}_1,\boldsymbol{\alpha}_2,\cdots,\boldsymbol{\alpha}_s$ 线性表出.

下证表示法唯一. 设 $l_1,l_2,\cdots,l_s,p_1,p_2,\cdots,p_s$ 为 $\mathbb{F}$ 中的数, 使得

$$\begin{aligned}\boldsymbol{\beta}&=l_1\boldsymbol{\alpha}_1+l_2\boldsymbol{\alpha}_2+\cdots+l_s\boldsymbol{\alpha}_s\\&=p_1\boldsymbol{\alpha}_1+p_2\boldsymbol{\alpha}_2+\cdots+p_s\boldsymbol{\alpha}_s,\end{aligned}$$

移项得

$$(l_1-p_1)\boldsymbol{\alpha}_1+(l_2-p_2)\boldsymbol{\alpha}_2+\cdots+(l_s-p_s)\boldsymbol{\alpha}_s=\boldsymbol{\theta}.$$

因 $\boldsymbol{\alpha}_1,\boldsymbol{\alpha}_2,\cdots,\boldsymbol{\alpha}_s$ 线性无关, 故 $l_i-p_i=0$ 或 $l_i=p_i(i=1,2,\cdots,s)$, 即表示法唯一. □

习 题 6.2

1. 举例说明下列各命题是错误的:

(1) 若向量组 $\boldsymbol{\alpha}_1,\boldsymbol{\alpha}_2,\cdots,\boldsymbol{\alpha}_m$ 是线性相关的, 则 $\boldsymbol{\alpha}_1$ 可由 $\boldsymbol{\alpha}_2,\cdots,\boldsymbol{\alpha}_m$ 线性表示;

(2) 若有不全为零的数 $\lambda_1,\lambda_2,\cdots,\lambda_m$, 使

$$\lambda_1\boldsymbol{\alpha}_1+\cdots+\lambda_m\boldsymbol{\alpha}_m+\lambda_1\boldsymbol{\beta}_1+\cdots+\lambda_m\boldsymbol{\beta}_m=\boldsymbol{\theta}$$

成立, 则 $\boldsymbol{\alpha}_1,\boldsymbol{\alpha}_2,\cdots,\boldsymbol{\alpha}_m$ 线性相关, $\boldsymbol{\beta}_1,\boldsymbol{\beta}_2,\cdots,\boldsymbol{\beta}_m$ 亦线性相关;

(3) 若只有当 $\lambda_1,\lambda_2,\cdots,\lambda_m$ 均等于 0 时, 等式

$$\lambda_1\boldsymbol{\alpha}_1+\cdots+\lambda_m\boldsymbol{\alpha}_m+\lambda_1\boldsymbol{\beta}_1+\cdots+\lambda_m\boldsymbol{\beta}_m=\boldsymbol{\theta}$$

才能成立, 则 $\boldsymbol{\alpha}_1, \boldsymbol{\alpha}_2, \cdots, \boldsymbol{\alpha}_m$ 线性无关, $\boldsymbol{\beta}_1, \boldsymbol{\beta}_2, \cdots, \boldsymbol{\beta}_m$ 亦线性无关;

(4) 若 $\boldsymbol{\alpha}_1, \boldsymbol{\alpha}_2, \cdots, \boldsymbol{\alpha}_m$ 线性相关, $\boldsymbol{\beta}_1, \boldsymbol{\beta}_2, \cdots, \boldsymbol{\beta}_m$ 亦线性相关, 则有不全为零的数 $\lambda_1, \lambda_2, \cdots, \lambda_m$, 使

$$\lambda_1\boldsymbol{\alpha}_1 + \lambda_2\boldsymbol{\alpha}_2 + \cdots + \boldsymbol{\lambda}_m\boldsymbol{\alpha}_m = \boldsymbol{\theta} \quad 和 \quad \lambda_1\boldsymbol{\beta}_1 + \lambda_2\boldsymbol{\beta}_2 + \cdots + \lambda_m\boldsymbol{\beta}_m = \boldsymbol{\theta}$$

同时成立.

2. 判断下列向量组是线性相关的还是线性无关的.

(1) $\boldsymbol{\alpha}_1 = (1,0,0)$, $\boldsymbol{\alpha}_2 = (1,1,0)$, $\boldsymbol{\alpha}_3 = (1,1,1)$;

(2) $\boldsymbol{\alpha}_1 = (3,1,4)$, $\boldsymbol{\alpha}_2 = (2,5,-1)$, $\boldsymbol{\alpha}_3 = (4,-3,7)$;

(3) $\boldsymbol{\alpha}_1 = (2,2,7,-1)$, $\boldsymbol{\alpha}_2 = (3,-1,2,4)$, $\boldsymbol{\alpha}_3 = (1,1,3,1)$;

(4) $\boldsymbol{\alpha}_1 = (1,2,1,-2,1)$, $\boldsymbol{\alpha}_2=(2,-1,1,3,2)$, $\boldsymbol{\alpha}_3=(1,-1,2,-1,3)$, $\boldsymbol{\alpha}_4=(2,1,-3,1,-2)$, $\boldsymbol{\alpha}_5 = (1,-1,3,-1,7)$.

3. $\mathbb{F}^4$ 中, 将向量 $\boldsymbol{\beta}$ 表示成 $\boldsymbol{\alpha}_1, \boldsymbol{\alpha}_2, \boldsymbol{\alpha}_3, \boldsymbol{\alpha}_4$ 的线性组合.

(1) $\boldsymbol{\alpha}_1 = (1,1,1,1)$, $\boldsymbol{\alpha}_2 = (1,1,-1,-1)$, $\boldsymbol{\alpha}_3 = (1,-1,1,-1), \boldsymbol{\alpha}_4 = (1,-1,-1,1)$, $\boldsymbol{\beta} = (1,2,1,1)$;

(2) $\boldsymbol{\alpha}_1 = (1,1,1,1)$, $\boldsymbol{\alpha}_2 = (1,1,1,0)$, $\boldsymbol{\alpha}_3 = (1,1,0,0)$, $\boldsymbol{\alpha}_4 = (1,0,0,0)$, $\boldsymbol{\beta} = (0,2,0,-1)$;

(3) $\boldsymbol{\alpha}_1 = (1,1,1,1)$, $\boldsymbol{\alpha}_2 = (1,-1,1\ -1)$, $\boldsymbol{\alpha}_3 = (1,-1,-1,1)$, $\boldsymbol{\alpha}_4 = (1,1,3,-1)$, $\boldsymbol{\beta} = (1,1,-1,-1)$.

4. $\mathbb{F}^3$ 中, 设 $\boldsymbol{\alpha}_1 = (1,1,1)$, $\boldsymbol{\alpha}_2 = (1,2,3)$, $\boldsymbol{\alpha}_3 = (1,3,t)$.

(1) 问 t 为何值时, 向量组 $\boldsymbol{\alpha}_1, \boldsymbol{\alpha}_2, \boldsymbol{\alpha}_3$ 线性无关?

(2) 问 t 为何值时, 向量组 $\boldsymbol{\alpha}_1, \boldsymbol{\alpha}_2, \boldsymbol{\alpha}_3$ 线性相关?

(3) 当向量组 $\boldsymbol{\alpha}_1, \boldsymbol{\alpha}_2, \boldsymbol{\alpha}_3$ 线性相关时, 试将 $\boldsymbol{\alpha}_3$ 表示成 $\boldsymbol{\alpha}_1, \boldsymbol{\alpha}_2$ 的线性组合.

5. 设 $\boldsymbol{\alpha}_1, \boldsymbol{\alpha}_2, \cdots, \boldsymbol{\alpha}_s$ 是一组向量. 假设

(1) $\boldsymbol{\alpha}_1 \neq \boldsymbol{\theta}$;

(2) 每一个 $\boldsymbol{\alpha}_i (i = 2,3,\cdots,s)$ 都不能被 $\boldsymbol{\alpha}_1, \boldsymbol{\alpha}_2, \cdots, \boldsymbol{\alpha}_{i-1}$ 线性表示.

求证: $\boldsymbol{\alpha}_1, \boldsymbol{\alpha}_2, \cdots, \boldsymbol{\alpha}_s$ 线性无关.

6. 设 $\boldsymbol{\alpha}_1 = (1,1,-1,-1)$, $\boldsymbol{\alpha}_2 = (1,2,0,3)$, 求一组向量 $\boldsymbol{\alpha}_3, \boldsymbol{\alpha}_4$, 使得 $\boldsymbol{\alpha}_1, \boldsymbol{\alpha}_2, \boldsymbol{\alpha}_3, \boldsymbol{\alpha}_4$ 线性无关.

7. 线性空间 V 中, 设 $\boldsymbol{\beta}_1 = 2\boldsymbol{\alpha}_1 - \boldsymbol{\alpha}_2$, $\boldsymbol{\beta}_2 = \boldsymbol{\alpha}_1 + \boldsymbol{\alpha}_2$, $\boldsymbol{\beta}_3 = -\boldsymbol{\alpha}_1 + 3\boldsymbol{\alpha}_2$, 证明 $\boldsymbol{\beta}_1, \boldsymbol{\beta}_2, \boldsymbol{\beta}_3$ 线性相关.

8. 如果向量组 $\boldsymbol{\alpha}_1, \boldsymbol{\alpha}_2, \cdots, \boldsymbol{\alpha}_s$ 线性无关, 试证明向量组 $\boldsymbol{\alpha}_1, \boldsymbol{\alpha}_1 + \boldsymbol{\alpha}_2, \cdots, \boldsymbol{\alpha}_1 + \boldsymbol{\alpha}_2 + \cdots + \boldsymbol{\alpha}_s$ 线性无关.

9. 设 $\boldsymbol{\alpha}_1, \boldsymbol{\alpha}_2$ 线性无关 , $\boldsymbol{\alpha}_1 + \boldsymbol{\beta}, \boldsymbol{\alpha}_2 + \boldsymbol{\beta}$ 线性相关, 求证向量 $\boldsymbol{\beta}$ 可由 $\boldsymbol{\alpha}_1, \boldsymbol{\alpha}_2$ 线性表示, 并求出该表达式.

10. 设 $\boldsymbol{A} \in \mathbb{F}^{n\times n}, \boldsymbol{\theta} \neq \boldsymbol{b} \in \mathbb{F}^{n\times 1}$, 若 $\boldsymbol{A}^k\boldsymbol{b} \neq \boldsymbol{\theta}, \boldsymbol{A}^{k+1}\boldsymbol{b} = \boldsymbol{\theta}$, 则 $\boldsymbol{b}, \boldsymbol{A}\boldsymbol{b}, \cdots, \boldsymbol{A}^k\boldsymbol{b}$ 线性无关.

6.3　向量组的表示及其等价关系

6.2 节中, 我们讨论了线性空间 V 中一个向量组中的某个向量可由其他向量

线性表示的可能性及其相关性质, 本节中, 我们讨论线性空间 V 中一组向量中的任一向量均可由另一组向量线性表出所引发的相关性质.

定义 6.3.1 设 (I)、(II) 是数域 $\mathbb{F}$ 上线性空间中的两个向量组, 若 (I) 中的每一个向量均可由 (II) 中的向量线性表示, 则称向量组 (I) 可由向量组 (II) 线性表示.

若 (I) $\boldsymbol{\alpha}_1,\boldsymbol{\alpha}_2,\cdots,\boldsymbol{\alpha}_s(0<s<+\infty)$ 可由 (II) $\boldsymbol{\beta}_1,\boldsymbol{\beta}_2,\cdots,\boldsymbol{\beta}_t(0<t<+\infty)$ 线性表示, 则有如下关系式:

$$\begin{cases}\boldsymbol{\alpha}_1=k_{11}\boldsymbol{\beta}_1+k_{21}\boldsymbol{\beta}_2+\cdots+k_{t1}\boldsymbol{\beta}_t,\\ \boldsymbol{\alpha}_2=k_{12}\boldsymbol{\beta}_1+k_{22}\boldsymbol{\beta}_2+\cdots+k_{t2}\boldsymbol{\beta}_t,\\ \qquad\cdots\cdots\\ \boldsymbol{\alpha}_s=k_{1s}\boldsymbol{\beta}_1+k_{2s}\boldsymbol{\beta}_2+\cdots+k_{ts}\boldsymbol{\beta}_t,\end{cases}\tag{6.3.1}$$

其中, $k_{ij}\in\mathbb{F}(i=1,2,\cdots,t;\ j=1,2,\cdots,s)$. (6.3.1) 很像第 1 章中所涉及的线性方程组的形状, 故我们也记 (6.3.1) 为

$$(\boldsymbol{\alpha}_1,\boldsymbol{\alpha}_2,\cdots,\boldsymbol{\alpha}_s)=(\boldsymbol{\beta}_1,\boldsymbol{\beta}_2,\cdots,\boldsymbol{\beta}_t)\boldsymbol{K},\tag{6.3.2}$$

这里

$$\boldsymbol{K}=\begin{pmatrix}k_{11}&k_{12}&\cdots&k_{1s}\\ k_{21}&k_{22}&\cdots&k_{2s}\\ \vdots&\vdots&&\vdots\\ k_{t1}&k_{t2}&\cdots&k_{ts}\end{pmatrix}.\tag{6.3.3}$$

(6.3.3) 中矩阵 $\boldsymbol{K}$ 的第 i 列, 恰恰是 (6.3.1) 中 $\boldsymbol{\alpha}_i$ 经 $\boldsymbol{\beta}_1,\boldsymbol{\beta}_2,\cdots,\boldsymbol{\beta}_t$ 表示时的系数. 上面类似于矩阵乘法运算的表达式 (6.3.2), 将给我们的讨论带来极大的方便, 我们称之为**形式矩阵运算**.

请读者自行验证, 形式矩阵运算具有

结合律 $(\boldsymbol{\beta}_1,\boldsymbol{\beta}_2,\cdots,\boldsymbol{\beta}_t)(\boldsymbol{AB})=((\boldsymbol{\beta}_1,\boldsymbol{\beta}_2,\cdots,\boldsymbol{\beta}_t)\boldsymbol{A})\boldsymbol{B}$.

传递性 若

$$(\boldsymbol{\alpha}_1,\boldsymbol{\alpha}_2,\cdots,\boldsymbol{\alpha}_s)=(\boldsymbol{\beta}_1,\boldsymbol{\beta}_2,\cdots,\boldsymbol{\beta}_t)\boldsymbol{C},\ (\boldsymbol{\beta}_1,\boldsymbol{\beta}_2,\cdots,\boldsymbol{\beta}_t)=(\boldsymbol{\gamma}_1,\boldsymbol{\gamma}_2,\cdots,\boldsymbol{\gamma}_r)\boldsymbol{D},$$

则

$$(\boldsymbol{\alpha}_1,\boldsymbol{\alpha}_2,\cdots,\boldsymbol{\alpha}_s)=(\boldsymbol{\gamma}_1,\boldsymbol{\gamma}_2,\cdots,\boldsymbol{\gamma}_r)\boldsymbol{DC},$$

这里, $\boldsymbol{A},\boldsymbol{B},\boldsymbol{C},\boldsymbol{D}$ 是相关矩阵, $\boldsymbol{\alpha}_1,\boldsymbol{\alpha}_2,\cdots,\boldsymbol{\alpha}_s,\boldsymbol{\beta}_1,\boldsymbol{\beta}_2,\cdots,\boldsymbol{\beta}_t,\boldsymbol{\gamma}_1,\boldsymbol{\gamma}_2,\cdots,\boldsymbol{\gamma}_r$ 为 V 中的相关向量.

定理 6.3.1 设 V 是数域 $\mathbb{F}$ 上的线性空间，s 和 t 为正整数，任取 V 中的两个向量组

$$\text{(I)}\ \boldsymbol{\alpha}_1, \boldsymbol{\alpha}_2, \cdots, \boldsymbol{\alpha}_s, \qquad\qquad \text{(II)}\ \boldsymbol{\beta}_1, \boldsymbol{\beta}_2, \cdots, \boldsymbol{\beta}_t,$$

若向量组 (I) 可由向量组 (II) 线性表出且 $s > t$，则 $\boldsymbol{\alpha}_1, \boldsymbol{\alpha}_2, \cdots, \boldsymbol{\alpha}_s$ 必线性相关.

证明 因向量组 (I) 可由向量组 (II) 线性表示，故 $\exists \boldsymbol{K} \in \mathbb{F}^{t\times s}$，使得 (6.3.2) 成立. 设 $\boldsymbol{X} = \begin{pmatrix} x_1 \\ x_2 \\ \vdots \\ x_s \end{pmatrix} \in \mathbb{F}^s$，类似于 (6.3.2)，记

$$x_1\boldsymbol{\alpha}_1 + x_2\boldsymbol{\alpha}_2 + \cdots + x_s\boldsymbol{\alpha}_s = (\boldsymbol{\alpha}_1, \boldsymbol{\alpha}_2, \cdots, \boldsymbol{\alpha}_s)\ \boldsymbol{X}, \tag{6.3.4}$$

则不难验证，下列表达式成立

$$(\boldsymbol{\alpha}_1, \boldsymbol{\alpha}_2, \cdots, \boldsymbol{\alpha}_s)\boldsymbol{X} = (\boldsymbol{\beta}_1, \boldsymbol{\beta}_2, \cdots, \boldsymbol{\beta}_t)(\boldsymbol{K}\boldsymbol{X}). \tag{6.3.5}$$

因 $s > t$，故 $r(\boldsymbol{K}) < s$，从而齐次线性方程组

$$\boldsymbol{K}\boldsymbol{X} = \boldsymbol{\theta}$$

有非零解 $\boldsymbol{X}_0 = \begin{pmatrix} x_1^0 \\ x_2^0 \\ \vdots \\ x_s^0 \end{pmatrix}$. 代入 (6.3.4) 和 (6.3.5) 得，对于不全为零的数 $x_1^0, x_2^0, \cdots,$ x_s^0 有

$$\begin{aligned} x_1^0\boldsymbol{\alpha}_1 + x_2^0\boldsymbol{\alpha}_2 + \cdots + x_s^0\boldsymbol{\alpha}_s &= (\boldsymbol{\alpha}_1, \boldsymbol{\alpha}_2, \cdots, \boldsymbol{\alpha}_s)\ \boldsymbol{X}_0 \\ &= (\boldsymbol{\beta}_1, \boldsymbol{\beta}_2, \cdots, \boldsymbol{\beta}_t)\boldsymbol{\theta} = \boldsymbol{\theta}, \end{aligned}$$

即 $\boldsymbol{\alpha}_1, \boldsymbol{\alpha}_2, \cdots, \boldsymbol{\alpha}_s$ 线性相关. □

推论 6.3.2 若 $\boldsymbol{\alpha}_1, \boldsymbol{\alpha}_2, \cdots, \boldsymbol{\alpha}_s$ 可由 $\boldsymbol{\beta}_1, \boldsymbol{\beta}_2, \cdots, \boldsymbol{\beta}_t$ 线性表出，且 $\boldsymbol{\alpha}_1, \boldsymbol{\alpha}_2, \cdots,$ $\boldsymbol{\alpha}_s$ 线性无关，则 $s \leqslant t$.

定义 6.3.2 若向量组 $\boldsymbol{\alpha}_1, \boldsymbol{\alpha}_2, \cdots, \boldsymbol{\alpha}_s$ 可由向量组 $\boldsymbol{\beta}_1, \boldsymbol{\beta}_2, \cdots, \boldsymbol{\beta}_t$ 线性表出，向量组 $\boldsymbol{\beta}_1, \boldsymbol{\beta}_2, \cdots, \boldsymbol{\beta}_t$ 也可由向量组 $\boldsymbol{\alpha}_1, \boldsymbol{\alpha}_2, \cdots, \boldsymbol{\alpha}_s$ 线性表出，则称向量组 $\boldsymbol{\alpha}_1, \boldsymbol{\alpha}_2, \cdots, \boldsymbol{\alpha}_s$ 与向量组 $\boldsymbol{\beta}_1, \boldsymbol{\beta}_2, \cdots, \boldsymbol{\beta}_t$ 等价.

请读者自行验证向量组的等价和矩阵的等价关系一样，具备自反性、对称性和传递性.

一般地，等价向量组所含的向量个数不尽相同，但是，我们有

定理 6.3.3 若向量组 $\boldsymbol{\alpha}_1,\boldsymbol{\alpha}_2,\cdots,\boldsymbol{\alpha}_s$ 与向量组 $\boldsymbol{\beta}_1,\boldsymbol{\beta}_2,\cdots,\boldsymbol{\beta}_t$ 等价, 且 $\boldsymbol{\alpha}_1,\boldsymbol{\alpha}_2,\cdots,\boldsymbol{\alpha}_s$ 与 $\boldsymbol{\beta}_1$, $\boldsymbol{\beta}_2,\cdots,\boldsymbol{\beta}_t$ 均线性无关, 则 $s=t$.

证明 由推论 6.3.2, $s\leqslant t$ 且 $t\leqslant s$, 故 $s=t$. □

习 题 6.3

1. 设 $\boldsymbol{\alpha}_1=(0,1,2),\boldsymbol{\alpha}_2=(3,-1,0),\boldsymbol{\alpha}_3=(2,1,0)$ 与 $\boldsymbol{\beta}_1=(1,0,0),\boldsymbol{\beta}_2=(1,2,0),\boldsymbol{\beta}_3=(1,2,3)$ 是 $\mathbb{R}^3$ 中的两组向量, 证明向量组 $\boldsymbol{\alpha}_1,\boldsymbol{\alpha}_2,\boldsymbol{\alpha}_3$ 与 $\boldsymbol{\beta}_1,\boldsymbol{\beta}_2,\boldsymbol{\beta}_3$ 等价.

2. 在线性空间 V 中, 设向量 $\boldsymbol{\beta}$ 可由 $\boldsymbol{\alpha}_1,\boldsymbol{\alpha}_2,\cdots,\boldsymbol{\alpha}_s$ 线性表示, 但不能由 $\boldsymbol{\alpha}_1,\boldsymbol{\alpha}_2,\cdots,\boldsymbol{\alpha}_{s-1}$ 线性表示. 证明, 向量组 $\boldsymbol{\alpha}_1,\boldsymbol{\alpha}_2,\cdots,\boldsymbol{\alpha}_s$ 与向量组 $\boldsymbol{\alpha}_1,\boldsymbol{\alpha}_2,\cdots,\boldsymbol{\alpha}_{s-1},\boldsymbol{\beta}$ 等价.

3. 在线性空间 V 中, 设 $\boldsymbol{\alpha}_1,\boldsymbol{\alpha}_2,\cdots,\boldsymbol{\alpha}_s$ 线性无关, $\boldsymbol{\alpha}_1,\boldsymbol{\alpha}_2,\cdots,\boldsymbol{\alpha}_s,\boldsymbol{\beta},\boldsymbol{\gamma}$ 线性相关, 则或 $\boldsymbol{\beta},\boldsymbol{\gamma}$ 中至少有一个可由 $\boldsymbol{\alpha}_1,\boldsymbol{\alpha}_2,\cdots,\boldsymbol{\alpha}_s$ 线性表示, 或 $\boldsymbol{\alpha}_1,\boldsymbol{\alpha}_2,\cdots,\boldsymbol{\alpha}_s,\boldsymbol{\beta}$ 和 $\boldsymbol{\alpha}_1$, $\boldsymbol{\alpha}_2,\cdots,\boldsymbol{\alpha}_s,\boldsymbol{\gamma}$ 等价.

4. 设 (I), (Ⅱ), (Ⅲ) 为线性空间 V 中的 3 个向量组, 若 (I) 可由 (Ⅱ) 线性表示, (Ⅱ) 可由 (Ⅲ) 线性表示, 则 (I) 可由 (Ⅲ) 线性表示.

6.4 极大线性无关组与向量组的秩

6.3 节研究了线性空间 V 中一个向量可由其他向量表出的性质, 本节中, 我们研究线性空间 V 中一个向量组被它的部分向量所线性表示的可能性及其性质.

例 6.4.1 设 $V=\mathbb{R}^2,\mathbb{F}=\mathbb{R},\boldsymbol{\alpha},\boldsymbol{\beta}$ 是 V 中两个不共线的非零向量, 则依据平行四边形法则或三角形法则, V 中的任一个向量 $\boldsymbol{\gamma}$ 均能成为 $\boldsymbol{\alpha},\boldsymbol{\beta}$ 的线性组合. 如果我们将 V 中的向量的全体看成一个向量组, 仍记作 V, 则该向量组可以由其部分组 $\boldsymbol{\alpha},\boldsymbol{\beta}$ 线性表出. 任取 $\boldsymbol{\alpha}_1,\boldsymbol{\alpha}_2,\cdots,\boldsymbol{\alpha}_s\in V$, 显然 V 还可由 $\boldsymbol{\alpha},\boldsymbol{\beta},\boldsymbol{\alpha}_1,\boldsymbol{\alpha}_2,\cdots,\boldsymbol{\alpha}_s$ 线性表出.

例 6.4.1表明即使一个向量组可由其部分组线性表出, 一般地该部分组并不唯一, 且这些部分组所含向量的个数也不一样. 自然地, 我们要问, 给定一个向量组, 能否找到其一个含有有限个向量的部分组, 它能线性表示该向量组, 而且其所含的向量个数最少? 为此, 我们引入

定义 6.4.1 设 $\boldsymbol{\alpha}_1,\boldsymbol{\alpha}_2,\cdots,\boldsymbol{\alpha}_r(0<r<+\infty)$ 是数域 $\mathbb{F}$ 上的线性空间 V 中向量组 (I) 的一个部分组, 如果

(1) $\boldsymbol{\alpha}_1,\boldsymbol{\alpha}_2,\cdots,\boldsymbol{\alpha}_r$ 线性无关;

(2) 向量组 (I) 可由 $\boldsymbol{\alpha}_1,\boldsymbol{\alpha}_2,\cdots,\boldsymbol{\alpha}_r$ 线性表出,

则称 $\boldsymbol{\alpha}_1,\boldsymbol{\alpha}_2,\cdots,\boldsymbol{\alpha}_r$ 为向量组 (I) 的**极大线性无关组**.

以下性质从一个侧面反映出极大线性无关组所具有的“极大”特性.

性质 6.4.1 若 $\boldsymbol{\alpha}_1,\boldsymbol{\alpha}_2,\cdots,\boldsymbol{\alpha}_r(0<r<+\infty)$ 是数域 $\mathbb{F}$ 上的线性空间 V 中的某个向量组的一个极大线性无关组, 则该极大线性无关组添上向量组中任一向量 $\boldsymbol{\beta}$ 后所形成的新的部分组 $\boldsymbol{\alpha}_1,\boldsymbol{\alpha}_2,\cdots,\boldsymbol{\alpha}_r,\boldsymbol{\beta}$ 必线性相关.

证明略. 于是有下面的结论.

命题 6.4.2 设 $\boldsymbol{\alpha}_1,\boldsymbol{\alpha}_2,\cdots,\boldsymbol{\alpha}_r(0<r<+\infty)$ 是数域 $\mathbb{F}$ 上的线性空间 V 上向量组 (I) 的一个部分组, 如果

(1) $\boldsymbol{\alpha}_1,\boldsymbol{\alpha}_2,\cdots,\boldsymbol{\alpha}_r$ 线性无关;

(2) 任取向量组 (I) 中的一个向量 $\boldsymbol{\beta}$, 都有 $\boldsymbol{\alpha}_1,\boldsymbol{\alpha}_2,\cdots,\boldsymbol{\alpha}_r,\boldsymbol{\beta}$ 线性相关, 则 $\boldsymbol{\alpha}_1,\boldsymbol{\alpha}_2,\cdots,\boldsymbol{\alpha}_r$ 为向量组 (I) 的一个极大线性无关组.

性质 6.4.3 数域 $\mathbb{F}$ 上的线性空间 V 中任意一个向量组的任意两个极大线性无关组均等价. 向量组的任意两个极大线性无关组中所含向量个数相同.

证明 假设 s 和 t 为两个正整数, (I)$\boldsymbol{\alpha}_1,\boldsymbol{\alpha}_2,\cdots,\boldsymbol{\alpha}_r$ 和 (Ⅱ)$\boldsymbol{\beta}_1,\boldsymbol{\beta}_2,\cdots,\boldsymbol{\beta}_s$ 为向量组的两个极大线性无关组, 于是, 依据极大线性无关组的定义, 向量组中的任意一个向量均可由向量组 (I) 中的向量线性表示, 从而, (Ⅱ) 中的任意一个向量均可由 (I) 中的向量线性表示, 即向量组 (Ⅱ) 可由向量组 (I) 线性表示, 同理可证向量组 (I) 可由向量组 (Ⅱ) 线性表示. 因此, 向量组 (I) 与向量组 (Ⅱ) 是等价的.

进一步, 由定理 6.3.3得 $s=t$. □

性质 6.4.4 在数域 $\mathbb{F}$ 上的线性空间 V 中, 由有限个向量所形成的向量组的任一极大线性无关组与向量组本身等价.

请读者自行证明之.

依极大线性无关组的定义及性质知, 向量组的极大线性无关组是能线性表示向量组的所有部分组中所含向量个数最少的. 自然地, 我们要问任何一个向量组是否必存在一个极大线性无关组?

定理 6.4.5 数域 $\mathbb{F}$ 上的线性空间 V 的任何一个由有限个不全为零的向量所组成的向量组必存在极大线性无关组.

证明 设 (I) 是 V 的一个由有限个不全为零的向量所组成的向量组. 我们分两种方法证明.

方法一 不妨设 (I) 由 V 中 n 个向量所构成, $n<+\infty$. 由于 (I) 中向量不全为零向量, 故 $\exists\boldsymbol{\alpha}_1\in$ (I), $\boldsymbol{\alpha}_1\neq\boldsymbol{\theta}$. 显然 $\boldsymbol{\alpha}_1$ 本身是 (I) 的一个线性无关的部分组. 若 (I) 的任一个向量均可由 $\boldsymbol{\alpha}_1$ 线性表示, 则 $\boldsymbol{\alpha}_1$ 本身就是 (I) 的一个极大线性无关组, 故极大线性无关组找到了; 若 (I) 中存在一个向量 $\boldsymbol{\alpha}_2$ 不可由 $\boldsymbol{\alpha}_1$ 的线性表出, 则必有 $\boldsymbol{\alpha}_1,\boldsymbol{\alpha}_2$ 线性无关, 因而它们构成 (I) 的一个线性无关的向量组.

假如已找到 k $(k\leqslant n-1)$ 个 (I) 中的向量 $\boldsymbol{\alpha}_1,\boldsymbol{\alpha}_2,\cdots,\boldsymbol{\alpha}_k$ 线性无关, 若 $\boldsymbol{\alpha}_1,\boldsymbol{\alpha}_2,\cdots,\boldsymbol{\alpha}_k$ 能线性表示 (I) 中所有向量, 则 $\boldsymbol{\alpha}_1,\boldsymbol{\alpha}_2,\cdots,\boldsymbol{\alpha}_k$ 就是 (I) 的一个极大线性无关组, 因而极大线性无关组已找到; 若 (I) 中存在一个向量 $\boldsymbol{\alpha}_{k+1}$ 不可由

$\boldsymbol{\alpha}_1, \boldsymbol{\alpha}_2, \cdots, \boldsymbol{\alpha}_k$ 线性表出, 则由定理 6.2.1, $\boldsymbol{\alpha}_1, \boldsymbol{\alpha}_2, \cdots, \boldsymbol{\alpha}_k, \boldsymbol{\alpha}_{k+1}$ 也线性无关.

重复上述过程, 由于 n 有限, 故上述搜索过程最多 n 步后终止, 或者说 (I) 的极大线性无关组最多经过 n 步后即可找出.

方法二 (数学归纳法) 若 $n=1$, 则 (I) 仅由一个非零向量组成, 它本身是线性无关的, 且是 (I) 的一个极大线性无关组.

设定理的结论对所有含有 n 个不全为零的向量组均正确, 则当 (I) 含有 $n+1$ 个不全为零的向量时, 我们可以取出其中 n 个不全为零的向量组成 (I) 的一个部分组 (I′). 不妨设 (I) 的不在 (I′) 中的唯一一个向量为 $\boldsymbol{\beta}$. 依归纳假设, 在 (I′) 中可以找到其一个极大线性无关组 $\boldsymbol{\alpha}_1, \boldsymbol{\alpha}_2, \cdots, \boldsymbol{\alpha}_r$. 显然, $\boldsymbol{\alpha}_1, \boldsymbol{\alpha}_2, \cdots, \boldsymbol{\alpha}_r$ 也是 (I) 的一个线性无关组. 若 $\boldsymbol{\beta}$ 可由 $\boldsymbol{\alpha}_1, \boldsymbol{\alpha}_2, \cdots, \boldsymbol{\alpha}_r$ 线性表出, 则 $\boldsymbol{\alpha}_1, \boldsymbol{\alpha}_2, \cdots, \boldsymbol{\alpha}_r$ 本身也是 (I) 的一个极大线性无关组; 若 $\boldsymbol{\beta}$ 不可由 $\boldsymbol{\alpha}_1, \boldsymbol{\alpha}_2, \cdots, \boldsymbol{\alpha}_r$ 线性表出, 则依定理 6.2.1, $\boldsymbol{\alpha}_1, \boldsymbol{\alpha}_2, \cdots, \boldsymbol{\alpha}_r, \boldsymbol{\beta}$ 线性无关. 但 (I) 可由 $\boldsymbol{\alpha}_1, \boldsymbol{\alpha}_2, \cdots, \boldsymbol{\alpha}_r, \boldsymbol{\beta}$ 线性表出, 因而 $\boldsymbol{\alpha}_1, \boldsymbol{\alpha}_2, \cdots, \boldsymbol{\alpha}_r, \boldsymbol{\beta}$ 是 (I) 的一个极大线性无关组.

上述证明说明, 当 (I) 含有 $n+1$ 个向量时, 定理结论亦真. 依数学归纳法, 定理得证. □

至此, 我们可以回答刚才所提出来的问题了. 一个由有限个不全为零的向量所形成的向量组必存在极大线性无关组.

定理 6.4.5 证明中的方法一实际上还告诉我们寻找向量组的一个极大线性无关组的方法. 若 $V=\mathbb{F}^n$, 则我们还可以通过矩阵的初等变换来寻找 (请读者参见 6.9 节).

从性质 6.4.3 可知, 向量组的任何一个极大线性无关组所含的向量个数是相同的. 通常, 我们称极大线性无关组所含的向量个数为向量组的**秩**. 一个不存在极大线性无关组的向量组, 如果只含有有限个向量, 则其秩认定为 0. 若向量组 $\boldsymbol{\alpha}_1, \boldsymbol{\alpha}_2, \cdots, \boldsymbol{\alpha}_s$ 的秩为 r, 则记作 $r(\boldsymbol{\alpha}_1, \boldsymbol{\alpha}_2, \cdots, \boldsymbol{\alpha}_s)=r$. 不难推知, 向量组的秩就是向量组的所有能表示该向量组的部分组中所含的向量个数的最小值.

请读者自行证明如下和极大线性无关组相关的定理和性质.

定理 6.4.6 数域 $\mathbb{F}$ 上的线性空间 V 的任何一个有限秩向量组的任何一个线性无关的部分组一定可以扩充为该向量组的一个极大线性无关组 (习题 6.4.1).

性质 6.4.7 设数域 $\mathbb{F}$ 上线性空间 V 中向量组 $\boldsymbol{\alpha}_1, \boldsymbol{\alpha}_2, \cdots, \boldsymbol{\alpha}_s$ 的秩为 $r(r \leqslant s)$, 若其部分组 $\boldsymbol{\beta}_1, \boldsymbol{\beta}_2, \cdots, \boldsymbol{\beta}_r$ 与 $\boldsymbol{\alpha}_1, \boldsymbol{\alpha}_2, \cdots, \boldsymbol{\alpha}_s$ 等价, 则 $\boldsymbol{\beta}_1, \boldsymbol{\beta}_2, \cdots, \boldsymbol{\beta}_r$ 为 $\boldsymbol{\alpha}_1, \boldsymbol{\alpha}_2, \cdots, \boldsymbol{\alpha}_s$ 的一个极大线性无关组 (习题 6.4.3).

性质 6.4.8 数域 $\mathbb{F}$ 上的线性空间 V 中, 设向量组 $\boldsymbol{\alpha}_1, \boldsymbol{\alpha}_2, \cdots, \boldsymbol{\alpha}_s$ 的秩为 $r(r \leqslant s)$, 若 $\boldsymbol{\beta}_1, \boldsymbol{\beta}_2, \cdots \boldsymbol{\beta}_r$ 为其一个线性无关的部分组, 则 $\boldsymbol{\beta}_1, \boldsymbol{\beta}_2, \cdots, \boldsymbol{\beta}_r$ 为 $\boldsymbol{\alpha}_1, \boldsymbol{\alpha}_2, \cdots, \boldsymbol{\alpha}_s$ 的一个极大线性无关组 (习题 6.4.2).

性质 6.4.9 设 $\boldsymbol{\alpha}_1,\boldsymbol{\alpha}_2,\cdots,\boldsymbol{\alpha}_r$ $(r<+\infty)$ 为数域 $\mathbb{F}$ 上的线性空间 V 的 r 个向量, 则

$$\begin{aligned}\boldsymbol{\alpha}_1,\boldsymbol{\alpha}_2,\cdots,\boldsymbol{\alpha}_r\text{线性无关} &\Longleftrightarrow \boldsymbol{\alpha}_1,\boldsymbol{\alpha}_2,\cdots,\boldsymbol{\alpha}_r\text{本身就是}\boldsymbol{\alpha}_1,\boldsymbol{\alpha}_2,\cdots,\boldsymbol{\alpha}_r\\ &\qquad\text{的一个极大线性无关组.}\\ &\Longleftrightarrow r(\boldsymbol{\alpha}_1,\boldsymbol{\alpha}_2,\cdots,\boldsymbol{\alpha}_r)=r.\end{aligned}$$

习 题 6.4

1. 试证明若向量组含有有限个向量, 则其任意一个线性无关的部分组均可扩张为其一个极大线性无关组.

2. 秩为 r 的向量组中的任意由 r 个向量所组成的线性无关组必是其一个极大线性无关组, 其任何 $r+1$ 个向量 (若有) 一定线性相关.

3. 在数域 $\mathbb{F}$ 上的线性空间 V 中, 若向量组 $\boldsymbol{\alpha}_1,\boldsymbol{\alpha}_2,\cdots,\boldsymbol{\alpha}_s$ 的秩为 $r(r\leqslant s)$, 若其部分组 $\boldsymbol{\beta}_1,\boldsymbol{\beta}_2,\cdots,\boldsymbol{\beta}_r$ 与 $\boldsymbol{\alpha}_1,\boldsymbol{\alpha}_2,\cdots,\boldsymbol{\alpha}_s$ 等价, 则 $\boldsymbol{\beta}_1,\boldsymbol{\beta}_2,\cdots,\boldsymbol{\beta}_r$ 为 $\boldsymbol{\alpha}_1,\boldsymbol{\alpha}_2,\cdots,\boldsymbol{\alpha}_s$ 的一个极大线性无关组.

4. 设

$$\begin{cases}\boldsymbol{\beta}_1=\boldsymbol{\alpha}_2+\boldsymbol{\alpha}_3+\cdots+\boldsymbol{\alpha}_n,\\ \boldsymbol{\beta}_2=\boldsymbol{\alpha}_1+\boldsymbol{\alpha}_3+\cdots+\boldsymbol{\alpha}_n,\\ \qquad\cdots\cdots\\ \boldsymbol{\beta}_n=\boldsymbol{\alpha}_1+\boldsymbol{\alpha}_2+\boldsymbol{\alpha}_3+\cdots+\boldsymbol{\alpha}_{n-1},\end{cases}$$

试证明向量组 $\boldsymbol{\alpha}_1,\cdots,\boldsymbol{\alpha}_n$ 与向量组 $\boldsymbol{\beta}_1,\cdots,\boldsymbol{\beta}_n$ 等价.

5. 求下列向量组的秩及一个极大无关组, 并把其余向量用这个极大无关组表示.

(1) $\boldsymbol{\alpha}_1=(6,4,1,-1,2)$, $\boldsymbol{\alpha}_2=(1,0,2,3,-4)$, $\boldsymbol{\alpha}_3=(1,4,-9,-16,22)$, $\boldsymbol{\alpha}_4=(7,1,0,-1,3)$;

(2) $\boldsymbol{\alpha}_1=(1,2,-1,4)$, $\boldsymbol{\alpha}_2=(9,100,10,4)$, $\boldsymbol{\alpha}_3=(-2,-4,2,-8)$;

(3) $\boldsymbol{\alpha}_1=(1,1,1,1)$, $\boldsymbol{\alpha}_2=(1,1,-1,-1)$, $\boldsymbol{\alpha}_3=(1,-1,-1,1)$, $\boldsymbol{\alpha}_4=(-1,-1,-1,1)$.

6. 设 $\mathbb{F}^{2\times 2}$ 中的向量组

$$\boldsymbol{A}_1=\begin{pmatrix}1&0\\0&-2\end{pmatrix},\ \boldsymbol{A}_2=\begin{pmatrix}-1&2\\0&0\end{pmatrix},\ \boldsymbol{A}_3=\begin{pmatrix}0&2\\1&0\end{pmatrix},\ \boldsymbol{A}_4=\begin{pmatrix}-2&4\\1&2\end{pmatrix},$$

求向量组 $\{\boldsymbol{A}_1,\boldsymbol{A}_2,\boldsymbol{A}_3,\boldsymbol{A}_4\}$ 的一组极大线性无关组.

6.5 维数、基、坐标

设 V 是数域 $\mathbb{F}$ 上的非零线性空间, 当我们把 V 中的所有向量看成一个向量组时, 若该组存在由有限个向量所构成的一个极大线性无关组, 则我们称 V 是有

限维的, 否则称 V 是**无限维**的. 当 V 是有限维时, 称其任意一个极大线性无关组所含的向量个数为线性空间 V 的**维数**, 并记之为 $\dim V$. 当 V 是数域 $\mathbb{F}$ 上的零空间时, 我们认定它也是有限维的而且其维数为 0. 若 V 是无限维的, 则记 $\dim V=+\infty$. 在我们的高等代数 (或线性代数) 课程中, 我们主要研究有限维线性空间的性质.

定义 6.5.1 若 $\dim V=n(1\leqslant n<+\infty)$, $\boldsymbol{\alpha}_1,\boldsymbol{\alpha}_2,\cdots,\boldsymbol{\alpha}_n$ 为 V 的一组极大线性无关组, 则称 $\boldsymbol{\alpha}_1,\boldsymbol{\alpha}_2,\cdots,\boldsymbol{\alpha}_n$ 的任何一组排列为 V 的一组基[①].

设 $\boldsymbol{\alpha}_1,\boldsymbol{\alpha}_2,\cdots,\boldsymbol{\alpha}_n$ 是 V 的一组基, 依定理 6.2.2, $\forall\ \boldsymbol{\alpha}\in V$, 存在唯一的一组数 $x_i\in\mathbb{F}(i=1,2,\cdots,n)$, 使得

$$\boldsymbol{\alpha}=x_1\boldsymbol{\alpha}_1+x_2\boldsymbol{\alpha}_2+\cdots+x_n\boldsymbol{\alpha}_n$$

或

$$\boldsymbol{\alpha}=(\boldsymbol{\alpha}_1,\ \ \boldsymbol{\alpha}_2,\ \ \cdots,\ \ \boldsymbol{\alpha}_n)\begin{pmatrix}x_1\\x_2\\\vdots\\x_n\end{pmatrix}. \tag{6.5.1}$$

于是当基选定时, $\mathbb{F}^n$ 中的元素 $\begin{pmatrix}x_1\\x_2\\\vdots\\x_n\end{pmatrix}$ 与 $\boldsymbol{\alpha}$ 一一对应, 称 $\begin{pmatrix}x_1\\x_2\\\vdots\\x_n\end{pmatrix}$ 为 $\boldsymbol{\alpha}$ 在基 $\boldsymbol{\alpha}_1,\boldsymbol{\alpha}_2,\cdots,\boldsymbol{\alpha}_n$ 下的**坐标**, 称 $\begin{pmatrix}x_1\\x_2\\\vdots\\x_n\end{pmatrix}$ 的第 i 个分量 x_i 为 $\boldsymbol{\alpha}$ 在基 $\boldsymbol{\alpha}_1,\boldsymbol{\alpha}_2,\cdots,\boldsymbol{\alpha}_n$ 下的**第i 个坐标**$(i=1,2,\cdots,n)$.

例 6.5.1 令

$$\boldsymbol{e}_1=\begin{pmatrix}1\\0\\0\\\vdots\\0\end{pmatrix},\boldsymbol{e}_2=\begin{pmatrix}0\\1\\0\\\vdots\\0\end{pmatrix},\cdots,\boldsymbol{e}_n=\begin{pmatrix}0\\0\\0\\\vdots\\1\end{pmatrix},$$

① 基与极大线性无关组的唯一区别是极大线性无关组中的向量之间不考虑排序问题, 而基中的向量是有序的. 这点如同解析几何中的左手系与右手系一样——坐标轴的排列是有序的.

则 $\boldsymbol{e}_1, \boldsymbol{e}_2, \cdots, \boldsymbol{e}_n$ 是 $\mathbb{F}^n$ 中的一组基. 通常称之为 $\mathbb{F}^n$ 的**常用基**或**标准基**.

例 6.5.2 在 $\mathbb{F}^{m\times n}$ 中, 令 $\boldsymbol{E}_{ij}$ 表示第 i 行第 j 列交叉位置的元素为 1, 其余元素均为 0 的矩阵, 即

$$\boldsymbol{E}_{ij} = i\begin{pmatrix} & \overset{j}{} & \\ & 1 & \\ & & \end{pmatrix}, \qquad i, j = 1, 2, \cdots, n,$$

则 $\boldsymbol{E}_{11}, \cdots, \boldsymbol{E}_{1n}, \boldsymbol{E}_{21}, \cdots, \boldsymbol{E}_{2n}, \cdots, \boldsymbol{E}_{m1}, \cdots, \boldsymbol{E}_{mn}$ 是 $\mathbb{F}^{m\times n}$ 中的一组基.

例 6.5.3 设 $\mathbb{F}[x]_n$ 表示系数取于数域 $\mathbb{F}$ 上的不超过 $n-1$ 次的多项式函数全体, 则 1, x, x^2, $\cdots$, x^{n-1} 是 $\mathbb{F}[x]_n$ 的一组基. 任意一个多项式函数

$$f(x) = a_0 + a_1 x + \cdots + a_{n-1}x^{n-1}$$

在该基下的坐标为 $\begin{pmatrix} a_0 \\ a_1 \\ \vdots \\ a_{n-1} \end{pmatrix}$.

相应于极大线性无关组的定理 6.4.6、性质 6.4.8 和性质 6.4.9, 我们有如下结论: 有限维线性空间中的任何一个线性无关组都可以扩充为一组基. n 维线性空间中一个由 n 个向量所组成的向量组, 如果和一组基等价, 则它一定是一组基. n 维线性空间中任何一个由 n 个向量所组成的线性无关组一定是一组基.

习 题 6.5

1. 证明: 如果向量空间 V 中每一个向量都可以唯一表示成 V 中给定向量 $\boldsymbol{\alpha}_1, \boldsymbol{\alpha}_2, \cdots, \boldsymbol{\alpha}_n$ 的线性组合, 那么 $\dim V = n$.

2. (1) 证明 n 元向量 $\boldsymbol{\alpha}_1 = (1, 1, \cdots, 1), \boldsymbol{\alpha}_2 = (1, \cdots, 1, 0), \cdots, \boldsymbol{\alpha}_n = (1, 0, \cdots, 0)$ 是线性空间 $\mathbb{F}^n$ 的一组基;

(2) 求 $\mathbb{F}^n$ 中的 n 元向量 $\boldsymbol{\alpha} = (a_1, a_2, \cdots, a_n)$ 在此基下的坐标.

3. 设 V 是实数域 $\mathbb{R}$ 上全体 n 阶对角矩阵构成的线性空间 (运算为矩阵的加法和数与矩阵乘法), 试求 V 的一组基和维数.

4. 判断下列向量组是否构成 $\mathbb{F}[x]_4$ 的基.

(1) $\boldsymbol{\alpha}_1 = 1 + x, \boldsymbol{\alpha}_2 = x + x^2, \boldsymbol{\alpha}_3 = 1 + x^3, \boldsymbol{\alpha}_4 = 2 + 2x + x^2 + x^3$;

(2) $\boldsymbol{\beta}_1 = -1 + x, \boldsymbol{\beta}_2 = 1 - x^2, \boldsymbol{\beta}_3 = -2 + 2x + x^2, \boldsymbol{\beta}_4 = x^3$.

5. 证明: n 维线性空间中的任意 $n+1$ 个向量必线性相关.

6. 对数域 $\mathbb{F}$, 将线性空间 $\mathbb{F}^4$ 中的向量组 $\boldsymbol{\alpha}_1 = (1, 2, 3, 4), \boldsymbol{\alpha}_2 = (1, 1, 1, 1)$ 扩充成 $\mathbb{F}^4$ 的一组基.

6.6 基之间的过渡矩阵、坐标变换

设 V 是数域 $\mathbb{F}$ 上的 n 维线性空间, $\boldsymbol{\alpha}_1,\boldsymbol{\alpha}_2,\cdots,\boldsymbol{\alpha}_n$ 与 $\boldsymbol{\beta}_1,\boldsymbol{\beta}_2,\cdots,\boldsymbol{\beta}_n$ 分别为 V 的两组基, 由于这两组基是等价的, 因此有

$$\begin{cases}\boldsymbol{\beta}_1 = m_{11}\boldsymbol{\alpha}_1 + m_{21}\boldsymbol{\alpha}_2 + \cdots + m_{n1}\boldsymbol{\alpha}_n,\\ \boldsymbol{\beta}_2 = m_{12}\boldsymbol{\alpha}_1 + m_{22}\boldsymbol{\alpha}_2 + \cdots + m_{n2}\boldsymbol{\alpha}_n,\\ \qquad\cdots\cdots\\ \boldsymbol{\beta}_n = m_{1n}\boldsymbol{\alpha}_1 + m_{2n}\boldsymbol{\alpha}_2 + \cdots + m_{nn}\boldsymbol{\alpha}_n,\end{cases} \tag{6.6.1}$$

其中, $m_{ij}\in\mathbb{F}(i,j=1,2,\cdots,n)$. 仿照 (6.3.2), (6.6.1) 可写成如下形式:

$$(\boldsymbol{\beta}_1,\boldsymbol{\beta}_2,\cdots,\boldsymbol{\beta}_n) = (\boldsymbol{\alpha}_1,\boldsymbol{\alpha}_2,\cdots,\boldsymbol{\alpha}_n)\boldsymbol{M}, \tag{6.6.2}$$

这里 $\boldsymbol{M} = (m_{ij})_{n\times n}$. 通常我们称 $\boldsymbol{M}$ 为从基 $\boldsymbol{\alpha}_1,\boldsymbol{\alpha}_2,\cdots,\boldsymbol{\alpha}_n$ 到基 $\boldsymbol{\beta}_1,\boldsymbol{\beta}_2,\cdots,\boldsymbol{\beta}_n$ 的**过渡矩阵**. 依 $\boldsymbol{M}$ 的构造可见, $\boldsymbol{M}$ 的第 j 列就是 $\boldsymbol{\beta}_j$ 在基 $\boldsymbol{\alpha}_1,\boldsymbol{\alpha}_2,\cdots,\boldsymbol{\alpha}_n$ 下的坐标 $(j=1,2,\cdots,n)$. 依 (6.6.2) 知，$\exists \boldsymbol{X}_0\in\mathbb{F}^n$ 使得

$$(\boldsymbol{\beta}_1,\boldsymbol{\beta}_2,\cdots,\boldsymbol{\beta}_n)\boldsymbol{X}_0 = \boldsymbol{\theta}$$

成立的充分必要条件是 $\exists\ \boldsymbol{X}_0\in\mathbb{F}^n$ 使得

$$(\boldsymbol{\alpha}_1,\boldsymbol{\alpha}_2,\cdots,\boldsymbol{\alpha}_n)(\boldsymbol{M}\boldsymbol{X}_0) = \boldsymbol{\theta}$$

成立. 由于 $\boldsymbol{\alpha}_1,\boldsymbol{\alpha}_2,\cdots,\boldsymbol{\alpha}_n$ 与 $\boldsymbol{\beta}_1,\boldsymbol{\beta}_2,\cdots,\boldsymbol{\beta}_n$ 均为 V 的基, 故上述充分必要条件说明 $\boldsymbol{M}\boldsymbol{X} = \boldsymbol{\theta}$ 仅有零解 $\boldsymbol{X}_0 = \boldsymbol{\theta}$, 从而 $r(\boldsymbol{M}) = n$ 或 $|\boldsymbol{M}|\neq 0$, 或从线性空间的一组基到另一组基的过渡矩阵是一个可逆矩阵. 进一步可以验证, 若 $\boldsymbol{N}$ 是从基 $\boldsymbol{\beta}_1,\boldsymbol{\beta}_2,\cdots,\boldsymbol{\beta}_n$ 到基 $\boldsymbol{\alpha}_1,\boldsymbol{\alpha}_2,\cdots,\boldsymbol{\alpha}_n$ 的过渡矩阵, 即

$$(\boldsymbol{\alpha}_1,\boldsymbol{\alpha}_2,\cdots,\boldsymbol{\alpha}_n) = (\boldsymbol{\beta}_1,\boldsymbol{\beta}_2,\cdots,\boldsymbol{\beta}_n)\boldsymbol{N},$$

则

$$\boldsymbol{M}\boldsymbol{M} = \boldsymbol{E} \quad 或 \quad \boldsymbol{N} = \boldsymbol{M}^{-1}. \tag{6.6.3}$$

上述分析过程说明, **从基 $\boldsymbol{\alpha}_1,\boldsymbol{\alpha}_2,\cdots,\boldsymbol{\alpha}_n$ 到基 $\boldsymbol{\beta}_1,\boldsymbol{\beta}_2,\cdots,\boldsymbol{\beta}_n$ 的过渡矩阵和从基 $\boldsymbol{\beta}_1,\boldsymbol{\beta}_2,\cdots,\boldsymbol{\beta}_n$ 到基 $\boldsymbol{\alpha}_1,\boldsymbol{\alpha}_2,\cdots,\boldsymbol{\alpha}_n$ 的过渡矩阵互为逆矩阵**.

例 6.6.1 试证明

(1) 在 n 维线性空间 $\mathbb{F}[x]_n$ 中, 多项式

$$f_j(x) = (x-a_1)\cdots(x-a_{j-1})(x-a_{j+1})\cdots(x-a_n),\quad j=1,2,\cdots,n$$

是一组基, 其中 $a_1, a_2, \cdots, a_n$ 是数域 $\mathbb{F}$ 中 n 个互不相同的数.

(2) 在 (1) 中, 取 $\mathbb{F}=\mathbb{C}$, $a_j=\varepsilon_j(j=1,2,\cdots,n)$, 这里 $\varepsilon_1,\varepsilon_2,\cdots,\varepsilon_n$ 为全体 n 次单位根 (即 $\varepsilon_{j+1}=\mathrm{e}^{\frac{2j\pi}{n}\mathrm{i}}$, $\mathrm{i}=\sqrt{-1}$, $j=0,1,\cdots,n-1$), 求由基 $1,x,\cdots,x^{n-1}$ 到基 $f_1(x),f_2(x),\cdots,f_n(x)$ 的过渡矩阵.

证明 (1) 由于 $\mathbb{F}[x]_n$ 为 n 维线性空间, 要证 $f_1(x),f_2(x),\cdots,f_n(x)$ 为基, 只要证其线性无关即可.

设 $\mathbb{F}$ 中有 n 个数 $k_1,k_2,\cdots,k_n$ 使得

$$k_1f_1(x)+k_2f_2(x)+\cdots+k_nf_n(x)=0, \quad \forall x\in\mathbb{F}, \tag{6.6.4}$$

将 $x=a_1$ 代入上式, 则由于 $a_1,a_2,\cdots,a_n$ 互不相等, 故 $f_1(a_1)\neq 0$. 但是 $f_2(a_1)=\cdots=f_n(a_1)=0$, 从而由 (6.6.4) 式得 $k_1f_1(a_1)=0$, 故 $k_1=0$.

同理可知, $k_2=\cdots=k_n=0$. 故 $f_1(x),f_2(x),\cdots,f_n(x)$ 线性无关, 因而它们是 $\mathbb{F}[x]_n$ 中的一组基.

(2) 此时, $x^n-1=(x-\varepsilon_1)(x-\varepsilon_2)\cdots(x-\varepsilon_n)=(x-\varepsilon_j)f_j(x)$, $j=1,2,\cdots,n$, 于是, 由 $\varepsilon_j^n=1$, 得

$$f_j(x)=\frac{x^n-1}{x-\varepsilon_j}=\varepsilon_j^{n-1}+\varepsilon_j^{n-2}x+\cdots+\varepsilon_jx^{n-2}+x^{n-1}.$$

由此, 即得由基 $1,x,\cdots,x^{n-1}$ 到基 $f_1(x),f_2(x),\cdots,f_n(x)$ 的过渡矩阵为

$$\begin{pmatrix} \varepsilon_1^{n-1} & \varepsilon_2^{n-1} & \cdots & \varepsilon_n^{n-1} \\ \varepsilon_1^{n-2} & \varepsilon_2^{n-2} & \cdots & \varepsilon_n^{n-2} \\ \vdots & \vdots & & \vdots \\ \varepsilon_1 & \varepsilon_2 & \cdots & \varepsilon_n \\ 1 & 1 & \cdots & 1 \end{pmatrix}.$$

□

例 6.6.2 设 $\boldsymbol{\alpha}_1,\boldsymbol{\alpha}_2,\cdots,\boldsymbol{\alpha}_n$ 与 $\boldsymbol{\beta}_1,\boldsymbol{\beta}_2,\cdots,\boldsymbol{\beta}_n$ 分别为 $\mathbb{F}^n$ 的两组基. 求从基 $\boldsymbol{\alpha}_1,\boldsymbol{\alpha}_2,\cdots,\boldsymbol{\alpha}_n$ 到基 $\boldsymbol{\beta}_1,\boldsymbol{\beta}_2,\cdots,\boldsymbol{\beta}_n$ 的过渡矩阵.

解 由两组基中的向量所形成的矩阵 $\boldsymbol{A}=(\boldsymbol{\alpha}_1,\boldsymbol{\alpha}_2,\cdots,\boldsymbol{\alpha}_n)$ 和 $\boldsymbol{B}=(\boldsymbol{\beta}_1,\boldsymbol{\beta}_2,\cdots,\boldsymbol{\beta}_n)$ 均是可逆矩阵. 此时, 由于线性空间 $\mathbb{F}^n$ 的特殊性, (6.6.2) 可改写为矩阵运算关系

$$\boldsymbol{B}=\boldsymbol{AM}$$

或

$$(\boldsymbol{\beta}_1,\boldsymbol{\beta}_2,\cdots,\boldsymbol{\beta}_n)=(\boldsymbol{\alpha}_1,\boldsymbol{\alpha}_2,\cdots,\boldsymbol{\alpha}_n)\boldsymbol{M},$$

从而

$$\boldsymbol{M}=\boldsymbol{A}^{-1}\boldsymbol{B}=(\boldsymbol{\alpha}_1,\boldsymbol{\alpha}_2,\cdots,\boldsymbol{\alpha}_n)^{-1}(\boldsymbol{\beta}_1,\boldsymbol{\beta}_2,\cdots,\boldsymbol{\beta}_n).$$

设 $\boldsymbol{\alpha}\in V$, 其在基 $\boldsymbol{\alpha}_1,\boldsymbol{\alpha}_2,\cdots,\boldsymbol{\alpha}_n$ 及基 $\boldsymbol{\beta}_1,\boldsymbol{\beta}_2,\cdots,\boldsymbol{\beta}_n$ 下的坐标分别为 $\boldsymbol{X}$和$\boldsymbol{Y}$. 若已知从基 $\boldsymbol{\alpha}_1,\boldsymbol{\alpha}_2,\cdots,\boldsymbol{\alpha}_n$ 到基 $\boldsymbol{\beta}_1,\boldsymbol{\beta}_2,\cdots,\boldsymbol{\beta}_n$ 的过渡矩阵为 $\boldsymbol{M}$, 则有

$$\begin{aligned}\boldsymbol{\alpha}&=(\boldsymbol{\beta}_1,\boldsymbol{\beta}_2,\cdots,\boldsymbol{\beta}_n)\boldsymbol{Y}\\&=(\boldsymbol{\alpha}_1,\boldsymbol{\alpha}_2,\cdots,\boldsymbol{\alpha}_n)(\boldsymbol{MY}),\end{aligned}$$

但

$$\boldsymbol{\alpha}=(\boldsymbol{\alpha}_1,\boldsymbol{\alpha}_2,\cdots,\boldsymbol{\alpha}_n)\boldsymbol{X},$$

由向量在同一基下坐标的唯一性有

$$\boldsymbol{X}=\boldsymbol{MY}. \tag{6.6.5}$$

我们称 (6.6.5) 为基 $\boldsymbol{\alpha}_1,\boldsymbol{\alpha}_2,\cdots,\boldsymbol{\alpha}_n$ 与基 $\boldsymbol{\beta}_1,\boldsymbol{\beta}_2,\cdots,\boldsymbol{\beta}_n$ 间的**坐标变换**.

例 6.6.3 在线性空间 $\mathbb{F}^{2\times 2}$ 中, 取两组基

$$\text{(I) } \boldsymbol{E}_{11}=\begin{pmatrix}1&0\\0&0\end{pmatrix},\ \boldsymbol{E}_{12}=\begin{pmatrix}0&1\\0&0\end{pmatrix},\ \boldsymbol{E}_{21}=\begin{pmatrix}0&0\\1&0\end{pmatrix},\ \boldsymbol{E}_{22}=\begin{pmatrix}0&0\\0&1\end{pmatrix}$$

和

$$\text{(II) } \boldsymbol{D}_{11}=\begin{pmatrix}1&1\\0&0\end{pmatrix},\ \boldsymbol{D}_{12}=\begin{pmatrix}0&1\\1&0\end{pmatrix},\ \boldsymbol{D}_{21}=\begin{pmatrix}0&0\\2&1\end{pmatrix},\ \boldsymbol{D}_{22}=\begin{pmatrix}0&0\\0&1\end{pmatrix}.$$

(1) 求从基 (I) 到基 (II) 的过渡矩阵.

(2) 分别求出矩阵 $\boldsymbol{A}=\begin{pmatrix}1&2\\3&4\end{pmatrix}$ 在基 (I)、基 (II) 下的坐标.

解 (1) 由于

$$(\boldsymbol{D}_{11},\boldsymbol{D}_{12},\boldsymbol{D}_{21},\boldsymbol{D}_{22})=(\boldsymbol{E}_{11},\boldsymbol{E}_{12},\boldsymbol{E}_{21},\boldsymbol{E}_{22})\begin{pmatrix}1&0&0&0\\1&1&0&0\\0&1&2&0\\0&0&1&1\end{pmatrix},$$

故从基 (I) 到基 (Ⅱ) 的过渡矩阵

$$M=\begin{pmatrix}1&0&0&0\\1&1&0&0\\0&1&2&0\\0&0&1&1\end{pmatrix}.$$

(2) 由于

$$A=\begin{pmatrix}1&2\\3&4\end{pmatrix}=1E_{11}+2E_{12}+3E_{21}+4E_{22},$$

或

$$A=(E_{11},E_{12},E_{21},E_{22})\begin{pmatrix}1\\2\\3\\4\end{pmatrix},$$

故 A 在基 (I) 的坐标 X 为

$$X=\begin{pmatrix}1\\2\\3\\4\end{pmatrix}.$$

从而 A 在基 (Ⅱ) 下坐标 Y 为

任意线性空间的基的存在性及其证明

$$Y=M^{-1}X=\begin{pmatrix}1\\1\\1\\3\end{pmatrix}.$$

例 6.6.4　设 $\mathbb{F}^3$ 中向量 α 在 $\mathbb{F}^3$ 的两组基 $\alpha_1,\alpha_2,\alpha_3$ 及 β_1,β_2,β_3 下的坐标都为

$$X=\begin{pmatrix}x_1\\x_2\\x_3\end{pmatrix},$$

则有

$$\boldsymbol{\alpha} = x_1\boldsymbol{\alpha}_1 + x_2\boldsymbol{\alpha}_2 + x_3\boldsymbol{\alpha}_3 = x_1\boldsymbol{\beta}_1 + x_2\boldsymbol{\beta}_2 + x_3\boldsymbol{\beta}_3,$$

所以

$$x_1(\boldsymbol{\alpha}_1 - \boldsymbol{\beta}_1) + x_2(\boldsymbol{\alpha}_2 - \boldsymbol{\beta}_2) + x_3(\boldsymbol{\alpha}_3 - \boldsymbol{\beta}_3) = \boldsymbol{\theta}.$$

故 $\boldsymbol{\alpha}$ 在这两组基下的坐标是以 $(\boldsymbol{\alpha}_1 - \boldsymbol{\beta}_1, \boldsymbol{\alpha}_2 - \boldsymbol{\beta}_2, \boldsymbol{\alpha}_3 - \boldsymbol{\beta}_3)$ 为系数矩阵的齐次方程组的解. 若该方程组的某个解的形式为 $\begin{pmatrix} x_1^0 \\ x_2^0 \\ x_3^0 \end{pmatrix}$, 则在两组基下坐标相同的向量应为

$$\boldsymbol{\alpha} = x_1^0\boldsymbol{\alpha}_1 + x_2^0\boldsymbol{\alpha}_3 + x_3^0\boldsymbol{\alpha}_3 \quad \text{或} \quad \boldsymbol{\alpha} = x_1^0\boldsymbol{\beta}_1 + x_2^0\boldsymbol{\beta}_3 + x_3^0\boldsymbol{\beta}_3.$$

习 题 6.6

1. 已知 $\mathbb{R}^3$ 的两组基分别为

(I) $\boldsymbol{\alpha}_1 = \begin{pmatrix} 1 \\ 1 \\ 1 \end{pmatrix}$, $\boldsymbol{\alpha}_2 = \begin{pmatrix} 1 \\ 0 \\ -1 \end{pmatrix}$, $\boldsymbol{\alpha}_3 = \begin{pmatrix} 1 \\ 0 \\ 1 \end{pmatrix}$;

(II) $\boldsymbol{\beta}_1 = \begin{pmatrix} 1 \\ 2 \\ 1 \end{pmatrix}$, $\boldsymbol{\beta}_2 = \begin{pmatrix} 2 \\ 3 \\ 4 \end{pmatrix}$, $\boldsymbol{\beta}_3 = \begin{pmatrix} 3 \\ 4 \\ 5 \end{pmatrix}$,

(1) 求从基 (I) 到基 (II) 的过渡矩阵 $\boldsymbol{M}$;

(2) 设 $\boldsymbol{\alpha}$ 在基 (I) 下的坐标为 $(1,1,3)^{\mathrm{T}}$, 求 $\boldsymbol{\alpha}$ 在基 (II) 下的坐标.

2. 设 $\boldsymbol{\alpha}_1, \boldsymbol{\alpha}_2, \cdots, \boldsymbol{\alpha}_n$ 是线性空间 V 的一个基, 求由这组基到基 $\boldsymbol{\alpha}_3, \boldsymbol{\alpha}_4, \cdots, \boldsymbol{\alpha}_n, \boldsymbol{\alpha}_1, \boldsymbol{\alpha}_2$ 的过渡矩阵.

3. 设 $a \in \mathbb{F}$, 证明: 两个多项式组 $\{1, x, \cdots, x^{n-1}\}$和$\{1, x-a, \cdots, (x-a)^{n-1}\}$ 都是线性空间 $\mathbb{F}[x]_{n-1}$ 的基, 试求这两个基之间的过渡矩阵.

6.7 矩阵的秩与向量组的秩之间的关系

通过矩阵的子式来定义的矩阵的秩与通过极大线性无关组来定义的向量组的秩看似没有任何的关系, 然而它们之间却存在着本质的联系. 这样的联系既反映了矩阵的秩与向量组的秩的特性, 也显示了秩将矩阵理论与线性空间理论紧紧地连在一起.

本节中, 我们讨论 $\mathbb{F}^{m\times n}$ 中矩阵的秩与 $\mathbb{F}^m$ 及 $\mathbb{F}^n$ 中向量组的秩之间的某些联系. 更一般的关系请见本章补充题之习题 1 及习题 7.

设 $\boldsymbol{A}_{m\times n}=(a_{ij})_{m\times n}\in\mathbb{F}^{m\times n}$, 若对 $\boldsymbol{A}$ 按行分块, 则得

$$\boldsymbol{A}=\begin{pmatrix}\boldsymbol{\alpha}_1\\ \boldsymbol{\alpha}_2\\ \vdots\\ \boldsymbol{\alpha}_m\end{pmatrix},$$

这里 $\boldsymbol{\alpha}_i=(a_{i1},a_{i2},\cdots,a_{in})(i=1,2,\cdots,m)$ 是 $\mathbb{F}^{1\times n}$ 中的 m 个向量, 通常, 称 $\boldsymbol{\alpha}_i$ 为 $\boldsymbol{A}$ 的**行向量**$(i=1,2,\cdots,m)$. $\boldsymbol{A}$ 的行向量组的秩称为 $\boldsymbol{A}$ 的**行秩**.

若对 $\boldsymbol{A}$ 按列分块, 则得

$$\boldsymbol{A}=(\boldsymbol{\beta}_1,\boldsymbol{\beta}_2,\cdots,\boldsymbol{\beta}_n),$$

这里 $\boldsymbol{\beta}_i=\begin{pmatrix}\boldsymbol{\alpha}_{1i}\\ \boldsymbol{\alpha}_{2i}\\ \vdots\\ \boldsymbol{\alpha}_{mi}\end{pmatrix}(i=1,2,\cdots,n)$ 是 $\mathbb{F}^m$ 中的 n 个向量, 通常, 称 $\boldsymbol{\beta}_i(i=1,2,\cdots,n)$ 为矩阵 $\boldsymbol{A}$ 的**列向量**. $\boldsymbol{A}$ 的列向量组的秩称为 $\boldsymbol{A}$ 的**列秩**.

于是, 一个矩阵有了三个秩：矩阵的秩、矩阵的行秩与矩阵的列秩. 以下我们讨论它们之间的关系.

首先, 我们有

引理 6.7.1 矩阵的初等行 (列) 变换不改变矩阵的行 (列) 秩.

证明 先证初等行变换不改变矩阵的行秩. 不妨设矩阵 $\boldsymbol{A}_{m\times n}=\begin{pmatrix}\boldsymbol{\alpha}_1\\ \boldsymbol{\alpha}_2\\ \vdots\\ \boldsymbol{\alpha}_m\end{pmatrix}$, 其中 $\boldsymbol{\alpha}_1,\boldsymbol{\alpha}_2,\cdots,\boldsymbol{\alpha}_m$ 为 $\boldsymbol{A}$ 的全体行向量. 对 $\boldsymbol{A}$ 实施一次初等行变换后得矩阵 $\boldsymbol{B}$. 设 $\boldsymbol{B}$ 的行向量依次为 $\boldsymbol{\gamma}_1,\boldsymbol{\gamma}_2,\cdots,\boldsymbol{\gamma}_m$.

(1) 若

$$\boldsymbol{A}\xrightarrow{R_{ij}}\boldsymbol{B},$$

则

$$\boldsymbol{\gamma}_l=\begin{cases}\boldsymbol{\alpha}_l, & l\neq i,l\neq j,\\ \boldsymbol{\alpha}_j, & l=i,\\ \boldsymbol{\alpha}_i, & l=j,\end{cases}$$

反之,

$$\boldsymbol{\alpha}_l = \begin{cases} \boldsymbol{\gamma}_l, & l \neq i, l \neq j, \\ \boldsymbol{\gamma}_j, & l = i, \\ \boldsymbol{\gamma}_i, & l = j, \end{cases}$$

其中, $1 \leqslant l \leqslant m$.

(2) 若

$$\boldsymbol{A} \xrightarrow{kR_i} \boldsymbol{B} \quad (k \neq 0, k \in \mathbb{F}),$$

则

$$\boldsymbol{\gamma}_l = \begin{cases} \boldsymbol{\alpha}_l, & l \neq i, \\ k\boldsymbol{\alpha}_l, & l = i, \end{cases}$$

反之,

$$\boldsymbol{\alpha}_l = \begin{cases} \boldsymbol{\gamma}_l, & l \neq i, \\ \dfrac{1}{k}\boldsymbol{\gamma}_l, & l = i, \end{cases}$$

其中, $1 \leqslant l \leqslant m$.

(3) 设

$$\boldsymbol{A} \xrightarrow{R_i + kR_j} \boldsymbol{B} \quad (k \in \mathbb{F}),$$

则

$$\boldsymbol{\gamma}_l = \begin{cases} \boldsymbol{\alpha}_l, & l \neq i, \\ \boldsymbol{\alpha}_l + k\boldsymbol{\alpha}_j & l = i, \end{cases}$$

反之,

$$\boldsymbol{\alpha}_l = \begin{cases} \boldsymbol{\gamma}_l, & l \neq i, \\ \boldsymbol{\gamma}_l - k\boldsymbol{\gamma}_j, & l = i, \end{cases}$$

其中, $1 \leqslant l \leqslant m$.

上述 $\boldsymbol{\gamma}_1, \boldsymbol{\gamma}_2, \cdots, \boldsymbol{\gamma}_m$ 的构造说明, $\boldsymbol{B}$ 的行向量组与 $\boldsymbol{A}$ 的行向量组是等价的, 从而 $\boldsymbol{A}$ 与 $\boldsymbol{B}$ 的行秩相等, 即 $\boldsymbol{A}$ 的初等行变换并不改变矩阵的行秩. 同理可证, $\boldsymbol{A}$ 的初等列变换并不改变矩阵的列秩. □

由极大线性无关组的定义, 不难证明:

引理 6.7.2 设 $\boldsymbol{\alpha}_1, \boldsymbol{\alpha}_2, \cdots, \boldsymbol{\alpha}_s$ 是 $\mathbb{F}^n$ 中的 s 个向量, 则

$$r(\boldsymbol{\alpha}_1, \boldsymbol{\alpha}_2, \cdots, \boldsymbol{\alpha}_s) = r(\boldsymbol{\alpha}_1^{\mathrm{T}}, \boldsymbol{\alpha}_2^{\mathrm{T}}, \cdots, \boldsymbol{\alpha}_s^{\mathrm{T}}).$$

定理 6.7.3 数域 $\mathbb{F}$ 上任意一个矩阵的秩、行秩及列秩均相等.

证明 先证明数域 $\mathbb{F}$ 上任意一个矩阵的秩与其行秩相同. 依第 1 章的结果, 任意一个取自数域 $\mathbb{F}$ 上的矩阵 $\boldsymbol{A}_{m\times n}$, 均可通过初等行变换化为

$$\boldsymbol{B}=\begin{pmatrix} d_{11} & \cdots & d_{1i_1} & \cdots & d_{1i_2} & \cdots & d_{1i_{r-1}} & \cdots & d_{1n} \\ & & d_{2i_1} & \cdots & d_{2i_2} & \cdots & d_{2i_{r-1}} & \cdots & d_{2n} \\ & & & & d_{3i_2} & \cdots & d_{3i_{r-1}} & \cdots & d_{3n} \\ & & & & & \ddots & \vdots & & \vdots \\ & & & & & & d_{ri_{r-1}} & \cdots & d_{rn} \\ & & & & & & & & \\ & & & & & & & & \end{pmatrix},$$

其中 $r=r(\boldsymbol{A})$, $1<i_1<i_2<\cdots<i_{r-1}\leqslant n$, 且 $d_{11}\prod\limits_{j=1}^{r-1}d_{j,i_j}\neq 0$. 依引理 6.7.2 及之前的例题, $\boldsymbol{B}$ 的前 r 个行所成的行向量组线性无关. 但 $\boldsymbol{B}$ 的其余行向量均为零向量, 从而 $\boldsymbol{B}$ 的前 r 个行向量组成 $\boldsymbol{B}$ 的行向量组的一个极大线性无关组, 故 $\boldsymbol{B}$ 的行秩为 r. 依引理 6.7.1, $\boldsymbol{A}$ 的行秩与 $\boldsymbol{B}$ 的行秩相同, 因此, $\boldsymbol{A}$ 的行秩 $=r=r(\boldsymbol{A})$.

将 $\boldsymbol{A}$ 转置, 则 $\boldsymbol{A}$ 的列向量化为 $\boldsymbol{A}^{\mathrm{T}}$ 的行向量, 由上述证明得知 $\boldsymbol{A}^{\mathrm{T}}$ 的行秩等于 $r(\boldsymbol{A}^{\mathrm{T}})$, 即等于 $r(\boldsymbol{A})$, 但 $\boldsymbol{A}^{\mathrm{T}}$ 的行向量全体就是 $\boldsymbol{A}$ 的列向量全体的转置, 故由引理 6.7.2, $\boldsymbol{A}$ 的列秩与 $\boldsymbol{A}^{\mathrm{T}}$ 的行秩相同, 从而 $\boldsymbol{A}$ 的列秩也等于 $r(\boldsymbol{A})$.

综上所述, 定理成立. □

推论 6.7.4 矩阵的初等行 (列) 变换不改变矩阵的列 (行) 秩.

证明 由于初等变换不改变矩阵的秩序, 而依据定理 6.7.3, 矩阵的行秩和列秩都等于矩阵的秩, 因此, 矩阵的初等行变换不改变矩阵的列秩, 矩阵的初等列变换不改变矩阵的行秩. 结论得证. □

定理 6.7.3 说明, 矩阵的秩可以用矩阵的行 (列) 向量的秩来定义, 这是矩阵秩的又一种定义方式 (有兴趣的读者可以参见文献 (北京大学数学系几何与代数教研室前代数小组, 2019)). 利用定理 6.7.3, 我们还可以构造利用初等变换计算 $\mathbb{F}^n$ 中任意一个向量组的极大线性无关组的方法.

设 $\boldsymbol{\alpha}_1,\boldsymbol{\alpha}_2,\cdots,\boldsymbol{\alpha}_s$ 是 $\mathbb{F}^n$ 中的 s 个向量, 寻找其一个极大线性无关组的步骤如下:

第一步, 将 $\boldsymbol{\alpha}_i$ 写成列向量的形式, 即 $\boldsymbol{\alpha}_i = \begin{pmatrix} a_{1i} \\ a_{2i} \\ \vdots \\ a_{ni} \end{pmatrix}$ $(i = 1, 2, \cdots, s)$.

第二步, 构造矩阵

$$\boldsymbol{A} = (\boldsymbol{\alpha}_1, \boldsymbol{\alpha}_2, \cdots, \boldsymbol{\alpha}_s) = \begin{pmatrix} a_{11} & a_{12} & \cdots & a_{1s} \\ a_{21} & a_{22} & \cdots & a_{2s} \\ \vdots & \vdots & & \vdots \\ a_{n1} & a_{n2} & \cdots & a_{ns} \end{pmatrix}.$$

第三步, 仅对 $\boldsymbol{A}$ 实施初等行变换及列的互换, 将 $\boldsymbol{A}$ 化为

$$\boldsymbol{C} = \begin{pmatrix} d_{11} & & & & d_{1,r+1} & \cdots & d_{1s} \\ & d_{22} & & & d_{2,r+1} & \cdots & d_{2s} \\ & & \ddots & & \vdots & & \vdots \\ & & & d_{rr} & d_{r,r+1} & \cdots & d_{rs} \\ & & & & & & \end{pmatrix},$$

其中, $\prod\limits_{i=1}^{r} d_{ii} \neq 0, r > 0$.

第四步 若 $\boldsymbol{B}$ 的第 $1, 2, \cdots, r$ 列分别由 $\boldsymbol{A}$ 的第 $i_1, i_2, \cdots, i_r$ 列经若干次互换 (或不变换列) 所得, 则 $\boldsymbol{\alpha}_{i_1}, \boldsymbol{\alpha}_{i_2}, \cdots, \boldsymbol{\alpha}_{i_r}$ 就是 $\boldsymbol{\alpha}_1, \boldsymbol{\alpha}_2, \cdots, \boldsymbol{\alpha}_n$ 的一个极大线性无关组.

事实上, 上述初等变换过程可依如下步骤得到同样的结果: 先将 $\boldsymbol{A}$ 的第 i_1, $i_2, \cdots, i_r$ 列按上述互换列次序换至第 $1, 2, \cdots, r$ 列得 $\boldsymbol{B}$, 然后对 $\boldsymbol{B}$ 实施和第三步相同的初等行变换, 则得 $\boldsymbol{C}$.

以下分析上述步骤的合理性. 记

$$\boldsymbol{B} = \left(\begin{array}{ccc:c} \boldsymbol{\alpha}_{i_1} & \cdots & \boldsymbol{\alpha}_{i_r} & * \end{array} \right),$$

则有

$$(\boldsymbol{\alpha}_{i_1}, \boldsymbol{\alpha}_{i_2}, \cdots, \boldsymbol{\alpha}_{i_r}) \xrightarrow{\text{仅实施初等行变换}} \begin{pmatrix} d_{11} & & & \\ & d_{22} & & \\ & & \ddots & \\ & & & d_{rr} \end{pmatrix},$$

由定理 6.7.3,

$$r(\boldsymbol{\alpha}_{i_1},\boldsymbol{\alpha}_{i_2},\cdots,\boldsymbol{\alpha}_{i_r})=r(\boldsymbol{\alpha}_{i_1},\boldsymbol{\alpha}_{i_2},\cdots,\boldsymbol{\alpha}_{i_r})=r,$$

即 $\boldsymbol{\alpha}_{i_1},\boldsymbol{\alpha}_{i_2},\cdots,\boldsymbol{\alpha}_{i_r}$ 线性无关. 又任取 $\boldsymbol{B}$ 的后 $s-r$ 列中之任一列 $\boldsymbol{\alpha}$, 构造

$$\boldsymbol{B}_*=\begin{pmatrix}\boldsymbol{\alpha}_{i_1},\boldsymbol{\alpha}_{i_2},\cdots,\boldsymbol{\alpha}_{i_r},\boldsymbol{\alpha}\end{pmatrix},$$

则在上述相同的初等行变换下, 得

$$\boldsymbol{B}_*\xrightarrow{\text{相同的初等行变换}}\left(\begin{array}{cccc:c}d_{11}&&&&\\&d_{22}&&&\\&&\ddots&&\boldsymbol{\gamma}_j\\&&&d_{rr}&\\&&&&\end{array}\right),$$

其中等式右侧矩阵中虚线右侧的 $\boldsymbol{\gamma}_j$ 为 $\boldsymbol{C}$ 的第 j 列的列向量 $(r+1\leqslant j\leqslant s)$, 从而

$$r(\boldsymbol{\alpha}_{i_1},\boldsymbol{\alpha}_{i_2}\cdots,\boldsymbol{\alpha}_{i_r},\boldsymbol{\alpha})=r(\boldsymbol{B}_*)=r\left|\left(\begin{array}{cccc:c}d_{11}&&&&\\&d_{22}&&&\\&&\ddots&&\boldsymbol{\gamma}_j\\&&&d_{rr}&\\&&&&\end{array}\right)\right|=r.$$

即 $\boldsymbol{\alpha}_{i_1},\boldsymbol{\alpha}_{i_2},\cdots\boldsymbol{\alpha}_{i_r},\boldsymbol{\alpha}$ 线性相关. 从而, 依 $\boldsymbol{\alpha}$ 的任意性以及极大线性无关组的定义知 $\boldsymbol{\alpha}_{i_1},\cdots,\boldsymbol{\alpha}_{i_r}$ 即是所给向量组中的一个极大线性无关组.

例 6.7.1 求 $\mathbb{F}^{1\times 4}$ 中下列向量组的一个极大线性无关组.

$$\boldsymbol{\alpha}_1=(1,1,3,1),\quad \boldsymbol{\alpha}_2=(-1,1,-1,3)\quad \boldsymbol{\alpha}_3=(5,-2,8,-9),\quad \boldsymbol{\alpha}_4=(-1,3,1,7).$$

解 把 $\boldsymbol{\alpha}_1,\boldsymbol{\alpha}_2,\boldsymbol{\alpha}_3,\boldsymbol{\alpha}_4$ 转置后构造矩阵

$$\boldsymbol{A}=(\boldsymbol{\alpha}_1^{\mathrm{T}},\boldsymbol{\alpha}_2^{\mathrm{T}},\boldsymbol{\alpha}_3^{\mathrm{T}},\boldsymbol{\alpha}_4^{\mathrm{T}})=\begin{pmatrix}1&-1&5&-1\\1&1&-2&3\\3&-1&8&1\\1&3&-9&7\end{pmatrix}.$$

对 $\boldsymbol{A}$ 实施初等行变换:

$$\boldsymbol{A}\xrightarrow[R_4-R_1]{\substack{R_2-R_1\\R_3-3R_1}}\begin{pmatrix}1&-1&5&-1\\0&2&-7&4\\0&2&-7&4\\0&4&-14&8\end{pmatrix}\xrightarrow[R_4-2R_2]{\substack{R_1+\frac{1}{2}R_2\\R_3-R_2}}\begin{pmatrix}1&0&\dfrac{3}{2}&1\\0&2&-7&4\\0&0&0&0\\0&0&0&0\end{pmatrix}.$$

故 $\boldsymbol{\alpha}_1,\boldsymbol{\alpha}_2,\boldsymbol{\alpha}_3,\boldsymbol{\alpha}_4$ 的一个极大线性无关组是 $\boldsymbol{\alpha}_1,\boldsymbol{\alpha}_2$. 不难知, $\boldsymbol{\alpha}_1,\boldsymbol{\alpha}_3$ 和 $\boldsymbol{\alpha}_1,\boldsymbol{\alpha}_4$ 均是 $\boldsymbol{\alpha}_1$, $\boldsymbol{\alpha}_2$, $\boldsymbol{\alpha}_3,\boldsymbol{\alpha}_4$ 的极大线性无关组.

习 题 6.7

1. 设 $\boldsymbol{A},\boldsymbol{B}$ 分别为 $m\times n,n\times t$ 矩阵. 求证

(1) 若 $r(\boldsymbol{A})=n$, 则 $r(\boldsymbol{AB})=r(\boldsymbol{B})$;

(2) 若 $r(\boldsymbol{B})=n$, 则 $r(\boldsymbol{AB})=r(\boldsymbol{A})$.

2. 设矩阵 $\boldsymbol{A}$ 是一个实矩阵, 证明: $r(\boldsymbol{A}^{\mathrm{T}}\boldsymbol{A})=r(\boldsymbol{A})=r(\boldsymbol{A}\boldsymbol{A}^{\mathrm{T}})$.

3. (1) 在秩为 r 的向量组 $\boldsymbol{\alpha}_1,\boldsymbol{\alpha}_2,\cdots,\boldsymbol{\alpha}_m$ 中取出 s 个向量形成一个部分组, 若 r_1 为该部分组的秩, 则 $r_1\geqslant r+s-m$;

(2) 设矩阵 $\boldsymbol{A}\in\mathbb{F}^{m\times n}$ 的秩为 r, 若记取出其 s 个行构成的矩阵为 $\boldsymbol{B}$, 则 $r(\boldsymbol{B})\geqslant r+s-m$;

(3) 设矩阵 $\boldsymbol{A}\in\mathbb{F}^{m\times n}$ 的秩为 r, 若记取出其 s 个列构成的矩阵为 $\boldsymbol{B}$, 则 $r(\boldsymbol{B})\geqslant r+s-n$;

(4) 设 $\boldsymbol{A}\in\mathbb{F}^{m\times n}$ 是一个秩为 r 的矩阵. 从 $\boldsymbol{A}$ 中任划去 $m-s$ 行与 $n-t$ 列以后, 其余元素按原来的相对位置排成一个 $s\times t$ 矩阵 $\boldsymbol{C}$, 则 $r(\boldsymbol{C})\geqslant r+s+t-m-n$;

(5) 设 $\boldsymbol{A}_{m\times n}\in\mathbb{F}^{m\times n},\boldsymbol{B}_{n\times s}\in\mathbb{F}^{n\times s}$, 则 $r(\boldsymbol{A}_{m\times n}\boldsymbol{B}_{n\times s})\geqslant r(\boldsymbol{A}_{m\times n})+r(\boldsymbol{B}_{n\times s})-n$.

4. 行满秩矩阵 $\boldsymbol{A}\in\mathbb{F}^{m\times n}$ 的前 m 个列所形成的矩阵是否为行满秩阵?

5. 设 $\boldsymbol{\alpha}_i=(a_{i1},a_{i2},\cdots,a_{is})\in\mathbb{F}^{1\times s}$, $i=1,2,\cdots,m$. 令

$$\boldsymbol{\beta}_i=(a_{i1},a_{i2},\cdots,a_{is},b_{i,s+1},\cdots,b_{i,n}),\quad i=1,2,\cdots,m,$$

其中, b_{ij} 为 $\mathbb{F}$ 中的数 $(i=1,2,\cdots,m;j=s+1,\cdots,n)$.

(1) 若 $\boldsymbol{\alpha}_1,\boldsymbol{\alpha}_2,\cdots,\boldsymbol{\alpha}_m$ 线性无关, 问 $\boldsymbol{\beta}_1,\boldsymbol{\beta}_2,\cdots,\boldsymbol{\beta}_m$ 是否线性无关.

(2) 若 $\boldsymbol{\beta}_1,\boldsymbol{\beta}_2,\cdots,\boldsymbol{\beta}_m$ 线性无关, 问 $\boldsymbol{\alpha}_1,\boldsymbol{\alpha}_2,\cdots,\boldsymbol{\alpha}_m$ 是否线性无关.

6. 设 $\boldsymbol{A}_{m\times n}\in\mathbb{F}^{m\times n}$, 则 $r(\boldsymbol{A}_{m\times n})=1\Longleftrightarrow\exists\boldsymbol{\alpha}\in\mathbb{F}^m$, $\boldsymbol{\beta}\in\mathbb{F}^n$, $\boldsymbol{\alpha}\neq\boldsymbol{\theta}$, $\boldsymbol{\beta}\neq\boldsymbol{\theta}$, s.t. $\boldsymbol{A}=\boldsymbol{\alpha}\boldsymbol{\beta}^{\mathrm{T}}$.

7. 设矩阵 $\boldsymbol{A}\in\mathbb{F}^{m\times n}$ 的秩等于 r, 证明: 如果存在列向量

$$\boldsymbol{\alpha}_1,\boldsymbol{\alpha}_2,\cdots,\boldsymbol{\alpha}_r\in\mathbb{F}^m,\quad\boldsymbol{\beta}_1,\boldsymbol{\beta}_2,\cdots,\boldsymbol{\beta}_r\in\mathbb{F}^n$$

使得

$$\boldsymbol{A}=\boldsymbol{\alpha}_1\boldsymbol{\beta}_1^{\mathrm{T}}+\boldsymbol{\alpha}_2\boldsymbol{\beta}_2^{\mathrm{T}}+\cdots+\boldsymbol{\alpha}_r\boldsymbol{\beta}_r^{\mathrm{T}}$$

成立, 则向量组 $\boldsymbol{\alpha}_1,\boldsymbol{\alpha}_2,\cdots,\boldsymbol{\alpha}_r$ 和 $\boldsymbol{\beta}_1,\boldsymbol{\beta}_2,\cdots,\boldsymbol{\beta}_r$ 分别线性无关.

6.8 子空间

子空间类同于子集在集合理论中的地位, 它是线性空间理论的一个重要组成部分.

定义 6.8.1 设 V 是数域 $\mathbb{F}$ 上的线性空间, $M \subseteq V$ 是 V 的一个非空子集, 若 M 关于 V 的加法运算及数乘运算也构成 $\mathbb{F}$ 上的一个线性空间, 则称 M 是 V 的一个子空间.

显然, $\{\boldsymbol{\theta}\}$ 及 V 是 V 的两个子空间, 一般地, 我们称之为 V 的**平凡子空间**.

定理 6.8.1 设 V 是数域 $\mathbb{F}$ 上的线性空间, W 为 V 的非空子集, 则

$$W\text{是}V\text{的子空间} \Longleftrightarrow W\text{关于}V\text{的加法与数乘运算封闭}.$$

这里, 所谓封闭是指 W 中的向量经过 V 的加法与数乘运算后所得的新向量仍然在 W 中, 即对于任意 $w_1, w_2 \in W, k \in \mathbb{F}$, 总有 $w_1 + w_2 \in W, kw_1 \in W$.

证明 "$\Longrightarrow$", 依子空间的定义即得.

"$\Longleftarrow$", 若 W 关于 V 的加法与数乘运算封闭, 则在 V 上成立的 8 条运算性质 (定义 6.1.1) 中的 (1)、(2)、(5)、(8) 在 W 上也成立. 下证 (3) 和 (4) 在 W 上亦成立.

同样依据 W 关于 V 中的两个运算的封闭性质, 我们有

$$\left.\begin{aligned} -\boldsymbol{\alpha} &= (-1)\boldsymbol{\alpha} \in W, \\ \boldsymbol{\theta} &= \boldsymbol{\alpha} + (-\boldsymbol{\alpha}) \in W, \end{aligned}\right. \qquad \forall \boldsymbol{\alpha} \in W,$$

即 V 中的零元素是 W 中的元素, W 中的任何一个元素在 V 中的负元素也是 W 中的元素. 据此, 在 V 中成立的等式

$$\left.\begin{aligned} \boldsymbol{\alpha} + \boldsymbol{\theta} &= \boldsymbol{\alpha}, \\ \boldsymbol{\alpha} + (-\boldsymbol{\alpha}) &= \boldsymbol{\theta}, \end{aligned}\right. \qquad \forall \boldsymbol{\alpha} \in W \subset V$$

在 W 中也成立. 故 V 的零元素 $\boldsymbol{\theta}$ 也是 W 的零元素, W 中任何一个元素在 V 中的负元素也是它在 W 中的负元素, 即定义 6.1.1 中的 (3) 及 (4) 在 W 中也成立. 故 W 也是 V 上的线性空间, 从而它是 V 的一个子空间. □

上述定理刻画了子空间的特性, 它也将验算 W 是否作为 V 的一个子空间的过程简化到了最简程度.

一个重要的事实是: 若 $\boldsymbol{\alpha}_1, \boldsymbol{\alpha}_2, \cdots, \boldsymbol{\alpha}_s$ 是 V 中子空间 W 的一个线性无关向量组, 则 $\boldsymbol{\alpha}_1, \boldsymbol{\alpha}_2, \cdots, \boldsymbol{\alpha}_s$ 也是 V 的一个线性无关向量组. 反之亦然.

例 6.8.1 在 $\mathbb{R}^3$ 中, 端点在过原点的平面上的向 (矢) 径全体构成 $\mathbb{R}^3$ 的一个二维子空间. 端点在过原点的直线上的向 (矢) 径全体构成 $\mathbb{R}^3$ 的一个一维子空间. 端点在不经过原点的平面或直线上的向 (矢) 径全体不构成 $\mathbb{R}^3$ 的一个子空间.

例 6.8.2 $\mathbb{F}[x]_n$ 是 $\mathbb{F}[x]$ 的一个子空间.

例 6.8.3 依照定义, $\mathbb{F}^m$ 不是 $\mathbb{F}^n(n>m)$ 的子空间, 因为两个空间中的元素构造不同. 若令

$$W=\left\{\begin{pmatrix}a_1\\a_2\\\vdots\\a_m\\0\\\vdots\\0\end{pmatrix}\middle|\begin{pmatrix}a_1\\a_2\\\vdots\\a_m\\0\\\vdots\\0\end{pmatrix}\in\mathbb{F}^n,\quad a_i\in\mathbb{F},\ i=1,2,\cdots,m\right\},$$

则 W 是 $\mathbb{F}^n$ 的一个子空间.

设 $\boldsymbol{\alpha}_1,\boldsymbol{\alpha}_2,\cdots,\boldsymbol{\alpha}_s$ 是 V 的一组向量, 令

$$V_1=\{k_1\boldsymbol{\alpha}_1+k_2\boldsymbol{\alpha}_2+\cdots+k_r\boldsymbol{\alpha}_s|k_i\in\mathbb{F},i=1,2,\cdots,s\},$$

则 V_1 是 V 的一个子空间. 通常, 我们称之为**由 $\boldsymbol{\alpha}_1,\boldsymbol{\alpha}_2,\cdots,\boldsymbol{\alpha}_s$ 扩张而成的子空间**, 并记作

$$V_1=L(\boldsymbol{\alpha}_1,\boldsymbol{\alpha}_2,\cdots,\boldsymbol{\alpha}_s)$$

或

$$V_1=\mathrm{Span}(\boldsymbol{\alpha}_1,\boldsymbol{\alpha}_2,\cdots,\boldsymbol{\alpha}_s).$$

$V_1=L(\boldsymbol{\alpha}_1,\boldsymbol{\alpha}_2,\cdots,\boldsymbol{\alpha}_s)$ 是包含 $\boldsymbol{\alpha}_1,\boldsymbol{\alpha}_2,\cdots,\boldsymbol{\alpha}_s$ 的最小子空间.

若 V 的一组基为 $\boldsymbol{\alpha}_1,\boldsymbol{\alpha}_2,\cdots,\boldsymbol{\alpha}_n,\dim V=n$, 则 $V=L(\boldsymbol{\alpha}_1,\boldsymbol{\alpha}_2,\cdots,\boldsymbol{\alpha}_n)$.

例 6.8.4 (1) 如果把复数域 $\mathbb{C}$ 看成实数域上的线性空间, 则 $\mathbb{C}=L(1,\mathrm{i})$.

(2) 设 $\boldsymbol{\alpha}_1,\boldsymbol{\alpha}_2,\cdots,\boldsymbol{\alpha}_m$ 和 $\boldsymbol{\beta}_1,\boldsymbol{\beta}_2,\cdots,\boldsymbol{\beta}_n$ 分别为矩阵 $\boldsymbol{A}\in\mathbb{F}^{m\times n}$ 的行向量组和列向量组, 则 $L(\boldsymbol{\alpha}_1,\boldsymbol{\alpha}_2,\cdots,\boldsymbol{\alpha}_m)$ 和 $L(\boldsymbol{\beta}_1,\boldsymbol{\beta}_2,\cdots,\boldsymbol{\beta}_n)$ 分别构成 $\mathbb{F}^{1\times n}$ 和 $\mathbb{F}^{m\times 1}$ 的子空间. 通常, 我们分别称它们为矩阵 $\boldsymbol{A}$ 的**行空间**和**列空间**.

最后说明一下，若 $T\subseteq V$ 是一个非空子集 (可以包含无穷多个向量), 令

$$L(T)=\{k_1\boldsymbol{\beta}_1+k_2\boldsymbol{\beta}_2+\cdots+k_r\boldsymbol{\beta}_s|s\geqslant 1,k_i\in\mathbb{F},i=1,2,\cdots,s\}$$

为 T 中的有限多个向量的线性组合全体构成的集合, 可直接验证 $L(T)$ 在加法和数乘下封闭, 所以它也是 V 的子空间, 称之为由 T 中向量**扩张而成的子空间**. 例如, $L(V)=V$.

定理 6.8.2 若 W 是数域 $\mathbb{F}$ 上有限维线性空间 V 的子空间, 则 W 也是有限维的, 且总有 $\dim W \leqslant \dim V$.

此定理的证明作为习题请读者自己完成.

习题 6.8

1. 试问在 n 维线性空间 $\mathbb{F}^n$ 中, 分别满足下列各条件的全体 n 元向量 $(x_1, x_2, \cdots, x_n)$ 的集合能否各自构成 $\mathbb{F}^n$ 的一个子空间.

(1) $x_1+x_2+\cdots+x_n=0$;

(2) $x_1x_2\cdots x_n=0$;

(3) $x_{i+2}=x_{i+1}+x_i,\ i=1,2,\cdots,n-2$.

2. 由 $\boldsymbol{\alpha}_1=(1,1,0,0)^{\mathrm{T}},\boldsymbol{\alpha}_2=(1,0,1,1)^{\mathrm{T}}$ 所生成的向量空间记作 L_1, 由 $\boldsymbol{\beta}_1=(2,-1,3,3)^{\mathrm{T}},\boldsymbol{\beta}_2=(0,1,-1,-1)^{\mathrm{T}}$ 所生成的向量空间记作 L_2, 试证 $L_1=L_2$.

3. 求子空间 $L(\boldsymbol{\alpha}_1,\boldsymbol{\alpha}_2,\boldsymbol{\alpha}_3,\boldsymbol{\alpha}_4)\subseteq\mathbb{R}^4$ 的维数和一组基, 其中

$$\boldsymbol{\alpha}_1=(2,1,3,-1),\quad \boldsymbol{\alpha}_2=(1,-1,3,-1),\quad \boldsymbol{\alpha}_3=(4,5,3,-1),\quad \boldsymbol{\alpha}_4=(1,5,-3,1).$$

4. 设 V_1, V_2 均为线性空间 V 的真子空间.

(1) 证明: 存在 $\boldsymbol{\alpha}\in V$ 使得 $\boldsymbol{\alpha}\notin V_1\cup V_2$;

(2) 如果 $V=\mathbb{R}^2$, 请指出上述结论 (1) 的几何意义.

5. 设 $V_1, V_2, \cdots, V_m$ 均为线性空间 V 的真子空间. 证明: 存在 $\boldsymbol{\alpha}\in V$ 使得 $\boldsymbol{\alpha}\notin\bigcup\limits_{i=1}^m V_i$.

6. 设 $V_1, V_2, \cdots, V_m$ 均为有限维线性空间 V 的真子空间. 证明: 存在 V 的一组基使得其中任一个向量都不在集合 $\bigcup\limits_{i=1}^m V_i$ 中.

7. 设 λ 为复数, 通常, 我们称

$$\boldsymbol{J}=\begin{pmatrix} \lambda & 1 & 0 & \cdots & 0 & 0 \\ 0 & \lambda & 1 & \cdots & 0 & 0 \\ 0 & 0 & \lambda & \cdots & 0 & 0 \\ \vdots & \vdots & \vdots & & \vdots & \vdots \\ 0 & 0 & 0 & \cdots & \lambda & 1 \\ 0 & 0 & 0 & \cdots & 0 & \lambda \end{pmatrix}_{n\times n}$$

为 n 阶 Jordan(若尔当) 块.

(1) 求出所有与 $\boldsymbol{J}$ 可交换的矩阵.

(2) 设 W 为由所有与 $\boldsymbol{J}$ 可交换的矩阵所构成的集合. 证明: W 是线性空间 $\mathbb{C}^{n\times n}$ 的一个线性子空间. 并求其维数.

(3) 证明: 如果 $\boldsymbol{A}$ 与 $\boldsymbol{J}$ 可交换, 则存在多项式 $f(x)$ 使得 $f(\boldsymbol{J})=\boldsymbol{A}$.

8. 证明定理 6.8.2.

6.9 线性方程组解的结构

本节中, 我们从线性空间的角度来分析线性方程组解的结构. 通常, 我们称线性方程组

$$\boldsymbol{AX}=\boldsymbol{b} \tag{6.9.1}$$

的解 $\boldsymbol{X}_0$ 为 (6.9.1) 的一个**解向量**, 这里 $\boldsymbol{A}\in\mathbb{F}^{m\times n},\boldsymbol{b}\in\mathbb{F}^m,\boldsymbol{X}_0\in\mathbb{F}^n,\boldsymbol{X}\in\mathbb{F}^n$, $r(\boldsymbol{A})=r$.

若 $\boldsymbol{b}=\boldsymbol{\theta}$, 则 (6.9.1) 为齐次线性方程组, 对于齐次线性方程组而言, 不难验证

性质 6.9.1 齐次线性方程组的解向量的线性组合依然是该齐次线性方程组的解.

令

$$W_0=\{\boldsymbol{X}|\boldsymbol{AX}=\boldsymbol{\theta},\boldsymbol{X}\in\mathbb{F}^n\},$$

则 W_0 中的向量关于 $\mathbb{F}^n$ 的向量加法、向量与数的数乘运算是封闭的, 故 W_0 是 $\mathbb{F}^n$ 的一个子空间, 通常称 W_0 为齐次线性方程组 $\boldsymbol{AX}=\boldsymbol{\theta}$ 的**解空间**.

显然, $\dim W_0\leqslant n$, 我们称 W_0 的任何一组极大线性无关组为齐次线性方程组 $\boldsymbol{AX}=\boldsymbol{\theta}$ 的一组**基础解系**. 于是, 如果我们能将 W_0 的一组基础解系找出, 则 W_0 中的任一个解向量均可以写成为该基础解系的线性组合, 从而解的结构确定. 因此寻找 $\boldsymbol{AX}=\boldsymbol{\theta}$ 的一组基础解系便成为我们的主要任务.

由第 1 章 (1.1.4), $\boldsymbol{AX}=\boldsymbol{\theta}$ 的解有如下的表达式:

$$\left\{\begin{array}{lllll}
x_1 & = & -c_{1,r+1}t_1 & -c_{1,r+2}t_2 & -\cdots & -c_{1n}t_{n-r}, \\
x_2 & = & -c_{2,r+1}t_1 & -c_{2,r+2}t_2 & -\cdots & -c_{2n}t_{n-r}, \\
 & \cdots\cdots & & & & \\
x_r & = & -c_{r,r+1}t_1 & -c_{r,r+2}t_2 & -\cdots & -c_{rn}t_{n-r}, \\
x_{r+1} & = & t_1, & & & \\
x_{r+2} & = & & t_2, & & \\
 & \cdots\cdots & & & \ddots & \\
x_n & = & & & & t_{n-r},
\end{array}\right.$$

这里 , $t_1,t_2,\cdots,t_{n-r}$ 为数域 $\mathbb{F}$ 上的任意数. 改写上式成向量形式如下:

$$\boldsymbol{X}=t_1\boldsymbol{\eta}_1+t_2\boldsymbol{\eta}_2+\cdots+t_{n-r}\boldsymbol{\eta}_{n-r}, \tag{6.9.2}$$

这里

$$X = \begin{pmatrix} x_1 \\ x_2 \\ \vdots \\ x_r \\ x_{r+1} \\ x_{r+2} \\ \vdots \\ x_n \end{pmatrix}, \eta_1 = \begin{pmatrix} -c_{1,r+1} \\ -c_{2,r+1} \\ \vdots \\ -c_{r,r+1} \\ 1 \\ 0 \\ \vdots \\ 0 \end{pmatrix},$$

$$\eta_2 = \begin{pmatrix} -c_{1,r+2} \\ -c_{2,r+2} \\ \vdots \\ -c_{r,r+2} \\ 0 \\ 1 \\ \vdots \\ 0 \end{pmatrix}, \cdots, \eta_{n-r} = \begin{pmatrix} -c_{1n} \\ -c_{2n} \\ \vdots \\ -c_{rn} \\ 0 \\ 0 \\ \vdots \\ 1 \end{pmatrix}.$$

(6.9.2) 说明 W_0 中任意一个解向量均可由 $\eta_1, \eta_2, \cdots, \eta_r$ 线性表示. 由于有着 $n-r$ 列的矩阵 $(\eta_1, \eta_2, \cdots, \eta_{n-r})$, 其后 $n-r$ 行的所有元素保持相对位置关系不变所形成的 $n-r$ 阶子矩阵为 E_{n-r}, 其行列式值不为零, 因此, 矩阵 $(\eta_1, \eta_2, \cdots, \eta_{n-r})$ 的秩为 $n-r$, 故 $\eta_1, \eta_2, \cdots, \eta_{n-r}$ 线性无关, 这说明 $\eta_1, \eta_2, \cdots, \eta_{n-r}$ 就是方程组的一组基础解系. 进而 , $\dim W_0 = n - r = n - r(A)$.

若 $b \neq \theta$, 则 (6.9.1) 为非齐次线性方程组, 将其等式右边的 b 以零向量代之, 得

$$AX = \theta. \tag{6.9.3}$$

通常, 我们称 (6.9.3) 为 (6.9.1) 的**导出组**. 不难验证非齐次线性方程组 (6.9.1) 的解向量与其导出组 (6.9.3) 的解向量之间具有如下联系.

性质 6.9.2 非齐次线性方程组 (6.9.1) 的任意两个解向量的差为其导出组 (6.9.3) 的解向量；非齐次线性方程组 (6.9.1) 的一个解向量与其导出组的一个解向量之和是非齐次线性方程组 (6.9.1) 的一个解向量.

设 W_0 是导出组 (6.9.3) 的解空间, $\eta_1, \eta_2, \cdots, \eta_{n-r}$ 为 (6.9.3) 的一组基础解系. η_0 为 (6.9.1) 的一个选定的解 (通常称之为 (6.9.1) 的**特解**). 我们可以验证如

下定义的集合:

$$\begin{aligned}\boldsymbol{\eta}_0 + W_0 &\triangleq \{\boldsymbol{\eta}_0 + \boldsymbol{\eta} | \boldsymbol{\eta} \in W_0\} \\ &= \{\boldsymbol{\eta}_0 + t_1\boldsymbol{\eta}_1 + \cdots + t_{n-r}\boldsymbol{\eta}_{n-r} | t_i \in \mathbb{F}, i = 1, 2, \cdots, n-r\}\end{aligned} \tag{6.9.4}$$

是非齐次线性方程组 (6.9.1) 的所有解所成的集合. $\boldsymbol{\eta}_0 + W_0$ 刻画了非齐次线性方程组 (6.9.1) 的解的构成或结构. (6.9.4) 实际上是我们从向量空间的观点重新解释了原先已知的线性方程组解的构造. 几何上, (6.9.4) 可以解释为非齐次线性方程组 (6.9.1) 的解向量的全体是将其导出组 (6.9.3) 的解空间作一个平移所得的. (6.9.4) 还提示我们, 如果能找到 (6.9.1) 的一个特解及其导出组 (6.9.3) 的一个基础解系, 则 (6.9.1) 的所有解向量都可以构造出来. 依 (1.1.4), (6.9.1) 的解可以写成

$$\left\{\begin{array}{lllllll} x_1 & = & d_1 & -c_{1,r+1}t_1 & -c_{1,r+2}t_2 & -\cdots & -c_{1n}t_{n-r}, \\ x_2 & = & d_2 & -c_{2,r+1}t_1 & -c_{2,r+2}t_2 & -\cdots & -c_{2n}t_{n-r}, \\ & \cdots\cdots & & & & & \\ x_r & = & d_r & -c_{r,r+1}t_1 & -c_{r,r+2}t_2 & -\cdots & -c_{rn}t_{n-r}, \\ x_{r+1} & = & & t_1, & & & \\ x_{r+2} & = & & & t_2, & & \\ & \cdots\cdots & & & & \ddots & \\ x_n & = & & & & & t_{n-r}, \end{array}\right.$$

其中 $t_1, t_2, \cdots, t_{n-r}$ 为 $\mathbb{F}$ 中的任意常数. 仿 (6.9.2), 将它改写成向量形式如下:

$$\boldsymbol{X} = \boldsymbol{\eta}_0 + t_1\boldsymbol{\eta}_1 + t_2\boldsymbol{\eta}_2 + \cdots + t_{n-r}\boldsymbol{\eta}_{n-r}, \tag{6.9.5}$$

这里 $t_1, t_2, \cdots, t_{n-r}$ 为 $\mathbb{F}$ 中的任意常数, 而

$$\boldsymbol{X} = \begin{pmatrix} x_1 \\ x_2 \\ \vdots \\ x_r \\ x_{r+1} \\ x_{r+2} \\ \vdots \\ x_n \end{pmatrix}, \boldsymbol{\eta}_0 = \begin{pmatrix} d_1 \\ d_2 \\ \vdots \\ d_r \\ 0 \\ 0 \\ \vdots \\ 0 \end{pmatrix}, \boldsymbol{\eta}_1 = \begin{pmatrix} -c_{1,r+1} \\ -c_{2,r+1} \\ \vdots \\ -c_{r,r+1} \\ 1 \\ 0 \\ \vdots \\ 0 \end{pmatrix},$$

$$\boldsymbol{\eta}_2 = \begin{pmatrix} -c_{1,r+2} \\ -c_{2,r+2} \\ \vdots \\ -c_{r,r+2} \\ 0 \\ 1 \\ \vdots \\ 0 \end{pmatrix}, \cdots, \boldsymbol{\eta}_{n-r} = \begin{pmatrix} -c_{1n} \\ -c_{2n} \\ \vdots \\ -c_{rn} \\ 0 \\ 0 \\ \vdots \\ 1 \end{pmatrix}.$$

适当选取 $t_1, t_2, \cdots, t_{n-r}$ 的值, 可得 $\boldsymbol{\eta}_0, \boldsymbol{\eta}_0+\boldsymbol{\eta}_1, \boldsymbol{\eta}_0+\boldsymbol{\eta}_2, \cdots, \boldsymbol{\eta}_0+\boldsymbol{\eta}_{n-r}$ 均为 (6.9.1) 的解向量, 从而 $\boldsymbol{\eta}_1, \boldsymbol{\eta}_2 \cdots, \boldsymbol{\eta}_{n-r}$ 为导出组 (6.9.3) 的解向量. 又它们是线性无关的, 因此, 它们构成 (6.9.3) 的解空间的一个极大线性无关组, 即它们构成导出组 (6.9.3) 的一组基础解系.

上述分析说明非齐次线性方程组 (6.9.1) 的解的集合的结构实际上完全可以通过我们所熟知的 Gauss 消元法来确定.

习惯上, 我们也简称线性方程组的一个解向量为线性方程组的一个解.

例 6.9.1 解线性方程组

$$\begin{cases} x_1 + x_2 + x_3 + x_4 + x_5 = 7, \\ 3x_1 + 2x_2 + x_3 + x_4 - 3x_5 = -2, \\ x_2 + 2x_3 + 2x_4 + 6x_5 = 23, \\ 5x_1 + 4x_2 - 3x_3 + 3x_4 - x_5 = 12, \end{cases}$$

且将其解用其对应的齐次线性方程组 (导出组) 的基础解系来表示.

解 对该方程组系数矩阵的增广矩阵通过实施初等行变换:

$$\overline{\boldsymbol{A}} = \begin{pmatrix} 1 & 1 & 1 & 1 & 1 & 7 \\ 3 & 2 & 1 & 1 & -3 & -2 \\ 0 & 1 & 2 & 2 & 6 & 23 \\ 5 & 4 & -3 & 3 & -1 & 12 \end{pmatrix} \xrightarrow[R_4-5R_1]{R_2-3R_1} \begin{pmatrix} 1 & 1 & 1 & 1 & 1 & 7 \\ 0 & -1 & -2 & -2 & -6 & -23 \\ 0 & 1 & 2 & 2 & 6 & 23 \\ 0 & -1 & -8 & -2 & -6 & -23 \end{pmatrix}$$

$$\xrightarrow[R_3+R_2]{R_4+R_3} \begin{pmatrix} 1 & 1 & 1 & 1 & 1 & 7 \\ 0 & -1 & -2 & -2 & -6 & -23 \\ 0 & 0 & 0 & 0 & 0 & 0 \\ 0 & 0 & -6 & 0 & 0 & 0 \end{pmatrix} \xrightarrow[(-\frac{1}{6})R_4]{(-1)R_2} \begin{pmatrix} 1 & 1 & 1 & 1 & 1 & 7 \\ 0 & 1 & 2 & 2 & 6 & 23 \\ 0 & 0 & 0 & 0 & 0 & 0 \\ 0 & 0 & 1 & 0 & 0 & 0 \end{pmatrix}.$$

$$\xrightarrow[R_2-2R_4]{R_1-R_4}\begin{pmatrix}1&1&0&1&1&7\\0&1&0&2&6&23\\0&0&0&0&0&0\\0&0&1&0&0&0\end{pmatrix}\xrightarrow{R_1-R_2}\begin{pmatrix}1&0&0&-1&-5&-16\\0&1&0&2&6&23\\0&0&0&0&0&0\\0&0&1&0&0&0\end{pmatrix}.$$

$$\xrightarrow{R_{34}}\begin{pmatrix}1&0&0&-1&-5&-16\\0&1&0&2&6&23\\0&0&1&0&0&0\\0&0&0&0&0&0\end{pmatrix},$$

得与原方程组同解的方程组

$$\begin{cases}x_1-x_4-5x_5=-16,\\x_2+2x_4+6x_5=23,\\x_3=0\end{cases}\quad 或\quad\begin{cases}x_1=-16+x_4+5x_5,\\x_2=23-2x_4-6x_5,\\x_3=0.\end{cases}$$

同解方程组的通解为

$$\begin{cases}x_1=-16+t_1+5t_2,\\x_2=23-2t_1-6t_2,\\x_3=0,\\x_4=t_1,\\x_5=t_2,\end{cases}\qquad 其中t_1,t_2为任意数.$$

故导出组的一组基础解系是

$$\begin{pmatrix}1\\-2\\0\\1\\0\end{pmatrix},\quad\begin{pmatrix}5\\-6\\0\\0\\1\end{pmatrix}.$$

又原方程组的一个特解为 $\begin{pmatrix}-16\\23\\0\\0\\0\end{pmatrix}$，故所求通解为

$$X=\begin{pmatrix}-16\\23\\0\\0\\0\end{pmatrix}+t_1\begin{pmatrix}1\\-2\\0\\1\\0\end{pmatrix}+t_2\begin{pmatrix}5\\-6\\0\\0\\1\end{pmatrix},\quad \text{其中}t_1,t_2\text{为任意数}.$$

习 题 6.9

1. 求下列齐次线性方程组的一组基础解系, 并用它来表示全部解.

$$\begin{cases}3x_1+7x_2+8x_3=0,\\x_1+2x_2+5x_3=0,\\x_1+4x_2-9x_3=0,\\x_1+3x_2-2x_3=0.\end{cases}$$

2. 已知行列式

$$D=\begin{vmatrix}a_{11}&a_{12}&\cdots&a_{1n}\\a_{21}&a_{22}&\cdots&a_{2n}\\\vdots&\vdots&&\vdots\\a_{n1}&a_{n2}&\cdots&a_{nn}\end{vmatrix}\neq 0.$$

用 $A_{11},A_{12},\cdots,A_{1n}$ 表示 D 中元素 $a_{11},a_{12},\cdots,a_{1n}$ 的代数余子式, 证明: $(A_{11},A_{12},\cdots,A_{1n})$ 是齐次线性方程组

$$\begin{cases}a_{21}x_1+a_{22}x_2+\cdots+a_{2n}x_n=0,\\a_{31}x_1+a_{32}x_2+\cdots+a_{3n}x_n=0,\\\qquad\cdots\cdots\\a_{n1}x_1+a_{n2}x_2+\cdots+a_{nn}x_n=0.\end{cases}$$

的一个基础解系.

3. 设 $\boldsymbol{\eta}_0$ 是非齐次线性方程组的一个解 , $\boldsymbol{\eta}_1,\boldsymbol{\eta}_2,\cdots,\boldsymbol{\eta}_t$ 是它的导出组的一个基础解系. 令

$$\boldsymbol{\nu}_1=\boldsymbol{\eta}_0,\boldsymbol{\nu}_2=\boldsymbol{\eta}_1+\boldsymbol{\eta}_0,\cdots,\boldsymbol{\nu}_{t+1}=\boldsymbol{\eta}_t+\boldsymbol{\eta}_0.$$

证明: 线性方程组的任一个解 $\boldsymbol{\nu}$ 都可以写成

$$\boldsymbol{\nu}=k_1\boldsymbol{\nu}_1+k_2\boldsymbol{\nu}_2+\cdots+k_{t+1}\boldsymbol{\nu}_{t+1},$$

其中 $k_1+k_2+\cdots+k_{t+1}=1$.

4. 试用导出组的基础解系表示方程组的全部解.

$$\begin{cases}x_1+3x_2+5x_3-4x_4=1,\\x_1+3x_2+2x_3-2x_4+x_5=-1,\\x_1-2x_2+x_3-x_4-x_5=3,\\x_1-4x_2+x_3+x_4-x_5=3,\\x_1+2x_2+x_3-x_4+x_5=-1.\end{cases}$$

5. 设

$$A=\begin{pmatrix}1&-2&1&3\\9&-5&2&8\end{pmatrix}_{n\times n},$$

求一个 4×2 矩阵 $\boldsymbol{B}$, 使 $\boldsymbol{AB}=\boldsymbol{O}$, 且 $r(\boldsymbol{B})=2$.

6. 求一个齐次线性方程组, 使它的基础解系为 $\boldsymbol{\xi}_1=(0,1,2,3)^{\mathrm{T}},\boldsymbol{\xi}_2=(3,2,1,0)^{\mathrm{T}}$.

7. 设数域 $\mathbb{F}$ 上的关于未知量 x_1, x_2, $\cdots$, x_n 的两个齐次线性方程组 (I), (II) 的自由未知量的个数之和大于 n. 证明: 线性方程组 (I) 和 (II) 必有非零公共解.

8. 假设 $\boldsymbol{\eta}_1,\boldsymbol{\eta}_2,\cdots,\boldsymbol{\eta}_t$ 是某个线性方程组的解, 且常数 $\mu_1,\mu_2,\cdots,\mu_t$ 的和等于 1. 求证: $\mu_1\boldsymbol{\eta}_1+\mu_2\boldsymbol{\eta}_2+\cdots+\mu_t\boldsymbol{\eta}_t$ 也是这个方程组的一个解.

9. 设 $\boldsymbol{\alpha}=\begin{pmatrix}a_1\\a_2\\a_3\end{pmatrix}$, $\boldsymbol{\beta}=\begin{pmatrix}b_1\\b_2\\b_3\end{pmatrix}$, $\boldsymbol{\gamma}=\begin{pmatrix}c_1\\c_2\\c_3\end{pmatrix}$, 试证明三条直线

$$\begin{cases}l_1:\ \ a_1x+b_1y+c_1=0,\\ l_2:\ \ a_2x+b_2y+c_2=0,\\ l_3:\ \ a_3x+b_3y+c_3=0\end{cases}\qquad (a_i^2+b_i^2\neq 0,\ i=1,2,3)$$

相交于一点的充要条件为向量组 $\boldsymbol{\alpha},\boldsymbol{\beta}$ 线性无关, 且向量 $\boldsymbol{\alpha},\boldsymbol{\beta},\boldsymbol{\gamma}$ 线性相关.

本章拓展题

1. 设 $\boldsymbol{\alpha}_1,\boldsymbol{\alpha}_2,\cdots,\boldsymbol{\alpha}_s$ 是一组线性无关向量, $\boldsymbol{\beta}_j=\sum\limits_{i=1}^{s}a_{ij}\boldsymbol{\alpha}_i, j=1,2,\cdots,s$, $\boldsymbol{A}=(a_{ij})_{s\times s}$, 试证明 $r(\boldsymbol{\beta}_1,\boldsymbol{\beta}_2,\cdots,\boldsymbol{\beta}_s)=r(\boldsymbol{A})$.

2. 对任一个复矩阵 $\boldsymbol{A}$, 证明: $r(\bar{\boldsymbol{A}}^{\mathrm{T}}\boldsymbol{A})=r(\boldsymbol{A})=r(\boldsymbol{A}\bar{\boldsymbol{A}}^{\mathrm{T}})$.

3. 已知两个向量组有相同的秩, 且其中的一个向量组可被另一个向量组线性表出, 证明两向量组等价.

4. 已知 m 个向量 $\boldsymbol{\alpha}_1,\boldsymbol{\alpha}_2,\cdots,\boldsymbol{\alpha}_m$ 线性相关, 但其中任意 $m-1$ 个向量都线性无关. 试证明

(1) 如果等式 $k_1\boldsymbol{\alpha}_1+k_2\boldsymbol{\alpha}_2+\cdots+k_m\boldsymbol{\alpha}_m=\boldsymbol{\theta}$, 则 $k_1,k_2,\cdots,k_m$ 或全为 0, 或全不为 0;

(2) 如果存在两个等式 $k_1\boldsymbol{\alpha}_1+k_2\boldsymbol{\alpha}_2+\cdots+k_m\boldsymbol{\alpha}_m=\boldsymbol{\theta}$ 及 $l_1\boldsymbol{\alpha}_1+l_2\boldsymbol{\alpha}_2+\cdots+l_m\boldsymbol{\alpha}_m=\boldsymbol{\theta}$, 其中 $l_1\neq 0$, 则 $\dfrac{k_1}{l_1}=\dfrac{k_2}{l_2}=\cdots=\dfrac{k_m}{l_m}$.

5. (替换定理) 设向量组 (I) $\boldsymbol{\alpha}_1,\boldsymbol{\alpha}_2,\cdots,\boldsymbol{\alpha}_r$ 线性无关, 且每个向量 $\boldsymbol{\alpha}_i(i=1,2,\cdots,r)$ 可由向量组 (II) $\boldsymbol{\beta}_1$, $\boldsymbol{\beta}_2$, $\cdots$, $\boldsymbol{\beta}_s$ 线性表出, 证明

(1) $r\leqslant s$;

(2) 向量组 (II) 中存在 r 个向量用 (I) 中向量代替后所得到的向量组与 (II) 等价.

6. 设向量组 $\{\boldsymbol{\alpha}_1,\boldsymbol{\alpha}_2,\cdots,\boldsymbol{\alpha}_m\}$ 的秩为 r_1, 向量组 $\{\boldsymbol{\beta}_1,\boldsymbol{\beta}_2,\cdots,\boldsymbol{\beta}_n\}$ 的秩为 r_2, 向量组 $\{\boldsymbol{\alpha}_1,\ \boldsymbol{\alpha}_2,\cdots,\boldsymbol{\alpha}_m,\boldsymbol{\beta}_1,\boldsymbol{\beta}_2,\cdots,\boldsymbol{\beta}_n\}$ 的秩为 r_3, 试证明 $\max\{r_1,r_2\}\leqslant r_3\leqslant r_1+r_2$.

7. 设向量组 (I) $\boldsymbol{\alpha}_1,\boldsymbol{\alpha}_2,\cdots,\boldsymbol{\alpha}_m$, (Ⅱ) $\boldsymbol{\beta}_1,\boldsymbol{\beta}_2,\cdots,\boldsymbol{\beta}_m$ 和 (Ⅲ) $\boldsymbol{\gamma}_1,\boldsymbol{\gamma}_2,\cdots,\boldsymbol{\gamma}_m$ 的秩分别为 s_1, s_2,s_3, 其中 $\boldsymbol{\gamma}_i=\boldsymbol{\alpha}_i-\boldsymbol{\beta}_i,i=1,2,\cdots,m$, 试证明

$$s_1\leqslant s_2+s_3,\quad s_2\leqslant s_1+s_3,\quad s_3\leqslant s_1+s_2.$$

8. 设 $\boldsymbol{\alpha}_1,\boldsymbol{\alpha}_2,\cdots,\boldsymbol{\alpha}_n$ 是数域 $\mathbb{F}$ 上 n 维线性空间 V 中的一组基, $\boldsymbol{A}$ 是 $\mathbb{F}$ 上的一个 $n\times s$ 矩阵, 且

$$(\boldsymbol{\beta}_1,\boldsymbol{\beta}_2,\cdots,\boldsymbol{\beta}_s)=(\boldsymbol{\alpha}_1,\boldsymbol{\alpha}_2,\cdots,\boldsymbol{\alpha}_n)\boldsymbol{A},$$

试证明

(1) $r(\boldsymbol{\beta}_1,\ \boldsymbol{\beta}_2,\ \cdots,\ \boldsymbol{\beta}_s)=r(\boldsymbol{A})$;

(2) $L(\boldsymbol{\beta}_1,\boldsymbol{\beta}_2,\cdots,\boldsymbol{\beta}_s)$ 的维数等于 $r(\boldsymbol{A})$;

(3) 若 $s=n$ 且 $|\boldsymbol{A}|\neq 0$, 则 $\boldsymbol{\beta}_1,\boldsymbol{\beta}_2,\cdots,\boldsymbol{\beta}_n$ 也是 V 的一组基.

9. 设 V 是数域 $\mathbb{F}$ 上的一个 n 维线性空间, 试证明

(1) $\mathbb{F}^{n\times n}$ 中的任意一个可逆矩阵均可以作为 V 中某两组基间的过渡矩阵;

(2) 若 V 中的由 n 个不同向量所形成的向量组和 V 的一组基等价, 则该向量组也是 V 的一组基;

(3) $\mathbb{F}^{n\times n}$ 中的可逆矩阵和 V 中的基一一对应.

10. 证明 $\mathbb{F}^n$ 的任意一个子空间 W 必至少是一个 n 元齐次线性方程组的解子空间.

11. 设 W_1,W_2 是数域 $\mathbb{F}$ 上向量空间 V 的两个子空间. $\boldsymbol{\alpha},\boldsymbol{\beta}$ 是 V 的两个向量, 其中 $\boldsymbol{\alpha}\in W_2$, 但 $\boldsymbol{\alpha}\notin W_1,\boldsymbol{\beta}\notin W_2$, 试证明

(1) 对 $\forall k\in\mathbb{F}$, $\boldsymbol{\beta}+k\boldsymbol{\alpha}\notin W_2$;

(2) 至多有一个 $k\in\mathbb{F}$, 使得 $\boldsymbol{\beta}+k\boldsymbol{\alpha}\in W_1$.

12. 设 W 是 $\mathbb{F}^{n\times n}$ 的全体形如 $\boldsymbol{AB}-\boldsymbol{BA}$ $(\boldsymbol{A},\boldsymbol{B}\in\mathbb{F}^{n\times n})$ 的矩阵所生成的子空间, 证明 $\dim W=n^2-1$.

13. 设 $V_1,V_2,\cdots,V_s$ 是线性空间 V 的 s 个两两互异的非零真子空间. 证明 V 中至少有一个向量不属于 $V_1,V_2,\cdots,V_s$ 中任何一个.

第 7 章　内积空间

本章我们讨论一类特殊的线性空间及其相关性质, 这类线性空间中的任意一个向量都具有“长度”, 任意两个非零向量间都有“夹角”.

7.1　欧氏空间的定义及其初步性质

本节中, 我们总假定 V 是实数域 $\mathbb{R}$ 上的线性空间. 设 φ 是从 $V\times V$ 到 $\mathbb{R}$ 中的一个映射, 记

$$(\boldsymbol{\alpha},\boldsymbol{\beta})\triangleq\varphi(\boldsymbol{\alpha},\boldsymbol{\beta}),\qquad \forall\boldsymbol{\alpha},\boldsymbol{\beta}\in V.$$

定义 7.1.1　从 $V\times V$ 到 $\mathbb{R}$ 中的一个映射, 记作 $(\cdot,\cdot)$, 称为 V 上的一个**内积**, 如果它满足性质:

(1) (正定性) $\forall\boldsymbol{\alpha}\in V,(\boldsymbol{\alpha},\boldsymbol{\alpha})\geqslant 0$, 且 $(\boldsymbol{\alpha},\boldsymbol{\alpha})=0\Longleftrightarrow\boldsymbol{\alpha}=\boldsymbol{\theta}$;

(2) (对称性) $(\boldsymbol{\alpha},\boldsymbol{\beta})=(\boldsymbol{\beta},\boldsymbol{\alpha}),\forall\boldsymbol{\alpha},\boldsymbol{\beta}\in V$;

(3) (数乘线性性) $(k\boldsymbol{\alpha},\boldsymbol{\beta})=k(\boldsymbol{\alpha},\boldsymbol{\beta}),\forall k\in\mathbb{R},\forall\boldsymbol{\alpha},\boldsymbol{\beta}\in V$;

(4) (加法线性性) $(\boldsymbol{\alpha}+\boldsymbol{\beta},\boldsymbol{\gamma})=(\boldsymbol{\alpha},\boldsymbol{\gamma})+(\boldsymbol{\beta},\boldsymbol{\gamma}),\forall\boldsymbol{\alpha},\boldsymbol{\beta},\boldsymbol{\gamma}\in V$.

实数域 $\mathbb{R}$ 上具有内积的线性空间称为**欧氏空间**或者说是实数域上的**内积空间**. 这个时候我们也说这个实数域上的线性空间关于相关的内积是欧氏空间.

一般地, 在实数域 $\mathbb{R}$ 上的同一个线性空间 V 上, 可以定义多个内积而形成不同的欧氏空间.

在 (2) 成立的前提下, (3) 及 (4) 和如下的 (3′) 及 (4′) 等价.

(3′) $(\boldsymbol{\beta},k\boldsymbol{\alpha})=k(\boldsymbol{\beta},\boldsymbol{\alpha}),\forall k\in\mathbb{R},\forall\boldsymbol{\alpha},\boldsymbol{\beta}\in V$;

(4′) $(\boldsymbol{\gamma},\boldsymbol{\alpha}+\boldsymbol{\beta})=(\boldsymbol{\gamma},\boldsymbol{\alpha})+(\boldsymbol{\gamma},\boldsymbol{\beta}),\forall\boldsymbol{\alpha},\boldsymbol{\beta},\boldsymbol{\gamma}\in V$.

例 7.1.1　设 $\varepsilon_1,\varepsilon_2,\cdots,\varepsilon_n$ 是 $\mathbb{R}^n$ 的一组基. 任取 V 中的两个向量 $\boldsymbol{\alpha},\boldsymbol{\beta}$, 设 $\boldsymbol{\alpha}$ 和 $\boldsymbol{\beta}$ 在该基下的坐标分别为 $\boldsymbol{X}$ 和 $\boldsymbol{Y}$, 定义

(1) $(\boldsymbol{\alpha},\boldsymbol{\beta})_1=\boldsymbol{X}^{\mathrm{T}}\boldsymbol{Y}$;

(2) $(\boldsymbol{\alpha},\boldsymbol{\beta})_2=2\boldsymbol{X}^{\mathrm{T}}\boldsymbol{Y}$.

则可以验证 $(\cdot,\cdot)_1,(\cdot,\cdot)_2$ 均是 $\mathbb{R}^n$ 上的内积, 从而 $\mathbb{R}^n$ 关于 $(\cdot,\cdot)_1$ 及 $\mathbb{R}^n$ 关于 $(\cdot,\cdot)_2$ 均构成欧氏空间. 显然, (1) 所定义的内积就是 $\mathbb{R}^2(\mathbb{R}^3)$ 中向量内积 (点积、点乘) 概念的推广.

习惯上, 我们称例 7.1.1 中的 (1) 所定义内积为**常用内积或标准内积**. 以后, 如果没有特别指明其他内积, 我们所说的欧氏空间 $\mathbb{R}^n$ 是指线性空间 $\mathbb{R}^n$ 关于常用内积所形成的欧氏空间.

注　$\mathbb{R}^2$ 或 $\mathbb{R}^3$ 中两个向量 $\boldsymbol{\alpha},\boldsymbol{\beta}$ 的常用内积通常记为 $\boldsymbol{\alpha}\cdot\boldsymbol{\beta}$, 而一般欧氏空间中两个向量 $\boldsymbol{\alpha},\boldsymbol{\beta}$ 的内积通常记为 $(\boldsymbol{\alpha},\boldsymbol{\beta})$.

例 7.1.2　设 $C[a,b]=\{f(x)|f(x)\text{是}[a,b]\text{上的连续函数}\}$, 则 $C[a,b]$ 关于函数的加法、函数与实数的数乘运算构成一个 $\mathbb{R}$ 上的线性空间. 令

$$(f(x),g(x))\triangleq\int_a^b f(x)g(x)\mathrm{d}x,\qquad \forall f(x),g(x)\in C[a,b],$$

则所定义的 $(\cdot,\cdot)$ 是 $C[a,b]$ 上的一个内积, 从而 $C[a,b]$ 关于所定义的内积构成一个欧氏空间. 本例所定义的内积运算在工程计算中有着重要应用.

可以验证, 若 $(\cdot,\cdot)$ 是欧氏空间 V 上的一个内积运算, 则

(1) $(k_1\boldsymbol{\alpha}+k_2\boldsymbol{\beta},\boldsymbol{\gamma})=k_1(\boldsymbol{\alpha},\boldsymbol{\gamma})+k_2(\boldsymbol{\beta},\boldsymbol{\gamma}),\forall k_1,k_2\in\mathbb{R},\forall\boldsymbol{\alpha},\boldsymbol{\beta},\boldsymbol{\gamma}\in V$;

(2) $(\boldsymbol{\alpha},k_1\boldsymbol{\beta}+k_2\boldsymbol{\gamma})=k_1(\boldsymbol{\alpha},\boldsymbol{\beta})+k_2(\boldsymbol{\alpha},\boldsymbol{\gamma}),\forall k_1,k_2\in\mathbb{R},\ \forall\boldsymbol{\alpha},\boldsymbol{\beta},\boldsymbol{\gamma}\in V$.

上述等式所反映的性质一般称为内积的**双线性性质**.

如同线性空间中任一向量可以由其部分向量组——基及基下的坐标表示的那样, 我们希望欧氏空间中任意两个向量的内积也可以经由部分向量组的内积以及它们在某组基下的坐标来进行表示, 这就构成了内积的如下计算方式.

设 $\boldsymbol{\varepsilon}_1,\boldsymbol{\varepsilon}_2,\cdots,\boldsymbol{\varepsilon}_n$ 是 n 维欧氏空间 V 的一组基, $\boldsymbol{\alpha}$ 和 $\boldsymbol{\beta}$ 为 V 中的任意两个向量, 若其在基 $\boldsymbol{\varepsilon}_1,\boldsymbol{\varepsilon}_2,\cdots,\boldsymbol{\varepsilon}_n$ 下的坐标分别为

欧氏空间的几何

$$\boldsymbol{X}=\begin{pmatrix}x_1\\x_2\\\vdots\\x_n\end{pmatrix},\quad \boldsymbol{Y}=\begin{pmatrix}y_1\\y_2\\\vdots\\y_n\end{pmatrix},$$

则

$$(\boldsymbol{\alpha},\boldsymbol{\beta})=\left(\sum_{i=1}^n x_i\boldsymbol{\varepsilon}_i,\sum_{j=1}^n y_j\boldsymbol{\varepsilon}_j\right)=\sum_{i=1}^n x_i\left(\sum_{j=1}^n(\boldsymbol{\varepsilon}_i,\boldsymbol{\varepsilon}_j)y_j\right).$$

故

$$(\boldsymbol{\alpha},\boldsymbol{\beta})=\boldsymbol{X}^{\mathrm{T}}\boldsymbol{A}\boldsymbol{Y},\qquad \forall\boldsymbol{\alpha},\boldsymbol{\beta}\in V,\tag{7.1.1}$$

其中

$$\boldsymbol{A}=((\boldsymbol{\varepsilon}_i,\boldsymbol{\varepsilon}_j))_{n\times n}=\begin{pmatrix}(\boldsymbol{\varepsilon}_1,\boldsymbol{\varepsilon}_1) & (\boldsymbol{\varepsilon}_1,\boldsymbol{\varepsilon}_2) & \cdots & (\boldsymbol{\varepsilon}_1,\boldsymbol{\varepsilon}_n)\\ (\boldsymbol{\varepsilon}_2,\boldsymbol{\varepsilon}_1) & (\boldsymbol{\varepsilon}_2,\boldsymbol{\varepsilon}_2) & \cdots & (\boldsymbol{\varepsilon}_2,\boldsymbol{\varepsilon}_n)\\ \vdots & \vdots & & \vdots\\ (\boldsymbol{\varepsilon}_n,\boldsymbol{\varepsilon}_1) & (\boldsymbol{\varepsilon}_n,\boldsymbol{\varepsilon}_2) & \cdots & (\boldsymbol{\varepsilon}_n,\boldsymbol{\varepsilon}_n)\end{pmatrix}. \tag{7.1.2}$$

(7.1.2) 所定义的矩阵是对称的, 它仅与基相关, 一旦基确定, 则 $\boldsymbol{A}$ 亦确定. 通常我们称 $\boldsymbol{A}$ 为内积在基 $\boldsymbol{\varepsilon}_1,\boldsymbol{\varepsilon}_2,\cdots,\boldsymbol{\varepsilon}_n$ 下的**度量矩阵**. (7.1.1) 达成了前述的愿望. 显然, 度量矩阵 $\boldsymbol{A}$ 随着基的选择不同而不同, 但是 $(\boldsymbol{\alpha},\boldsymbol{\beta})$ 的值却与基的选择是无关的, 自然地, 我们要问, 欧氏空间中的内积在不同基下的度量矩阵之间有怎样的联系?

由内积的对称性, 易见度量矩阵一定是实对称的.

设 $\boldsymbol{\beta}_1,\boldsymbol{\beta}_2,\cdots,\boldsymbol{\beta}_n$ 是 V 的另一组基, 从基 $\boldsymbol{\varepsilon}_1,\boldsymbol{\varepsilon}_2,\cdots,\boldsymbol{\varepsilon}_n$ 到基 $\boldsymbol{\beta}_1,\boldsymbol{\beta}_2,\cdots,\boldsymbol{\beta}_n$ 的过渡矩阵为 $\boldsymbol{M}$, 若向量 $\boldsymbol{\alpha}$ 和 $\boldsymbol{\beta}$ 在该基下的坐标分别为 $\boldsymbol{X}_1$ 和 $\boldsymbol{Y}_1$, 则

$$\boldsymbol{X}=\boldsymbol{M}\boldsymbol{X}_1,\quad \boldsymbol{Y}=\boldsymbol{M}\boldsymbol{Y}_1. \tag{7.1.3}$$

又若欧氏空间中的内积 $(\cdot,\cdot)$ 在基 $\boldsymbol{\beta}_1,\boldsymbol{\beta}_2,\cdots,\boldsymbol{\beta}_n$ 下的度量矩阵为 $\boldsymbol{B}$, 即

$$(\boldsymbol{\alpha},\boldsymbol{\beta})=\boldsymbol{X}_1^{\mathrm{T}}\boldsymbol{B}\boldsymbol{Y}_1. \tag{7.1.4}$$

由 (7.1.1), (7.1.3) 及 (7.1.4) 得

$$\boldsymbol{X}_1^{\mathrm{T}}(\boldsymbol{M}^{\mathrm{T}}\boldsymbol{A}\boldsymbol{M})\boldsymbol{Y}_1=\boldsymbol{X}^{\mathrm{T}}\boldsymbol{A}\boldsymbol{Y}=(\boldsymbol{\alpha},\boldsymbol{\beta})=\boldsymbol{X}_1^{\mathrm{T}}\boldsymbol{B}\boldsymbol{Y}_1,\qquad \forall \boldsymbol{X}_1,\boldsymbol{Y}_1\in\mathbb{R}^n,$$

从而

$$\boldsymbol{B}=\boldsymbol{M}^{\mathrm{T}}\boldsymbol{A}\boldsymbol{M}. \tag{7.1.5}$$

(7.1.5) 揭示了同一内积在不同基下度量矩阵间的关系 (在第 10 章中我们将看到这实际上是一个合同关系).

例 7.1.3 已知

$$\boldsymbol{\varepsilon}_1=\begin{pmatrix}1\\1\\0\\0\end{pmatrix},\quad \boldsymbol{\varepsilon}_2=\begin{pmatrix}1\\0\\1\\0\end{pmatrix},\quad \boldsymbol{\varepsilon}_3=\begin{pmatrix}-1\\0\\0\\1\end{pmatrix},\quad \boldsymbol{\varepsilon}_4=\begin{pmatrix}1\\-1\\-1\\1\end{pmatrix}$$

为欧氏空间 $\mathbb{R}^4$ 的一组基, 向量 $\boldsymbol{\alpha},\boldsymbol{\beta}$ 在这组基下坐标分别为 $\begin{pmatrix}1\\2\\3\\4\end{pmatrix}$ 和 $\begin{pmatrix}2\\0\\1\\0\end{pmatrix}$. 求

(1) 度量矩阵 $\boldsymbol{A}$; (2) 求 $(\boldsymbol{\alpha},\boldsymbol{\beta})$ 的值.

解 (1)

$$\boldsymbol{A}=\begin{pmatrix}(\boldsymbol{\varepsilon}_1,\boldsymbol{\varepsilon}_1) & (\boldsymbol{\varepsilon}_1,\boldsymbol{\varepsilon}_2) & (\boldsymbol{\varepsilon}_1,\boldsymbol{\varepsilon}_3) & (\boldsymbol{\varepsilon}_1,\boldsymbol{\varepsilon}_4)\\ (\boldsymbol{\varepsilon}_2,\boldsymbol{\varepsilon}_1) & (\boldsymbol{\varepsilon}_2,\boldsymbol{\varepsilon}_2) & (\boldsymbol{\varepsilon}_2,\boldsymbol{\varepsilon}_3) & (\boldsymbol{\varepsilon}_2,\boldsymbol{\varepsilon}_4)\\ (\boldsymbol{\varepsilon}_3,\boldsymbol{\varepsilon}_1) & (\boldsymbol{\varepsilon}_3,\boldsymbol{\varepsilon}_2) & (\boldsymbol{\varepsilon}_3,\boldsymbol{\varepsilon}_3) & (\boldsymbol{\varepsilon}_3,\boldsymbol{\varepsilon}_4)\\ (\boldsymbol{\varepsilon}_4,\boldsymbol{\varepsilon}_1) & (\boldsymbol{\varepsilon}_4,\boldsymbol{\varepsilon}_2) & (\boldsymbol{\varepsilon}_4,\boldsymbol{\varepsilon}_3) & (\boldsymbol{\varepsilon}_4,\boldsymbol{\varepsilon}_4)\end{pmatrix}=\begin{pmatrix}2 & 1 & -1 & 0\\ 1 & 2 & -1 & 0\\ -1 & -1 & 2 & 0\\ 0 & 0 & 0 & 4\end{pmatrix}.$$

(2)

$$(\boldsymbol{\alpha},\boldsymbol{\beta})=(1,\ 2,\ 3,\ 4)\begin{pmatrix}2 & 1 & -1 & 0\\ 1 & 2 & -1 & 0\\ -1 & -1 & 2 & 0\\ 0 & 0 & 0 & 4\end{pmatrix}\begin{pmatrix}2\\0\\1\\0\end{pmatrix}=(1,\ 2,\ 3,\ 16)\begin{pmatrix}2\\0\\1\\0\end{pmatrix}=5.$$

本节的最后, 我们引入欧氏空间中向量的长度及夹角概念.

定义 7.1.2 设 $(\cdot,\cdot)$ 是欧氏空间 V 的一个内积运算, $\boldsymbol{\alpha}\in V$, 称 $\sqrt{(\boldsymbol{\alpha},\boldsymbol{\alpha})}$ 为 $\boldsymbol{\alpha}$ 的长度, 并记作

$$|\boldsymbol{\alpha}|=\sqrt{(\boldsymbol{\alpha},\boldsymbol{\alpha})}.$$

即内积决定了向量的长度.

关于向量的内积与向量长度的关系, 我们有

定理 7.1.1 (Cauchy-Schwarz 不等式) 设 $(\cdot,\cdot)$ 是定义在欧氏空间 V 上的内积, 则

$$|(\boldsymbol{\alpha},\boldsymbol{\beta})|\leqslant|\boldsymbol{\alpha}||\boldsymbol{\beta}|,\quad \forall\boldsymbol{\alpha},\boldsymbol{\beta}\in V. \tag{7.1.6}$$

(7.1.6) 取等号的充分必要条件是 $\boldsymbol{\alpha}$ 与 $\boldsymbol{\beta}$ 线性相关.

证明 若 $\boldsymbol{\alpha}=\boldsymbol{\beta}=\boldsymbol{\theta}$, 则 (7.1.6) 得证, 若 $\boldsymbol{\alpha},\boldsymbol{\beta}$ 不全为 $\boldsymbol{\theta}$, 不妨设 $\boldsymbol{\alpha}\neq\boldsymbol{\theta}$, 则

$$|\boldsymbol{\alpha}|^2t^2+2(\boldsymbol{\alpha},\boldsymbol{\beta})t+|\boldsymbol{\beta}|^2=(\boldsymbol{\beta}+t\boldsymbol{\alpha},\boldsymbol{\beta}+t\boldsymbol{\alpha})\geqslant 0,\qquad \forall t\in\mathbb{R}. \tag{7.1.7}$$

这说明上述关于 t 的实系数二次多项式的判别式

$$\varDelta=4(\boldsymbol{\alpha},\boldsymbol{\beta})^2-4|\boldsymbol{\alpha}|^2|\boldsymbol{\beta}|^2\leqslant 0,$$

由此, (7.1.6) 成立.

当 (7.1.6) 取等号时, 若 $\boldsymbol{\alpha}=\boldsymbol{\beta}=\boldsymbol{\theta}$, 则 $\boldsymbol{\alpha},\boldsymbol{\beta}$ 线性相关; 若 $\boldsymbol{\alpha},\boldsymbol{\beta}$ 不全为 $\boldsymbol{\theta}$, 不妨设 $\boldsymbol{\alpha}\neq\boldsymbol{\theta}$, 由 (7.1.7) 知, 二次多项式 $(\boldsymbol{\beta}+t\boldsymbol{\alpha},\boldsymbol{\beta}+t\boldsymbol{\alpha})=0$ 有重根 t_0, 即

$$(\boldsymbol{\beta}+t_0\boldsymbol{\alpha},\boldsymbol{\beta}+t_0\boldsymbol{\alpha})=0,$$

故 $\boldsymbol{\beta}+t_0\boldsymbol{\alpha}=\boldsymbol{\theta}$, 从而 $\boldsymbol{\alpha},\boldsymbol{\beta}$ 线性相关. 总之若 (7.1.6) 取等号, 则 $\boldsymbol{\alpha}$ 与 $\boldsymbol{\beta}$ 线性相关.

反之, 若 $\boldsymbol{\alpha}$ 与 $\boldsymbol{\beta}$ 线性相关, 则存在不全为 0 的数 k_1,k_2, 使得

$$k_1\boldsymbol{\alpha}+k_2\boldsymbol{\beta}=\boldsymbol{\theta}.$$

不妨设 $k_1\neq 0$, 则 $\boldsymbol{\alpha}=-\dfrac{k_2}{k_1}\boldsymbol{\beta}$, 于是

$$|(\boldsymbol{\alpha},\boldsymbol{\beta})|=\left|\frac{k_2}{k_1}\right||(\boldsymbol{\beta},\boldsymbol{\beta})|=|\boldsymbol{\alpha}|\cdot|\boldsymbol{\beta}|,$$

即 (7.1.6) 取等号. □

例 7.1.1 中, 取 $\mathbb{R}^n$ 的常用基 $\boldsymbol{e}_1,\boldsymbol{e}_2,\cdots,\boldsymbol{e}_n$, 则 $\mathbb{R}^n$ 中任意两个向量 $\begin{pmatrix}x_1\\x_2\\\vdots\\x_n\end{pmatrix}$ 与 $\begin{pmatrix}y_1\\y_2\\\vdots\\y_n\end{pmatrix}$ 均可写为 $\boldsymbol{e}_1,\boldsymbol{e}_2,\cdots,\boldsymbol{e}_n$ 的线性组合, 取内积为例 7.1.1 中 (1) 的形式, 则定理 7.1.1 中的不等式即为大家在中学阶段已经熟知的不等式

$$(x_1y_1+x_2y_2+\cdots+x_ny_n)^2\leqslant(x_1^2+x_2^2+\cdots+x_n^2)(y_1^2+y_2^2+\cdots+y_n^2).$$

与例 7.1.2 所定义的内积相对应的不等式为

$$\left(\int_a^b f(x)g(x)\mathrm{d}x\right)^2 \leqslant \left(\int_a^b f^2(x)\mathrm{d}x\right)\left(\int_a^b g^2(x)\mathrm{d}x\right).$$

依据定理 7.1.1, 下述所定义的向量间的夹角概念是合理的.

定义 7.1.3 设 $(\cdot,\cdot)$ 是欧氏空间 V 上的一个内积运算, $\boldsymbol{\alpha},\boldsymbol{\beta}$ 为 V 中的两个非零向量, 则 $\boldsymbol{\alpha}$ 与 $\boldsymbol{\beta}$ 的夹角定义为

$$\angle(\boldsymbol{\alpha},\boldsymbol{\beta}) = \arccos\frac{(\boldsymbol{\alpha},\boldsymbol{\beta})}{|\boldsymbol{\alpha}||\boldsymbol{\beta}|}.$$

若 $\angle(\boldsymbol{\alpha},\boldsymbol{\beta}) = \dfrac{\pi}{2}$, 则称 $\boldsymbol{\alpha},\boldsymbol{\beta}$ 在内积 $(\cdot,\cdot)$ 下是正交的, 并记作 $\boldsymbol{\alpha}\perp\boldsymbol{\beta}$. 我们也简称 $\boldsymbol{\alpha}$ 与 $\boldsymbol{\beta}$ 正交.

例 7.1.4 当 $n=3$ 时, $\mathbb{R}^3$ 中的两个非零向量在例 7.1.1 中的内积 $(\cdot,\cdot)_1$ 下是正交的即反映了解析几何中两个非零向量的垂直关系.

例 7.1.5 可以验证集合 $\{1,\ \sin x,\ \cos x,\ \cdots,\ \sin nx,\ \cos nx,\ \cdots\}$ 中的任意两个互异函数在例 7.1.2 的内积意义下是正交 (积分区间为 $[-\pi,\pi]$) 或者在 $[-\pi,\pi]$ 上正交, 我们也称这个集合为区间 $[-\pi,\pi]$ 上的**正交函数组** (**系**), 它们与 Fourier (傅里叶) 级数有着紧密的联系.

依据定义 7.1.1、定义 7.1.3 以及定理 7.1.1, 我们可以推得如下长度所具有的性质 (请读者自行证明).

(a) $|\boldsymbol{\alpha}| \geqslant 0, \forall \boldsymbol{\alpha}\in V$, 且 $|\boldsymbol{\alpha}| = 0 \Leftrightarrow \boldsymbol{\alpha} = \boldsymbol{\theta}$;

(b) $|k\boldsymbol{\alpha}| = |k||\boldsymbol{\alpha}|, \forall k\in\mathbb{R}, \forall\boldsymbol{\alpha}\in V$;

(c) (三角不等式) $|\boldsymbol{\alpha}+\boldsymbol{\beta}| \leqslant |\boldsymbol{\alpha}| + |\boldsymbol{\beta}|, \forall\boldsymbol{\alpha},\boldsymbol{\beta}\in V$.

(d) (勾股定理) $|\boldsymbol{\alpha}+\boldsymbol{\beta}|^2 = |\boldsymbol{\alpha}|^2 + |\boldsymbol{\beta}|^2, \forall\boldsymbol{\alpha},\boldsymbol{\beta}\in V$ 且 $\boldsymbol{\alpha}\perp\boldsymbol{\beta}$.

(a)—(d) 说明所定义的向量的长度概念与我们所熟知的三维现实空间中通常所用的长度概念有着相同的性质.

定理 7.1.2 设 $\boldsymbol{\alpha}_1,\boldsymbol{\alpha}_2,\cdots,\boldsymbol{\alpha}_s$ 是欧氏空间 V 的一组两两正交的非零向量所形成的向量组, 即 $\boldsymbol{\alpha}_i \neq \boldsymbol{\theta}(i=1,2,\cdots,s)$ 且 $(\boldsymbol{\alpha}_i,\boldsymbol{\alpha}_j)=0,\ \ i\neq j(i,j=1,2,\cdots,s)$, 则 $\boldsymbol{\alpha}_1,\boldsymbol{\alpha}_2,\cdots,\boldsymbol{\alpha}_s$ 线性无关.

证明 若有 $\mathbb{R}$ 中 s 个数 $k_1,k_2,\cdots,k_s$ 使得

$$k_1\boldsymbol{\alpha}_1 + k_2\boldsymbol{\alpha}_2 + \cdots + k_s\boldsymbol{\alpha}_s = \boldsymbol{\theta},$$

则

$$(k_1\boldsymbol{\alpha}_1 + k_2\boldsymbol{\alpha}_2 + \cdots + k_s\boldsymbol{\alpha}_s, \boldsymbol{\alpha}_i) = (\boldsymbol{\theta},\boldsymbol{\alpha}_i) = 0, \qquad i=1,2,\cdots,s,$$

或

$$k_i(\boldsymbol{\alpha}_i, \boldsymbol{\alpha}_i) = 0, \quad i = 1, 2, \cdots, s.$$

由 $|\boldsymbol{\alpha}_i| \neq 0$ 可得 $k_i = 0, i = 1, 2, \cdots, s$, 故 $\boldsymbol{\alpha}_1, \boldsymbol{\alpha}_2, \cdots, \boldsymbol{\alpha}_s$ 线性无关. □

设 $W \subseteq V$ 是线性空间 V 的一个子空间, 若 V 是欧氏空间, 则不难验证 W 关于 V 的内积运算也构成一个欧氏空间, 因此, **欧氏空间的子空间依然是欧氏空间**.

习 题 7.1

1. 设 $\boldsymbol{\alpha} = (a_1, a_2)$, $\boldsymbol{\beta} = (b_1, b_2)$ 为二维实空间 $\mathbb{R}^2$ 中的任意两个向量. 问：如下规定的映射是不是一个内积?

(1) $(\boldsymbol{\alpha}, \boldsymbol{\beta}) = a_1 b_2 + a_2 b_1$;

(2) $(\boldsymbol{\alpha}, \boldsymbol{\beta}) = (a_1 + a_2) b_1 + (a_1 + 2a_2) b_2$;

(3) $(\boldsymbol{\alpha}, \boldsymbol{\beta}) = a_1 b_1 + a_2 b_2 + 1$.

2. 问如下定义的映射是不是一个内积?

(1) $(\boldsymbol{\alpha}, \boldsymbol{\beta}) = \sqrt{\sum\limits_{i=1}^{n} a_i^2 b_i^2}$;

(2) $(\boldsymbol{\alpha}, \boldsymbol{\beta}) = \left(\sum\limits_{i=1}^{n} a_i\right)\left(\sum\limits_{j=1}^{n} b_j\right)$;

(3) $(\boldsymbol{\alpha}, \boldsymbol{\beta}) = \sum\limits_{i=1}^{n} k_i a_i b_i \ (k_i > 0, i = 1, 2, \cdots, n)$,

这里 $\boldsymbol{\alpha} = (a_1,\ a_2,\ \cdots,\ a_n)^{\mathrm{T}}$, $\boldsymbol{\beta} = (b_1,\ b_2,\ \cdots,\ b_n)^{\mathrm{T}}$ 为 $\mathbb{R}^n$ 中的向量.

3. 定义 $\boldsymbol{\alpha}$ 与 $\boldsymbol{\beta}$ 的距离 $d(\boldsymbol{\alpha}, \boldsymbol{\beta}) = |\boldsymbol{\alpha} - \boldsymbol{\beta}|$, 证明 $d(\boldsymbol{\alpha}, \boldsymbol{\gamma}) \leqslant d(\boldsymbol{\alpha}, \boldsymbol{\beta}) + d(\boldsymbol{\beta}, \boldsymbol{\gamma})$.

4. 证明：在一个欧氏空间里, 对任意向量 $\boldsymbol{\alpha}, \boldsymbol{\beta}$, 以下等式成立：

(1) $|\boldsymbol{\alpha} + \boldsymbol{\beta}|^2 + |\boldsymbol{\alpha} - \boldsymbol{\beta}|^2 = 2|\boldsymbol{\alpha}|^2 + 2|\boldsymbol{\beta}|^2$;

(2) $(\boldsymbol{\alpha}, \boldsymbol{\beta}) = \dfrac{1}{4}|\boldsymbol{\alpha} + \boldsymbol{\beta}|^2 - \dfrac{1}{4}|\boldsymbol{\alpha} - \boldsymbol{\beta}|^2$.

5. 在欧氏空间 $\mathbb{R}^4$ 中, 求其上的内积在基 $\boldsymbol{\alpha}_1, \boldsymbol{\alpha}_2, \boldsymbol{\alpha}_3, \boldsymbol{\alpha}_4$ 下的度量矩阵, 其中 $\boldsymbol{\alpha}_1 = (1,\ 1,\ 1,\ 1), \boldsymbol{\alpha}_2 = (1,\ 1,\ 1,\ 0), \boldsymbol{\alpha}_3 = (1,\ 1,\ 0,\ 0), \boldsymbol{\alpha}_4 = (1,\ 0,\ 0,\ 0)$.

6. 设 $\mathbb{R}^3$ 关于某内积形成欧氏空间, 已知内积在基 $\boldsymbol{\alpha}_1 = (1,\ 1,\ 1), \boldsymbol{\alpha}_2 = (1,\ 1,\ 0), \boldsymbol{\alpha}_3 = (1,\ 0,\ 0)$ 下的度量矩阵为 $\boldsymbol{B} = \begin{pmatrix} 2 & 0 & 1 \\ 0 & 1 & -2 \\ 1 & -2 & 3 \end{pmatrix}$. 求内积在基 $\boldsymbol{\xi}_1 = (1,\ 0,\ 0), \boldsymbol{\xi}_2 = (0,\ 1,\ 0), \boldsymbol{\xi}_3 = (0,\ 0,\ 1)$ 下的度量矩阵.

7.2 标准正交基

定义 7.2.1 设 $\boldsymbol{\eta}_1, \boldsymbol{\eta}_2, \cdots, \boldsymbol{\eta}_n$ 是 n 维欧氏空间 V 的一组基, 若它们两两正交, 即 $(\boldsymbol{\eta}_i, \boldsymbol{\eta}_j) = 0, i \neq j (i, j = 1, 2, \cdots, n)$, 则称 $\boldsymbol{\eta}_1, \boldsymbol{\eta}_2, \cdots, \boldsymbol{\eta}_n$ 为 V 的一组**正交**

基. 若还有 $|\boldsymbol{\eta}_i| = 1(i = 1, 2, \cdots, n)$, 则称 $\boldsymbol{\eta}_1, \boldsymbol{\eta}_2, \cdots, \boldsymbol{\eta}_n$ 为 V 的一组**标准正交基**, 或者**单位正交基**.

容易验证, **n 维欧氏空间 V 的一组基 $\boldsymbol{\eta}_1, \boldsymbol{\eta}_2, \cdots, \boldsymbol{\eta}_n$ 是 V 的一组标准正交基的充分必要条件是内积在该组基下的度量矩阵是单位阵.**

例 7.2.1　$e_1, e_2, \cdots, e_n$ 是 $\mathbb{R}^n$ 的一组标准正交基.

自然要问, 任意一个欧氏空间中是否都存在 (标准) 正交基? 本节中, 我们通过构造性的方法证明任一个欧氏空间中都有 (标准) 正交基存在. 我们可以从三个角度来思考 (标准) 正交基的形式过程:

(1) 给定 V 的一组基, 依此构造 V 的一组 (标准) 正交基. 也称将这一组基转化为一组 (标准) 正交基.

(2) 给定 V 的一组线性无关的向量组, 依此构造 V 的一组 (标准) 正交基.

(3) 没有给定 V 的线性无关组时, 构造 V 的一组 (标准) 正交基.

不难看出, (2) 与 (3) 均可转化为 (1) 来研究, 对于 (1) 我们有

定理 7.2.1　设 $\boldsymbol{\varepsilon}_1, \boldsymbol{\varepsilon}_2, \cdots, \boldsymbol{\varepsilon}_n$ 是 n 维欧氏空间 V 的一组基, 则存在 V 的一组正交基 $\boldsymbol{\eta}_1, \boldsymbol{\eta}_2, \cdots, \boldsymbol{\eta}_n$, 使得

$$L(\boldsymbol{\varepsilon}_1, \boldsymbol{\varepsilon}_2, \cdots, \boldsymbol{\varepsilon}_i) = L(\boldsymbol{\eta}_1, \boldsymbol{\eta}_2, \cdots, \boldsymbol{\eta}_i), \quad i = 1, 2, \cdots, n. \tag{7.2.1}$$

证明　对 n 实施归纳法.

当 $n = 1$ 时, $\boldsymbol{\varepsilon}_1$ 是 V 的一组基. 令 $\boldsymbol{\eta}_1 = \boldsymbol{\alpha}_1$, 则 $L(\boldsymbol{\eta}_1) = L(\boldsymbol{\varepsilon}_1) = V$, $\boldsymbol{\eta}_1$ 即为所求.

设结论对所有 $n-1$ 维欧氏空间成立, 则当 V 是一个 n 维欧氏空间时, 令 V_1 为由 $\boldsymbol{\varepsilon}_1, \boldsymbol{\varepsilon}_2, \cdots, \boldsymbol{\varepsilon}_{n-1}$ 扩张而成的线性空间, 即 $V_1 = L(\boldsymbol{\varepsilon}_1, \boldsymbol{\varepsilon}_2, \cdots, \boldsymbol{\varepsilon}_{n-1})$, 则 V_1 是 V 的一个 $n-1$ 维子空间, 且它关于 V 的内积依然是一个欧氏空间, 并以 $\boldsymbol{\varepsilon}_1, \boldsymbol{\varepsilon}_2, \cdots, \boldsymbol{\varepsilon}_{n-1}$ 为其一组基. 由归纳法假设, 存在 V_1 的一组正交基 $\boldsymbol{\eta}_1, \boldsymbol{\eta}_2, \cdots, \boldsymbol{\eta}_{n-1}$ 满足

$$L(\boldsymbol{\varepsilon}_1, \boldsymbol{\varepsilon}_2, \cdots, \boldsymbol{\varepsilon}_i) = L(\boldsymbol{\eta}_1, \boldsymbol{\eta}_2, \cdots, \boldsymbol{\eta}_i), \quad i = 1, 2, \cdots, n-1.$$

令

$$\boldsymbol{\eta}_n = \boldsymbol{\varepsilon}_n - l_1\boldsymbol{\eta}_1 - l_2\boldsymbol{\eta}_2 - \cdots - l_{n-1}\boldsymbol{\eta}_{n-1}$$

且

$$\boldsymbol{\eta}_n \perp \boldsymbol{\eta}_i, \quad i = 1, 2, \cdots, n-1,$$

则由

$$(\boldsymbol{\varepsilon}_n, \boldsymbol{\eta}_i) - l_i(\boldsymbol{\eta}_i, \boldsymbol{\eta}_i) = (\boldsymbol{\eta}_n, \boldsymbol{\eta}_i) = 0, \quad i = 1, 2, \cdots, n-1,$$

得

$$l_i = \frac{(\boldsymbol{\varepsilon}_n, \boldsymbol{\eta}_i)}{(\boldsymbol{\eta}_i, \boldsymbol{\eta}_i)}, \quad i = 1, 2, \cdots, n-1.$$

故

$$\begin{cases} \boldsymbol{\eta}_n = \boldsymbol{\varepsilon}_n - \dfrac{(\boldsymbol{\varepsilon}_n, \boldsymbol{\eta}_1)}{(\boldsymbol{\eta}_1, \boldsymbol{\eta}_1)}\boldsymbol{\eta}_1 - \dfrac{(\boldsymbol{\varepsilon}_n, \boldsymbol{\eta}_2)}{(\boldsymbol{\eta}_2, \boldsymbol{\eta}_2)}\boldsymbol{\eta}_2 - \cdots - \dfrac{(\boldsymbol{\varepsilon}_n, \boldsymbol{\eta}_{n-1})}{(\boldsymbol{\eta}_{n-1}, \boldsymbol{\eta}_{n-1})}\boldsymbol{\eta}_{n-1}, \\ (\boldsymbol{\eta}_n, \boldsymbol{\eta}_i) = 0, \qquad i = 1, 2, \cdots, n-1. \end{cases} \tag{7.2.2}$$

由于 $\boldsymbol{\varepsilon}_n \notin V_1$, 故 $\boldsymbol{\eta}_n \neq \boldsymbol{\theta}$, 从而 $\boldsymbol{\eta}_1, \boldsymbol{\eta}_2, \cdots, \boldsymbol{\eta}_n$ 是 V 的一组两两正交的向量组. 依定理 7.1.2, 它们构成 V 的一组基, 故

$$V = L(\boldsymbol{\varepsilon}_1, \boldsymbol{\varepsilon}_2, \cdots, \boldsymbol{\varepsilon}_n) = L(\boldsymbol{\eta}_1, \boldsymbol{\eta}_2, \cdots, \boldsymbol{\eta}_n), \tag{7.2.3}$$

根据 (7.2.2) 和 (7.2.3), 结论对 n 维欧氏空间亦成立. 依归纳法, 结论对所有 n 均成立. □

通常, 我们称由 (7.2.2) 所形成的构造正交基的过程为 **Schmidt 正交化过程**. 由定理 7.2.1, V 的正交向量组是存在的, 从而 V 的标准正交基亦存在.

例 7.2.2 已知 $\boldsymbol{\varepsilon}_1 = \begin{pmatrix} 1 \\ 2 \\ -1 \end{pmatrix}, \boldsymbol{\varepsilon}_2 = \begin{pmatrix} -1 \\ 3 \\ 1 \end{pmatrix}, \boldsymbol{\varepsilon}_3 = \begin{pmatrix} 4 \\ -1 \\ 0 \end{pmatrix}$ 是 $\mathbb{R}^3$ 的一组基, 试将它转化为 $\mathbb{R}^3$ 的一组标准正交基.

解 令

$$\boldsymbol{\beta}_1 = \boldsymbol{\varepsilon}_1 = \begin{pmatrix} 1 \\ 2 \\ -1 \end{pmatrix},$$

$$\begin{aligned} \boldsymbol{\beta}_2 &= \boldsymbol{\varepsilon}_2 - \frac{(\boldsymbol{\varepsilon}_2, \boldsymbol{\beta}_1)}{(\boldsymbol{\beta}_1, \boldsymbol{\beta}_1)}\boldsymbol{\beta}_1 \\ &= \begin{pmatrix} -1 \\ 3 \\ 1 \end{pmatrix} - \frac{4}{6}\begin{pmatrix} 1 \\ 2 \\ -1 \end{pmatrix} = \frac{5}{3}\begin{pmatrix} -1 \\ 1 \\ 1 \end{pmatrix}, \end{aligned}$$

$$\begin{aligned} \boldsymbol{\beta}_3 &= \boldsymbol{\varepsilon}_3 - \frac{(\boldsymbol{\varepsilon}_3, \boldsymbol{\beta}_1)}{(\boldsymbol{\beta}_1, \boldsymbol{\beta}_1)}\boldsymbol{\beta}_1 - \frac{(\boldsymbol{\varepsilon}_3, \boldsymbol{\beta}_2)}{(\boldsymbol{\beta}_2, \boldsymbol{\beta}_2)}\boldsymbol{\beta}_2 \\ &= \begin{pmatrix} 4 \\ -1 \\ 0 \end{pmatrix} - \frac{1}{3}\begin{pmatrix} 1 \\ 2 \\ -1 \end{pmatrix} + \frac{5}{3}\begin{pmatrix} -1 \\ 1 \\ 1 \end{pmatrix} \end{aligned}$$

$$= 2 \begin{pmatrix} 1 \\ 0 \\ 1 \end{pmatrix},$$

依定理 7.2.1 (或 Schmidt 正交化过程) 知 $\boldsymbol{\beta}_1, \boldsymbol{\beta}_2, \boldsymbol{\beta}_3$ 两两正交, 再将 $\boldsymbol{\beta}_1, \boldsymbol{\beta}_2, \boldsymbol{\beta}_3$ 单位化, 令 $\boldsymbol{\eta}_1 = \dfrac{1}{|\boldsymbol{\beta}_1|}\boldsymbol{\beta}_1 = \dfrac{1}{\sqrt{6}}\begin{pmatrix} 1 \\ 2 \\ 1 \end{pmatrix}$, $\boldsymbol{\eta}_2 = \dfrac{1}{|\boldsymbol{\beta}_2|}\boldsymbol{\beta}_2 = \dfrac{1}{\sqrt{3}}\begin{pmatrix} -1 \\ 1 \\ 1 \end{pmatrix}$, $\boldsymbol{\eta}_3 = \dfrac{1}{|\boldsymbol{\beta}_3|}\boldsymbol{\beta}_3 = \dfrac{1}{\sqrt{2}}\begin{pmatrix} 1 \\ 0 \\ 1 \end{pmatrix}$, 则 $\boldsymbol{\eta}_1, \boldsymbol{\eta}_2, \boldsymbol{\eta}_3$ 即为 $\mathbb{R}^3$ 的一组标准正交基.

定义 7.2.2 设 $\boldsymbol{U}$ 为 n 阶实矩阵, 若 $\boldsymbol{U}\boldsymbol{U}^{\mathrm{T}} = \boldsymbol{E}$ 或 $\boldsymbol{U}^{-1} = \boldsymbol{U}^{\mathrm{T}}$, 则称 $\boldsymbol{U}$ 是一个 n 阶的**正交矩阵**.

显然, 当 $\boldsymbol{U}$ 是正交矩阵时, $|\boldsymbol{U}| = 1$ 或者 $|\boldsymbol{U}| = -1$.

若记矩阵 $\boldsymbol{U} = (\boldsymbol{\beta}_1, \ \boldsymbol{\beta}_2, \ \cdots, \ \boldsymbol{\beta}_n)$, 即将 $\boldsymbol{U}$ 写成列向量块的形式, 则不难验证

$$\boldsymbol{U} \text{ 是一个 } n \text{ 阶正交阵} \iff \boldsymbol{\beta}_1, \boldsymbol{\beta}_2, \cdots, \boldsymbol{\beta}_n \text{ 是 } \mathbb{R}^n \text{中的一组标准正交基}.$$

定理 7.2.2 设 V 为 n 维欧氏空间, 则

(1) V 中任意两组标准正交基之间的过渡矩阵一定是正交阵;

(2) 从 V 的一组标准正交基 (I) 到基 (II) 间的过渡矩阵是正交阵, 那么基 (II) 也是一组标准正交基;

(3) 一个 n 阶实方阵是一个正交阵当且仅当它是 V 中某两组标准正交基间的过渡矩阵;

(4) 一个 n 阶实矩阵 $\boldsymbol{A}$ 为正交矩阵的充分必要条件是 $\boldsymbol{A}$ 的列 (行) 向量组是 $\mathbb{R}^n$ 上的一组标准正交基.

请读者自行证明.

习 题 7.2

1. 在欧氏空间 $\mathbb{R}^4$ 中求一单位向量 $\boldsymbol{\alpha}$, 使其与 $(1, \ 1, \ -1, \ 1)$, $(1, \ -1, \ -1, \ 1)$, $(2, \ 1, \ 1, \ 3)$ 正交.

2. 试判断 $\boldsymbol{\alpha}_1 = \left(\frac{1}{2}, \ \frac{1}{2}, \ \frac{1}{2}, \ \frac{1}{2}\right)$, $\boldsymbol{\alpha}_2 = \left(\frac{1}{2}, \ -\frac{1}{2}, \ -\frac{1}{2}, \ \frac{1}{2}\right)$, $\boldsymbol{\alpha}_3 = \left(\frac{1}{2}, \ -\frac{1}{2}, \ \frac{1}{2}, \ -\frac{1}{2}\right)$, $\boldsymbol{\alpha}_4 = \left(\frac{1}{2}, \ \frac{1}{2}, \ -\frac{1}{2}, \ -\frac{1}{2}\right)$ 是否为欧氏空间 $\mathbb{R}^4$ 的一组标准正交基.

3. (1) 设 $\boldsymbol{\xi}_1, \boldsymbol{\xi}_2, \boldsymbol{\xi}_3$ 是三维欧氏空间中一组标准正交基, 证明 $\boldsymbol{\alpha}_1 = \frac{1}{3}(2\boldsymbol{\xi}_1 + 2\boldsymbol{\xi}_2 - \boldsymbol{\xi}_3)$, $\boldsymbol{\alpha}_2 = \frac{1}{3}(2\boldsymbol{\xi}_1 - \boldsymbol{\xi}_2 + 2\boldsymbol{\xi}_3)$, $\boldsymbol{\alpha}_3 = \frac{1}{3}(\boldsymbol{\xi}_1 - 2\boldsymbol{\xi}_2 - 2\boldsymbol{\xi}_3)$ 也是一组标准正交基;

(2) 设 $\boldsymbol{\xi}_1,\boldsymbol{\xi}_2,\boldsymbol{\xi}_3,\boldsymbol{\xi}_4,\boldsymbol{\xi}_5$ 是五维欧氏空间 V 中一组标准正交基, $V_1=L(\boldsymbol{\alpha}_1,\boldsymbol{\alpha}_2,\boldsymbol{\alpha}_3)$, 其中, $\boldsymbol{\alpha}_1=\boldsymbol{\xi}_1+\boldsymbol{\xi}_5$, $\boldsymbol{\alpha}_2=\boldsymbol{\xi}_1-\boldsymbol{\xi}_2+\boldsymbol{\xi}_4$, $\boldsymbol{\alpha}_3=2\boldsymbol{\xi}_1+\boldsymbol{\xi}_2+\boldsymbol{\xi}_3$, 求 V_1 的一个标准正交基.

4. 下列矩阵是不是正交阵? 说明理由:

(1) $\begin{pmatrix} \dfrac{\sqrt{3}}{2} & -\dfrac{1}{2} \\ \dfrac{1}{2} & \dfrac{\sqrt{3}}{2} \end{pmatrix}$;

(2) $\begin{pmatrix} \dfrac{\sqrt{2}}{2} & \dfrac{\sqrt{2}}{6} & \dfrac{\sqrt{2}}{3} \\ 0 & -\dfrac{2\sqrt{2}}{3} & \dfrac{\sqrt{1}}{3} \\ -\dfrac{\sqrt{2}}{2} & \dfrac{\sqrt{2}}{6} & \dfrac{2}{3} \end{pmatrix}$.

5. 证明: 如果 $\boldsymbol{\alpha}$ 与 $\boldsymbol{\beta}_1,\boldsymbol{\beta}_2,\cdots,\boldsymbol{\beta}_s$ 都正交, 那么 $\boldsymbol{\alpha}$ 与 $\boldsymbol{\beta}_1,\boldsymbol{\beta}_2,\cdots,\boldsymbol{\beta}_s$ 的任一个线性组合也正交.

6. 设 $\boldsymbol{x}$ 为 n 维列向量, $\boldsymbol{x}^{\mathrm{T}}\boldsymbol{x}=1$, 令 $\boldsymbol{H}=\boldsymbol{E}-\mathbf{2}\boldsymbol{x}\boldsymbol{x}^{\mathbf{T}}$, 证明 $\boldsymbol{H}$ 是对称的正交阵;

7. (1) 若 $\boldsymbol{A},\boldsymbol{B}$ 都是正交阵, 则 $\boldsymbol{AB}$ 也是正交阵;

(2) 若 $\boldsymbol{A}$ 是正交阵, 则 $\boldsymbol{A}^*$ 也是正交阵.

8. 设 $\boldsymbol{\alpha}_1,\boldsymbol{\alpha}_2,\cdots,\boldsymbol{\alpha}_n$ 是欧氏空间 V 的基, 证明

(1) 如果 $\gamma\in V$, 使 $(\gamma,\boldsymbol{\alpha}_i)=0\ (i=1,2,\cdots,n)$, 那么 $\gamma=\boldsymbol{\theta}$;

(2) 如果 $\gamma_1,\gamma_2\in V$, 对 $\forall\boldsymbol{\alpha}\in V$ 有 $(\gamma_1,\boldsymbol{\alpha})=(\gamma_2,\boldsymbol{\alpha})$, 那么 $\gamma_1=\gamma_2$.

9. 设 $\boldsymbol{\alpha}_1,\boldsymbol{\alpha}_2,\cdots,\boldsymbol{\alpha}_m$ 是 n 维欧氏空间 V 中一组向量, 我们称

$$G(\boldsymbol{\alpha}_1,\boldsymbol{\alpha}_2,\cdots,\boldsymbol{\alpha}_m)=\begin{vmatrix} (\boldsymbol{\alpha}_1,\boldsymbol{\alpha}_1) & (\boldsymbol{\alpha}_1,\boldsymbol{\alpha}_2) & \cdots & (\boldsymbol{\alpha}_1,\boldsymbol{\alpha}_m) \\ (\boldsymbol{\alpha}_2,\boldsymbol{\alpha}_1) & (\boldsymbol{\alpha}_2,\boldsymbol{\alpha}_2) & \cdots & (\boldsymbol{\alpha}_2,\boldsymbol{\alpha}_m) \\ \vdots & \vdots & & \vdots \\ (\boldsymbol{\alpha}_m,\boldsymbol{\alpha}_1) & (\boldsymbol{\alpha}_m,\boldsymbol{\alpha}_2) & \cdots & (\boldsymbol{\alpha}_m,\boldsymbol{\alpha}_m) \end{vmatrix}$$

为 Gram (格拉姆) 行列式, 试证明

$$\boldsymbol{\alpha}_1,\boldsymbol{\alpha}_2,\cdots,\boldsymbol{\alpha}_m\text{ 线性相关}\Longleftrightarrow G(\boldsymbol{\alpha}_1,\boldsymbol{\alpha}_2,\cdots,\boldsymbol{\alpha}_m)=0.$$

10. 设欧氏空间 $\mathbb{R}^4$ 的向量组 $\boldsymbol{\alpha}_1=(1,\ 0,\ 1,\ 0)^{\mathrm{T}}$, $\boldsymbol{\alpha}_2=(0,\ 1,\ 2,\ 1)^{\mathrm{T}}$, $\boldsymbol{\alpha}_3=(-2,\ 1,\ 0,\ 1)^{\mathrm{T}}$.

(1) 求出 $L(\boldsymbol{\alpha}_1,\boldsymbol{\alpha}_2,\boldsymbol{\alpha}_3)$ 的一组标准正交基;

(2) 将 $\boldsymbol{\alpha}_1,\boldsymbol{\alpha}_2,\boldsymbol{\alpha}_3$ 扩充成 $\mathbb{R}^4$ 的一组标准正交基.

11. 设 $\boldsymbol{A}$, $\boldsymbol{B}$ 是两个 n 阶正交阵, 且 $|\boldsymbol{AB}|=-1$. 证明

(1) $|\boldsymbol{A}^{\mathrm{T}}\boldsymbol{B}|=|\boldsymbol{A}\boldsymbol{B}^{\mathrm{T}}|=|\boldsymbol{A}^{\mathrm{T}}\boldsymbol{B}^{\mathrm{T}}|=-1$;

(2) $|\boldsymbol{A}+\boldsymbol{B}|=0$.

12. 一个实方阵 $\boldsymbol{A}$ 为正交矩阵, 则 $|\boldsymbol{A}|=1$ 或 $|\boldsymbol{A}|=-1$.

7.3 酉空间

设 V 是复数域 $\mathbb{C}$ 上的一个线性空间, 从 $V\times V$ 到 $\mathbb{C}$ 的一个映射依然记作 $(\cdot,\cdot)$.

定义 7.3.1 从 $V\times V$ 到 $\mathbb{C}$ 的一个映射 $(\cdot,\cdot)$ 称为 V 的一个内积, 如果它满足

(1) $\forall \boldsymbol{\alpha}\in V, (\boldsymbol{\alpha},\boldsymbol{\alpha})\geqslant 0$, 且 $(\boldsymbol{\alpha},\boldsymbol{\alpha})=0$ 当且仅当 $\boldsymbol{\alpha}=\boldsymbol{\theta}$;

(2) $(\boldsymbol{\alpha},\boldsymbol{\beta})=\overline{(\boldsymbol{\beta},\boldsymbol{\alpha})}, \forall \boldsymbol{\alpha},\boldsymbol{\beta}\in V$;

(3) $(k\boldsymbol{\alpha},\boldsymbol{\beta})=k(\boldsymbol{\alpha},\boldsymbol{\beta}), \forall k\in\mathbb{C}, \forall \boldsymbol{\alpha},\boldsymbol{\beta}\in V$;

(4) $(\boldsymbol{\alpha}+\boldsymbol{\beta},\boldsymbol{\gamma})=(\boldsymbol{\alpha},\boldsymbol{\gamma})+(\boldsymbol{\beta},\boldsymbol{\gamma}), \forall \boldsymbol{\alpha},\boldsymbol{\beta},\boldsymbol{\gamma}\in V$.

复数域上具有内积的线性空间称为**酉空间**或者是复数域上的**内积空间**.

比对欧氏空间, 我们有

(a) $$\left.\begin{aligned}&(k_1\boldsymbol{\alpha}+k_2\boldsymbol{\beta},\boldsymbol{\gamma})=k_1(\boldsymbol{\alpha},\boldsymbol{\gamma})+k_2(\boldsymbol{\beta},\boldsymbol{\gamma}),\\&(\boldsymbol{\alpha},k_1\boldsymbol{\beta}+k_2\boldsymbol{\gamma})=\overline{k_1}(\boldsymbol{\alpha},\boldsymbol{\beta})+\overline{k_2}(\boldsymbol{\alpha},\boldsymbol{\gamma}),\end{aligned}\right.\quad \forall k_1,k_2\in\mathbb{C}, \forall \boldsymbol{\alpha},\boldsymbol{\beta},\boldsymbol{\gamma}\in V.$$

(b) 若 $\boldsymbol{\varepsilon}_1,\boldsymbol{\varepsilon}_2,\cdots,\boldsymbol{\varepsilon}_n$ 是 V 的一组基, $\boldsymbol{\alpha},\boldsymbol{\beta}$ 在基下的坐标分别为 $\boldsymbol{X}$ 和 $\boldsymbol{Y}$. $\boldsymbol{A}=((\boldsymbol{\varepsilon}_i,\boldsymbol{\varepsilon}_j))_n$ (也称度量矩阵), 则

$$(\boldsymbol{\alpha},\boldsymbol{\beta})=\boldsymbol{X}^{\mathrm{T}}\boldsymbol{A}\overline{\boldsymbol{Y}}\text{且}\overline{\boldsymbol{A}}=\boldsymbol{A}^{\mathrm{T}}\quad(\text{此时称 } \boldsymbol{A} \text{ 为 Hermite 矩阵}).$$

n 维酉空间 V 中一组基为标准正交基的充分必要条件是它所对应的度量矩阵为单位矩阵.

(c) $\forall \boldsymbol{\alpha}\in V$, 称 $\sqrt{(\boldsymbol{\alpha},\boldsymbol{\alpha})}$ 为 $\boldsymbol{\alpha}$ 的长度, 记作 $|\boldsymbol{\alpha}|=\sqrt{(\boldsymbol{\alpha},\boldsymbol{\alpha})}$.

(d) (Cauchy-Schwarz 不等式) $|(\boldsymbol{\alpha},\boldsymbol{\beta})|\leqslant|\boldsymbol{\alpha}||\boldsymbol{\beta}|$. 等号成立的充分必要条件是 $\boldsymbol{\alpha}$ 与 $\boldsymbol{\beta}$ 线性相关.

(e) 若 $(\boldsymbol{\alpha},\boldsymbol{\beta})=0$, 则称 $\boldsymbol{\alpha}$ 与 $\boldsymbol{\beta}$ 正交.

(f) n 维酉空间 V 中定存在标准正交基, 它们可用与 Schmidt 正交化类似的方法构造.

(g) 如果一个方阵 $\boldsymbol{U}$ 满足 $\boldsymbol{U}\overline{\boldsymbol{U}}^{\mathrm{T}}=\boldsymbol{E}$, 则我们称 $\boldsymbol{U}$ 为酉矩阵. (请读者叙述相应于定理 7.2.2 的相应结论.)

例 7.3.1 对任意 $\boldsymbol{X},\boldsymbol{Y}\in\mathbb{C}^n$, 令 $(\boldsymbol{X},\boldsymbol{Y})=\boldsymbol{X}^{\mathrm{T}}\overline{\boldsymbol{Y}}$, 则 $(\cdot,\cdot)$ 是 $\mathbb{C}^n$ 上的内积, $\mathbb{C}^n$ 关于这个内积是酉空间. 此内积也称为 $\mathbb{C}^n$ 上的标准内积.

酉空间的基本性质

习 题 7.3

1. 设 $\mathbb{C}^n$ 是酉空间, 作映射

$$\psi:\mathbb{C}^n\to\mathbb{R}^{2n},$$

$$(x_1+\mathrm{i}y_1,x_2+\mathrm{i}y_2,\cdots,x_n+\mathrm{i}y_n)\mapsto(x_1,x_2,\cdots,x_n,y_1,y_2,\cdots,y_n).$$

证明:

(1) 将 $\mathbb{C}^n$ 和 $\mathbb{R}^{2n}$ 都看成实线性空间, 则 ψ 是实线性双射;

(2) 对 $\boldsymbol{\alpha},\boldsymbol{\beta}\in\mathbb{C}^n$, $(\psi(\boldsymbol{\alpha}),\psi(\boldsymbol{\beta}))=\mathrm{Re}(\boldsymbol{\alpha},\boldsymbol{\beta})$ (Re 表示实部);

(3) 对 $\boldsymbol{\alpha}\in\mathbb{C}^n$, $|\psi(\boldsymbol{\alpha})|=|\boldsymbol{\alpha}|$.

2. 试证明酉空间上的 Cauchy-Schwarz 不等式.

本章拓展题

1. 证明在 n 维欧氏空间 V 中, 两两成钝角的非零向量不多于 $n+1$ 个.

2. 设 $\boldsymbol{\alpha}_1,\boldsymbol{\alpha}_2,\cdots,\boldsymbol{\alpha}_n$ 是 n 维欧氏空间 V 中的一组基, 试证明这组基为 V 的一组标准正交基的充分必要条件为对于 V 中任意两个向量 $\boldsymbol{\alpha},\boldsymbol{\beta}$, 若

$$\boldsymbol{\alpha}=x_1\boldsymbol{\alpha}_1+x_2\boldsymbol{\alpha}_2+\cdots+x_n\boldsymbol{\alpha}_n,\quad \boldsymbol{\beta}=y_1\boldsymbol{\alpha}_1+y_2\boldsymbol{\alpha}_2+\cdots+y_n\boldsymbol{\alpha}_n,$$

则必有 $(\boldsymbol{\alpha},\boldsymbol{\beta})=x_1y_1+x_2y_2+\cdots+x_ny_n$.

3. 设 $\boldsymbol{\alpha}_1,\boldsymbol{\alpha}_2,\cdots,\boldsymbol{\alpha}_n$ 是 n 维欧氏空间 V 中的一组基, 证明：这组基是 V 中的一组标准正交基 $\Longleftrightarrow\forall\boldsymbol{\alpha}\in V$, 有 $\boldsymbol{\alpha}=(\boldsymbol{\alpha},\boldsymbol{\alpha}_1)\boldsymbol{\alpha}_1+(\boldsymbol{\alpha},\boldsymbol{\alpha}_2)\boldsymbol{\alpha}_2+\cdots+(\boldsymbol{\alpha},\boldsymbol{\alpha}_n)\boldsymbol{\alpha}_n$.

4. 设 $\boldsymbol{\alpha}_1,\boldsymbol{\alpha}_2,\cdots,\boldsymbol{\alpha}_s\in\mathbb{F}^n$ 线性无关. 令 $\boldsymbol{A}=(\boldsymbol{\alpha}_1,\boldsymbol{\alpha}_2,\cdots,\boldsymbol{\alpha}_s)$. 设 $\boldsymbol{\beta}_1,\boldsymbol{\beta}_2,\cdots,\boldsymbol{\beta}_{n-s}$ 为 $\boldsymbol{A}^{\mathrm{T}}\boldsymbol{x}=\boldsymbol{0}$ 的一组基础解系. 证明 $\{\boldsymbol{\alpha}_1,\boldsymbol{\alpha}_2,\cdots,\boldsymbol{\alpha}_s,\boldsymbol{\beta}_1,\boldsymbol{\beta}_2,\cdots,\boldsymbol{\beta}_{n-s}\}$ 为 $\mathbb{F}^n$ 的一组基.

5. 设 $\boldsymbol{\alpha},\boldsymbol{\beta}$ 是 n 维欧氏空间 V 中两个不同的向量, 且 $|\boldsymbol{\alpha}|=|\boldsymbol{\beta}|=1$. 证明：$(\boldsymbol{\alpha},\boldsymbol{\beta})\neq1$.

6. 设 $\boldsymbol{A}$ 为 n 阶实矩阵, 证明：$\boldsymbol{A}$ 可以分解成

$$\boldsymbol{A}=\boldsymbol{Q}\boldsymbol{R},$$

其中 $\boldsymbol{Q}$ 为正交矩阵, $\boldsymbol{R}$ 是一个对角线上全为非负实数的上三角矩阵. 当 $\boldsymbol{A}$ 为 n 阶非奇异实矩阵时, $\boldsymbol{R}$ 的对角线上的元素恒正且这种分解是唯一的.

7. 设 V 为 n 维欧氏空间, 试证明

(1) V 中任意两组标准正交基之间的过渡矩阵一定是正交阵;

(2) 从 V 的一组标准正交基 (I) 到基 (II) 间的过渡矩阵是正交阵, 那么基 (II) 也是一组标准正交基;

(3) 一个 n 阶实方阵是一个正交阵当且仅当它是 V 中某两组标准正交基间的过渡矩阵;

(4) 一个 n 阶实矩阵 $\boldsymbol{A}$ 为正交矩阵的充分必要条件是 $\boldsymbol{A}$ 的列 (行) 向量组是 $\mathbb{R}^n$ 上的一组标准正交基.

第 8 章　方阵的特征值与特征向量

方阵的特征值与特征向量是矩阵理论的重要部分, 在航空航天等许多工程计算、人口模型、金融领域、互联网的搜索等领域有着广泛的应用. 本章, 我们将讨论矩阵特征值与特征向量的概念、计算及其与矩阵对角化的关系.

8.1　特征值与特征向量的定义及计算

本章中, 我们总设 $\mathbb{F}$ 是数域, $\boldsymbol{A}\in\mathbb{F}^{n\times n}$.

定义 8.1.1　若 $\exists\lambda_0\in\mathbb{F}$, 非零向量 $\boldsymbol{\xi}\in\mathbb{F}^n$, 使得

$$\boldsymbol{A}\boldsymbol{\xi}=\lambda_0\boldsymbol{\xi}, \tag{8.1.1}$$

则称 λ_0 为 $\boldsymbol{A}$ 的一个**特征值**, 称非零向量 $\boldsymbol{\xi}$ 为 $\boldsymbol{A}$ 的属于 λ_0 的**特征向量**.

若有 $\mathbb{F}^n$ 中的非零向量 $\boldsymbol{\xi}$ 使得 $\boldsymbol{A}\boldsymbol{\xi}=\lambda_1\boldsymbol{\xi}$, $\boldsymbol{A}\boldsymbol{\xi}=\lambda_2\boldsymbol{\xi}$, 这里 $\lambda_1,\lambda_2\in\mathbb{F}$. 则 $(\lambda_2-\lambda_1)\boldsymbol{\xi}=\boldsymbol{\theta}$, 从而 $\lambda_1=\lambda_2$. 因此, $\mathbb{F}^n$ 中的一个非零的向量不可能同时成为属于 $\boldsymbol{A}$ 的两个不同特征值的特征向量.

由 (8.1.1), 知

$$\boldsymbol{\xi}\text{ 是 }\boldsymbol{A}\text{ 的属于特征值 }\lambda_0\text{ 的特征向量}\Longleftrightarrow\boldsymbol{\xi}\text{是}(\lambda_0\boldsymbol{E}-\boldsymbol{A})\boldsymbol{X}=\boldsymbol{\theta}\text{的非零解向量} \tag{8.1.2}$$

及

$$\lambda_0\text{是}\boldsymbol{A}\text{的特征值}\Longleftrightarrow|\lambda_0\boldsymbol{E}-\boldsymbol{A}|=0\text{ 或 }r(\lambda_0\boldsymbol{E}-\boldsymbol{A})<n. \tag{8.1.3}$$

显然, $|\lambda\boldsymbol{E}-\boldsymbol{A}|(\lambda\in\mathbb{F})$ 是关于 λ 的一元 n 次多项式函数. 通常我们称之为 $\boldsymbol{A}$ 的**特征多项式**, 并记作 $f_{\boldsymbol{A}}(\lambda)$, 也简记为 $f(\lambda)$.

由 (8.1.3), λ_0 是 $\boldsymbol{A}$ 的一个特征值的充分必要条件为 λ_0 是 $\boldsymbol{A}$ 的特征多项式的零点. $(\lambda_0\boldsymbol{E}-\boldsymbol{A})\boldsymbol{X}=\boldsymbol{\theta}$ 的任何一个非零解向量均是 $\boldsymbol{A}$ 的属于 λ_0 的特征向量, 从而属于 λ_0 的特征向量有无数多个.

当 λ_0 是 $\boldsymbol{A}$ 的一个特征值时, 令

$$V_{\lambda_0}=\{\boldsymbol{A}\text{的属于}\lambda_0\text{的特征向量全体}\}\cup\{\boldsymbol{\theta}\},$$

则由 (8.1.2), (8.1.3) 知, V_{λ_0} 实际上是齐次线性方程组 $(\lambda_0\boldsymbol{E}-\boldsymbol{A})\boldsymbol{X}=\boldsymbol{\theta}$ 的解空间. 通常, 我们称之为 $\boldsymbol{A}$ 的属于 λ_0 的**特征子空间**.

同样地, 依 (8.1.2) (8.1.3) 可得计算 $\boldsymbol{A}$ 的所有特征值及特征向量的步骤:

第一步 求出 $|\lambda_0\boldsymbol{E}-\boldsymbol{A}|=0$ 在 $\mathbb{F}$ 中的所有互异根 $\lambda_1,\lambda_2,\cdots,\lambda_s\ (1\leqslant s\leqslant n)$.

第二步 针对每一个 $\lambda_i(1\leqslant i\leqslant s)$, 求出 $(\lambda_i\boldsymbol{E}-\boldsymbol{A})\boldsymbol{X}=\boldsymbol{\theta}$ 的通解的表达式

$$\boldsymbol{X}^i=t_1\boldsymbol{\eta}_1^i+t_2\boldsymbol{\eta}_2^i+\cdots+t_{n-r_i}\boldsymbol{\eta}_{n-r_i}^i,\qquad r_i=r(\lambda_i\boldsymbol{E}-\boldsymbol{A}),$$

这里 $t_1,t_2,\cdots,t_{n-r_i}$ 为 $\mathbb{F}$ 中任意数, $\boldsymbol{\eta}_1^i,\boldsymbol{\eta}_2^i,\cdots,\boldsymbol{\eta}_{n-r_i}^i$ 为 $(\lambda_i\boldsymbol{E}-\boldsymbol{A})\boldsymbol{X}=\boldsymbol{\theta}$ 的一组基础解系.

第三步 属于 $\lambda_i(1\leqslant i\leqslant s)$ 的所有特征向量为

$$\boldsymbol{\xi}_i=t_1\boldsymbol{\eta}_1^i+t_2\boldsymbol{\eta}_2^i+\cdots+t_{n-r_i}\boldsymbol{\eta}_{n-r_i}^i,\qquad t_1,t_2,\cdots,t_{n-r_i}\text{不全为零}\ (i=1,2,\cdots,s).$$

例 8.1.1 求 $\boldsymbol{A}=\begin{pmatrix}6&2&4\\2&3&2\\4&2&6\end{pmatrix}$ 的所有特征值及特征向量.

解 由

$$|\lambda\boldsymbol{E}-\boldsymbol{A}|=\begin{vmatrix}\lambda-6&-2&-4\\-2&\lambda-3&-2\\-4&-2&\lambda-6\end{vmatrix}=(\lambda-2)^2(\lambda-11)=0,$$

得特征值

$$\lambda_1=\lambda_2=2,\quad \lambda_3=11.$$

将 $\lambda=\lambda_1=\lambda_2=2$ 代入 $(\lambda\boldsymbol{E}-\boldsymbol{A})\boldsymbol{X}=\boldsymbol{\theta}$ 中得

$$\begin{cases}-4x_1-2x_2-4x_3=0,\\-2x_1-x_2-2x_3=0,\\-4x_1-2x_2-4x_3=0.\end{cases}$$

它有一组基础解系 $\begin{pmatrix}1\\-2\\0\end{pmatrix}$, $\begin{pmatrix}0\\-2\\1\end{pmatrix}$. 故矩阵 $\boldsymbol{A}$ 属于 λ_1 或 λ_2 的全部特征向量为 $t_1\begin{pmatrix}1\\-2\\0\end{pmatrix}+t_2\begin{pmatrix}0\\-2\\1\end{pmatrix}$, 其中 t_1,t_2 不全为零.

将 $\lambda=\lambda_3=11$ 代入 $(\lambda\boldsymbol{E}-\boldsymbol{A})\boldsymbol{X}=\boldsymbol{\theta}$ 中得

$$\begin{cases}5x_1-2x_2-4x_3=0,\\-2x_1+8x_2-2x_3=0,\\-4x_1-2x_2+5x_3=0.\end{cases}$$

它有一组基础解系 $\begin{pmatrix}2\\1\\2\end{pmatrix}$，故矩阵 $\boldsymbol{A}$ 属于 λ_3 的全部特征向量为 $t\begin{pmatrix}2\\1\\2\end{pmatrix}(t\neq 0)$.

例 8.1.2 求 $\boldsymbol{A}=\begin{pmatrix}0&a\\-a&0\end{pmatrix}$ $(a\neq 0, a\in\mathbb{R})$ 在实数域 $\mathbb{R}$ 上的全部特征值.

解 因为

$$|\lambda\boldsymbol{E}-\boldsymbol{A}|=\begin{vmatrix}\lambda&-a\\a&\lambda\end{vmatrix}=\lambda^2+a^2=0$$

在实数域内无解, 所以 $\boldsymbol{A}$ 在实数域 $\mathbb{R}$ 上无特征值.

习 题 8.1

1. 求下列矩阵在实数域及复数域上的所有特征值和特征向量:

(1) $\begin{pmatrix}3&4\\1&2\end{pmatrix}$; (2) $\begin{pmatrix}2&-1&2\\5&-3&3\\-1&0&-2\end{pmatrix}$; (3) $\begin{pmatrix}1&2&3\\2&1&3\\3&3&6\end{pmatrix}$;

(4) $\begin{pmatrix}-5&3&1&1\\-3&-1&1&-1\\0&0&1&0\\0&0&2&2\end{pmatrix}$; (5) $\begin{pmatrix}0&0&0&1\\0&0&1&0\\0&1&0&0\\1&0&0&0\end{pmatrix}$; (6) $\begin{pmatrix}0&2&1\\-2&0&3\\-1&-3&0\end{pmatrix}$;

(7) $\begin{pmatrix}1&-2&2\\-2&-2&4\\2&4&-2\end{pmatrix}$.

2. 已知 $\boldsymbol{A}=\begin{pmatrix}3&2&-1\\a&-2&2\\3&b&-1\end{pmatrix}$, 如果 $\boldsymbol{A}$ 的特征值 λ 对应的一个特征向量 $\boldsymbol{\xi}=(1,-2,3)^{\mathrm{T}}$, 求 a,b 和 λ 的值.

3. 设 $\boldsymbol{A}$ 为 n 阶矩阵, 证明 $\boldsymbol{A}^{\mathrm{T}}$ 与 $\boldsymbol{A}$ 的特征值相同.

8.2 特征值与特征向量的性质、Hamilton-Cayley 定理

本节将介绍方阵的特征值与特征向量的性质, 并证明著名的 Hamilton-Cayley (哈密顿-凯莱) 定理.

性质 8.2.1 设 $\lambda_1, \lambda_2, \cdots, \lambda_n$ 为 n 阶方阵 $\boldsymbol{A}$ 在 $\mathbb{F}$ 中的 n 个特征值 (含重数), 即有完全分解 $f_{\boldsymbol{A}}(\lambda) = (\lambda - \lambda_1)(\lambda - \lambda_2)\cdots(\lambda - \lambda_n)$, 则

$$|\boldsymbol{A}| = \prod_{i=1}^{n} \lambda_i, \qquad \mathrm{tr}(\boldsymbol{A}) = \sum_{i=1}^{n} \lambda_i. \tag{8.2.1}$$

证明 设 $\boldsymbol{A} = (a_{ij})_{n\times n}$, $a_{ij} \in \mathbb{F}\ (i, j = 1, 2, \cdots, n)$, 则 $\boldsymbol{A}$ 的特征多项式为

$$|\lambda \boldsymbol{E} - \boldsymbol{A}| = \begin{vmatrix} \lambda - a_{11} & -a_{12} & \cdots & -a_{1n} \\ -a_{21} & \lambda - a_{22} & \cdots & -a_{2n} \\ \vdots & \vdots & & \vdots \\ -a_{n1} & -a_{n2} & \cdots & \lambda - a_{nn} \end{vmatrix}$$

$$= \lambda^n - (a_{11} + a_{22} + \cdots + a_{nn})\lambda^{n-1} + \cdots + |-\boldsymbol{A}|. \tag{8.2.2}$$

由多项式根与系数的韦达定理有

$$\lambda_1 + \lambda_2 + \cdots + \lambda_n = a_{11} + a_{22} + \cdots + a_{nn}, \quad (-1)^n \lambda_1 \lambda_2 \cdots \lambda_n = |-\boldsymbol{A}|,$$

即 (8.2.1) 成立. □

性质 8.2.2 $\boldsymbol{A}$ 的属于不同特征值的特征向量线性无关.

证明 设 $\lambda_1, \lambda_2, \cdots, \lambda_s$ 为 $\boldsymbol{A}$ 的在 $\mathbb{F}$ 中的 s 个两两互不相同的特征值, $\boldsymbol{\xi}_1, \boldsymbol{\xi}_2, \cdots, \boldsymbol{\xi}_s$ 为 $\boldsymbol{A}$ 的分别属于 $\lambda_1, \lambda_2, \cdots, \lambda_s$ 的特征向量. 显然 $\boldsymbol{\xi}_1$ 本身是一个线性无关的向量, 假设已推知 $\boldsymbol{\xi}_1, \boldsymbol{\xi}_2, \cdots, \boldsymbol{\xi}_{k-1} (k \leqslant s)$ 线性无关, 则若存在 $\mathbb{F}$ 中的 k 个数 $l_1, l_2, \cdots, l_k$ 使得

$$l_1 \boldsymbol{\xi}_1 + l_2 \boldsymbol{\xi}_2 + \cdots + l_k \boldsymbol{\xi}_k = \boldsymbol{\theta}. \tag{8.2.3}$$

矩阵 $\boldsymbol{A}$ 左乘 (8.2.3):

$$l_1 \lambda_1 \boldsymbol{\xi}_1 + l_2 \lambda_2 \boldsymbol{\xi}_2 + \cdots + l_k \lambda_k \boldsymbol{\xi}_k = \boldsymbol{\theta}. \tag{8.2.4}$$

$(8.2.4) - \lambda_k \times (8.2.3)$:

$$l_1(\lambda_1 - \lambda_k)\boldsymbol{\xi}_1 + l_2(\lambda_2 - \lambda_k)\boldsymbol{\xi}_2 + \cdots + l_{k-1}(\lambda_{k-1} - \lambda_k)\boldsymbol{\xi}_{k-1} = \boldsymbol{\theta}. \tag{8.2.5}$$

由假设有

$$l_1(\lambda_1-\lambda_k)=l_2(\lambda_2-\lambda_k)=\cdots=l_{k-1}(\lambda_{k-1}-\lambda_k)=0.$$

但 $\lambda_1,\lambda_2,\cdots,\lambda_k$ 两两互不相等, 故 $l_1=l_2=\cdots=l_{k-1}=0$. 将此代入 (8.2.3), 得 $l_k=0$. 故 (8.2.3) 仅当 $l_1=l_2=\cdots=l_{k-1}=l_k=0$ 时成立, 即 $\boldsymbol{\xi}_1,\boldsymbol{\xi}_2,\cdots,\boldsymbol{\xi}_k$ 线性无关. 由于 $k\leqslant s$, 上述递推过程最多 s 步后终止, 从而得 $\boldsymbol{\xi}_1,\boldsymbol{\xi}_2,\cdots,\boldsymbol{\xi}_s$ 线性无关. □

请同学们仿照性质 8.2.2 的证明过程自行证明如下重要性质.

推论 8.2.3 设 $\lambda_1,\lambda_2,\cdots,\lambda_s$ 为 $\boldsymbol{A}$ 的部分特征值, $\boldsymbol{\xi}_{i1},\boldsymbol{\xi}_{i2},\cdots,\boldsymbol{\xi}_{it_i}$ 为 V_{λ_i} 的线性无关向量组, 这里 $1\leqslant t_i\leqslant \dim V_{\lambda_i}(i=1,2,\cdots,s)$, 则向量组

$$\boldsymbol{\xi}_{11},\boldsymbol{\xi}_{12},\cdots,\boldsymbol{\xi}_{1t_1},\boldsymbol{\xi}_{21},\boldsymbol{\xi}_{22},\cdots,\boldsymbol{\xi}_{2t_2},\cdots,\boldsymbol{\xi}_{s1},\boldsymbol{\xi}_{s2},\cdots,\boldsymbol{\xi}_{st_s}$$

是 V 的一组线性无关组.

关于特征子空间的维数有如下估计式.

性质 8.2.4 $\dim V_{\lambda_0}\leqslant \lambda_0$ 的重数, 这里 λ_0 的重数是指 λ_0 作为特征多项式零点的重数.

证明 设 $\dim V_{\lambda_0}=r,\boldsymbol{\xi}_1,\boldsymbol{\xi}_2,\cdots,\boldsymbol{\xi}_r$ 是 V_{λ_0} 的一组基, 则 $\boldsymbol{\xi}_1,\boldsymbol{\xi}_2,\cdots,\boldsymbol{\xi}_r$ 是 $\mathbb{F}^n$ 的一个线性无关向量组, 将它们扩充成为 $\mathbb{F}^n$ 的一组基 $\boldsymbol{\xi}_1,\boldsymbol{\xi}_2,\cdots,\boldsymbol{\xi}_r,\boldsymbol{\xi}_{r+1},\cdots,\boldsymbol{\xi}_n$. 令 $\boldsymbol{Q}=(\boldsymbol{\xi}_1,\boldsymbol{\xi}_2,\cdots,\boldsymbol{\xi}_n)$, 则由于方阵 $\boldsymbol{Q}$ 的列向量组满秩, 故 $\boldsymbol{Q}$ 可逆. 利用分块矩阵的运算得

$$\boldsymbol{AQ}=\boldsymbol{Q}\begin{pmatrix}\lambda_0\boldsymbol{E}_r & *\\ \boldsymbol{O} & \boldsymbol{D}\end{pmatrix}\quad \text{或}\quad \boldsymbol{A}=\boldsymbol{Q}\left(\begin{array}{c:c}\lambda_0\boldsymbol{E}_r & *\\ \boldsymbol{O} & \boldsymbol{D}\end{array}\right)\boldsymbol{Q}^{-1},$$

这里 $\boldsymbol{D}\in\mathbb{F}^{(n-r)\times(n-r)}$. 于是

$$\begin{aligned}|\lambda\boldsymbol{E}-\boldsymbol{A}|&=\left|\lambda\boldsymbol{E}-\boldsymbol{Q}\begin{pmatrix}\lambda_0\boldsymbol{E}_r & *\\ \boldsymbol{O} & \boldsymbol{D}\end{pmatrix}\boldsymbol{Q}^{-1}\right|\\&=|\boldsymbol{Q}|\left|\lambda\boldsymbol{E}-\begin{pmatrix}\lambda_0\boldsymbol{E}_r & *\\ \boldsymbol{O} & \boldsymbol{D}\end{pmatrix}\right||\boldsymbol{Q}^{-1}|\\&=\begin{vmatrix}(\lambda-\lambda_0)\boldsymbol{E}_r & (-1)*\\ \boldsymbol{O} & \lambda\boldsymbol{E}_{n-r}-\boldsymbol{D}\end{vmatrix}\\&=(\lambda-\lambda_0)^r|\lambda\boldsymbol{E}_{n-r}-\boldsymbol{D}|,\end{aligned}$$

这说明了 $r\leqslant\lambda_0$ 的重数, 得证. □

定理 8.2.5 (Hamilton-Cayley 定理) 设 $\boldsymbol{A}$ 为数域 $\mathbb{F}$ 上的 n 阶方阵, $f(\lambda)=|\lambda\boldsymbol{E}-\boldsymbol{A}|$ 为 $\boldsymbol{A}$ 的特征多项式, 则 $f(\boldsymbol{A})=\boldsymbol{O}$.

证明 不妨设 $f(\lambda)=\lambda^n+a_{n-1}\lambda^{n-1}+\cdots+a_0$, 若 $\boldsymbol{B}(\lambda)$ 为 $\lambda\boldsymbol{E}-\boldsymbol{A}$ 的伴随矩阵, 则

$$\begin{aligned}\boldsymbol{B}(\lambda)(\lambda\boldsymbol{E}-\boldsymbol{A})&=|\lambda\boldsymbol{E}-\boldsymbol{A}|\boldsymbol{E}=f(\lambda)\boldsymbol{E}\\&=\lambda^n\boldsymbol{E}+a_{n-1}\lambda^{n-1}\boldsymbol{E}+\cdots+a_0\boldsymbol{E}.\end{aligned}\tag{8.2.6}$$

由于 $\boldsymbol{B}(\lambda)$ 的元素是 $\lambda\boldsymbol{E}-\boldsymbol{A}$ 的 $n-1$ 阶子式, 故其每个元素为 λ 的不超过 $n-1$ 次的多项式, 从而 $\boldsymbol{B}(\lambda)$ 可写成

$$\boldsymbol{B}(\lambda)=\lambda^{n-1}\boldsymbol{B}_{n-1}+\lambda^{n-2}\boldsymbol{B}_{n-2}+\cdots+\lambda\boldsymbol{B}_1+\boldsymbol{B}_0,$$

这里 $\boldsymbol{B}_0,\boldsymbol{B}_1,\cdots,\boldsymbol{B}_{n-1}$ 是 $\mathbb{F}$ 上的 n 阶方阵. 将上式代入 (8.2.6) 的第一个式子得

$$\begin{aligned}\boldsymbol{B}(\lambda)(\lambda\boldsymbol{E}-\boldsymbol{A})&=(\lambda^{n-1}\boldsymbol{B}_{n-1}+\lambda^{n-2}\boldsymbol{B}_{n-2}+\cdots+\lambda\boldsymbol{B}_1+\boldsymbol{B}_0)(\lambda\boldsymbol{E}-\boldsymbol{A})\\&=\lambda^n\boldsymbol{B}_{n-1}+\lambda^{n-1}(\boldsymbol{B}_{n-2}-\boldsymbol{B}_{n-1}\boldsymbol{A})+\lambda^{n-2}(\boldsymbol{B}_{n-3}-\boldsymbol{B}_{n-2}\boldsymbol{A})\\&\quad+\cdots+\lambda(\boldsymbol{B}_0-\boldsymbol{B}_1\boldsymbol{A})-\boldsymbol{B}_0\boldsymbol{A}\\&=\lambda^n\boldsymbol{E}+a_{n-1}\lambda^{n-1}\boldsymbol{E}+a_{n-2}\lambda^{n-2}\boldsymbol{E}+\cdots+a_1\lambda\boldsymbol{E}+a_0\boldsymbol{E}.\end{aligned}$$

比较上式最后一个等式两端, 得

$$\begin{cases}\boldsymbol{B}_{n-1}=\boldsymbol{E},\\\boldsymbol{B}_{n-2}-\boldsymbol{B}_{n-1}\boldsymbol{A}=a_{n-1}\boldsymbol{E},\\\boldsymbol{B}_{n-3}-\boldsymbol{B}_{n-2}\boldsymbol{A}=a_{n-2}\boldsymbol{E},\\\qquad\cdots\cdots\\\boldsymbol{B}_0-\boldsymbol{B}_1\boldsymbol{A}=a_1\boldsymbol{E},\\-\boldsymbol{B}_0\boldsymbol{A}=a_0\boldsymbol{E}.\end{cases}$$

将上式的第 1 式、第 2 式、$\cdots$ 、第 n 式、第 $n+1$ 式分别右乘 $\boldsymbol{A}^n,\boldsymbol{A}^{n-1},\cdots,\boldsymbol{A},\boldsymbol{E}$ 后相加, 即得 $f(\boldsymbol{A})=\boldsymbol{O}$. □

最后我们不加证明地给出如下定理.

定理 8.2.6 设 λ 是数域 $\mathbb{F}$ 上 n 阶矩阵 $\boldsymbol{A}$ 的特征值, $g(x)$ 是 $\mathbb{F}$ 上的一个多项式, 则 $g(\lambda)$ 是 $g(\boldsymbol{A})$ 的一个特征值. 若 $\boldsymbol{A}$ 可逆, 则 $\lambda\neq0$ 且 λ^{-1} 是 $\boldsymbol{A}^{-1}$ 的一个特征值.

习 题 8.2

1. 如果 n 阶方阵 $\boldsymbol{A}$ 满足 $\boldsymbol{A}^2=\boldsymbol{A}$, 则称 $\boldsymbol{A}$ 是**幂等矩阵**, 试证幂等矩阵的特征值只能是 0 或 1.

2. 复矩阵 $\boldsymbol{A}$ 可逆的充分必要条件是 $\boldsymbol{A}$ 的特征值均非零.

3. 已知 n 阶矩阵 $\boldsymbol{A}$ 的特征值为 λ_0,

(1) 求 $k\boldsymbol{A}$ 的特征值 (k 为任意实数);

(2) 求 $\boldsymbol{E}+\boldsymbol{A}$ 的特征值;

(3) 如果 $\boldsymbol{A}$ 可逆, 证明 $\dfrac{1}{\lambda_0}$ 是 $\boldsymbol{A}^{-1}$ 的一个特征值.

4. 设 $\boldsymbol{\alpha}\in\mathbb{C}^n$. 求矩阵 $\boldsymbol{A}=\begin{pmatrix}\boldsymbol{\theta} & \bar{\boldsymbol{\alpha}}^{\mathrm{T}}\\ \boldsymbol{\alpha} & O_{n\times n}\end{pmatrix}$ 的特征值和特征向量, 其中 $\bar{\boldsymbol{\alpha}}$ 表示向量 $\boldsymbol{\alpha}$ 的共轭向量.

5. 已知向量 $\boldsymbol{\alpha}=\begin{pmatrix}1\\k\\1\end{pmatrix}$ 是 $\boldsymbol{A}=\begin{pmatrix}2&1&1\\1&2&1\\1&1&2\end{pmatrix}$ 的逆矩阵的特征向量, 试求 k 的值.

8.3 矩阵的相似及其性质

矩阵的相似理论是矩阵理论的重要组成部分, 利用相似性, 我们可以分析线性变换的结构, 还可以解释空间解析几何中立体旋转的特征.

定义 8.3.1 称 $\mathbb{F}^{n\times n}$ 中的两个矩阵 $\boldsymbol{A}$ 与 $\boldsymbol{B}$ 是相似的, 若 $\exists\,\mathbb{F}^{n\times n}$ 中的可逆阵 $\boldsymbol{M}$ 使得

$$\boldsymbol{B}=\boldsymbol{M}^{-1}\boldsymbol{A}\boldsymbol{M}\quad \text{或}\quad \boldsymbol{M}\boldsymbol{B}=\boldsymbol{A}\boldsymbol{M}.$$

当 $\boldsymbol{A}$ 与 $\boldsymbol{B}$ 相似时, 我们记作 $\boldsymbol{A}\overset{S}{\sim}\boldsymbol{B}$.

由定义, 我们有

性质 8.3.1 相似矩阵的秩相同. 相似矩阵是等价的矩阵. 相似矩阵具有相同的行列式.

关于相似矩阵的特征值和特征向量, 我们有

性质 8.3.2 设 $\mathbb{F}^{n\times n}$ 中的三个矩阵 $\boldsymbol{A},\boldsymbol{B}$ 与 $\boldsymbol{M}$ 满足 $\boldsymbol{B}=\boldsymbol{M}^{-1}\boldsymbol{A}\boldsymbol{M}$, 则

(1) $\boldsymbol{A}$ 与 $\boldsymbol{B}$ 具有相同的特征多项式, 从而具有相同的特征值;

(2) 若 λ 为 $\boldsymbol{A}$ 与 $\boldsymbol{B}$ 的一个特征值, $V_\lambda^{\boldsymbol{A}}$ 和 $V_\lambda^{\boldsymbol{B}}$ 分别表示 $\boldsymbol{A}$ 与 $\boldsymbol{B}$ 的属于 λ 的特征子空间, 那么

$$V_\lambda^{\boldsymbol{A}}=\boldsymbol{M}V_\lambda^{\boldsymbol{B}},$$

这里 $\boldsymbol{M}V_\lambda^{\boldsymbol{B}}=\{\boldsymbol{M}\boldsymbol{\zeta}\mid\boldsymbol{\zeta}\in V_\lambda^{\boldsymbol{B}}\}$.

证明 (1) 由假设有

$$|\lambda\boldsymbol{E}-\boldsymbol{B}|=|\lambda\boldsymbol{E}-\boldsymbol{M}^{-1}\boldsymbol{A}\boldsymbol{M}|=|\boldsymbol{M}^{-1}||\lambda\boldsymbol{E}-\boldsymbol{A}||\boldsymbol{M}|=|\lambda\boldsymbol{E}-\boldsymbol{A}|.$$

(2) $\forall \boldsymbol{\zeta} \in V_\lambda^{\boldsymbol{B}}$, 由

$$\boldsymbol{A}(\boldsymbol{M}\boldsymbol{\zeta}) = (\boldsymbol{A}\boldsymbol{M})\boldsymbol{\zeta} = (\boldsymbol{M}\boldsymbol{B})\boldsymbol{\zeta} = \boldsymbol{M}(\boldsymbol{B}\boldsymbol{\zeta}) = \lambda(\boldsymbol{M}\boldsymbol{\zeta}),$$

得 $\boldsymbol{M}\boldsymbol{\zeta} \in V_\lambda^{\boldsymbol{A}}$, 从而,

$$\boldsymbol{M}V_\lambda^{\boldsymbol{B}} \subset V_\lambda^{\boldsymbol{A}}. \tag{8.3.1}$$

又 $\forall \boldsymbol{\eta} \in V_\lambda^{\boldsymbol{A}}$, 由

$$\boldsymbol{B}(\boldsymbol{M}^{-1}\boldsymbol{\eta}) = (\boldsymbol{B}\boldsymbol{M}^{-1})\boldsymbol{\eta} = (\boldsymbol{M}^{-1}\boldsymbol{A})\boldsymbol{\eta} = \boldsymbol{M}^{-1}(\boldsymbol{A}\boldsymbol{\eta}) = \lambda(\boldsymbol{M}^{-1}\boldsymbol{\eta}),$$

有 $\boldsymbol{M}^{-1}\boldsymbol{\eta} \in V_\lambda^{\boldsymbol{B}}$, 故 $\boldsymbol{\eta} = \boldsymbol{M}(\boldsymbol{M}^{-1}\boldsymbol{\eta}) \in \boldsymbol{M}V_\lambda^{\boldsymbol{B}}$, 因此

$$V_\lambda^{\boldsymbol{A}} \subset \boldsymbol{M}V_\lambda^{\boldsymbol{B}}. \tag{8.3.2}$$

由 (8.3.1) 和 (8.3.2), (2) 得证. □

事实上, 在性质 8.2.4 的证明中, 我们已经用过该性质的 (1). 容易验证矩阵的相似与矩阵的等价一样满足

自反性 $\boldsymbol{A} \overset{S}{\sim} \boldsymbol{A}$.

对称性 $\boldsymbol{A} \overset{S}{\sim} \boldsymbol{B} \Rightarrow \boldsymbol{B} \overset{S}{\sim} \boldsymbol{A}$.

传递性 $\boldsymbol{A} \overset{S}{\sim} \boldsymbol{B}, \boldsymbol{B} \overset{S}{\sim} \boldsymbol{C} \Rightarrow \boldsymbol{A} \overset{S}{\sim} \boldsymbol{C}$.

矩阵的相似也确定了一个等价关系. 通常, 我们称之为相似关系.

如同矩阵根据等价关系可以分成若干等价类那样, 我们也可以将同阶方阵按照相似关系分划为不同的类——**相似类**, 使得一个方阵属于且只属于一个相似类. 我们知道, 两个同阶矩阵等秩是判别两个矩阵是否等价的充分必要条件, 或者说等秩是两个矩阵等价的特征, 自然地, 我们要问两个同阶方阵相似的特征是什么?

在矩阵等价类的讨论中, 我们在每个类中都找到了类的一个代表——等价标准形. 该标准形是同类矩阵中结构最为清晰的, 它是对角阵, 是具有“相对简单”构造的矩阵. 自然地, 我们又要问同一个相似类中能否也能找到一个代表, 它具有“相对简单”的结构?

对这两个问题的回答, 需要用到更加深刻的矩阵理论, 我们将在下册中彻底地解决. 在那里, 我们将证明相似类中的“相对简单”矩阵不再仅是对角阵 (而是 **Jordan 阵**).

习 题 8.3

1. 设 $\boldsymbol{A}$ 为 n 阶复矩阵, $\boldsymbol{M}$ 为 n 阶可逆复矩阵, 则 $\operatorname{tr}(\boldsymbol{M}^{-1}\boldsymbol{A}\boldsymbol{M}) = \operatorname{tr}(\boldsymbol{A})$.

8.4 矩阵的相似对角化

8.3 节谈到, 与给定矩阵相似的“相对简单”矩阵是 Jordan 阵. 这个结论的获取, 需要更深刻的矩阵理论作为依据. 本节中, 我们仅研究其中一个特殊情形：矩阵何时与对角阵相似? 或者说, 矩阵何时可对角化?

定理 8.4.1 设 $\boldsymbol{A}$ 是数域 $\mathbb{F}$ 上的一个 n 阶方阵, 则下列命题等价.

(1) $\boldsymbol{A}$ 与某个对角阵相似;

(2) $\boldsymbol{A}$ 有 n 个线性无关的特征向量;

(3) $\mathbb{F}^n$ 中存在一组由 $\boldsymbol{A}$ 的特征向量所形成的基;

(4) $\boldsymbol{A}$ 的所有特征子空间的维数之和等于 n;

(5) $\boldsymbol{A}$ 在 $\mathbb{F}$ 上有 n 个特征值 (包含重数), 且对于每个特征值 λ, $\dim V_\lambda = \lambda$ 的重数.

证明 由于

$\boldsymbol{A}$ 有 n 个线性无关的特征向量 $\Longleftrightarrow$ $\mathbb{F}^n$ 中存在一组由 $\boldsymbol{A}$ 的特征向量所形成的基. 因此 (2) 与 (3) 等价. 我们只要证明 (1) 与 (2), (3) 与 (4), (4) 与 (5) 等价就可以了.

(1) 与 (2) 等价的证明

“(1)$\Longrightarrow$(2)” 设 $\boldsymbol{A}$ 与对角矩阵 $\boldsymbol{\Lambda} = \mathrm{diag}(\lambda_1, \lambda_2, \cdots, \lambda_n) \in \mathbb{F}^{n\times n}$ 相似, 则由矩阵相似的定义,

$$\exists \boldsymbol{M} \in \mathbb{F}^{n\times n}(|\boldsymbol{M}| \neq 0), \text{ s.t.} \quad \boldsymbol{\Lambda} = \boldsymbol{M}^{-1}\boldsymbol{A}\boldsymbol{M}.$$

若记 $\boldsymbol{M} = (\boldsymbol{\beta}_1, \boldsymbol{\beta}_2, \cdots, \boldsymbol{\beta}_n)$, 这里 $\boldsymbol{\beta}_1, \boldsymbol{\beta}_2, \cdots, \boldsymbol{\beta}_n$ 为 $\boldsymbol{M}$ 的 n 个列向量. 由于 $\boldsymbol{\Lambda} = \boldsymbol{M}^{-1}\boldsymbol{A}\boldsymbol{M}$ 意味着

$$\boldsymbol{A}(\boldsymbol{\beta}_1, \boldsymbol{\beta}_2, \cdots, \boldsymbol{\beta}_n) = (\boldsymbol{\beta}_1, \boldsymbol{\beta}_2, \cdots, \boldsymbol{\beta}_n)\begin{pmatrix} \lambda_1 & & & \\ & \lambda_2 & & \\ & & \ddots & \\ & & & \lambda_n \end{pmatrix}, \tag{8.4.1}$$

或者 $\boldsymbol{A}\boldsymbol{\beta}_i = \lambda_i\boldsymbol{\beta}_i (i = 1, 2, \cdots, n)$. 因此, $\boldsymbol{A}$ 以 $\lambda_1, \lambda_2, \cdots, \lambda_n$ 作为其 n 个特征值, 以 $\boldsymbol{\beta}_1, \boldsymbol{\beta}_2, \cdots, \boldsymbol{\beta}_n$ 作为其 n 个特征向量. 又由 $\boldsymbol{M}$ 的可逆性知 $\boldsymbol{\beta}_1, \boldsymbol{\beta}_2, \cdots, \boldsymbol{\beta}_n$ 线性无关. (2) 得证.

“(1)$\Longleftarrow$(2)” 不妨设 $\boldsymbol{A}$ 的 n 个线性无关的特征向量分别是 $\boldsymbol{\beta}_1, \boldsymbol{\beta}_2, \cdots, \boldsymbol{\beta}_n$, 它们分别属于 $\boldsymbol{A}$ 的 n 个特征值 $\lambda_1, \lambda_2, \cdots, \lambda_n$, 若令

$$\boldsymbol{M} = (\boldsymbol{\beta}_1, \boldsymbol{\beta}_2, \cdots, \boldsymbol{\beta}_n), \quad \boldsymbol{\Lambda} = \mathrm{diag}(\lambda_1, \lambda_2, \cdots, \lambda_n),$$

则 $\boldsymbol{M} \in \mathbb{F}^n$ 为可逆矩阵, $\boldsymbol{\Lambda} \in \mathbb{F}^{n\times n}$ 且

$$\begin{aligned}\boldsymbol{AM} &= \boldsymbol{A}(\boldsymbol{\beta}_1, \boldsymbol{\beta}_2, \cdots, \boldsymbol{\beta}_n)\\ &= (\boldsymbol{\beta}_1, \boldsymbol{\beta}_2, \cdots, \boldsymbol{\beta}_n)\begin{pmatrix}\lambda_1 & & & \\ & \lambda_2 & & \\ & & \ddots & \\ & & & \lambda_n\end{pmatrix}\\ &= \boldsymbol{M\Lambda}\end{aligned} \tag{8.4.2}$$

或者 $\boldsymbol{M}^{-1}\boldsymbol{AM} = \boldsymbol{\Lambda}$, 即 $\boldsymbol{A}$ 与对角阵 $\boldsymbol{\Lambda}$ 相似. (1) 得证.

(3) 与 (4) 等价的证明

"(3)$\Longrightarrow$ (4)" 设 $\lambda_1, \lambda_2, \cdots, \lambda_s$ $(1 \leqslant s \leqslant n)$ 是 $\boldsymbol{A}$ 在 $\mathbb{F}$ 上的所有 s 个互不相同的特征值, 则依据附录 A 中多项式函数根的性质, 其重数之和不超过 n. 依性质 8.2.4 有

$$\dim V_{\lambda_1} + \cdots + \dim V_{\lambda_s} \leqslant n. \tag{8.4.3}$$

各取出 $V_{\lambda_i}(i = 1, 2, \cdots, n)$ 的一组基, 则这些基中的所有向量一共有 $(\dim V_{\lambda_1} + \cdots + \dim V_{\lambda_s})$ 个, 由推论 8.2.3 知, 这些向量形成 $\mathbb{F}^n$ 中一个线性无关的向量组, 且 $\boldsymbol{A}$ 的任意一个特征向量均可由它们线性表出. 于是, 任意一个由多于 $(\dim V_{\lambda_1} + \cdots + \dim V_{\lambda_s})$ 个 $\boldsymbol{A}$ 的特征向量所形成的向量组必线性相关. 但 $\boldsymbol{A}$ 与某个对角阵相似, 由已经证明的第一个充分必要条件得, $\boldsymbol{A}$ 有 n 个线性无关的特征向量, 因此,

$$n \leqslant \dim V_{\lambda_1} + \cdots + \dim V_{\lambda_s}.$$

由上式及 (8.4.3). (4) 得证.

"(3)$\Longleftarrow$(4)" 此时, 如果我们分别取出 $V_{\lambda_i}(i = 1, 2, \cdots, n)$ 的一组基, 则这些基中的所有向量一共有 $\dim V_{\lambda_1} + \cdots + \dim V_{\lambda_s} = n$ 个, 由推论 8.2.3知, 这 n 个向量形成 $\mathbb{F}^n$ 中一组线性无关的向量组, 因此, 它们构成 $\mathbb{F}^n$ 的一组基. (3) 得证.

(4) 与 (5) 等价的证明

"(4)$\Longrightarrow$(5)" 设 $\lambda_1, \lambda_2, \cdots, \lambda_s$ $(1 \leqslant s \leqslant n)$ 是 $\boldsymbol{A}$ 在 $\mathbb{F}$ 上的所有 s 个互不相同的特征值, 它们分别为 $r_1, r_2, \cdots, r_s$ 重, 则同 (3)$\Longrightarrow$(4) 的证明中一样, 由性质 8.2.4 及附录 A 中的定理 A.3.1 有

$$n = \dim V_{\lambda_1} + \cdots + \dim V_{\lambda_s} \leqslant r_1 + r_2 + \cdots + r_s \leqslant n.$$

因此必有 $r_1+r_2+\cdots+r_s=n$ 且 $\dim V_{\lambda_i}=r_i(i=1,2,\cdots,s)$. (5) 得证.

"(4)$\Longleftarrow$(5)" 这是显然的. □

依 (8.4.1) 或者 (8.4.2), 我们知, 若 $\boldsymbol{A}$ 与对角阵 $\boldsymbol{\Lambda}$ 相似, 则 $\boldsymbol{\Lambda}$ 中对角线元素包含 $\boldsymbol{A}$ 的所有特征值, 或 $\boldsymbol{\Lambda}$ 的对角线上元素由 $\boldsymbol{A}$ 的所有特征值所组成.

依据定理 8.4.1, 我们构造如何判定 $\boldsymbol{A}$ 可对角化或判定 $\boldsymbol{A}$ 是否与对角阵相似, 并在相似时求出对角阵 $\boldsymbol{\Lambda}$ 及可逆阵 $\boldsymbol{M}$ 的步骤如下:

第一步 求出 $\boldsymbol{A}$ 在 $\mathbb{F}$ 中的所有特征值 $\lambda_1,\lambda_2,\cdots,\lambda_s$, 并求出

$$(\lambda_i\boldsymbol{E}-\boldsymbol{A})\boldsymbol{X}=\boldsymbol{\theta},\quad i=1,2,\cdots,s.$$

的各一组基础解系 $\boldsymbol{\eta}_{i_1},\boldsymbol{\eta}_{i_2},\cdots,\boldsymbol{\eta}_{i,r_i}$, 这里 $r_i=n-r(\lambda_i\boldsymbol{E}-\boldsymbol{A})(i=1,2,\cdots,s)$.

第二步 验证 $r_1+r_2+\cdots+r_s=n$, 若是, 则 $\boldsymbol{A}$ 可对角化, 转第三步; 若否, 则知 $\boldsymbol{A}$ 不可对角化.

第三步 令

$$\boldsymbol{M}=(\underbrace{\boldsymbol{\eta}_{11},\boldsymbol{\eta}_{12},\cdots,\boldsymbol{\eta}_{1,r_1}}_{r_1\text{个}},\underbrace{\boldsymbol{\eta}_{21},\boldsymbol{\eta}_{22},\cdots,\boldsymbol{\eta}_{2,r_2}}_{r_2\text{个}}\cdots,\underbrace{\boldsymbol{\eta}_{s1},\boldsymbol{\eta}_{s2},\cdots,\boldsymbol{\eta}_{s,r_s}}_{r_s\text{个}})$$

及

$$\boldsymbol{\Lambda}=\begin{pmatrix}\overbrace{\lambda_1\boldsymbol{E}_{r_1}}^{r_1} & & & \\ & \overbrace{\lambda_2\boldsymbol{E}_{r_2}}^{r_2} & & \\ & & \ddots & \\ & & & \overbrace{\lambda_s\boldsymbol{E}_{r_s}}^{r_s}\end{pmatrix},$$

由 (8.4.1), (8.4.2) 有

$$\boldsymbol{M}^{-1}\boldsymbol{A}\boldsymbol{M}=\boldsymbol{\Lambda}.$$

注 请注意 $\boldsymbol{M}$ 与 $\boldsymbol{\Lambda}$ 构造的关系. 特征值与其特征向量在 $\boldsymbol{\Lambda}$ 与 $\boldsymbol{M}$ 中的位置是相对应的.

例 8.4.1 验证 $\boldsymbol{A}=\begin{pmatrix}6&2&4\\2&3&2\\4&2&6\end{pmatrix}$ 是否可对角化.

解 由例 8.1.1 知 $\boldsymbol{A}$ 的每一个特征值的重数与其特征子空间的维数相等, 依定理 8.4.1, $\boldsymbol{A}$ 可对角化. 若令

$$\boldsymbol{M}=\begin{pmatrix}1&0&2\\-2&-2&1\\0&1&2\end{pmatrix},$$

则

$$M^{-1}AM=\begin{pmatrix}2&0&0\\0&2&0\\0&0&11\end{pmatrix}.$$

例 8.4.2 本章例 8.1.2 中的矩阵 $\boldsymbol{A}$ 在 $\mathbb{R}$ 中不可对角化, 但在复数域 $\mathbb{C}$ 中可对角化.

解 由例 8.1.2 知, $\boldsymbol{A}$ 在 $\mathbb{R}$ 中没有特征值, 故 $\boldsymbol{A}$ 在 $\mathbb{R}$ 中不可对角化. 下面证明 $\boldsymbol{A}$ 在复数域 $\mathbb{C}$ 中可对角化. 由

$$|\lambda\boldsymbol{E}-\boldsymbol{A}|=\begin{vmatrix}\lambda&-a\\a&\lambda\end{vmatrix}=\lambda^2+a^2=(\lambda-a\mathrm{i})(\lambda+a\mathrm{i})=0,$$

得 $\boldsymbol{A}$ 的所有特征值为 $\lambda_1=a\mathrm{i}$, $\lambda_2=-a\mathrm{i}$, 且 $r_1=r_2=1$.

将 $\lambda=\lambda_1=a\mathrm{i}$ 代入 $(\lambda\boldsymbol{E}-\boldsymbol{A})\boldsymbol{X}=\boldsymbol{\theta}$ 得

$$\begin{cases}a\mathrm{i}x_1-ax_2=0,\\ax_1+a\mathrm{i}x_2=0,\end{cases}$$

它有一组基础解系 $\begin{pmatrix}1\\\mathrm{i}\end{pmatrix}$, 故矩阵 $\boldsymbol{A}$ 属于 λ_1 的全部特征向量是 $k\begin{pmatrix}1\\\mathrm{i}\end{pmatrix}$ (k 为非零复数), 且 $r_1=\dim V_{\lambda_1}=1$.

将 $\lambda=\lambda_2=-a\mathrm{i}$ 代入 $(\lambda\boldsymbol{E}-\boldsymbol{A})\boldsymbol{X}=\boldsymbol{\theta}$ 得

$$\begin{cases}-a\mathrm{i}x_1-ax_2=0,\\ax_1-a\mathrm{i}x_2=0,\end{cases}$$

它有一组基础解系 $\begin{pmatrix}1\\-\mathrm{i}\end{pmatrix}$, 故矩阵 $\boldsymbol{A}$ 属于 λ_2 的全部特征向量是 $t\begin{pmatrix}1\\-\mathrm{i}\end{pmatrix}$ (t 为非零复数), 且 $r_2=\dim V_{\lambda_2}=1$.

由定理 8.4.1, $\boldsymbol{A}$ 可对角化. 令

$$\boldsymbol{M}=\begin{pmatrix}1&1\\\mathrm{i}&-\mathrm{i}\end{pmatrix},$$

则

$$\boldsymbol{M}^{-1}\boldsymbol{A}\boldsymbol{M}=\begin{pmatrix}a\mathrm{i}&0\\0&-a\mathrm{i}\end{pmatrix}.$$

例 8.4.3 设 $\boldsymbol{A}=\begin{pmatrix}1&4&2\\0&-3&4\\0&4&3\end{pmatrix}$, 求

(1) $\boldsymbol{A}^{1000}$.

(2) $g(\boldsymbol{A})$, 这里 $g(x)=3x^{10}+5x^7+4x^6+2x^4+1$.

解 (1) 由

$$|\lambda\boldsymbol{E}-\boldsymbol{A}|=\begin{vmatrix}\lambda-1&-4&-2\\0&\lambda+3&-4\\0&-4&\lambda-3\end{vmatrix}=(\lambda-1)(\lambda^2-25)=0,$$

得 $\boldsymbol{A}$ 的所有特征值为 $\lambda_1=1,\ \lambda_2=5,\ \lambda_3=-5,\ r_1=r_2=r_3=1$.

将 $\lambda=\lambda_1=1$ 代入 $(\lambda\boldsymbol{E}-\boldsymbol{A})\boldsymbol{X}=\boldsymbol{\theta}$ 得

$$\begin{cases}-4x_2-2x_3=0,\\4x_2-4x_3=0,\\-4x_2-2x_3=0,\end{cases}$$

它有一组基础解系 $\begin{pmatrix}1\\0\\0\end{pmatrix}$. 故矩阵 $\boldsymbol{A}$ 属于 λ_1 的全部特征向量为 $t_1\begin{pmatrix}1\\0\\0\end{pmatrix}$ $(t_1\neq 0)$, 且 $r_1=\dim V_{\lambda_1}=1$.

将 $\lambda=\lambda_2=5$ 代入 $(\lambda\boldsymbol{E}-\boldsymbol{A})\boldsymbol{X}=\boldsymbol{\theta}$ 得

$$\begin{cases}4x_1-4x_2-2x_3=0,\\8x_2-4x_3=0,\\-4x_2+2x_3=0,\end{cases}$$

它有一组基础解系 $\begin{pmatrix}2\\1\\2\end{pmatrix}$. 故矩阵 $\boldsymbol{A}$ 属于 λ_2 的全部特征向量为 $t_2\begin{pmatrix}2\\1\\2\end{pmatrix}$ $(t_2\neq 0)$, 且 $r_2=\dim V_{\lambda_2}=1$.

将 $\lambda=\lambda_3=-5$ 代入 $(\lambda\boldsymbol{E}-\boldsymbol{A})\boldsymbol{X}=\boldsymbol{\theta}$ 得

$$\begin{cases}-6x_1-4x_2-2x_3=0,\\-2x_2-4x_3=0,\\-4x_2-8x_3=0,\end{cases}$$

它有一组基础解系 $\begin{pmatrix} 1 \\ -2 \\ 1 \end{pmatrix}$. 故矩阵 $\boldsymbol{A}$ 属于 λ_3 的全部特征向量为 $t_3\begin{pmatrix} 2 \\ 1 \\ 2 \end{pmatrix}$ $(t_3 \neq 0)$，且 $r_3 = \dim V_{\lambda_3} = 1$.

由定理 8.4.1, $\boldsymbol{A}$ 可对角化. 令

$$\boldsymbol{M} = \begin{pmatrix} 1 & 2 & 1 \\ 0 & 1 & -2 \\ 0 & 2 & 1 \end{pmatrix},$$

则

$$\boldsymbol{M}^{-1}\boldsymbol{A}\boldsymbol{M} = \begin{pmatrix} 1 & 0 & 0 \\ 0 & 5 & 0 \\ 0 & 0 & -5 \end{pmatrix},$$

或

$$\boldsymbol{A} = \boldsymbol{M}\begin{pmatrix} 1 & 0 & 0 \\ 0 & 5 & 0 \\ 0 & 0 & -5 \end{pmatrix}\boldsymbol{M}^{-1}.$$

从而

$$\begin{aligned}
\boldsymbol{A}^{1000} &= \boldsymbol{M}\begin{pmatrix} 1 & 0 & 0 \\ 0 & 5^{1000} & 0 \\ 0 & 0 & (-5)^{1000} \end{pmatrix}\boldsymbol{M}^{-1} \\
&= \begin{pmatrix} 1 & 2 & 1 \\ 0 & 1 & -2 \\ 0 & 2 & 1 \end{pmatrix}\begin{pmatrix} 1 & 0 & 0 \\ 0 & 5^{1000} & 0 \\ 0 & 0 & (-5)^{1000} \end{pmatrix}\begin{pmatrix} 1 & 2 & 1 \\ 0 & 1 & -2 \\ 0 & 2 & 1 \end{pmatrix}^{-1} \\
&= \begin{pmatrix} 1 & 2 & 1 \\ 0 & 1 & -2 \\ 0 & 2 & 1 \end{pmatrix}\begin{pmatrix} 1 & 0 & 0 \\ 0 & 5^{1000} & 0 \\ 0 & 0 & (-5)^{1000} \end{pmatrix}5^{-1}\begin{pmatrix} 5 & 0 & -5 \\ 0 & 1 & 2 \\ 0 & -2 & 1 \end{pmatrix} \\
&= \begin{pmatrix} 1 & 0 & 5^{1000}-1 \\ 0 & 5^{1000} & 0 \\ 0 & 0 & 5^{1000} \end{pmatrix}.
\end{aligned}$$

(2) 由定理 8.2.6 及 (1),

$$
\begin{aligned}
g(\boldsymbol{A}) =&3\boldsymbol{A}^{10}+5\boldsymbol{A}^{7}+4\boldsymbol{A}^{6}+2\boldsymbol{A}^{4}+\boldsymbol{E}\\
=&3\begin{pmatrix}1&0&5^{10}-1\\0&5^{10}&0\\0&0&5^{10}\end{pmatrix}+5\begin{pmatrix}1&4\cdot5^6&3\cdot5^6-1\\0&-3\cdot5^6&4\cdot5^6\\0&4\cdot5^6&3\cdot5^6\end{pmatrix}\\
&+4\begin{pmatrix}1&0&5^{6}-1\\0&5^{6}&0\\0&0&5^{6}\end{pmatrix}+2\begin{pmatrix}1&0&5^{4}-1\\0&5^{4}&0\\0&0&5^{4}\end{pmatrix}+\begin{pmatrix}1&0&0\\0&1&0\\0&0&1\end{pmatrix}\\
=&\begin{pmatrix}15&20\cdot5^6&3\cdot5^{10}+19\cdot5^6+2\cdot5^4-14\\0&3\cdot5^{10}-11\cdot5^6+2\cdot5^4+1&20\cdot5^6\\0&20\cdot5^6&3\cdot5^{10}+19\cdot5^6+2\cdot5^4+1\end{pmatrix}.
\end{aligned}
$$

习 题 8.4

1. 8.1 节习题 1 中哪些矩阵在实数域及复数域能与对角阵相似, 并求使 $\boldsymbol{M}^{-1}\boldsymbol{A}\boldsymbol{M}$ 为对角阵的可逆阵 $\boldsymbol{M}$.

2. 证明: 如果 n 阶实矩阵 $\boldsymbol{A}$ 有 n 个正交的特征向量, 则 $\boldsymbol{A}$ 是一个对称阵.

3. 设 $\boldsymbol{A}=\begin{pmatrix}1&2&2\\2&1&-2\\-2&-2&1\end{pmatrix}$, 计算:

(1) $\boldsymbol{A}^k(k>1)$;　　(2) $\boldsymbol{A}^3+3\boldsymbol{A}^2-24\boldsymbol{A}+28\boldsymbol{E}$ 的所有特征值;

(3) $|\boldsymbol{A}^3+3\boldsymbol{A}^2-24\boldsymbol{A}+28\boldsymbol{E}|$;　　(4) $\boldsymbol{A}^3+3\boldsymbol{A}^2-24\boldsymbol{A}+28\boldsymbol{E}$.

4. 设 n 阶方阵 $\boldsymbol{A}$ 的 n 个特征值为 1, 2, $\cdots$, n, 求 $|\boldsymbol{A}+\boldsymbol{E}|$.

5. 已知三阶矩阵 $\boldsymbol{A}$ 的特征值为 1, 2, -3, 求 $|\boldsymbol{A}^*+3\boldsymbol{A}+2\boldsymbol{E}|$.

6. 设 $\boldsymbol{A}$ 是一个 3 阶方阵, 已知 $\boldsymbol{A}$ 的特征值为 $\lambda_1=1,\lambda_2=-1,\lambda_3=0$ 且 $\boldsymbol{\xi}_1=\begin{pmatrix}1\\2\\1\end{pmatrix}$, $\boldsymbol{\xi}_2=\begin{pmatrix}0\\-2\\1\end{pmatrix}$, $\boldsymbol{\xi}_3=\begin{pmatrix}1\\1\\2\end{pmatrix}$ 依次为 $\boldsymbol{A}$ 属于特征值 λ_1, λ_2, λ_3 的特征向量, 求 $\boldsymbol{A}$.

7. 设矩阵 $\boldsymbol{A}=\begin{pmatrix}a&-1&c\\5&b&3\\1-c&0&-a\end{pmatrix}$, $|\boldsymbol{A}|=-1$. 又设 λ_0 是 $\boldsymbol{A}^*$ 的一个特征值, 属于 λ_0 的特征向量为 $\boldsymbol{\xi}=(-1,-1,1)^{\mathrm{T}}$, 求 a,b,c 和 λ_0 的值.

8. 设 n 阶方阵 $\boldsymbol{A}$ 的秩等于 $n-1$, 其特征多项式

$$|\lambda \boldsymbol{E}-\boldsymbol{A}|=\lambda^n+a_1\lambda^{n-1}+\cdots+a_{n-1}\lambda+a_n.$$

证明:

(1) $(-1)^{n-1}a_{n-1}$ 等于 $\boldsymbol{A}$ 的所有 $n-1$ 阶主子式之和;

(2) $\boldsymbol{A}$ 的伴随矩阵 $\boldsymbol{A}^*$ 的非零特征值 (如果存在) 只能是 $(-1)^{n-1}a_{n-1}$.

9. 设 $\boldsymbol{A}$ 是一个可逆矩阵. 证明: 存在多项式 $f(x)$ 使得 $\boldsymbol{A}^{-1}=f(\boldsymbol{A})$ (提示: 使用特征多项式).

10. 设矩阵 $\boldsymbol{A}$ 的所有特征值为 $\lambda_1, \lambda_2, \cdots, \lambda_n$(重根按重数计) 且 $\boldsymbol{A}$ 可对角化. 证明: 对任意的多项式 $f(x)$, 矩阵 $f(\boldsymbol{A})$ 的所有特征值为 $f(\lambda_1), f(\lambda_2), \cdots, f(\lambda_n)$(重根按重数计) 且 $f(\boldsymbol{A})$ 可对角化.

11. 设矩阵 $\boldsymbol{A}=\begin{pmatrix}1&0&1\\0&2&0\\1&0&1\end{pmatrix}$, 矩阵 $\boldsymbol{B}=(k\boldsymbol{E}+\boldsymbol{A})^2$, 其中 $k\in\mathbb{R}$. 试证明 $\boldsymbol{B}$ 可对角化.

12. 设 $\boldsymbol{A}$ 是数域 $\mathbb{F}$ 上的 n 阶方阵, 试证明:

(1) (不用 Hamilton-Cayley 定理) 存在 $\mathbb{F}$ 上的一个次数小于或者等于 n^2 的多项式函数 $g(x)$, 使得 $g(\boldsymbol{A})=\boldsymbol{O}$;

(2) $\boldsymbol{A}$ 可逆的充要条件是有一常数项不为 0 的多项式函数 $g(x)$, 使 $g(\boldsymbol{A})=\boldsymbol{O}$.

13. 设 $\boldsymbol{A}=\begin{pmatrix}1&4&2\\0&-3&4\\0&4&3\end{pmatrix}$, 求 $\boldsymbol{A}^k$ $(k>0)$.

8.5 实对称矩阵的相似对角化

尽管数域 $\mathbb{F}$ 上的矩阵未必可对角化, 但是在本节中, 我们将证明任何一个实对称矩阵均可对角化. 首先我们有

性质 8.5.1 实对称矩阵的特征值都是实数. 因而, n 阶实对称矩阵有 n 个实特征值 (包括重数).

证明 设 $\boldsymbol{A}\in\mathbb{R}^{n\times n}$, 且 $\boldsymbol{A}^{\mathrm{T}}=\boldsymbol{A}$. 若 λ 为 $\boldsymbol{A}$ 在 $\mathbb{C}$ 中的一个特征值, $\boldsymbol{\xi}$ 为 $\boldsymbol{A}$ 的属于 λ 的特征向量, 即 $\boldsymbol{A\xi}=\lambda\boldsymbol{\xi}(\boldsymbol{\xi}\neq\boldsymbol{\theta})$, 则

$$\overline{\boldsymbol{\xi}}^{\mathrm{T}}\boldsymbol{A\xi}=\lambda\overline{\boldsymbol{\xi}}^{\mathrm{T}}\boldsymbol{\xi}=\lambda|\boldsymbol{\xi}|^2. \tag{8.5.1}$$

但

$$\overline{\boldsymbol{\xi}}^{\mathrm{T}}\boldsymbol{A\xi}=(\boldsymbol{A}^{\mathrm{T}}\overline{\boldsymbol{\xi}})^{\mathrm{T}}\boldsymbol{\xi}=(\boldsymbol{A}\overline{\boldsymbol{\xi}})^{\mathrm{T}}\boldsymbol{\xi}=(\overline{\boldsymbol{A\xi}})^{\mathrm{T}}\boldsymbol{\xi}=(\overline{\lambda\boldsymbol{\xi}})^{\mathrm{T}}\boldsymbol{\xi}=\overline{\lambda}\,\overline{\boldsymbol{\xi}}^{\mathrm{T}}\boldsymbol{\xi}=\overline{\lambda}|\boldsymbol{\xi}|^2, \tag{8.5.2}$$

比较 (8.5.1) 和 (8.5.2), 得

$$(\lambda-\overline{\lambda})|\boldsymbol{\xi}|^2=0.$$

但 $\boldsymbol{\xi}$ 为非零向量, 故 $|\boldsymbol{\xi}|\neq 0$, 从而 $\lambda=\overline{\lambda}$, 即 λ 为实数. □

性质 8.5.2 实对称矩阵的特征向量可以取为 $\mathbb{R}^n$ 中的向量.

证明 设 λ_0 是 $\boldsymbol{A}$ 的特征值, $\boldsymbol{\xi}$ 是 $\boldsymbol{A}$ 关于 λ_0 的特征向量, 则 $\boldsymbol{\xi}$ 是线性方程组

$$(\lambda_0\boldsymbol{E}-\boldsymbol{A})\boldsymbol{X}=\boldsymbol{\theta}$$

的解. 由性质 8.5.1, $\lambda_0\in\mathbb{R}$, 所以这个方程组是实数域上的, 它的解中就必有实数域上的向量 $\xi\in\mathbb{R}^n$. □

注 方程组 $(\lambda_0\boldsymbol{E}-\boldsymbol{A})\boldsymbol{X}=\boldsymbol{\theta}$ 也可看作复数域上的, 所以它也有复数域上的解, 从而这时 λ_0 也会有不在实数域上的复特征向量.

由于 $\mathbb{R}^n$ 关于内积 $(\boldsymbol{\alpha},\boldsymbol{\beta})=\boldsymbol{\alpha}^{\mathrm{T}}\boldsymbol{\beta}$ 构成欧氏空间, 我们有

性质 8.5.3 实对称矩阵的属于不同特征值的特征向量必正交.

证明 设 λ_1,λ_2 是实对称阵 $\boldsymbol{A}$ 的两个互异的特征值, $\boldsymbol{\xi}_1,\boldsymbol{\xi}_2$ 为 $\boldsymbol{A}$ 的分别属于 λ_1 与 λ_2 的特征向量, 即

$$\boldsymbol{A}\boldsymbol{\xi}_1=\lambda_1\boldsymbol{\xi}_1,\quad \boldsymbol{A}\boldsymbol{\xi}_2=\lambda_2\boldsymbol{\xi}_2,$$

则

$$\begin{aligned}\lambda_1(\boldsymbol{\xi}_1,\boldsymbol{\xi}_2)&=(\lambda_1\boldsymbol{\xi}_1,\boldsymbol{\xi}_2)=(\lambda_1\boldsymbol{\xi}_1)^{\mathrm{T}}\boldsymbol{\xi}_2=(\boldsymbol{A}\boldsymbol{\xi}_1)^{\mathrm{T}}\boldsymbol{\xi}_2=\boldsymbol{\xi}_1^{\mathrm{T}}(\boldsymbol{A}\boldsymbol{\xi}_2)\\&=\boldsymbol{\xi}_1^{\mathrm{T}}(\lambda_2\boldsymbol{\xi}_2)=\lambda_2(\boldsymbol{\xi}_1,\boldsymbol{\xi}_2),\end{aligned}$$

或

$$(\lambda_2-\lambda_1)(\boldsymbol{\xi}_1,\boldsymbol{\xi}_2)=0.$$

由于 $\lambda_1\neq\lambda_2$, 故必有 $(\boldsymbol{\xi}_1,\boldsymbol{\xi}_2)=0$, 即 $\boldsymbol{\xi}_1$ 与 $\boldsymbol{\xi}_2$ 正交. □

正交阵在实对称阵的对角化中有着重要的作用.

定理 8.5.4 任何一个 n 阶的实对称阵 $\boldsymbol{A}$ 均可对角化, 且存在 n 阶的正交阵 $\boldsymbol{U}$ 使得 $\boldsymbol{U}^{\mathrm{T}}\boldsymbol{A}\boldsymbol{U}$ 为对角阵.

证明 我们只要证明存在 n 阶的正交阵 $\boldsymbol{U}$ 使得 $\boldsymbol{U}^{\mathrm{T}}\boldsymbol{A}\boldsymbol{U}$ 为对角阵即可. 为此, 我们对矩阵的阶作归纳. 若 $\boldsymbol{A}$ 为 1 阶方阵, 它已经对角化. 令 $\boldsymbol{U}=(1)_{1\times 1}$ 即得证.

设已证明任何一个 $n-1$ 阶实对称阵都存在相应的正交阵 $\boldsymbol{U}_1$ 使得 $\boldsymbol{U}_1^{\mathrm{T}}\boldsymbol{A}\boldsymbol{U}_1$ 为对角阵, 则对于任意一个 n 阶实对称阵 $\boldsymbol{A}$, 依性质 8.5.1, $\boldsymbol{A}$ 有 n 个实特征值 (包括重数). 设 λ_1 为其中的一个特征值, $\boldsymbol{\xi}_1$ 为 $\boldsymbol{A}$ 的属于 λ_1 的一个特征向量且 $|\boldsymbol{\xi}_1|=1$, 用 Schmidt 正交化方法将 $\boldsymbol{\xi}_1$ 扩充成为 $\mathbb{R}^n$ 中的一组标准正交基 $\boldsymbol{\xi}_1, \boldsymbol{\xi}_2, \cdots, \boldsymbol{\xi}_n$, 则 $\boldsymbol{A}\boldsymbol{\xi}_1, \boldsymbol{A}\boldsymbol{\xi}_2, \cdots, \boldsymbol{A}\boldsymbol{\xi}_n$ 均可由 $\boldsymbol{\xi}_1,\boldsymbol{\xi}_2,\cdots,\boldsymbol{\xi}_n$ 线性表示. 不难验证

$$\boldsymbol{A}(\boldsymbol{\xi}_1,\boldsymbol{\xi}_2,\cdots,\boldsymbol{\xi}_n)=(\boldsymbol{A}\boldsymbol{\xi}_1,\boldsymbol{A}\boldsymbol{\xi}_2,\cdots,\boldsymbol{A}\boldsymbol{\xi}_n)=(\boldsymbol{\xi}_1,\boldsymbol{\xi}_2,\cdots,\boldsymbol{\xi}_n)\begin{pmatrix}\lambda_1 & \boldsymbol{a}\\ \boldsymbol{\theta} & \boldsymbol{A}_1\end{pmatrix}, \tag{8.5.3}$$

这里 $\boldsymbol{a}$ 为 $n-1$ 维实行向量, $\boldsymbol{A}_1$ 为 $n-1$ 阶实方阵. 令 $\boldsymbol{U}_0=(\boldsymbol{\xi}_1,\boldsymbol{\xi}_2,\cdots,\boldsymbol{\xi}_n)$, 则由 $\boldsymbol{\xi}_1,\boldsymbol{\xi}_2,\cdots,\boldsymbol{\xi}_n$ 为标准正交基知 $\boldsymbol{U}_0$ 为正交阵. 故 (8.5.3) 等价于

$$\boldsymbol{U}_0^{\mathrm{T}}\boldsymbol{A}\boldsymbol{U}_0=\begin{pmatrix}\lambda_1 & \boldsymbol{a}\\ \theta & \boldsymbol{A}_1\end{pmatrix}. \tag{8.5.4}$$

由于 (8.5.4) 等式左端为实对称阵, 故其等式右端的矩阵也是实对称的, 从而 $\boldsymbol{a}$ 为 $n-1$ 维的零向量, $\boldsymbol{A}_1$ 为 $n-1$ 阶的实对称阵. 依归纳假设知, 存在 $n-1$ 阶正交阵 $\boldsymbol{U}_1$ 及 $n-1$ 阶对角阵 $\boldsymbol{\Lambda}_1$ 使得 $\boldsymbol{U}_1^{\mathrm{T}}\boldsymbol{A}\boldsymbol{U}_1=\boldsymbol{\Lambda}_1$. 令

$$\boldsymbol{U}=\boldsymbol{U}_0\begin{pmatrix}1 & \\ & \boldsymbol{U}_1\end{pmatrix},$$

则 $\boldsymbol{U}$ 为正交阵, 且

$$\begin{aligned}\boldsymbol{U}^{\mathrm{T}}\boldsymbol{A}\boldsymbol{U}&=\begin{pmatrix}1 & \\ & \boldsymbol{U}_1^{\mathrm{T}}\end{pmatrix}\begin{pmatrix}\lambda_1 & \\ & \boldsymbol{A}_1\end{pmatrix}\begin{pmatrix}1 & \\ & \boldsymbol{U}_1\end{pmatrix}\\ &=\begin{pmatrix}\lambda_1 & \\ & \boldsymbol{\Lambda}_1\end{pmatrix}.\end{aligned}$$

这说明所要证明的结论对于 n 阶实对称矩阵 $\boldsymbol{A}$ 也成立. 由数学归纳法, 对所有 n 阶的实对称矩阵 $\boldsymbol{A}$, 均存在一个 n 阶的正交阵 $\boldsymbol{U}$ 使得 $\boldsymbol{U}^{\mathrm{T}}\boldsymbol{A}\boldsymbol{U}$ 为对角阵, 定理得证. □

定理 8.5.4 证明了实对称矩阵均可对角化. 我们依然可以用 8.4 节中的步骤来求与实对称阵相似的对角阵 $\boldsymbol{\Lambda}$ 及相应的可逆阵 $\boldsymbol{M}$(未必一定为正交阵), 所不同的是判断矩阵是否可对角化的过程 (第二步中) 在这里不再需要了.

对于 n 阶实对称矩阵 $\boldsymbol{A}$ 来说, 有时候需要我们计算正交矩阵 $\boldsymbol{U}$, 使得 $\boldsymbol{U}^{\mathrm{T}}\boldsymbol{A}\boldsymbol{U}$ 为对角阵. 诚然, 如果我们按照定理 8.5.4 中数学归纳法的证明过程来构造正交矩阵 $\boldsymbol{U}$, 那是麻烦和费时间的. 为此, 以下我们给出正交矩阵 $\boldsymbol{U}$ (以及相应的对角阵 $\boldsymbol{\Lambda}$) 的构造的步骤.

第一步, 求出 $\boldsymbol{A}$ 在 $\mathbb{F}$ 中的所有特征值 $\lambda_1, \lambda_2, \cdots, \lambda_s$ 并求出

$$(\lambda_i \boldsymbol{E} - \boldsymbol{A})\boldsymbol{X} = \boldsymbol{\theta}, \quad i = 1, 2, \cdots, s$$

的一组基础解系 $\boldsymbol{\xi}_{i1}, \boldsymbol{\xi}_{i2}, \cdots, \boldsymbol{\xi}_{ir_i}$, 这里 $r_i = n - r(\lambda_i \boldsymbol{E} - \boldsymbol{A})(i = 1, 2, \cdots, s)$. 依据性质 8.5.1, 所有特征向量都是实向量. $\boldsymbol{\xi}_{i1}, \boldsymbol{\xi}_{i2}, \cdots, \boldsymbol{\xi}_{ir_i}$ 构成 V_{λ_i} 的一组基 $(i = 1,\ 2,\ \cdots,\ s)$.

第二步, 利用 Schmidt 正交化方法将 $\boldsymbol{\xi}_{i1}, \boldsymbol{\xi}_{i2}, \cdots, \boldsymbol{\xi}_{ir_i}$ 改造成为 V_{λ_i} 的一组标准正交基

$$\boldsymbol{\eta}_{i1},\ \boldsymbol{\eta}_{i2},\ \cdots,\ \boldsymbol{\eta}_{ir_i}, \qquad i = 1,\ 2,\ \cdots,\ s.$$

则依定理 8.4.1 及性质 8.5.3,

$$\underbrace{\boldsymbol{\eta}_{11}, \boldsymbol{\eta}_{12}, \cdots, \boldsymbol{\eta}_{1,r_1}}_{r_1\text{个}}, \underbrace{\boldsymbol{\eta}_{21}, \boldsymbol{\eta}_{22}, \cdots, \boldsymbol{\eta}_{2,r_2}}_{r_2\text{个}}, \cdots, \underbrace{\boldsymbol{\eta}_{s1}, \boldsymbol{\eta}_{s2}, \cdots, \boldsymbol{\eta}_{s,r_s}}_{r_s\text{个}}$$

构成 $\mathbb{R}^n$ 的一组标准正交基.

第三步, 令

$$\boldsymbol{\Lambda} = \begin{pmatrix} \overbrace{\lambda_1 \boldsymbol{E}_{r_1}}^{r_1} & & & \\ & \overbrace{\lambda_2 \boldsymbol{E}_{r_2}}^{r_2} & & \\ & & \ddots & \\ & & & \overbrace{\lambda_s \boldsymbol{E}_{r_s}}^{r_s} \end{pmatrix},$$

$$\boldsymbol{U} = (\boldsymbol{\eta}_{11}, \boldsymbol{\eta}_{12}, \cdots, \boldsymbol{\eta}_{1,r_1}, \boldsymbol{\eta}_{21}, \boldsymbol{\eta}_{22}, \cdots, \boldsymbol{\eta}_{2,r_2}, \cdots, \boldsymbol{\eta}_{s1}, \boldsymbol{\eta}_{s2}, \cdots, \boldsymbol{\eta}_{s,r_s}),$$

则 $\boldsymbol{U}$ 为正交阵且 $\boldsymbol{U}^{\mathrm{T}}\boldsymbol{A}\boldsymbol{U} = \boldsymbol{\Lambda}$. 我们还将看到定理 8.5.4 在解析几何中的重要应用.

注 请注意 $\boldsymbol{U}$ 与 $\boldsymbol{\Lambda}$ 构造的关系, 特征值与其特征向量在 $\boldsymbol{\Lambda}$ 与 $\boldsymbol{U}$ 中的位置是相呼应的.

例 8.5.1 设 $\boldsymbol{A} = \begin{pmatrix} 0 & -1 & 1 \\ -1 & 0 & 1 \\ 1 & 1 & 0 \end{pmatrix}$, 求一个正交阵 $\boldsymbol{U}$ 及对角阵 $\boldsymbol{\Lambda}$ 使得 $\boldsymbol{U}^{\mathrm{T}}\boldsymbol{A}\boldsymbol{U} = \boldsymbol{\Lambda}$.

解 由

$$|\lambda \boldsymbol{E}-\boldsymbol{A}|=\begin{vmatrix}\lambda & 1 & -1\\ 1 & \lambda & -1\\ -1 & -1 & \lambda\end{vmatrix}=(\lambda-1)^2(\lambda+2)$$

得实对称矩阵 $\boldsymbol{A}$ 的所有特征值 $\lambda_1=-2,\ \lambda_2=\lambda_3=1.$

将 $\lambda=-2$ 代入 $(\lambda\boldsymbol{E}-\boldsymbol{A})\boldsymbol{X}=\boldsymbol{\theta}$ 得其一组基础解系 $\boldsymbol{\xi}_1=\begin{pmatrix}-1\\-1\\1\end{pmatrix}$, 将 $\boldsymbol{\xi}_1$ 单位化, 得

$$\boldsymbol{\eta}_1=\begin{pmatrix}-\dfrac{1}{\sqrt{3}}\\ -\dfrac{1}{\sqrt{3}}\\ \dfrac{1}{\sqrt{3}}\end{pmatrix}.$$

将 $\lambda=\lambda_2=\lambda_3=1$ 代入 $(\lambda\boldsymbol{E}-\boldsymbol{A})\boldsymbol{X}=\boldsymbol{\theta}$ 得其一组基础解系

$$\boldsymbol{\xi}_2=\begin{pmatrix}-1\\1\\0\end{pmatrix},\quad \boldsymbol{\xi}_3=\begin{pmatrix}1\\0\\1\end{pmatrix}.$$

令

$$\begin{aligned}\boldsymbol{\beta}_2&=\boldsymbol{\xi}_2,\\ \boldsymbol{\beta}_3&=\boldsymbol{\xi}_3-\frac{(\boldsymbol{\xi}_3,\boldsymbol{\eta}_2)}{(\boldsymbol{\eta}_2,\boldsymbol{\eta}_2)}\boldsymbol{\beta}_2=\frac{1}{2}\begin{pmatrix}1\\1\\2\end{pmatrix},\end{aligned}$$

再将 $\boldsymbol{\beta}_2,\boldsymbol{\beta}_3$ 单位化, 得

$$\boldsymbol{\eta}_2=\frac{1}{|\boldsymbol{\beta}_2|}\boldsymbol{\beta}_2=\begin{pmatrix}-\dfrac{1}{\sqrt{2}}\\ \dfrac{1}{\sqrt{2}}\\ 0\end{pmatrix},\quad \boldsymbol{\eta}_3=\frac{1}{|\boldsymbol{\beta}_3|}\boldsymbol{\beta}_3=\begin{pmatrix}\dfrac{1}{\sqrt{6}}\\ \dfrac{1}{\sqrt{6}}\\ \dfrac{2}{\sqrt{6}}\end{pmatrix}.$$

则 $\boldsymbol{\eta}_1\perp\boldsymbol{\eta}_2,\ \boldsymbol{\eta}_1\perp\boldsymbol{\eta}_3,\ \boldsymbol{\eta}_2\perp\boldsymbol{\eta}_3$. 令

$$
U=(\eta_1,\eta_2,\eta_3)=\begin{pmatrix} -\frac{1}{\sqrt{3}} & -\frac{1}{\sqrt{2}} & \frac{1}{\sqrt{6}} \\ -\frac{1}{\sqrt{3}} & \frac{1}{\sqrt{2}} & \frac{1}{\sqrt{6}} \\ \frac{1}{\sqrt{3}} & 0 & \frac{2}{\sqrt{6}} \end{pmatrix},
$$

则 U 是正交阵, 且

$$
U^{\mathrm{T}}AU=\begin{pmatrix} -2 & 0 & 0 \\ 0 & 1 & 0 \\ 0 & 0 & 1 \end{pmatrix}.
$$

习　题　8.5

1. 习题 8.1 习题 1 中的矩阵 (3), (5) 和 (7) 在实数域上能与对角阵正交相似, 求使得 $U^{\mathrm{T}}AU$ 为对角阵的正交阵 U.

2. 设 x, y 为实数, 矩阵 $A=\begin{pmatrix} 1 & -2 & -4 \\ -2 & x & -2 \\ -4 & -2 & 1 \end{pmatrix}$ 与 $\Lambda=\begin{pmatrix} 5 & & \\ & -4 & \\ & & y \end{pmatrix}$ 相似, 求正交阵 U, 使 $U^{\mathrm{T}}AU=\Lambda$.

3. 已知 3 阶实对称矩阵 A 的特征值为 $\lambda_1=1,\ \lambda_2=-1,\ \lambda_3=0$; 属于 λ_1,λ_2 的特征向量分别为 $\alpha_1=\begin{pmatrix} 1 \\ 2 \\ 2 \end{pmatrix}$, $\alpha_2=\begin{pmatrix} 2 \\ 1 \\ -2 \end{pmatrix}$, 求 A 及 A^{1000}.

本章拓展题

1. 设 $\xi_1,\ \xi_2$ 分别是方阵 A 的属于 λ_1,λ_2 的特征向量. 若 $\lambda_1\neq\lambda_2$, 证明 $\xi_1+\xi_2$ 不可能是 A 的特征向量. 进一步, 若 k_1,k_2 为数, 问 $k_1\xi_1+k_2\xi_2$ 何时不是 A 的特征向量.

2. 设 A, B 是数域 $\mathbb{F}$ 上的两个 n 阶方阵, 且 A 在 $\mathbb{F}$ 中的 n 个特征值互异, 试证 A 的特征向量恒为 B 的特征向量的充要条件是 $AB=BA$.

3. 若数域 $\mathbb{F}$ 上 n 阶方阵 A 满足 $A^2=E$, 则 A 必相似于形如

$$
\begin{pmatrix} 1 & & & & & \\ & \ddots & & & & \\ & & 1 & & & \\ & & & -1 & & \\ & & & & \ddots & \\ & & & & & -1 \end{pmatrix}
$$

的矩阵. 这里 1 的个数为 $n-r(\boldsymbol{E}-\boldsymbol{A})$, 而 -1 的个数为 $r(\boldsymbol{E}-\boldsymbol{A})$.

4. n 阶复矩阵 $\boldsymbol{A}$ 满足 $\boldsymbol{A}^2=\boldsymbol{E}$ 充分必要条件是 $r(\boldsymbol{E}+\boldsymbol{A})+r(\boldsymbol{E}-\boldsymbol{A})=n$.

5. 设 n 阶复方阵 $\boldsymbol{A}$ 满足 $\boldsymbol{A}^2-3\boldsymbol{A}-4\boldsymbol{E}=\boldsymbol{O}$. 试问 $\boldsymbol{A}$ 是否与某个复对角阵相似?

6. 设 $\boldsymbol{A},\boldsymbol{B}$ 为任意两个 n 阶方阵. 证明：$\boldsymbol{AB}$ 与 $\boldsymbol{BA}$ 有相同特征多项式.

7. 设 n 阶方阵 $\boldsymbol{A}$ 有 n 个互异的特征值, $\boldsymbol{B}$ 与 $\boldsymbol{A}$ 有完全相同的特征值, 证明存在 n 阶非奇异矩阵 $\boldsymbol{Q}$ 及另一矩阵 $\boldsymbol{R}$, 使 $\boldsymbol{A}=\boldsymbol{QR}$, $\boldsymbol{B}=\boldsymbol{RQ}$.

8. 已知 $\boldsymbol{A}$ 为 3 阶实对称矩阵, λ_1, λ_2 为已知的特征值. 已知 $\boldsymbol{\xi}_1$, $\boldsymbol{\xi}_2$ 分别为 $\boldsymbol{A}$ 的属于 λ_1, λ_2 的线性无关的特征向量.

(1) 求 $\boldsymbol{A}$ 的属于 λ_3 的特征向量.

(2) 试判断 $k_1\boldsymbol{\xi}_1+k_2\boldsymbol{\xi}_2$ (k_1,k_2 为实数) 是否为 $\boldsymbol{A}$ 的属于 λ_3 的特征向量.

9. 试证明任意一个 Hermite 矩阵的特征值均为实数, 且其属于不同特征值的特征向量是正交的.

10. 试证明任意一个 n 阶的 Hermite 矩阵 $\boldsymbol{A}$ 均可对角化, 且存在一个 n 阶的酉矩阵 $\boldsymbol{U}$ 使得 $\overline{\boldsymbol{U}}^{\mathrm{T}}\boldsymbol{AU}$ 为对角阵.

11. 设 $\boldsymbol{A}$, $\boldsymbol{B}$ 均可对角化. 证明: $\boldsymbol{A}$, $\boldsymbol{B}$ 乘法可交换当且仅当存在可逆矩阵 $\boldsymbol{P}$ 使得 $\boldsymbol{PAP}^{-1}$ 和 $\boldsymbol{PBP}^{-1}$ 均为对角阵.

12. 设 $\boldsymbol{A}$, $\boldsymbol{B}$ 均为实对称矩阵. 证明: $\boldsymbol{A}$, $\boldsymbol{B}$ 乘法可交换当且仅当存在正交矩阵 $\boldsymbol{U}$ 使得 $\boldsymbol{UAU}^{-1}$ 和 $\boldsymbol{UBU}^{-1}$ 均为对角阵.

13. 设 n 阶方阵 $\boldsymbol{A}$ 的主对角线上的元素全是 a, 其中 $a\geqslant 0$. 证明: 如果 $\boldsymbol{A}$ 的 n 个特征值全部大于等于零, 则 $|\boldsymbol{A}|\leqslant a^n$.

14. 设 n 阶方阵 $\boldsymbol{A}$ 的秩小于 $n-1$. 证明: $\boldsymbol{A}$ 的伴随矩阵 $\boldsymbol{A}^*$ 的特征值只能是 0.

15. 设 $\boldsymbol{A}$, $\boldsymbol{B}\in\mathbb{F}^{n\times n}$. 证明: $\lambda\boldsymbol{E}-\boldsymbol{A}$ 与 $\lambda\boldsymbol{E}-\boldsymbol{B}$ 相似的充要条件是: 存在 $\boldsymbol{C}$, $\boldsymbol{D}\in\mathbb{F}^{n\times n}$ 使得 $\boldsymbol{A}=\boldsymbol{CD}$, $\boldsymbol{B}=\boldsymbol{DC}$, 而且 $\boldsymbol{C}$, $\boldsymbol{D}$ 中至少有一个可逆.

16. 设矩阵 $\boldsymbol{A}=(a_{ij})_{n\times n}$ 满足下述条件:

$$\text{对任意的}1\leqslant i\leqslant n,\ \text{有}\sum_{j=1}^{n}a_{ij}=b,$$

这里 b 为常数. 证明:

(1) $\lambda=b$ 是 $\boldsymbol{A}$ 的一个特征值;

(2) 如果对任意的 $1\leqslant i,\ j\leqslant n$ 有 $a_{ij}\geqslant 0$, 则 $\boldsymbol{A}$ 的任一个实特征值 λ 满足 $|\lambda|\leqslant b$.

第 9 章 二次曲面

本章要介绍一些常见的曲面, 如柱面、锥面、旋转面及其他二次曲面. 在这些曲面中, 有的表现出明显的几何特征, 有的曲面方程表现出极其简单的形式, 前者从几何特征出发, 建立曲面的方程, 而后者从方程出发, 确定其图像及其几何性质. 最后我们给出一般的二次曲面的分类. 同第 5 章情况类似, 对于不涉及有关距离与夹角等的度量性质时, 我们可以采用仿射坐标系进行讨论. 否则, 用直角坐标系更简洁. 为了方便, 我们在下面叙述时, 往往更多采用直角坐标系.

9.1 柱面、锥面和旋转面

9.1.1 柱面

定义 9.1.1 由平行于定方向且与一条定曲线相交的一族平行直线所构成的曲面称为**柱面**, 其中定曲线称为**柱面的准线**. 平行直线族中的每条直线称为**柱面的直母线**, 定方向称为**直母线方向**或**柱面方向**.

显然, 平面为柱面. 一般来说, 柱面的准线是不唯一的, 但柱面方向是唯一的(平面除外). 由定义 9.1.1 可知, 柱面被其准线及柱面方向所唯一确定. 它既是准线沿柱面方向平行移动的轨迹, 也是直母线沿准线平行移动的轨迹.

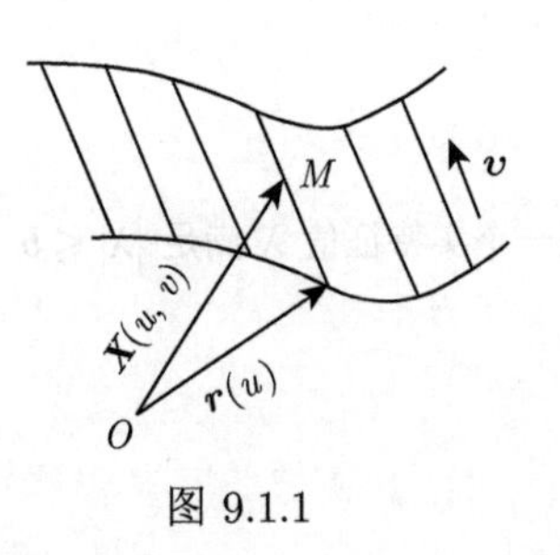

图 9.1.1

如图 9.1.1, 设准线 C 的向量式参数方程为 $\boldsymbol{r}(u)=(f(u),g(u),h(u))$, $u\in[a,b]$, 柱面方向为 $\boldsymbol{v}=(l,m,n)$, 则柱面的向量式参数方程为

$$\boldsymbol{X}(u,v)=\boldsymbol{r}(u)+v\boldsymbol{v}, \tag{9.1.1}$$

其中 $u\in[a,b]$, $-\infty<v<+\infty$. 若准线 C 一般方程为

$$\begin{cases}F(x,y\ z)=0,\\ G(x,y,z)=0.\end{cases}$$

柱面方向为 $\boldsymbol{v}=(l,m,n)$. 我们可建立柱面的一般形式方程.

事实上, 设 $M(x,y,z)$ 为柱面上任一点, 过 M 点的直母线与准线 C 的交点为 $P(x_1,y_1,z_1)$, 则点 M 的坐标满足方程

$$\frac{x-x_1}{l}=\frac{y-y_1}{m}=\frac{z-z_1}{n}, \tag{9.1.2}$$

又

$$F(x_1,y_1,z_1)=0, \quad G(x_1,y_1,z_1)=0. \tag{9.1.3}$$

联立 (9.1.2) 与 (9.1.3), 消去参数 x_1,y_1,z_1 得柱面的一般形式方程.

特例:

(1) 以 $C:\begin{cases}F(x,y)=0,\\ z=0\end{cases}$ 为柱面的准线, 以 z 轴方向为柱面方向的柱面方程为 $F(x,y)=0$. 类似地, $G(x,z)=0$, $H(y,z)=0$ 分别表示母线平行于 y 轴、x 轴的柱面方程. 如 $\frac{x^2}{a^2}+\frac{y^2}{b^2}=1$, $\frac{x^2}{a^2}-\frac{y^2}{b^2}=1$, $x^2=2pz$ 分别表示母线平行于 z 轴、z 轴和 y 轴的柱面, 它们依次称为**椭圆柱面**、**双曲柱面**和**抛物柱面**.

(2) 当准线为某平面 π 上的圆, 母线方向为 π 的法向量 $\boldsymbol{n}$ 时, 这样得到的柱面正是圆柱面, 该圆的半径为圆柱面的半径, 过该圆的圆心, 方向向量为 $\boldsymbol{n}$ 的直线 l 为该圆柱面的轴. 圆柱面可看成到轴的距离等于半径的点的轨迹. 关于圆柱面的介绍, 参见 5.1 节的内容.

例 9.1.1 设柱面的准线方程为

$$\begin{cases}x^2+y^2+z^2=1,\\ x+y+z=0.\end{cases}$$

柱面方向为 $\boldsymbol{v}=(1,1,1)$, 求该柱面的方程.

解 设 $M(x,y,z)$ 为柱面上任一点, 过 M 点的直母线与准线 C 的交点为 $P(x_1,y_1,z_1)$, 则点 M 的坐标满足方程 $\frac{x-x_1}{1}=\frac{y-y_1}{1}=\frac{z-z_1}{1}$, 设其值为 t, 即

$$\begin{cases}x_1=x-t,\\ y_1=y-t,\\ z_1=z-t,\end{cases}$$

又

$$\begin{cases}x_1^2+y_1^2+z_1^2=1,\\ x_1+y_1+z_1=0.\end{cases}$$

从上述两组方程消去参数 x_1, y_1, z_1, t 得柱面方程

$$2\left(x^2+y^2+z^2-xy-yz-xz\right)=3.$$

例 9.1.2 设圆柱面上过点 $P(2,0,1)$, 轴为 $\dfrac{x-1}{1}=\dfrac{y}{1}=\dfrac{z+1}{-1}$, 求该圆柱面的方程.

解 方法一 因圆柱面的母线方向为 $\boldsymbol{v}=(1,1,-1)$, 若能求出准线方程, 则可按例 9.1.1 的方法求圆柱面方程.

在轴上取一点 $Q(1,0,-1)$, 则 $|\overrightarrow{PQ}|=\sqrt{5}$. 圆柱面的准线可看成以 Q 点为球心, 以 $|\overrightarrow{PQ}|=\sqrt{5}$ 为半径的球面与过 P 点垂直于轴的平面的交线. 于是准线方程为

$$\begin{cases}(x-1)^2+y^2+(z+1)^2=5,\\(x-2)+y-(z-1)=0.\end{cases}$$

由例 9.1.1 的方法求得圆柱面方程为

$$x^2+y^2+z^2-xy+xz+yz-x+2y+z=6.$$

方法二 由于圆柱面的半径为点 P 到轴的距离

$$d=\frac{|\overrightarrow{PQ}\times\boldsymbol{v}|}{|\boldsymbol{v}|}=\frac{1}{3}\sqrt{42}.$$

又圆柱面是到轴的距离等于半径的点的轨迹, 于是有

$$\frac{|\overrightarrow{QM}\times\boldsymbol{v}|}{|\boldsymbol{v}|}=\frac{1}{3}\sqrt{42},$$

其中 $M(x,y,z)$ 为圆柱面上任一点. 这等价于

$$(y+z+1)^2+(x+z)^2+(1-x+y)=14,$$

即

$$x^2+y^2+z^2-xy+xz+yz-x+2y+z=6.$$

9.1.2 锥面

定义 9.1.2 过一定点 M_0 且与不过 M_0 的定曲线相交的一族直线构成的曲面称为**锥面**, 其中这族直线中每一条直线称为**锥面的母线**, 定曲线称为**锥面的准线**, 定点称为**锥面的顶点**, 简称**锥顶**.

平面是一种特殊的锥面, 它上面的每一点都可作为锥顶, 一般来说, 锥面的准线是不唯一的, 但锥顶是确定的 (平面除外). 锥面被其准线和锥顶所唯一确定.

如图 9.1.2, 设 $C:\boldsymbol{r}(u)=(f(u),g(u),h(u))$, $u\in[a,b]$ 是 $\mathbb{R}^3$ 中的一条曲线, $\boldsymbol{r}_0=(x_0,y_0,z_0)$ 是点 M_0 的向径, 则以 C 为准线, M_0 为顶点的锥面的向量式参数方程为

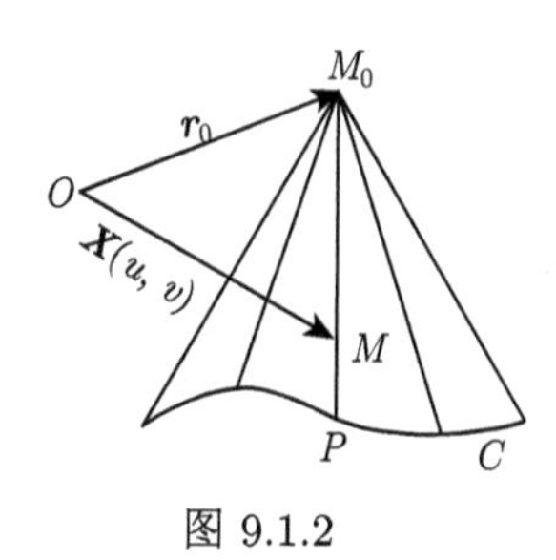

图 9.1.2

$$\boldsymbol{X}(u,v)=\boldsymbol{r}_0+v\left(\boldsymbol{r}(u)-\boldsymbol{r}_0\right),$$

其中 $u\in[a,b]$, $-\infty<v<+\infty$.

若准线 C 的一般方程为

$$\begin{cases}F(x,y,z)=0,\\ G(x,y,z)=0.\end{cases}$$

锥顶为 $M_0\left(x_0,y_0,z_0\right)$. 设 $M(x,y,z)$ 为锥面上任一点, 过 M 点的直母线 M_0M 与准线 C 的交点为 $P\left(x_1,y_1,z_1\right)$, 则

$$\begin{cases}x=x_0+t\left(x_1-x_0\right),\\ y=y_0+t\left(y_1-y_0\right),\\ z=z_0+t\left(z_1-z_0\right),\end{cases}\tag{9.1.4}$$

又

$$\begin{cases}F\left(x_1,y_1,z_1\right)=0.\\ G\left(x_1,y_1,z_1\right)=0.\end{cases}\tag{9.1.5}$$

联立 (9.1.4) 与 (9.1.5), 消去参数 x_1,y_1,z_1,t 得锥面的一般形式方程.

特别地, 当准线是某平面 π 上的圆, 且锥顶与该圆的圆心连线垂直于平面 π 时, 这样的锥面称为**圆锥面**, 其中锥顶与圆心的连线称为**圆锥的轴**, 圆锥面的轴与其母线的夹角称为**圆锥面的半顶角**. 圆锥面被其顶点, 轴与半顶角所唯一确定. 关于圆锥面的详细介绍, 参见 5.1 节.

例 9.1.3 求顶点是 $M_0(1,0,0)$, 轴与平面 $x+y-z+1=0$ 垂直, 母线与轴夹角是 $\dfrac{\pi}{6}$ 的圆锥面方程.

解 方法一 设 $M(x,y,z)$ 为圆锥面上任一点, 则过 M 点的直母线的方向向量为 $\boldsymbol{v}=\overrightarrow{M_0M}=(x-1,y,z)$, 轴的方向为 $\boldsymbol{n}=(1,1,-1)$, 依题意得

$$\frac{\boldsymbol{v}\cdot\boldsymbol{n}}{|\boldsymbol{v}||\boldsymbol{n}|}=\pm\cos\frac{\pi}{6},$$

即

$$\frac{(x-1)+y-z}{\sqrt{(x-1)^2+y^2+z^2}\cdot\sqrt{3}}=\pm\frac{\sqrt{3}}{2},$$

化简得圆锥面方程为

$$5x^2+5y^2+5z^2-8xy+8xz+8yz-10x+8y-8z+5=0.$$

方法二 可利用求锥面的一般方法来求圆锥面方程. 类似于例 9.1.2 中解法一, 先求出圆锥面的准线方程, 然后求锥面方程. 这里从略, 请读者自己考虑.

例 9.1.4 求以原点为锥顶, 准线为

$$\begin{cases} f(x,y)=0, \\ z=h \end{cases}$$

的锥面方程. 这里 h 是不为零的常数.

解 设 $M(x,y,z)$ 为锥面上任一点, 过 M 点的直母线与准线的交点为 $P(x_1, y_1, z_1)$, 则由 (9.1.4) 与 (9.1.5) 得

$$\begin{cases} x=x_1t, \\ y=y_1t, \\ z=z_1t=ht, \\ f\left(x_1,y_1\right)=0. \end{cases}$$

消去参数 x_1,y_1,t 得 $f\left(\dfrac{hx}{z},\dfrac{hy}{z}\right)=0$ 即为锥面方程.

特别地, 当 $f(x,y)$ 是二元二次多项式时, $f\left(\dfrac{hx}{z},\dfrac{hy}{z}\right)=0$ 的两边同乘以 z^2, 可得到一个二次齐次的方程, 这时的锥面称为**二次锥面**. 如 $\dfrac{x^2}{a^2}+\dfrac{y^2}{b^2}-\dfrac{z^2}{c^2}=0$ 表示顶点在原点, 以平面 $z=c$ 上椭圆 $\dfrac{x^2}{a^2}+\dfrac{y^2}{b^2}=1$ 为准线的二次锥面.

更一般地, 有

定义 9.1.3 设 n 是实数, 函数 $F(x,y,z)$ 满足 $F(tx,ty,tz)=t^nF(x,y,z)$, 则称 $F(x,y,z)$ 为关于 x,y,z 的 n 次**齐次函数**, $F(x,y,z)=0$ 称为关于 x,y,z 的 n 次**齐次方程**.

定理 9.1.1 关于 x,y,z 的 n 次齐次方程表示以坐标原点为顶点的锥面.

证明 设 $F(x,y,z)=0$ 是关于 x,y,z 的 n 次齐次方程, 则由齐次方程定义得 $F(0,0,0)=0$, 即原点 $O(0,0,0)$ 在 $F(x,y,z)=0$ 所表示的曲面上. 设 $P(x_1,y_1,z_1)$ 为曲面上任一点, 于是直线 OP 上的点可表示为 (tx_1,ty_1,tz_1), 由齐次方程定义可知直线 OP 上所有点都在此曲面上, 从而曲面由过原点的直线所构成, 因此曲面为锥面. □

利用坐标轴的平移 (10.6 节), 可得

推论 9.1.2 关于 $x-x_0$, $y-y_0$, $z-z_0$ 的齐次方程表示顶点在 (x_0,y_0,z_0) 的锥面.

9.1.3 旋转面

定义 9.1.4 一条曲线 C 绕一条定直线 l 旋转所产生的曲面称为**旋转面**, 其中曲线 C 称为**旋转面的母线**, 定直线 l 称为**旋转轴**, 简称为**轴**.

如图 9.1.3, 由旋转面定义可知, 过旋转面上任一点作垂直于旋转轴的平面, 它与旋转面的交线是一个圆, 该圆称为旋转面的**纬圆**或**纬线**, 过旋转轴并以旋转轴为界的半平面与旋转面的交线为旋转面的**母线**, 也称为旋转面的**经线**.

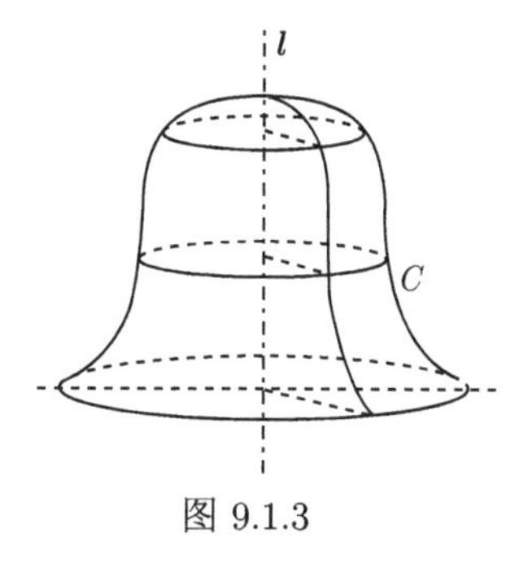

图 9.1.3

旋转面是很常见的一类曲面, 如圆柱面和圆锥面都可看成由直母线绕其轴旋转而成的曲面. 平面与球面也是旋转面, 平面可看成一直线绕与之垂直的直线旋转而成的曲面, 而球面可看成一个大圆绕着它的一条直径旋转而成的曲面.

下面我们来建立旋转面的方程.

设旋转面的母线为

$$C:\begin{cases}F(x,y,z)=0,\\ G(x,y,z)=0.\end{cases}$$

旋转轴 l 的方程为

$$\frac{x-x_0}{l}=\frac{y-y_0}{m}=\frac{z-z_0}{n}.$$

设 $M(x,y,z)$ 为旋转面上任一点, 过 M 点的纬圆与母线交 C 于点 $P(x_1,y_1,z_1)$, 因过 P 的纬圆可看成过 P 点且与轴正交的平面和以 $Q(x_0,y_0,z_0)\in l$ 为球心, 以 $|\overrightarrow{QP}|$ 为半径的球面的交线, 则过 P 的纬圆方程可写成

$$\begin{cases} l(x-x_1)+m(y-y_1)+n(z-z_1)=0, \\ (x-x_0)^2+(y-y_0)^2+(z-z_0)^2=(x_1-x_0)^2+(y_1-y_0)^2+(z_1-z_0)^2. \end{cases} \tag{9.1.6}$$

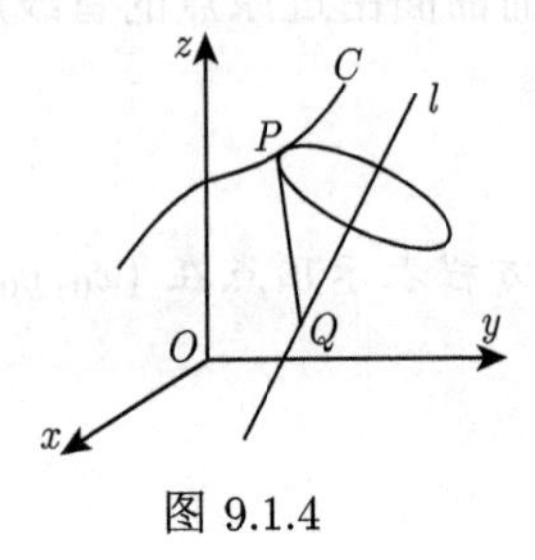

图 9.1.4

由于 M 在纬圆上, 所以点 M 的坐标满足 (9.1.6). 又点 $P(x_1,y_1,z_1)$ 在母线 C 上, 则

$$\begin{cases} F(x_1,y_1,z_1)=0, \\ G(x_1,y_1,z_1)=0. \end{cases} \tag{9.1.7}$$

只要在 (9.1.6), (9.1.7) 中消去参数 x_1,y_1,z_1 即得旋转面的方程, 如图 9.1.4 所示.

例 9.1.5 求直线 $l_1: x-1=\dfrac{y}{-3}=\dfrac{z}{3}$ 绕直线 $l_2: \dfrac{x}{2}=\dfrac{y}{1}=\dfrac{z}{-2}$ 旋转所得的旋转面方程.

解 设 $M(x,y,z)$ 为旋转面上任一点, 过 M 点的纬圆与直线 l_1 交于点 $P(x_1,y_1,z_1)$, 因过 P 的纬圆方程可写成为

$$\begin{cases} 2(x-x_1)+(y-y_1)-2(z-z_1)=0, \\ x^2+y^2+z^2=x_1^2+y_1^2+z_1^2. \end{cases}$$

显然 M 的坐标满足上述方程, 又 $P(x_1,y_1,z_1)\in l_1$, 则

$$\begin{cases} y_1=-3(x_1-1), \\ z_1=3(x_1-1). \end{cases}$$

从上面两组方程中消去参数 x_1,y_1,z_1 得所求旋转面方程为

$$49(x^2+y^2+z^2)=(2z-2x-y+9)^2+18(2z-2x-y+2)^2.$$

为了方便, 若取旋转轴为坐标轴, 我们还可得到旋转面的参数方程.

设 $C: \boldsymbol{r}(u)=(f(u),g(u),h(u)),\ u\in[a,b]$ 为旋转面的母线, 旋转轴为 z 轴. 如图 9.1.5 所示.

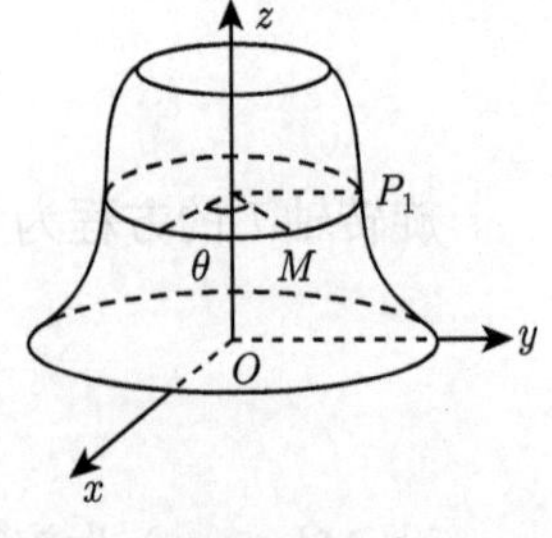

图 9.1.5

设 $M(x,y,z)$ 为旋转面上任一点, 它是由母线 C 上的一点 $P_1(f(u),g(u),h(u))$ 绕 z 轴旋转所得的, 则过 M 的纬圆半径为

$\sqrt{f^2(u)+g^2(u)}$, 于是旋转曲面的参数方程为

$$\begin{cases} x=\sqrt{f^2(u)+g^2(u)}\cos\theta, \\ y=\sqrt{f^2(u)+g^2(u)}\sin\theta, \\ z=h(u), \end{cases}$$

其中 $a\leqslant u\leqslant b$, θ 表示点 M 与纬圆圆心的连线与 x 轴的夹角, $0\leqslant\theta\leqslant 2\pi$. 旋转曲面的参数方程也可写为

$$\boldsymbol{X}(u,\theta)=\left(\sqrt{f^2(u)+g^2(u)}\cos\theta,\sqrt{f^2(u)+g^2(u)}\sin\theta,h(u)\right). \tag{9.1.8}$$

类似地, 可得到曲线 C 绕 x 轴、y 轴旋转所得旋转面的参数方程分别为

$$\boldsymbol{X}(u,\theta)=\left(f(u),\sqrt{g^2(u)+h^2(u)}\cos\theta,\sqrt{g^2(u)+h^2(u)}\sin\theta\right),$$

$$\boldsymbol{X}(u,\theta)=\left(\sqrt{f^2(u)+h^2(u)}\cos\theta,g(u),\sqrt{f^2(u)+h^2(u)}\sin\theta\right),$$

其中 $a\leqslant u\leqslant b$, $0\leqslant\theta\leqslant 2\pi$.

例 9.1.6 坐标面 Oyz 上的圆 $\begin{cases}(y-b)^2+z^2=a^2, \\ x=0\end{cases}$ $(b>a>0)$ 绕 z 轴旋转而成的曲面称为**圆环面** (图 9.1.6(a)), 求圆环面的方程.

解 由于 Oyz 平面上圆的参数方程为

$$\begin{cases} x=0, \\ y=b+a\cos u, \quad 0\leqslant u\leqslant 2\pi, \quad 0<a<b. \\ z=a\sin u, \end{cases}$$

由 (9.1.8) 得圆环面参数方程为

$$\begin{cases} x=(b+a\cos u)\cos\theta, \\ y=(b+a\cos u)\sin\theta, \quad 0\leqslant u\leqslant 2\pi, \quad 0\leqslant\theta\leqslant 2\pi. \\ z=a\sin u, \end{cases}$$

它的一般形式方程为

$$\left(\sqrt{x^2+y^2}-b\right)^2+z^2=a^2,$$

即

$$\left(x^2+y^2+z^2+b^2-a^2\right)^2=4b^2\left(x^2+y^2\right).$$

圆环面的母线是半径为 a 的圆, 圆心轨迹是 Oxy 面上以原点为中心, 半径等于 b 的圆 (图 9.1.6(b)).

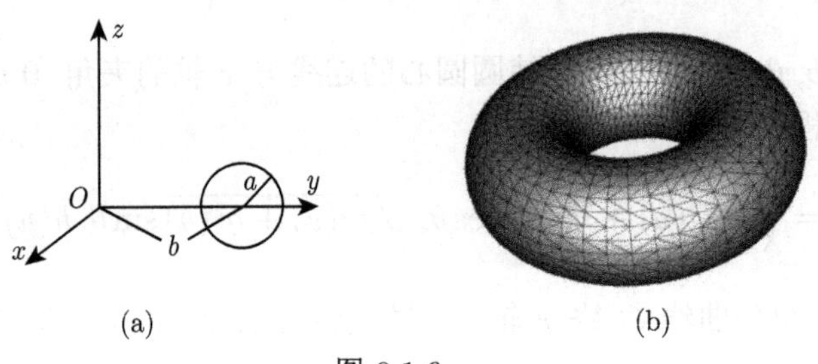

(a)　　(b)

图 9.1.6

一般来说, 当旋转面的母线是坐标面上的曲线, 旋转轴为某坐标轴时, 旋转曲面方程有其特殊的形式.

设 Oxz 面上的曲线 $C:\begin{cases}f(x,z)=0,\\ y=0\end{cases}$ 为旋转面上的母线, 旋转轴为 z 轴, 利用例 9.1.5 上方建立旋转面方程的方法可得该旋转面的方程为 $f\left(\pm\sqrt{x^2+y^2},\ z\right)=0$. 同样, 曲线 C 绕 x 轴所得旋转面的方程为 $f\left(x,\pm\sqrt{y^2+z^2}\right)=0$. 对于其他坐标面上的曲线, 绕坐标轴所得的旋转面, 其方程可类似地给出.

例如, 例 9.1.6 中的圆环面方程可由上述规律直接写出. 除此之外, 还有

椭圆 $\begin{cases}\dfrac{y^2}{b^2}+\dfrac{z^2}{c^2}=1,\\ x=0\end{cases}$ 绕 z 轴旋转所得的旋转面方程为 $\dfrac{x^2+y^2}{b^2}+\dfrac{z^2}{c^2}=1$, 该旋转面称为**旋转椭球面**, 如图 9.1.7.

双曲线 $\begin{cases}\dfrac{y^2}{b^2}-\dfrac{z^2}{c^2}=1,\\ x=0\end{cases}$ 绕虚轴 z 轴旋转所得的旋转面方程为 $\dfrac{x^2+y^2}{b^2}-\dfrac{z^2}{c^2}=1$, 该曲面称为**旋转单叶双曲面**, 如图 9.1.8.

双曲线 $\begin{cases}\dfrac{y^2}{b^2}-\dfrac{z^2}{c^2}=1,\\ x=0\end{cases}$ 绕实轴 y 轴旋转所得的旋转面方程为 $\dfrac{y^2}{b^2}-\dfrac{x^2+z^2}{c^2}=$

1, 该曲面称为**旋转双叶双曲面**, 如图 9.1.9.

抛物线 $\begin{cases} y^2 = 2pz, \\ x = 0 \end{cases}$ $(p > 0)$ 绕 z 轴旋转所得的旋转面方程为 $x^2+y^2 = 2pz$, 该曲面称为**旋转抛物面**, 如图 9.1.10.

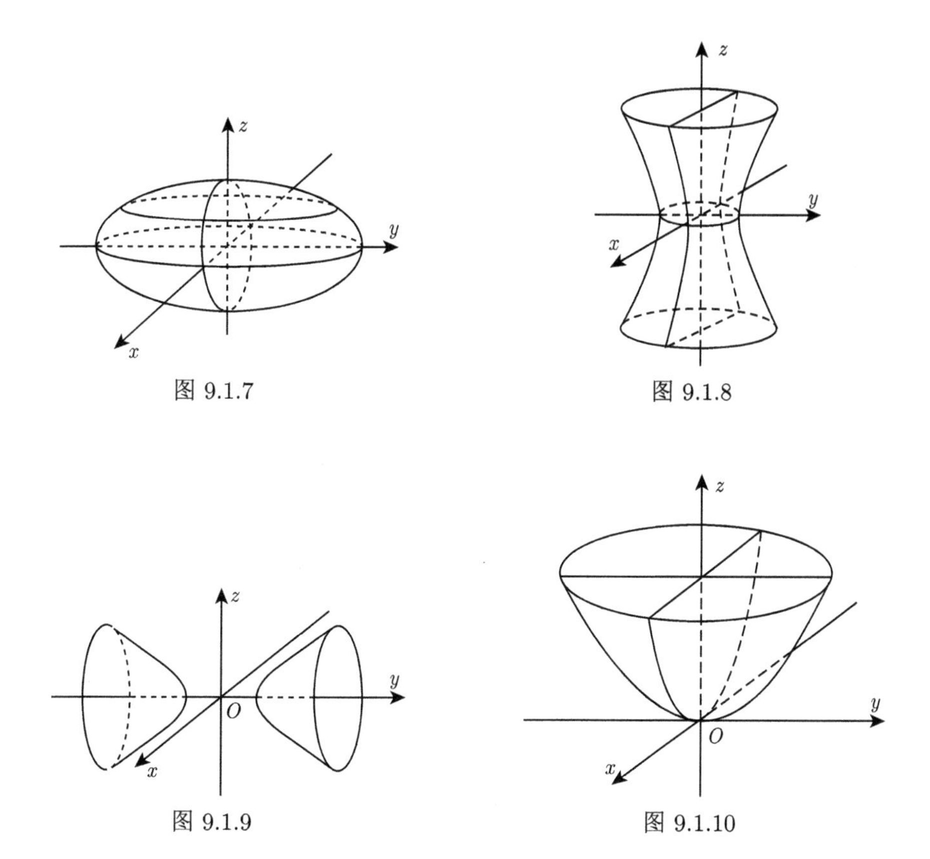

图 9.1.7

图 9.1.8

图 9.1.9

图 9.1.10

习 题 9.1

1. 求下列柱面方程.

(1) 准线为 $\begin{cases} x^2 = 2z, \\ y = 0, \end{cases}$ 母线平行于 y 轴;

(2) 准线为 $\begin{cases} x^2 + y^2 = 25, \\ z = 0, \end{cases}$ 母线方向为 $\boldsymbol{v} = (1,\ -1,\ 1)$;

(3) 准线为 $\begin{cases} x + y - z - 1 = 0, \\ x - y + z = 0, \end{cases}$ 母线平行于直线 $x = y = z$;

(4) 准线为 $\begin{cases} x = y^2 + z^2, \\ x = 2z, \end{cases}$ 母线垂直于准线所在的平面.

2. 已知球面 S 的半径为 2, 球心坐标为 $(0,\ 1,\ -1)$, 求球面 S 的平行于向量 $\boldsymbol{v} = (1,\ 1,\ 1)$ 的切柱面方程.

3. 设圆柱面的轴为

$$\begin{cases} x = t, \\ y = 1 + 2t, \\ z = -3 - 2t, \end{cases}$$

且已知点 $M(1,\ -2,\ 1)$ 在这个圆柱面上, 求这个圆柱面的方程.

4. 已知圆柱面的三条直母线分别为 $x = y = z$, $x+1 = y = z-1$, $x-1 = y+1 = z-2$, 求这个圆柱面的方程.

5. 已知曲线 C 的方程为

$$\begin{cases} x^2 + y^2 + z^2 = a^2, \\ x^2 + y^2 - ax = 0. \end{cases}$$

(1) 求曲线 C 关于坐标面的射影柱面方程;

(2) 求以曲线 C 为准线, 母线平行于方向为 $(l,\ m,\ n)$ 的柱面的参数方程.

6. 求下列锥面方程.

(1) 顶点为 $(0,\ 1,\ 1)$, 准线为 $\begin{cases} x^2 - 2y^2 = 1, \\ z = 2; \end{cases}$

(2) 顶点为原点, 准线为 $\begin{cases} x^2 + y^2 + z^2 = 4, \\ x + y + z = 1; \end{cases}$

(3) 顶点为 $(0,\ 0,\ 2)$, 准线为 $\begin{cases} x^2 + y^2 + z^2 = 4y, \\ z = 1. \end{cases}$

7. 求下列圆锥面方程.

(1) 顶点为 $(1,\ 0,\ 2)$, 轴与平面 $2x + 2y - z + 1 = 0$ 垂直, 半顶角为 $\dfrac{\pi}{6}$;

(2) 顶点为 $(1,\ -1,\ 0)$, 轴平行于直线 $\dfrac{x-1}{2} = \dfrac{y-1}{2} = \dfrac{z-1}{1}$, 经过 $(1,\ 2,\ -1)$;

(3) 球面 $(x+1)^2 + (y-2)^2 + (z+2)^2 = 4$ 的以原点为顶点的外切锥面.

8. 求以原点为顶点, 包含三条坐标轴的圆锥面方程.

9. 求下列旋转曲面的方程.

(1) 直线 $\dfrac{x}{2} = \dfrac{y}{2} = \dfrac{z-1}{-1}$ 绕直线 $\dfrac{x}{1} = \dfrac{y}{-1} = \dfrac{z-1}{2}$ 旋转;

(2) 抛物线 $\begin{cases} y^2 = 2x, \\ z = 0 \end{cases}$ 绕其准线旋转;

(3) $\begin{cases} xy = a^2, \\ z = 0 \end{cases}$ 绕该曲线的渐近线旋转;

(4) 曲线 $\begin{cases} z = x^2 - y^2, \\ x^2 + y^2 - z^2 = 1 \end{cases}$ 绕 z 轴旋转.

10. 设直线 $l_1 : \dfrac{x-a}{1} = \dfrac{y}{-1} = \dfrac{z}{1}$ 与直线 $l_2 : \begin{cases} x - z = 0, \\ y = 1 \end{cases}$ 相交, 求 a 及 l_2 绕 l_1 旋转所得的曲面方程.

11. 证明 $y^4 = 4p^2\left(x^2 + z^2\right)$ 是旋转曲面, 并指出它的母线与轴.

9.2 其他二次曲面

本节主要从曲面的方程出发, 考虑其几何特征及图像, 对空间曲面一般用平面截线法来讨论其图像.

9.2.1 椭球面

其他二次曲面截线

在空间直角坐标系下, 由方程

$$\frac{x^2}{a^2} + \frac{y^2}{b^2} + \frac{z^2}{c^2} = 1 \quad (\text{其中 } a,\ b,\ c \text{ 为正常数}) \tag{9.2.1}$$

所确定的曲面称为**椭球面**. 特别地, 当 $a,\ b,\ c$ 有两个相等时, (9.2.1) 表示旋转椭球面, 当 $a = b = c$ 时, (9.2.1) 表示球面.

下面来讨论椭球面的几何特征及其图像.

(1) 范围.

由方程 (9.2.1) 可知, $|x| \leqslant a,\ |y| \leqslant b,\ |z| \leqslant c$. 故曲面包含在由六个平面 $x = \pm a,\ y = \pm b,\ z = \pm c$ 所围成的长方体中.

(2) 对称性.

x 用 $-x$, y 用 $-y$, z 用 $-z$ 来代替, 方程 (9.2.1) 不变, 这表明椭球面关于三个坐标面, 三个坐标轴及原点都是对称的, 此时原点称为椭球面的中心.

(3) 与三个坐标轴的交点及与平行于坐标面的平面的交线.

椭球面与三个坐标轴交点分别为 $(\pm a,\ 0,\ 0)$, $(0,\ \pm b,\ 0)$, $(0,\ 0,\ \pm c)$, 这六个点称为椭球面的顶点, 若 $a > b > c$, 则 $a,\ b,\ c$ 分别称为椭球面的长半轴、中半轴、短半轴.

用平行于 xOy 面的平面 $z=h$ 来截椭球面, 交线方程为

$$\begin{cases}\dfrac{x^2}{a^2}+\dfrac{y^2}{b^2}=1-\dfrac{z^2}{c^2},\\ z=h.\end{cases} \tag{9.2.2}$$

当 $h=0$ 时, (9.2.2) 表示 xOy 面上的椭圆.

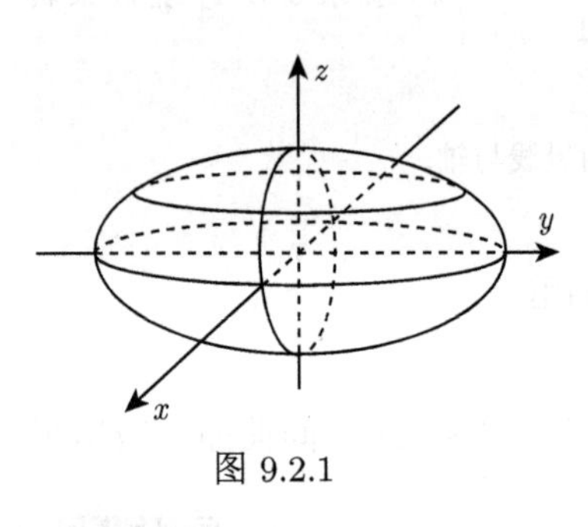

图 9.2.1

当 $0\neq|h|<c$ 时, (9.2.2) 表示平面 $z=h$ 上的一个椭圆, 它的两个半轴分别为 $a\sqrt{1-\dfrac{h^2}{c^2}}$, $b\sqrt{1-\dfrac{h^2}{c^2}}$, 它们随 $|h|$ 的增大而减小.

当 $|h|=c\neq0$ 时, (9.2.2) 表示交线退化成 z 轴上的一点 $(0,\ 0,\ c)$ 或 $(0,\ 0,\ -c)$.

当 $|h|>c>0$ 时, 平面 $z=h$ 与曲面无交线.

类似地, 用平面 $y=h$, $x=h$ 分别截椭球面, 所得交线也是椭圆, 讨论方法同上. 由上面的讨论可知, 椭球面的形状如图 9.2.1.

9.2.2 双曲面

1. *单叶双曲面*

在空间直角坐标系下, 由方程

$$\frac{x^2}{a^2}+\frac{y^2}{b^2}-\frac{z^2}{c^2}=1 \quad (a,b,c\text{ 为正常数})$$

所确定的曲面称为**单叶双曲面**.

下面来讨论单叶双曲面的形状.

(1) 对称性.

曲面关于三个坐标面、三个坐标轴及坐标原点均对称.

(2) 与坐标轴的交点及与平行于坐标面的平面的交线.

曲面与 x 轴、y 轴分别交于点 $(\pm a,\ 0,\ 0)$, $(0,\ \pm b,\ 0)$, 与 z 轴不相交. 若用平面 $z=h$ 截单叶双曲面, 则截线方程为

$$\begin{cases}\dfrac{x^2}{a^2}+\dfrac{y^2}{b^2}=1+\dfrac{h^2}{c^2},\\ z=h.\end{cases} \tag{9.2.3}$$

当 $h=0$ 时, 交线 (9.2.3) 表示 Oxy 面上的椭圆, 该椭圆称为单叶双曲面的腰椭圆.

当 $h \neq 0$ 时, (9.2.3) 表示椭圆, 它的两半轴长分别为 $a\sqrt{1+\frac{h^2}{c^2}}$, $b\sqrt{1+\frac{h^2}{c^2}}$, 它们随 $|h|$ 的增大而增大.

若用平面 $y=h$ 去截单叶双曲面, 所得截线方程为

$$\begin{cases}\dfrac{x^2}{a^2}-\dfrac{z^2}{c^2}=1-\dfrac{h^2}{b^2},\\ y=h.\end{cases} \tag{9.2.4}$$

当 $|h|=b$ 时, (9.2.4) 变成两条直线. 即

$$\begin{cases}\dfrac{x}{a}\pm\dfrac{z}{c}=0,\\ y=b,\end{cases} \quad \text{或} \quad \begin{cases}\dfrac{x}{a}\pm\dfrac{z}{c}=0,\\ y=-b.\end{cases}$$

当 $|h|<b$ 时, (9.2.4) 表示实轴平行于 x 轴, 虚轴平行于 z 轴的双曲线, 实半轴长为 $a\sqrt{1-\frac{h^2}{b^2}}$, 虚半轴长为 $c\sqrt{1-\frac{h^2}{b^2}}$, 其顶点 $\left(\pm a\sqrt{1-\frac{h^2}{b^2}},h,0\right)$ 在腰椭圆上.

当 $|h|>b$ 时, (9.2.4) 表示实轴平行于 z 轴, 虚轴平行于 x 轴的双曲线. 实半轴长为 $c\sqrt{\frac{h^2}{b^2}-1}$, 虚半轴长为 $a\sqrt{\frac{h^2}{b^2}}$, 其顶点 $\left(0,h,\pm c\sqrt{\frac{h^2}{b^2}-1}\right)$ 在 Oyz 面上的双曲线 $\frac{y^2}{b^2}-\frac{z^2}{c^2}=1$ 上.

类似地, 可讨论平面 $x=h$ 与单叶双曲面的交线的情况, 单叶双曲面的形状如图 9.2.2.

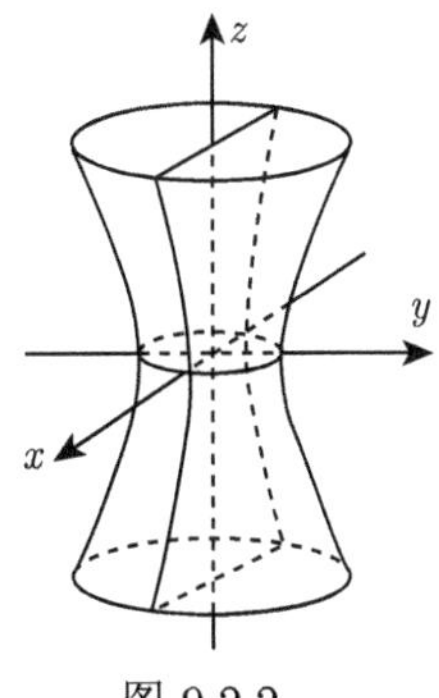

图 9.2.2

2. 双叶双曲面

在空间直角坐标系下, 由方程

$$\frac{x^2}{a^2}+\frac{y^2}{b^2}-\frac{z^2}{c^2}=-1 \quad (a,\ b,\ c\ \text{为正常数})$$

所确定的曲面称为**双叶双曲面**.

(1) 对称性.

它关于三个坐标面、三个坐标轴及坐标原点均对称.

(2) 与三个坐标轴的交点及与平行于坐标面的平面的交线.

双叶双曲面与 z 轴相交于点 $(0,\ 0,\ \pm c)$, 与 x 轴、y 轴无交点. 用平面 $z=h$ 去截双叶双曲面, 所得截线方程

$$\begin{cases}\dfrac{x^2}{a^2}+\dfrac{y^2}{b^2}=\dfrac{h^2}{c^2}-1,\\ z=h.\end{cases}\tag{9.2.5}$$

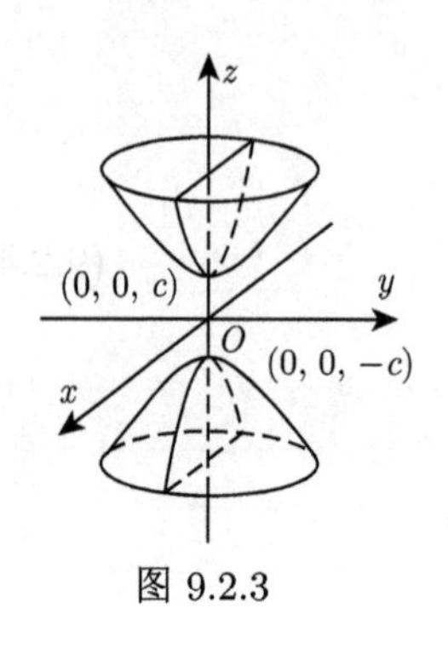

图 9.2.3

当 $|h|<c$ 时, 平面 $z=h$ 与曲面无交线.

当 $|h|=c$ 时, 截线退化为一点 $(0,0,c)$ 或 $(0,0,-c)$.

当 $|h|>c$ 时, 截线 (9.2.5) 表示椭圆, 它的两个半轴长分别为 $a\sqrt{\dfrac{h^2}{c^2}-1}$ 和 $b\sqrt{\dfrac{h^2}{c^2}-1}$, 它们随 $|h|$ 增大而增大.

类似地, 可讨论双叶双曲面与平面 $x=h$ 和 $y=h$ 的交线分别为双曲线. 双叶双曲面的形状如图 9.2.3.

9.2.3 抛物面

1. 椭圆抛物面

由方程

$$\frac{x^2}{a^2}+\frac{y^2}{b^2}=2z \quad (a,b\text{ 为正常数})$$

所确定的曲面称为**椭圆抛物面**.

(1) 范围. 曲面在 Oxy 平面的上方.

(2) 对称性. 曲面关于 Oxz 平面、Oyz 平面对称, 且关于 z 轴对称.

(3) 与坐标轴的交点及与平行于坐标面的平面的交线.

曲面与各坐标轴交于原点, 与平面 $z=h$ 的交线为

$$\begin{cases}\dfrac{x^2}{a^2}+\dfrac{y^2}{b^2}=2h,\\ z=h\geqslant 0.\end{cases}\tag{9.2.6}$$

当 $h=0$ 时, (9.2.6) 退化为一点, 即原点.

当 $h>0$ 时, (9.2.6) 表示椭圆, 它的两个半轴长分别为 $a\sqrt{2h}$ 和 $b\sqrt{2h}$, 它们随 h 的增大而增大.

曲面与平面 $x=h$ 的交线为抛物线

$$\begin{cases}\dfrac{y^2}{b^2}=2\left(z-\dfrac{h^2}{2a^2}\right),\\ x=h.\end{cases}\tag{9.2.7}$$

它的顶点 $\left(h,\ 0,\ \dfrac{h^2}{2a^2}\right)$ 在 Oxz 平面上的抛物线 $x^2 = 2a^2 z$ 上, 因此椭圆抛物面可看成由抛物线 (9.2.7) 沿抛物线 $\begin{cases} x^2 = 2a^2 z, \\ y = 0 \end{cases}$ 平行移动所得的曲面. 类似地, 我们也可讨论曲面与平面 $y = h$ 的交线. 椭圆抛物面也可看成由抛物线 $\begin{cases} \dfrac{x^2}{a^2} = 2\left(z - \dfrac{h^2}{2b^2}\right), \\ y = h \end{cases}$ 沿抛物线 $\begin{cases} y^2 = 2a^2 z, \\ x = 0 \end{cases}$ 平行移动所得的曲面 (图 9.2.4).

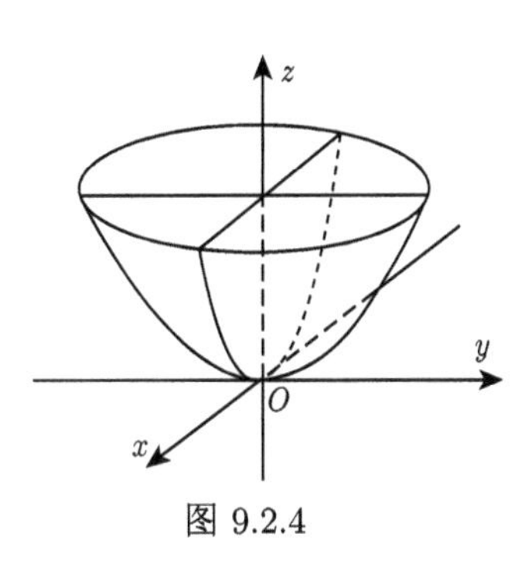

图 9.2.4

2. 双曲抛物面

由方程

$$\frac{x^2}{a^2} - \frac{y^2}{b^2} = 2z \quad (a,\ b \text{ 为正常数})$$

所确定的曲面称为**双曲抛物面**.

(1) 对称性. 曲面关于 Oyz 平面与 Oxz 平面对称、关于 z 轴对称.

(2) 与坐标轴的交点及与平行于坐标面的平面的交线.

曲面与各坐标轴交于原点, 它与平面 $z = h$ 的交线为

$$\begin{cases} \dfrac{x^2}{a^2} - \dfrac{y^2}{b^2} = 2h, \\ z = h. \end{cases} \tag{9.2.8}$$

当 $h = 0$ 时, (9.2.8) 表示两条过原点的直线.

当 $h > 0$ 时, (9.2.8) 表示实轴平行于 x 轴, 虚轴平行于 y 轴的双曲线, 顶点 $(\pm a\sqrt{2h}, 0, h)$ 在 Oxz 平面上的抛物线 $x^2 = 2a^2 z$ 上.

当 $h < 0$ 时, (9.2.8) 表示实轴平行 y 轴, 虚轴平行于 x 轴的双曲线, 顶点 $(0, \pm b\sqrt{-2h},\ h)$ 在 Oyz 面上的抛物线 $y^2 = -2b^2 z$ 上.

双曲抛物面与平面 $y = h$ 的交线为抛物线

$$\begin{cases} x^2 = 2a^2\left(z + \dfrac{h^2}{2b^2}\right), \\ y = h. \end{cases}$$

它的顶点 $\left(0,h,-\dfrac{h^2}{2b^2}\right)$ 在 Oyz 平面上的抛物线 $y^2=-2b^2z$ 上, 曲面与平面 $x=h$ 的交线也有类似的结果. 因而整个曲面可看成抛物线 $\begin{cases}x^2=2a^2z,\\ y=0\end{cases}$ 沿抛物线 $\begin{cases}y^2=-2b^2z,\\ x=0\end{cases}$ 平行移动的轨迹, 也可看成抛物线 $\begin{cases}y^2=-2b^2z,\\ x=0\end{cases}$ 沿抛物线 $\begin{cases}x^2=2a^2z,\\ y=0\end{cases}$ 平行移动的轨迹. 它经过原点, 且在原点附近的一小块形状像马鞍, 因此双曲抛物面称为**马鞍面** (图 9.2.5).

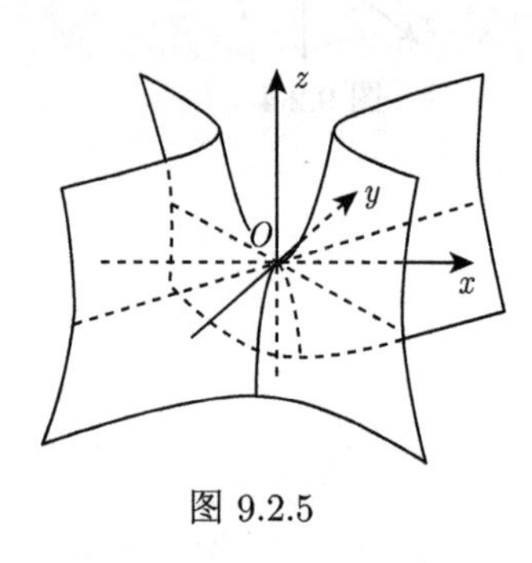

图 9.2.5

例 9.2.1　*设二次曲面的方程为*

$$a_{11}x^2+a_{22}y^2+a_{33}z^2+a_{12}xy+a_{13}xz$$
$$+a_{23}yz+a_{14}x+a_{24}y+a_{34}z+a_{44}=0.$$

若此曲面关于坐标平面对称, 且它上面有两条曲线

$$\begin{cases}x^2+\dfrac{y^2}{4}=1,\\ z=\sqrt{3},\end{cases}\qquad \begin{cases}\dfrac{x^2}{2}+\dfrac{y^2}{8}=1,\\ z=-\sqrt{2},\end{cases}$$

求该二次曲面的方程.

解　由于曲面关于坐标面对称, 则 $a_{12}=a_{13}=a_{23}=a_{14}=a_{24}=a_{34}=0$, 此时二次曲面的方程为 $a_{11}x^2+a_{22}y^2+a_{33}z^2=-a_{44}$. 因它与 $z=\sqrt{3}$ 的交线为

$$\begin{cases}a_{11}x^2+a_{22}y^2=-a_{44}-3a_{33},\\ z=\sqrt{3}.\end{cases}$$

由题意得

$$\frac{a_{11}}{1}=\frac{a_{22}}{\dfrac{1}{4}}=\frac{-a_{44}-3a_{33}}{1},$$

即

$$a_{22}=\frac{1}{4}a_{11},\quad a_{11}=-a_{44}-3a_{33}. \tag{9.2.9}$$

又曲面与 $z=-\sqrt{2}$ 的交线为

$$\begin{cases} a_{11}x^2+a_{22}y^2=-a_{44}-2a_{33}, \\ z=-\sqrt{2}. \end{cases}$$

由题意得

$$\frac{a_{11}}{\frac{1}{2}}=\frac{a_{22}}{\frac{1}{8}}=\frac{-a_{44}-2a_{33}}{1},$$

即

$$a_{11}=\frac{1}{2}\left(-a_{44}-2a_{33}\right), \quad a_{22}=\frac{1}{8}\left(-a_{44}-2a_{33}\right). \tag{9.2.10}$$

联立 (9.2.9) 与 (9.2.10), 解得 $a_{11}=a_{33}$, $a_{22}=\frac{1}{4}a_{33}$, $a_{44}=-4a_{33}$, 所以二次曲面的方程为

$$\frac{x^2}{4}+\frac{y^2}{16}+\frac{z^2}{4}=1.$$

例 9.2.2 已知椭球面方程 $\frac{x^2}{a^2}+\frac{y^2}{b^2}+\frac{z^2}{c^2}=1$ $(c<a<b)$, 试求过 x 轴且与椭球面的交线是圆的平面.

解 不妨设过 x 轴的平面 $z=ky$, 它与椭球面的交线为

$$\begin{cases} \frac{x^2}{a^2}+\frac{c^2+b^2k^2}{b^2c^2}y^2=1, \\ z=ky. \end{cases} \tag{9.2.11}$$

如果该交线是圆, 则圆心为原点, 又因交线关于 x 轴对称并且 $(\pm a,\ 0,\ 0)$ 在这条交线上, 故该圆可看成以原点为球心, 以 a 为半径的球与平面 $z=ky$ 的交线, 即

$$\begin{cases} \frac{x^2}{a^2}+\frac{(1+k^2)}{a^2}y^2=1, \\ z=ky. \end{cases} \tag{9.2.12}$$

比较 (9.2.11) 与 (9.2.12) 得 $k^2=\frac{c^2\left(b^2-a^2\right)}{b^2\left(a^2-c^2\right)}$, 故所得平面的方程为

$$\frac{y}{b}\sqrt{b^2-a^2}+\frac{z}{c}\sqrt{a^2-c^2}=0 \quad 及 \quad \frac{y}{b}\sqrt{b^2-a^2}-\frac{z}{c}\sqrt{a^2-c^2}=0.$$

注 读者可自行考虑如下问题:

(1) 是否还存在其他经过原点的平面, 与椭球面的交线是圆?

(2) 是否存在一张平面, 使得它与其他的二次曲面, 如单 (双) 叶双曲面、椭圆抛物面的截线是圆 (习题 9.2 的习题 5)?

习 题 9.2

1. 已知椭球面的轴与坐标轴重合, 且通过椭圆 $\begin{cases}\dfrac{x^2}{9}+\dfrac{y^2}{16}=1,\\ z=0\end{cases}$ 及点 $M(1,\,2,\,\sqrt{23})$, 求椭球面的方程.

2. 已知椭圆抛物面的顶点为原点, 它关于 Oxz 平面与 Oyz 平面对称, 且经过点 $(1,\,2,\,5)$ 和 $\left(\dfrac{1}{3},\,-1,\,1\right)$, 求该椭圆抛物面的方程.

3. 将抛物线 $C:\begin{cases}x^2=4y,\\ z=0\end{cases}$ 平行移动, 使得移动后所得抛物线的顶点分别在下列曲线上, 求抛物线 C 的运动轨迹.

(1) 抛物线 $\begin{cases}z^2=2y,\\ x=0;\end{cases}$

(2) 抛物线 $\begin{cases}z^2=-2y,\\ x=0.\end{cases}$

4. 由椭球面 $\dfrac{x^2}{a^2}+\dfrac{y^2}{b^2}+\dfrac{z^2}{c^2}=1$ 的中心引三条相互垂直的射线与曲面分别交于点 P_1,P_2,P_3, 设 $\left|\overrightarrow{OP_i}\right|=r_i\ (i=1,2,3)$, 证明

$$\frac{1}{r_1^2}+\frac{1}{r_2^2}+\frac{1}{r_3^2}=\frac{1}{a^2}+\frac{1}{b^2}+\frac{1}{c^2}.$$

5. 试求过 x 轴, 且与单叶双曲面 $\dfrac{x^2}{a^2}+\dfrac{y^2}{b^2}-\dfrac{z^2}{c^2}=1(a>b)$ 的交线是圆的平面.

6. 已知椭圆抛物面 $\dfrac{x^2}{2}+\dfrac{z^2}{3}=y$, 用平面 $x+my-2=0$ 去截此曲面, 当 m 为何值时, 截线为椭圆或抛物线?

7. 证明:

(1) 二次锥面 $\dfrac{x^2}{a^2}+\dfrac{y^2}{b^2}-\dfrac{z^2}{c^2}=0$ 介于单叶双曲面 $\dfrac{x^2}{a^2}+\dfrac{y^2}{b^2}-\dfrac{z^2}{c^2}=1$ 与双叶双曲面 $\dfrac{x^2}{a^2}+\dfrac{y^2}{b^2}-\dfrac{z^2}{c^2}=-1$ 之间;

(2) 这三个曲面的距离随 $|z|$ 趋于无限大而趋于零, 此时称二次锥面为单叶双曲面和双叶双曲面的渐近锥面.

9.3 二次直纹面

定义 9.3.1 由一族直线构成的曲面称为**直纹面**, 构成曲面的每一条直线称为**直纹面的直母线**.

定义 9.3.1 表明一张曲面是直纹面当且仅当下面两个条件同时成立

(1) 曲面上存在一族直线;

(2) 对曲面上每一点, 必有族中的一条直线通过它.

在 9.1 节和 9.2 节介绍过的二次曲面中, 柱面 (如椭圆柱面、双曲柱面、抛物柱面等) 和锥面 (如二次锥面) 都是直纹面, 那么椭球面, 双曲面和抛物面是否是直纹面?

首先注意到椭球面是有界曲面, 而直线可无限延伸, 因此椭球面上不可能存在直线, 因而不可能是直纹面. 双叶双曲面位于 Oxy 面的两侧, 如果该曲面上存在直线的话, 它必平行于 Oxy 平面, 但平行于 Oxy 面的平面与双叶双曲面的交线是椭圆, 从而双叶双曲面上不存在直线, 当然不可能是直纹面, 类似地, 可说明椭圆抛物面也不是直纹面. 单叶双曲面与双曲抛物面上都存在直线. 下面来考虑它们的直纹性.

二次直纹面

9.3.1 单叶双曲面的直纹性

设单叶双曲面 S 的方程为

$$\frac{x^2}{a^2}+\frac{y^2}{b^2}-\frac{z^2}{c^2}=1. \tag{9.3.1}$$

方程 (9.3.1) 可改写成

$$\left(\frac{x}{a}+\frac{z}{c}\right)\left(\frac{x}{a}-\frac{z}{c}\right)=\left(1+\frac{y}{b}\right)\left(1-\frac{y}{b}\right).$$

不难验证对任一组不全为零的实数 λ,μ 及 λ',μ', 直线族

$$l_{\lambda:\mu}:\begin{cases}\lambda\left(\dfrac{x}{a}+\dfrac{z}{c}\right)=\mu\left(1-\dfrac{y}{b}\right),\\ \mu\left(\dfrac{x}{a}-\dfrac{z}{c}\right)=\lambda\left(1+\dfrac{y}{b}\right)\end{cases}$$

及

$$l'_{\lambda':\mu'}:\begin{cases}\lambda'\left(\dfrac{x}{a}+\dfrac{z}{c}\right)=\mu'\left(1+\dfrac{y}{b}\right),\\ \mu'\left(\dfrac{x}{a}-\dfrac{z}{c}\right)=\lambda'\left(1-\dfrac{y}{b}\right)\end{cases}$$

均在曲面 S 上. 由于它们依赖于比值 $\lambda:\mu$ 或 $\lambda':\mu'$, 从而可将它们看成单参数直线族, 从而单叶双曲面 S 上存在两族单参数直线族 $L_1=\left\{l_{\lambda:\mu}\mid\lambda,\mu\text{ 不全为零}\right\}$, $L_2=\left\{l'_{\lambda':\mu'}\mid\lambda',\mu'\text{ 不全为零}\right\}$.

定理 9.3.1　(1) 单叶双曲面是直纹面;

(2) 对单叶双曲面上任一点, 有且仅有两条不同直母线通过它.

证明　(1) 由前面的讨论知, 单叶双曲面 S 上存在一族单参数直线 $\{l_{\lambda:\mu}\}$, 下面只要说明对任一点 $P_0(x_0,y_0,z_0)\in S$, 必存在族中一条直线通过它, 从而曲面 S 是直纹面. 因 $P_0\in S$, 则

$$\frac{x_0^2}{a^2}+\frac{y_0^2}{b^2}-\frac{z_0^2}{c^2}=1,$$

即

$$\left(\frac{x_0}{a}+\frac{z_0}{c}\right)\left(\frac{x_0}{a}-\frac{z_0}{c}\right)=\left(1+\frac{y_0}{b}\right)\left(1-\frac{y_0}{b}\right).$$

若 $1-\dfrac{y_0}{b}\neq 0$, 令 $\lambda_0=1-\dfrac{y_0}{b}\neq 0,\mu_0=\dfrac{x_0}{a}+\dfrac{z_0}{c}$, 则直线 $l_{\lambda_0:\mu_0}\in L_1$, 且过点 P_0.

若 $1-\dfrac{y_0}{b}=0$, 则 $1+\dfrac{y_0}{b}\neq 0$. 此时令 $\lambda_0=\dfrac{x_0}{a}-\dfrac{z_0}{c},\mu_0=1+\dfrac{y_0}{b}\neq 0$, 则直线 $l_{\lambda_0:\mu_0}\in L_1$, 且过点 P_0, 从而 (1) 得证.

(2) 先证明: 对 $\forall$ 点 $P_0\in S$, 有且仅有两条不同直线通过它. 事实上, 设过 $P_0(x_0,y_0,z_0)$ 的直线 l 方程为

$$x=x_0+lt,y=y_0+mt,z=z_0+nt,$$

其中 (l,m,n) 为直线 l 的方向向量, l,m,n 不全为零. 直线 l 在曲面 S 上当且仅当

$$\frac{(x_0+lt)^2}{a^2}+\frac{(y_0+mt)^2}{b^2}-\frac{(z_0+nt)^2}{c^2}=1,$$

整理得

$$\left(\frac{l^2}{a^2}+\frac{m^2}{b^2}-\frac{n^2}{c^2}\right)t^2+2\left(\frac{lx_0}{a^2}+\frac{my_0}{b^2}-\frac{nz_0}{c^2}\right)t=0.$$

由于 t 是任意的, 则

$$\begin{cases}\dfrac{l^2}{a^2}+\dfrac{m^2}{b^2}-\dfrac{n^2}{c^2}=0,\\[2mm] \dfrac{lx_0}{a^2}+\dfrac{my_0}{b^2}-\dfrac{nz_0}{c^2}=0,\end{cases}\tag{9.3.2}$$

即 (9.3.2) 为过 P_0 的直线 l 在单叶双曲面 S 上的充要条件.

由于 l,m,n 不全为零, 由 (9.3.2) 第一式得 $n\neq 0$. 不妨设 $n=c$, 则 (9.3.2) 变为

$$\begin{cases}\dfrac{l^2}{a^2}+\dfrac{m^2}{b^2}=1,\\ \dfrac{lx_0}{a^2}+\dfrac{my_0}{b^2}=\dfrac{z_0}{c},\\ n=c,\end{cases}\tag{9.3.3}$$

直接验证, 关于两个变量 l,m 的方程组 (9.3.3) 有两个不同的解, 从而过 P_0 点的直线仅有两个不同方向 (l,m,c), 于是过 P_0 点恰有两条不同直线经过它.

另一方面, 从 (1) 的证明中知道, 对任意点 P_0, 存在直线族 $\{l_{\lambda:\mu}\}$ 中的一条直母线通过它, 同理可说明也存在另一直线族 $\{l'_{\lambda':\mu'}\}$ 中的一条直母线通过 P_0 点, 从而对任意点 $P_0\in S$, 有两条直母线通过它. 由定理 9.3.2 知这两条直母线不会重合, 从而完成定理 9.3.1 的证明. □

定理 9.3.2 给定一个单叶双曲面, 那么

(1) 它的任意两条同族直母线必异面; 它的任意两条异族直母线必共面 .

(2) 对曲面上一条直母线, 有且仅有一条异族直母线与之平行, 其他异族直母线均与之相交.

证明 (1) 设两条同族直母线为

$$l_{\lambda_1:\mu_1}:\begin{cases}\lambda_1\left(\dfrac{x}{a}+\dfrac{z}{c}\right)=\mu_1\left(1-\dfrac{y}{b}\right),\\ \mu_1\left(\dfrac{x}{a}-\dfrac{z}{c}\right)=\lambda_1\left(1+\dfrac{y}{b}\right),\end{cases}\qquad l_{\lambda_2:\mu_2}:\begin{cases}\lambda_2\left(\dfrac{x}{a}+\dfrac{z}{c}\right)=\mu_2\left(1-\dfrac{y}{b}\right),\\ \mu_2\left(\dfrac{x}{a}-\dfrac{z}{c}\right)=\lambda_2\left(1+\dfrac{y}{b}\right),\end{cases}$$

其中 $\dfrac{\lambda_1}{\mu_1}\neq\dfrac{\lambda_2}{\mu_2}$. 由于

$$\begin{aligned}\begin{vmatrix}\dfrac{\lambda_1}{a} & \dfrac{\mu_1}{b} & \dfrac{\lambda_1}{c} & -\mu_1\\ \dfrac{\mu_1}{a} & -\dfrac{\lambda_1}{b} & -\dfrac{\mu_1}{c} & -\lambda_1\\ \dfrac{\lambda_2}{a} & \dfrac{\mu_2}{b} & \dfrac{\lambda_2}{c} & -\mu_2\\ \dfrac{\mu_2}{a} & -\dfrac{\lambda_2}{b} & -\dfrac{\mu_2}{c} & -\lambda_2\end{vmatrix}&=\frac{1}{abc}\begin{vmatrix}\lambda_1 & \mu_1 & \lambda_1 & -\mu_1\\ \mu_1 & -\lambda_1 & -\mu_1 & -\lambda_1\\ \lambda_2 & \mu_2 & \lambda_2 & -\mu_2\\ \mu_2 & -\lambda_2 & -\mu_2 & -\lambda_2\end{vmatrix}\\ &=\frac{4}{abc}\left(\lambda_1\mu_2-\mu_1\lambda_2\right)^2\neq 0.\end{aligned}$$

由例 5.5.2 得 $l_{\lambda_1:\mu_1}$ 与 $l_{\lambda_2:\mu_2}$ 异面.

任取两条异族直母线 $l_{\lambda:\mu} \in L_1 = \{l_{\lambda:\mu} \mid \lambda, \mu \text{ 不全为零}\}$, $l'_{\lambda':\mu'} \in L_2 = \{l'_{\lambda':\mu'} \mid \lambda', \mu' \text{ 不全为零}\}$, 由于

$$\begin{vmatrix} \dfrac{\lambda}{a} & \dfrac{\mu}{b} & \dfrac{\lambda}{c} & -\mu \\ \dfrac{\mu}{a} & -\dfrac{\lambda}{b} & -\dfrac{\mu}{c} & -\lambda \\ \dfrac{\lambda'}{a} & -\dfrac{\mu'}{b} & \dfrac{\lambda'}{c} & -\mu' \\ \dfrac{\mu'}{a} & \dfrac{\lambda'}{b} & -\dfrac{\mu'}{c} & -\lambda' \end{vmatrix} = 0.$$

故同理可得 $l_{\lambda:\mu}$ 与 $l'_{\lambda':\mu'}$ 共面.

(2) 在单叶双曲面上任取一条直母线 $l_{\lambda:\mu} \in L_1$, 其方向向量可取为 $\boldsymbol{s} = \left(\dfrac{\lambda^2-\mu^2}{bc}, \dfrac{2\lambda\mu}{ac}, \dfrac{-(\lambda^2+\mu^2)}{ab}\right)$.

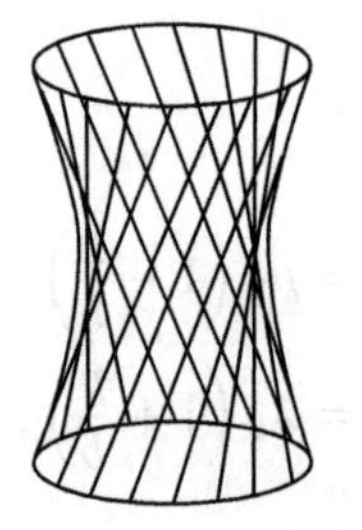
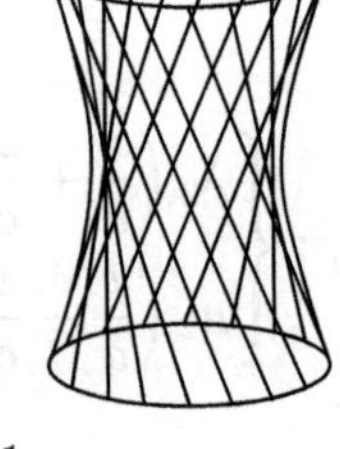

图 9.3.1

对于任意一条异族直母线 $l'_{\lambda':\mu'} \in L_2$, 其方向向量 $\boldsymbol{s}' = \left(\dfrac{(\mu')^2-(\lambda')^2}{bc}, \dfrac{2\lambda'\mu'}{ac}, \dfrac{(\lambda')^2+(\mu')^2}{ab}\right)$. 取 $\lambda' = -\lambda, \mu' = \mu$, 则有 $\boldsymbol{s} = \boldsymbol{s}'$. 故在 L_2 中存在一条异族直母线与 $l_{\lambda:\mu}$ 平行. 在 L_2 中只有一条直母线与之平行显然, 否则与任意两条同族直母线异面矛盾. 从而 L_2 中的其他异族直母线均与之相交. □

单叶双曲面的两族直母线如图 9.3.1.

9.3.2 双曲抛物面的直纹性

设双曲抛物面的方程为 $\dfrac{x^2}{a^2} - \dfrac{y^2}{b^2} = 2z$, 此方程可以写为 $\left(\dfrac{x}{a}+\dfrac{y}{b}\right)\left(\dfrac{x}{a}-\dfrac{y}{b}\right) = 2z$. 类似于单叶双曲面, 可得双曲抛物面上的两族直母线为

$$l_\lambda : \begin{cases} \dfrac{x}{a}+\dfrac{y}{b} = 2\lambda, \\ \lambda\left(\dfrac{x}{a}-\dfrac{y}{b}\right) = z \end{cases} \quad \text{与} \quad l'_{\lambda'} : \begin{cases} \dfrac{x}{a}-\dfrac{y}{b} = 2\lambda', \\ \lambda'\left(\dfrac{x}{a}+\dfrac{y}{b}\right) = z, \end{cases} \tag{9.3.4}$$

其中 λ, λ' 为参数. 从而双曲抛物面上存在两族单参数直线族 $\{l_\lambda\}$ 与 $\{l'_{\lambda'}\}$.

类似定理 9.3.1 的证明并结合定理 9.3.4, 我们可得到下面的定理 9.3.3.

定理 9.3.3 (1) 双曲抛物面是直纹面.

(2) 对双曲抛物面上的任意一点, 有且仅有两条不同的直母线通过它.

定理 9.3.4 给定一个双曲抛物面, 那么,

(1) 它上面的任意两条同族直母线必异面, 并且所有这些同族直母线平行于同一平面;

(2) 它上面的任意两条异族直母线必相交.

证明 (1) 任取两条同族直母线

$$l_{\lambda_1}:\begin{cases}\dfrac{x}{a}+\dfrac{y}{b}=2\lambda_1,\\ \lambda_1\left(\dfrac{x}{a}-\dfrac{y}{b}\right)=z\end{cases}\quad 与 \quad l_{\lambda_2}:\begin{cases}\dfrac{x}{a}+\dfrac{y}{b}=2\lambda_2,\\ \lambda_2\left(\dfrac{x}{a}-\dfrac{y}{b}\right)=z\end{cases}\quad (\lambda_1\neq\lambda_2).$$

l_{λ_1} 的方向向量可取为 $\boldsymbol{s}_1=\left(-\dfrac{1}{b},\dfrac{1}{a},-\dfrac{2\lambda_1}{ab}\right)=-\dfrac{1}{ab}(a,-b,2\lambda_1)$, l_{λ_2} 的方向向量 $\boldsymbol{s}_2=-\dfrac{1}{ab}(a,-b,2\lambda_2)$. 由于 $\lambda_1\neq\lambda_2$, 故直母线 l_{λ_1} 与 l_{λ_2} 不平行. 又由于 $l_{\lambda_1}\in\pi_1:\dfrac{x}{a}+\dfrac{y}{b}=2\lambda_1$, $l_{\lambda_2}\in\pi_2:\dfrac{x}{a}+\dfrac{y}{b}=2\lambda_2$ 且平面 $\pi_1/\!/\pi_2$, 因此 l_{λ_1} 与 l_{λ_2} 一定异面.

显然, 这些同族直母线 $\{l_\lambda\}$ 都平行于同一平面 $\pi:\dfrac{x}{a}+\dfrac{y}{b}=0$.

(2) 若在双曲抛物面上的不同族直母线 $\{l_\lambda\}$, $\{l'_{\lambda'}\}$ 中分别取一条直母线, 解方程组

$$\begin{cases}\dfrac{x}{a}+\dfrac{y}{b}=2\lambda,\\ \lambda\left(\dfrac{x}{a}-\dfrac{y}{b}\right)=z,\\ \dfrac{x}{a}-\dfrac{y}{b}=2\lambda',\\ \lambda'\left(\dfrac{x}{a}+\dfrac{y}{b}\right)=z.\end{cases}$$

从以上方程组中解得唯一解 $x=a(\lambda+\lambda')$, $y=b(\lambda-\lambda')$, $z=2\lambda\lambda'$, 这表明不同族中的两条直母线必相交于一点. 这就完成了定理 9.3.4 的证明. □

从定理 9.3.4 的证明过程中可知, 双曲抛物面的参数方程可表示为

$$\begin{cases} x = a(u+v), \\ y = b(u-v), \\ z = 2uv \end{cases}$$

或

$$\boldsymbol{X}(u,v) = (a(u+v), b(u-v), 2uv),$$

其中 $u, v \in \mathbb{R}$ 是参数, 当 u 或 v 为常数时, $\boldsymbol{X}(u,v)$ 分别表示双曲抛物面上的两族直母线. 定理 9.3.4 也可像定理 9.3.2 的证明一样用双曲抛物面的参数方程来证明, 请读者自己考虑. 双曲抛物面的两族直母线如图 9.3.2.

由单叶双曲面与双曲抛物面的直纹性的讨论可知, 这两种曲面的几何特征有相同之处, 也有不同之处, 但特别注意它们几何性质上的差别:

(1) 单叶双曲面上存在平行的直母线, 而双曲抛物面上任何两条直母线都不平行, 即相交或异面;

(2) 双曲抛物面的同族直母线平行于同一张平面, 而单叶双曲面的任何三条同族直母线都不平行于同一张平面 (即它们的方向向量不共面). 后一断言请读者自己证明.

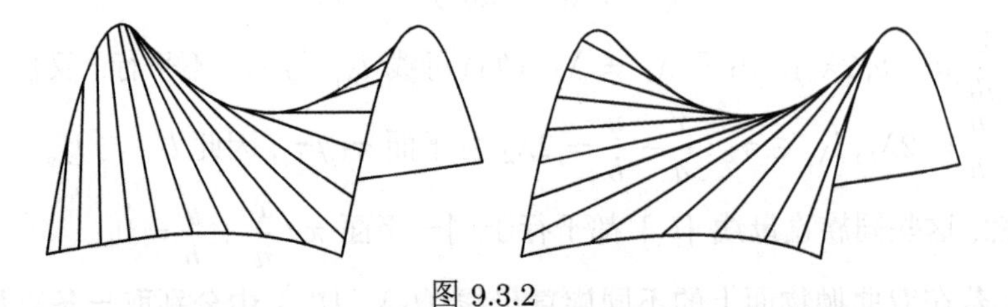

图 9.3.2

例 9.3.1 求单叶双曲面 $\dfrac{x^2}{4} + \dfrac{y^2}{9} - \dfrac{z^2}{16} = 1$ 上过点 $(2,3,-4)$ 的直母线.

解 设直母线方程为

$$\begin{cases} \lambda\left(\dfrac{x}{2} + \dfrac{z}{4}\right) = \mu\left(1 - \dfrac{y}{3}\right), \\ \mu\left(\dfrac{x}{2} - \dfrac{z}{4}\right) = \lambda\left(1 + \dfrac{y}{3}\right) \end{cases} \quad \text{或} \quad \begin{cases} \lambda'\left(\dfrac{x}{2} + \dfrac{z}{4}\right) = \mu'\left(1 + \dfrac{y}{3}\right), \\ \mu'\left(\dfrac{x}{2} - \dfrac{z}{4}\right) = \lambda'\left(1 - \dfrac{y}{3}\right). \end{cases}$$

由于直母线过点 $(2,3,-4)$, 从而解得 $\lambda = \mu$ 及 $\mu' = 0$. 于是过点 $(2,3,-4)$ 的直母线方程为

$$\begin{cases} \dfrac{x}{2} + \dfrac{z}{4} = 1 - \dfrac{y}{3}, \\ \dfrac{x}{2} - \dfrac{z}{4} = 1 + \dfrac{y}{3} \end{cases} \quad \text{与} \quad \begin{cases} \dfrac{x}{2} + \dfrac{z}{4} = 0, \\ 1 - \dfrac{y}{3} = 0, \end{cases}$$

即

$$\begin{cases} x-2=0, \\ 4y+3z=0 \end{cases} \quad 与 \quad \begin{cases} 2x+z=0, \\ y-3=0. \end{cases}$$

例 9.3.2 求双曲抛物面 $\dfrac{x^2}{a^2}-\dfrac{y^2}{b^2}=2z$ 上互相垂直的直母线的交点轨迹, 并指出它是什么图形.

解 因过双曲抛物面上任意一点, 有且仅有两条不同直母线通过它. 不妨设这两条直母线方程分别为

$$\begin{cases} \dfrac{x}{a}+\dfrac{y}{b}=2\lambda, \\ \lambda\left(\dfrac{x}{a}-\dfrac{y}{b}\right)=z \end{cases} \quad 与 \quad \begin{cases} \dfrac{x}{a}-\dfrac{y}{b}=2\lambda', \\ \lambda'\left(\dfrac{x}{a}+\dfrac{y}{b}\right)=z. \end{cases}$$

设这两直母线相交于点 $P(\tilde{x},\tilde{y},\tilde{z})$, 则 $\lambda=\dfrac{1}{2}\left(\dfrac{\tilde{x}}{a}+\dfrac{\tilde{y}}{b}\right)$, $\lambda'=\dfrac{1}{2}\left(\dfrac{\tilde{x}}{a}-\dfrac{\tilde{y}}{b}\right)$. 由于这两条直母线的方向向量为 $\boldsymbol{v}_1=\left(a,-b,\dfrac{\tilde{x}}{a}+\dfrac{\tilde{y}}{b}\right)$ 及 $\boldsymbol{v}_2=\left(a,b,\dfrac{\tilde{x}}{a}-\dfrac{\tilde{y}}{b}\right)$, 由 $\boldsymbol{v}_1\perp\boldsymbol{v}_2$ 得

$$a^2-b^2+\frac{\tilde{x}^2}{a^2}-\frac{\tilde{y}^2}{b^2}=0.$$

因此双曲抛物面上互相垂直的直母线的交点 $P(\tilde{x},\tilde{y},\tilde{z})$ 的轨迹为

$$\begin{cases} \dfrac{\tilde{x}^2}{a^2}-\dfrac{\tilde{y}^2}{b^2}=2z, \\ \dfrac{\tilde{x}^2}{a^2}-\dfrac{\tilde{y}^2}{b^2}+a^2-b^2=0, \end{cases}$$

即

$$\begin{cases} \dfrac{\tilde{x}^2}{a^2}-\dfrac{\tilde{y}^2}{b^2}=b^2-a^2, \\ 2\tilde{z}=b^2-a^2. \end{cases}$$

当 $a\neq b$ 时, 它表示一条双曲线; 当 $a=b$ 时, 它表示两条相交直线

$$\begin{cases} \dfrac{x}{a}+\dfrac{y}{b}=0, \\ z=0 \end{cases} \quad 和 \quad \begin{cases} \dfrac{x}{a}-\dfrac{y}{b}=0, \\ z=0. \end{cases}$$

例 9.3.3 求与下列三条直线同时共面的直线所产生的曲面.

$$l_1:\begin{cases}x=1,\\y=z;\end{cases}\qquad l_2:\begin{cases}x=-1,\\y=-z;\end{cases}\qquad l_3:\frac{x-2}{-3}=\frac{y+1}{4}=\frac{z+2}{5}.$$

解 先将直线 l_1,l_2 方程改写成标准式方程, 即

$$\frac{x-1}{0}=\frac{y}{1}=\frac{z}{1},\quad \frac{x+1}{0}=\frac{y}{1}=\frac{z}{-1}.$$

设 $P(x,y,z)$ 为所求曲面上任一点, 则必存在一直线 l 过 P 点, 设直线 l 的方向向量为 $\boldsymbol{v}=(l,m,n)$, 其中 l,m,n 不全为零. 由于 l 与 l_1 共面, 则

$$\begin{vmatrix}x-1 & y & z\\0 & 1 & 1\\l & m & n\end{vmatrix}=0,$$

即

$$(y-z)l-(x-1)m+(x-1)n=0. \tag{9.3.5}$$

同理, 由 l 与 l_2,l_3 共面的条件可得方程

$$-(y+z)l+(x+1)m+(x+1)n=0. \tag{9.3.6}$$

$$(5y-4z-3)l-(5x+3z-4)m+(4x+3y-5)n=0. \tag{9.3.7}$$

由 (9.3.5)—(9.3.7) 并注意到 l,m,n 不全为零, 则有

$$\begin{vmatrix}y-z & -(x-1) & x-1\\-(y+z) & x+1 & x+1\\5y-4z-3 & -(5x+3z-4) & 4x+3y-5\end{vmatrix}=0,$$

化简得 $x^2+y^2-z^2=1$.

习 题 9.3

1. 求单叶双曲面 $x^2+\dfrac{y^2}{4}-\dfrac{z^2}{9}=1$ 上过点 $A(1,2,3)$ 的直母线方程.
2. 求双曲抛物面 $4x^2-z^2=y$ 上过点 $(1,0,2)$ 的直母线方程.
3. 求双曲抛物面 $\dfrac{x^2}{9}-\dfrac{y^2}{4}=z$ 上平行平面 $3x-2y-4z=1$ 的直母线方程.

4. 证明:

(1) 单叶双曲面的任何三条同族直母线都不平行于同一张平面;

(2) 经过单叶双曲面的任一条母线的每一个平面也经过属于另一族的一条母线. 问: 上述结论对双曲抛物面是否成立?

5. 求单叶双曲面上 $\frac{x^2}{a^2}+\frac{y^2}{b^2}-\frac{z^2}{c^2}=1$ 互相垂直的直母线交点的轨迹.

6. 求直线 $l_1:\begin{cases}lx=\frac{3}{2}+3t,\\ y=-1+2t,\\ z=-t\end{cases}$ 与直线 $l_2:\begin{cases}x=3t,\\ y=2t,\\ z=0\end{cases}$ 上有相同参数 t 的点的连线所构成的曲面方程.

7. 求所有与直线 $l_1:\frac{x-6}{3}=\frac{y}{2}=\frac{z-1}{1}$ 和 $l_2:\frac{x}{3}=\frac{y-8}{2}=\frac{z+4}{-2}$ 都共面, 且与平面 $\pi:2x+3y-5=0$ 平行的直线所构成的曲面方程.

8. 过 x 轴与 y 轴分别作动平面 π_1,π_2,π_1 与 π_2 的交角为 $\theta\left(0<\theta<\frac{\pi}{2}\right)$, 当 π_1 (过 x 轴) 在转动时, π_2 (始终过 y 轴) 也跟着转动, 使得交角 θ 保持不变, 求对应平面 π_1 与 π_2 的交线的轨迹, 并证明它是以顶点为原点的锥面.

9. 设两个抛物线 $C_1:\begin{cases}y^2=2x,\\ z=0\end{cases}$ 与 $C_2:\begin{cases}z^2=-2x,\\ y=0,\end{cases}$ 求与 C_1,C_2 均相交, 且与平面 $\pi:y-z=0$ 平行的动直线 l 的轨迹, 并指出它是什么曲面?

10. 设两个异面直线 l_1,l_2 间的距离是 $2a$, 夹角是 2θ.

(1) 求与直线 l_1,l_2 等距离的点的轨迹;

(2) 求分别过直线 l_1,l_2 的两个垂直平面交线的轨迹, 并指出它是什么曲面.

第 10 章 二 次 型

二次型的研究在几何上的解释可以认为是齐次二次 (有心) 曲面 (线) 的类型判别及标准方程的寻找. 二次型理论在优化、工程计算等领域有着重要的应用.

10.1 二次型的定义及标准形

数域 $\mathbb{F}$ 上 n 个变元 $x_1, x_2, \cdots, x_n$ 的一个**二次型**定义为

$$\begin{aligned} f(x_1, x_2, \cdots, x_n) = a_{11}x_1^2 &+ 2a_{12}x_1x_2 + 2a_{13}x_1x_3 + \cdots + 2a_{1n}x_1x_n \\ &+ a_{22}x_2^2 + 2a_{23}x_2x_3 \quad + \cdots + 2a_{2n}x_2x_n \\ &\qquad\qquad\qquad\qquad + \cdots + a_{nn}x_n^2 \\ = \sum_{i=1}^{n} a_{ii}x_i^2 &+ 2\sum_{1 \leqslant i < j \leqslant n} a_{ij}x_ix_j, \end{aligned} \tag{10.1.1}$$

这里 $a_{ij} \in \mathbb{F}(i, j = 1, 2, \cdots, n), x_i \in \mathbb{F}(i = 1, 2, \cdots, n)$. 通常, 我们称 a_{ii} 或 $2a_{ij}$ 为 (10.1.1) 的项 x_i^2 或 x_ix_j 的系数. 当 $\mathbb{F} = \mathbb{R}$ 时, 我们也称该二次型为**实二次型**, 当我们在复数域 $\mathbb{C}$ 内考虑一个二次型时, 我们称该二次型是**复二次型**.

我们称

$$\left\{\begin{array}{l} x_1 = c_{11}y_1 + c_{12}y_2 + \cdots + c_{1n}y_n, \\ x_2 = c_{21}y_1 + c_{22}y_2 + \cdots + c_{2n}y_n, \\ \qquad\cdots\cdots \\ x_n = c_{n1}y_1 + c_{n2}y_2 + \cdots + c_{nn}y_n \end{array}\right. \tag{10.1.2}$$

为数域 $\mathbb{F}$ 上的一个**线性替换**, 这里 $x_1, x_2, \cdots, x_n$ 与 $y_1, y_2, \cdots, y_n$ 为 $\mathbb{F}$ 中的变元, $c_{ij} \in \mathbb{F}(i, j = 1, 2, \cdots, n)$. 若 $|c_{ij}|_n \neq 0$, 则称 (10.1.2) 是**非退化的**, 否则称 (10.1.2) 是**退化的**. 当 $c_{ij}(i, j = 1, 2, \cdots, n)$ 都是实数时, 我们称线性替换 (10.1.2) 是 $\mathbb{R}$ 上的或是**实**的, 当我们在复数域 $\mathbb{C}$ 内考虑线性替换 (10.1.2) 时, 称 (10.1.2) 是 $\mathbb{C}$ 上的或是**复**的.

我们的目标就是寻找非退化的线性替换 (10.1.2), 使之代入 (10.1.1) 后, 将 (10.1.1) 化为如下仅有二次平方项和的形式:

$$f(x_1,x_2,\cdots,x_n)=d_1y_1^2+d_2y_2^2+\cdots+d_ry_r^2, \tag{10.1.3}$$

这里 $d_i\in\mathbb{F}$, $i=1,2,\cdots,r;1\leqslant r\leqslant n$, $\prod\limits_{i=1}^{r}d_i\neq 0$. 如果经过线性替换 (10.1.2) 后, 有 (10.1.3) 成立, 我们就称 (10.1.3) 为 (10.1.1) 的**标准形**. 如果 (10.1.1) 以及化标准形过程中所涉及的 (10.1.2) 和 (10.1.3) 中的所有量都是实数, 则称标准形 (10.1.3) 是 $\mathbb{R}$ 上的或是**实**的, 当我们在复数域 $\mathbb{C}$ 内考虑标准形 (10.1.3), 称 (10.1.3) 是 $\mathbb{C}$ 上的或是**复**的.

非退化线性替换的合成也是非退化的线性替换, 这说明 (10.1.3) 的转化可以由多个非退化的线性替换合成来完成.

定理 10.1.1 数域 $\mathbb{F}$ 上的任一 n 个变元的二次型 (10.1.1), 都存在非退化的线性替换 (10.1.2) 化 (10.1.1) 为标准形 (10.1.3).

证明 我们用数学归纳法证明. 当 $n=1$ 时, (10.1.1) 本身就是标准形.

设所有由 $n-1$ 个变元所成的二次型均存在非退化线性替换 (10.1.2) 将该 $n-1$ 个变元的二次型化为标准形. 对于 n 个变元的二次型 (10.1.1), 我们分两种情形来讨论.

第一种情形: (10.1.1) 中完全平方项的系数不全为 0. 我们先讨论 $a_{11}\neq 0$ 的情形, 此时, 我们对 (10.1.1) 实施配方得

$$\begin{aligned}f(x_1,x_2,\cdots,x_n)&=a_{11}\left(x_1^2+2\frac{a_{12}}{a_{11}}x_1x_2+2\frac{a_{13}}{a_{11}}x_1x_3+\cdots+2\frac{a_{1n}}{a_{11}}x_1x_n\right)\\&\quad+\sum_{i=2}^{n}a_{ii}x_i^2+2\sum_{2\leqslant i<j\leqslant n}a_{ij}x_ix_j\\&=a_{11}\left(x_1+\frac{a_{12}}{a_{11}}x_2+\cdots+\frac{a_{1n}}{a_{11}}x_n\right)^2+\sum_{i=2}^{n}a_{ii}x_i^2\\&\quad+2\sum_{2\leqslant i<j\leqslant n}a_{ij}x_ix_j-a_{11}\left(\frac{a_{12}}{a_{11}}x_2+\cdots+\frac{a_{1n}}{a_{11}}x_n\right)^2.\end{aligned} \tag{10.1.4}$$

令

$$\begin{cases}z_1=x_1+\dfrac{a_{12}}{a_{11}}x_2+\cdots+\dfrac{a_{1n}}{a_{11}}x_n,\\ z_2=x_2,\\ \cdots\cdots\\ z_n=x_n\end{cases}$$

或

$$\begin{cases} x_1 = z_1 - \dfrac{a_{12}}{a_{11}} z_2 - \cdots - \dfrac{a_{1n}}{a_{11}} z_n, \\ x_2 = z_2, \\ \cdots\cdots \\ x_n = z_n, \end{cases} \tag{10.1.5}$$

则 (10.1.5) 是数域 $\mathbb{F}$ 上的一个非退化的线性替换, 将其代入 (10.1.4) 得

$$f(x_1, x_2, \cdots, x_n) = a_{11} z_1^2 + g(z_2, \cdots, z_n), \tag{10.1.6}$$

这里

$$g(z_2, \cdots, z_n) = \sum_{i=2}^{n} a_{ii} z_i^2 + 2 \sum_{2 \leqslant i < j \leqslant n} a_{ij} z_i z_j - a_{11} \left(\frac{a_{12}}{a_{11}} z_2 + \cdots + \frac{a_{1n}}{a_{11}} z_n \right)^2 \tag{10.1.7}$$

是数域 $\mathbb{F}$ 上关于变元 $z_2, z_3, \cdots, z_n$ 的一个二次型, 依归纳假设, 存在数域 $\mathbb{F}$ 上的非退化线性替换

$$\begin{cases} z_2 = d_{22} y_2 + \cdots + d_{2n} y_n, \\ z_3 = d_{32} y_2 + \cdots + d_{3n} y_n, \\ \cdots\cdots \\ z_n = d_{n2} y_2 + \cdots + d_{nn} y_n, \end{cases}$$

将它代入 (10.1.7) 后, 化 (10.1.7) 为

$$g(z_1, z_2, \cdots, z_n) = d_2 y_2^2 + d_3 y_3^2 + \cdots + d_{r_1} y_{r_1}^2,$$

这里 $d_i \in \mathbb{F} (i = 2, 3, \cdots, r_1)$, $0 \leqslant r_1 \leqslant n - 1$. 于是, 若令

$$\begin{cases} z_1 = y_1, \\ z_2 = d_{22} y_2 + \cdots + d_{2n} y_n, \\ \cdots\cdots \\ z_n = d_{n2} y_2 + \cdots + d_{nn} y_n, \end{cases} \tag{10.1.8}$$

则 (10.1.8) 也是 $\mathbb{F}$ 上的一个非退化的线性替换. 代入 (10.1.6) 得

$$f(x_1, x_2, \cdots, x_n) = a_{11} y_1^2 + d_2 y_2^2 + \cdots + d_{r_1} y_{r_1}^2. \tag{10.1.9}$$

令

$$\begin{cases} x_1 = c_{11} y_1 + c_{12} y_2 + \cdots + c_{1n} y_n, \\ x_2 = c_{21} y_1 + c_{22} y_2 + \cdots + c_{2n} y_n, \\ \cdots\cdots \\ x_n = c_{n1} y_1 + c_{n2} y_2 + \cdots + c_{nn} y_n \end{cases} \tag{10.1.10}$$

为 (10.1.8) 代入 (10.1.6) 所得, 则 (10.1.10) 是 $\mathbb{F}$ 上的一个非退化的线性替换. 又 (10.1.9) 实际上就是 (10.1.10) 代入 (10.1.1) 所得, 故我们证明了定理的结论此时是正确的.

当 $a_{11}=0$ 时, 总存在某个变量的完全平方项的系数不为 0, 交换该变量和 x_1 的位置, 然后重新对变量进行编号形成新的二次型 (实际上就是作了一次 $\mathbb{F}$ 上非退化的线性替换!), 这个新二次型的第一个变量的完全平方项的系数不为零, 这就是 $a_{11}\neq 0$ 的情形. 因此, 依据刚才所证明的结果, 定理的结论也正确.

第二种情形：所有平方项的系数全为 0, 即 $a_{ii}=0(i=1,2,\cdots,n)$. 此时,

(a) 若存在 $1\leqslant i\leqslant n$ 使得 (10.1.1) 中有 x_i 项的系数全为零, 则 (10.1.1) 实际上就是一个 $n-1$ 个变元的二次型. 此时由假设, 它可经 $\mathbb{F}$ 上非退化的线性替换化为标准形 (10.1.3).

(b) 对任意 $1\leqslant i\leqslant n$, x_i 均在 (10.1.1) 中出现, 此时 $x_ix_j(1\leqslant i<j\leqslant n)$ 的系数不全为零. 不妨设 $x_{i_0}x_{j_0}$ 的系数 $a_{i_0j_0}\neq 0$, 令

$$\begin{cases} x_i=z_i, \quad i\neq i_0, j\neq j_0, \\ x_{i_0}=z_{i_0}+z_{j_0}, \\ x_{j_0}=z_{i_0}-z_{j_0}, \end{cases} \tag{10.1.11}$$

则 (10.1.11) 是数域 $\mathbb{F}$ 上的一个非退化的线性替换. 代入 (10.1.1) 便可将 (10.1.1) 化为一个完全平方项不全为 0 的 n 个变元二次型, 此为第一种情形, 根据刚才所证, 它可由 $\mathbb{F}$ 上某个非退化的线性替换

$$\begin{cases} z_1=d_{11}y_1+d_{12}y_2+\cdots+d_{1n}y_n, \\ z_2=d_{21}y_1+d_{22}y_2+\cdots+d_{2n}y_n, \\ \qquad\cdots\cdots \\ z_n=d_{n1}y_1+d_{n2}y_2+\cdots+d_{nn}y_n \end{cases} \tag{10.1.12}$$

化为标准形 (10.1.3). 从而, 此时定理的结论也正确.

综上所述, 定理的结论对于 n 个变元的二次型也正确. 依归纳法, 定理对所有 n 恒真. □

定理 10.1.1 的证明中所用的方法通常称为**配方法**. 定理 10.1.1 事实上还告诉我们, 任何一个数域 $\mathbb{F}$ 上的二次型均可由 $\mathbb{F}$ 上的一个非退化的线性替换化为 $\mathbb{F}$ 上的一个标准型, 且这个非退化线性替换可以通过配方法得到. 配方法是我们常用的方法.

例 10.1.1 用配方法化下列二次形为标准形, 并写出所用的非退化线性替换:

$$f(x_1,x_2,x_3,x_4)=x_1^2+2x_2^2+x_4^2+4x_1x_2+4x_1x_3+2x_1x_4+2x_2x_3+2x_2x_4+2x_3x_4.$$

解

$$
\begin{aligned}
&f(x_1,x_2,x_3,x_4)\\
&=(x_1^2+4x_1x_2+4x_1x_3+2x_1x_4)+2x_2^2+x_4^2+2x_2x_3+2x_2x_4+2x_3x_4\\
&=(x_1+2x_2+2x_3+x_4)^2-2x_2^2-4x_3^2-6x_2x_3-2x_2x_4-2x_3x_4\\
&=(x_1+2x_2+2x_3+x_4)^2-2(x_2^2+3x_2x_3+x_2x_4)-4x_3^2-2x_3x_4\\
&=(x_1+2x_2+2x_3+x_4)^2-2\left(x_2+\frac{3}{2}x_3+\frac{1}{2}x_4\right)^2+\frac{1}{2}x_3^2+\frac{1}{2}x_4^2+x_3x_4\\
&=(x_1+2x_2+2x_3+x_4)^2-2\left(x_2+\frac{3}{2}x_3+\frac{1}{2}x_4\right)^2+\frac{1}{2}(x_3+x_4)^2,
\end{aligned}
$$

令

$$
\begin{cases}
y_1=x_1+2x_2+2x_3+x_4,\\
y_2=x_2+\dfrac{3}{2}x_3+\dfrac{1}{2}x_4,\\
y_3=x_3+x_4,\\
y_4=x_4,
\end{cases}
\quad \text{或} \quad
\begin{cases}
x_1=y_1-2y_2+y_3-y_4,\\
x_2=y_2-\dfrac{3}{2}y_3-y_4,\\
x_3=y_3-y_4,\\
x_4=y_4.
\end{cases}
$$

不难验证, 它为非退化的线性替换, 且在该替换下

$$
f(x_1,x_2,x_3,x_4)=y_1^2-2y_2^2+\frac{1}{2}y_3^2.
$$

例 10.1.2 用配方法化二次型

$$
f(x_1,x_2,x_3,x_4)=2x_1x_2-x_1x_3+x_1x_4-x_2x_3+x_2x_4-2x_3x_4
$$

为标准形, 并写出所用的非退化的线性替换.

解 令

$$
\begin{cases}
x_1=y_1+y_2,\\
x_2=y_1-y_2,\\
x_3=y_3,\\
x_4=y_4,
\end{cases}
$$

则可以验证它是非退化的, 将之代入 $f(x_1,x_2,x_3,x_4)$ 并实施配方

$$
\begin{aligned}
f(x_1,x_2,x_3,x_4) &= 2(y_1+y_2)(y_1-y_2)-(y_1+y_2)y_3+(y_1+y_2)y_4 \\
&\quad -(y_1-y_2)y_3+(y_1-y_2)y_4-2y_3y_4 \\
&= 2y_1^2-2y_2^2-2y_1y_3+2y_1y_4-2y_3y_4 \\
&= 2\left(y_1-\frac{1}{2}y_3+\frac{1}{2}y_4\right)^2-2y_2^2-\frac{1}{2}(y_3+y_4)^2.
\end{aligned}
\tag{10.1.13}
$$

令

$$
\begin{cases}
z_1 = y_1-\dfrac{1}{2}y_3+\dfrac{1}{2}y_4,\\
z_2 = y_2,\\
z_3 = y_3+y_4,\\
z_4 = y_4,
\end{cases}
\quad 或 \quad
\begin{cases}
y_1 = z_1+\dfrac{1}{2}z_3-z_4,\\
y_2 = z_2,\\
y_3 = z_3-z_4,\\
y_4 = z_4,
\end{cases}
$$

则它也是非退化的. 将其代入 (10.1.13), 得 $f(x_1,x_2,x_3,x_4)=2z_1^2-2z_2^2-\frac{1}{2}z_3^2$. 此即为 $f(x_1,x_2,x_3,x_4)$ 的一个标准形, 不难验证, 所用的非退化线性替换为

$$
\begin{cases}
x_1 = z_1+z_2+\dfrac{1}{2}z_3-z_4,\\
x_2 = z_1+\dfrac{1}{2}z_2+\dfrac{1}{2}z_3-z_4,\\
x_3 = z_3-z_4,\\
x_4 = z_4.
\end{cases}
$$

习 题 10.1

1. 用配方法化下列二次型为标准形, 并写出非退化的线性替换:

(1) $f(x_1,x_2,x_3)=x_1^2+2x_1x_2+2x_2^2+4x_2x_3+x_3^2$;

(2) $f(x_1,x_2,x_3)=-2x_1x_2+2x_1x_3+2x_2x_3$;

(3) $f(x_1,x_2,x_3)=2x_1^2-4x_1x_2+x_2^2-4x_2x_3$.

10.2 二次型的矩阵形式与矩阵的合同

若令

$$
a_{ij}=a_{ji},\quad 1\leqslant j<i\leqslant n. \tag{10.2.1}
$$

这里 a_{ji} $(1\leqslant j<i\leqslant n)$ 由 (10.1.1) 所定义. 则 (10.1.1) 可以写为

$$
f(x_1,x_2,\cdots,x_n)=\boldsymbol{X}^{\mathrm{T}}\boldsymbol{A}\boldsymbol{X}, \tag{10.2.2}
$$

这里 $\boldsymbol{X}=(x_1,x_2,\cdots,x_n)^{\mathrm{T}}\in\mathbb{F}^n$, $\boldsymbol{A}=(a_{ij})_{n\times n}\in\mathbb{F}^{n\times n}$. 通常称 (10.2.2) 为二次型的**矩阵表达式**. 称 $\boldsymbol{A}$ 为二次型 (10.1.1) 的**矩阵**. 根据 (10.1.2), $\boldsymbol{A}=\boldsymbol{A}^{\mathrm{T}}$(或 $\boldsymbol{A}=\boldsymbol{A}'$), 即二次型的矩阵是对称的. 我们可以很容易验证

性质 10.2.1 数域 $\mathbb{F}$ 上的 n 个变元的二次型与 $\mathbb{F}$ 上的 n 阶对称阵是 1-1 对应的.

我们也称数域 $\mathbb{F}$ 上的一个对称阵 $\boldsymbol{A}$ 经由 (10.2.2) 所定义的 n 个变元二次型为**矩阵 $\boldsymbol{A}$ 的二次型**.

非退化线性替换 (10.1.2) 可写成

$$\boldsymbol{X}=\boldsymbol{CY},\qquad |\boldsymbol{C}|\neq 0,\tag{10.2.3}$$

这里

$$\boldsymbol{X}=\begin{pmatrix}x_1\\x_2\\\vdots\\x_n\end{pmatrix}\in\mathbb{F}^n,\quad \boldsymbol{Y}=\begin{pmatrix}y_1\\y_2\\\vdots\\y_n\end{pmatrix}\in\mathbb{F}^n,$$

$$\boldsymbol{C}=\begin{pmatrix}c_{11}&c_{12}&\cdots&c_{1n}\\c_{21}&c_{22}&\cdots&c_{2n}\\\vdots&\vdots&&\vdots\\c_{n1}&c_{n2}&\cdots&c_{nn}\end{pmatrix}_{n\times n}\in\mathbb{F}^{n\times n}.$$

根据 (10.2.2) 及 (10.2.3), 定理 10.1.1 的矩阵形式为

定理 10.2.2 设 $\boldsymbol{A}$ 为数域 $\mathbb{F}$ 上的一个 n 阶对称矩阵, 则存在 $\mathbb{F}$ 上的 n 阶对角阵 $\boldsymbol{D}$ 及 n 阶可逆矩阵 $\boldsymbol{C}$ 使得二次型 $f(x_1,x_2,\cdots,x_n)=\boldsymbol{X}^{\mathrm{T}}\boldsymbol{AX}$ 经过非退化线性替换 $\boldsymbol{X}=\boldsymbol{CY}$ 化为 $\boldsymbol{Y}^{\mathrm{T}}\boldsymbol{DY}$, 或

$$f(x_1,x_2,\cdots,x_n)=\boldsymbol{X}^{\mathrm{T}}\boldsymbol{AX}\xlongequal{\boldsymbol{X}=\boldsymbol{CY}}\boldsymbol{Y}^{\mathrm{T}}\boldsymbol{C}^{\mathrm{T}}\boldsymbol{ACY}=\boldsymbol{Y}^{\mathrm{T}}\boldsymbol{DY},\tag{10.2.4}$$

这里

$$\boldsymbol{D}=\begin{pmatrix}d_1&&&&&&\\&d_2&&&&&\\&&\ddots&&&&\\&&&d_r&&&\\&&&&0&&\\&&&&&\ddots&\\&&&&&&0\end{pmatrix}\in\mathbb{F}^{n\times n}$$

由定理 10.1.1 确定.

例 10.2.1 试写出例 10.1.1 和例 10.1.2 配方过程中的矩阵形式.

解 例 10.1.1 中的二次型可写为 $f(x_1,x_2,x_3,x_4)=\boldsymbol{X}^{\mathrm{T}}\boldsymbol{A}\boldsymbol{X}$, 其中

$$\boldsymbol{X}=\begin{pmatrix}x_1\\x_2\\x_3\\x_4\end{pmatrix},\quad \boldsymbol{A}=\begin{pmatrix}1&2&2&1\\2&2&1&1\\2&1&0&1\\1&1&1&1\end{pmatrix}.$$

由例 10.1.1 解题过程知, 令 $\boldsymbol{X}=\boldsymbol{C}\boldsymbol{Y}$, 其中

$$\boldsymbol{C}=\begin{pmatrix}1&-2&1&-1\\0&1&-\dfrac{3}{2}&1\\0&0&1&-1\\0&0&0&1\end{pmatrix},\quad \boldsymbol{Y}=\begin{pmatrix}y_1\\y_2\\y_3\\y_4\end{pmatrix},$$

则

$$f(x_1,x_2,x_3,x_4)\xlongequal{\boldsymbol{X}=\boldsymbol{C}\boldsymbol{Y}}\boldsymbol{Y}^{\mathrm{T}}\boldsymbol{C}^{\mathrm{T}}\boldsymbol{A}\boldsymbol{C}\boldsymbol{Y}=\boldsymbol{Y}^{\mathrm{T}}\begin{pmatrix}1&0&0&0\\0&-2&0&0\\0&0&\dfrac{1}{2}&0\\0&0&0&0\end{pmatrix}\boldsymbol{Y}.$$

例 10.1.2 中的二次型可写为 $f(x_1,x_2,x_3,x_4)=\boldsymbol{X}^{\mathrm{T}}\boldsymbol{A}\boldsymbol{X}$, 其中

$$\boldsymbol{X}=\begin{pmatrix}x_1\\x_2\\x_3\\x_4\end{pmatrix},\quad \boldsymbol{A}=\begin{pmatrix}0&1&-\dfrac{1}{2}&\dfrac{1}{2}\\1&0&-\dfrac{1}{2}&\dfrac{1}{2}\\-\dfrac{1}{2}&-\dfrac{1}{2}&0&-1\\\dfrac{1}{2}&\dfrac{1}{2}&-1&0\end{pmatrix}.$$

由例 10.1.2 解题过程知, 若令 $\boldsymbol{X}=\boldsymbol{C}_1\boldsymbol{Y}$, $\boldsymbol{Y}=\boldsymbol{C}_2$, $\boldsymbol{C}=\boldsymbol{C}_1\boldsymbol{C}_2$, 其中

$$\boldsymbol{X}=\begin{pmatrix}x_1\\x_2\\x_3\\x_4\end{pmatrix},\quad \boldsymbol{Y}=\begin{pmatrix}y_1\\y_2\\y_3\\y_4\end{pmatrix},\quad \boldsymbol{C}_1=\begin{pmatrix}1&1&0&0\\1&-1&0&0\\0&0&1&0\\0&0&0&1\end{pmatrix},$$

$$
C_2 = \begin{pmatrix} 1 & 0 & \frac{1}{2} & -1 \\ 0 & 1 & 0 & 0 \\ 0 & 0 & 1 & -1 \\ 0 & 0 & 0 & 1 \end{pmatrix}, \quad Z = \begin{pmatrix} z_1 \\ z_2 \\ z_3 \\ z_4 \end{pmatrix},
$$

则

$$
C = \begin{pmatrix} 1 & 1 & \frac{1}{2} & -1 \\ 1 & -1 & \frac{1}{2} & -1 \\ 0 & 0 & 1 & -1 \\ 0 & 0 & 0 & 1 \end{pmatrix},
$$

且

$$
f(x_1, x_2, x_3, x_4) \xlongequal{X=CZ} Z^{\mathrm{T}} C^{\mathrm{T}} A C Z = Z^{\mathrm{T}} \begin{pmatrix} 2 & 0 & 0 & 0 \\ 0 & -2 & 0 & 0 \\ 0 & 0 & \frac{1}{2} & 0 \\ 0 & 0 & 0 & 0 \end{pmatrix} Z.
$$

定义 10.2.1 设 A, B 为数域 $\mathbb{F}$ 上的一个 n 阶方阵, 若存在 $\mathbb{F}$ 上的 n 阶可逆阵 C 使得

$$
B = C^{\mathrm{T}} A C,
$$

则称 A 与 B 合同, 并记作 $A \overset{T}{\sim} B$.

矩阵的合同与矩阵的相似、矩阵的等价类似, 具有

反身性 $A \overset{T}{\sim} A$.

对称性 若 $A \overset{T}{\sim} B$, 则 $B \overset{T}{\sim} A$.

传递性 若 $A \overset{T}{\sim} B$, $B \overset{T}{\sim} C$, 则 $A \overset{T}{\sim} C$.

因而矩阵的合同也是一个等价关系, 通常, 我们称之为矩阵的**合同关系**. 仿照矩阵的相似和矩阵的等价, 我们也可以将 n 阶矩阵按合同进行分类.

由 (10.2.4) 中 X 与 Y 的任意性以及矩阵 C 的非奇异性, 我们还可以从 (10.2.4) 进一步推得

$$
C^{\mathrm{T}} A C = \begin{pmatrix} d_1 & & & & & & \\ & d_2 & & & & & \\ & & \ddots & & & & \\ & & & d_r & & & \\ & & & & 0 & & \\ & & & & & \ddots & \\ & & & & & & 0 \end{pmatrix}.
$$

上述等式实际上证明了与定理 10.2.2 相对应的矩阵中的结果:

定理 10.2.3 数域 $\mathbb{F}$ 上的任何一个 n 阶对称矩阵均与 $\mathbb{F}$ 上的某个对角阵合同.

(10.2.4) 等式右侧矩阵中的 r 是 $\boldsymbol{A}$ 的秩. 由 (10.1.3), 这是标准形中非零项的数目, 由矩阵理论可知, 不管使用什么样的非线性退化线性替换 (10.1.2), r 是非退化线性替换的一个不变元, 通常我们称 r 为**二次型** (10.1.1) **的秩**. 于是二次型矩阵的秩就是二次型的秩.

习 题 10.2

1. 证明 $\begin{pmatrix} \lambda_1 & & & \\ & \lambda_2 & & \\ & & \ddots & \\ & & & \lambda_n \end{pmatrix}$ 与 $\begin{pmatrix} \lambda_{i_1} & & & \\ & \lambda_{i_2} & & \\ & & \ddots & \\ & & & \lambda_{i_n} \end{pmatrix}$ 合同, 其中 $i_1, i_2, \cdots, i_n$ 是 $1, 2, \cdots, n$ 的一个排列.

2. 设矩阵 $\boldsymbol{A} = \begin{pmatrix} a_{11} & a_{12} & \cdots & a_{1n} \\ a_{21} & a_{22} & \cdots & a_{2n} \\ \vdots & \vdots & & \vdots \\ a_{n1} & a_{n2} & \cdots & a_{nn} \end{pmatrix}$. 求二次型 $f(\boldsymbol{X}) = \boldsymbol{X}^{\mathrm{T}}\boldsymbol{A}\boldsymbol{X}$ 的矩阵.

数论中的二次型

10.3 二次型的规范形

在 10.1 节的两个例子中, 我们不难发现二次型 (10.1.1) 的标准形是不唯一的. 本节中我们讨论能否将标准形的形式进行适当的变化, 使得变化后的标准形是唯一的, 为此我们就复二次型和实二次型分别讨论.

10.3.1 复二次型的规范形

当 (10.1.1) 为复二次型时, 不妨假设 (10.1.1) 的秩为 r, 且它经过非退化的线性替换 (10.1.2) 后得标准形 (10.1.3). 令

$$\begin{cases} z_i = \sqrt{d_i} y_i, & 1 \leqslant i \leqslant r, \\ z_i = y_i & r+1 \leqslant i \leqslant n \end{cases} \quad \text{或} \quad \begin{cases} y_i = \dfrac{1}{\sqrt{d_i}} z_i, & 1 \leqslant i \leqslant r, \\ y_i = z_i, & r+1 \leqslant i \leqslant n. \end{cases} \tag{10.3.1}$$

则 (10.3.1) 是 $\mathbb{C}$ 上的一个非退化的线性替换, 其矩阵形式为

$$\boldsymbol{Y} = \begin{pmatrix} \frac{1}{\sqrt{d_1}} & & & & & & \\ & \frac{1}{\sqrt{d_2}} & & & & & \\ & & \ddots & & & & \\ & & & \frac{1}{\sqrt{d_r}} & & & \\ & & & & 1 & & \\ & & & & & \ddots & \\ & & & & & & 1 \end{pmatrix} \boldsymbol{Z},$$

这里

$$\boldsymbol{Y} = \begin{pmatrix} y_1 \\ y_2 \\ \vdots \\ y_n \end{pmatrix}, \quad \boldsymbol{Z} = \begin{pmatrix} z_1 \\ z_2 \\ \vdots \\ z_n \end{pmatrix},$$

于是在非退化的线性替换

$$\boldsymbol{X} = \boldsymbol{C} \begin{pmatrix} \frac{1}{\sqrt{d_1}} & & & & & & \\ & \frac{1}{\sqrt{d_2}} & & & & & \\ & & \ddots & & & & \\ & & & \frac{1}{\sqrt{d_r}} & & & \\ & & & & 1 & & \\ & & & & & \ddots & \\ & & & & & & 1 \end{pmatrix} \boldsymbol{Z}$$

下, (10.1.1) 化为

$$f(x_1, x_2, \cdots, x_n) = z_1^2 + z_2^2 + \cdots + z_r^2. \tag{10.3.2}$$

(10.3.2) 除了变元 $z_1, z_2, \cdots, z_r$ 的次序及其变元的表达形式 (比如可用 ω_i 代替 z_i $(i = 1, 2, \cdots, r)$) 外是唯一的, 通常我们称 (10.3.2) 为复二次型 (10.1.1) 的**规范形**.

如 (10.3.2) 所示的化复二次型 (10.1.1) 为规范形的矩阵语言的描述是

任一秩为 r 的 n 阶复对称阵均与 $\begin{pmatrix} \boldsymbol{E}_r & \boldsymbol{O} \\ \boldsymbol{O} & \boldsymbol{O} \end{pmatrix}$ 合同.

10.3.2 实二次型的规范形

当 (10.1.1) 为实二次型时, 不妨假设 (10.1.1) 经过非退化线性替换 $\boldsymbol{X} = \boldsymbol{C}\boldsymbol{Y}(|\boldsymbol{C}| \neq 0)$ 后化为如下标准形:

$$f(x_1, x_2, \cdots, x_n) \xlongequal[|\boldsymbol{C}|\neq 0]{\boldsymbol{X}=\boldsymbol{C}\boldsymbol{Y}} d_1 y_1^2 + \cdots + d_p y_p^2 - d_{p+1} y_{p+1}^2 - \cdots - d_r y_r^2, \quad (10.3.3)$$

其中 $d_i > 0(i = 1, 2, \cdots, r)$, $0 \leqslant p \leqslant r$.

(10.3.3) 可视为对 (10.1.3) 通过改变变元的位置所得 (这实际上是实施了一次 $\mathbb{R}$ 上的非退化线性替换).

定理 10.3.1 (10.3.3) 中的正项符号的个数 p 与非退化线性替换的选取无关.

证明 设 (10.1.1) 还经过非退化的线性替换

$$\begin{cases} x_1 = d_{11} z_1 + d_{12} z_2 + \cdots + d_{1n} z_n, \\ x_2 = d_{21} z_1 + d_{22} z_2 + \cdots + d_{2n} z_n, \\ \qquad \cdots\cdots \\ x_n = d_{n1} z_1 + d_{n2} z_2 + \cdots + d_{nn} z_n \end{cases} \quad \text{或} \quad \boldsymbol{X} = \boldsymbol{D}\boldsymbol{Z}$$

化为

$$f(x_1, x_2, \cdots, x_n) = l_1 z_1^2 + \cdots + l_q z_q^2 - l_{q+1} z_{q+1}^2 - \cdots - l_r z_r^2,$$

这里

$$\boldsymbol{D} = (d_{ij})_{n\times n}, \quad \boldsymbol{Z} = (z_1,\ z_2,\ \cdots,\ z_n)^{\mathrm{T}}, \quad 0 \leqslant q \leqslant r,\ 0 < l_i,\ i = 1, 2, \cdots, r.$$

则由 (10.3.3) 有

$$d_1 y_1^2 + \cdots + d_p y_p^2 - d_{p+1} y_{p+1}^2 - \cdots - d_r y_r^2 = l_1 z_1^2 + \cdots + l_q z_q^2 - l_{q+1} z_{q+1}^2 - \cdots - l_r z_r^2, \quad (10.3.4)$$

且

$$\boldsymbol{Y} = \boldsymbol{C}^{-1} \boldsymbol{D} \boldsymbol{Z}. \quad (10.3.5)$$

不妨设 (10.3.5) 的分量形式为

$$\begin{cases} y_1 = b_{11}z_1 + \cdots + b_{1n}z_n, \\ \quad\cdots\cdots \\ y_p = b_{p1}z_1 + \cdots + b_{pn}z_n, \\ \quad\cdots\cdots \\ y_n = b_{n1}z_1 + \cdots + b_{nn}z_n. \end{cases}$$

若 $p < q$, 则构造线性方程组

$$\begin{cases} b_{11}z_1 + \cdots + b_{1\ q+1}z_{q+1} + \cdots + b_{1n}z_n = 0, \\ \quad\cdots\cdots \\ b_{p1}z_1 + \cdots + b_{p\ q+1}z_{q+1} + \cdots + b_{pn}z_n = 0, \\ \qquad\qquad z_{q+1} \qquad\qquad = 0, \\ \qquad\qquad\qquad \cdots\cdots \\ \qquad\qquad\qquad\qquad z_n = 0. \end{cases} \tag{10.3.6}$$

(10.3.6) 是由 $(n-q)+p = n-(q-p) > 0$ 个方程所组成的 n 个未知量的线性方程组, 其系数矩阵的秩 $\leqslant n-q+p < n$, 故它有非零解存在, 将这组非零解代入 (10.3.4), 得到 (10.3.4) 等式左边为非正值, 右边为正值. 矛盾！故 $p \geqslant q$. 同理得证 $q \geqslant p$. 从而 $p = q$. □

定理 10.3.1 说明在实二次型的标准形中, 正项的个数与化简过程中所选择的非退化线性替换无关. 同样地, 标准形中负项的个数也与非退化替换的选择无关. 通常我们称 p 为实二次型或其矩阵的**正惯性指数**, $r-p$ 为**负惯性指数**, $2p-r$ 为**符号差**. 我们也称定理 10.3.1 为**惯性定理**.

(10.3.3) 中, 令

$$\begin{cases} z_i = \sqrt{d_i}y_i, & 1 \leqslant i \leqslant r, \\ z_i = y_i, & r+1 \leqslant i \leqslant n \end{cases} \quad \text{或} \quad \begin{cases} y_i = \dfrac{1}{\sqrt{d_i}}z_i, & 1 \leqslant i \leqslant r, \\ y_i = z_i, & r+1 \leqslant i \leqslant n. \end{cases} \tag{10.3.7}$$

则 (10.3.7) 是非退化的线性替换, 其矩阵形式为

$$\boldsymbol{Y} = \boldsymbol{DZ},$$

这里

$$
\boldsymbol{Y}=\begin{pmatrix} y_1 \\ y_2 \\ \vdots \\ y_n \end{pmatrix},\quad \boldsymbol{Z}=\begin{pmatrix} z_1 \\ z_2 \\ \vdots \\ z_n \end{pmatrix},\quad \boldsymbol{D}=\begin{pmatrix} \frac{1}{\sqrt{d_1}} & & & & & & \\ & \frac{1}{\sqrt{d_2}} & & & & & \\ & & \ddots & & & & \\ & & & \frac{1}{\sqrt{d_r}} & & & \\ & & & & 1 & & \\ & & & & & \ddots & \\ & & & & & & 1 \end{pmatrix}.
$$

于是 (10.1.1) 经非退化的线性替换 $\boldsymbol{X}=\boldsymbol{CDZ}$ 化为

$$
f(x_1,x_2,\cdots,x_n)=z_1^2+z_2^2+\cdots+z_p^2-z_{p+1}^2-\cdots-z_r^2. \tag{10.3.8}
$$

由定理 10.3.1, (10.3.8) 除了变元的次序及变元的表示形式 (如用 ω_i 代替 z_i 等) 外, 表达式是唯一的. 通常, 我们称 (10.3.8) 为实二次型的**规范形**.

实二次型 (10.1.1) 的规范形为 (10.3.8) 所对应的矩阵语言描述为

$$
\textbf{任一 } n \textbf{ 阶的实对称矩阵均与} \begin{pmatrix} \boldsymbol{E}_p & & \\ & \boldsymbol{E}_{r-p} & \\ & & \boldsymbol{O} \end{pmatrix} \textbf{合同},
$$

这里 p 为 n 阶实对称矩阵所对应的实二次型的正惯性指数, $r=r(\boldsymbol{A})$.

例 10.3.1　求例 10.1.1 中二次型的规范形 (复与实的).

解　例 10.1.1 中, $f(x_1,x_2,x_3,x_4)$ 经非退化的线性替换化为标准形 $y_1^2-2y_2^2+\frac{1}{2}y_3^2$.

令

$$
\begin{cases} z_1=y_1, \\ z_2=\sqrt{-2}y_2, \\ z_3=\dfrac{\sqrt{2}}{2}y_3, \\ z_4=y_4, \end{cases}
$$

则得 $f(x_1,x_2,x_3,x_4)$ 的复规范形为

$$
z_1^2+z_2^2+z_3^2.
$$

接下来, 我们计算例 10.1.1 的实规范形. 令

$$\begin{cases} w_1 = y_1, \\ w_2 = \dfrac{\sqrt{2}}{2} y_3, \\ w_3 = \sqrt{2} y_2, \\ w_4 = y_4 \end{cases} \quad \text{或} \quad \begin{cases} y_1 = w_1, \\ y_2 = \dfrac{\sqrt{2}}{2} w_3, \\ y_3 = \sqrt{2} w_2, \\ y_4 = w_4 \end{cases}$$

则得该二次型所对应的实规范形为

$$w_1^2 + w_2^2 - w_3^2.$$

请读者自行写出化例 10.1.1 中的二次型为规范形的矩阵运算过程.

习 题 10.3

1. 求习题 10.1 的习题 1 中二次型的规范形 (实与复的).

2. 证明 $\boldsymbol{E}$ 与 $-\boldsymbol{E}$ 在复数域上合同, 但在实数域上不合同.

3. 如果把 n 阶实对称矩阵按合同关系分类 (即两个 n 阶实对称矩阵属于同一类, 当且仅当它们是合同的), 问共有几类?

4. 设 $f(x_1, x_2, \cdots, x_n)$ 是一个实二次型, 其秩为 r. 证明: 在 $\mathbb{R}^n$ 中存在 $n-r$ 维子空间 V 使得对任意的 $(x_1^0, x_2^0, \cdots, x_n^0)^{\mathrm{T}} \in V$, 均有

$$f(x_1^0, x_2^0, \cdots, x_n^0) = 0.$$

5. 求二次型 $f(\boldsymbol{X}) = \sum\limits_{1 \leqslant i < j \leqslant n} x_i x_j$ 的规范形.

10.4 实二次型的正交替换

当 (10.1.1) 是实数域上的 n 元二次型时, 该二次型的矩阵 $\boldsymbol{A}$ 是实对称的, 从而 $\boldsymbol{A}$ 的特征值与其所从属的特征向量均是实的, 则存在 n 阶正交阵 $\boldsymbol{U}$ 使得

$$\boldsymbol{U}^{\mathrm{T}} \boldsymbol{A} \boldsymbol{U} = \begin{pmatrix} \lambda_1 & & & \\ & \lambda_2 & & \\ & & \ddots & \\ & & & \lambda_n \end{pmatrix}, \tag{10.4.1}$$

这里 $\lambda_1, \lambda_2, \cdots, \lambda_n$ 是 $\boldsymbol{A}$ 的所有 n 个特征值 (包含其重数). 此时 $\boldsymbol{A}$ 既与对角阵 $\operatorname{diag}(\lambda_1, \lambda_2, \cdots, \lambda_n)$ 相似又与其合同. 令

$$\boldsymbol{X} = \boldsymbol{U} \boldsymbol{Y}, \tag{10.4.2}$$

则二次型 (10.1.1)

$$f(x_1, x_2, \cdots, x_n) = \boldsymbol{X}^{\mathrm{T}}\boldsymbol{A}\boldsymbol{X} = \boldsymbol{Y}^{\mathrm{T}}(\boldsymbol{U}^{\mathrm{T}}\boldsymbol{A}\boldsymbol{U})\boldsymbol{Y}$$

$$= \boldsymbol{Y}^{\mathrm{T}}\begin{pmatrix} \lambda_1 & & & \\ & \lambda_2 & & \\ & & \ddots & \\ & & & \lambda_n \end{pmatrix}\boldsymbol{Y} \tag{10.4.3}$$

$$= \lambda_1 y_1^2 + \lambda_2 y_2^2 + \cdots + \lambda_n y_n^2.$$

通常, 我们称由正交矩阵所构成的非退化线性替换 (10.4.2) 为**正交 (线性) 替换**. 综合上述分析, 我们有

定理 10.4.1 任何一个 n 元的实二次型均可经正交替换标准化, 且其标准形中平方项的所有系数恰为实二次型所对应的实对称矩阵的所有特征值.

例 10.4.1 用正交替换化实二次型

$$f(x_1, x_2, x_3) = -2x_1x_2 + 2x_1x_3 + 2x_2x_3$$

为标准形, 并写出所用的正交替换.

解 该二次型的矩阵为

$$\boldsymbol{A} = \begin{pmatrix} 0 & -1 & 1 \\ -1 & 0 & 1 \\ 1 & 1 & 0 \end{pmatrix}.$$

由 8.5 节中的例 8.5.1 知, 存在正交阵

$$\boldsymbol{U} = \begin{pmatrix} -\dfrac{1}{\sqrt{3}} & -\dfrac{1}{\sqrt{2}} & \dfrac{1}{\sqrt{6}} \\ -\dfrac{1}{\sqrt{3}} & \dfrac{1}{\sqrt{2}} & \dfrac{1}{\sqrt{6}} \\ \dfrac{1}{\sqrt{3}} & 0 & \dfrac{2}{\sqrt{6}} \end{pmatrix}$$

使得

$$\boldsymbol{U}^{\mathrm{T}}\boldsymbol{A}\boldsymbol{U} = \begin{pmatrix} -2 & 0 & 0 \\ 0 & 1 & 0 \\ 0 & 0 & 1 \end{pmatrix}.$$

利用此结果, 作正交替换 $\boldsymbol{X} = \boldsymbol{U}\boldsymbol{Y}$, 则二次型化为标准形 $-2y_1^2 + y_2^2 + y_3^2$.

例 10.4.2　用正交替换化实二次型 $f(x,y)=2x^2+2xy+2y^2$ 为标准形, 并写出所用的正交替换.

解　该二次型的矩阵为 $\boldsymbol{A}=\begin{pmatrix}2&1\\1&2\end{pmatrix}$, 由于 $\boldsymbol{A}$ 的特征多项式为

$$|\lambda\boldsymbol{E}-\boldsymbol{A}|=\begin{vmatrix}\lambda-2&-1\\-1&\lambda-2\end{vmatrix}=(\lambda-2)^2-1=(\lambda-3)(\lambda-1).$$

故 $\boldsymbol{A}$ 的特征值为 $\lambda_1=1,\ \lambda_2=3$.

以 $\lambda_1=1$ 代入 $(\lambda_1\boldsymbol{E}-\boldsymbol{A})\boldsymbol{X}=\boldsymbol{\theta}$, 解得一组基础解系为 $\begin{pmatrix}-1\\1\end{pmatrix}$, 单位化得 $\dfrac{1}{\sqrt{2}}\begin{pmatrix}-1\\1\end{pmatrix}$.

以 $\lambda_2=3$ 代入 $(\lambda_2\boldsymbol{E}-\boldsymbol{A})\boldsymbol{X}=\boldsymbol{\theta}$, 解得一组基础解系为 $\begin{pmatrix}1\\1\end{pmatrix}$, 单位化得 $\dfrac{1}{\sqrt{2}}\begin{pmatrix}1\\1\end{pmatrix}$.

令 $\boldsymbol{U}=\begin{pmatrix}-\dfrac{1}{\sqrt{2}}&\dfrac{1}{\sqrt{2}}\\\dfrac{1}{\sqrt{2}}&\dfrac{1}{\sqrt{2}}\end{pmatrix}$, 则 $\boldsymbol{U}$ 为正交阵且 $\boldsymbol{U}^{\mathrm{T}}\boldsymbol{A}\boldsymbol{U}=\begin{pmatrix}1&0\\0&3\end{pmatrix}$. 于是二次型在正交替换

$$\begin{pmatrix}x\\y\end{pmatrix}=\begin{pmatrix}-\dfrac{1}{\sqrt{2}}&\dfrac{1}{\sqrt{2}}\\\dfrac{1}{\sqrt{2}}&\dfrac{1}{\sqrt{2}}\end{pmatrix}\begin{pmatrix}x'\\y'\end{pmatrix}$$

下化为标准形

$$x'^2+3y'^2.$$

定理 10.4.1 实际上是定理 10.1.1 的一个特殊情形, 尽管定理 10.4.1 所示的正交线性替换与其他非退化的线性替换一样化二次型化为一个标准形. 但它具有非常特殊的几何性质. 它与 $\mathbb{R}^n$ 中二次齐次曲面 (线) 形状的判断与标准方程的获取紧密相关.

现在我们来讨论下正交替换的意义.

令 $f(x_1,x_2,\cdots,x_n)=\boldsymbol{X}^{\mathrm{T}}\boldsymbol{A}\boldsymbol{X}\xlongequal{\boldsymbol{X}=\boldsymbol{U}\boldsymbol{Y}}\boldsymbol{Y}^{\mathrm{T}}\begin{pmatrix}\lambda_1 & & & \\ & \lambda_2 & & \\ & & \ddots & \\ & & & \lambda_n\end{pmatrix}\boldsymbol{Y}$, 其中 $\boldsymbol{X}=\boldsymbol{U}\boldsymbol{Y}$ 是一个正交替换. 令 $f(x_1,x_2,\cdots,x_n)=0$ 在 $\mathbb{R}^n$ 中的二次曲面为 S. 这时 $\mathbb{R}^n$ 的坐标系 $O_1(\boldsymbol{e}_1,\boldsymbol{e}_2,\cdots,\boldsymbol{e}_n)$, 其中 $\boldsymbol{e}_1,\boldsymbol{e}_2,\cdots,\boldsymbol{e}_n$ 为 $\mathbb{R}^n$ 中的常用标准正交基. 令其中任一向量 $\boldsymbol{\alpha}=(\boldsymbol{e}_1,\boldsymbol{e}_2,\cdots,\boldsymbol{e}_n)\boldsymbol{X}$, 则 $\boldsymbol{\alpha}$ 在 $(\boldsymbol{\beta}_1,\boldsymbol{\beta}_2,\cdots,\boldsymbol{\beta}_n)=(\boldsymbol{e}_1,\boldsymbol{e}_2,\cdots,\boldsymbol{e}_n)\boldsymbol{U}$ 下的坐标就是 Y, 也就是 S 在坐标系 $O_2(\boldsymbol{\beta}_1,\boldsymbol{\beta}_2,\cdots,\boldsymbol{\beta}_n)$ 下的方程是 $\lambda_1y_1^2+\lambda_2y_2^2+\cdots+\lambda_ny_n^2=0$.

坐标系 $O_1(\boldsymbol{e}_1,\boldsymbol{e}_2,\cdots,\boldsymbol{e}_n)$ 下 $\mathbb{R}^n$ 的内积表示为 $(\ ,\ )_{O_1}$, 坐标系 $O_2(\boldsymbol{\beta}_1,\boldsymbol{\beta}_2,\cdots,\boldsymbol{\beta}_n)$ 下 $\mathbb{R}^n$ 的内积表示为 $(\ ,\ )_{O_2}$, 那么有如下的内积保持性, 即

性质 10.4.2 对于任意 $\boldsymbol{\alpha},\boldsymbol{\gamma}\in\mathbb{R}^n$, $(\boldsymbol{\alpha},\boldsymbol{\gamma})_{O_1}=(\boldsymbol{\alpha},\boldsymbol{\gamma})_{O_2}$.

证明 用 $\boldsymbol{X}_{\boldsymbol{\alpha}},\boldsymbol{Y}_{\boldsymbol{\alpha}}$ 分别表示 $\boldsymbol{\alpha}$ 在坐标系 $O_1(\boldsymbol{e}_1,\boldsymbol{e}_2,\cdots,\boldsymbol{e}_n)$ 和坐标系 $O_2(\boldsymbol{\beta}_1,\boldsymbol{\beta}_2,\cdots,\boldsymbol{\beta}_n)$ 下的坐标, 对 $\boldsymbol{\gamma}$ 也用类似坐标表示 $\boldsymbol{X}_{\boldsymbol{\gamma}},\boldsymbol{Y}_{\boldsymbol{\gamma}}$. 那么有

$$(\boldsymbol{\alpha},\boldsymbol{\gamma})_{O_1}=\boldsymbol{X}_{\boldsymbol{\alpha}}^{\mathrm{T}}\boldsymbol{X}_{\boldsymbol{\gamma}}=(\boldsymbol{U}\boldsymbol{Y}_{\boldsymbol{\alpha}})^{\mathrm{T}}(\boldsymbol{U}Y_{\boldsymbol{\gamma}})=\boldsymbol{Y}_{\boldsymbol{\alpha}}^{\mathrm{T}}\boldsymbol{Y}_{\boldsymbol{\gamma}}=(\boldsymbol{\alpha},\boldsymbol{\gamma})_{O_2}.$$

□

由此性质 10.4.2, 我们可以定义 $\mathbb{R}^n$ 的线性变换 $\varphi: X_{\boldsymbol{\alpha}}\to Y_{\boldsymbol{\alpha}},\forall\boldsymbol{\alpha}\in\mathbb{R}^n$, 保持像之间以及原像之间的内积不变, 因而, 它保持像与原像的长度不变, 保持像之间以及原像之间的夹角不变. 因此, 在上述所定义的 φ 的作用下, 空间的几何体保持原来的形状不变.

因此, 相应的正交替换 $X=\boldsymbol{U}\boldsymbol{Y}$ 恰恰就是在保持几何体形状不变的前提下, 建立了像与原像坐标之间的联系. 这正是我们使用正交替换的好处.

空间解析几何中, 我们常利用正交替换来写出二次曲面 (线) 的标准方程, 进而判别曲面 (线) 的形状.

例 10.4.3 设欧氏空间 xOy 平面上一条二次曲线的方程为

$$3=2x^2+2xy+2y^2,\tag{10.4.4}$$

求该二次曲线的标准方程.

解 由例 10.4.2 知, 在作正交线性替换

$$\begin{pmatrix}x\\y\end{pmatrix}=\begin{pmatrix}-\dfrac{1}{\sqrt{2}} & \dfrac{1}{\sqrt{2}}\\ \dfrac{1}{\sqrt{2}} & \dfrac{1}{\sqrt{2}}\end{pmatrix}\begin{pmatrix}x'\\y'\end{pmatrix}$$

后, (10.4.4) 的右端化为标准形 ${x'}^2+3{y'}^2$. 在新的坐标系 $x'Oy'$ 下该二次曲线方程为 $\dfrac{{x'}^2}{3}+{y'}^2=1$. 此为椭圆的标准方程, 故 (10.4.4) 所示的曲线为椭圆.

这就是以坐标原点为中心的二次曲线经过适当正交替换化为标准形的例子. 例子说明, 二次型所对应的矩阵 $\boldsymbol{A}$ 的特征值与确定有心对称几何体的轴的长短大小紧密相连.

习 题 10.4

1. 求一个正交替换将习题 10.1 的习题 1 中的二次型化成标准形.
2. 已知二次曲面方程 $x^2+ay^2+z^2+2bxy+2xz+2yz=4$ 可经过正交替换

$$\begin{pmatrix} x \\ y \\ z \end{pmatrix}=\boldsymbol{P}\begin{pmatrix} \xi \\ \eta \\ \zeta \end{pmatrix}$$

化为椭圆柱面方程 $\eta^2+4\zeta^2=4$, 试求 a,b 的值和正交阵 $\boldsymbol{P}$.

10.5 实二次型的正定性

定义 10.5.1 设 $\boldsymbol{A}$ 为 n 阶实对称阵, 若

$$\boldsymbol{X}^{\mathrm{T}}\boldsymbol{A}\boldsymbol{X}\geqslant 0(\leqslant 0), \quad \forall \boldsymbol{X}\neq\boldsymbol{\theta}, \boldsymbol{X}\in\mathbb{R}^n, \tag{10.5.1}$$

则称实二次型 $f(x_1,x_2,\cdots,x_n)=\boldsymbol{X}^{\mathrm{T}}\boldsymbol{A}\boldsymbol{X}$ 及矩阵 $\boldsymbol{A}$ 是**半正定**的 (**半负定**), 若 (10.5.1) 中的不等号严格成立, 则称二次型及矩阵 $\boldsymbol{A}$ 是**正定**的 (**负定**的). 若 f 既非半正定, 也非半负定, 则称 f 及矩阵 $\boldsymbol{A}$ 是**不定**的.

设 $\boldsymbol{A}$ 为 n 阶方阵, 任取 $1\leqslant k\leqslant n$, 将 $\boldsymbol{A}$ 分块为

$$\boldsymbol{A}=\begin{pmatrix} \boldsymbol{A}_k & * \\ * & * \end{pmatrix},$$

其中 $\boldsymbol{A}_k$ 为 k 阶子块, 则称 $\boldsymbol{A}_k$ 即为 $\boldsymbol{A}$ 的**k 阶顺序主子块**, $|\boldsymbol{A}_k|$ 即为 $\boldsymbol{A}$ 的**k 阶顺序主子式**.

依定理 10.1.1、定理 10.3.1、对称矩阵与二次型的一一对应关系, 以及上述顺序主子式的概念, 我们有如下关于二次型和矩阵的正定性的等价刻画.

定理 10.5.1 设 $\boldsymbol{A}$ 为 n 阶实对称阵, 则如下结论等价.

(1) 实二次型 $f(x_1,x_2,\cdots,x_n)=\boldsymbol{X}^{\mathrm{T}}\boldsymbol{A}\boldsymbol{X}$ 正定或 $\boldsymbol{A}$ 正定;

(2) $f(x_1,x_2,\cdots,x_n)$ 的正惯性指数等于 n;

(3) $\boldsymbol{A}$ 的所有特征值恒正;

(4) $\boldsymbol{A}$ 与单位阵合同;

(5) 存在 n 阶可逆实矩阵 $\boldsymbol{B}$, 使得 $\boldsymbol{A}=\boldsymbol{B}^{\mathrm{T}}\boldsymbol{B}$;

(6) 对 $1\leqslant k\leqslant n, \boldsymbol{A}$ 的所有 k 阶顺序主子式均为正.

证明 (1)⇒(2) 设在非退化线性替换 $\boldsymbol{X}=\boldsymbol{CY}$ 下, $f(\boldsymbol{X})=\boldsymbol{X}^{\mathrm{T}}\boldsymbol{AX}=y_1^2+\cdots+y_s^2-y_{s+1}^2-\cdots-y_r^2$. 若 $s<n$, 取 $Y=(\underbrace{0,\cdots,0}_{s\text{个}},\underbrace{1,\cdots,1}_{(n-s)\text{个}})^{\mathrm{T}}$, 则有 $f(\boldsymbol{X})\leqslant 0$. 这与 $f(\boldsymbol{X})$ 正定矛盾, 故 $s=n$.

(2)⇒(3) 令 $\lambda_1,\cdots,\lambda_n$ 是 $\boldsymbol{A}$ 的所有特征值, 则 $\lambda_i\in\mathbb{R},\forall i$, 且存在正交替换 $\boldsymbol{X}=\boldsymbol{DY}$ 使 $f(X)=\lambda_1y_1^2+\cdots+\lambda_ny_n^2$. 若有 $s<n$ 使 $\lambda_1,\cdots,\lambda_s>0,\lambda_{s+1},\cdots,\lambda_n\leqslant 0$, 则与 $f(\boldsymbol{X})$ 正惯性指数等于 n 矛盾.

(3)⇒(4) 存在正交替换 $\boldsymbol{X}=\boldsymbol{DY}$ 使 $f(\boldsymbol{X})=\lambda_1y_1^2+\cdots+\lambda_ny_n^2$, 且 $\lambda_1,\cdots,\lambda_n>0$, 则

$$\boldsymbol{D}^{\mathrm{T}}\boldsymbol{AD}=\begin{pmatrix}\lambda_1&&\\&\ddots&\\&&\lambda_n\end{pmatrix},$$

从而,

$$\boldsymbol{A}=\left(\begin{pmatrix}\sqrt{\lambda_1}&&\\&\ddots&\\&&\sqrt{\lambda_n}\end{pmatrix}\boldsymbol{D}^{-1}\right)^{\mathrm{T}}\boldsymbol{E}_n\left(\begin{pmatrix}\sqrt{\lambda_1}&&\\&\ddots&\\&&\sqrt{\lambda_n}\end{pmatrix}\boldsymbol{D}^{-1}\right).$$

(4)⇒(5) 存在可逆阵 $\boldsymbol{B}$ 使 $\boldsymbol{A}=\boldsymbol{B}^{\mathrm{T}}\boldsymbol{E}_n\boldsymbol{B}$, 从而 $\boldsymbol{A}=\boldsymbol{B}^{\mathrm{T}}\boldsymbol{B}$.

(5)⇒(1) 已知 $\boldsymbol{A}=\boldsymbol{B}^{\mathrm{T}}\boldsymbol{B}$, 故对于任意 $\boldsymbol{X}\neq\boldsymbol{\theta}$, 由 $\boldsymbol{B}$ 可逆, 有 $\boldsymbol{BX}\neq\boldsymbol{\theta}$, 从而 $f(\boldsymbol{X})=\boldsymbol{X}^{\mathrm{T}}\boldsymbol{AX}=(\boldsymbol{BX})^{\mathrm{T}}(\boldsymbol{BX})>0$.

(1)⇒(6) $\forall 1\leqslant k\leqslant n$, $\boldsymbol{\theta}\neq\boldsymbol{X}_k\in\mathbb{R}^k$, 令 $\boldsymbol{X}=\begin{pmatrix}\boldsymbol{X}_k\\\boldsymbol{\theta}\end{pmatrix}\in\mathbb{R}^n$, 因为 $\boldsymbol{A}$ 正定, 故 $0<f(\boldsymbol{X})=\boldsymbol{X}^{\mathrm{T}}\boldsymbol{AX}=\begin{pmatrix}X_k^{\mathrm{T}}, & \boldsymbol{\theta}\end{pmatrix}\begin{pmatrix}\boldsymbol{A}_k&*\\ *&*\end{pmatrix}\begin{pmatrix}\boldsymbol{X}_k\\\theta\end{pmatrix}=\boldsymbol{X}_k^{\mathrm{T}}\boldsymbol{A}_k\boldsymbol{X}_k$. 从而 $\boldsymbol{A}_k$ 是正定阵, 故由 (1) 推出 (3), 可知 $\boldsymbol{A}_k$ 的所有特征值恒正. 所以 $|\boldsymbol{A}_k|>0$.

(6)⇒(1) 对 n 用归纳法. 当 $n=1,\boldsymbol{A}=(a_{11})$, 因 $a_{11}>0$, 故 $\boldsymbol{A}$ 正定.

假设充分性对任何阶不超过 $n-1$ 的实对称阵均成立, 则当 $\boldsymbol{A}$ 为 n 阶实对称矩阵时, 设

$$\boldsymbol{A}=\begin{pmatrix}\boldsymbol{A}_{n-1}&\boldsymbol{b}\\\boldsymbol{b}^{\mathrm{T}}&a_{nn}\end{pmatrix},$$

这里 $\boldsymbol{A}_{n-1}$ 为 $n-1$ 阶方阵, $\boldsymbol{b}$ 为 $n-1$ 元向量, 由条件知 $\boldsymbol{A}_{n-1}$ 的所有顺序主子式恒大于 0. 依归纳假设, $\boldsymbol{A}_{n-1}$ 是正定的, 从而存在 $n-1$ 阶的可逆阵 $\boldsymbol{P}_1$, 使得

$\boldsymbol{P}_1^{\mathrm{T}}\boldsymbol{A}_{n-1}\boldsymbol{P}_1 = \boldsymbol{E}_{n-1}$. 令

$$\boldsymbol{P}_2 = \begin{pmatrix} \boldsymbol{P}_1 & \\ & 1 \end{pmatrix}, \quad \boldsymbol{P}_3 = \begin{pmatrix} \boldsymbol{E}_{n-1} & -\boldsymbol{P}_1^{\mathrm{T}}\boldsymbol{b} \\ \boldsymbol{\theta}^{\mathrm{T}} & 1 \end{pmatrix},$$

则

$$\boldsymbol{P}_3^{\mathrm{T}}\boldsymbol{P}_2^{\mathrm{T}}\boldsymbol{A}\boldsymbol{P}_2\boldsymbol{P}_3 = \boldsymbol{P}_3^{\mathrm{T}}\begin{pmatrix} \boldsymbol{E}_{n-1} & \boldsymbol{P}_1^{\mathrm{T}}\boldsymbol{b} \\ \boldsymbol{b}^{\mathrm{T}}\boldsymbol{P}_1 & a_{nn} \end{pmatrix}\boldsymbol{P}_3 = \begin{pmatrix} \boldsymbol{E}_{n-1} & \boldsymbol{\theta} \\ \boldsymbol{\theta}^{\mathrm{T}} & a_{nn} - \boldsymbol{b}^{\mathrm{T}}\boldsymbol{P}_1\boldsymbol{P}_1^{\mathrm{T}}\boldsymbol{b} \end{pmatrix}. \tag{10.5.2}$$

由乘积矩阵行列式的性质我们有

$$a_{nn} - \boldsymbol{b}^{\mathrm{T}}\boldsymbol{P}_1\boldsymbol{P}_1^{\mathrm{T}}\boldsymbol{b} = |\boldsymbol{A}||\boldsymbol{P}_2|^2|\boldsymbol{P}_3|^2 > 0,$$

于是令

$$\boldsymbol{P} = \begin{pmatrix} \boldsymbol{E}_{n-1} & \\ & \dfrac{1}{\sqrt{a_{nn} - \boldsymbol{b}^{\mathrm{T}}\boldsymbol{P}_1\boldsymbol{P}_1^{\mathrm{T}}\boldsymbol{b}}} \end{pmatrix}\boldsymbol{P}_2\boldsymbol{P}_3,$$

则 $\boldsymbol{P}$ 可逆且

$$\boldsymbol{P}^{\mathrm{T}}\boldsymbol{A}\boldsymbol{P} = \boldsymbol{E}.$$

由定理 10.5.1, $\boldsymbol{A}$ 正定. 故充分性对 n 阶实对称阵也成立. 由归纳法, 充分性恒成立. □

推论 10.5.2　n 阶实对称阵 $\boldsymbol{A}$ 负定 $\Longleftrightarrow$ $\boldsymbol{A}$ 的 k 阶顺序主子式 $|\boldsymbol{A}_k|$ 的符号为 $(-1)^k$ $(1 \leqslant k \leqslant n)$.

例 10.5.1　请判断 $\boldsymbol{A} = \begin{pmatrix} 3 & 0 & 3 \\ 0 & 1 & -2 \\ 3 & -2 & 8 \end{pmatrix}$ 是否为正定阵.

解　由于 $|\boldsymbol{A}_1| = 3 > 0$, $|\boldsymbol{A}_2| = \begin{vmatrix} 3 & 0 \\ 0 & 1 \end{vmatrix} = 3 > 0$, $|\boldsymbol{A}_3| = |\boldsymbol{A}| = 3 > 0$, 故 $\boldsymbol{A}$ 为正定阵.

读者可以自行证明以下定理.

定理 10.5.3　设 $\boldsymbol{A}$ 为 n 阶实对称阵矩阵, $r = r(\boldsymbol{A})$, 则如下结论等价:

(1) 实二次型 $f(x_1, x_2, \cdots, x_n) = \boldsymbol{X}^{\mathrm{T}}\boldsymbol{A}\boldsymbol{X}$ 半正定或 $\boldsymbol{A}$ 半正定;

(2) $f(x_1, x_2, \cdots, x_n)$ 的负惯性指数等于 0, 或者正惯性指数 $p = r$;

(3) $\boldsymbol{A}$ 的所有特征值非负;

(4) $\boldsymbol{A}$ 与其等价标准形合同;

(5) 存在 n 阶实矩阵 $\boldsymbol{B}$, 使得 $\boldsymbol{A}=\boldsymbol{B}^{\mathrm{T}}\boldsymbol{B}$.

习 题 10.5

1. (1) 判断习题 10.1 的习题 1 的二次型所对应的矩阵是否正定, 并说明理由.

(2) 已知二次型 $f(x_1,x_2,x_3)=2x_1^2+3x_2^2+3x_3^2+2ax_2x_3$ $(a>0)$ 通过正交替换化为标准形 $y_1^2+2y_2^2+5y_3^2$, 求参数 a 及所用的正交替换阵.

2. 已知 $\boldsymbol{A}=(a_{ij})_{n\times n}$ 是正定阵, 求证 $a_{ii}>0$, $\quad i=1,2,\cdots,n$.

3. 已知 $\boldsymbol{A}_{m\times n}$ 实矩阵, 求证 $\boldsymbol{A}^{\mathrm{T}}\boldsymbol{A}$ 为正定阵 $\Longleftrightarrow$ $r(\boldsymbol{A})=n$.

4. 试问当 t 取何值时, 下列二次型正定:

(1) $x_1^2+x_2^2+x_3^2+2x_1x_2+2tx_2x_3$;

(2) $t(x_1^2+x_2^2+x_3^2)+2x_1x_2-2x_2x_3+2x_1x_3+x_4^2$.

5. 设 $\boldsymbol{A},\boldsymbol{B}$ 是实对称矩阵, 证明

(1) 当实数 t 充分大时, $t\boldsymbol{E}+\boldsymbol{A}$ 正定;

(2) 若 $\boldsymbol{A},\boldsymbol{B}$ 正定, 则 $\boldsymbol{A}+\boldsymbol{B}$ 正定.

6. 证明 n 阶矩阵,

$$\boldsymbol{A}=\begin{pmatrix} 1 & \dfrac{1}{n} & \cdots & \dfrac{1}{n} \\ \dfrac{1}{n} & 1 & \cdots & \dfrac{1}{n} \\ \vdots & \vdots & & \vdots \\ \dfrac{1}{n} & \dfrac{1}{n} & \cdots & 1 \end{pmatrix}$$

是一个正定矩阵.

7. 设 $\boldsymbol{A}=(a_{ij})_{n\times n}$ 是一个实矩阵, 且对任意的 $1\leqslant i\leqslant n$, 有 $2a_{ii}>\sum\limits_{j=1}^{n}|a_{ij}|$ (称这样的矩阵为绝对对角占优矩阵). 证明:

(1) $|\boldsymbol{A}|>0$;

(2) 如果 $\boldsymbol{A}$ 对称, 则 $\boldsymbol{A}$ 正定.

8. 设 $\boldsymbol{A}_{n\times n}$ 是一个正定矩阵. 证明: 实矩阵 $\boldsymbol{B}_{m\times n}$ 行满秩当且仅当 $\boldsymbol{B}\boldsymbol{A}\boldsymbol{B}^{\mathrm{T}}$ 正定.

9. 设 $\boldsymbol{A}_{n\times n}$ 是一个实对称矩阵, 且 $|\boldsymbol{A}|<0$. 证明: 必存在非零向量 $\boldsymbol{\alpha}\in\mathbb{R}^n$ 使得 $\boldsymbol{\alpha}^{\mathrm{T}}\boldsymbol{A}\boldsymbol{\alpha}<0$.

10. 证明: $\boldsymbol{A}$ 半正定的充要条件是对任意的实数 $a>0$ 有 $\boldsymbol{B}=a\boldsymbol{E}+\boldsymbol{A}$ 正定.

11. 证明: $\boldsymbol{A}$ 正定的充要条件是存在实数 $a<0$ 使得 $\boldsymbol{B}=a\boldsymbol{E}+\boldsymbol{A}$ 正定.

12. 设 $\boldsymbol{A}$ 是一个可逆矩阵. 证明: $\boldsymbol{A}$ 正定当且仅当 $\boldsymbol{A}^{-1}$ 正定, 当且仅当 $\boldsymbol{A}^*$ 正定.

13. 设 $\boldsymbol{A}$ 是一个正定矩阵, $\boldsymbol{B}=\begin{pmatrix} \boldsymbol{A} & \boldsymbol{\alpha} \\ \boldsymbol{\alpha}^{\mathrm{T}} & a \end{pmatrix}$, 其中 $a\in\mathbb{R}$. 证明:

(1) $\boldsymbol{B}$ 正定当且仅当 $a-\boldsymbol{\alpha}^{\mathrm{T}}\boldsymbol{A}^{-1}\boldsymbol{\alpha}>0$;

(2) $\boldsymbol{B}$ 半正定当且仅当 $a-\boldsymbol{\alpha}^{\mathrm{T}}\boldsymbol{A}^{-1}\boldsymbol{\alpha}\geqslant 0$.

14. 设 $\boldsymbol{A}$ 是一个实对称矩阵, $\boldsymbol{B}$ 是一个半正定矩阵. 证明: $\boldsymbol{A}\boldsymbol{B}$ 的特征值全为实数.

15. 设 $\boldsymbol{A}_{n\times n}$ 是一个实对称矩阵, 其最小与最大的特征值分别为 a, b. 证明: 对任意的向量 $\boldsymbol{X}\in\mathbb{R}^n$, 有

$$a\boldsymbol{X}^{\mathrm{T}}\boldsymbol{X}\leqslant\boldsymbol{X}^{\mathrm{T}}\boldsymbol{A}\boldsymbol{X}\leqslant b\boldsymbol{X}^{\mathrm{T}}\boldsymbol{X}.$$

16. 设 $f(\boldsymbol{X})=\boldsymbol{X}^{\mathrm{T}}\boldsymbol{A}\boldsymbol{X}$ 是一个实二次型, 有 n 元向量 $\boldsymbol{X}_1$ 与 $\boldsymbol{X}_2$, 使得

$$\boldsymbol{X}_1^{\mathrm{T}}\boldsymbol{A}\boldsymbol{X}_1>0,\quad \boldsymbol{X}_2^{\mathrm{T}}\boldsymbol{A}\boldsymbol{X}_2<0.$$

求证: 必存在实 n 元向量 $\boldsymbol{X}_0\neq 0$, 使 $\boldsymbol{X}_0^{\mathrm{T}}\boldsymbol{A}\boldsymbol{X}_0=0$.

17. 设分块矩阵 $\boldsymbol{A}=\begin{pmatrix}\boldsymbol{A}_{11} & \boldsymbol{A}_{12}\\ \boldsymbol{A}_{21} & \boldsymbol{A}_{22}\end{pmatrix}$ 是一个正定矩阵. 证明:

(1) 矩阵 $\boldsymbol{A}_{11}$, $\boldsymbol{A}_{22}$, $\boldsymbol{A}_{22}-\boldsymbol{A}_{21}\boldsymbol{A}_{11}^{-1}\boldsymbol{A}_{12}$ 也正定;

(2) $|\boldsymbol{A}|\leqslant|\boldsymbol{A}_{11}||\boldsymbol{A}_{22}|$.

18. 设矩阵 $\boldsymbol{A}$, $\boldsymbol{B}$ 均为正定矩阵. 证明: $\boldsymbol{AB}$ 是正定矩阵当且仅当矩阵 $\boldsymbol{A}$ 与 $\boldsymbol{B}$ 可交换.

19. 设 $\boldsymbol{A}=(a_{ij})$ 是一个实对称矩阵. 证明:

(1) 矩阵 $\boldsymbol{A}$ 正定当且仅当 $\boldsymbol{A}$ 的任一个主子式都大于零;

(2) 假设 $\boldsymbol{A}$ 正定, 对任意的 $i\neq j$, 有 $|a_{ij}|<\sqrt{a_{ii}a_{jj}}$;

(3) 假设 $\boldsymbol{A}$ 正定, $\boldsymbol{A}$ 的所有元素中绝对值最大的元素一定在对角线上.

20. 设实二次型 $f(x_1, x_2, \cdots, x_n)$ 是半正定的且其秩为 r. 证明: 方程 $f(x_1, x_2, \cdots, x_n)=0$ 的所有实数解所构成的集合 W 是 $\mathbb{R}^n$ 的一个子空间. 并求其维数.

21. 设分块实矩阵 $\boldsymbol{A}=\begin{pmatrix}\boldsymbol{B} & \boldsymbol{C}\\ \boldsymbol{C}^{\mathrm{T}} & \boldsymbol{O}\end{pmatrix}$, 其中 $\boldsymbol{B}_{m\times m}$ 正定, $\boldsymbol{C}_{m\times n}$ 列满秩. 证明: 二次型 $f(\boldsymbol{X})=\boldsymbol{X}^{\mathrm{T}}\boldsymbol{A}\boldsymbol{X}$ 的正惯性指数和负惯性指数分别为 m 和 n.

10.6 坐 标 变 换

10.6.1 空间直角坐标变换

在空间中, 可建立欧氏空间 $\mathbb{R}^3$ 上的空间直角坐标系 $I=\{O,\boldsymbol{e}_1,\boldsymbol{e}_2,\boldsymbol{e}_3\}$ (或写为直角坐标系 $Oxyz$), 其中 $\boldsymbol{e}_1$ 是 Ox 轴的单位正向量, $\boldsymbol{e}_2$ 是 Oy 轴的单位正向量, $\boldsymbol{e}_3$ 是 Oz 轴的单位正向量, 组成一个标准正交基. 若存在 $\mathbb{R}^3$ 上的另一空间直角坐标系 $I^*=\{O^*,\boldsymbol{e}_1^*,\boldsymbol{e}_2^*,\boldsymbol{e}_3^*\}$ (或写成直角坐标系 $O^*x^*y^*z^*$), 则

$$\begin{cases}\overrightarrow{OO^*}=x_0\boldsymbol{e}_1+y_0\boldsymbol{e}_2+z_0\boldsymbol{e}_3,\\ \boldsymbol{e}_1^*=c_{11}\boldsymbol{e}_1+c_{21}\boldsymbol{e}_2+c_{31}\boldsymbol{e}_3,\\ \boldsymbol{e}_2^*=c_{12}\boldsymbol{e}_1+c_{22}\boldsymbol{e}_2+c_{32}\boldsymbol{e}_3,\\ \boldsymbol{e}_3^*=c_{13}\boldsymbol{e}_1+c_{23}\boldsymbol{e}_2+c_{33}\boldsymbol{e}_3.\end{cases}\tag{10.6.1}$$

在第 4 章里, 平面或空间中向量的坐标通常记为 (x,y) 或 (x,y,z) 的形式. 该形式可看成 1×2 或 1×3 的矩阵. 由习惯上向量关于一组基的表达方式 (6.5.1),

二维或三维向量的坐标用列向量 $\begin{pmatrix} x \\ y \end{pmatrix}$ 或 $\begin{pmatrix} x \\ y \\ z \end{pmatrix}$ 的形式来表示. 这样 (10.6.1) 可改写成矩阵形式, 即

$$\begin{cases} \overrightarrow{OO^*} = (\boldsymbol{e}_1, \boldsymbol{e}_2, \boldsymbol{e}_3) \begin{pmatrix} x_0 \\ y_0 \\ z_0 \end{pmatrix}, \\ (\boldsymbol{e}_1^*, \boldsymbol{e}_2^*, \boldsymbol{e}_3^*) = (\boldsymbol{e}_1, \boldsymbol{e}_2, \boldsymbol{e}_3)\,\boldsymbol{C}, \end{cases} \tag{10.6.2}$$

其中 $\boldsymbol{C} = \begin{pmatrix} c_{11} & c_{12} & c_{13} \\ c_{21} & c_{22} & c_{23} \\ c_{31} & c_{32} & c_{33} \end{pmatrix}$ 作为由基 $(\boldsymbol{e}_1, \boldsymbol{e}_2, \boldsymbol{e}_3)$ 到基 $(\boldsymbol{e}_1^*, \boldsymbol{e}_2^*, \boldsymbol{e}_3^*)$ 的过渡矩阵, 也被称为**从直角坐标系 I 到直角坐标系 I^* 的过渡矩阵**, 它是由 $\boldsymbol{e}_1^*, \boldsymbol{e}_2^*, \boldsymbol{e}_3^*$ 在直角坐标系 I 中的坐标向量构成的三阶矩阵.

记 $\delta_{ij}=\begin{cases} 1, & i=j, \\ 0, & i\neq j, \end{cases}$ $\boldsymbol{C}^{\mathrm{T}}=\begin{pmatrix} c_{11} & c_{21} & c_{31} \\ c_{12} & c_{22} & c_{32} \\ c_{13} & c_{23} & c_{33} \end{pmatrix}$. 由于 $\{\boldsymbol{e}_1, \boldsymbol{e}_2, \boldsymbol{e}_3\}$ 和 $\{\boldsymbol{e}_1^*, \boldsymbol{e}_2^*, \boldsymbol{e}_3^*\}$ 是 $\mathbb{R}^3$ 的标准正交基, 因此 $\boldsymbol{e}_i \cdot \boldsymbol{e}_j = \delta_{ij}$, $\boldsymbol{e}_i^* \cdot \boldsymbol{e}_j^* = \delta_{ij}$ 可得

$$\begin{cases} c_{11}^2 + c_{21}^2 + c_{31}^2 = c_{12}^2 + c_{22}^2 + c_{32}^2 = c_{13}^2 + c_{23}^2 + c_{33}^2 = 1, \\ c_{11}c_{12} + c_{21}c_{22} + c_{31}c_{32} = c_{11}c_{13} + c_{21}c_{23} + c_{31}c_{33} = c_{12}c_{13} + c_{22}c_{23} + c_{32}c_{33} = 0. \end{cases}$$

这等价于 $\boldsymbol{C}^{\mathrm{T}}\boldsymbol{C} = \boldsymbol{E}$ ($\boldsymbol{E}$ 为三阶单位阵), 即矩阵 $\boldsymbol{C}$ 为**正交矩阵**. 因为 $\boldsymbol{e}_i^* \cdot \boldsymbol{e}_j = c_{ji}$ $(1 \leqslant i, j \leqslant 3)$, 所以 c_{ji} 为 $\boldsymbol{e}_i^*$ 与 $\boldsymbol{e}_j$ 间的夹角余弦, 这样 c_{1i}, c_{2i}, c_{3i} 正是 $\boldsymbol{e}_i^*$ 在坐标系 $I = \{O, \boldsymbol{e}_1, \boldsymbol{e}_2, \boldsymbol{e}_3\}$ 中的方向余弦, 其中 $1 \leqslant j \leqslant 3$.

设 M 为空间内任一点, 它在原坐标系 $I = \{O, \boldsymbol{e}_1, \boldsymbol{e}_2, \boldsymbol{e}_3\}$ 中的坐标为 (x, y, z), 在新坐标系 $I^* = \{O^*, \boldsymbol{e}_1^*, \boldsymbol{e}_2^*, \boldsymbol{e}_3^*\}$ 中的坐标为 (x^*, y^*, z^*), 则

$$\overrightarrow{OM} = x\boldsymbol{e}_1 + y\boldsymbol{e}_2 + z\boldsymbol{e}_3 = (\boldsymbol{e}_1, \boldsymbol{e}_2, \boldsymbol{e}_3) \begin{pmatrix} x \\ y \\ z \end{pmatrix},$$

$$\overrightarrow{O^*M} = x^*\boldsymbol{e}_1^* + y^*\boldsymbol{e}_2^* + z^*\boldsymbol{e}_3^* = (\boldsymbol{e}_1^*, \boldsymbol{e}_2^*, \boldsymbol{e}_3^*)\begin{pmatrix} x^* \\ y^* \\ z^* \end{pmatrix},$$

故

$$\overrightarrow{OM} = \overrightarrow{OO^*} + \overrightarrow{O^*M} = (\boldsymbol{e}_1, \boldsymbol{e}_2, \boldsymbol{e}_3)\begin{pmatrix} x_0 \\ y_0 \\ z_0 \end{pmatrix} + (\boldsymbol{e}_1^*, \boldsymbol{e}_2^*, \boldsymbol{e}_3^*)\begin{pmatrix} x^* \\ y^* \\ z^* \end{pmatrix}.$$

由 (10.6.2) 式得

$$\overrightarrow{OM} = (\boldsymbol{e}_1, \boldsymbol{e}_2, \boldsymbol{e}_3)\begin{pmatrix} c_{11}x^* + c_{12}y^* + c_{13}z^* + x_0 \\ c_{21}x^* + c_{22}y^* + c_{23}z^* + y_0 \\ c_{31}x^* + c_{32}y^* + c_{33}z^* + z_0 \end{pmatrix}.$$

利用点 M 在同一坐标系 $\{O, \boldsymbol{e}_1, \boldsymbol{e}_2, \boldsymbol{e}_3\}$ 下的坐标的唯一性得

$$\begin{cases} x = c_{11}x^* + c_{12}y^* + c_{13}z^* + x_0, \\ y = c_{21}x^* + c_{22}y^* + c_{23}z^* + y_0, \\ z = c_{31}x^* + c_{32}y^* + c_{33}z^* + z_0. \end{cases} \tag{10.6.3}$$

将 (10.6.3) 改写成矩阵形式, 则有

$$\begin{pmatrix} x \\ y \\ z \end{pmatrix} = \boldsymbol{C}\begin{pmatrix} x^* \\ y^* \\ z^* \end{pmatrix} + \begin{pmatrix} x_0 \\ y_0 \\ z_0 \end{pmatrix}, \tag{10.6.4}$$

其中 $\boldsymbol{C} = \begin{pmatrix} c_{11} & c_{12} & c_{13} \\ c_{21} & c_{22} & c_{23} \\ c_{31} & c_{32} & c_{33} \end{pmatrix}$. 公式 (10.6.3) 或 (10.6.4) 称为**从空间直角坐标系 I 到直角坐标系 I^* 的点坐标变换公式**, 其中过渡矩阵 $\boldsymbol{C} = (c_{ij})_{3\times3}$ 为正交矩阵. 特别地,

(1) 当 $\boldsymbol{C} = \boldsymbol{E}$ (三阶单位矩阵) 时, 即 $\boldsymbol{e}_i^* = \boldsymbol{e}_i$ $(i = 1, 2, 3)$, 则 (10.6.3) 式变为

$$\begin{cases} x = x^* + x_0, \\ y = y^* + y_0, \\ z = z^* + z_0. \end{cases}$$

此公式称为**空间坐标轴平移的点坐标变换公式**, 对应的直角坐标系变换称为**空间坐标轴的平移**.

(2) 当点 O^* 与点 O 重合时, 则 (10.6.3) 式变为

$$\begin{cases} x = c_{11}x^* + c_{12}y^* + c_{13}z^*, \\ y = c_{21}x^* + c_{22}y^* + c_{23}y^*, \\ z = c_{31}x^* + c_{32}y^* + c_{33}y^*. \end{cases} \tag{10.6.5}$$

此变换公式表面上依赖于 9 个数 c_{ij} $(1 \leqslant i, j \leqslant 3)$, 由于 $\boldsymbol{C}$ 为正交阵, 在下册 5.5 节中将证明, 公式 (10.6.5) 总可以通过坐标轴的旋转来实现, 因此公式 (10.6.5) 称为**空间坐标轴旋转的点变换公式**, 对应的直角坐标系变换称为**空间坐标轴的旋转**.

(3) 如果坐标系 $I^* = \{O^*, \boldsymbol{e}_1^*, \boldsymbol{e}_2^*, \boldsymbol{e}_3^*\}$ 的原点 O^* 在坐标系 $I = \{O, \boldsymbol{e}_1, \boldsymbol{e}_2, \boldsymbol{e}_3\}$ 所决定的 Oxy 平面上, 即 $z_0 = 0$, 且 $\boldsymbol{e}_3^* = \boldsymbol{e}_3$, 则 $\boldsymbol{e}_1^*, \boldsymbol{e}_2^*, \boldsymbol{e}_1, \boldsymbol{e}_2$ 共面. 可令

$$\begin{cases} \overrightarrow{OO^*} = x_0\boldsymbol{e}_1 + y_0\boldsymbol{e}_2, \\ \boldsymbol{e}_1^* = c_{11}\boldsymbol{e}_1 + c_{21}\boldsymbol{e}_2, \\ \boldsymbol{e}_2^* = c_{12}\boldsymbol{e}_1 + c_{22}\boldsymbol{e}_2, \\ \boldsymbol{e}_3^* = \boldsymbol{e}_3. \end{cases} \tag{10.6.6}$$

如图 10.6.1, 由于空间中向量在 $\boldsymbol{e}_3$ (或 $\boldsymbol{e}_3^*$) 方向上的坐标始终保持不变, 因此我们可忽略 $\boldsymbol{e}_3$ 方向所决定的坐标轴 Oz, 这等价于建立了平面上直角坐标系 $I = \{O, \boldsymbol{e}_1, \boldsymbol{e}_2\}$ (也可记成直角坐标系 Oxy) 与直角坐标系 $I^* = \{O^*, \boldsymbol{e}_1^*, \boldsymbol{e}_2^*\}$ (也可记成直角坐标系 $O^*x^*y^*$) 之间的变换, 这样若将 (10.6.6) 改写成矩阵形式, 则其等同于

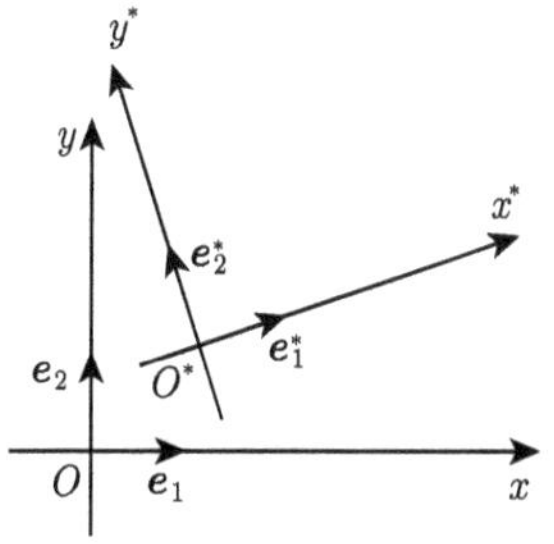

图 10.6.1

$$\begin{cases} \boldsymbol{OO}^* = (\boldsymbol{e}_1, \boldsymbol{e}_2)\begin{pmatrix} x_0 \\ y_0 \end{pmatrix}, \\ (\boldsymbol{e}_1^*, \boldsymbol{e}_2^*) = (\boldsymbol{e}_1, \boldsymbol{e}_2)\begin{pmatrix} c_{11} & c_{12} \\ c_{21} & c_{22} \end{pmatrix}, \end{cases}$$

其中 $\boldsymbol{C} = \begin{pmatrix} c_{11} & c_{12} \\ c_{21} & c_{22} \end{pmatrix}$ 称为**从坐标系 I 到坐标系 I^* 的过渡矩阵**, 它是由 $\boldsymbol{e}_1^*, \boldsymbol{e}_2^*$ 在坐标系 I 中坐标向量构成的二阶矩阵. 对平面上任一点 M, 它在原坐标系 I 中

的坐标记为 (x, y), 在坐标系 I^* 中的坐标记为 (x^*, y^*), 则由 (10.6.3) 得

$$\begin{cases} x = c_{11}x^* + c_{12}y^* + x_0, \\ y = c_{21}x^* + c_{22}y^* + y_0. \end{cases} \tag{10.6.7}$$

(10.6.7) 改写成矩阵形式, 则有

$$\begin{pmatrix} x \\ y \end{pmatrix} = \boldsymbol{C}\begin{pmatrix} x^* \\ y^* \end{pmatrix} + \begin{pmatrix} x_0 \\ y_0 \end{pmatrix}, \tag{10.6.8}$$

其中 $\boldsymbol{C} = \begin{pmatrix} c_{11} & c_{12} \\ c_{21} & c_{22} \end{pmatrix}$.

记 $\delta_{ij} = \begin{cases} 1, & i = j, \\ 0, & i \neq j, \end{cases}$ $\boldsymbol{C}^{\mathrm{T}} = \begin{pmatrix} c_{11} & c_{21} \\ c_{12} & c_{22} \end{pmatrix}$. 利用 $\boldsymbol{e}_i \cdot \boldsymbol{e}_j = \delta_{ij}$, $\boldsymbol{e}_i^* \cdot \boldsymbol{e}_j^* = \delta_{ij}$ 可得

$$\begin{cases} c_{11}^2 + c_{21}^2 = c_{12}^2 + c_{22}^2 = 1, \\ c_{11}c_{12} + c_{21}c_{22} = 0. \end{cases} \tag{10.6.9}$$

(10.6.9) 等价于 $\boldsymbol{C}^{\mathrm{T}}\boldsymbol{C} = \boldsymbol{E}$ ($\boldsymbol{E}$ 为二阶单位阵), 这样的矩阵 $\boldsymbol{C}$ 即为二阶正交矩阵. 此时称 (10.6.7) 或 (10.6.8) 为**平面上从直角坐标系 I 到 I^* 点坐标变换公式**. 特别地,

1) 当 $\boldsymbol{C} = \boldsymbol{E}$ (二阶单位阵) 时, 即 $\boldsymbol{e}_i^* = \boldsymbol{e}_i (i = 1, 2)$, 这样的直角坐标系的变换称为**平面上坐标轴的平移**. 此时 (10.6.7) 式变为

$$\begin{cases} x = x^* + x_0, \\ y = y^* + y_0. \end{cases} \tag{10.6.10}$$

公式 (10.6.10) 称为**平面上坐标轴平移的点变换公式**.

2) 当点 O^* 与点 O 重合时, 则 (10.6.7) 式变为

$$\begin{cases} x = c_{11}x^* + c_{12}y^*, \\ y = c_{21}x^* + c_{22}y^*. \end{cases}$$

由于 $\boldsymbol{C}=\begin{pmatrix}c_{11} & c_{12}\\ c_{21} & c_{22}\end{pmatrix}$ 为正交阵, 则

$$c_{11}^2+c_{21}^2=c_{12}^2+c_{22}^2=c_{11}^2+c_{12}^2=c_{21}^2+c_{22}^2=1, c_{11}c_{21}+c_{12}c_{22}=0.$$

因而

$$|c_{11}|=|c_{22}|,\quad |c_{12}|=|c_{21}|.$$

由 $c_{11}^2+c_{21}^2=1$, 可假设 $c_{11}=\cos\theta$, $c_{21}=\sin\theta$, 则 $c_{12}=\pm\sin\theta$. 若 $c_{12}=\sin\theta$, 则 $c_{22}=-\cos\theta$; 若 $c_{12}=-\sin\theta$, 则 $c_{22}=\cos\theta$. 从而二阶正交矩阵 $\boldsymbol{C}$ 又可表示为

$$\begin{pmatrix}\cos\theta & -\sin\theta\\ \sin\theta & \cos\theta\end{pmatrix} \quad 或 \quad \begin{pmatrix}\cos\theta & \sin\theta\\ \sin\theta & -\cos\theta\end{pmatrix}.$$

若 $\boldsymbol{C}=\begin{pmatrix}\cos\theta & -\sin\theta\\ \sin\theta & \cos\theta\end{pmatrix}$, 此时坐标系 $\{O,\boldsymbol{e}_1^*,\boldsymbol{e}_2^*\}$ 是由原坐标系 $\{O,\boldsymbol{e}_1,\boldsymbol{e}_2\}$ 绕原点逆时针旋转 θ 角所得到的直角坐标系, 它也是右手系 (图 10.6.2). 这样的直角坐标变换称为**平面上坐标轴的旋转**, 对应点的坐标变换公式

$$\begin{cases}x=x^*\cos\theta-y^*\sin\theta,\\ y=x^*\sin\theta+y^*\cos\theta\end{cases}$$

称为**平面上坐标轴旋转的点变换公式**.

若 $\boldsymbol{C}=\begin{pmatrix}\cos\theta & \sin\theta\\ \sin\theta & -\cos\theta\end{pmatrix}$, 此时坐标系 $\{O,\boldsymbol{e}_1^*,\boldsymbol{e}_2^*\}$ 是由原坐标系 $\{O,\boldsymbol{e}_1,\boldsymbol{e}_2\}$ 中的 $\boldsymbol{e}_1$ 绕原点逆时针旋转 θ 角, $\boldsymbol{e}_2$ 绕原点逆时针旋转 $\pi+\theta$ 角所得到的直角坐标系, 它为左手系 (图 10.6.3), 此时也可以写出相应的坐标轴旋转的点变换公式.

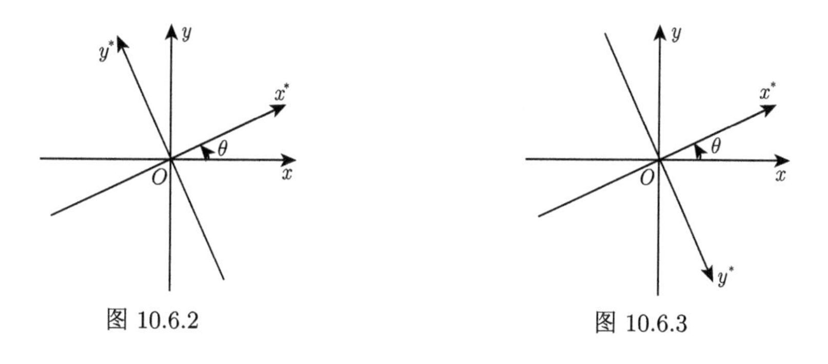

图 10.6.2　　图 10.6.3

例 10.6.1 当 $a<b$ 时, 是否存在过原点的平面 π 截椭圆抛物面 $\frac{x^2}{a^2}+\frac{y^2}{b^2}=2z$, 截线是圆?

解 设有平面 π, 它的平面方程是

$$Ax+By+z=0,$$

其中 A,B 是待定常数, 则 π 与椭圆抛物面的截线方程为

$$\begin{cases} Ax+By+z=0, & (1) \\ \dfrac{x^2}{a^2}+\dfrac{y^2}{b^2}=2z. & (2) \end{cases}$$

令

$$\begin{aligned} \boldsymbol{e}_1^* &= \frac{1}{\sqrt{A^2+1}}(-1,0,A)=\frac{-1}{\sqrt{A^2+1}}\boldsymbol{e}_1+0\cdot\boldsymbol{e}_2+\frac{A}{\sqrt{A^2+1}}\boldsymbol{e}_3, \\ \boldsymbol{e}_2^* &= \boldsymbol{e}_3^*\times\boldsymbol{e}_1^*=\frac{1}{\sqrt{(A^2+1)(A^2+B^2+1)}}\left(AB,-\left(A^2+1\right),B\right) \\ &= \frac{AB}{\sqrt{(A^2+1)(A^2+B^2+1)}}\boldsymbol{e}_1-\frac{A^2+1}{\sqrt{(A^2+1)(A^2+B^2+1)}}\boldsymbol{e}_2 \\ &\quad+\frac{B}{\sqrt{(A^2+1)(A^2+B^2+1)}}\boldsymbol{e}_3, \\ \boldsymbol{e}_3^* &= \frac{1}{\sqrt{A^2+B^2+1}}(A,B,1)=\frac{A}{\sqrt{A^2+B^2+1}}\boldsymbol{e}_1+\frac{B}{\sqrt{A^2+B^2+1}}\boldsymbol{e}_2 \\ &\quad+\frac{1}{\sqrt{A^2+B^2+1}}\boldsymbol{e}_3, \end{aligned}$$

取平面 π 上原点 O 作为新坐标系的原点, 建立新直角坐标系 $\{O^*,\boldsymbol{e}_1^*,\boldsymbol{e}_2^*,\boldsymbol{e}_3^*\}$, 两个直角坐标系之间的点坐标变换公式为

$$\begin{cases} x=-\dfrac{1}{\sqrt{A^2+1}}x^*+\dfrac{AB}{\sqrt{(A^2+1)(A^2+B^2+1)}}y^*+\dfrac{A}{\sqrt{A^2+B^2+1}}z^*, \\ y=-\dfrac{A^2+1}{\sqrt{(A^2+1)(A^2+B^2+1)}}y^*+\dfrac{B}{\sqrt{A^2+B^2+1}}z^*, \\ z=\dfrac{A}{\sqrt{A^2+1}}x^*+\dfrac{B}{\sqrt{(A^2+1)(A^2+B^2+1)}}y^*+\dfrac{1}{\sqrt{A^2+B^2+1}}z^*. \end{cases} \tag{10.6.11}$$

令 $P(x^*,y^*,z^*)$ 是 π 中任一点在新坐标系下的坐标, $\overrightarrow{OP}=x^*\boldsymbol{e}_1^*+y^*\boldsymbol{e}_2^*+z^*\boldsymbol{e}_3^*$. 将 (10.6.11) 代入 (2). 在新的直角坐标系下, 平面 π 的方程是 $z^*=0$. 平面 π 上的截线方程是

$$\frac{1}{a^2}\left(-\frac{1}{\sqrt{A^2+1}}x^*+\frac{AB}{\sqrt{(A^2+1)(A^2+B^2+1)}}y^*\right)^2-\frac{A^2+1}{b^2(A^2+B^2+1)}(y^*)^2$$
$$=2\left(\frac{A}{\sqrt{A^2+1}}x^*+\frac{B}{\sqrt{(A^2+1)(A^2+B^2+1)}}y^*\right).$$

在上式中, 令 A,B 满足 $B=0,a^2(A^2+1)=b^2$, 即取 $B=0,A=\pm\sqrt{\dfrac{b^2}{a^2}-1}$, 则平面 π 上的截线方程是

$$(x^*)^2+(y^*)^2\pm 2b\sqrt{b^2-a^2}x^*=0,$$

此方程显然是圆的方程. 因而存在平面 π :

$$\sqrt{b^2-a^2}x+az=0 \quad 或 \quad \sqrt{b^2-a^2}x-az=0,$$

欧拉角

使得这两张平面截椭圆抛物面的截线是圆.

10.6.2 欧拉角

前面已指出, 在空间旋转点变换公式 (10.6.5) 中, 所有 $c_{ij}(1\leqslant i,j\leqslant 3)$ 中实际上只有三个是独立的, 为了更直接地指出这三个独立参数, 欧拉 (Euler) 曾指明了以下事实: 任何一个旋转都可由连续施行的三次绕轴旋转来实现. 这三次绕轴旋转的旋转角就是三个独立参数, 这三个角称为**欧拉角**, 下面用欧拉角来表示点坐标变换公式.

设 $I=\{O,\boldsymbol{e}_1,\boldsymbol{e}_2,\boldsymbol{e}_3\}$, $I^*=\{O,\boldsymbol{e}_1^*,\boldsymbol{e}_2^*,\boldsymbol{e}_3^*\}$ 为两个空间直角坐标系. 空间中任一点 M 在坐标系 I 与 I^* 的坐标分别为 (x,y,z) 与 (x^*,y^*,z^*), 并假设 Oz 轴与 Oz^* 轴不重合, 则 Oxy 面与 Ox^*y^* 面有交线 l, 选择直线 l 的一个方向为正向, 使它与 Oz 轴和 Oz^* 轴构成右手系, 并设选定正方向的直线为 $O\tilde{x}$ 轴 (图 10.6.4).

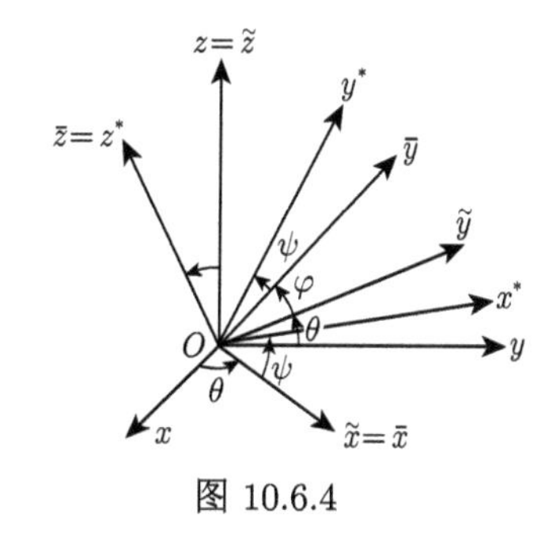

图 10.6.4

第一步, 保持 Oz 轴不动, 从 Ox 轴绕 Oz 轴逆时针旋转 θ 角到 $O\tilde{x}$ 轴, Oy 轴同样绕 Oz 轴逆时针旋转 θ 角到 $O\tilde{y}$ 轴, 这样建立了一个新坐标系 $O\tilde{x}\tilde{y}\tilde{z}$, 其中

$O\tilde{z}$ 轴就是 Oz 轴. 这时对应的点坐标变换公式为

$$\begin{cases} x = \tilde{x}\cos\theta - \tilde{y}\sin\theta, \\ y = \tilde{x}\sin\theta + \tilde{y}\cos\theta, \\ z = \tilde{z}. \end{cases} \tag{10.6.12}$$

第二步, 由第一步的旋转可知, $O\tilde{y}$ 轴、$O\tilde{z}$ 轴、Oz^* 轴在垂直于 $O\tilde{x}$ 轴的平面上. 于是保持 $O\tilde{x}$ 轴不动, 将 $O\tilde{z}$ 轴逆时针旋转 φ 角到 Oz^* 轴, $O\tilde{y}$ 轴逆时针旋转 φ 角到 $O\bar{y}$ 轴, 这样得到坐标系 $O\bar{x}\bar{y}\bar{z}$, 其中 $O\bar{x}$ 轴即为 $O\tilde{x}$ 轴, 此时对应的坐标变换公式为

$$\begin{cases} \tilde{x} = \bar{x}, \\ \tilde{y} = \bar{y}\cos\varphi - \bar{z}\sin\varphi, \\ \tilde{z} = \bar{y}\sin\varphi + \bar{z}\cos\varphi. \end{cases} \tag{10.6.13}$$

第三步, 由第二步的旋转可知, $O\bar{x}$ 轴、$O\bar{y}$ 轴、Ox^* 轴、Oy^* 轴均在垂直于 Oz^* 轴的平面上. 于是保持 Oz^* 轴不动, 将 $O\bar{x}$ 轴逆时针旋转 ψ 角到 Ox^* 轴, 则 $O\bar{y}$ 轴逆时针旋转同样的角度 ψ 必与 Oy^* 轴重合, 这样得到坐标系 $Ox^*y^*z^*$. 此时对应的点坐标变换公式为

$$\begin{cases} \bar{x} = x^*\cos\psi - y^*\sin\psi, \\ \bar{y} = x^*\sin\psi + y^*\cos\psi, \\ \bar{z} = z^*. \end{cases} \tag{10.6.14}$$

这样由 (10.6.12)—(10.6.14) 可得从坐标系 $Oxyz$ 到坐标系 $Ox^*y^*z^*$ 的坐标变换公式为

$$\begin{cases} x = (\cos\psi\cos\theta - \sin\psi\cos\varphi\sin\theta)x^* - (\sin\psi\cos\theta + \cos\psi\cos\varphi\sin\theta)y^* \\ \qquad + \sin\varphi\sin\theta z^*, \\ y = (\cos\psi\sin\theta + \sin\psi\cos\varphi\cos\theta)x^* + (-\sin\psi\sin\theta + \cos\psi\cos\varphi\cos\theta)y^* \\ \qquad - \sin\varphi\cos\theta z^*, \\ z = \sin\psi\sin\varphi x^* + \cos\psi\sin\varphi y^* + \cos\varphi z^*, \end{cases}$$

其中 θ, φ, ψ 为欧拉角.

例 10.6.2 设 $I=\{O,\boldsymbol{e}_1,\boldsymbol{e}_2,\boldsymbol{e}_3\}$, $I^*=\{O^*,\boldsymbol{e}_1^*,\boldsymbol{e}_2^*,\boldsymbol{e}_3^*\}$ 为空间中两个右手直角坐标系, 已知 I^* 的三张坐标平面在坐标系 I 中的方程为

$$O^*y^*z^*: x-y+z+1=0,$$

$$O^*x^*z^*: x+2y+z-5=0,$$

$$O^*x^*y^*: x-z-1=0.$$

(1) 求从 I 到 I^* 的点坐标变换公式;

(2) 求 I 中方程为 $2x+3y+z+5=0$ 的平面在 I^* 中的方程;

(3) 求 I^* 中方程为 $2x^*+\sqrt{2}y^*=0$ 的平面在 I 中的方程.

解 (1) 因为三个平面 $O^*y^*z^*$, $O^*x^*z^*$, $O^*x^*y^*$ 在 I 中的法向量分别为 $\boldsymbol{n}_1=(1,-1,1)^{\mathrm{T}}$, $\boldsymbol{n}_2=(1,2,1)^{\mathrm{T}}$, $\boldsymbol{n}_3=(1,0,-1)^{\mathrm{T}}$. 由于 $\boldsymbol{n}_1,\boldsymbol{n}_2,\boldsymbol{n}_3$ 两两垂直, 可令

$$\boldsymbol{e}_1^*=\frac{1}{\sqrt{3}}(1,-1,1)^{\mathrm{T}},\quad \boldsymbol{e}_2^*=\frac{1}{\sqrt{6}}(1,2,1)^{\mathrm{T}},\quad \boldsymbol{e}_3^*=\frac{1}{\sqrt{2}}(-1,0,1)^{\mathrm{T}}.$$

则 $(\boldsymbol{e}_1^*,\boldsymbol{e}_2^*,\boldsymbol{e}_3{}^*)=(\boldsymbol{e}_1,\boldsymbol{e}_2,\boldsymbol{e}_3)\boldsymbol{C}$, 其中

$$\boldsymbol{C}=\begin{pmatrix}\frac{1}{\sqrt{3}} & \frac{1}{\sqrt{6}} & -\frac{1}{\sqrt{2}}\\ -\frac{1}{\sqrt{3}} & \frac{2}{\sqrt{6}} & 0\\ \frac{1}{\sqrt{3}} & \frac{1}{\sqrt{6}} & \frac{1}{\sqrt{2}}\end{pmatrix}.$$

又已知三个平面的交点为 $(1,2,0)$, 即 O^* 在坐标系 I 中的坐标为 $(1,2,0)$, 故从 I 到 I^* 的点坐标变换公式为

$$\begin{pmatrix}x\\ y\\ z\end{pmatrix}=\boldsymbol{C}\begin{pmatrix}x^*\\ y^*\\ z^*\end{pmatrix}+\begin{pmatrix}1\\ 2\\ 0\end{pmatrix},$$

即

$$\begin{cases}x=\dfrac{1}{\sqrt{3}}x^*+\dfrac{1}{\sqrt{6}}y^*-\dfrac{1}{\sqrt{2}}z^*+1,\\ y=-\dfrac{1}{\sqrt{3}}x^*+\dfrac{2}{\sqrt{6}}y^*+2,\\ z=\dfrac{1}{\sqrt{3}}x^*+\dfrac{1}{\sqrt{6}}y^*+\dfrac{1}{\sqrt{2}}z^*.\end{cases}$$

(2) 由 (1) 得

$$2x+3y+z+5=\frac{9}{\sqrt{6}}y^*-\frac{1}{\sqrt{2}}z^*+13.$$

故在 I 中的平面 $2x+3y+z+5=0$ 在 I^* 中方程为 $3\sqrt{3}y^*-z^*+13\sqrt{2}=0$.

(3) 由 (1) 得从 I^* 到 I 的坐标变换公式为

$$\begin{cases} x^*=\dfrac{1}{\sqrt{3}}(x-y+z+1), \\ y^*=\dfrac{1}{\sqrt{6}}(x+2y+z-5), \\ z^*=-\dfrac{1}{\sqrt{2}}(x-z-1). \end{cases}$$

于是方程 $2x^*+\sqrt{2}y^*=0$ 在 I 中的方程为 $x+z=1$.

习　题　10.6

1. 设平面上的直角坐标系 $I=\{O,\boldsymbol{e}_1,\boldsymbol{e}_2\}$ 到平面上直角坐标系 $I^*=\{O^*,\boldsymbol{e}_1^*,\boldsymbol{e}_2^*\}$ 的点坐标变换公式为

$$\begin{cases} x=\dfrac{\sqrt{2}}{2}x^*+\dfrac{\sqrt{2}}{2}y^*+2, \\ y=-\dfrac{\sqrt{2}}{2}x^*+\dfrac{\sqrt{2}}{2}y^*-3. \end{cases}$$

求:

(1) 直线 $2x+y+1=0$ 在 I^* 中的方程;

(2) $x^*+y^*-2=0$ 在 I 中的方程.

2. 在平面直角坐标系 $I=\{O,\boldsymbol{e}_1,\boldsymbol{e}_2\}$ 中, 以直线 $l:3x+4y+1=0$ 为新坐标系的 x^* 轴, 取过点 $A(4,3)$ 且垂直于 l 的直线为 y^* 轴, 建立新坐标系 $I^*=\{O^*,\boldsymbol{e}_1^*,\boldsymbol{e}_2^*\}$, 写出从 I 到 I^* 的点坐标变换公式.

3. 已知从空间直角坐标系 $I=\{O,\boldsymbol{e}_1,\boldsymbol{e}_2,\boldsymbol{e}_3\}$ 到空间直角坐标系 $I^*=\{O^*,\boldsymbol{e}_1^*,\boldsymbol{e}_2^*,\boldsymbol{e}_3^*\}$ 的点坐标变换公式为

$$\begin{cases} x=\dfrac{1}{\sqrt{2}}x^*+\dfrac{1}{\sqrt{3}}y^*+\dfrac{1}{\sqrt{6}}z^*-1, \\ y=\dfrac{1}{\sqrt{3}}y^*-\dfrac{2}{\sqrt{6}}z^*+1, \\ z=-\dfrac{1}{\sqrt{2}}x^*+\dfrac{1}{\sqrt{3}}y^*+\dfrac{1}{\sqrt{6}}z^*+1. \end{cases}$$

求:

(1) 向量 $\boldsymbol{v}=(1,1,1)$ 在新坐标系 I^* 下的坐标;

(2) 球面 $(x+1)^2+(y-1)^2+(z-1)^2=1$ 在 I^* 中的方程.

4. 在空间直角坐标系 $I=\{O,\boldsymbol{e}_1,\boldsymbol{e}_2,\boldsymbol{e}_3\}$ 中已给出三个互相垂直的平面

$$\begin{aligned}&\pi_1: 3x+y-z-1=0.\\&\pi_2: x+4y+7z=0.\\&\pi_3: x-2y+z=0.\end{aligned}$$

建立一个新的直角坐标系 $I^*=\{O^*,\boldsymbol{e}_1^*,\boldsymbol{e}_2^*,\boldsymbol{e}_3^*\}$, 使得 π_1,π_2,π_3 依次为坐标系 I^* 的坐标平面 $O^*y^*z^*$, $O^*x^*z^*$, $O^*x^*y^*$, 且坐标系 I^* 的坐标向量在 I 中的第一分量均为负, 求从 I 到 I^* 的点坐标变换公式.

5. 设平面 $\pi: x-ky+z+2=0$ 与曲面 $x^2+z^2=2y^2$ 相交, 问当 k 为何值时, 交线是抛物线、椭圆或双曲线?

6. 是否存在平行于 x 轴的一张平面 π, 它与双叶双曲面 $\dfrac{x^2}{a^2}+\dfrac{y^2}{b^2}-\dfrac{z^2}{c^2}=1(a>b)$ 的截线是圆?

7. 在直角坐标系 $I=\{O,\boldsymbol{e}_1,\boldsymbol{e}_2,\boldsymbol{e}_3\}$ 中, 证明方程 $f(x+2y+z,2x+y-4z)=0$ 表示的图形是柱面, 并求其母线方向和一条准线方程.

10.7 二次曲面的分类

二次曲面的分类

10.7.1 二次曲面方程的化简

在空间直角坐标系 $I=\{O,\boldsymbol{e}_1,\boldsymbol{e}_2,\boldsymbol{e}_3\}$ 内, 由三元二次方程

$$\begin{aligned}F(x,y,z)=&a_{11}x^2+2a_{12}xy+a_{22}y^2+2a_{13}xz+2a_{23}yz+a_{33}z^2\\&+2a_{14}x+2a_{24}y+2a_{34}z+a_{44}=0\end{aligned}\tag{10.7.1}$$

所表示的曲面称为**二次曲面**, 这里 $a_{11},a_{12},a_{22},a_{13},a_{23}$ 和 a_{33} 是不全为零的实数, a_{14},a_{24},a_{34} 和 a_{44} 也都为实数. 记

$$\boldsymbol{A}=\begin{pmatrix}a_{11}&a_{12}&a_{13}\\a_{12}&a_{22}&a_{23}\\a_{13}&a_{23}&a_{33}\end{pmatrix},\quad \boldsymbol{Y}=\begin{pmatrix}x\\y\\z\end{pmatrix},\quad \boldsymbol{\alpha}=\begin{pmatrix}a_{14}\\a_{24}\\a_{34}\end{pmatrix}.$$

则 $\boldsymbol{A}$ 为实对称矩阵, 即 $\boldsymbol{A}^{\mathrm{T}}=\boldsymbol{A}$. 于是 (10.7.1) 中的二次齐次部分 (也称为二次型) 可表示为

$$\varPhi(x,y,z)=a_{11}x^2+2a_{12}xy+a_{22}y^2+2a_{13}xz+2a_{23}yz+a_{33}z^2=\boldsymbol{Y}^{\mathrm{T}}\boldsymbol{A}\boldsymbol{Y}.$$

此时 (10.7.1) 可表示为

$$F(x,y,z)=(\boldsymbol{Y}^{\mathrm{T}},1)\begin{pmatrix}\boldsymbol{A}&\boldsymbol{\alpha}\\\boldsymbol{\alpha}^{\mathrm{T}}&a_{44}\end{pmatrix}\begin{pmatrix}\boldsymbol{Y}\\1\end{pmatrix}=0.$$

为了简化方程 (10.7.1), 希望寻找另一空间直角坐标系 $I^* = \{O, \boldsymbol{e}_1^*, \boldsymbol{e}_2^*, \boldsymbol{e}_3^*\}$ (可以是左手系), 使得 $\Phi(x,y,z)$ 在该坐标系下化成标准形式 $\lambda_1 x^{*2} + \lambda_2 y^{*2} + \lambda_3 z^{*2}$ (即只含平方项, 不含交叉项的形式), 这样 (10.7.1) 在新坐标系下化为如下形式的方程:

$$\lambda_1 x^{*2} + \lambda_2 y^{*2} + \lambda_3 z^{*2} + 2a_{14}^* x^* + 2a_{24}^* y^* + 2a_{34}^* z^* + a_{44}^* = 0.$$

此时只要通过配方, 并对变量前的系数符号作一些讨论, 就可确定二次曲面的类型, 为此, 我们特别考虑 $\Phi(x,y,z)$. 假如这样的坐标系存在, 则可令

$$(\boldsymbol{e}_1^*, \boldsymbol{e}_2^*, \boldsymbol{e}_3^*) = (\boldsymbol{e}_1, \boldsymbol{e}_2, \boldsymbol{e}_3)\,\boldsymbol{C}, \tag{10.7.2}$$

其中 $\boldsymbol{C}$ 为正交矩阵. 相应地保持原点不变的点坐标变换公式为

$$\boldsymbol{Y} = \boldsymbol{C}\boldsymbol{Y}^*,$$

其中 $\boldsymbol{Y} = (x,y,z)^{\mathrm{T}}, \boldsymbol{Y}^* = (x^*, y^*, z^*)^{\mathrm{T}}$. 于是

$$\Phi(x,y,z) = \boldsymbol{Y}^{\mathrm{T}}\boldsymbol{A}\boldsymbol{Y} = \boldsymbol{Y}^{*\mathrm{T}}\boldsymbol{C}^{\mathrm{T}}\boldsymbol{A}\boldsymbol{C}\boldsymbol{Y}^* = \lambda_1 x^{*2} + \lambda_2 y^{*2} + \lambda_3 z^{*2}.$$

记 $\boldsymbol{A}^* = \boldsymbol{C}^{\mathrm{T}}\boldsymbol{A}\boldsymbol{C}$, 则 $\boldsymbol{A}^*$ 为实对称矩阵, 从而

$$\boldsymbol{A}^* = \boldsymbol{C}^{\mathrm{T}}\boldsymbol{A}\boldsymbol{C} = \begin{pmatrix} \lambda_1 & 0 & 0 \\ 0 & \lambda_2 & 0 \\ 0 & 0 & \lambda_3 \end{pmatrix}. \tag{10.7.3}$$

设矩阵 $\boldsymbol{C}$ 的列向量为 $\boldsymbol{X}_1, \boldsymbol{X}_2, \boldsymbol{X}_3$, 则 $\boldsymbol{C} = (\boldsymbol{X}_1, \boldsymbol{X}_2, \boldsymbol{X}_3)$. 由于 $\boldsymbol{C}$ 为正交矩阵, 则上式等价于

$$\boldsymbol{A}\boldsymbol{X}_i = \lambda_i \boldsymbol{X}_i, \quad i = 1,2,3.$$

即 $\lambda_1, \lambda_2, \lambda_3$ 是 $\boldsymbol{A}$ 的特征值, $\boldsymbol{X}_1, \boldsymbol{X}_2, \boldsymbol{X}_3$ 分别是 $\lambda_1, \lambda_2, \lambda_3$ 的特征向量.

从 (10.7.2), (10.7.3), 我们可看出 $\boldsymbol{A}$ 的特征值 $\lambda_1, \lambda_2, \lambda_3$ 在通过正交相似对角化的坐标轴旋转下是不变的, 因此它们是坐标轴旋转下的不变量. 因为坐标轴的平移不改变二次曲面方程中二次项的系数, 故特征值也是坐标轴平移下不变量. 此外, 如果三阶矩阵 $\boldsymbol{A}$ 存在三个两两正交的单位特征向量 $\boldsymbol{X}_1, \boldsymbol{X}_2, \boldsymbol{X}_3$, 则由向量 $\boldsymbol{X}_1, \boldsymbol{X}_2, \boldsymbol{X}_3$ 组成的矩阵 $\boldsymbol{C} = (\boldsymbol{X}_1, \boldsymbol{X}_2, \boldsymbol{X}_3)$ 为正交矩阵. 令

$$(\boldsymbol{e}_1^*, \boldsymbol{e}_2^*, \boldsymbol{e}_3^*) = (\boldsymbol{e}_1, \boldsymbol{e}_2, \boldsymbol{e}_3)\,\boldsymbol{C}.$$

则坐标系 $I^* = \{O^*, \boldsymbol{e}_1^*, \boldsymbol{e}_2^*, \boldsymbol{e}_3^*\}$ 为空间直角坐标系, 即取这三个互相垂直的特征向量为新坐标系的三个坐标轴的方向 (可能为左手系), 在此坐标系下, $\Phi(x,y,z)$ 可化为标准形式.

由前面知, 非零实对称矩阵 $\boldsymbol{A}$ 的特征值全为实数. 进一步地, 根据各种情况, 我们有:

情况一 若非零实对称矩阵 $\boldsymbol{A}$ 有三个互异特征值 $\lambda_1, \lambda_2, \lambda_3$, 则由性质 8.5.3, 它们所对应的特征向量 $\boldsymbol{X}_1, \boldsymbol{X}_2, \boldsymbol{X}_3$ 两两正交.

情况二 若非零实对称矩阵 $\boldsymbol{A}$ 有两个互异的特征值 λ_1 (单根) 和 λ_2 (二重根), 对应的特征向量分别为 $\boldsymbol{X}_1$, $\boldsymbol{X}_2$, 则 $\boldsymbol{X}_3 = \boldsymbol{X}_1 \times \boldsymbol{X}_2$ 必是 $\boldsymbol{A}$ 的对应 λ_2 的另一个特征向量.

事实上, 由性质 8.5.3 知 $\boldsymbol{X}_1 \perp \boldsymbol{X}_2$, 于是 $\boldsymbol{X}_1$, $\boldsymbol{X}_2$, $\boldsymbol{X}_3$ 两两正交, 且 $\boldsymbol{A}\boldsymbol{X}_1 = \lambda_1 \boldsymbol{X}_1$, $\boldsymbol{A}\boldsymbol{X}_2 = \lambda_2 \boldsymbol{X}_2$. 令 $\boldsymbol{P} = (\boldsymbol{X}_1, \boldsymbol{X}_2, \boldsymbol{X}_3)$, 则 $\boldsymbol{P}^{\mathrm{T}}\boldsymbol{A}\boldsymbol{P}$ 为实对称矩阵, 且 $\boldsymbol{A}\boldsymbol{P} = \boldsymbol{A}(\boldsymbol{X}_1, \boldsymbol{X}_2, \boldsymbol{X}_3) = (\lambda_1\boldsymbol{X}_1, \lambda_2\boldsymbol{X}_2, \boldsymbol{A}\boldsymbol{X}_3)$, 因此

$$\boldsymbol{P}^{\mathrm{T}}\boldsymbol{A}\boldsymbol{P} = \begin{pmatrix} \lambda_1\boldsymbol{X}_1 \cdot \boldsymbol{X}_1 & 0 & \boldsymbol{X}_1 \cdot \boldsymbol{A}\boldsymbol{X}_3 \\ 0 & \lambda_2\boldsymbol{X}_2 \cdot \boldsymbol{X}_2 & \boldsymbol{X}_2 \cdot \boldsymbol{A}\boldsymbol{X}_3 \\ 0 & 0 & \boldsymbol{X}_3 \cdot \boldsymbol{A}\boldsymbol{X}_3 \end{pmatrix}.$$

故 $\boldsymbol{X}_1 \cdot \boldsymbol{A}\boldsymbol{X}_3 = \boldsymbol{X}_2 \cdot \boldsymbol{A}\boldsymbol{X}_3 = 0$, 从而 $\boldsymbol{A}\boldsymbol{X}_3$ 同时与 $\boldsymbol{X}_1, \boldsymbol{X}_2$ 垂直. 这样必存在实数 λ, 使得 $\boldsymbol{A}\boldsymbol{X}_3 = \lambda\boldsymbol{X}_3$, 故 $\lambda = \lambda_2$.

情况三 若非零实对称矩阵 $\boldsymbol{A}$ 有三个相同的特征值 λ_0, 即 $\lambda_1 = \lambda_2 = \lambda_3 = \lambda_0$, 则 $\boldsymbol{A}$ 只能为数量矩阵 $\boldsymbol{B} = \begin{pmatrix} \lambda_0 & & \\ & \lambda_0 & \\ & & \lambda_0 \end{pmatrix}$, 因为 $\boldsymbol{A} = (\boldsymbol{C}^{-1})^{\mathrm{T}}\boldsymbol{B}\boldsymbol{C}^{-1} = \lambda_0(\boldsymbol{C}^{-1})^{\mathrm{T}}\boldsymbol{C}^{-1} = \lambda_0\boldsymbol{E}$, 其中 $\boldsymbol{C}^{-1}$ 是正交阵. 这时, λ_0 的特征子空间就是整个 $\mathbb{R}^3$.

因 $\boldsymbol{A}$ 是非零实对称矩阵, 故特征值 $\lambda_1, \lambda_2, \lambda_3$ 至少有一个非零.

由情况一至情况三知, 对任何非零实对称矩阵 $\boldsymbol{A}$, 均可找到三个两两垂直的单位特征向量, 并且总有 $\boldsymbol{C}^{\mathrm{T}}\boldsymbol{A}\boldsymbol{C} = \begin{pmatrix} \lambda_1 & & \\ & \lambda_2 & \\ & & \lambda_3 \end{pmatrix}$.

由上面的讨论, 我们有

定理 10.7.1 *总可选取适当的直角坐标系* $\{O, \boldsymbol{e}_1^*, \boldsymbol{e}_2^*, \boldsymbol{e}_3^*\}$, *使得* $\varPhi(x, y, z)$ *在该坐标系下化成标准形式* $\lambda_1 x^{*2} + \lambda_2 y^{*2} + \lambda_3 z^{*2}$, *其中* $\lambda_1, \lambda_2, \lambda_3$ *为* $\varPhi(x, y, z)$ *的矩阵* $\boldsymbol{A}$ *的特征值.*

10.7.2 二次曲面的不变量和半不变量

曲面的方程一般是随着坐标系的改变而改变, 由于这些方程都代表同一张曲面, 它们应具有某些共性, 即它们的系数应该具有某些不依赖于坐标系选取的共

同特性, 刻画这种共同性质的量我们称为不变量. 为此, 引进记号

$$I_1 = a_{11} + a_{22} + a_{33} =: \operatorname{tr}(\boldsymbol{A})(\text{称之为 } \boldsymbol{A} \text{ 的迹}),$$

$$I_2 = \begin{vmatrix} a_{11} & a_{12} \\ a_{12} & a_{22} \end{vmatrix} + \begin{vmatrix} a_{11} & a_{13} \\ a_{13} & a_{33} \end{vmatrix} + \begin{vmatrix} a_{22} & a_{23} \\ a_{23} & a_{33} \end{vmatrix},$$

$$I_3 = \begin{vmatrix} a_{11} & a_{12} & a_{13} \\ a_{12} & a_{22} & a_{23} \\ a_{13} & a_{23} & a_{33} \end{vmatrix},$$

$$I_4 = \begin{vmatrix} a_{11} & a_{12} & a_{13} & a_{14} \\ a_{12} & a_{22} & a_{23} & a_{24} \\ a_{13} & a_{23} & a_{33} & a_{34} \\ a_{14} & a_{24} & a_{34} & a_{44} \end{vmatrix},$$

$$K_1 = \begin{vmatrix} a_{11} & a_{14} \\ a_{14} & a_{44} \end{vmatrix} + \begin{vmatrix} a_{22} & a_{24} \\ a_{24} & a_{44} \end{vmatrix} + \begin{vmatrix} a_{33} & a_{34} \\ a_{34} & a_{44} \end{vmatrix},$$

$$K_2 = \begin{vmatrix} a_{11} & a_{12} & a_{14} \\ a_{12} & a_{22} & a_{24} \\ a_{14} & a_{24} & a_{44} \end{vmatrix} + \begin{vmatrix} a_{11} & a_{13} & a_{14} \\ a_{13} & a_{33} & a_{34} \\ a_{14} & a_{34} & a_{44} \end{vmatrix} + \begin{vmatrix} a_{22} & a_{23} & a_{24} \\ a_{23} & a_{33} & a_{34} \\ a_{24} & a_{34} & a_{44} \end{vmatrix}.$$

由于二次曲面方程中二次齐次部分的系数矩阵 $\boldsymbol{A}$ 对应的多项式为 $f(\lambda) = |\boldsymbol{A} - \lambda \boldsymbol{E}|$, $f(\lambda)$ 按照 λ 的多项式展开, 有

$$f(\lambda) = -\begin{vmatrix} \lambda - a_{11} & -a_{12} & -a_{13} \\ -a_{12} & \lambda - a_{22} & -a_{23} \\ -a_{13} & -a_{23} & \lambda - a_{33} \end{vmatrix} = -\lambda^3 + I_1\lambda^2 - I_2\lambda + I_3.$$

利用根与系数的关系得

$$I_1 = \lambda_1 + \lambda_2 + \lambda_3, \quad I_2 = \lambda_1\lambda_2 + \lambda_1\lambda_3 + \lambda_2\lambda_3, \quad I_3 = \lambda_1\lambda_2\lambda_3.$$

由于 $\boldsymbol{A}$ 的特征值 $\lambda_1, \lambda_2, \lambda_3$ 在坐标轴的旋转和平移下是不变的, 故 I_1, I_2, I_3 在坐标轴的旋转和平移下均不变.

关于 $I_1, I_2, I_3, I_4, K_1, K_2$, 我们有下列定理.

定理 10.7.2　(1) I_1, I_2, I_3, I_4 在坐标轴的旋转和平移下均不变.

(2) K_1, K_2 在坐标轴的旋转下是不变的.

(a) 当 $I_3 = I_4 = 0$ 时, K_2 在坐标轴的平移下不变;

(b) 当 $I_2 = I_3 = I_4 = K_2 = 0$ 时, K_1 在坐标轴的平移下不变.

称 I_1, I_2, I_3, I_4 称为二次曲面的**不变量**, K_1, K_2 称为二次曲面的**半不变量**. 这里 I_1, I_2, I_3 的不变性质来自定理 10.7.2 上面的说明, 但 I_4, K_1, K_2 不变性质证明较复杂, 在此不给予证明, 详细证明见附录 A.7.

10.7.3 二次曲面方程的化简与二次曲面的分类

由前面的讨论知, 二次曲面的方程 (10.7.1) 经过适当的坐标轴旋转 (取三个互相垂直的特征向量方向为新坐标轴的方向) 后可化为

$$\lambda_1 x^{*2} + \lambda_2 y^{*2} + \lambda_3 z^{*2} + 2a_{14}^* x^* + 2a_{24}^* y^* + 2a_{34}^* z^* + a_{44}^* = 0, \tag{10.7.4}$$

其中 $\lambda_1, \lambda_2, \lambda_3$ 为 $\boldsymbol{A}$ 的特征值. 在此坐标系 $\{O, \boldsymbol{e}_1^*, \boldsymbol{e}_2^*, \boldsymbol{e}_3^*\}$ 下,

$$I_2 = I_2^* = \lambda_1\lambda_2 + \lambda_1\lambda_3 + \lambda_2\lambda_3;$$

$$I_3 = I_3^* = \begin{vmatrix} \lambda_1 & & \\ & \lambda_2 & \\ & & \lambda_3 \end{vmatrix} = \lambda_1\lambda_2\lambda_3;$$

$$\begin{aligned} I_4 = I_4^* &= \begin{vmatrix} \lambda_1 & 0 & 0 & a_{14}^* \\ 0 & \lambda_2 & 0 & a_{24}^* \\ 0 & 0 & \lambda_3 & a_{34}^* \\ a_{14}^* & a_{24}^* & a_{34}^* & a_{44}^* \end{vmatrix} \\ &= I_3 a_{44}^* - \lambda_1\lambda_2 \left(a_{34}^*\right)^2 - \lambda_1\lambda_3 \left(a_{24}^*\right)^2 - \lambda_2\lambda_3 \left(a_{14}^*\right)^2. \end{aligned}$$

(1) $I_3 \neq 0$, 则 $\lambda_1, \lambda_2, \lambda_3$ 全不为零. 将方程 (10.7.4) 的左边配方, 得

$$\lambda_1 \left(x^* + \frac{a_{14}^*}{\lambda_1}\right)^2 + \lambda_2 \left(y^* + \frac{a_{24}^*}{\lambda_2}\right)^2 + \lambda_3 \left(z^* + \frac{a_{34}^*}{\lambda_3}\right)^2 + \left(a_{44}^* - \frac{\left(a_{14}^*\right)^2}{\lambda_1} - \frac{\left(a_{24}^*\right)^2}{\lambda_2} - \frac{\left(a_{34}^*\right)^2}{\lambda_3}\right) = 0.$$

令

$$x' = x^* + \frac{a_{14}^*}{\lambda_1}, \quad y' = y^* + \frac{a_{24}^*}{\lambda_2}, \quad z' = z^* + \frac{a_{34}^*}{\lambda_3}.$$

引进新的坐标系 $\{O', \boldsymbol{e}_1', \boldsymbol{e}_2', \boldsymbol{e}_3'\}$, 使得 $\boldsymbol{e}_i' = \boldsymbol{e}_i^*$ $(i=1,2,3)$, $\overrightarrow{O'O} = \left(\frac{a_{14}^*}{\lambda_1}, \frac{a_{24}^*}{\lambda_2}, \frac{a_{34}^*}{\lambda_3}\right)$. 这样, 曲面方程 (10.7.4) 化为

$$\lambda_1 x'^2 + \lambda_2 y'^2 + \lambda_3 z'^2 = a_{44}', \tag{10.7.5}$$

其中 $a'_{44}=-\left(a^*_{44}-\dfrac{(a^*_{14})^2}{\lambda_1}-\dfrac{(a^*_{24})^2}{\lambda_2}-\dfrac{(a^*_{34})^2}{\lambda_3}\right)$. 由于 $I_4=I^*_4=I'_4=-I_3a'_{44}$, 从而 $a'_{44}=-\dfrac{I_4}{I_3}$, 这样方程 (10.7.5) 可写成

$$\lambda_1x'^2+\lambda_2y'^2+\lambda_3z'^2+\frac{I_4}{I_3}=0. \tag{10.7.6}$$

这是第一类型的标准方程. 根据 $\lambda_1,\lambda_2,\lambda_3,I_3,I_4$ 的符号, 可判定方程 (10.7.6) 分别表示椭球面 $\left(\dfrac{x'^2}{a^2}+\dfrac{y'^2}{b^2}+\dfrac{z'^2}{c^2}=1\right)$、虚椭球面 $\left(\dfrac{x'^2}{a^2}+\dfrac{y'^2}{b^2}+\dfrac{z'^2}{c^2}=-1\right)$、单叶双曲面 $\left(\dfrac{x'^2}{a^2}+\dfrac{y'^2}{b^2}-\dfrac{z'^2}{c^2}=1\right)$、双叶双曲面 $\left(\dfrac{x'^2}{a^2}+\dfrac{y'^2}{b^2}-\dfrac{z'^2}{c^2}=-1\right)$、二次锥面 $\left(\dfrac{x'^2}{a^2}+\dfrac{y'^2}{b^2}-\dfrac{z'^2}{c^2}=0\right)$ 和退化的一点 $\left(\dfrac{x'^2}{a^2}+\dfrac{y'^2}{b^2}+\dfrac{z'^2}{c^2}=0\right)$ 共六种曲面.

(2) $I_3=0$ 且 $I_2\neq0$, 则 $\lambda_1,\lambda_2,\lambda_3$ 中有一个为零, 不妨设 $\lambda_3=0$. 将方程 (10.7.4) 左边配方得

$$\lambda_1\left(x^*+\frac{a^*_{14}}{\lambda_1}\right)^2+\lambda_2\left(y^*+\frac{a^*_{24}}{\lambda_2}\right)^2+2a^*_{34}z^*+\left(a^*_{44}-\frac{(a^*_{14})^2}{\lambda_1}-\frac{(a^*_{24})^2}{\lambda_2}\right)=0. \tag{10.7.7}$$

(i) 当 $I_4\neq0$ 时, 此时 $a^*_{34}\neq0$, 引进新的直角坐标系 $\{O',\boldsymbol{e}'_1,\boldsymbol{e}'_2,\boldsymbol{e}'_3\}$, 使得在新坐标系下点坐标变换公式为

$$x'=x^*+\frac{a^*_{14}}{\lambda_1},\quad y'=y^*+\frac{a^*_{24}}{\lambda_2},\quad z'=z^*+\frac{1}{2a^*_{34}}\left(a^*_{44}-\frac{(a^*_{14})^2}{\lambda_1}-\frac{(a^*_{24})^2}{\lambda_2}\right).$$

此时 (10.7.7) 为

$$\lambda_1x'^2+\lambda_2y'^2+2a^*_{34}z'=0. \tag{10.7.8}$$

在此坐标系下,

$$I_4=I'_4=\begin{vmatrix}\lambda_1&0&0&0\\0&\lambda_2&0&0\\0&0&0&a^*_{34}\\0&0&a^*_{34}&0\end{vmatrix}=-I_2\left(a^*_{34}\right)^2.$$

这样 $a_{34}^*=\pm\sqrt{-\dfrac{I_4}{I_2}}$, 于是方程 (10.7.8) 可写成

$$\lambda_1 x'^2+\lambda_2 y'^2\pm 2\sqrt{-\frac{I_4}{I_2}}z'=0. \tag{10.7.9}$$

这是第二类型的标准方程. 根据方程 (10.7.9) 中变量前系数的符号, 可判定方程 (10.7.9) 表示椭圆抛物面 $\left(\dfrac{x'^2}{a^2}+\dfrac{y'^2}{b^2}=2z'\right)$ 和双曲抛物面 $\left(\dfrac{x'^2}{a^2}-\dfrac{y'^2}{b^2}=2z'\right)$ 共两种曲面.

(ii) 当 $I_4=0$ 时, 此时 $a_{34}^*=0$, (10.7.7) 变为

$$\lambda_1\left(x^*+\frac{a_{14}^*}{\lambda_1}\right)^2+\lambda_2\left(y^*+\frac{a_{24}^*}{\lambda_2}\right)^2+\left(a_{44}^*-\frac{\left(a_{14}^*\right)^2}{\lambda_1}-\frac{\left(a_{24}^*\right)^2}{\lambda_2}\right)=0. \tag{10.7.10}$$

引进新的直角坐标系 $\{O',\boldsymbol{e}_1',\boldsymbol{e}_2',\boldsymbol{e}_3'\}$, 使得 $\boldsymbol{e}_i'=\boldsymbol{e}_i^*(i=1,2,3)$, 且

$$x'=x^*+\frac{a_{14}^*}{\lambda_1},\quad y'=y^*+\frac{a_{24}^*}{\lambda_2},\quad z'=z^*.$$

则 (10.7.10) 在该坐标系下的方程为

$$\lambda_1 x'^2+\lambda_2 y'^2=a_{44}', \tag{10.7.11}$$

其中 $a_{44}'=-\left(a_{44}^*-\dfrac{\left(a_{14}^*\right)^2}{\lambda_1}-\dfrac{\left(a_{24}^*\right)^2}{\lambda_2}\right)$. 由于在该坐标系下,

$$K_2=K_2'=\begin{vmatrix}\lambda_1 & 0 & 0\\ 0 & \lambda_2 & 0\\ 0 & 0 & -a_{44}'\end{vmatrix}=-I_2a_{44}',$$

从而 $a_{44}'=-\dfrac{K_2}{I_2}$, 于是方程 (10.7.11) 可写成

$$\lambda_1 x'^2+\lambda_2 y'^2+\frac{K_2}{I_2}=0. \tag{10.7.12}$$

这是第三类型标准方程. 根据方程 (10.7.12) 中变量前系数和常数项的符号, 可判定方程 (10.7.12) 表示椭圆柱面 $\left(\dfrac{x'^2}{a^2}+\dfrac{y'^2}{b^2}=1\right)$、虚椭圆柱面 $\left(\dfrac{x'^2}{a^2}+\dfrac{y'^2}{b^2}=-1\right)$、

双曲柱面 $\left(\frac{x'^2}{a^2}-\frac{y'^2}{b^2}=1\right)$、两张相交于 z 轴的平面 $\left(\frac{x'^2}{a^2}-\frac{y'^2}{b^2}=0\right)$ 和退化为一条直线 z 轴 $\left(\frac{x'^2}{a^2}+\frac{y'^2}{b^2}=0\right)$ 共五种曲面.

(3) $I_3=0$ 且 $I_2=0$, 此时 $\lambda_1,\lambda_2,\lambda_3$ 中有两个为零, 不妨设 $\lambda_2=\lambda_3=0$. 此时 $I_4=0$, $I_1=I_1^*=\lambda_1\neq 0$, 且 (10.7.4) 可化为

$$\lambda_1 x^{*2}+2a_{14}^*x^*+2a_{24}^*y^*+2a_{34}^*z^*+a_{44}^*=0 \tag{10.7.13}$$

且

$$\begin{aligned}K_2=K_2^*&=\begin{vmatrix}\lambda_1&0&a_{14}^*\\0&0&a_{24}^*\\a_{14}^*&a_{24}^*&a_{44}^*\end{vmatrix}+\begin{vmatrix}\lambda_1&0&a_{14}^*\\0&0&a_{34}^*\\a_{14}^*&a_{34}^*&a_{44}^*\end{vmatrix}+\begin{vmatrix}0&0&a_{24}^*\\0&0&a_{34}^*\\a_{24}^*&a_{34}^*&a_{44}^*\end{vmatrix}\\&=-\lambda_1\left(\left(a_{24}^*\right)^2+\left(a_{34}^*\right)^2\right)=-I_1\left(\left(a_{24}^*\right)^2+\left(a_{34}^*\right)^2\right).\end{aligned}$$

(i) 当 $K_2\neq 0$ 时, 则 a_{24}^*,a_{34}^* 不全为零, 此时 (10.7.13) 为

$$\begin{aligned}&\lambda_1\left(x^*+\frac{a_{14}^*}{\lambda_1}\right)^2+2\sqrt{\left(a_{24}^*\right)^2+\left(a_{34}^*\right)^2}\left(\frac{a_{24}^*}{\sqrt{\left(a_{24}^*\right)^2+\left(a_{34}^*\right)^2}}y^*\right.\\&\left.+\frac{a_{34}^*}{\sqrt{\left(a_{24}^*\right)^2+\left(a_{34}^*\right)^2}}z^*+\frac{1}{2}\frac{a_{44}^*-\frac{\left(a_{14}^*\right)^2}{\lambda_1}}{\sqrt{\left(a_{24}^*\right)^2+\left(a_{34}^*\right)^2}}\right)=0.\end{aligned} \tag{10.7.14}$$

引进新的直角坐标系 $\{O',\boldsymbol{e}_1',\boldsymbol{e}_2',\boldsymbol{e}_3'\}$, 使得 $\boldsymbol{e}_i'=\boldsymbol{e}_i^*$ $(i=1,2,3)$, 且

$$\begin{aligned}&x'=x^*+\frac{a_{14}^*}{\lambda_1},\quad y'=y^*\cos\theta-z^*\sin\theta+\frac{1}{2}\frac{a_{44}^*-\frac{\left(a_{14}^*\right)^2}{\lambda_1}}{\sqrt{\left(a_{24}^*\right)^2+\left(a_{34}^*\right)^2}},\\&z'=y^*\sin\theta+z^*\cos\theta,\end{aligned}$$

其中 $\cos\theta=\frac{a_{24}^*}{\sqrt{\left(a_{24}^*\right)^2+\left(a_{34}^*\right)^2}}$, $\sin\theta=-\frac{a_{34}^*}{\sqrt{\left(a_{24}^*\right)^2+\left(a_{34}^*\right)^2}}$, $\theta\in[0,2\pi]$. 于是 (10.7.14) 在新坐标系下的方程为

$$\lambda_1 x'^2+2\sqrt{\left(a_{24}^*\right)^2+\left(a_{34}^*\right)^2}\,y'=0. \tag{10.7.15}$$

又 $(a_{24}^*)^2+(a_{34}^*)^2=-\dfrac{K_2}{I_1}$, 故 (10.7.15) 可写成

$$\lambda_1 x'^2+2\sqrt{-\frac{K_2}{I_1}}y'=0. \tag{10.7.16}$$

这是第四类型的标准方程. 此时, (10.7.16) 所表示的曲面为抛物柱面.

(ii) 当 $K_2=0$ 时, 此时 $a_{24}^*=a_{34}^*=0$, $K_2=I_3=I_4=I_2=0$, $I_1=\lambda_1\neq 0$, 从 (10.7.13) 式, 有

$$\lambda_1 x^{*2}+2a_{14}^*x^*+a_{44}^*=0.$$

于是有

$$\lambda_1\left(x^*+\frac{a_{14}^*}{\lambda_1}\right)^2+\left(a_{44}^*-\frac{(a_{14}^*)^2}{\lambda_1}\right)=0. \tag{10.7.17}$$

引进新的直角坐标系 $\{O',\boldsymbol{e}_1',\boldsymbol{e}_2',\boldsymbol{e}_3'\}$, 使得 $\boldsymbol{e}_i'=\boldsymbol{e}_i^*$ $(i=1,2,3)$, 且

$$x'=x^*+\frac{a_{14}^*}{\lambda_1},\quad y'=y^*,\quad z'=z^*.$$

这样, (10.7.17) 在新坐标系下的方程为

$$\lambda_1 x'^2=a_{44}', \tag{10.7.18}$$

其中 $a_{44}'=-\left(a_{44}^*-\dfrac{(a_{14}^*)^2}{\lambda_1}\right)$. 由于 $K_1=K_1'=-\lambda_1a_{44}'=-I_1a_{44}'$, 则 $a_{44}'=-\dfrac{K_1}{I_1}$, 于是方程 (10.7.18) 可写成

$$\lambda_1 x'^2+\frac{K_1}{I_1}=0. \tag{10.7.19}$$

这是第五类型的标准方程. 根据方程 (10.7.19) 中变量前系数和常数项的系数符号, 可判定方程 (10.7.19) 表示的曲面为一对平行平面 ($x'^2-a^2=0$, a 是一个正常数)、一对虚平行平面 ($x'^2+a^2=0$, a 是一个正常数), 一对重合平面 ($x'^2=0$) 共三种曲面.

这样, 把原二次曲面方程按二次曲面的不变量化为五种类型的标准方程. 而每种类型的方程根据变量前系数和常数项符号又可以分成若干种形式, 共计 17 种, 代表 17 种曲面, 如表 10.7.1.

表 10.7.1

类型	判定条件	标准方程		曲面名称
第一类	$I_3 \neq 0$	$\lambda_1 x'^2 + \lambda_2 y'^2 + \lambda_3 z'^2 + \dfrac{I_4}{I_3} = 0$	$\dfrac{x'^2}{a^2} + \dfrac{y'^2}{b^2} + \dfrac{z'^2}{c^2} = 1$	椭球面
			$\dfrac{x'^2}{a^2} + \dfrac{y'^2}{b^2} + \dfrac{z'^2}{c^2} = -1$	虚椭球面
			$\dfrac{x'^2}{a^2} + \dfrac{y'^2}{b^2} - \dfrac{z'^2}{c^2} = 1$	单叶双曲面
			$\dfrac{x'^2}{a^2} + \dfrac{y'^2}{b^2} - \dfrac{z'^2}{c^2} = -1$	双叶双曲面
			$\dfrac{x'^2}{a^2} + \dfrac{y'^2}{b^2} - \dfrac{z'^2}{c^2} = 0$	二次锥面
			$\dfrac{x'^2}{a^2} + \dfrac{y'^2}{b^2} + \dfrac{z'^2}{r^2} = 0$	退化的一点
第二类	$I_3 = 0$ $I_2 \neq 0$ $I_4 \neq 0$	$\lambda_1 x'^2 + \lambda_2 y'^2 \pm 2\sqrt{-\dfrac{I_4}{I_2}}z' = 0$	$\dfrac{x'^2}{a^2} + \dfrac{y'^2}{b^2} = 2z'$	椭圆抛物面
			$\dfrac{x'^2}{a^2} - \dfrac{y'^2}{b^2} = 2z'$	双曲抛物面
第三类	$I_3 = 0$ $I_2 \neq 0$ $I_4 = 0$	$\lambda_1 x'^2 + \lambda_2 y'^2 + \dfrac{K_2}{I_2} = 0$	$\dfrac{x'^2}{a^2} + \dfrac{y'^2}{b^2} = 1$	椭圆柱面
			$\dfrac{x'^2}{a^2} + \dfrac{y'^2}{b^2} = -1$	虚椭圆柱面
			$\dfrac{x'^2}{a^2} - \dfrac{y'^2}{b^2} = 1$	双曲柱面
			$\dfrac{x'^2}{a^2} - \dfrac{y'^2}{b^2} = 0$	两张相交的平面
			$\dfrac{x'^2}{a^2} + \dfrac{y'^2}{b^2} = 0$	退化为一条直线
第四类	$I_3 = 0$ $I_2 = 0$ $K_2 \neq 0$	$\lambda_1 x'^2 + 2\sqrt{-\dfrac{K_2}{I_1}}y' = 0$	$x'^2 = 2py'$	抛物柱面
第五类	$I_3 = 0$ $I_2 = 0$ $K_2 = 0$	$\lambda_1 x'^2 + \dfrac{K_1}{I_1} = 0$	$x'^2 - a^2 = 0$	一对平行平面
			$x'^2 + a^2 = 0$	一对虚平行平面
			$x'^2 = 0$	一对重合平面

例 10.7.1　化下列二次曲面方程为标准化方程, 并写出坐标变换公式.

(1) $3x^2 + 2y^2 + z^2 - 4xy - 4yz + 6x + 4y - 4z + 12 = 0$;

(2) $x^2 + y^2 + z^2 + 4xy + 4yz + 4xz + 2y + z + 2 = 0$.

解　(1) 因 $\Phi(x, y, z) = 3x^2 + 2y^2 + z^2 - 4xy - 4yz$, 令

$$\boldsymbol{A} = \begin{pmatrix} 3 & -2 & 0 \\ -2 & 2 & -2 \\ 0 & -2 & 1 \end{pmatrix},$$

对应的多项式为

$$|\boldsymbol{A}-\lambda\boldsymbol{E}|=\begin{vmatrix}3-\lambda & -2 & 0\\ -2 & 2-\lambda & -2\\ 0 & -2 & 1-\lambda\end{vmatrix}=-(\lambda-5)(\lambda-2)(\lambda+1).$$

令 $|\boldsymbol{A}-\lambda\boldsymbol{E}|=0$, 得 $\boldsymbol{A}$ 的特征值为 $\lambda_1=5$, $\lambda_2=2$, $\lambda_3=-1$. 当 $\lambda_1=5$ 时, $(\boldsymbol{A}-5\boldsymbol{E})\boldsymbol{X}=\boldsymbol{\theta}$, 对应的特征向量为 $\boldsymbol{X}_1=(2,-2,1)^{\mathrm{T}}$. 类似地, 当 $\lambda_2=2$, $\lambda_3=-1$ 时, 分别解特征方程 $(\boldsymbol{A}-2\boldsymbol{E})\boldsymbol{X}=\boldsymbol{\theta}$ 和 $(\boldsymbol{A}+\boldsymbol{E})\boldsymbol{X}=\boldsymbol{\theta}$, 得到相应的特征向量为 $\boldsymbol{X}_2=(2,1,-2)^{\mathrm{T}}$, $\boldsymbol{X}_3=(1,2,2)^{\mathrm{T}}$. 由命题 8.5.3 得 $\boldsymbol{X}_1$, $\boldsymbol{X}_2$, $\boldsymbol{X}_3$ 两两正交. 取

$$\boldsymbol{e}_1^*=\frac{\boldsymbol{X}_1}{|\boldsymbol{X}_1|}=\left(\frac{2}{3},-\frac{2}{3},\frac{1}{3}\right)^{\mathrm{T}},\quad \boldsymbol{e}_2^*=\frac{\boldsymbol{X}_2}{|\boldsymbol{X}_2|}=\left(\frac{2}{3},\frac{1}{3},-\frac{2}{3}\right)^{\mathrm{T}},$$

$$\boldsymbol{e}_3^*=\frac{\boldsymbol{X}_3}{|\boldsymbol{X}_3|}=\left(\frac{1}{3},\frac{2}{3},\frac{2}{3}\right)^{\mathrm{T}}.$$

从坐标系 $\{O,\boldsymbol{e}_1,\boldsymbol{e}_2,\boldsymbol{e}_3\}$ 到坐标系 $\{O,\boldsymbol{e}_1^*,\boldsymbol{e}_2^*,\boldsymbol{e}_3^*\}$ 的点坐标变换公式为

$$\begin{pmatrix}x\\y\\z\end{pmatrix}=\begin{pmatrix}\frac{2}{3} & \frac{2}{3} & \frac{1}{3}\\ -\frac{2}{3} & \frac{1}{3} & \frac{2}{3}\\ \frac{1}{3} & -\frac{2}{3} & \frac{2}{3}\end{pmatrix}\begin{pmatrix}x^*\\y^*\\z^*\end{pmatrix}.$$

在坐标系 $\{O,\boldsymbol{e}_1^*,\boldsymbol{e}_2^*,\boldsymbol{e}_3^*\}$ 下, 原方程变为

$$5x^{*2}+2y^{*2}-z^{*2}+8y^*+2z^*+12=0,$$

配方得

$$5x^{*2}+2\left(y^*+2\right)^2-\left(z^*-1\right)^2+5=0.$$

引进新坐标系 $\{O',\boldsymbol{e}_1',\boldsymbol{e}_2',\boldsymbol{e}_3'\}$, 使得从 $\{O,\boldsymbol{e}_1^*,\boldsymbol{e}_2^*,\boldsymbol{e}_3^*\}$ 到 $\{O',\boldsymbol{e}_1',\boldsymbol{e}_2',\boldsymbol{e}_3'\}$ 的坐标变换公式为

$$\begin{cases}x'=x^*,\\ y'=y^*+2,\\ z'=z^*-1.\end{cases}$$

于是原方程在坐标系 $\{O',\boldsymbol{e}_1',\boldsymbol{e}_2',\boldsymbol{e}_3'\}$ 中的方程为

$$5x'^2+2y'^2-z'^2+5=0,$$

它表示双叶双曲面. 相应的坐标变换公式为

$$\begin{cases} x = \dfrac{2}{3}x' + \dfrac{2}{3}y' + \dfrac{1}{3}z' - 1, \\ y = -\dfrac{2}{3}x' + \dfrac{1}{3}y' + \dfrac{2}{3}z', \\ z = \dfrac{1}{3}x' - \dfrac{2}{3}y' + \dfrac{2}{3}z' + 2. \end{cases}$$

(2) 因 $\boldsymbol{A} = \begin{pmatrix} 1 & 2 & 2 \\ 2 & 1 & 2 \\ 2 & 2 & 1 \end{pmatrix}$, 故

$$|\boldsymbol{A} - \lambda \boldsymbol{E}| = \begin{vmatrix} 1-\lambda & 2 & 2 \\ 2 & 1-\lambda & 2 \\ 2 & 2 & 1-\lambda \end{vmatrix} = -(\lambda - 5)(\lambda + 1)^2.$$

令 $|\boldsymbol{A}-\lambda\boldsymbol{E}| = 0$, 则 $\lambda_1 = 5, \lambda_2 = -1$ (二重根). 当 $\lambda_1 = 5$ 时, 解 $(\boldsymbol{A}-5\boldsymbol{E})\boldsymbol{X} = \boldsymbol{\theta}$, 它等价于 $x_1 = x_2 = x_3$, 取其中的一个解 $\boldsymbol{X}_1 = (1,1,1)^{\mathrm{T}}$. 当 $\lambda_2 = \lambda_3 = -1$ 时, 解 $(\boldsymbol{A}+\boldsymbol{E})\boldsymbol{X} = \boldsymbol{\theta}$, 这等价于 $x_1 + x_2 + x_3 = 0$, 取其中一个解 $\boldsymbol{X}_2 = (-1,1,0)^{\mathrm{T}}$, 令 $\boldsymbol{X}_3 = \boldsymbol{X}_1 \times \boldsymbol{X}_2 = (-1,-1,2)^{\mathrm{T}}$. 令

$$\boldsymbol{e}_1^* = \frac{\boldsymbol{X}_1}{|\boldsymbol{X}_1|} = \frac{1}{\sqrt{3}}(1,1,1)^{\mathrm{T}}, \quad \boldsymbol{e}_2^* = \frac{\boldsymbol{X}_2}{|\boldsymbol{X}_2|} = \frac{1}{\sqrt{2}}(-1,1,0)^{\mathrm{T}},$$
$$\boldsymbol{e}_3^* = \frac{\boldsymbol{X}_3}{|\boldsymbol{X}_3|} = \frac{1}{\sqrt{6}}(-1,-1,2)^{\mathrm{T}}.$$

建立另一个坐标系 $\{O, \boldsymbol{e}_1^*, \boldsymbol{e}_2^*, \boldsymbol{e}_3^*\}$. 此时坐标变换公式为

$$\begin{cases} x = \dfrac{1}{\sqrt{3}}x^* - \dfrac{1}{\sqrt{2}}y^* - \dfrac{1}{\sqrt{6}}z^*, \\ y = \dfrac{1}{\sqrt{3}}x^* + \dfrac{1}{\sqrt{2}}y^* - \dfrac{1}{\sqrt{6}}z^*, \\ z = \dfrac{1}{\sqrt{3}}x^* + \dfrac{2}{\sqrt{6}}z^*. \end{cases}$$

原方程在坐标系 $\{O, \boldsymbol{e}_1^*, \boldsymbol{e}_2^*, \boldsymbol{e}_3^*\}$ 下化为

$$5x^{*2} - y^{*2} - z^{*2} + \sqrt{3}x^* + \sqrt{2}y^* + 2 = 0,$$

配方得

$$5\left(x^*+\frac{\sqrt{3}}{10}\right)^2-\left(y^*-\frac{\sqrt{2}}{2}\right)^2-z^{*2}+\frac{47}{20}=0.$$

引入新坐标系 $\{O',\boldsymbol{e}_1',\boldsymbol{e}_2',\boldsymbol{e}_3'\}$, 使坐标变换公式为

$$\begin{cases}x'=x^*+\dfrac{\sqrt{3}}{10},\\ y'=y^*-\dfrac{\sqrt{2}}{2},\\ z'=z^*\end{cases}$$

这样, 在新坐标系 $\{O',\boldsymbol{e}_1',\boldsymbol{e}_2',\boldsymbol{e}_3'\}$ 内, 原方程化为

$$5x'^2-y'^2-z'^2+\frac{47}{20}=0,$$

它表示单叶双曲面. 所作的变换公式为

$$\begin{cases}x=\dfrac{1}{\sqrt{3}}x'-\dfrac{1}{\sqrt{2}}y'-\dfrac{1}{\sqrt{6}}z'-\dfrac{3}{5},\\ y=\dfrac{1}{\sqrt{3}}x'+\dfrac{1}{\sqrt{2}}y'-\dfrac{1}{\sqrt{6}}z'+\dfrac{2}{5},\\ z=\dfrac{1}{\sqrt{3}}x'+\dfrac{3}{\sqrt{6}}z'-\dfrac{1}{10}.\end{cases}$$

例 10.7.2 利用不变量和半不变量判定下列二次曲面方程所代表的曲面, 并写出其标准形式的方程.

(1) $2x^2+2y^2-4z^2-5xy-2xz-2yz-2x-2y+z=0$;

(2) $4x^2+y^2+z^2+4xy+2yz+4xz-24x+32=0$.

解 (1)

$$I_3=\begin{vmatrix}2 & -\dfrac{5}{2} & -1\\ -\dfrac{5}{2} & 2 & -1\\ -1 & -1 & -4\end{vmatrix}=0,$$

$$I_4=\begin{vmatrix}2 & -\frac{5}{2} & -1 & -1\\ -\frac{5}{2} & 2 & -1 & -1\\ -1 & -1 & -4 & \frac{1}{2}\\ -1 & -1 & \frac{1}{2} & 0\end{vmatrix}=\frac{9\times 81}{16}\neq 0,$$

$$I_2=\begin{vmatrix}2 & -\frac{5}{2}\\ -\frac{5}{2} & 2\end{vmatrix}+\begin{vmatrix}2 & -1\\ -1 & -4\end{vmatrix}+\begin{vmatrix}2 & -1\\ -1 & -4\end{vmatrix}=-\frac{81}{4},$$

$$I_1=2+2-4=0.$$

又原曲面的二次型部分的矩阵为

$$\boldsymbol{A}=\begin{pmatrix}2 & -\frac{5}{2} & -1\\ -\frac{5}{2} & 2 & -1\\ -1 & -1 & -4\end{pmatrix}.$$

直接计算它的特征值得 $\lambda_1=\frac{9}{2},\lambda_2=-\frac{9}{2},\lambda_3=0$. 从而它的标准方程为

$$3\left(x'^2-y'^2\right)=-2z'.$$

它表示双曲抛物面.

(2)

$$I_3=\begin{vmatrix}4 & 2 & 2\\ 2 & 1 & 1\\ 2 & 1 & 1\end{vmatrix}=0,$$

$$I_4=\begin{vmatrix}4 & 2 & 2 & -12\\ 2 & 1 & 1 & 0\\ 2 & 1 & 1 & 0\\ -12 & 0 & 0 & 32\end{vmatrix}=0,$$

$$I_2=\begin{vmatrix}4 & 2\\ 2 & 1\end{vmatrix}+\begin{vmatrix}4 & 2\\ 2 & 1\end{vmatrix}+\begin{vmatrix}1 & 1\\ 1 & 1\end{vmatrix}=0,$$

$$I_1=4+1+1=6,$$

$$K_2 = \begin{vmatrix} 4 & 2 & -12 \\ 2 & 1 & 0 \\ -12 & 0 & 32 \end{vmatrix} + \begin{vmatrix} 4 & 2 & -12 \\ 2 & 1 & 0 \\ -12 & 0 & 32 \end{vmatrix} + \begin{vmatrix} 1 & 1 & 0 \\ 1 & 1 & 0 \\ 0 & 0 & 32 \end{vmatrix} = -288 \neq 0.$$

因原曲面的二次型部分对应的矩阵为 $\boldsymbol{A} = \begin{pmatrix} 4 & 2 & 2 \\ 2 & 1 & 1 \\ 2 & 1 & 1 \end{pmatrix}$ 的特征值为 $\lambda_1 = 6, \lambda_2 = \lambda_3 = 0$, 故它的标准方程为 $x'^2 = \dfrac{4\sqrt{3}}{3}y'$, 它表示抛物面.

习 题 10.7

1. 把下列曲面化成标准方程, 并写出相应的坐标变换公式, 画出其图形:

(1) $x^2 + y^2 + 5z^2 - 6xy + 2xz - 2yz - 4x + 8y - 12z + 14 = 0$;

(2) $4x^2 + 4y^2 + 4z^2 + 4xy - 4xz + 4yz - 6x - 6z + 3 = 0$;

(3) $2xy + 2yz - 2xz - 4x + 1 = 0$;

(4) $2x^2 + 5y^2 + 2z^2 - 2xy - 4xz + 2yz + 2x - 10y - 2z - 1 = 0$;

(5) $2y^2 - 2xy - 2yz + 2xz + 2x + y - 3z - 5 = 0$;

(6) $x^2 + y^2 + z^2 - xy + xz - yz - 2y - 2z + 2 = 0$;

(7) $x^2 - 2y^2 + z^2 + 4xy - 8xz - 4yz - 14x - 4y + 14z + 16 = 0$;

(8) $x^2 + 7y^2 + z^2 + 10xy + 2xz + 10yz + 8x + 4y + 8z - 6 = 0$.

2. 判定下列二次曲面是什么曲面? 并写出它们的标准方程:

(1) $x^2 + 2y^2 + 3z^2 - 4xy - 4yz + 2 = 0$;

(2) $4x^2 + y^2 + z^2 - 2yz + 4xz - 4xy - 4x + 8z = 0$;

(3) $x^2 + y^2 + z^2 + yz + zx + xy = 0$;

(4) $2x^2 + 2y^2 - 4z^2 - 2yz - 2xz - 5xy - 2x - 2y + z = 0$.

3. 取定 d 的值, 使 $2x^2 + y^2 + 5z^2 + 2yz + 4xz - 4xy + 2x + 2y + d = 0$ 表示锥面.

4. 在直角坐标系中, 若 Oxy 平面上的曲线

$$a_{11}x^2 + 2a_{12}xy + a_{22}y^2 + 2a_{13}x + 2a_{23}y + a_{33} = 0$$

分别是椭圆、双曲线或抛物线, 问二次曲面 $z = a_{11}x^2 + 2a_{12}xy + a_{22}y^2 + 2a_{13}x + 2a_{23}y + a_{33}$ 分别表示什么曲面?

5. 证明: 顶点在原点的二次锥面

$$a_{11}x^2 + a_{22}y^2 + a_{33}z^2 + 2a_{12}xy + 2a_{23}yz + 2a_{13}xz = 0$$

有三条互相垂直的直母线的充要条件是 $a_{11} + a_{22} + a_{33} = 0$.

10.8* 曲面的相交

在学习曲面积分和三重积分时, 常常会碰到画出曲面相交的图形或曲面所围成区域的问题. 为此, 我们在这里介绍一些常用的作图方法. 作图的关键是

画出它们的交线, 这里所讨论的画图方法是指作示意图, 如要作精确图就更加复杂一点.

10.8.1　相交图

例 10.8.1　作出 $x^2+y^2-z^2=1$ 与 $x^2+y^2=2z$ 的相交图.

解　这是单叶双曲面与椭圆抛物面的交线, 其方程为

$$\begin{cases}x^2+y^2-z^2=1,\\x^2+y^2=2z.\end{cases}$$

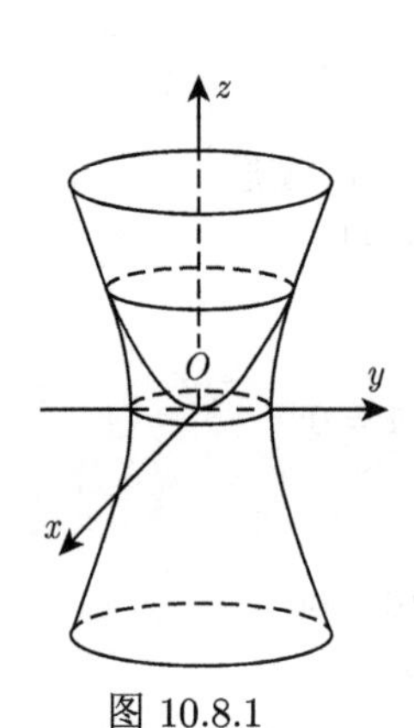

图 10.8.1

上面方程组两式相减得 $z^2-2z+1=0$, 解得 $z=1$, 则相交线的方程可化为

$$\begin{cases}x^2+y^2=2,\\z=1,\end{cases}$$

即为平面 $z=1$ 上的圆 $x^2+y^2=2$. 如图 10.8.1 所示.

例 10.8.2　作出 $x^2+y^2=1$ 和 $y^2+z^2=1$ 在第一象限内的相交图.

解　这是两个圆柱面的交线, 其方程为

$$\begin{cases}x^2+y^2=1,\\y^2+z^2=1.\end{cases}$$

画图步骤如下:

(1) 画出每个柱面在垂直于轴的坐标面上且在第一象限内的截线, 即为圆

$$\begin{cases}x^2+y^2=1,\\z=0\end{cases}\quad 与 \quad\begin{cases}y^2+z^2=1,\\x=0\end{cases}\quad 其中\ |x|\leqslant 1, |y|\leqslant 1, |z|\leqslant 1.$$

(2) 在第三个轴即 y 轴上的区间 $[0,1]$ 内任取一点 P, 过点 P 作平行于 xOz 的平面, 交两圆于 A, B 两点.

(3) 过点 A 、点 B 分别作平行于 x 轴、z 轴的直母线, 它们必相交于点 D, 点 D 即所要画的交线上的一点.

(4) 用类似 (2) 和 (3) 的方法再作交线上其他一些点, 光滑地连接这些交点得两个柱面的交线 (图 10.8.2).

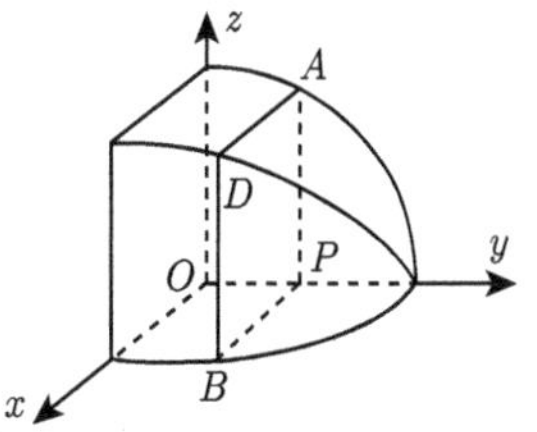

图 10.8.2

例 10.8.3 作出 $x^2+y^2+z^2=4\ (z \geqslant 0)$ 和 $x^2+y^2=2y$ 的相交图.

解 这是球面与圆柱面的交线 C: $\begin{cases} x^2+y^2+z^2=4, \\ x^2+y^2=2y. \end{cases}$

这曲线不像例 10.8.2 那样是两个柱面的交线, 但可以转化为例 10.8.2 的情形, 然后按照例 10.8.2 的方法作图.

由本章的习题知, $x^2+y^2=2y$, 即 $x^2+(y-1)^2=1$ 表示交线 C 关于 Oxy 坐标面的射影柱面, 又由交线 C 的方程两式相减得 $z^2+2y=4\ (0 \leqslant y \leqslant 2)$, 这样交线方程可化为

$$\begin{cases} x^2+(y-1)^2=1, \\ z^2+2y=4 \end{cases} \quad (0 \leqslant y \leqslant 2, |x| \leqslant 1, 0 \leqslant z \leqslant 2),$$

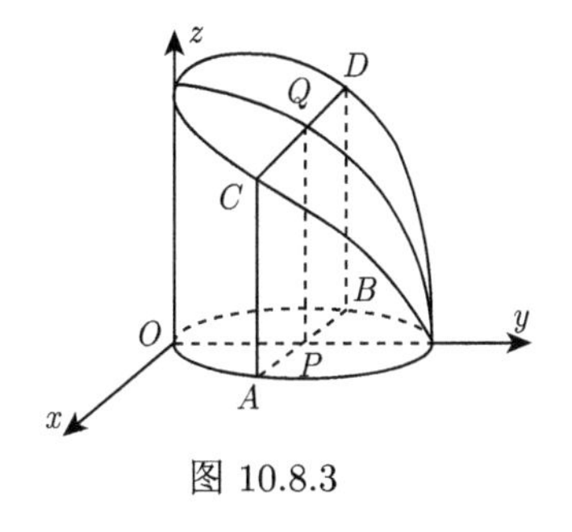

图 10.8.3

这是圆柱面与抛物柱面的交线. 按照例 10.8.2 的四个步骤可作出相交图, 如图 10.8.3, 此曲线称为 Viviani 曲线.

10.8.2 区域的表示

联立两个曲面方程构成的方程组, 表示这两个曲面的交线, 而几个不等式构成不等式组, 则表示由相应的曲面所围成的区域.

例 10.8.4 用 x,y,z 的不等式来表示圆柱面 $x^2+y^2=1$, $y^2+z^2=1$ 以及三个坐标面所围成的第一象限部分的区域, 并画出相应的区域.

解 要画出曲面所围成的区域, 关键是要画出曲面与曲面的交线, 首先考虑到圆柱面 $x^2+y^2=1$ 与 $y^2+z^2=1$ 的交线在例 10.8.2 中已画出了, 再分别作出圆柱面 $x^2+y^2=1$, $y^2+z^2=1$ 与各坐标面的交线的交线, 最后画出图形中其他轮廓线, 这样就可以画出各曲面所围成的区域 (图 10.8.4).

要画不等式组所表示的区域, 首先看该区域在某坐标面上的投影区域, 比如考察该区域在 xOy 面上的投影区域, 在该平面区域中固定某坐标, 如 y 坐标 $(0 \leqslant y \leqslant 1)$, 然后用一条平行于 x 轴的直线从 x 轴负向到 x 轴的正向穿过平面区域上, 穿入者为 x 的下界、穿出者为 x 的上界, 即 $0 \leqslant y \leqslant 1, 0 \leqslant x \leqslant \sqrt{1-y^2}$.

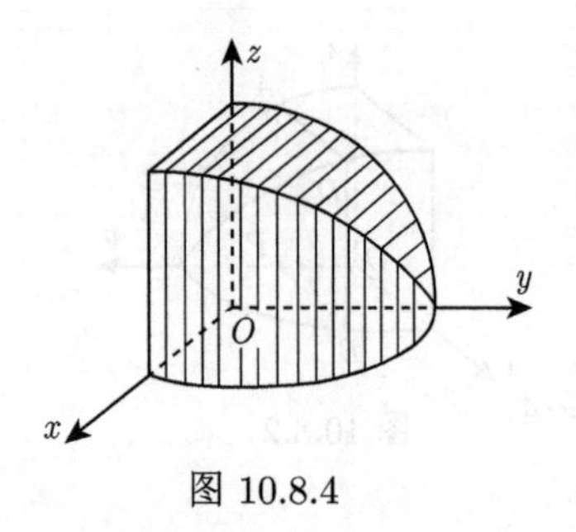

图 10.8.4

然后看 z 的范围. 同样用一条平行于 z 轴的直线从 z 轴负向到 z 轴的正向穿过该立体区域, 穿入者 $z=0$ 为 z 的下界, 穿出者 $z=\sqrt{1-y^2}$ 为 z 的上界, 即 $0\leqslant z\leqslant\sqrt{1-y^2}$. 从而该立体区域用下面不等式组表示为:

$$0\leqslant y\leqslant 1,\quad 0\leqslant x\leqslant\sqrt{1-y^2},\quad 0\leqslant z\leqslant\sqrt{1-y^2}.$$

同理, 该区域也可用下面不等式组来表示:

$$0\leqslant x\leqslant 1,\quad 0\leqslant y\leqslant\sqrt{1-x^2},\quad 0\leqslant z\leqslant\sqrt{1-y^2}.$$

例 10.8.5　画出下列不等式组所确定的区域:

$$0\leqslant x\leqslant 4,\quad -\sqrt{4x-x^2}\leqslant y\leqslant\sqrt{4x-x^2},\quad 0\leqslant z\leqslant\frac{1}{2}\left(x^2+y^2\right).$$

解　由例 10.8.4 的方法可知该立方体区域在 xOy 面投影区域为

$$0\leqslant x\leqslant 4,\quad -\sqrt{4x-x^2}\leqslant y\leqslant\sqrt{4x-x^2}.$$

这表示 xOy 面上的圆 $x^2+y^2=4x$ 所围成的区域. 又从 $0\leqslant z\leqslant\frac{1}{2}\left(x^2+y^2\right)$ 知该立方体区域位于 xOy 面及曲面 $x^2+y^2=2z$ 之间, 因该区域是由圆柱面 $x^2+y^2=4x$ 与椭圆抛物面 $x^2+y^2=2z$ 及 $z=0$ 所围成的区域.

要画出该区域, 必须画出各曲面的交线. 特别要画出交线 $\begin{cases}x^2+y^2=4x,\\x^2+y^2=2z,\end{cases}$ 这等价于 $\begin{cases}x^2+y^2=4x,\\z=2x.\end{cases}$ 由于平面 $z=2x$ 可看成特殊柱面, 因而可利用例 10.8.2 的方法画出其交线, 再画出圆柱面与椭圆抛物面, 这样可画出该区域图 (图 10.8.5).

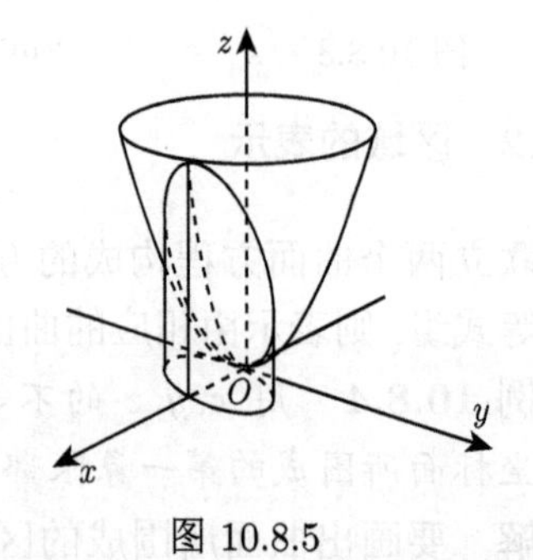

图 10.8.5

习　题　10.8

1. 求下列曲线在各坐标面上的射影柱面的方程, 画出简图.

(1) $\begin{cases}x^2+y^2-z^2=0,\\2x-z^2+1=0;\end{cases}$

(2) $\begin{cases}\dfrac{x^2}{4}+\dfrac{y^2}{9}-\dfrac{z^2}{16}=1,\\x=2;\end{cases}$

(3) $\begin{cases} x^2+4y^2-z^2=16, \\ 4x^2+y^2+z^2=4. \end{cases}$

2. 用不等式组表达下列曲面或平面所围成的空间区域, 并作简图.

(1) $x^2+y^2=16$, $z=x+4$, $z=0$;

(2) $x^2+y^2+z^2=4$, $y^2+z^2=4x$;

(3) $x^2+y^2=2x$, $y^2+(z-2)^2=1$;

(4) $z=x^2+y^2$, $x^2+y^2=4x$, $x=1$, $z=0$.

3. 画出由下列不等式组所构成的区域:

(1) $x^2+y^2 \geqslant 4z$, $x+y \leqslant 1$, $x \geqslant 0$, $y \geqslant 0$, $z \geqslant 0$;

(2) $2-x \leqslant z \leqslant 4-x^2$, $-1 \leqslant x \leqslant 2$, $0 \leqslant y \leqslant 2$;

(3) $0 \leqslant z \leqslant \sqrt{8-x^2-y^2}$, $0 \leqslant y \leqslant \sqrt{4-x^2}$, $0 \leqslant x \leqslant 2$.

本章拓展题

1. 证明一个实二次型可以分解成两个实系数的一次齐次多项式的乘积的充要条件是它的秩为 2 且符号差为 0, 或者秩等于 1.

2. 设 $f(x_1,x_2,\cdots,x_n)=l_1^2+l_2^2+\cdots+l_p^2-l_{p+1}^2-\cdots-l_{p+q}^2$, 其中 $l_i\ (i=1,2,\cdots,p+q)$ 是 $x_1,x_2,\cdots,x_n$ 的实一次齐次式. 证明 $f(x_1,x_2,\cdots,x_n)$ 的正惯性指数 $\leqslant p$, 负惯性指数 $\leqslant q$.

3. 证明: 任一个可逆实矩阵可表示成一个正交矩阵和一个正定矩阵的乘积.

4. 证明: $\boldsymbol{A}$ 半负定的充要条件是对任意的实数 $a<0$ 有 $\boldsymbol{B}=a\boldsymbol{E}+\boldsymbol{A}$ 负定.

5. 设 $\boldsymbol{A}$, $\boldsymbol{B}$ 是两个实对称矩阵, 其中 $\boldsymbol{A}$ 是正定的. 证明: 存在可逆矩阵 $\boldsymbol{P}$ 使得 $\boldsymbol{P}^{\mathrm{T}}\boldsymbol{A}\boldsymbol{P}=\boldsymbol{E}$ 且 $\boldsymbol{P}^{\mathrm{T}}\boldsymbol{B}\boldsymbol{P}$ 是一个对角阵.

6. 设 $\boldsymbol{A}$ 是一个正定矩阵, $\boldsymbol{B}$ 是一个半正定矩阵. 证明: 如果 $\boldsymbol{A}-\boldsymbol{B}$ 半正定, 则 $|\boldsymbol{A}| \geqslant |\boldsymbol{B}|$. 提示: 利用 5 题结论.

7. 设 $\boldsymbol{A}_1$, $\boldsymbol{A}_2$, $\cdots$, $\boldsymbol{A}_t$ 均为实对称矩阵. 证明: $\boldsymbol{A}_1^2+\boldsymbol{A}_2^2+\cdots+\boldsymbol{A}_t^2=\boldsymbol{O}$ 当且仅当 $\boldsymbol{A}_1=\boldsymbol{A}_2=\cdots=\boldsymbol{A}_t=\boldsymbol{O}$.

8. 设 $\boldsymbol{A}$ 是反对称矩阵, 证明 $\boldsymbol{A}$ 合同于矩阵

$$\begin{pmatrix} 0 & 1 & & & & & & & & \\ -1 & 0 & & & & & & & & \\ & & 0 & 1 & & & & & & \\ & & -1 & 0 & & & & & & \\ & & & & \ddots & & & & & \\ & & & & & 0 & 1 & & & \\ & & & & & -1 & 0 & & & \\ & & & & & & & 0 & & \\ & & & & & & & & \ddots & \\ & & & & & & & & & 0 \end{pmatrix}.$$

9. 主对角线上全是 1 的上三角形, 称为**特殊上三角形矩阵**.

(1) 设 $\boldsymbol{A}$ 为对称阵, $\boldsymbol{T}$ 为特殊上三角形矩阵, 而 $\boldsymbol{B}=\boldsymbol{T}^{\mathrm{T}}\boldsymbol{A}\boldsymbol{T}$, 证明 $\boldsymbol{A}$ 和 $\boldsymbol{B}$ 对应的顺序主子式有相同的值.

(2) 设 $\boldsymbol{A}$ 为 n 阶实对称阵. 证明当且仅当 $\boldsymbol{A}$ 的顺序主子式 $|\boldsymbol{A}_1|,|\boldsymbol{A}_2|,\cdots,|\boldsymbol{A}_n|$ 全不为零时, 存在特殊上三角形矩阵 $\boldsymbol{T}$, 使得 $\boldsymbol{T}^{\mathrm{T}}\boldsymbol{A}\boldsymbol{T}$ 为对角阵, 其对角线上的元素都不为 0, 且自上而下依次为 $|\boldsymbol{A}_1|,\dfrac{|\boldsymbol{A}_2|}{|\boldsymbol{A}_1|},\cdots,\dfrac{|\boldsymbol{A}_k|}{|\boldsymbol{A}_{k-1}|},\cdots,\dfrac{|\boldsymbol{A}_n|}{|\boldsymbol{A}_{n-1}|}$.

10. 证明实对称阵 $\boldsymbol{A}$ 正定的充要条件是存在非奇异上三角形矩阵 $\boldsymbol{S}$ 使得 $\boldsymbol{A}=\boldsymbol{S}^{\mathrm{T}}\boldsymbol{S}$.

11. 设 $\boldsymbol{A}=(a_{ij})_{n\times n}$ 正定, $\boldsymbol{T}=(t_{ij})_{n\times n}$ 是 n 阶实可逆阵, 那么

(1) $|\boldsymbol{A}|\leqslant a_{nn}|\boldsymbol{A}_{n-1}|$, 这里 $|\boldsymbol{A}_{n-1}|$ 是 $\boldsymbol{A}$ 的 $n-1$ 阶顺序主子式, 且等号成立的充要条件是 $a_{1n}=a_{2n}=\cdots=a_{n-1,n}=0$.

(2) $|\boldsymbol{A}|\leqslant a_{11}a_{22}\cdots a_{nn}$, 且等式成立的充分必要条件是 $\boldsymbol{A}$ 为对角阵.

(3) $|\boldsymbol{T}|^2\leqslant\min\left\{\prod\limits_{j=1}^{n}\left(\sum\limits_{i=1}^{n}t_{ij}^2\right),\prod\limits_{i=1}^{n}\left(\sum\limits_{j=1}^{n}t_{ij}^2\right)\right\}$.

12. 设 $\boldsymbol{A}$ 为 m 阶正定阵, $\boldsymbol{B}$ 为 $m\times n$ 实矩阵. 证明 $\boldsymbol{B}^{\mathrm{T}}\boldsymbol{A}\boldsymbol{B}$ 正定的充要条件是 $r(\boldsymbol{B})=n$.

13. 已知实二次型 $f(x_1,x_2,x_3)=5x_1^2+5x_2^2+cx_3^2-2x_1x_2+6x_1x_3-6x_2x_3$ 的秩为 2,

(1) 求参数 c 及该二次型矩阵 $\boldsymbol{A}$ 的特征值.

(2) 指出方程 $f(x_1,x_2,x_3)=1$ 表示何种曲面.

14. 设 $\boldsymbol{A}$ 是 n 阶正定矩阵, $\boldsymbol{\alpha}_1,\ \boldsymbol{\alpha}_2,\ \cdots,\ \boldsymbol{\alpha}_n$ 均为实的非零的 n 元列向量, 且当 $i\neq j$ 时, $\boldsymbol{\alpha}_i^{\mathrm{T}}\boldsymbol{A}\boldsymbol{\alpha}_j^{\mathrm{T}}=0\ \ (i,j=1,2,\cdots,n)$, 证明 $\boldsymbol{\alpha}_1,\ \boldsymbol{\alpha}_2,\ \cdots,\ \boldsymbol{\alpha}_n$ 线性无关.

15. 设 $\boldsymbol{A}$ 是 n 阶正定阵, $\boldsymbol{E}$ 是 n 阶单位阵, 证明 $\boldsymbol{A}+\boldsymbol{E}$ 的行列式大于 1.

16. 设 $\boldsymbol{A}$ 是一个 n 阶实对称矩阵. 证明 $r(\boldsymbol{A})=n$ 的充要条件为存在实对称矩阵 $\boldsymbol{B}$ 使得 $\boldsymbol{AB}+\boldsymbol{BA}$ 正定.

17. 设 $\boldsymbol{A}$, $\boldsymbol{B}$ 是两个实对称矩阵. 证明: 如果矩阵 $\boldsymbol{A}$ 的特征值在区间 $[a,\ b]$ 上, 矩阵 $\boldsymbol{B}$ 的特征值在区间 $[c,\ d]$ 上, 则矩阵 $\boldsymbol{A}+\boldsymbol{B}$ 的特征值在区间 $[a+c,\ b+d]$ 上.

18. 设 $x_1,x_2,\cdots,x_n$ 是 n 个实数, 令 $s_k=x_1^k+x_2^k+\cdots+x_n^k$,

$$\boldsymbol{S}=\begin{pmatrix} s_0 & s_1 & \cdots & s_{n-1}\\ s_1 & s_2 & \cdots & s_n\\ \vdots & \vdots & & \vdots\\ s_{n-1} & s_n & \cdots & s_{2n-2}\end{pmatrix},$$

证明 $r(\boldsymbol{S})$ 等于 $x_1,x_2,\cdots,x_n$ 中互异数的个数.

参 考 文 献

北京大学数学系几何与代数教研室前代数小组. 2019. 高等代数. 王萼芳, 石生明修订. 5 版. 北京: 高等教育出版社.

陈志杰. 2008. 高等代数与解析几何 (上册). 2 版. 北京: 高等教育出版社.

丰宁欣, 孙贤铭, 郭孝英, 等. 1982. 空间解析几何. 杭州: 浙江科学技术出版社.

郭聿琦, 岑嘉评, 徐贵桐. 2001. 线性代数导引. 北京: 科学出版社.

黄宣国. 2003. 空间解析几何与微分几何. 上海: 复旦大学出版社.

黄正达, 李方, 温道伟, 等. 2013. 高等代数 (上册). 2 版. 杭州: 浙江大学出版社.

柯斯特利金 A. 2006. 基础代数. 2 版//代数学引论 (第一卷). 张英伯, 译. 北京: 高等教育出版社.

李方, 黄正达, 温道伟, 等. 2013. 高等代数 (下册). 2 版. 杭州: 浙江大学出版社.

李尚志. 2007. 线性代数. 北京: 高等教育出版社.

刘仲奎, 杨永保, 程辉, 等. 2003. 高等代数. 北京: 高等教育出版社.

吕林根, 许子道. 2019. 解析几何. 5 版. 北京: 高等教育出版社.

孟道骥. 2014. 高等代数与解析几何 (上下册). 3 版. 北京: 科学出版社.

丘维声. 2008. 解析几何. 2 版. 北京: 北京大学出版社.

丘维声. 2013. 高等代数. 北京: 科学出版社.

沈一兵, 盛为民, 张希, 等. 2008. 解析几何学. 杭州: 浙江大学出版社.

苏步青, 华宣积, 忻元龙, 等. 1984. 空间解析几何. 上海: 上海科学技术出版社.

席南华. 2016. 基础代数 (第一卷). 北京: 科学出版社.

席南华. 2018. 基础代数 (第二卷). 北京: 科学出版社.

萧树铁, 居余马. 2003. 大学数学——代数与几何. 北京: 高等教育出版社.

谢启鸿, 姚慕生, 吴泉水, 等. 2022. 高等代数学. 4 版. 上海: 复旦大学出版社.

许以超. 2008. 线性代数与矩阵论. 北京: 高等教育出版社.

尤承业. 2004. 解析几何. 北京: 北京大学出版社.

张禾瑞, 郝鈵新. 2007. 高等代数. 5 版. 北京: 高等教育出版社.

Lay D C. 2007. 线性代数及其应用 (第 3 版修订版). 沈复兴等, 译. 北京: 人民邮电出版社.

附录 A

本附录中，我们仅罗列与本课程相关的一些内容.

A.1 数域

数的集合是数学理论中的一个基本集合. 通常我们用 $\mathbb{C},\mathbb{R},\mathbb{Q}$ 及 $\mathbb{Z}$ 分别表示全体复数、全体实数、全体有理数及全体整数所成的集合. 数之间具有加法、减法、乘法与除法四个基本的运算. 不同数集中的两个数 (可以相同) 关于上述四个运算的表现不尽相同. 如果我们把数集中任意两个数 (可以相同) 经过某个运算 (如果运算可以进行) 所得的新数仍然在该数集中的现象称为数集关于该运算是**封闭**的，那么，$\mathbb{C},\mathbb{R}$ 和 $\mathbb{Q}$ 关于数的加法、减法、乘法及除法均是封闭的，而 $\mathbb{Z}$ 关于数的加法、减法和乘法封闭，但关于除法却是不封闭的.

代数学中，我们将数的集合依据运算性质的不同进行分类. 本书中，我们关注一类特殊的数集——数域.

定义 A.1.1 设 $\mathbb{F}$ 是一个至少含有两个不同数的数集，若 $\mathbb{F}$ 对数的加法、减法、乘法及除法是封闭的，则我们称 $\mathbb{F}$ 是一个数域.

例 A.1.1 $\mathbb{C},\mathbb{R},\mathbb{Q}$ 是数域，$\mathbb{Z}$ 不是数域.

例 A.1.2 设 p 是素数，试证明 $\mathbb{Q}(\sqrt{p})=\{a+b\sqrt{p}|a,\ b\in\mathbb{Q}\}$ 是一个数域.

证明 只要验证 $\mathbb{Q}(\sqrt{p})$ 关于数的加法、减法、乘法及除法封闭即可. $\forall a+b\sqrt{p}\in\mathbb{Q}(\sqrt{p}),\ c+d\sqrt{p}\in\mathbb{Q}(\sqrt{p})$，我们有

$$(a+b\sqrt{p})\pm(c+d\sqrt{p})=(a\pm c)+(b\pm d)\sqrt{p}\in\mathbb{Q}(\sqrt{p})$$

及

$$(a+b\sqrt{p})(c+d\sqrt{p})=(ac+bdp)+(ad+bc)\sqrt{p}\in\mathbb{Q}(\sqrt{p}).$$

又若 $c+d\sqrt{p}\neq 0$，则 $c-d\sqrt{p}\neq 0$ 且 $c^2-d^2p\neq 0$，于是

$$\begin{aligned}\frac{a+b\sqrt{p}}{c+d\sqrt{p}}&=\frac{(a+b\sqrt{p})(c-d\sqrt{p})}{(c+d\sqrt{p})(c-d\sqrt{p})}\\&=\frac{ac-bdp}{c^2-d^2p}+\frac{bc-ad}{c^2-d^2p}\sqrt{p}\in\mathbb{Q}(\sqrt{p}),\end{aligned}$$

故 $\mathbb{Q}(\sqrt{p})$ 关于加、减、乘、除均封闭，因而它是一个数域. □

由于当 p, q 为互异素数时, $\mathbb{Q}(\sqrt{p}) \neq \mathbb{Q}(\sqrt{q})$, 因而数域有无穷多个. 自然要问是否存在最小的数域? 或者说, 是否存在一个数域, 它是任何一个数域的一个子集?

定理 A.1.1 设数域的全体所成的集合记为 Λ, 则 $\mathbb{Q} = \bigcap_{S \in \Lambda} S$, 换句话说, $\mathbb{Q}$ 是最小的数域.

证明 显然

$$\mathbb{Q} \supseteq \bigcap_{S \in \Lambda} S. \tag{A.1.1}$$

又 $S \in \Lambda, \exists a \in S$ 且 $a \neq 0$, 故 $1 = \dfrac{a}{a} \in S$ 及 $0 = 1 - 1 \in S$, 因而全体整数、全体有理数都在 S 中, 所以 $\mathbb{Q} \subseteq S$. 由 S 的任意性得

$$\mathbb{Q} \subseteq \bigcap_{S \in \Lambda} S. \tag{A.1.2}$$

又由 (A.1.1) 和 (A.1.2) 可知

$$\mathbb{Q} = \bigcap_{S \in \Lambda} S.$$

□

习 题 A.1

1. 设 $\mathrm{i} = \sqrt{-1}$, 试判断下列各数集是否构成数域.

(1) $\mathbb{Q}(\sqrt{3}\mathbf{i}) = \{a + b\sqrt{3}\mathbf{i} | a, b\text{为任意有理数}\}$;

(2) $\mathbb{F} = \{a + b\mathbf{i} | a \text{ 为任意有理数}, b \text{ 为实数}\}$.

2. 设 p, q 为不同素数, 试证明 $\mathbb{Q}(\sqrt{p}) \neq \mathbb{Q}(\sqrt{q})$, 其中 $\mathbb{Q}(\sqrt{p})$, $\mathbb{Q}(\sqrt{q})$ 的意义见例 A.1.2.

3. 设 $\mathbb{F}_1$ 及 $\mathbb{F}_2$ 是两个数域, 试证明

(1) $\mathbb{F}_1 \cap \mathbb{F}_2$ 是一个数域;

(2) $\mathbb{F}_1 \cup \mathbb{F}_2$ 是一个数域当且仅当 $\mathbb{F}_1 \subseteq \mathbb{F}_2$ 或 $\mathbb{F}_2 \subseteq \mathbb{F}_1$.

4. 设 $\mathbb{F}$ 是一个数域, 且 $\mathbb{R} \subseteq \mathbb{F} \subseteq \mathbb{C}$. 试证明 $\mathbb{F} = \mathbb{R}$ 或 $\mathbb{F} = \mathbb{C}$.

5. 设 $\mathbb{F}$ 是一个数域, 且 $\sqrt{3} \in \mathbb{F}$. 试证明 $\mathbb{Q}(\sqrt{3}) \subseteq \mathbb{F}$(即证 $\mathbb{Q}(\sqrt{3})$ 是包含 $\sqrt{3}$ 的最小数域).

A.2 复数及其运算

令 $\mathbb{C} = \{a + b\mathrm{i} | a,\ b \in \mathbb{R}\}$, 其中 $\mathrm{i} = \sqrt{-1} \notin \mathbb{R}$. 称 $\mathbb{C}$ 为复数集, $\mathbb{C}$ 中的元素为复数, i 为**虚数**.

对 $z = a + b\mathrm{i} \in \mathbb{C}$, 我们称 a 是 z 的**实部**, b 是 z 的**虚部**. 并记作 $\mathrm{Re}(z) = a$, $\mathrm{Im}(z) = b$. 显然, $\mathbb{R} \subsetneqq \mathbb{C}$. 与 $\mathbb{R}$ 不同的是, $\mathbb{C}$ 不是一个全序集.

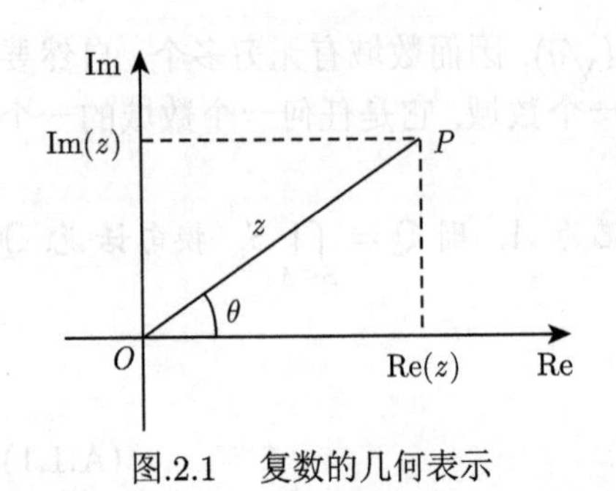

图.2.1 复数的几何表示

我们可以在几何上表示一个复数. 在平面上画两条刻度相同的相互垂直的数轴(图 A.2.1), 交点记为 O. 称横向的数轴为实轴, 纵向的数轴为虚轴, 那么任何一个复数 z 与这个平面上的点 P 一一对应.

从图中可知

$$z=r(\cos\theta+\mathrm{i}\sin\theta)^{①}, \tag{A.2.1}$$

我们称 r 为 z 的模长, θ 为 z 的辐角, 并分别记为

$$|z|=r, \quad \theta=\arg z. \tag{A.2.2}$$

若 $z=a+b\mathrm{i}\in\mathbb{C}, a,b\in\mathbb{R}$, 则称 $\bar{z}=a-b\mathrm{i}$ 为 z 的**共轭复数**, 显然, z 与 $\bar{z}$ 关于实轴对称, 且 $z\bar{z}=|z|^2$.

复数之间的运算定义如下.

定义 A.2.1 设 $z_1=a+b\mathrm{i}, z_2=c+d\mathrm{i}$ 均为 $\mathbb{C}$ 中的元素, 则

(1) z_1 与 z_2 的和 $z=z_1+z_2$ 为一个新的复数 $z=(a+c)+(b+d)\mathrm{i}$, 并称上述求和的过程为一个加法运算过程, 简称加法运算;

(2) z_1 与 z_2 的差 $z=z_1-z_2$ 为一个新的复数 $z=(a-c)+(b-d)\mathrm{i}$, 并称上述求差的过程为一个减法运算过程, 简称减法运算;

(3) z_1 与 z_2 的积 $z=z_1z_2$ 为一个新的复数 $z=(ac-bd)+(ad+bc)\mathrm{i}$, 并称上述求积的过程为一个乘法运算过程, 简称乘法运算;

(4) 若 $z_2\neq 0$, 则 z_1 除以 z_2 的商 $z=\dfrac{z_1}{z_2}$ 或 $z=z_1\div z_2$ 为一个新的复数 $z=\dfrac{z_1}{z_2}=\dfrac{ac+bd}{c^2+d^2}+\dfrac{-ad+bc}{c^2+d^2}\mathrm{i}$, 并称上述求商的过程为一个除法运算过程, 简称除法运算.

容易验证: $z=z_1\div z_2$ 当且仅当 $z_1=zz_2$, 并且复数的加法和乘法运算具有如下性质:

交换律 $z_1+z_2=z_2+z_1,\ z_1z_2=z_2z_1, \forall z_1,z_2\in\mathbb{C}$.

结合律 $(z_1+z_2)+z_3=z_1+(z_2+z_3),\ (z_1z_2)z_3=z_1(z_2z_3), \forall z_1,z_2,z_3\in\mathbb{C}$.

分配律 $z_1(z_2\pm z_3)=z_1z_2\pm z_1z_3, \forall z_1,z_2,z_3\in\mathbb{C}$.

依 (A.2.2), 若 $z_1=|z_1|(\cos\theta_1+\mathrm{i}\sin\theta_1)$, $z_2=|z_2|(\cos\theta_2+\mathrm{i}\sin\theta_2)$, 则

$$z_1z_2=|z_1||z_2|(\cos(\theta_1+\theta_2)+\mathrm{i}\sin(\theta_1+\theta_2)), \tag{A.2.3}$$

① 写成三角函数形式时候, 一般采取 (A.2.1) 中的形式.

$$\frac{z_1}{z_2} = \frac{|z_1|}{|z_2|}(\cos(\theta_1 - \theta_2) + \mathrm{i}\sin(\theta_1 - \theta_2)), \quad z_2 \neq 0. \tag{A.2.4}$$

即两个复数相乘, 就是模相乘并辐角相加; 两个复数相除, 就是模相除并辐角相减.

进一步, 有

定理 A.2.1 (de Moivre (棣莫弗) 公式) 若 $z = |z|(\cos\theta + \mathrm{i}\sin\theta) \in \mathbb{C}$, 则对任何 $k \in \mathbb{N}$, 有

$$z^k = |z|^k(\cos k\theta + \mathrm{i}\sin k\theta).$$

依复分析还可得

定理 A.2.2 (欧拉公式) 若 $z = |z|(\cos\theta + \mathrm{i}\sin\theta) \in \mathbb{C}$, 则 $z = |z|\mathrm{e}^{\mathrm{i}\theta}$.

有关复数的进一步学习, 请读者参见后继课程复变函数.

习 题 A.2

1. 证明公式 (A.2.3) 和 (A.2.4) 以及 de Moivre 公式.

A.3 多项式函数

多项式理论是高等代数的重要内容之一, 我们将在下册中展开详细的讨论. 本节仅涉及其中与本册学习相关联的部分内容.

定义 A.3.1 设 $a_0, a_1, \cdots, a_n \in \mathbb{F}, a_n \neq 0$, 我们称下述定义在数域 $\mathbb{F}$ 上, 取值也在 $\mathbb{F}$ 中的函数

$$f(x) = a_n x^n + a_{n-1}x^{n-1} + \cdots + a_1 x + a_0 = \sum_{i=0}^{n} a_i x^i, \quad \forall x \in \mathbb{F}$$

为数域 $\mathbb{F}$ 上的一个多项式函数. 我们也称 n 为 $f(x)$ 的次数, $a_i x^i (i=0, 1, 2, \cdots, n)$ 为 $f(x)$ 的项, $a_n x^n$ 为 $f(x)$ 的首项, a_n 为 $f(x)$ 的首项系数.

称恒 0 值函数为零多项式, 零多项式的次数定义为 $-\infty$.

当 $f(x)$ 的系数全为实数时, 我们称 $f(x)$ 是实系数的; 当我们在 $\mathbb{C}$ 中考虑 $f(x)$ 的时候, 我们称 $f(x)$ 是复系数的.

我们约定, 本册中凡是说到数域 $\mathbb{F}$ 上的一个多项式即指是定义在数域 $\mathbb{F}$ 上的一个多项式函数.

两个多项式函数相加以及相乘得到一个新的多项式函数, 其系数的确定是读者在中学阶段所熟知的.

设 $f(x)$ 为数域 $\mathbb{F}$ 上的一个多项式函数, $z \in \mathbb{F}$ 满足 $f(z) = 0$, 则称 z 为 $f(x)$ 的一个**根**或者**零点**. 如果对于 z 还存在 $k \in \mathbb{N}$ 以及 $\mathbb{F}$ 上的多项式函数 $g(x)$

使得

$$f(x) = (x-z)^k g(x), \quad g(z) \neq 0,$$

则我们称 z 为 $f(x)$ 的一个 k **重根**或 k **重零点**. 当 $k>1$ 时, 称 z 为**重根**; 当 $k=1$ 时, 称 z 为**单根**.

关于多项式函数根的存在性, 我们不加证明地给出

定理 A.3.1 复数域上任意一个 n 次多项式在复数域中有 n 个根 (包括重数).

依据定理 A.3.1 以及 Taylor 公式, 我们有如下因式分解定理.

定理 A.3.2

(1) 设 $f(x)$ 为一个首项系数为 1 的复系数多项式函数, $\alpha_1, \alpha_2, \cdots, \alpha_n$ 为 $f(x)$ 的 n 个复根 (包括重数), 则

$$f(x) = (x-\alpha_1)(x-\alpha_2)\cdots(x-\alpha_n).$$

(2) 设 $f(x)$ 为实系数多项式, 则若 $\alpha \in \mathbb{C}$ 为 $f(x)$ 在 $\mathbb{C}$ 中的根, 则 $\overline{\alpha}$ 也是 $f(x)$ 在 $\mathbb{C}$ 中的根.

(3) 任一个实系数多项式均可分解为若干个实系数的一次多项式与若干实系数的二次多项式的乘积.

例 A.3.1 求多项式函数 $f(x) = x^3 + px + q$ 在 $\mathbb{C}$ 中的所有根.

解 对于 $y, z \in \mathbb{C}$, 若 $y+z$ 为 $f(x)$ 的一个根, 则

$$f(y+z) = y^3 + z^3 + (3yz+p)(y+z) + q = 0.$$

于是, 若满足

$$3yz + p = 0, \quad y^3 + z^3 = -q \tag{A.3.1}$$

的 y, z 可求, 那么 $f(x)$ 的根 $y+z$ 求得.

由 (A.3.1) 得

$$\begin{aligned} y^3 z^3 &= -\frac{1}{27}p^3, \\ y^3 + z^3 &= -q. \end{aligned} \tag{A.3.2}$$

又 y^3 和 z^3 满足 (A.3.2) 的充分必要条件为它们是一元二次多项式函数

$$t^2 + qt - \frac{1}{27}p^3$$

的两个根. 因此它们分别为

$$-\frac{q}{2} + \sqrt{\frac{q^2}{4} + \frac{p^3}{27}}, \quad -\frac{q}{2} - \sqrt{\frac{q^2}{4} + \frac{p^3}{27}}.$$

由于 y 与 z 是对称的, 我们不妨设

$$
\begin{aligned}
y^3 &= -\frac{q}{2} + \sqrt{\frac{q^2}{4} + \frac{p^3}{27}}, \\
z^3 &= -\frac{q}{2} - \sqrt{\frac{q^2}{4} + \frac{p^3}{27}}.
\end{aligned}
$$

考虑到 y, z 必须满足 (A.3.1) 中的第一个方程, 由上式得如下三组 y 与 z 的值:

$$
y = \sqrt[3]{-\frac{q}{2} + \sqrt{\frac{q^2}{4} + \frac{p^3}{27}}}, \qquad z = \sqrt[3]{-\frac{q}{2} - \sqrt{\frac{q^2}{4} + \frac{p^3}{27}}}
$$

或

$$
y = \omega\sqrt[3]{-\frac{q}{2} + \sqrt{\frac{q^2}{4} + \frac{p^3}{27}}}, \qquad z = \omega^2\sqrt[3]{-\frac{q}{2} - \sqrt{\frac{q^2}{4} + \frac{p^3}{27}}}
$$

或

$$
y = \omega^2\sqrt[3]{-\frac{q}{2} + \sqrt{\frac{q^2}{4} + \frac{p^3}{27}}}, \qquad z = \omega\sqrt[3]{-\frac{q}{2} - \sqrt{\frac{q^2}{4} + \frac{p^3}{27}}},
$$

其中 $\omega = -\frac{1}{2} + \frac{\sqrt{3}}{2}\mathrm{i}$. 据此得 $f(x)$ 的三个根:

$$
\begin{aligned}
x_1 &= \sqrt[3]{-\frac{q}{2} + \sqrt{\frac{q^2}{4} + \frac{p^3}{27}}} + \sqrt[3]{-\frac{q}{2} - \sqrt{\frac{q^2}{4} + \frac{p^3}{27}}}, \\
x_2 &= \omega\sqrt[3]{-\frac{q}{2} + \sqrt{\frac{q^2}{4} + \frac{p^3}{27}}} + \omega^2\sqrt[3]{-\frac{q}{2} - \sqrt{\frac{q^2}{4} + \frac{p^3}{27}}}, \\
x_3 &= \omega^2\sqrt[3]{-\frac{q}{2} + \sqrt{\frac{q^2}{4} + \frac{p^3}{27}}} + \omega\sqrt[3]{-\frac{q}{2} - \sqrt{\frac{q^2}{4} + \frac{p^3}{27}}}.
\end{aligned} \tag{A.3.3}
$$

通常, 我们称 (A.3.3) 为 **Cardan** (嘉当) **公式.**

注 对于一般的三次多项式函数 $x^3 + bx^2 + cx + d$ 的求根问题, 通常我们通过引入变量替换 $x = y - \frac{b}{3}$ 化多项式为例 A.3.1 所示的多项式函数形式后求解.

例 A.3.2 求多项式 $f(x) = x^4 + ax^3 + bx^2 + cx + d$ 在 $\mathbb{C}$ 中的所有根.

解 考虑多项式函数所形成的方程

$$
x^4 + ax^3 + bx^2 + cx + d = 0,
$$

引入参数 t, 经配方可以化为等价的方程

$$\left(x^2+\frac{ax}{2}+\frac{t}{2}\right)^2=\left(\frac{a^2}{4}-b+t\right)x^2+\left(\frac{at}{2}-c\right)x+\left(\frac{t^2}{4}-d\right). \tag{A.3.4}$$

(A.3.4) 的等式右端是关于 x 的一个二次多项式函数. 为了保证其为完全平方形式, 我们令它的判别式为 0, 即令

$$\left(\frac{at}{2}-c\right)^2-4\left(\frac{a^2}{4}-b+t\right)\left(\frac{t^2}{4}-d\right)=0.$$

由此得 t 是三次方程

$$t^3-bt^2+(ac-4d)t-a^2d+4bd-c^2=0$$

的一个根. 取 t 为其任意一个根, 代入 (A.3.4) 得

$$\left(x^2+\frac{ax}{2}+\frac{t}{2}\right)^2=\left(x\sqrt{\frac{a^2}{4}-b+t}+\sqrt{\frac{t^2}{4}-d}\right)^2.$$

把上式中等式右端的项移到等式左边, 并分解因式得到两个二次方程

$$x^2+\left(\frac{a}{2}-\sqrt{\frac{a^2}{4}-b+t}\right)x+\frac{t}{2}-\sqrt{\frac{t^2}{4}-d}=0,$$

$$x^2+\left(\frac{a}{2}+\sqrt{\frac{a^2}{4}-b+t}\right)x+\frac{t}{2}+\sqrt{\frac{t^2}{4}-d}=0.$$

这样, 我们就把求四次多项式函数的根的问题转化为求一个三次多项式函数的根和两个二次多项式函数的根的问题. 通常, 我们称本例的解法为 **Ferrari** (费拉里) **方法**.

请读者注意的是, 上述关于 t 的三次多项式函数的根的选取不影响原多项式根的值, 最多只是所得解的表达方式会有所不同.

多项式函数的根与系数的关系的研究在数学的发展史上有着重要的作用. Galois (伽罗瓦) 证明

定理 A.3.3 任一次数不少于 5 的复系数多项式, 其根无法用其系数经过有限次的加、减、乘、除、开方等初等运算来表示.

最后, 我们以单位原根的计算来结束我们的讨论.

例 A.3.3 求 x^n-1 在 $\mathbb{C}$ 中的所有根 $(n>1)$.

解 设

$$z = r(\cos\theta + \mathrm{i}\sin\theta) = r\mathrm{e}^{\mathrm{i}\theta}$$

为 $x^n - 1 = 0$ 的根, 则

$$r^n(\cos n\theta + \mathrm{i}\sin n\theta) = 1.$$

故

$$r^n\cos n\theta = 1, \quad r^n\sin n\theta = 0,$$

从而

$$r^n = 1, \quad n\theta = 2k\pi, \quad k = 0, \pm1, \pm2, \cdots$$

或

$$r = 1, \quad \theta = \frac{2k\pi}{n}, \quad k = 0,\ \pm1,\ \pm2,\ \cdots,$$

因此, $z = \mathrm{e}^{\frac{2k\pi}{n}\mathrm{i}}(k = 0,\ \pm1,\ \pm2,\ \cdots)$ 均为 $x^n - 1 = 0$ 的根.

不难验证, 所有这些根中, 仅

$$z_1 = \mathrm{e}^{\frac{2\pi}{n}\mathrm{i}},\ z_2 = \mathrm{e}^{2\frac{2\pi}{n}\mathrm{i}},\ \cdots,\ z_{n-1} = \mathrm{e}^{(n-1)\frac{2\pi}{n}\mathrm{i}},\ z_n = 1$$

为 $x^n - 1$ 的所有 n 个不同的根, 其余的 $\mathrm{e}^{\frac{2k\pi}{n}\mathrm{i}}(k = 0,\ \pm1,\ \pm2,\ \cdots)$ 均与上式中的某一个 z_i 重合 $(1 \leqslant i \leqslant n)$.

令 $\omega = \mathrm{e}^{\frac{2\pi}{n}\mathrm{i}}$, 则 $x^n - 1$ 的根有如下表达式

$$z_i = \omega^i \quad (i = 1, 2, \cdots, n).$$

ω 有如下性质, 它本身是 $x^n - 1$ 的一个根, 其任一次幂均是 $x^n - 1$ 的根, 且 $x^n - 1$ 的任一根均为其的某次幂. 习惯上, 我们称具有这样性质的根为 $x^n - 1$ 的一个 n **次原根**.

记所有 m 次和 n 次的原根集合分别记作 S 和 T, 由例 A.3.3 所得到的原根表示方式, 读者可不难推得如下事实: 如果 m 与 n 互素, 那么 $S \cap T = \{1\}$.

A.4 映　射

定义 A.4.1 设 X 和 Y 是两个非空集合, φ 是从 X 到 Y 中的一个对应规则, 通常记作 $\varphi: X \to Y$. 若 X 中的元素 x 在 Y 中的对应元素之一为 y, 则记为 $y = \varphi(x)$. 对应规则 φ 也记作 $\varphi: x \mapsto y = \varphi(x)$, $\forall x \in X$. 若集合 X 中的任一个元素 x, 在对应规则 φ 的作用下, 都有 Y 中的唯一一个元素 y 与之对应, 或者说

$$\forall\, x \in X, \quad \exists!\ \ y \in Y, \quad \text{s.t.} \quad y = \varphi(x),$$

则我们称这个对应规则 φ 是从 X 到 Y 中的一个映射.

通常从 X 到 Y 的映射 φ 记作

$$\varphi:\ X \to Y, \quad y=\varphi(x), \quad \forall x \in X$$

或

$$\begin{aligned}&\varphi: X \to Y,\\ &x \mapsto y=\varphi(x), \quad \forall x \in X,\end{aligned}$$

也简记作 $\varphi: X \to Y$.

对于 X 中的元素 x, 若 $y \in Y$ 满足 $y=\varphi(x)$, 则称 y 是 x 在 φ 下的像, 而称 x 是 y 在 φ 下的一个原像, 称 $\varphi(X)=\{\varphi(x)|x \in X\}$ 为 φ 的像集. 显然 $\varphi(X) \neq \varnothing$. 依定义 A.4.1, 要验证从 X 到 Y 中的一个对应规则是不是映射, 我们需要验证两条:

(1) $\forall x \in X$, 均有 Y 中的元素与之对应, 即 $\forall x \in X$, $\varphi(x)$ 均有意义.

(2) $\forall x, y \in X$, 若 $x=y$, 则 $\varphi(x)=\varphi(y)$, 即与 x 对应的像是唯一的.

例 A.4.1 对应规则 $\varphi: x \mapsto x^2, \forall x \in \mathbb{R}$ 构成从 $\mathbb{R}$ 到 $\mathbb{R}$ 中的一个映射. 对应规则 $\varphi_1: x \mapsto \pm\sqrt{x}, \forall x \in \mathbb{R}^+$ 不构成从 $\mathbb{R}^+$ 到 $\mathbb{R}$ 中的一个映射. 但是 $\varphi_2: x \mapsto \sqrt{x}, \forall x \in \mathbb{R}^+$ 构成从 $\mathbb{R}^+$ 到 $\mathbb{R}$ 中的一个映射, $\varphi_3: x \mapsto -\sqrt{x}, \forall x \in \mathbb{R}^+$ 构成从 $\mathbb{R}^+$ 到 $\mathbb{R}$ 中的一个映射.

例 A.4.2 设 X 是非空集合, 对应规则 $i: x \mapsto x, \forall x \in X$ 是定义在 X 上的一个映射. 通常, 我们称它为 X 上的**单位映射**或者**恒等映射**. 集合 X 上的单位映射有时也记作 id_X.

例 A.4.3 令 $l>0$ 为一个正整数, $Y=\{0,1,2,\cdots,l-1\}$, $X=\mathbb{N}$, 依整数理论, $\forall\, x \in X$, 存在唯一的 $k \in X, y \in Y$, 使得

$$x=kl+y. \tag{A.4.1}$$

通常, 称 y 是 x 关于 l 的余. 构造 X 与 Y 间元素的对应规则 φ 如下: 对于 X 中的任意一个元素 x, Y 中对应的元素 y 由 (A.4.1) 确定, 即

$$y=\varphi(x) \Leftrightarrow x=kl+y, \qquad 0 \leqslant y<l.$$

则这样所确定的从 X 到 Y 中的对应规则 φ 是从 X 到 Y 中的一个映射.

解 依定义, $\forall x \in X$, $\varphi(x)$ 均有意义. 又 $\forall x, z \in X$, 若 $x=z$, 则依 (A.4.1), x 与 z 关于 l 的余同为 y, 即 $\varphi(x)=\varphi(z)$. 故所定义的 $\varphi: X \to Y$ 是从 X 到 Y 中的一个映射.

例 A.4.4 设 $f(x)=a_mx^m+a_{m-1}x^{m-1}+\cdots+a_1x+a_0$ 为数域 $\mathbb{F}$ 上的多项式函数, 则

$$\boldsymbol{A}\longmapsto f(\boldsymbol{A})=a_m\boldsymbol{A}^m+a_{m-1}\boldsymbol{A}^{m-1}+\cdots+a_1\boldsymbol{A}+a_0\boldsymbol{E}_n,\quad \forall\boldsymbol{A}\in\mathbb{F}^{n\times n}$$

构成从 $\mathbb{F}^{n\times n}$ 到 $\mathbb{F}^{n\times n}$ 中的一个映射, 通常称该映射为**矩阵多项式**.

定义 A.4.2 设 X,Y 为两个非空集合, $\varphi:X\to Y$ 为从 X 到 Y 中的一个映射. 若 $\forall\, y\in Y,\exists\, x\in X$, s. t. $y=\varphi(x)$, 则称 φ 为从 X 到 Y 上的一个满射.

依定义 A.4.2, φ 是从 X 到 Y 上的一个满射的充分必要条件是 Y 中的任一个元素均是 X 中某个元素在 φ 下的像, 或者说 Y 中的任一个元素在 X 中能至少找到一个原像.

例 A.4.2 中的单位映射是从 X 到自身上的一个满射, 例 A.4.3 中的 φ 是从 X 到 Y 上的一个满射, 而例 A.4.1 中的所有映射均不是从 X 到 Y 上的一个满射.

设 $\varphi:X\to Y$ 是从集 X 到集 Y 中的一个映射, 通常我们称 $\varphi^{-1}(y)=\{x|\varphi(x)=y\}$ 为 Y 中元素 y 的原像集. 显然若 φ 不是从 X 到 Y 上的满射, 则存在某个 $y\in Y$, $\varphi^{-1}(y)=\varnothing$. 若 φ 是从 X 到 Y 上的一个满射, 则 $\forall y\in Y$, $\varphi^{-1}(y)\neq\varnothing$.

定义 A.4.3 设 X 与 Y 是两个非空集合, 令 $\varphi:X\to Y$ 是从 X 到 Y 中的一个映射. 若 $\forall\, x,z\in X$, 且 $x\neq z$, 则必有 $\varphi(x)\neq\varphi(z)$, 则称 φ 是从 X 到 Y 中的一个**单射**.

依定义 A.4.3, $\varphi:X\to Y$ 是一个从 X 到 Y 中的一个单射的充分必要条件是 X 中任何不同元素在 φ 下的像也不相同, 或者说, Y 中任一个元素关于 φ 在 X 中的原像集或者是空集或是只含有一个元素, 或者说, 若 $\exists\, x_1,x_2\in X$ 满足 $\varphi(x_1)=\varphi(x_2)$, 则 $x_1=x_2$.

例 A.4.1 中的映射 φ_1 与 φ_2 分别为从 $\mathbb{R}^+$ 到 $\mathbb{R}$ 中的单射, 例 A.4.2 中的单位映射是从 X 到自身中的一个单射, 而例 A.4.1 中的 φ、例 A.4.3 所确定的映射却不是.

定义 A.4.4 设 X 与 Y 为两个非空集合, 若 $\varphi:X\to Y$ 既是从 X 到 Y 上的一个满射又是 X 到 Y 中的一个单射, 则称 φ 为从 X 到 Y 上的一个双射, 或是从 X 到 Y 上的一个 1-1 对应 (映射).

例 A.4.2 中的单位映射是定义在 X 上的一个双射. 例 A.4.1、例 A.4.3 中的映射均不是一个双射.

例 A.4.5 设 $\sigma:X\to Y$ 是从 X 到 Y 上的一个双射, 定义从 Y 到 X 中的对应规则 $\tau:Y\to X$ 为 $\forall y\in Y$, 如果 $x\in X$ 是 y 关于 σ 的原像, 则令 $x=\tau(y)$. 则所定义的 $\tau:Y\to X$ 是从 X 到 Y 上的一个双射.

解 事实上,

(1) 由于 $\sigma : X \to Y$ 是满的, 故 $\forall y \in Y, \exists\, x \in X$, s.t. $y = \sigma(x)$, 这说明, $\forall\, y \in Y$, $\exists\, x \in X$, s. t. $x = \tau(y)$.

(2) 若 $\forall\, y \in Y$, 若 $\exists x_1, x_2 \in X$, s.t. $y = \sigma(x_1)$ 且 $y = \sigma(x_2)$, 则由于 σ 是一个单射, 故 $x_1 = x_2$. 即 $\forall\, y \in Y$, $\tau(y)$ 是唯一的.

(3) $\forall\, x \in X$, 由于 $\sigma : X \to Y$ 为映射, 因此, $\exists\, y \in Y$, s.t. $y = \sigma(x)$, 即 $\forall\, x \in X$, $\exists\, y \in Y$, s.t. $x = \tau(y)$, 从而 τ 是一个满射.

(4) $\forall y_1, y_2 \in Y$ 且 $y_1 \neq y_2$, 由 τ 的定义知 $\tau(y_1)$ 与 $\tau(y_2)$ 分别是 y_1, y_2 关于 σ 的原像, 由于 σ 是一个单射, 故 $\tau(y_1) \neq \tau(y_2)$, 否则, $y_1 = \sigma(\tau(y_1)) = \sigma(\tau(y_1))$. 矛盾! 从而 τ 也是一个单射.

(1) 与 (2) 说明所定义的映射 $\tau : Y \to X$ 是从 Y 到 X 中的一个映射. (3) 与 (4) 进一步说明该映射是一个从 Y 到 Z 上的双射.

定义 A.4.5 设 X, Y, Z, W 为非空集合, φ, ψ 分别是从 X 到 Y 中和 Z 到 W 中的映射, 如果 $X = Z$ 且 $\varphi(x) = \psi(x)$, $\forall x \in X$, 则称映射 φ 与 ψ 是相等的, 并记作 $\varphi = \psi$.

例 A.4.6 设 X, Y 和 Z 为三个非空集合, $\varphi : X \to Y, \psi : Y \to Z$ 分别是从 X 到 Y 中及从 Y 到 Z 中的映射, 则 X 中元素与 Z 中元素所形成的对应规则

$$\Phi : X \to Z,\ \ \Phi(x) = \psi(\varphi(x)), \qquad \forall x \in X$$

是从 X 到 Z 中的一个映射.

解 事实上, $\forall\, x \in X$, 则 $\psi(\varphi(x)) \in Z$, 即 X 中的任一个元素都有 Z 中的元素与之对应. $\forall\, x, y \in X$, 由于 φ, ψ 均为相关的映射, 因此, 依次有 $\varphi(x) = \varphi(y)$ 及 $\psi(\varphi(x)) = \varphi(\psi(y))$, 这说明 Z 中与 x 对应的元素是唯一的, 即 Φ 是从 X 到 Z 中的一个映射.

定义 A.4.6 设 X, Y, Z 为三个非空集合, $\sigma : X \to Y$, $\psi : Y \to Z$ 分别为从 X 到 Y 中及从 Y 到 Z 中的映射, 我们称如下定义的映射:

$$\psi\sigma : X \to Z, \quad \psi\sigma(x) = \psi(\sigma(x)), \quad \forall x \in X$$

为从 X 到 Z 中的一个复合映射.

依据上述两个定义, 例 A.4.6 中的 Φ 就是一个从 X 到 Z 的复合映射. 关于复合映射, 我们有

性质 A.4.1 设 X, Y, Z 是三个非空集合, σ 与 ψ 分别是从 X 到 Y 中以及从 Y 到 Z 中的映射.

(1) 若 σ, ψ 都是单射, 则 $\psi\sigma$ 是单射; 反之, 若 $\psi\sigma$ 是单射, 则 σ 是单射.

(2) 若 σ, ψ 都是满射, 则 $\psi\sigma$ 是满射; 反之, 若 $\psi\sigma$ 是满射, 则 ψ 是满射.

作为习题, 请读者自行证明.

定义 A.4.7 设 X, Y 为两个非空集合, σ 是从 X 到 Y 中的一个映射, 如果存在从 Y 到 X 上的一个映射 ψ 满足

$$\psi\sigma = \mathrm{id}_X, \quad \sigma\psi = \mathrm{id}_Y,$$

则称映射 σ 是一个可逆映射, 称映射 ψ 是 σ 的逆映射, 表示为 $\psi = \sigma^{-1}$.

定理 A.4.2 设 X, Y 为两个非空集合, 从 X 到 Y 中的映射 σ 是一个可逆映射的充分必要条件是: σ 为从 X 到 Y 上的一个双射. 若 ψ 为 ϕ 的逆映射, 则

$$\psi\sigma = \mathrm{id}_X, \ \ \sigma\psi = \mathrm{id}_Y.$$

请读者自行证明 (例 A.4.5 可以作为定理充分性证明的一个部分).

习　题　A.4

1. 试问两个非空的含有有限个元素的集合 M, N 满足什么条件时, 能建立从 M 到 N 中的满射、单射、双射?

2. 令 $\mathbb{R}^-$ 为由所有非负实数的全体所形成的集合, 区间 $I = [0,\ 1]$. 试给出从 $\mathbb{R}^-$ 到 I 中的一个映射.

3. 试给出整数集到自然数集的两个不同的映射.

4. 设 M, N 是两个非空集合, 且 $|M| = m, |N| = n$, 问:

(1) 从 M 到 N 可建立多少个映射?

(2) 从 M 到 N 可建立满射、单射、双射的条件分别是怎样的? 各能建立多少个?

5. 令 M 为由所有非负实数的全体所形成的集合, $\overline{M} = [0, 1]$. 试给出从 M 到 $\overline{M}$ 中的一个映射.

6. 试在闭区间 $[0, 1]$ 与 $[a, b]$ $(a < b)$ 间建立两个双射.

7. 试给出整数集到自然数集的两个不同映射.

8. 设 φ 是集合 X 到 Y 中的一个映射, 当 A 是 X 的一个子集时, 记 $\varphi(A) \triangleq \{\varphi(x) | x \in A\}$, 并称之为集合 A 在映射 φ 下的像. 试证明对于 X 中的任意两个子集 A 与 B 均有

(1) $\varphi(A \cup B) = \varphi(A) \cup \varphi(B)$;

(2) $\varphi(A \cap B) \subseteq \varphi(A) \cap \varphi(B)$.

9. 设 σ 与 τ 分别是从非空集合 X 到非空集合 Y 中以及从非空集合 Y 到非空集合 Z 中的映射, 证明

(1) 若 σ, τ 都是单射, 则 $\tau\sigma$ 是单射; 反之, 若 $\tau\sigma$ 是单射, 则 σ 是单射.

(2) 若 σ, τ 都是满射, 则 $\tau\sigma$ 是满射; 反之, 若 $\tau\sigma$ 是满射, 则 τ 是满射.

10. 设 A 是一个非空集合, $P(A)$ 是 A 的幂集, 即由 A 的一切子集所作成的集合, 试证明不存在 $P(A)$ 到 A 的双射.

11. (1) 试问对应规则

$$\varphi(\boldsymbol{A}) = |\boldsymbol{A}|, \quad \forall \boldsymbol{A} \in \mathbb{F}^{n\times n}$$

(这里 $|\boldsymbol{A}|$ 为方阵 $\boldsymbol{A}$ 的行列式) 是从 $\mathbb{F}^{n\times n}$ 到 $\mathbb{F}$ 中的一个映射吗?

(2) 试问对应规则

$$\varphi : \boldsymbol{A} \longmapsto (x_1, x_2, x_3, x_4, x_5, x_6)^{\mathrm{T}}, \quad \forall \boldsymbol{A} = \begin{pmatrix} x_1 & x_2 & x_3 \\ x_4 & x_5 & x_6 \end{pmatrix} \in \mathbb{F}^{2\times 3}$$

是否构成从 $\mathbb{F}^{2\times 3}$ 到 $\mathbb{F}^6$ 中的一个映射?

(3) 试问对应规则

$$\varphi : f(x) = a_0 + a_1 x + \cdots + a_{n-1}x^{n-1} \longmapsto a_0 + a_1 + \cdots + a_{n-1}, \quad \forall f(x) \in \mathbb{F}[x]_n$$

是否构成从集合 $\mathbb{F}[x]_n$ 到 $\mathbb{F}$ 中的一个映射?

A.5 集合的直积运算的刻画

运算是构成线性空间的主要要素. 本节我们利用映射来刻画两类运算.

设 X, Y 是两个非空集合, 取 $x \in X,\ \ y \in Y$, 我们称 (x, y) 为一个**有序元素对**. 称集合 $\{(x, y)|\forall x \in X, \forall y \in Y\}$ 为 X 与 Y 的一个**直积**或 **Descartes (笛卡儿) 积**, 通常记作

$$X \times Y = \{(x, y)|\forall x \in X, \forall y \in Y\}.$$

若 $X = Y$, 则记 $X^2 = X \times X$.

多个集合的直积是类似定义的. 设 $X_1, X_2, \cdots, X_n$ 是 n 个集合, 则它们的直积为

$$X_1 \times X_2 \times \cdots \times X_n = \{(x_1, x_2, \cdots, x_n)|x_i \in X_i, i = 1, 2, \cdots, n\}.$$

例 A.5.1 设 $X = Y = \mathbb{R}$, 则所有有序数对 (x, y) 的全体就形成平面上点的坐标全体. 依上述描述, 平面解析几何所涉及的平面可以记为 $\mathbb{R}^2$, 或

$$\mathbb{R}^2 = \{(x, y)|\forall x \in \mathbb{R}, \forall y \in \mathbb{R}\}.$$

我们也记

$$\mathbb{R}^2 = \left\{ \begin{pmatrix} x \\ y \end{pmatrix} \middle| \forall x \in \mathbb{R}, \forall y \in \mathbb{R} \right\}.$$

类似地,

$$\mathbb{R}^n = \{(x_1, x_2, \cdots, x_n)|x_i \in \mathbb{R}, i = 1, 2, \cdots, n\}.$$

定义 A.5.1 设 X, Y, Z 为三个非空集合, 称从 $X \times Y$ 到 Z 的一个映射 $\varphi : X \times Y \to Z$ 为从集合 X, Y 到集合 Z 上的一个**二元运算**. 若 $x \in X, y \in Y, z \in$

Z满足$z=\varphi(x,y)$, 则记作 $z=x\varphi y$. 有时候也用其他符号如 $+, \Delta, \oplus, \cdot, \odot, \circ$ 等符号代替 φ.

若 $X=Y=Z$, 则称上述映射 φ 为 X 上的一个二元运算.

例 A.5.2 几个二元运算的例子.

(1) 设 X,Y,Z 为非空集合, 令 $M_1=\{$从 X 到 Y 的映射全体$\}$, $M_2=\{$从 Y 到 Z 的映射全体$\}$, $M_3=\{$从 X 到 Z 的映射全体$\}$, 令 $\sigma\varphi\psi=\psi\sigma$, $\forall\sigma\in M_1,\psi\in M_2$, 则 φ 是从 M_1,M_2 到 M_3 上的一个二元运算, 实际上它就是映射的复合运算.

(2) 设 $X=\mathbb{R}$, 令 $x\varphi y=x+y$, $\forall x,y\in X$, 则 φ 是 $\mathbb{R}$ 上的一个二元运算, 实际上它就是数的加法运算.

(3) 设 $X=\mathbb{R}$, 令 $x\varphi y=x\cdot y$, $\forall x,y\in X$, 则 φ 是 $\mathbb{R}$ 上的一个二元运算. 实际上它是大家所熟知的数与数的乘法运算.

(4) 设 $X=\{$ 在区间 $[a,b]$ 上定义的实值函数的全体 $\}$, 令

$$f(x)\varphi g(x)=f(x)g(x),\quad \forall f(x),g(x)\in X,$$

则 φ 也是从 $X\times X$ 到 X 的一个映射, 它是 X 上的二元运算. 众所周知, 它是函数的乘积.

(5) 设 $X=\mathbb{F}^{m\times n}$, 令 $\boldsymbol{A}\varphi\boldsymbol{B}=\boldsymbol{A}+\boldsymbol{B}$, $\forall\boldsymbol{A},\boldsymbol{B}\in X$, 则 φ 构成 $X\times X$ 到 X 上的一个映射, 因而也是 X 上的一个二元运算. 实际上它就是矩阵的加法运算.

(6) 设 $X=\mathbb{F}^{m\times n},Y=\mathbb{F}^{n\times s},Z=\mathbb{F}^{m\times s}$, 令 $\boldsymbol{A}\varphi\boldsymbol{B}=\boldsymbol{AB}$, $\forall\boldsymbol{A}\in X,\boldsymbol{B}\in Y$, 则 φ 构成 $X\times Y$ 到 Z 上的一个映射, 因而是一个从 X,Y 到 Z 上的一个二元运算. 实际上它就是矩阵的乘法运算.

(7) 在平面上建立坐标系, 设 $X=\{$起始于原点的向径全体$\}$, 则向径按着三角形法则或平行四边形法则所形成的向量加法运算也是在新意义下的二元运算.

(8) 设 $X=\mathbb{R}$, $\forall x,y\in\mathbb{R}$, 定义

$$x\oplus y\triangleq \mathrm{e}^{x+y},$$

则 $\oplus:\mathbb{R}\to\mathbb{R}$ 也是 $\mathbb{R}$ 上的一个二元运算.

上述例子表明, 通常我们所熟知的一些运算均可统一到定义 A.5.1所定义的二元运算的范畴中.

定义 A.5.2 设 $\mathbb{F}$ 是数域, X 为一个非空集合, 称映射 $\phi:\mathbb{F}\times X\to X$ 为 X 上的一个数乘运算. 通常, 若 $x,y\in X,k\in\mathbb{F}$ 满足 $y=\phi(k,x)$, 则记 $y=kx$.

例 A.5.3 数乘的例子.

(1) 设 X 为例 A.5.2 之 (4) 中所定义的集合, $\mathbb{F}=\mathbb{R}$, 则数与函数的乘积就是一个 X 上的数乘运算.

(2) $\mathbb{F}^{m\times n}$ 中的数与矩阵的数乘运算也是定义 A.5.2 意义下的数乘运算.

(3) 例 A.5.2 之 (7) 中的向量集合中, 数与向量的数乘运算也是定义 A.5.2 意义下的数乘运算.

(4) 设 $\mathbb{F} = \mathbb{R}$, $X = \mathbb{R}$, 则数与数的乘法可以看作是一个 $\mathbb{R}$ 上的数乘运算.

上述例子表明, 所定义的数乘运算本质上也就是一些所熟知的运算的一种统一描述. 这样的描述看似抽象, 实际上都反映了众多已知的运算.

习 题 A.5

1. 试问下列对应规则中, 哪些是同一个集合的二元运算? 哪些不是? 为什么?

(1) $a \odot b = a^b$, $\forall a, b \in \mathbb{Z}^+$, 这里 $\mathbb{Z}^+$ 表示所有正整数所成的集合;

(2) $a \odot b = 3(a+b)$, $\forall a, b \in \mathbb{R}$;

(3) 设集合 $A = \{1, -1\}$, 令 $a\varphi b = ab$, $\forall a, b \in A$;

(4) 设 $P(A)$ 是 A 的幂集 (由 A 的所有子集组成的集合称为 A 的幂集), 令 $A_1\varphi A_2 = A_1 \cap A_2$, $\forall A_1, A_2 \subset A$;

(5) 第 (4) 小题中, 如果令 $A_1\varphi A_2 = A_1 \cup A_2$ 呢?

A.6 群的初步知识

群的理论在现代数学中非常重要. 本节将介绍群和子群的定义和例子, 加法群及它们之间的同态, 以及变换群的初步知识.

我们首先给出群的定义.

定义 A.6.1 设 G 是一个非空集合, G 上有一个二元运算记为“$\cdot$”, 即对任意的 $g, h \in G$, 存在唯一的元素 $g \cdot h \in G$. 若 G 满足如下性质:

(1) **单位元** 存在 $e \in G$, 对任意 $g \in G$, $e \cdot g = g \cdot e = g$. e 称为 G 的单位元.

(2) **结合律** 对任意 $g, h, k \in G$, $(g \cdot h) \cdot k = g \cdot (h \cdot k)$.

(3) **逆元** 对任意 $g \in G$, 存在 $h \in G$, 使得 $g \cdot h = h \cdot g = e$. 元素 h 称为 g 的逆元.

则称 G 或 $(G, \cdot)$ 是一个群, 该二元运算“$\cdot$”称为**群运算**, 运算符号“$\cdot$”有时也会省略. 以上三条性质 (1), (2) 和 (3) 称为群公理.

群 G 的运算若满足交换律, 即 $g \cdot h = h \cdot g$ 对任意 $g, h \in G$ 成立, 则称之为**交换群**或 **Abel (阿贝尔) 群**.

交换群的群运算有时用“$+$”来表示, 这时我们称其为**加法群**, 其单位元记为 0, 群元素 a 的逆元记为 $-a$.

设 $(G, \cdot)$ 是群, 则下述性质容易验证.

定义 A.6.2 群 G 的单位元唯一.

证明 设 e, e' 均为 G 的单位元, 则由群公理 (1), $e = e \cdot e' = e'$. □

性质 A.6.1 群 G 的任一元素 g 的逆元唯一, 记为 g^{-1}. 并且, $(g^{-1})^{-1} = g$.

证明 设 h, k 均为 g 的逆元, 则由群公理 (1)—(3) 可知,

$$h = he = h(gk) = (hg)k = ek = k,$$

所以 g 的逆元唯一. 由

$$gg^{-1} = g^{-1}g = e$$

可知 $(g^{-1})^{-1} = g$. □

定义 A.6.3 设 $(G, \cdot)$ 是一个群, 若 H 是 G 的非空子集, 并且 H 在 G 的群运算与求逆下封闭, 即

$$\text{对任意} a, b \in H, a \cdot b \in H, a^{-1} \in H, \tag{A.6.1}$$

则称 H 是 G 的**子群**.

当 G 是加法群时, 条件 (A.6.1) 当写为

$$\text{对任意} a, b \in H, a + b \in H, -a \in H.$$

下面的结论可直接验证, 我们省略其证明.

命题 A.6.2 设 H 是群 $(G, \cdot)$ 的子群, 则 H 关于 G 的群运算满足群公理 (1)—(3), 所以 H(关于 G 的群运算) 构成一个群, 其单位元就是 G 的单位元.

下面是几个群和子群的例子.

例 A.6.1 整数全体、有理数全体, 以及实数全体关于加法均构成交换群, 分别记为 $(\mathbb{Z}, +)$, $(\mathbb{Q}, +)$, 以及 $(\mathbb{R}, +)$. $(\mathbb{Z}, +)$ 是 $(\mathbb{Q}, +)$ 的子群, $(\mathbb{Q}, +)$ 是 $(\mathbb{R}, +)$ 的子群.

例 A.6.2 非零实数全体以及非零复数全体在乘法下均构成交换群, 分别记为 $(\mathbb{R} \setminus \{0\}, \cdot)$ 和 $(\mathbb{C} \setminus \{0\}, \cdot)$. $(\mathbb{R} \setminus \{0\}, \cdot)$ 是 $(\mathbb{C} \setminus \{0\}, \cdot)$ 的子群.

大家在今后的学习中会遇到下面这个例子.

例 A.6.3 向量空间 V 关于向量加法构成一个交换群 $(V, +)$.

两个群之间的一个映射如果保持群运算, 我们就称之为群同态. 下面我们具体给出加法群之间的同态的定义 (一般的群之间的同态映射我们留待以后再讲.)

定义 A.6.4 设 A_1 与 A_2 均为加法群, 若映射 $\phi: A_1 \to A_2$ 满足

$$\phi(a + b) = \phi(a) + \phi(b), \quad \text{对任意} a, b \in A_1,$$

则称 ϕ 是群 A_1 到群 A_2 的**同态**.

加法群之间的同态具有下列基本性质.

命题 A.6.3 设 A_1 与 A_2 均为加法群, 其单位元均记为 0, $\phi: A_1 \to A_2$ 是群 A_1 到群 A_2 的同态. 则

$$\phi(0) = 0;$$

$$\phi(-a) = -\phi(a), \quad \text{对任意} a \in A_1;$$

$$\phi(a-b) = \phi(a) - \phi(b), \quad \text{对任意} a, b \in A_1.$$

证明 由 $\phi(0) = \phi(0+0) = \phi(0) + \phi(0)$, 两边同时加上 $-\phi(0)$ 即得 $\phi(0) = 0$. $\forall a \in A_1$, 由 $0 = \phi(0) = \phi(a + (-a)) = \phi(a) + \phi(-a)$, 两边同时加上 $-\phi(a)$ 即得 $\phi(-a) = -\phi(a)$.

$\forall a, b \in A_1$,

$$\phi(a-b) = \phi(a + (-b)) = \phi(a) + \phi(-b) = \phi(a) - \phi(b).$$

□

设 A_1 与 A_2 均为加法群, 其单位元均记为 0, 设 $\phi: A_1 \to A_2$ 是群同态. 定义 ϕ 的**核**

$$\text{Ker } \phi = \{a \in A_1 | \phi(a) = 0\}.$$

显然 $0 \in \text{Ker } \phi$.

命题 A.6.4 群同态 $\phi: A_1 \to A_2$ 是单射当且仅当 $\text{Ker } \phi = \{0\}$.

证明 对任意 $a, b \in A_1$,

$$\phi(a) = \phi(b) \Leftrightarrow \phi(a-b) = \phi(a) - \phi(b) = 0 \Leftrightarrow a - b \in \text{Ker}\phi.$$

所以 $\phi^{-1}(\phi(b)) = b + \text{Ker } \phi$. 于是 ϕ 是单射当且仅当 $\text{Ker } \phi = \{0\}$. □

例 A.6.4 $\phi: \mathbb{Z} \to \mathbb{Z}, n \mapsto 2n$, 是群同态并且 $\text{Ker } \phi = \{0\}$, 故为单射.

最后简单介绍一下变换群.

设 S 是一个非空集合, 记 $\text{Perm}(S)$ 为 S 到自身的双射全体. 对任意 $f, g \in \text{Perm}(S)$, 定义 $f \cdot g$ 为 f 与 g 的复合, 即 $(f \cdot g)(s) = f(g(s)), \forall s \in S$. 则 $f \cdot g$ 仍为双射, 即 $f \cdot g \in \text{Perm}(S)$. 由映射的性质可知 $(\text{Perm}(S), \cdot)$ 满足结合律, 其单位元为恒同映射 I, 并且对任意 $f \in \text{Perm}(S)$, $f^{-1}f = ff^{-1} = I$. 于是 $\text{Perm}(S)$ 满足群的公理, 构成一个群.

一般地, 设 S 是一个具有某些性质或运算的非空集合, G 为 S 到自身的保持某些特定性质 (或运算) 的双射全体, 如果对任意 $f, g \in G$, f 与 g 的复合 $f \cdot g$ 以及 f 的逆映射 f^{-1} 仍然保持这些性质 (或运算), 则 $f \cdot g \in G, f^{-1} \in G$, 于是 G 是 $\text{Perm}(S)$ 的子群. 群 G 以及它的子群均称为 S 上的**变换群**. S 上的变换群刻画了 S 的对称性.

下面是几个变换群的例子.

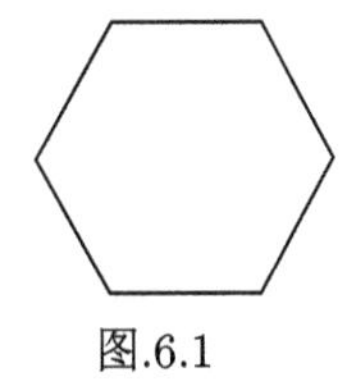

图.6.1

例 A.6.5 $M=\{1,2,\cdots,n\}$ 这个集合上的双射全体在复合运算下构成的群称为 n 级对称群, 记为 S_n. 当 $n=1,2$ 时, 这个群是交换群; 当 $n\geqslant 3$ 时, 这个群是非交换群.

例 A.6.6 正六边形的旋转群 (图 A.6.1). 该群一共 6 个元素, 包含保持一个正六边形不变的所有旋转 (共 5 个) 和恒同映射.

关于群的知识我们先介绍到这里.

习 题 A.6

1. 将 S_n 中的元素与 M 中元素的排列全体建立一一对应, 从而证明 $|S_n|=n!$.

2. 令 $\mathrm{Aut}(\mathbb{Z},+)=\{f:\mathbb{Z}\to\mathbb{Z}|f$ 是双射, 并且 $f(m+n)=f(m)+f(n)$, 任意 $m,n\in\mathbb{Z}\}$. 证明 $\mathrm{Aut}(\mathbb{Z},+)$ 是一个群并列出它的所有元素.

3. 确定 $(\mathbb{Z},+)$ 的所有子群.

A.7 定理 10.7.7 的证明

为了阅读方便, 现将第 10 章中的一些记号在这里重新写一下. 在空间直角坐标系 $\{O,\boldsymbol{e}_1,\boldsymbol{e}_2,\boldsymbol{e}_3\}$ 中, 二次曲面 S 的方程为

$$\begin{aligned}F(x,y,z)&=a_{11}x^2+2a_{12}xy+a_{22}y^2+2a_{13}xz\\&\quad+2a_{23}yz+a_{33}z^2+2a_{14}x+2a_{24}y+2a_{34}z+a_{44}=0,\end{aligned}\tag{A.7.1}$$

其中 $a_{11},a_{12},a_{22},a_{13},a_{23},a_{33}$ 是不为零的实数, a_{14},a_{24},a_{34} 与 a_{44} 都为实数.

记

$$\boldsymbol{A}=\begin{pmatrix}a_{11}&a_{12}&a_{13}\\a_{12}&a_{22}&a_{23}\\a_{13}&a_{23}&a_{33}\end{pmatrix},\quad Y=\begin{pmatrix}x\\y\\z\end{pmatrix},\quad \boldsymbol{\alpha}=\begin{pmatrix}a_{14}\\a_{24}\\a_{34}\end{pmatrix},$$

则 $\boldsymbol{A}$ 为实对称矩阵, 即 $\boldsymbol{A}^{\mathrm{T}}=\boldsymbol{A}$.

二次曲面方程的矩阵表示为

$$F(x,y,z)=(x,y,z,1)\overline{\boldsymbol{A}}\begin{pmatrix}x\\y\\z\\1\end{pmatrix}=(\boldsymbol{Y}^{\mathrm{T}},1)\overline{\boldsymbol{A}}\begin{pmatrix}\boldsymbol{Y}\\1\end{pmatrix}=0,\tag{A.7.2}$$

其中实对称矩阵 $\overline{\boldsymbol{A}} = [a_{ij}]_{4\times 4} = \begin{pmatrix} \boldsymbol{A} & \boldsymbol{\alpha} \\ \boldsymbol{\alpha}^{\mathrm{T}} & a_{44} \end{pmatrix}$ 称为二次曲面 S 的矩阵. 引进记号

$$I_1 = a_{11} + a_{22} + a_{33} =: \operatorname{tr}(\boldsymbol{A}),$$

$$I_2 = \begin{vmatrix} a_{11} & a_{12} \\ a_{12} & a_{22} \end{vmatrix} + \begin{vmatrix} a_{11} & a_{13} \\ a_{13} & a_{33} \end{vmatrix} + \begin{vmatrix} a_{22} & a_{23} \\ a_{23} & a_{33} \end{vmatrix},$$

$$I_3 = \begin{vmatrix} a_{11} & a_{12} & a_{13} \\ a_{12} & a_{22} & a_{23} \\ a_{13} & a_{23} & a_{33} \end{vmatrix},$$

$$I_4 = \begin{vmatrix} a_{11} & a_{12} & a_{13} & a_{14} \\ a_{12} & a_{22} & a_{23} & a_{24} \\ a_{13} & a_{23} & a_{33} & a_{34} \\ a_{14} & a_{24} & a_{34} & a_{44} \end{vmatrix},$$

$$K_1 = \begin{vmatrix} a_{11} & a_{14} \\ a_{14} & a_{44} \end{vmatrix} + \begin{vmatrix} a_{22} & a_{24} \\ a_{24} & a_{44} \end{vmatrix} + \begin{vmatrix} a_{33} & a_{34} \\ a_{34} & a_{44} \end{vmatrix},$$

$$K_2 = \begin{vmatrix} a_{11} & a_{12} & a_{14} \\ a_{12} & a_{22} & a_{24} \\ a_{14} & a_{24} & a_{44} \end{vmatrix} + \begin{vmatrix} a_{11} & a_{13} & a_{14} \\ a_{13} & a_{33} & a_{34} \\ a_{14} & a_{34} & a_{44} \end{vmatrix} + \begin{vmatrix} a_{22} & a_{23} & a_{24} \\ a_{23} & a_{33} & a_{34} \\ a_{24} & a_{34} & a_{44} \end{vmatrix}.$$

定理 A.7.1 (1) I_1, I_2, I_3, I_4 在坐标轴的旋转和平移下均不变.

(2) K_1, K_2 在坐标轴的旋转下是不变的.

(a) 当 $I_3 = I_4 = 0$ 时, K_2 在坐标轴的平移下不变;

(b) 当 $I_2 = I_3 = I_4 = K_2 = 0$ 时, K_1 在坐标轴的平移下不变.

称 I_1, I_2, I_3, I_4 称为二次曲面的不变量, K_1, K_2 称为二次曲面的半不变量.

(1) I_1, I_2, I_3 在坐标轴的旋转和平移下不变性质在第 10 章 10.7.2节中加以说明, 下面只要说明 I_4 在坐标轴的旋转和平移下不变. 设点坐标变换为

$$\boldsymbol{Y} = \boldsymbol{C}\boldsymbol{Y}^* + \boldsymbol{Y}_0, \tag{A.7.3}$$

其中 $\boldsymbol{Y} = (x, y, z)^{\mathrm{T}}$, $\boldsymbol{Y}^* = (x^*, y^*, z^*)^{\mathrm{T}}$, $\boldsymbol{Y}_0 = (x_0, y_0, z_0)^{\mathrm{T}}$, $\boldsymbol{C} = (c_{ij})_{3\times 3}$ 为正交矩阵. 由 (A.7.3) 得

$$F(x, y, z) = (\boldsymbol{Y}^{*\mathrm{T}}, 1)\overline{\boldsymbol{B}}\begin{pmatrix} \boldsymbol{Y}^* \\ 1 \end{pmatrix}, \tag{A.7.4}$$

其中 $\overline{\boldsymbol{B}}=\begin{pmatrix}\boldsymbol{A}^* & \boldsymbol{\alpha}^* \\ \boldsymbol{\alpha}^{*\mathrm{T}} & a_{44}^*\end{pmatrix}$, $\boldsymbol{A}^*=\boldsymbol{C}^{\mathrm{T}}\boldsymbol{A}\boldsymbol{C}$, $\boldsymbol{\alpha}^*=\boldsymbol{C}^{\mathrm{T}}\boldsymbol{A}\boldsymbol{Y}_0+\boldsymbol{C}^{\mathrm{T}}\boldsymbol{\alpha}$, $a_{44}^*=\boldsymbol{Y}_0^{\mathrm{T}}\boldsymbol{A}\boldsymbol{Y}_0+2\boldsymbol{\alpha}^{\mathrm{T}}\boldsymbol{Y}_0+a_{44}$. 又

$$I_4^*=|\overline{\boldsymbol{B}}|=\begin{vmatrix}\boldsymbol{C}^{\mathrm{T}} & \boldsymbol{\theta} \\ \boldsymbol{Y}_0^{\mathrm{T}} & 1\end{vmatrix}\begin{vmatrix}\boldsymbol{A} & \boldsymbol{\alpha} \\ \boldsymbol{\alpha}^{\mathrm{T}} & a_{44}\end{vmatrix}\begin{vmatrix}\boldsymbol{C} & \boldsymbol{Y}_0 \\ \boldsymbol{\theta} & 1\end{vmatrix}=|\boldsymbol{C}^{\mathrm{T}}||\overline{\boldsymbol{A}}||\boldsymbol{C}|=|\overline{\boldsymbol{A}}|=I_4,$$

其中 $\overline{\boldsymbol{A}}=\begin{pmatrix}a_{11} & a_{12} & a_{13} & a_{14} \\ a_{21} & a_{22} & a_{23} & a_{24} \\ a_{31} & a_{32} & a_{33} & a_{34} \\ a_{41} & a_{42} & a_{43} & a_{44}\end{pmatrix}$. 于是 I_4 是直角坐标变换下的不变量.

(2) 引进二次型

$$\begin{aligned}\overline{F}(x,y,z)=&\ a_{11}x^2+2a_{12}xy+a_{22}y^2+2a_{13}xz \\ &+2a_{23}yz+a_{33}z^2+2a_{14}xt+2a_{24}yt+2a_{34}zt+a_{44}t^2.\end{aligned}$$

设点坐标变换公式为

$$\boldsymbol{Y}=\boldsymbol{C}\boldsymbol{Y}^*,$$

其中 $\boldsymbol{C}$ 为正交矩阵. 类似于 (1), $\overline{\boldsymbol{A}}=(a_{ij})_{4\times 4}$ 在上述变换下变为

$$\overline{\boldsymbol{B}}=\begin{bmatrix}\boldsymbol{C}^{\mathrm{T}}\boldsymbol{A}\boldsymbol{C} & \boldsymbol{C}^{\mathrm{T}}\boldsymbol{\alpha} \\ \boldsymbol{\alpha}^{\mathrm{T}}\boldsymbol{C} & a_{44}\end{bmatrix}=\begin{bmatrix}\boldsymbol{C}^{\mathrm{T}} & \boldsymbol{\theta} \\ \boldsymbol{\theta} & 1\end{bmatrix}\overline{\boldsymbol{A}}\begin{bmatrix}\boldsymbol{C} & \boldsymbol{\theta} \\ \boldsymbol{\theta} & 1\end{bmatrix}.$$

于是 $\overline{\boldsymbol{B}}$ 对应的多项式

$$\overline{f}(\lambda)=|\overline{\boldsymbol{B}}-\lambda\boldsymbol{E}|=|\overline{\boldsymbol{A}}-\lambda\boldsymbol{E}|$$

与 $\overline{\boldsymbol{A}}$ 对应的多项式相同, 上面的多项式按照 λ 的多项式展开可得 $K_1=K_1^*, K_2=K_2^*$.

注 一般来说, K_1, K_2 在坐标轴平移下是要改变的. 但是当 $I_3=I_4=0$ 时, K_2 在坐标轴平移下不变. 事实上, 令坐标轴平移下点坐标变换公式为

$$\boldsymbol{y}=\boldsymbol{y}^*+\boldsymbol{y}_0, \quad 其中 \quad \boldsymbol{y}_0=(x_0,y_0,z_0)^{\mathrm{T}}.$$

在此变换下, 由 (A.7.4) 得

$$\overline{\boldsymbol{B}}=\begin{pmatrix}\boldsymbol{A} & \boldsymbol{A}\boldsymbol{y}_0+\boldsymbol{\alpha} \\ \boldsymbol{y}_0^{\mathrm{T}}\boldsymbol{A}+\boldsymbol{\alpha}^{\mathrm{T}} & \boldsymbol{y}_0^{\mathrm{T}}\boldsymbol{A}\boldsymbol{y}_0+2\boldsymbol{\alpha}^{\mathrm{T}}\boldsymbol{y}_0+a_{44}\end{pmatrix}.$$

记 $\boldsymbol{\alpha}^* = \boldsymbol{A}\boldsymbol{Y}_0 + \boldsymbol{\alpha}$, $a_{44}^* = \boldsymbol{y}_0^{\mathrm{T}}\boldsymbol{A}\boldsymbol{y}_0 + 2\boldsymbol{\alpha}^{\mathrm{T}}\boldsymbol{y}_0 + a_{44}$. 直接计算得

$$\boldsymbol{\alpha}^* = \begin{pmatrix} a_{11}x_0 + a_{12}y_0 + a_{13}z_0 + a_{14} \\ a_{12}x_0 + a_{22}y_0 + a_{23}z_0 + a_{24} \\ a_{13}x_0 + a_{23}z_0 + a_{33}z_0 + a_{34} \end{pmatrix}, \quad a_{44}^* = F(x_0, y_0).$$

因此

$$\begin{aligned} a_{ij}^* &= a_{ij} \quad (1 \leqslant i, j \leqslant 3); \\ a_{14}^* &= a_{11}x_0 + a_{12}y_0 + a_{13}z_0 + a_{14} =: F_1(x_0, y_0); \\ a_{24}^* &= a_{12}x_0 + a_{22}y_0 + a_{23}z_0 + a_{24} =: F_2(x_0, y_0); \\ a_{34}^* &= a_{13}x_0 + a_{23}y_0 + a_{33}z_0 + a_{34} =: F_3(x_0, y_0). \end{aligned}$$

令 $F_4(x_0, y_0) = a_{14}x_0 + a_{24}y_0 + a_{34}z_0 + a_{44}$, 这样有

$$a_{44}^* = F(x_0, y_0) = x_0F_1 + y_0F_2 + z_0F_3 + F_4.$$

(i) 当 $I_3 = I_4 = 0$ 时, 则 $\overline{\boldsymbol{A}}$ 的秩 $r(\overline{\boldsymbol{A}}) \leqslant 3$, 于是 $\overline{\boldsymbol{A}}$ 的伴随矩阵 $\overline{\boldsymbol{A}}^*$ 的秩 $r(\overline{\boldsymbol{A}}^*) \leqslant 1$. 若 $r(\overline{\boldsymbol{A}}^*) = 0$, 则 $\overline{\boldsymbol{A}}^* = 0$. 于是 $\overline{A}_{ij} = 0(1 \leqslant i, j \leqslant 4)$, 其中 $\overline{A}_{ij}$ 是 $\overline{\boldsymbol{A}}$ 的第 i 行, 第 j 列位置元素的代数余子式.

若 $r(\overline{\boldsymbol{A}}^*) = 1$, 则 $\overline{\boldsymbol{A}}^*$ 的各行对应位置元素均成比例. 又 $\overline{A}_{44} = I_3 = 0$, 故 $\overline{A}_{14} = \overline{A}_{24} = \overline{A}_{34} = 0$. 总之

$$\overline{A}_{14} = \overline{A}_{24} = \overline{A}_{34} = \overline{A}_{44} = 0. \tag{A.7.5}$$

下面计算 K_2^*, 由 K_2 定义得

$$K_2 = \overline{A}_{11} + \overline{A}_{22} + \overline{A}_{33},$$

则 $K_2^* = \overline{A}_{11}^* + \overline{A}_{22}^* + \overline{A}_{33}^*$. 其中 $\overline{A}_{ii}^*(i = 1, 2, 3)$ 为 $\overline{\boldsymbol{A}}$ 的第 i 行, 第 i 列位置元素的代数余子式 $\overline{A}_{ii}$ 在坐标轴平移后所对应的量. 先计算

$$\overline{A}_{11}^* = \begin{vmatrix} a_{22}^* & a_{23}^* & a_{24}^* \\ a_{23}^* & a_{33}^* & a_{34}^* \\ a_{24}^* & a_{34}^* & a_{44}^* \end{vmatrix} = \begin{vmatrix} a_{22} & a_{23} & F_2 \\ a_{23} & a_{33} & F_3 \\ F_2 & F_3 & x_0F_1 + y_0F_2 + z_0F_3 + F_4 \end{vmatrix}.$$

将上面行列式的第一列的 $-y_0$ 倍与第二列的 $-z_0$ 倍的和加到第三列, 然后再将第

一行的 $-y_0$ 倍与第二行的 $-z_0$ 倍加到第三行得

$$\begin{aligned}\overline{A}_{11}^{*} &= \begin{vmatrix} a_{22} & a_{23} & a_{12}x_0+a_{24} \\ a_{23} & a_{33} & a_{13}x_0+a_{34} \\ a_{12}x_0+a_{24} & a_{13}x_0+a_{34} & a_{11}x_0^2+2a_{14}x_0+a_{44} \end{vmatrix} \\ &= I_3x_0^2-2\overline{A}_{14}x_0+\overline{A}_{11}.\end{aligned} \tag{A.7.6}$$

同理可计算得

$$\overline{A}_{22}^{*}=I_3y_0^2-2\overline{A}_{24}y_0+\overline{A}_{22}, \tag{A.7.7}$$

$$\overline{A}_{33}^{*}=I_3z_0^2-2\overline{A}_{34}z_0+\overline{A}_{33}. \tag{A.7.8}$$

由于 $\overline{A}_{14}=\overline{A}_{24}=\overline{A}_{34}=I_3=0$, 则由 (A.7.6)—(A.7.8) 得 $K_2^*=K_2$.

(ii) 当 $I_2=I_3=I_4=K_2=0$ 时, 设 $\lambda_1,\lambda_2,\lambda_3$ 为 $\boldsymbol{A}$ 的所有特征值, 则 $f(\lambda)=|\lambda\boldsymbol{E}-\boldsymbol{A}|=\lambda^3-I_1\lambda^2+I_2\lambda-I_3$, 又

$$\begin{aligned}f(\lambda)&=(\lambda-\lambda_1)(\lambda-\lambda_2)(\lambda-\lambda_3)\\ &=\lambda^3-(\lambda_1+\lambda_2+\lambda_3)\lambda^2+(\lambda_1\lambda_2+\lambda_1\lambda_3+\lambda_2\lambda_3)\lambda-\lambda_1\lambda_2\lambda_3,\end{aligned}$$

因此 $I_1=\lambda_1+\lambda_2+\lambda_3$, $I_2=\lambda_1\lambda_2+\lambda_1\lambda_3+\lambda_2\lambda_3$, $I_3=\lambda_1\lambda_2\lambda_3$. 由于 $I_3=0$, 则 $\lambda_1,\lambda_2,\lambda_3$ 至少有一个为零, 不妨设 $\lambda_3=0$, 再由 $I_2=0$, 得 λ_1,λ_2 至少有一个为零, 不妨设 $\lambda_2=0$. 由命题 10.7.2 — 命题 10.7.4 知, 存在正交矩阵 $\boldsymbol{C}$, 使 $\boldsymbol{C}^{-1}\boldsymbol{A}\boldsymbol{C}=\begin{pmatrix}\lambda_1 & & \\ & 0 & \\ & & 0\end{pmatrix}$, 因 $\boldsymbol{A}\neq\boldsymbol{O}$, 则 $\lambda_1\neq 0$, 从而 $r(\boldsymbol{A})=1$.

可假设

$$\boldsymbol{A}=\begin{pmatrix} a & b & c \\ ka & kb & kc \\ la & lb & lc \end{pmatrix},$$

其中 $a\neq 0, ka=b, la=c, k,l\in\mathbb{R}$, 于是直接计算得

$$\begin{aligned}K_2&=\overline{A}_{11}+\overline{A}_{22}+\overline{A}_{33}\\ &=-a\left(la_{24}-ka_{34}\right)^2-a\left(la_{14}-a_{34}\right)^2-a\left(ka_{14}-a_{24}\right)^2.\end{aligned}$$

由 $K_2=0, a\neq 0$ 得 $a_{24}=ka_{14}, a_{34}=la_{14}$. 因而

$$\overline{\boldsymbol{A}}=\begin{pmatrix} a & b & c & a_{14}\\ ka & kb & kc & ka_{14}\\ la & lb & lc & la_{14}\\ a_{14} & ka_{24} & la_{34} & a_{44}\end{pmatrix}, \tag{A.7.9}$$

其中 $a\neq 0, ka=b, la=c$.

下面计算 K_1^*, 先计算

$$\begin{vmatrix} a_{11}^* & a_{14}^*\\ a_{14}^* & a_{44}^*\end{vmatrix}=\begin{vmatrix} a_{11} & F_1\\ F_1 & F(x_0,y_0)\end{vmatrix},$$

将上面行列式的第一列的 $-x_0$ 倍加到第二列, 然后将第一行的 $-x_0$ 倍加到第二行得

$$\begin{aligned}\begin{vmatrix} a_{11}^* & a_{14}^*\\ a_{14}^* & a_{44}^*\end{vmatrix}&=\begin{vmatrix} a_{11} & a_{12}y+a_{13}z+a_{14}\\ a_{12}y+a_{13}z+a_{14} & a_{22}y^2+2a_{23}yz+2a_{24}y+a_{33}z^2+2a_{34}z+a_{44}\end{vmatrix}\\ &=y^2\begin{vmatrix} a_{11} & a_{12}\\ a_{12} & a_{22}\end{vmatrix}+2yz\begin{vmatrix} a_{11} & a_{13}\\ a_{12} & a_{23}\end{vmatrix}+2y\begin{vmatrix} a_{11} & a_{14}\\ a_{12} & a_{24}\end{vmatrix}+2z\begin{vmatrix} a_{11} & a_{14}\\ a_{13} & a_{34}\end{vmatrix}\\ &\quad+z^2\begin{vmatrix} a_{11} & a_{13}\\ a_{13} & a_{33}\end{vmatrix}+\begin{vmatrix} a_{11} & a_{14}\\ a_{14} & a_{44}\end{vmatrix}=\begin{vmatrix} a_{11} & a_{14}\\ a_{14} & a_{44}\end{vmatrix},\end{aligned} \tag{A.7.10}$$

其中最后一个等式用到了 $\overline{\boldsymbol{A}}$ 的表达式 (A.7.9), 同理可以计算

$$\begin{vmatrix} a_{22}^* & a_{24}^*\\ a_{24}^* & a_{44}^*\end{vmatrix}=\begin{vmatrix} a_{22} & a_{24}\\ a_{24} & a_{44}\end{vmatrix}. \tag{A.7.11}$$

$$\begin{vmatrix} a_{33}^* & a_{34}^*\\ a_{34}^* & a_{44}^*\end{vmatrix}=\begin{vmatrix} a_{33} & a_{34}\\ a_{34} & a_{44}\end{vmatrix}. \tag{A.7.12}$$

由 (A.7.10)—(A.7.12) 得 $K_1^*=K_1$, 从而结论得证.